J'intègre

EXERCICES INCONTOURNABLES

BCPST 1re année

Isabelle **Bruand**
Loïc **Lebrun**
Magali **Décombe Vasset**

Physique-Chimie
exercices incontournables

DUNOD

Conception et création de couverture : Atelier 3+

5 rue Laromiguière, 75005 Paris
www.dunod.com
ISBN 978-2-10-071281-6

Sommaire

Semestre 1

Avant-propos

Ce livre a pour but d'aider les étudiants à s'approprier les différentes notions du nouveau programme de physique-chimie de BCPST1 et à développer des automatismes qui leur permettront d'aborder avec davantage de sérénité les exercices proposés lors des interrogations orales, des devoirs surveillés, mais aussi lors des écrits et oraux des concours.

Pour cela, des exercices inspirés de sujets récents de concours leur sont proposés. L'intérêt de faire appel à des sujets de concours est de s'habituer à la manière dont les questions sont posées et de se mettre plus rapidement en situation.

L'organisation des chapitres respecte la partie II (Formation disciplinaire) du programme officiel et en particulier, la répartition en deux semestres.

Certains chapitres comportent deux à trois exercices : ce sont des chapitres introductifs qui abordent des notions développées dans la suite du cours.

D'autres chapitres sont particulièrement fournis en exercices et peuvent comporter jusqu'à dix exercices : ces chapitres traitent de thèmes qui ne sont vus qu'en première année et qui ne seront pas développés ultérieurement.

Afin de faciliter l'exploitation de cet ouvrage, au-début de chaque chapitre figure un tableau qui récapitule quelques « capacités à acquérir ». Ces capacités regroupent non seulement des « capacités exigibles » du programme officiel mais aussi des capacités que nous avons jugées utiles pour aborder des sujets de concours.

Travailler un exercice n'est pas une tâche aussi simple qu'elle n'y paraît. La première étape est de lire l'énoncé dans son intégralité, de noter les termes qui paraissent importants et de repérer les données de l'énoncé. Ensuite, la recherche de solution prend entre 5 à 20 minutes, voire davantage. Il est déconseillé de regarder le corrigé dès la première difficulté rencontrée. Il est préférable de revenir à un autre moment sur la question qui a posé problème. Le corrigé n'est utile qu'après une réflexion approfondie. C'est un travail de longue halène mais qui est toujours payant.

On considère qu'un chapitre doit être acquis avant d'aborder le chapitre suivant. La rédaction du corrigé proposée n'est évidemment pas la seule possible. L'objectif principal est de réaliser une copie claire (un schéma explique souvent plus clairement qu'une dizaine de lignes de texte) et rigoureuse (il convient par exemple de toujours bien préciser les conditions d'application d'une loi, d'un théorème...).

Pour bien utiliser cet ouvrage :

: Signale l'étape de la rédaction finale.

: Met en avant un piège ou une erreur à éviter.

Point méthode : Indique un point important.

Point mathématique : Précise des résolutions de type mathématique qu'il est inutile de détailler dans la partie « rédaction ».

Rappel : Pour se remémorer des notions vues en cours.

Pour aller plus loin : Indique un raisonnement qui n'apparaît pas dans le programme officiel mais qui n'est pourtant pas exclu.

Remarque : Pour donner des précisions supplémentaires.

Bon travail ! Les Auteurs

Semestre 1

Sous-partie 1

Thermodynamique chimique : un système tend à évoluer vers l'équilibre

CHAPITRE 1

Description d'un système chimique en réaction

Capacités à acquérir	Exercices
Écrire un tableau d'avancement.	Tous
Prévoir le sens d'évolution d'un système.	
Déterminer la composition à l'état final.	
Établir une hypothèse sur l'état final d'une réaction connaissant l'ordre de grandeur de la constante d'équilibre et les valeurs des concentrations initiales.	

Notations utilisées au cours de ce chapitre :
E.I. signifie état initial, E.F., état final et E.Eq., état d'équilibre.
R.P. signifie réaction prépondérante et R.T. réaction de titrage.
$h = [H_3O^+]_{\text{équilibre}}$ et $\omega = [HO^-]_{\text{équilibre}}$.
Les concentrations notées sans indice correspondent aux concentrations à l'équilibre.

Remarque : Afin d'alléger les notations, la concentration standard C° pourra être omise dans l'écriture des constantes d'équilibre, qui seront ainsi exprimées à partir des concentrations à l'équilibre, exprimées en mol.L^{-1}.

Exercice 1.1 : Évolution et équilibre

En solution aqueuse, on s'intéresse à la réaction d'équation-bilan :

$$CH_3COOH + F^- \rightleftharpoons CH_3COO^- + HF$$

La constante d'équilibre est égale à $K^\circ = 10^{-1,6}$.
Déterminer le sens d'évolution puis la composition dans l'état final pour les situations initiales suivantes :
1. On mélange de l'acide éthanoïque et du fluorure de potassium, tous deux de concentration égale à $1,0 \cdot 10^{-1}$ mol.L^{-1}.

2. On mélange à l'état initial de l'acide éthanoïque, de l'éthanoate de sodium, du fluorure de potassium et de l'acide fluorhydrique, tous à la concentration égale à $1,0 \cdot 10^{-1}$ mol.L^{-1}.

Point méthode : Pour prévoir le sens d'évolution d'un système, on calcule le quotient réactionnel à l'état initial Q_{r_i} et on compare sa valeur à celle de K°.
Si $Q_{r_i} < K^\circ$, il y a évolution dans le sens direct.
Si $Q_{r_i} > K^\circ$, il y a évolution dans le sens indirect ou inverse.
Si $Q_{r_i} = K^\circ$, il n'y a pas d'évolution, on est à l'état d'équilibre.

Pour déterminer la composition finale, on fait un tableau d'avancement et on utilise la constante d'équilibre.

Le quotient de réaction à l'état initial s'exprime à l'aide des activités dans l'état initial :

$$Q_{r_i} = \frac{a_{CH_3COO^-{}_i} a_{HF_i}}{a_{CH_3COOH_i} a_{F^-{}_i}} = \frac{[CH_3COO^-]_i[HF]_i}{[CH_3COOH]_i[F^-]_i}$$

1. Comme il n'y a que des réactifs introduits initialement, l'évolution de la réaction se fait dans le sens direct.

Remarque : On peut calculer $Q_{r_i} = \dfrac{0 \times 0}{0,10 \times 0,10} = 0 < K^\circ$. La réaction évolue bien dans le sens direct.

Pour trouver la composition finale, on fait un tableau d'avancement. On appelle x l'avancement volumique de cette réaction. La constante d'équilibre valant $10^{-1,6}$, on peut supposer que la réaction est partiellement avancée, l'état final est un état d'équilibre :

	CH_3COOH	+	F^-	$\rightleftharpoons$	CH_3COO^-	+	HF
E.I.	$1,0 \cdot 10^{-1}$		$1,0 \cdot 10^{-1}$		0		0
E.Eq.	$1,0 \cdot 10^{-1} - x$		$1,0 \cdot 10^{-1} - x$		x		x

Exprimons la constante d'équilibre : $K^\circ = \dfrac{x^2}{(1,0 \cdot 10^{-1} - x)^2}$

$$\sqrt{K^\circ} = \frac{x}{1,0 \cdot 10^{-1} - x}$$

On arrive à $x = \dfrac{1,0 \cdot 10^{-1} \times \sqrt{K^\circ}}{1 + \sqrt{K^\circ}} = 1,4 \cdot 10^{-2}$ mol.L^{-1}

La composition dans l'état d'équilibre final est donc :

$$[CH_3COOH] = [F^-] = 8,6 \cdot 10^{-2} \text{ mol.L}^{-1}$$

$$[CH_3COO^-] = [HF] = 1,4 \cdot 10^{-2} \text{ mol.L}^{-1}$$

2. Calculons le quotient de réaction dans l'état initial :

$Q_{r_i} = \dfrac{1,0\cdot10^{-1}\times1,0\cdot10^{-1}}{1,0\cdot10^{-1}\times1,0\cdot10^{-1}} = 1 > K^\circ$ donc la réaction évolue dans le sens inverse.

Pour déterminer la composition finale, on peut proposer le tableau suivant :

	CH_3COOH	+	F^-	$\rightleftharpoons$	CH_3COO^-	+	HF
E.I.	$0,10$		$0,10$		$0,10$		$0,10$
E.F.=Eq	$0,10+x$		$0,10+x$		$0,10-x$		$0,10-x$

Exprimons la constante d'équilibre : $K^\circ = \dfrac{(1,0\cdot10^{-1}-x)^2}{(1,0\cdot10^{-1}+x)^2}$

$$\sqrt{K^\circ} = \frac{(1,0\cdot10^{-1}-x)}{(1,0\cdot10^{-1}+x)}$$

On arrive à $x = 1,0\cdot10^{-1}\times\dfrac{1-\sqrt{K^\circ}}{1+\sqrt{K^\circ}} = 7,3\cdot10^{-2}\ \mathrm{mol.L^{-1}}$

La composition dans l'état d'équilibre final est donc :

$$[CH_3COOH] = [F^-] = 1,7\cdot10^{-2}\ \mathrm{mol.L^{-1}}$$
$$[CH_3COO^-] = [HF] = 2,7\cdot10^{-2}\ \mathrm{mol.L^{-1}}$$

Exercice 1.2 : Évolution et équilibre (Agro-Véto 2013)

On considère la réaction d'hydrolyse de l'ATP^{4-} en ADP^{3-} à 298 K.

$$ATP^{4-}_{(aq)} + H_2O_{(\ell)} = ADP^{3-}_{(aq)} + H^+_{(aq)} + HPO^{2-}_{4\,(aq)} \qquad K^\circ = 2,20\cdot10^{-2}$$

On étudie cette réaction dans un milieu tamponné à pH $= 7,0$. Les concentrations molaires initiales des réactants sont : $[ADP^{3-}] = 2,50\cdot10^{-4}$ mol.L^{-1} ; $[ATP^{4-}] = 2,25\cdot10^{-3}$ mol.L^{-1} ; $[HPO_4^{2-}] = 0,60\cdot10^{-3}$ mol.L^{-1} et $[H_2PO_4^-] = 0,95\cdot10^{-3}$ mol.L^{-1}.

1. En l'absence de toute considération biologique, quelle évolution spontanée peut-on observer ?

2. Calculer les concentrations molaires volumiques à l'équilibre de chacune des espèces participant à la réaction. Que peut-on en conclure ? Cette situation était-elle prévisible en ne tenant compte que de la valeur de K° ? Commenter brièvement.

1. Pour cette réaction d'hydrolyse le quotient de réaction à l'état initial s'exprime :

$$Q_{r_i} = \frac{a_{ADP^{3-}}\,a_{H^+}\,a_{HPO_4^{2-}}}{a_{ATP^{4-}}\,a_{H_2O}} = \frac{[ADP^{3-}]\,[H^+]\,[HPO_4^{2-}]}{[ATP^{4-}]\,C^\circ}$$

Remarque : L'eau est ici le solvant donc $a_{H_2O} = 1$, et par convention $C^\circ = 1$ mol.L^{-1}. Le milieu est tamponné à pH = 7 donc $[H^+] = 10^{-pH} = 10^{-7}$ mol.L^{-1}.

À l'état initial : $Q_r = \dfrac{2,50 \cdot 10^{-4} \times 10^{-7} \times 0,60 \cdot 10^{-3}}{2,25 \cdot 10^{-3} \times 1} = 6,7 \cdot 10^{-12} < K^\circ$
donc la réaction évolue dans le sens direct.

2. On appelle x l'avancement volumique de cette réaction. La constante d'équilibre valant $2,20 \cdot 10^{-2}$, on peut supposer que la réaction est partiellement avancée.

	$ATP^{4-}_{(aq)}$	+ $H_2O_{(\ell)}$	$\rightleftharpoons$ $ADP^{3-}_{(aq)}$	+ $H^+_{(aq)}$	+ HPO_4^{2-}
E.I.	$2,25 \cdot 10^{-3}$	excès	$2,50 \cdot 10^{-4}$	10^{-7}	$6,0 \cdot 10^{-4}$
E.Eq.	$2,25 \cdot 10^{-3} - x$	excès	$2,50 \cdot 10^{-4} + x$	10^{-7}	$6,0 \cdot 10^{-4} + x$

Ici le milieu est tamponné donc $[H^+]$ = cste.

$$K^\circ = \frac{[ADP^{3-}]_{éq}[H^+]_{éq}[HPO_4^{3-}]_{éq}}{[ATP^{4-}]_{éq}}$$

$$K^\circ = \frac{(2,50 \cdot 10^{-4} + x) \times 10^{-7} \times (6,0 \cdot 10^{-4} + x)}{2,25 \cdot 10^{-3} - x} = 2,2 \cdot 10^{-2}$$

On trouve une équation du second degré, que l'on résout.
On trouve $x = 2,25 \cdot 10^{-3}$ mol.L^{-1}.
La réaction est donc totale. Il ne reste plus de ATP^{4-}.
Cette situation n'était pas prévisible en ne tenant compte que de la valeur de K°. En effet, comme $K^\circ < 1$, on pourrait penser que l'équilibre est en faveur des réactifs, ce qui n'est pas le cas.

Conclusion importante : Quand on veut prédire si une réaction est très en faveur des produits ou non, s'intéresser uniquement à la valeur de la constante d'équilibre peut s'avérer insuffisant.

CHAPITRE 2

Réactions acido-basiques

Capacités à acquérir	Exercices
Transformation quantitative ou limitée : proposer une hypothèse.	2.1 à 2.5
Comparer la force des acides et des bases.	2.4
Identifier la réaction prépondérante à partir de la composition initiale.	2.2 à 2.4
Écrire un tableau d'avancement.	2.1 à 2.5
Calculer le pH d'une solution dans le cas d'une unique réaction prépondérante.	
Transformation limitée : poser les hypothèses adaptées dans le but d'établir la composition d'une solution à l'équilibre.	2.2 à 2.5
Déterminer la composition à l'état final.	2.1, 2.4 et 2.5
Établir l'expression du pH en fonction de la concentration initiale.	2.2 à 2.5
Lire et exploiter un diagramme de distribution.	2.5
Définir une solution tampon.	2.6

Notations utilisées au cours de ce chapitre :
E.I. signifie état initial, E.F., état final et E.Eq., état d'équilibre.
R.P. signifie réaction prépondérante et R.T. réaction de titrage.
$h = [H_3O^+]_{\text{équilibre}}$ et $\omega = [HO^-]_{\text{équilibre}}$.
Les concentrations notées sans indice correspondent aux concentrations à l'équilibre.

Remarque : Afin d'alléger les notations, la concentration standard C° pourra être omise dans l'écriture des constantes d'équilibre, qui seront ainsi exprimées à partir des concentrations à l'équilibre, exprimées en mol.L^{-1}.

Exercice 2.1 : pH du sang (Centrale) *

Tous les calculs seront effectués à 37 °C, température du corps humain.

Données : Produit ionique de l'eau : $K_e = 2,40 \cdot 10^{-14}$
Constantes d'acidité : $K_a(H_2CO_3/HCO_3^-) = 4,30 \cdot 10^{-7}$
$K_a(\text{acide lactique/ion lactate}) = 1,26{\cdot}10^{-4}$

L'activité métabolique et l'ingestion d'aliments peuvent introduire des espèces acido-basiques dans le sang. Or, la survie des cellules nécessite que le pH varie très peu autour d'une valeur optimale. Ainsi, le sang constitue un milieu tamponné : son pH varie très peu par addition d'un acide ou d'une base ou par dilution. Le pH reste compris dans l'intervalle [7, 36 ; 7, 44] en temps normal.

1. Écrire la réaction acido-basique permettant de définir la constante d'acidité du couple H_2CO_3/HCO_3^- et écrire l'expression de la constante d'acidité en fonction des concentrations adéquates.

2. Écrire la réaction acido-basique permettant de définir la constante de basicité du couple H_2CO_3/HCO_3^- et écrire l'expression de la constante de basicité en fonction des concentrations adéquates.

3. Donner la relation entre les constantes d'acidité et de basicité et le produit ionique de l'eau.

4. Dans le sang, seuls H_2CO_3 et HCO_3^- sont présents avec une concentration totale $C_t = 0,0280$ mol.L^{-1}. Sachant que le pH du sang vaut 7,40, calculer les concentrations en H_2CO_3 et HCO_3^- avec trois chiffres significatifs.

5. Après avoir rappelé la définition du coefficient de dissociation d'un acide, donner sa valeur pour H_2CO_3 dans le sang.

6. Lors d'un effort physique important, il se forme de l'acide lactique $CH_3-CHOH-COOH$, noté HB. L'acide lactique passe dans le sang où il réagit avec HCO_3^-. Justifier que la réaction entre l'acide lactique et HCO_3^- peut être considérée totale. Dans cette hypothèse, calculer la nouvelle valeur du pH du sang lors d'un apport de $2,00 \cdot 10^{-3}$ mol.L^{-1} d'acide lactique. Cette valeur est-elle compatible avec la vie ?

7. En réalité, la respiration permet de maintenir constante la concentration en H_2CO_3 en éliminant l'excès de H_2CO_3 sous forme de dioxyde de carbone. Dans ces conditions, quelle est la nouvelle valeur du pH après un apport de $2,00.10^{-3}$ mol.L^{-1} d'acide lactique ?

1. $H_2CO_3 + H_2O \rightleftharpoons HCO_3^- + H_3O^+ \qquad K_a = \dfrac{[HCO_3^-]\,h}{[H_2CO_3]}$

2. $HCO_3^- + H_2O \rightleftharpoons H_2CO_3 + HO^- \qquad K_b = \dfrac{[H_2CO_3]\,\omega}{[HCO_3^-]}$

3. $K_e = K_a K_b = h\omega$

Remarque : Les trois premières questions sont des questions de cours qu'il convient de maîtriser parfaitement.

4. On utilise la concentration totale $[H_2CO_3] + [HCO_3^-] = C_t$ et l'expression de la constante d'acidité qui permet d'écrire :

$$\frac{[HCO_3^-]}{[H_2CO_3]} = \frac{K_a}{h} \text{ d'où } [HCO_3^-] = [H_2CO_3]\,\frac{K_a}{h}$$

$$[H_2CO_3]\left(1 + \frac{K_a}{h}\right) = C_t$$

$$[H_2CO_3] = \frac{C_t}{1 + \dfrac{K_a}{h}} = \frac{0,0280}{1 + \dfrac{4,30 \cdot 10^{-7}}{10^{-7,40}}} = 2,37 \cdot 10^{-3} \text{ mol.L}^{-1}$$

$$[HCO_3^-] = [H_2CO_3]\,\frac{K_a}{h} = \frac{C_t}{1 + \dfrac{K_a}{h}} \times \frac{K_a}{h} = \frac{C_t}{1 + \dfrac{h}{K_a}}$$

$$[HCO_3^-] = \frac{0,0280}{1 + \dfrac{10^{-7,40}}{4,30 \cdot 10^{-7}}} = 2,56 \cdot 10^{-2} \text{ mol.L}^{-1}$$

Dans cette question, il ne fallait pas raisonner en faisant un bilan sur la réaction $H_2CO_3 + H_2O \rightleftharpoons HCO_3^- + H_3O^+$ car lorsque l'on a un mélange acide/base conjugués, c'est la réaction suivante qui a lieu :

$$H_2CO_3 + HCO_3^- \rightleftharpoons HCO_3^- + H_2CO_3$$

Cette dernière réaction est bien la réaction prépondérante car elle a la constante d'équilibre la plus grande ($K = 1$ contre $K_{a_1} = 4,30 \cdot 10^{-7}$ pour la réaction de H_2CO_3 sur l'eau).

5. Le coefficient de dissociation α d'un acide correspond au rapport de la quantité d'acide dissociée sur la quantité d'acide initiale.

Rappel : Le coefficient de dissociation d'un acide est le degré d'avancement de la réaction de cet acide avec l'eau.

Ici,

$$\alpha = \frac{[HCO_3^-]}{[H_2CO_3] + [HCO_3^-]} = \frac{\dfrac{K_a}{h}}{1 + \dfrac{K_a}{h}} = \frac{\dfrac{4,30 \cdot 10^{-7}}{10^{-7,40}}}{1 + \dfrac{4,30 \cdot 10^{-7}}{10^{-7,40}}} = 0,92$$

6. Calculons les pK_a associés aux couples étudiés.

$$pK_a(H_2CO_3/HCO_3^-) = -\log\left(4,30 \cdot 10^{-7}\right) = 6,37$$

$$pK_a(\text{acide lactique/ion lactate}) = -\log\left(1,26 \cdot 10^{-4}\right) = 3,90$$

La réaction qui a lieu entre l'acide lactique et HCO_3^- est la suivante :

$$HB + HCO_3^- \rightleftharpoons B^- + H_2CO_3$$

Calculons sa constante d'équilibre :

$$K^\circ = \frac{K_a(\text{acide lactique/ions lactate})}{K_a(H_2CO_3/HCO_3^-)} = \frac{1,26 \cdot 10^{-4}}{4,30 \cdot 10^{-7}} = 293$$

Cette réaction est en faveur des produits. On peut de plus la considérer totale car initialement, il n'y a que des réactifs de concentrations assez faibles, ce qui favorise l'équilibre dans le sens des produits.

Faisons un tableau d'avancement en supposant la réaction totale, le réactif limitant est donc entièrement consommé :

	HB	+	HCO_3^-	$\longrightarrow$	B^-	+	H_2CO_3
E.I.	$2,00 \cdot 10^{-3}$		$2,56 \cdot 10^{-2}$		0		$2,37 \cdot 10^{-3}$
E.F.	0		$2,36 \cdot 10^{-2}$		$2,00 \cdot 10^{-3}$		$4,37 \cdot 10^{-3}$

Nous avons une solution équivalente composée de H_2CO_3, HCO_3^- et B^-.

La nouvelle R.P. est la réaction entre l'acide le plus fort (H_2CO_3) et la base la plus forte (associée au plus grand pK_a : HCO_3^-) :

$$H_2CO_3 + HCO_3^- \rightleftharpoons HCO_3^- + H_2CO_3$$

La constante d'équilibre de cette réaction valant 1 (équilibre invariant ou indifférent), les concentrations de H_2CO_3 et HCO_3^- obtenues dans le tableau d'avancement précédent sont des concentrations à l'équilibre.

Pour trouver le pH, on fait appel à $K_a(H_2CO_3/HCO_3^-)$:

$$K_a = \frac{[HCO_3^-]\,h}{[H_2CO_3]} \text{ donc } h = \frac{[H_2CO_3]}{[HCO_3^-]}K_a \text{ donc } \mathrm{pH} = \mathrm{p}K_a + \log\frac{[HCO_3^-]}{[H_2CO_3]}$$

$$\mathrm{pH} = -\log\left(4,30 \cdot 10^{-7}\right) + \log\left(\frac{2,36.10^{-2}}{4,37.10^{-3}}\right) = 7,10$$

Cette valeur n'est pas compatible avec la vie.

Remarque : L'acide lactique est un des produits de la respiration cellulaire lorsque l'apport en dioxygène est inférieur à la consommation de sucres.

7. On reprend le calcul précédent mais avec $[H_2CO_3] = 2,37.10^{-3}$ mol.L^{-1} au lieu de $4,37.10^{-3}$ mol.L^{-1} :

$$\mathrm{pH} = -\log\left(4,30.10^{-7}\right) + \log\left(\frac{2,36.10^{-2}}{2,37.10^{-3}}\right) = 7,36$$

Grâce au pouvoir tampon du sang, le pH obtenu suite à un effort est compatible avec la vie.

Exercice 2.2 : Calcul du pH d'un acide

Calculer le pH d'une solution aqueuse d'acide méthanoïque HCOOH (appelé également acide formique) :

1. de concentration $C_1 = 0,10$ mol.L^{-1}.

2. de concentration $C_2 = 10^{-3}$ mol.L^{-1}.

Donnée : $pK_a(HCOOH/HCOO^-) = 3,8$

1. On néglige l'autoprotolyse de l'eau. La réaction prépondérante qui a lieu est celle entre HCOOH (acide le plus fort en solution) et H_2O (base la plus forte en solution) selon l'équation : R.P. : $HCOOH + H_2O \rightleftharpoons HCOO^- + H_3O^+$.
La constante associée à cet équilibre est $K_a = 10^{-3,8}$.

Faisons un tableau d'avancement en faisant l'hypothèse que l'acide est peu dissocié :

	HCOOH	+ H_2O	$\rightleftharpoons$ $HCOO^-$	+ H_3O^+
E.I.	C_1	excès	0	0
E.Eq.	C_1	excès	h	h

$$K_a = \frac{h^2}{C_1}$$

ce qui conduit à : $\mathrm{pH} = \frac{1}{2}(\mathrm{p}K_a + \mathrm{p}C_1) = 2,4$

Vérifications des hypothèses :
$\mathrm{pH} < 6,5$: l'autoprotolyse de l'eau est négligeable ;
$\mathrm{pH} < \mathrm{p}K_a - 1 = 2,8$: l'acide est peu dissocié.

2. On néglige l'autoprotolyse de l'eau. On constate ici que la concentration en acide est du même ordre de grandeur que sa constante d'acidité donc nous n'allons pas faire d'hypothèse. La réaction prépondérante est toujours :
R.P. : $HCOOH + H_2O \rightleftharpoons HCOO^- + H_3O^+$.

	HCOOH	+ H_2O	$\rightleftharpoons$ $HCOO^-$	+ H_3O^+
E.I.	C_2	excès	0	0
E.Eq.	$C_2 - h$	excès	h	h

$$K_a = \frac{h^2}{C_2 - h}$$

Résolvons donc l'équation du second degré $h^2 + K_a h - C_2 K_a = 0$
On trouve $h = 3,3 \cdot 10^{-4}$ mol.L^{-1} $\Leftrightarrow$ $\mathrm{pH} = 3,5$

Vérifions l'hypothèse : $\mathrm{pH} < 6,5$: l'autoprotolyse de l'eau est négligeable.

Exercice 2.3 : Solution d'acide faible et mélange d'acides **

L'acide éthanoïque CH_3COOH est un acide faible ($\mathrm{p}K_{a_1} = 4,80$). Le $\mathrm{p}K_a$ de l'acide monochloroéthanoïque $ClCH_2COOH$ vaut $\mathrm{p}K_{a_2} = 2,90$.
1. Calculer le pH d'une solution d'acide éthanoïque $C_0 = 1,00 \cdot 10^{-3}$ mol.L^{-1}.
2. Calculer le pH d'une solution obtenue en mélangeant 5 mL d'acide éthanoïque de concentration 1,00 mol.L^{-1} et 10 mL d'acide monochloroéthanoïque de concentration 0,10 mol.L^{-1}.

1. R.P. : $CH_3COOH + H_2O \rightleftharpoons CH_3COO^- + H_3O^+$ $\quad K_{a_1} = 10^{-4,8}$
Hypothèse : acide peu dissocié.

$$pH = \frac{1}{2}\left(\mathrm{p}K_{a_1} + \mathrm{p}C_0\right) = 0,5 \times (4,80 + 3) = 3,90$$

Remarque : Cette formule a été établie dans l'exercice 2.2 précédent.

Vérifications : $pH \leqslant 6,5$: correcte (l'autoprotolyse de l'eau est négligeable) ; $pH \leqslant pK_{a_1} - 1$: faux (l'acide n'est pas peu dissocié).

Supposons l'acide moyennement dissocié et faisons un bilan sur la R.P. :

	CH_3COOH	+ H_2O	$\rightleftharpoons$ CH_3COO^-	+ H_3O^+	K_{a_1}
E.I.	C_0	excès	0	0	
E.Eq.	$C_0 - h$	excès	h	h	

Nous avons alors $K_{a_1} = \dfrac{[CH_3COO^-]\,h}{[CH_3COOH]} = \dfrac{h^2}{C_0 - h}$.

Résolvons : $h^2 + K_{a_1} h - K_{a_1} C_0 = 0$.
Nous trouvons $h = 1,18 \cdot 10^{-4}$ mol.L^{-1} donc $pH = 3,93$.

Vérification : $pH \leqslant 6,5$: correcte (l'autoprotolyse de l'eau est négligeable).

2. Première étape : calculer les concentrations initiales :

$$[CH_3COOH]_0 = C_0 = \frac{5}{15} \times 1,00 = 3,33 \cdot 10^{-1} \text{ mol.L}^{-1}$$

$$[ClCH_2COOH]_0 = C'_0 = \frac{10}{15} \times 0,10 = 6,67 \cdot 10^{-2} \text{ mol.L}^{-1}$$

Nous avons un mélange de deux acides faibles. L'acide monochloroéthanoïque impose le pH (son pK_a est plus petit et il est plus dilué).

Remarque : Pour comparer la force de ces deux acides, nous pouvons calculer pour chacun le produit K_aC (la force d'un acide dépend de son pK_a et de sa concentration d'après la loi de dilution d'Ostwald).
Pour l'acide éthanoïque : $K_{a_1} C_0 = 10^{-4,8} \times 3,33 \cdot 10^{-1} = 5,28 \cdot 10^{-6}$.
Pour l'acide monochloroéthanoïque : $K_{a_2} C'_0 = 10^{-2,9} \times 6,67 \cdot 10^{-2} = 8,40 \cdot 10^{-5}$
$K_{a_2} C'_0 > K_{a_1} C_0$: l'acide monochloroéthanoïque impose le pH.

R.P. : $ClCH_2COOH + H_2O \rightleftharpoons ClCH_2COO^- + H_3O^+ \quad K_{a_2} = 10^{-2,9}$
Hypothèse : acide peu dissocié.

$$pH = \frac{1}{2}\left(pK_{a_2} + pC'_0\right) = 0,5 \times \left[2,90 - \log(6,67 \cdot 10^{-2})\right] = 2,04$$

Vérifications :
$pH \leqslant 6,5$: correcte (l'autoprotolyse de l'eau est négligeable) ;
$pH \leqslant pK_{a_2} - 1 = 1,90$: fausse (l'acide monochloroéthanoïque n'est pas peu dissocié) ;
$pH \leqslant pK_{a_1} - 1 = 3,80$: correcte (l'acide éthanoïque ne réagit pas : on est dans son domaine de prédominance).
Par analogie avec la question 1, il nous faut résoudre l'équation du second degré : $h^2 + K_{a_2} h - K_{a_2} C'_0 = 0$.
Nous trouvons $h = 8,55 \cdot 10^{-3}$ mol.L^{-1} donc $pH = 2,07$.

Vérifications :
$\mathrm{pH} \leqslant 6,5$: correcte (l'autoprotolyse de l'eau est négligeable) ;
$\mathrm{pH} \leqslant \mathrm{p}K_{a_1} - 1 = 3,80$: correcte.

Exercice 2.4 : Calcul du pH d'un ampholyte (ENS Lyon) *

On donne à 298 K :
$\mathrm{p}K_{a_1}(\mathrm{CO_2}_{\,(aq)}/\mathrm{HCO_3^-}_{\,(aq)}) = 6,3$; $\mathrm{p}K_{a_2}(\mathrm{HCO_3^-}_{\,(aq)}/\mathrm{CO_3^{2-}}_{\,(aq)}) = 10,3$ et $\mathrm{p}K_e = 14$.

Par réaction avec un acide fort, les ions carbonate peuvent donner l'ion hydrogénocarbonate.

1. Écrire l'équation de cette réaction et calculer sa constante.
2. L'ion hydrogénocarbonate est un ampholyte. Qu'est-ce qu'un ampholyte ?
3. **Établir** l'expression du pH d'une solution d'ampholyte.
4. Déterminer le pH d'une solution d'hydrogénocarbonate de sodium à $5,00 \cdot 10^{-3}$ mol.L^{-1} ainsi que les concentrations à l'équilibre de $\mathrm{CO_2}_{\,(aq)}$, $\mathrm{HCO_3^-}$ et $\mathrm{CO_3^{2-}}$.

1. En solution aqueuse, tous les acides forts sont présents sous forme d'ions $\mathrm{H_3O^+}$. La réaction prépondérante R.P. est :

$$\mathrm{CO_3^{2-}}_{\,(aq)} + \mathrm{H_3O^+}_{\,(aq)} \rightleftharpoons \mathrm{HCO_3^-}_{\,(aq)} + \mathrm{H_2O} \qquad K^\circ = \frac{1}{K_{a_2}} = 10^{10,3}$$

2. Un ampholyte (ou une espèce amphotère) est une molécule qui se comporte à la fois comme un acide et une base ; elle est base conjuguée d'un couple et acide conjugué d'un autre couple ($\mathrm{p}K_{a_1} \neq \mathrm{p}K_{a_2}$).

3. Soit une solution aqueuse d'hydrogénocarbonate de concentration C_0. Faisons un bilan sur la R.P. :

	$2\,\mathrm{HCO_3^-}_{\,(aq)}$	$\rightleftharpoons$	$\mathrm{CO_3^{2-}}_{\,(aq)}$	+	$\mathrm{CO_2}_{\,(aq)}$	+	$\mathrm{H_2O}$	K'
E.I.	C_0		0		0		excès	
E.Eq.	$C_0 - 2x$		x		x		excès	

$$K' = \frac{[\mathrm{CO_3^{2-}}]\,[\mathrm{CO_2}]}{[\mathrm{HCO_3^-}]^2} = \frac{K_{a_2}}{K_{a_1}} = 10^{-4}$$

De plus :

$$K_{a_1} \times K_{a_2} = \frac{[\mathrm{HCO_3^-}]\,h}{[\mathrm{CO_2}]} \times \frac{[\mathrm{CO_3^{2-}}]\,h}{[\mathrm{HCO_3^-}]} = \frac{[\mathrm{CO_3^{2-}}]\,h^2}{[\mathrm{CO_2}]}$$

$$K_{a_1}K_{a_2} = \frac{xh^2}{x} = h^2 \quad \Leftrightarrow \quad -\log h = -\frac{1}{2}\log\left(K_{a_1}K_{a_2}\right)$$

$$\Leftrightarrow \quad \mathrm{pH} = -\frac{1}{2}\left(\log K_{a_1} + \log K_{a_2}\right)$$
$$\Leftrightarrow \quad \mathrm{pH} = \frac{1}{2}\left(\mathrm{p}K_{a_1} + \mathrm{p}K_{a_2}\right)$$

4. D'après la formule précédente, on a :

$$\mathrm{pH} = \frac{1}{2}(6,3 + 10,3) = 8,3$$

Pour déterminer les concentrations à l'équilibre, il nous faut calculer x.
On utilise le tableau d'avancement sur la R.P. en la supposant peu déplacée (en effet, $K' \ll 1$) : on néglige donc $2x$ devant C_0.
La constante d'équilibre s'exprime alors :

$K' = \dfrac{x^2}{C_0^2}$ donc $x = C_0\sqrt{K'} = 5,00 \cdot 10^{-3} \times \sqrt{10^{-4}} = 5,00 \cdot 10^{-5}\ \mathrm{mol.L^{-1}}$

$2x \leqslant \dfrac{C_0}{10}$: la R.P. est bien peu déplacée.

Les concentrations à l'équilibre sont donc :

$$[CO_3^{2-}] = \left[CO_{2\,(aq)}\right] = 5,00 \cdot 10^{-5}\ \mathrm{mol.L^{-1}}$$
$$[HCO_3^-] = 5,00 \cdot 10^{-3}\ \mathrm{mol.L^{-1}}$$

Exercice 2.5 : Étude d'un diagramme de distribution, calculs de pH et solution équivalente **

Les ions sélénite SeO_3^{2-} présentent des propriétés acido-basiques en solution aqueuse. Le graphe ci-dessous donne le diagramme de distribution des espèces acido-basiques associées aux ions sélénite :

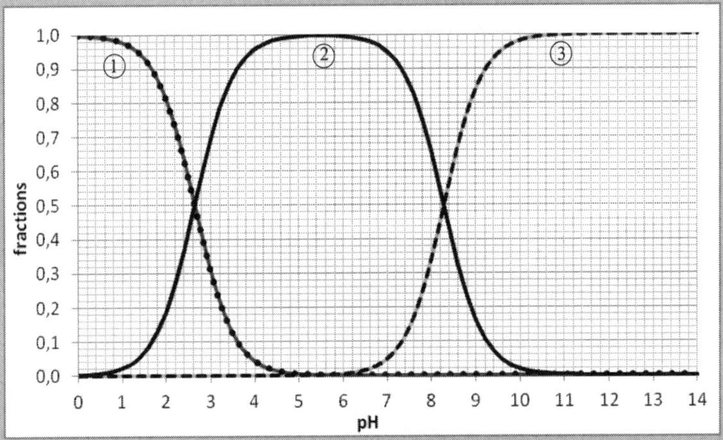

1. Quel est le comportement acido-basique des ions sélénite SeO_3^{2-} en solution aqueuse ? Écrire les équations des réactions traduisant ce comportement.

2. Identifier les courbes du diagramme de distribution des espèces et donner les valeurs des constantes d'acidité (notées pK_{a_1} et pK_{a_2}) des couples acido-basiques dérivant de l'ion sélénite.
3. Calculer le pH d'une solution aqueuse de sélénite de sodium, Na_2SeO_3 de concentration $C_0 = 1,00 \cdot 10^{-3}$ mol.L^{-1}.
4. On mélange 10 mL d'une solution d'acide monochloroéthanoïque ($pK_a = 2,9$) à 0,100 mol.L^{-1} et 10 mL d'une solution d'ions sélénite à 0,100 mol.L^{-1}. Sur cet exemple, préciser la notion de solution équivalente. Calculer le pH de la solution ainsi que les concentrations des différentes espèces à l'équilibre.
Données : constante d'autoprotolyse de l'eau : $pK_e = 14$.

1. Les ions sélénite SeO_3^{2-} sont une dibase :

$$SeO_3^{2-} + H_2O \rightleftharpoons HSeO_3^- + HO^-$$
$$HSeO_3^- + H_2O \rightleftharpoons H_2SeO_3 + HO^-$$

2. La courbe ① correspond à l'espèce la plus acide (présente pour des faibles valeurs de pH) : H_2SeO_3.
La courbe ② correspond à l'espèce amphotère $HSeO_3^-$ et la courbe ③ correspond à la base SeO_3^{2-}.
Lorsque les concentrations de H_2SeO_3 et de $HSeO_3^-$ sont identiques, nous avons $pH = pK_{a_1} = 2,6$ et lorsque les concentrations de $HSeO_3^-$ et de SeO_3^{2-} sont identiques, nous avons $pH = pK_{a_2} = 8,3$.

3. On néglige l'autoprotolyse de l'eau. La réaction prépondérante est la suivante :

$$\text{R.P. : } SeO_3^{2-} + H_2O \rightleftharpoons HSeO_3^- + HO^- \qquad K_{b_2} = \frac{K_e}{K_{a_2}} = 10^{-5,7}$$

Faisons un tableau d'avancement en faisant l'hypothèse que la base est peu réactive (K_{b_2} a une valeur faible et la concentration en base n'est pas très faible) :

RP :	SeO_3^{2-}	+	H_2O	$\rightleftharpoons$	$HSeO_3^-$	+	HO^-	$K_{b_2} = \dfrac{\omega^2}{C_0}$
E.I.	C_0		excès		0		0	
E.Eq.	C_0		excès		ω		ω	

ce qui conduit à : $p\omega = \dfrac{1}{2}\left(pK_{b_2} + pC_0\right)$

Comme $pK_e = pH + p\omega$ et $pK_e = pK_{a_2} + pK_{b_2}$, nous arrivons à la formule :

$$pH = 7 + \frac{1}{2}\left(pK_{a_2} - pC_0\right) = 7 + 0,5 \times (8,3 - 3) = 9,65$$

Vérifications :

- $pH \geqslant 7,5$: correcte (l'autoprotolyse de l'eau est négligeable) ;
- $pH \geqslant pK_{a_2} + 1 = 9,30$: correcte (la base réagit peu) et $pH \geqslant pK_{a_1} + 1$ (la seconde basicité est négligeable).

4. La R.P. est la suivante :

$$SeO_3^{2-} + ClCH_2COOH \rightleftharpoons HSeO_3^- + ClCH_2COO^- \qquad K = \frac{K_a}{K_{a_2}} = 10^{5,4}$$

Point méthode : Comme il y a dilution, il faut au préalable calculer les concentrations initiales.

Calculons les concentrations initiales en prenant en compte la dilution. L'acide monochloroéthanoïque et les ions sélénite ont pour concentration initiale :

$$C_1 = \frac{10}{20} \times 0,100 = 5,00 \cdot 10^{-2} \text{ mol.L}^{-1}.$$

Compte-tenu de la valeur de la constante d'équilibre : $K \gg 1$, on suppose la réaction totale.

RP :	SeO_3^{2-}	$+ ClCH_2COOH$	$\rightarrow$	$HSeO_3^-$	$+ ClCH_2COO^-$	$K = 10^{5,4}$
E.I.	C_1	C_1		0	0	
E.F.	0	0		C_1	C_1	

Nous obtenons la solution équivalente à celle de départ, constituée de $5,00 \cdot 10^{-2}$ mol.L^{-1} de $HSeO_3^-$ et de $5,00 \cdot 10^{-2}$ mol.L^{-1} de $ClCH_2COO^-$.
La nouvelle R.P. est :

$$HSeO_3^- + ClCH_2COO^- \rightleftharpoons SeO_3^{2-} + ClCH_2COOH \qquad K' = 10^{-5,4}$$

Faisons un tableau d'avancement en supposant l'équilibre peu déplacé compte-tenu de la valeur de K' :

RP :	$HSeO_3^-$	$+ ClCH_2COO^-$	$\rightarrow$	SeO_3^{2-}	$+ ClCH_2COOH$	$K = 10^{-5,4}$
E.I.	C_1	C_1		0	0	
E.Eq.	C_1	C_1		y	y	

Nous avons un mélange acide-base non conjugué. Le calcul de pH est le même que pour un ampholyte.

Exprimons alors $K_a \times K_{a_2} = \dfrac{C_1 h}{y} \times \dfrac{yh}{C_1} = h^2$. Nous arrivons à l'expression suivante :

$$pH = \frac{1}{2}\left(pK_a + pK_{a_2}\right) = 0,5 \times (2,9 + 8,3) = 5,6$$

Exercice 2.6 : Solution tampon (Capes interne) *

1. Quelles sont les propriétés d'une solution tampon ?
La solution tampon « tris » est un mélange d'un acide que l'on notera RNH_3^+ et de sa base conjuguée notée RNH_2. Le pK_a du couple est de 8,2 à 25 °C.
2. En notant C_0 la concentration molaire totale du tampon, déterminer, en fonction de C_0, les concentrations en RNH_3^+ et RNH_2 respectivement notées C_a et C_b dans la solution tampon de pH = 9,8.

3. La solution est préparée en introduisant une masse m_a de l'acide, sous forme chlorure (RNH_3Cl) et une masse m_b de la base (RNH_2) dans une fiole jaugée de 1,00 L et en complétant avec de l'eau distillée. Calculer les masses m_a et m_b à introduire pour obtenir une solution tampon de concentration molaire $C_0 = 5,0 \cdot 10^{-2}$ mol.L^{-1}.

Données : Masses molaires : RNH_3Cl : $M_a = 157,6$ g.mol^{-1}
RNH_2 : $M_b = 121,1$ g.mol^{-1}

1. Une solution tampon est une solution pour laquelle le pH varie peu lorsque l'on ajoute un acide ou une base (en quantité raisonnable) ou lors d'une dilution.

2. Soit C_0 la concentration molaire totale donc $C_0 = C_a + C_b$, en respectant les notations de l'énoncé.

Par ailleurs, $K_a = \dfrac{C_b \times h}{C_a}$ avec $h = [H_3O^+]$. On a donc $C_b = C_a \dfrac{K_a}{h}$

$$C_0 = C_a + C_b = C_a + C_a \frac{K_a}{h} = C_a \left(1 + \frac{K_a}{h}\right)$$

On obtient ainsi :

$$C_a = \frac{C_0}{1 + \dfrac{K_a}{h}} = \frac{C_0 h}{h + K_a}$$

$$C_b = C_a \frac{K_a}{h} = \frac{C_0 h}{h + K_a} \frac{K_a}{h} = \frac{C_0 K_a}{h + K_a}$$

3. La masse m_a correspond à la concentration C_a :

$$C_a = \frac{n_a}{V} = \frac{m_a}{M_a V}$$

donc $$m_a = C_a M_a V = \frac{C_0 h}{h + K_a} M_a V$$

$$m_a = 5,0 \cdot 10^{-2} \times \frac{10^{-9,8}}{10^{-9,8} + 10^{-8,2}} \times 157,6 \times 1 = 0,19 \text{ g}$$

De même, $$m_b = C_b M_b V = \frac{C_0 K_a}{h + K_a} M_b V$$

$$m_b = 5,0 \cdot 10^{-2} \times \frac{10^{-8,2}}{10^{-9,8} + 10^{-8,2}} \times 121,1 \times 1 = 5,9 \text{ g}$$

CHAPITRE 3

Réactions d'oxydo-réduction

Capacités à acquérir	Exercices
Écrire des demi-équations redox.	Tous
Écrire une réaction d'oxydo-réduction.	
Connaître et utiliser l'expression de la constante d'équilibre en fonction des potentiels standard.	3.2 et 3.3
Écrire un tableau d'avancement.	
Déterminer la composition à l'équilibre dans le cas d'une unique réaction prépondérante.	
Prévoir le sens d'évolution d'un système : prédire le sens d'une réaction redox.	3.2
Transformation quantitative ou limitée : proposer une hypothèse.	
Écrire les demi-équations redox pour chaque compartiment d'une pile et écrire la réaction de fonctionnement d'une pile.	3.3

Notations utilisées au cours de ce chapitre :
E.I. signifie état initial, E.F., état final et E.Eq., état d'équilibre.
R.P. signifie réaction prépondérante et R.T. réaction de titrage.
$h = [H_3O^+]_{\text{équilibre}}$ et $\omega = [HO^-]_{\text{équilibre}}$.

Les concentrations notées sans indice correspondent aux concentrations à l'équilibre. Pour alléger les écritures des demi-équations redox, elles seront équilibrées avec «H^+» même si, dans l'eau, H^+ existe sous forme H_3O^+.

Remarque : Afin d'alléger les notations, la concentration standard C° pourra être omise dans l'écriture des constantes d'équilibre, qui seront ainsi exprimées à partir des concentrations à l'équilibre, exprimées en mol.L^{-1}.

Exercice 3.1 : Oxydo-réduction de la vitamine C *

On s'intéresse au couple redox DHA/ASC (ou vitamine C) :

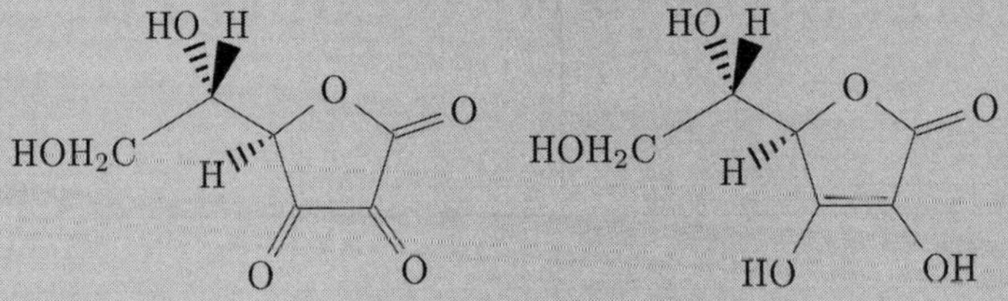

acide déshydroascorbique (DHA) acide L-ascorbique (ASC)

À pH = 0, les potentiels standard des couples DHA/ASC et Fe^{3+}/Fe^{2+} sont respectivement : $E_1^\circ = 0,39$ V et $E_2^\circ = 0,77$ V.

1. Écrire à pH = 0 la demi-équation redox associée au couple DHA/ASC.

2. Dans le milieu réactionnel tamponné à pH = 0, les concentrations initiales dans un système fermé sont : $[\text{DHA}]_i = 0$ mol.L^{-1} ; $[\text{ASC}]_i = 10^{-2}$ mol.L^{-1} ; $[Fe^{2+}]_i = 0$ mol.L^{-1} ; $[Fe^{3+}]_i = 2 \cdot 10^{-2}$ mol.L^{-1}.

Déterminer les concentrations à l'équilibre.

1. La formule brute de DHA est $C_6H_6O_6$, celle de ASC est $C_6H_8O_6$ donc la demi-équation redox est :

$$\text{DHA} + 2\text{H}^+ + 2\text{e}^- = \text{ASC}$$

Remarque : Seule la partie dicétone dans le DHA est transformée en diénol dans l'ASC.

2. Le deuxième couple rédox à intervenir est le couple Fe^{3+}/Fe^{2+} :

$$\text{Fe}^{3+} + \text{e}^- = \text{Fe}^{2+}$$

Initialement le milieu ne contient que des ions fer III et de l'ASC. $E_2^\circ > E_1^\circ$ donc l'oxydant le plus fort est Fe^{3+} (qui subit une réduction) et le réducteur le plus fort est l'ASC (qui subit une oxydation).

Rappel : L'équation-bilan est obtenue par combinaison linéaire des deux demi-équations électroniques.

$$(\text{Fe}^{3+} + \text{e}^- = \text{Fe}^{2+}) \quad \times 2$$
$$\text{ASC} = \text{DHA} + 2\text{H}^+ + 2\text{e}^-$$

$$\text{ASC} + 2\text{Fe}^{3+} = \text{DHA} + 2\text{H}^+ + 2\text{Fe}^{2+}$$

Il y a donc une unique réaction prépondérante de constante de réaction :

$$K^\circ = 10^{\frac{1\times 2}{0,06}(0,77-0,39)} = 10^{12,7}$$

La valeur de la constante d'équilibre et le fait que les réactifs ont été introduits dans les proportions stœchiométriques permettent de supposer que cette réaction est totale.

	ASC	+	$2Fe^{3+}$	$\longrightarrow$	DHA	+	$2H^+$	+	$2Fe^{2+}$
E.I.	10^{-2}		$2\cdot10^{-2}$		0		1		0
E.Eq.	$10^{-2}-x=0$		$2\cdot10^{-2}-2x=0$		x		1		$2x$

Comme souvent lors de réactions biochimiques le milieu est tamponné donc $[H^+]=[H_3O^+]_{\text{équilibre}}=10^{-\text{pH}}=\text{cste}$.

Ainsi à l'équilibre : $\left[Fe^{2+}\right]=2\cdot10^{-2}$ mol.L^{-1} et $[DHA]=10^{-2}$ mol.L^{-1}
Pour déterminer les concentrations résiduelles en ASC et ions Fe^{2+} on se sert de $K°$. La RP est la réaction inverse de celle écrite plus haut. Un tableau d'avancement sur cette RP donne $\left[Fe^{3+}\right]=2\,[ASC]$.

$$K°=\frac{[DHA]\,[H^+]^2\left[Fe^{2+}\right]^2}{[ASC]\,[Fe^{3+}]^2}=\frac{10^{-2}\times1^2\times\left(2\cdot10^{-2}\right)^2}{[ASC]\times(2\,[ASC])^2}$$

$$[ASC]=\sqrt[3]{\frac{10^{-2}\times\left(10^{-2}\right)^2}{10^{12,7}}}=5,8\cdot10^{-7}\ \text{mol.L}^{-1}$$

La réaction est bien totale car $[ASC]<<\left[Fe^{2+}\right]$ et $[DHA]$.
$\left[Fe^{3+}\right]=2\,[ASC]=1,2\cdot10^{-6}$ mol.L^{-1}

Exercice 3.2 : Fonctionnement d'un alcooltest **

On souhaite déterminer le degré alcoolique d c'est-à-dire le pourcentage volumique d'éthanol dans le vin. Pour cela, on additionne $V=100\ \mu$L d'un échantillon de vin à une solution contenant de l'acide sulfurique H_2SO_4 concentré et un excès de $K_2Cr_2O_7$ (0,10 g).

1. Écrire la demi-réaction électronique de réduction de l'ion dichromate $Cr_2O_7^{2-}$.

2. Écrire la réaction qui se produit entre le dichromate de potassium et l'éthanol CH_3CH_2OH et calculer la constante d'équilibre associée. Que peut-on conclure ?

3. Quelle est l'inégalité entre les quantités de matière initiales de $Cr_2O_7^{2-}$ (notée n_{10}) et de CH_3CH_2OH (notée n_{20}) ?

4. Établir la relation liant n_{10}, la quantité de matière restante en $Cr_2O_7^{2-}$ (notée n_1) et le degré alcoolique d.

5. Après réaction complète de l'éthanol, un volume de 0,1 L d'une solution d'iodure de potassium de concentration 1 mol.L^{-1} est additionné au mélange précédent. Ce volume est tel que les ions iodure sont en excès. Écrire la réaction qui se produit. Calculer sa constante d'équilibre et conclure.

6. On note n_3 la quantité de matière de I_2 formée au cours de cette réaction. On donne $n_3 = 0,56$ mmol. Calculer le degré alcoolique du vin.
***Données à 298* K** :
$E^\circ_{CH_3COOH/CH_3CH_2OH} = 0,035$ V ; $E^\circ_{Cr_2O_7^{2-}/Cr^{3+}} = 1,333$ V ; $E^\circ_{I_2/I^-} = 0,530$ V
Masse volumique de l'éthanol : $\rho = 791$ kg.m^{-3}.
Masses molaires en g.mol^{-1} : éthanol : $M = 46,0$; K : 39,1 ; Cr : 52,0 ; O : 16,0

Point méthode : Pour équilibrer une demi-équation rédox, il faut tout d'abord équilibrer les atomes en dehors de H et O, puis on équilibre les O avec les molécules d'eau, ensuite on équilibre les H à l'aide de H^+ et enfin on ajoute le nombre d'électrons pour assurer l'électroneutralité.

1. Pour le couple $Cr_2O_7^{2-}/Cr^{3+}$ la demi-équation est :

$$Cr_2O_7^{2-} + 14H^+ + 6e^- = 2Cr^{3+} + 7H_2O$$

2. Pour le couple CH_3COOH/CH_3CH_2OH la demi-équation est :

$$CH_3COOH + 4H^+ + 4e^- = CH_3CH_2OH + H_2O$$

Pour obtenir l'équation-bilan entre le dichromate et l'éthanol on réalise une combinaison linéaire des deux demi-équations électroniques :

$$(Cr_2O_7^{2-} + 14H^+ + 6e^- = 2Cr^{3+} + 7H_2O) \quad \times 2$$

$$(CH_3CH_2OH + H_2O = CH_3COOH + 4H^+ + 4e^-) \quad \times 3$$

$$2Cr_2O_7^{2-} + 3CH_3CH_2OH + 16H^+ = 4Cr^{3+} + 3CH_3COOH + 11H_2O$$

Remarque : Pour voir si une réaction d'oxydo-réduction est en faveur des réactifs ou des produits, on peut placer les couples sur une échelle de potentiels standard et utiliser la règle du gamma.
Ici, on constate que l'équilibre est en faveur des produits. De plus, l'écart entre les potentiels standard est assez grand pour laisser supposer que cette réaction sera très en faveur des produits.

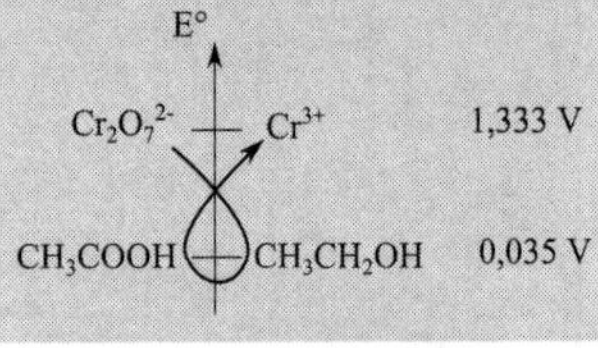

La constante de cet équilibre est donnée par la relation :

$$K^\circ = 10^{\frac{z}{0,06}\left(E^\circ_{\text{oxydant}} - E^\circ_{\text{réducteur}}\right)}$$

Où z est le nombre d'électrons échangés.

$$K^\circ = 10^{\frac{12}{0,06}(1,333-0,035)} = 10^{260}$$

La réaction est quantitative !

3. Effectuons un tableau d'avancement :

	$2Cr_2O_7^{2-}$	$+3CH_3CH_2OH$	$+16H^+$	$\rightarrow$	$4Cr^{3+}$	$+3CH_3COOH$	$+11H_2O$
E.I.	n_{10}	n_{20}	excès		0	0	excès
E.F.	$n_{10} - 2n = n_1$	$n_{20} - 3n$	excès		$4n$	$3n$	excès

Remarque : Les ions H^+ sont apportés par l'acide sulfurique, ils sont en excès car ce dernier est très concentré et l'eau est le solvant.

$Cr_2O_7^{2-}$ est en excès donc il en reste et l'éthanol est entièrement consommé : $n_{10} - 2n > 0$ et $n_{20} - 3n = 0$ donc $n = \frac{1}{3}\, n_{20}$

On obtient ainsi l'inégalité suivante : $n_{10} > n_{20} - n = \frac{2}{3}\, n_{20}$

4. Par définition, le degré alcoolique s'écrit : $d = \frac{V_{CH_3CH_2OH}}{V} \times 100$

Or $n_{20} = \frac{m_{CH_3CH_2OH}}{M} = \frac{\rho V_{CH_3CH_2OH}}{M} = \frac{\rho d V}{M \times 100}$

D'après le tableau d'avancement :

$$n_1 = n_{10} - 2n = n_{10} - \frac{2}{3}\, n_{20}$$

Par conséquent on a : $n_1 = n_{10} - \frac{2}{3}\frac{\rho d V}{M \times 100}$

5. À la fin de la réaction précédente, dans le bécher, nous avons un mélange de CH_3COOH, H^+, $Cr_2O_7^{2-}$, Cr^{3+}. On y ajoute des ions iodure qui sont des réducteurs.

Il y a réaction entre l'oxydant le plus fort (c'est-à-dire associé au plus grand potentiel standard), $Cr_2O_7^{2-}$ et le réducteur le plus fort (c'est-à-dire associé au plus petit potentiel standard), I^- .

On ne s'intéresse qu'aux espèces présentes au départ.

Pour le couple I_2/I^- la demi-équation est :

$$I_2 + 2e^- = 2I^-$$

Comme précédemment l'équation-bilan entre les ions dichromate et iodure est obtenue par combinaison linéaire des deux demi-équations électroniques :

$$Cr_2O_7^{2-} + 14H^+ + 6e^- = 2Cr^{3+} + 7H_2O$$

$$(2I^- = I_2 + 2e^-) \quad \times 3$$

$$\overline{Cr_2O_7^{2-} + 6I^- + 14H^+ = 2Cr^{3+} + 3I_2 + 7H_2O}$$

La constante de cet équilibre est égale à : $K° = 10^{\frac{6}{0,06}(1,333-0,035)} = 10^{130}$
Cette réaction est totale.

6. Cette réaction permet de doser les ions dichromate libres.

	$Cr_2O_7^{2-}$ +	$6I^-$ +	$14H^+$	→	$2Cr^{3+}$	+	$3I_2$	+	$7H_2O$
E.I.	n_1	excès	excès		$4n$		0		excès
E.F.	$n_1 - n'$	excès	excès		$4n + 2n'$		$n_3 = 3n'$		excès

À l'équivalence, $n_1 - n' = 0$ donc $n_3 = 3n_1$. La quantité de matière de I_2 permet de connaître n_1 et donc de calculer le degré alcoolique d :

$$n_1 = \frac{1}{3}\,n_3 = n_{10} - \frac{2}{3}\frac{\rho d V}{M \times 100}$$

On calcule d à partir de l'expression suivante :

$$d = \frac{3M \times 100}{2\rho V}\left(n_{10} - \frac{1}{3}\,n_3\right)$$

On calcule n_{10} à partir des $0,10$ g de $K_2Cr_2O_7$ introduits initialement :

$$n_{10} = \frac{0,10}{2 \times 39,1 + 2 \times 52,0 + 7 \times 16,0} = 3,40 \cdot 10^{-4}\ \text{mol}$$

Nous pouvons alors faire l'application numérique :

$$d = \frac{3 \times 46 \cdot 10^{-3} \times 100}{2 \times 791 \times 100 \cdot 10^{-9}}\left(3,4 \cdot 10^{-4} - \frac{1}{3} \times 0,56 \cdot 10^{-3}\right) = 13,4$$

⚠ Attention aux unités : la masse volumique est donnée en $kg.m^{-3}$, il faut donc que le volume de vin V soit en m^3 et la masse molaire en $kg.mol^{-1}$.

Exercice 3.3 : Pile électrochimique (G2E) *

Dans un bécher (noté 1), on verse 100 cm^3 d'une solution de nitrate d'argent $AgNO_3$ de concentration molaire $c_1 = 0,1$ $mol.L^{-1}$, puis on y plonge une électrode d'argent.
Dans un second bécher (noté 2), on verse 100 cm^3 d'une solution de chlorure de cobalt $CoCl_2$ de concentration molaire $c_2 = 0,1$ $mol.L^{-1}$, puis on y plonge une électrode de cobalt.
On relie les deux béchers par un pont salin contenant du nitrate d'ammonium NH_4NO_3. On branche un voltmètre et on mesure alors une force électromotrice, notée e, aux bornes de la pile ainsi constituée.

Données : $E°\left(Ag^+/Ag\right) = 0,80$ V et $E°\left(Co^{2+}/Co\right) = -0,28$ V

1. Effectuer un schéma de la pile.
2. Indiquer le rôle du pont salin.

3. Écrire l'équation de la réaction ayant lieu dans la pile quand celle-ci débite sachant que l'électrode d'argent constitue le pôle positif de la pile.
4. Donner la valeur de la constante d'équilibre de la réaction de fonctionnement de la pile.
5. Déterminer la composition de la pile lorsque celle-ci est usée, c'est-à-dire ne débite plus. Calculer la quantité d'électricité maximale qui a traversé le circuit. On donne la constante de Faraday : $F = 96500\ \text{C.mol}^{-1}$

1.

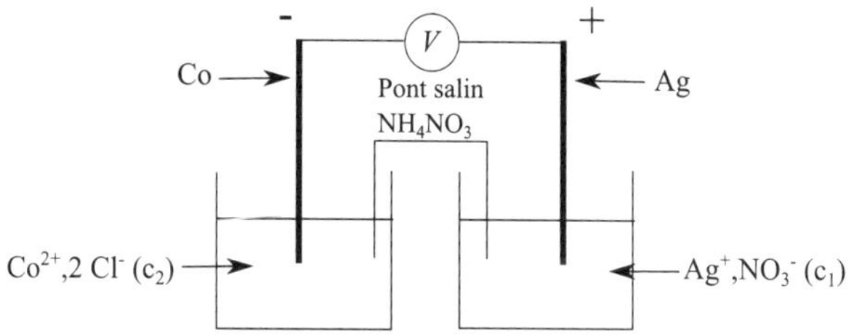

2. Le pont salin permet d'assurer la jonction électrolytique entre les deux compartiments de la pile et de fermer ainsi le circuit. On choisit des ions inertes chimiquement et électrochimiquement, comme les ions nitrate et ammonium, qui vont migrer (diffusion) dans chaque compartiment de manière à assurer l'électroneutralité des solutions.

3. L'électrode d'argent constitue le pôle positif de la pile donc des électrons y sont consommés.

Rappel : Le sens du courant est orienté de la borne + vers la borne −, les électrons circulent en sens inverse.

C'est donc une réduction des ions argent Ag^+ qui a lieu au pôle + (les ions argent jouent le rôle d'oxydant) :

$$\text{Ag}^+ + \text{e}^- = \text{Ag}$$

On observe au pôle − l'oxydation du cobalt Co (le cobalt joue le rôle de réducteur) :

$$\text{Co} = \text{Co}^{2+} + 2\text{e}^-$$

L'équation-bilan est obtenue par combinaison linéaire des deux demi-équations électroniques :

$$(\text{Ag}^+ + \text{e}^- = \text{Ag}) \quad \times 2$$
$$\text{Co} = \text{Co}^{2+} + 2\text{e}^-$$

$$2\text{Ag}^+ + \text{Co} = \text{Co}^{2+} + 2\text{Ag}$$

4. La constante de cet équilibre est donnée par la relation :

$$K^\circ = 10^{\frac{z}{0,06}\left(E^\circ_{\text{oxydant}} - E^\circ_{\text{réducteur}}\right)}$$

Où z est le nombre d'électrons échangés.

$$K^\circ = 10^{\frac{2}{0,06}[0,8-(-0,28)]} = 10^{36}$$

5. Compte tenu de la valeur de la constante d'équilibre (ainsi que des concentrations employées) on peut supposer que cette réaction est totale ($K^\circ >> 1$). Le volume de chaque compartiment de la pile étant identique on peut faire un tableau d'avancement en concentration en appelant x l'avancement volumique.

	$2Ag^+$	+	Co	$\longrightarrow$	Co^{2+}	+	$2Ag$
E.I.	$0,1$		excès		$0,1$		excès
E.Eq.	$0,1-2x=0$		excès		$0,1+x$		excès

Lorsque la pile est usée, quasiment tous les ions argent dans le bécher 1 ont réagi donc $x = \dfrac{0,1}{2} = 0,05 \text{ mol.L}^{-1}$ et $\left[Co^{2+}\right] = 0,15 \text{ mol.L}^{-1}$.
On peut déterminer la concentration résiduelle en ions argent grâce à la constante d'équilibre.

$$K^\circ = \frac{[Co^{2+}]}{[Ag^+]^2} \quad \Leftrightarrow \quad [Ag^+] = \sqrt{\frac{[Co^{2+}]}{K^\circ}} = 3,9 \cdot 10^{-19} \text{ mol.L}^{-1}$$

Remarque : L'état final est un état d'équilibre chimique au sens où toutes les espèces sont présentes, même en quantité infime.

Si on note n_e la quantité de matière d'électrons échangés, la quantité d'électricité maximale qui a traversé le circuit est égale à :

$$Q = n_e F = 2xF = 2 \times 0,05 \times 96500 = 9650 \text{ C}$$

CHAPITRE 4

Application à la chimie analytique

Capacités à acquérir	Exercices
Connaître la loi de Kohlrausch et ses limites de validité.	4.1
Connaître la loi de Beer-Lambert et ses limites de validité.	
Savoir utiliser un indicateur coloré.	4.2, 4.5 et 4.7
Identifier la ou les réactions de titrage et établir les relations entre les quantités de matière.	4.2 à 4.6
Calculer le pH aux points particuliers d'une courbe pH = $f(V)$.	4.2 et 4.4 à 4.6
Modéliser la courbe de titrage pH-métrique et conductimétrique dans un cas simple.	4.2 et 4.3
Connaître les électrodes pour mesurer un pH.	4.4
Évaluer le caractère successif ou simultané des réactions.	4.4 à 4.7
Exploiter une courbe de titrage.	4.4 à 4.6
Utiliser les courbes de distribution simulées pour analyser un titrage.	4.6
Reconnaître, à partir d'un protocole, la nature d'un titrage.	4.7

Notations utilisées au cours de ce chapitre :
E.I. signifie état initial, E.F., état final et E.Eq., état d'équilibre.
R.P. signifie réaction prépondérante et R.T. réaction de titrage.
$h = \left[H_3O^+\right]_{\text{équilibre}}$ et $\omega = \left[HO^-\right]_{\text{équilibre}}$.
Les concentrations notées sans indice correspondent aux concentrations à l'équilibre.

Remarque : Afin d'alléger les notations, la concentration standard C° pourra être omise dans l'écriture des constantes d'équilibre, qui seront ainsi exprimées à partir des concentrations à l'équilibre, exprimées en mol.L^{-1}.

Exercice 4.1 : Déterminer un pK_a par conductimétrie et spectrophotométrie (CAPES) *

Détermination d'un pK_a par conductimétrie

La conductivité d'une solution d'acide éthanoïque CH_3COOH à $C_0 = 1,00 \cdot 10^{-2}$ mol.L^{-1} vaut $\sigma = 151,8\ \mu$S.cm^{-1}.

1. Rappeler la loi de Kohlrausch ainsi que ses conditions d'application.

2. Déterminer le coefficient de dissociation de l'acide éthanoïque.

3. Trouver la valeur du pK_a du couple acide éthanoïque/ion éthanoate.

On donne les conductivités molaires ioniques limites (en S.cm^2.mol^{-1}) :

H_3O^+	CH_3COO^-
350,0	40,9

Détermination d'un pK_a par spectrophotométrie

On souhaite déterminer le pK_a du bleu de bromothymol BBT, noté HIn en milieu acide. Pour cela, on mesure l'absorbance pour une longueur d'onde donnée λ_1 de trois solutions de même concentration en BBT, notée C_0 :

- la première en milieu fortement acide : $A_a = 0,196$;
- la seconde en milieu fortement basique : $A_b = 0,076$;
- la troisième à pH = 7,10 où sont présentes les deux formes : $A = 0,140$.

HIn et sa base conjuguée In^- absorbent tous deux à la longueur d'onde λ_1.

4. Rappeler la loi de Beer-Lambert ainsi que ses conditions d'application.

5. Montrer que le rapport des concentrations en forme basique In^- et acide HIn peut s'écrire :

$$\frac{[In^-]}{[HIn]} = \frac{A_a - A}{A - A_b}$$

6. En déduire, en justifiant, le pK_a du couple HIn/In^-.

1. Dans une solution diluée contenant des ions i, la loi de Kohlrausch donne la conductivité de la solution (en S.m^{-1}) en fonction des conductivités molaires ioniques limites λ_i° (en S.m^2.mol^{-1}) et des concentrations C_i (en mol.m^{-3}) des ions :

$$\sigma = \sum_i \lambda_i^\circ C_i$$

Pour que cette loi soit valable, la solution doit être diluée afin d'assimiler activité et concentration pour les ions et afin de pouvoir sommer les contributions des différents ions.

2. Le coefficient de dissociation d'un acide est par définition :

$$\alpha = \frac{\text{quantité de matière dissociée}}{\text{quantité de matière initiale}}$$

Point méthode : Pour exprimer le coefficient de dissociation, il faut au préalable faire un tableau d'avancement sur la R.P..
Une bonne habitude à prendre est de préciser la constante d'équilibre (et sa valeur si possible) à chaque fois que l'on écrit une réaction.

Un tableau d'avancement sur la R.P. permet d'écrire :

	CH_3COOH	+	H_2O	$\rightleftharpoons$	CH_3COO^-	+	H_3O^+	K_a
E.I.	C_0		excès		0		0	
E.Eq.	$C_0(1-\alpha)$		excès		$C_0\alpha$		$C_0\alpha = h$	

avec $K_a = \dfrac{[CH_3COO^-]\,h}{[CH_3COOH]}$

Explication : Si l'on raisonne en quantité de matière :

	CH_3COOH	+	H_2O	$\rightleftharpoons$	CH_3COO^-	+	H_3O^+
E.I.	n_0		excès		0		0
E.Eq.	$n_0 - n$		excès		n		n
	$= n_0 - n_0\alpha$		excès		$n_0\alpha$		$n_0\alpha$

D'après la définition du coefficient de dissociation, $\alpha = \dfrac{n}{n_0}$. Il suffit ensuite de diviser par le volume pour obtenir le bilan en concentrations donné plus haut.

Point méthode : Le coefficient de dissociation recherché est lié à la concentration des espèces ioniques CH_3COO^- et H_3O^+. Faisons appel à la loi de Kohlrausch pour exprimer ces concentrations en fonction de la conductivité.

D'après la loi de Kohlrausch :

$$\sigma = \lambda^\circ_{CH_3COO^-}\left[CH_3COO^-\right] + \lambda^\circ_{H_3O^+}\left[H_3O^+\right]$$

$$\sigma = \left(\lambda^\circ_{CH_3COO^-} + \lambda^\circ_{H_3O^+}\right) C_0\alpha$$

Ainsi, le coefficient de dissociation s'obtient grâce à la relation :

$$\alpha = \frac{\sigma}{C_0\left(\lambda^\circ_{CH_3COO^-} + \lambda^\circ_{H_3O^+}\right)}$$

$$\alpha = \frac{151,8 \cdot 10^{-4}}{10,0 \times (40,9 + 350) \cdot 10^{-4}} = 3,88 \cdot 10^{-2}$$

Explication : $1,00 \cdot 10^{-2}$ mol.L^{-1} $= 1,0 \cdot 10^{-2} \times 10^3$ mol.m^{-3} ; $40,9$ S.cm^2.mol^{-1} $= 40,9 \cdot 10^{-4}$ S.m^2.mol^{-1} et $151,8$ μS.cm^{-1} $= 151,8 \cdot 10^{-6}$ S.cm^{-1} $= 151,8 \cdot 10^{-6} \times 10^2$ S.m^{-1}
« Si on a $151,8 \cdot 10^{-6}$ S dans 1 cm, on en a 100 fois plus dans 1 m ».

3. En utilisant le tableau d'avancement, on peut écrire :

$$K_a = \frac{[\mathrm{CH_3COO^-}]\,h}{[\mathrm{CH_3COOH}]} = \frac{C_0\alpha^2}{1-\alpha}$$

$$\mathrm{p}K_a = -\log\left(\frac{C_0\alpha^2}{1-\alpha}\right) = 4{,}81$$

Remarque : Pour faire l'application numérique, on prend la valeur exacte donnée par la calculatrice et non pas la valeur approchée donnée en résultat de la question précédente.

Les concentrations s'expriment ici en mol.L^{-1}.

4. Soit une solution contenant une espèce absorbant pour une longueur d'onde λ. La loi de Beer-Lambert s'écrit $A = \varepsilon.\ell.c$ où A est l'absorbance de la solution (mesurée à la longueur d'onde d'étude), ε est le coefficient d'extinction molaire de l'espèce, ℓ est la longueur de la cuve et c la concentration en espèce.

Rappel : Les unités de ε, ℓ et c s'adaptent afin d'avoir une absorbance adimensionnée.

Cette loi est valable dans les conditions suivantes :

- L'absorbance doit être inférieure à 2 (les solutions doivent être suffisamment diluées) ;
- La solution doit être homogène (si les molécules forment des agrégats ou s'il y a des bulles ou s'il y a des particules en suspension, des problèmes de diffusion lumineuse perturbent les mesures) ;
- La lumière doit être monochromatique ;
- L'espèce chimique ne doit pas faire de réaction photochimique à la longueur d'onde d'étude.

Dans ces conditions, l'absorbance est une grandeur additive ; si plusieurs espèces absorbent à la longueur d'onde d'étude, $A = \sum_i \varepsilon_i \ell C_i$.

5. Écrivons la loi de Beer-Lambert dans les trois situations :

$$A_a = \varepsilon_{\mathrm{HIn}}\ell C_0$$
$$A_b = \varepsilon_{\mathrm{In^-}}\ell C_0$$
$$A = \varepsilon_{\mathrm{HIn}}\ell\,[\mathrm{HIn}] + \varepsilon_{\mathrm{In^-}}\ell\,[\mathrm{In^-}]$$

avec $\quad C_0 = [\mathrm{HIn}] + [\mathrm{In^-}]$

Explication : En milieu fortement acide, on est dans le domaine de prédominance de HIn donc $[\mathrm{HIn}] = C_0$. En milieu fortement basique, on est dans le domaine de prédominance de In$^-$ donc $[\mathrm{In^-}] = C_0$. Nous avons de plus utilisé le fait que l'absorbance est une grandeur additive.

Exprimons [HIn] et [In⁻] :

$$A = \frac{A_a}{C_0}[\mathrm{HIn}] + \frac{A_b}{C_0}\left[\mathrm{In}^-\right] = \frac{A_a}{C_0}[\mathrm{HIn}] + \frac{A_b}{C_0}(C_0 - [\mathrm{HIn}])$$

$$A = (A_a - A_b)\frac{[\mathrm{HIn}]}{C_0} + A_b$$

$$A - A_b = (A_a - A_b)\frac{[\mathrm{HIn}]}{C_0}$$

$$[\mathrm{HIn}] = C_0\frac{A - A_b}{A_a - A_b}$$

$$\left[\mathrm{In}^-\right] = C_0 - [\mathrm{HIn}] = C_0 - C_0\frac{A - A_b}{A_a - A_b} = C_0\frac{A_a - A}{A_a - A_b}$$

On trouve bien le rapport donné par l'énoncé :

$$\frac{[\mathrm{In}^-]}{[\mathrm{HIn}]} = \frac{A_a - A}{A - A_b}$$

6. Exprimons la constante d'acidité :

$$K_a = \frac{[\mathrm{In}^-]\,h}{[\mathrm{HIn}]}$$

$$\mathrm{p}K_a = \mathrm{pH} - \log\frac{[\mathrm{In}^-]}{[\mathrm{HIn}]} = \mathrm{pH} - \log\left(\frac{A_a - A}{A - A_b}\right)$$

$$\mathrm{p}K_a = 7{,}10 - \log\left(\frac{0{,}196 - 0{,}140}{0{,}140 - 0{,}076}\right) = 7{,}16$$

Exercice 4.2 : Titrage pH-métrique d'une solution d'acétate de sodium (CAPES) *

On envisage d'utiliser un indicateur coloré pour le titrage d'une solution d'acétate de sodium CH_3COONa de volume $V_b = 200$ mL et de concentration $C_b = 1{,}00 \cdot 10^{-2}$ mol.L^{-1} par une solution d'acide chlorhydrique de concentration $C_a = 1{,}60 \cdot 10^{-1}$ mol.L^{-1}.

1. Donner l'équation de la réaction de titrage.

2. Définir l'équivalence d'un titrage en général et calculer le volume à l'équivalence dans le dosage considéré ici.

3. Déterminer le pH initial de la solution d'acétate de sodium de concentration C_b.

4. Donner la valeur du pH à la demi-équivalence en justifiant brièvement.

5. Déterminer la valeur du pH à l'équivalence du titrage.

6. Tracer l'allure de la courbe donnant l'évolution du pH en fonction du volume V_a d'acide fort versé.

7. Peut-on utiliser le bleu de bromothymol pour repérer l'équivalence de ce titrage ? Pourquoi ?

8. Peut-on utiliser l'hélianthine pour repérer l'équivalence de ce titrage ? Pourquoi ?

Données :

pK_a (CH_3COOH/CH_3COO^-) $= 4,8$; bleu de bromothymol : $pK_a = 7,3$; hélianthine : $pK_a = 3,5$; produit ionique de l'eau : $pK_e = 14,0$

1. La réaction de titrage R.T. est :

$$CH_3COO^- + H_3O^+ \longrightarrow CH_3COOH + H_2O$$

$$K = \frac{[CH_3COOH]}{[CH_3COO^-]\,h} = \frac{1}{K_a} = 10^{4,8}$$

La réaction de titrage est quantitative.

2. L'équivalence représente la situation dans laquelle les réactifs ont été introduits dans les proportions stœchiométriques de la réaction de titrage.
Ici, à l'équivalence, nous pouvons écrire :

$$\left(n_{CH_3COO^-}\right)_{\text{équivalence}} = \left(n_{H_3O^+}\right)_{\text{équivalence}} \quad \Leftrightarrow \quad C_bV_b = C_aV_{eq}$$

$$V_{eq} = \frac{C_bV_b}{C_a} = \frac{1,00 \cdot 10^{-2} \times 200}{1,60 \cdot 10^{-1}} = 12,5\ \text{mL}$$

3. La réaction prépondérante R.P. s'écrit :

$$CH_3COO^- + H_2O \rightleftharpoons CH_3COOH + HO^-$$

$$K = \frac{[CH_3COOH]\,\omega}{[CH_3COO^-]} = \frac{K_e}{K_a} = 10^{-9,2}$$

Nous sommes dans la situation d'une solution de base faible.

Dans l'hypothèse d'une base peu réactive (ou faiblement protonée dans l'eau), nous avons établi dans l'exercice 2.5 l'expression suivante :

$$\text{pH} = 7 + \frac{1}{2}\left(\text{p}K_a - \text{p}C_b\right) = 7 + \frac{1}{2}(4,8 - 2) = 8,4$$

Vérifions les hypothèses : $pH \geqslant pK_a + 1 = 5,8$ est correct : la base réagit peu ; $pH \geqslant 7,5$ est correct : l'autoprotolyse de l'eau est négligeable.

4. À la demi-équivalence, on a ajouté $\frac{C_bV_b}{2}$ mol de H_3O^+. Faisons un bilan sur la réaction de titrage :

	CH_3COO^-	+ H_3O^+	$\longrightarrow$ CH_3COOH	+ H_2O
E.I.	C_bV_b	$\frac{C_bV_b}{2}$	0	excès
E.F.	$\frac{C_bV_b}{2}$	0	$\frac{C_bV_b}{2}$	excès

Point méthode : Lors d'un titrage, les bilans se font avec les quantités de matière car le volume de la solution étudiée (contenue dans le bécher sous la burette) peut varier de façon significative.

La solution équivalente est constituée de $\frac{C_b V_b}{2}$ mol de CH_3COO^- et de $\frac{C_b V_b}{2}$ mol de CH_3COOH.

La R.P. s'écrit : $CH_3COO^- + CH_3COOH \rightleftharpoons CH_3COOH + CH_3COO^- K = 1$
La valeur de la constante d'équilibre prouve que les quantités de matière calculées précédemment sont les quantités de matière à l'équilibre.

L'expression de K_a permet de calculer le pH : $K_a = \frac{[CH_3COO^-]h}{[CH_3COOH]}$

Pour un mélange acide-base conjugués :

$$\mathrm{pH} = \mathrm{p}K_a + \log \frac{[CH_3COO^-]}{[CH_3COOH]} = 4,8$$

5. À l'équivalence, on a ajouté $C_b V_b$ mol de H_3O^+. Un bilan sur la réaction de titrage permet d'affirmer qu'à l'équivalence, on a une solution de CH_3COOH de concentration :

$$[CH_3COOH]_{\text{ini}} = \frac{C_b V_b}{V_{\text{tot}}} = 1,00 \cdot 10^{-2} \times \frac{200}{210} = 9,5 \cdot 10^{-3} \text{ mol.L}^{-1}$$

La R.P. est : $CH_3COOH + H_2O \rightleftharpoons CH_3COO^- + H_3O^+ \quad K = K_a$

Nous avons une solution d'acide faible.
Compte tenu des valeurs du $\mathrm{p}K_a$ et de la concentration initiale, nous faisons l'hypothèse que l'acide est peu dissocié. Nous avons établi l'expression suivante dans l'exercice 2.2. :

$$\mathrm{pH} = \frac{1}{2}(\mathrm{p}K_a + \mathrm{p}[CH_3COOH]_{\text{ini}}) = \frac{1}{2} \times (4,8 - \log 9,5 \cdot 10^{-3}) = 3,4$$

Vérifions les hypothèses : $\mathrm{pH} \leqslant \mathrm{p}K_a - 1 = 3,8$ est correct : l'acide est peu dissocié ; $\mathrm{pH} \leqslant 6,5$ est correct : l'autoprotolyse de l'eau est négligeable.

6. Traçons l'allure de la courbe $\mathrm{pH} = f(V)$ à partir des calculs de pH précédents :

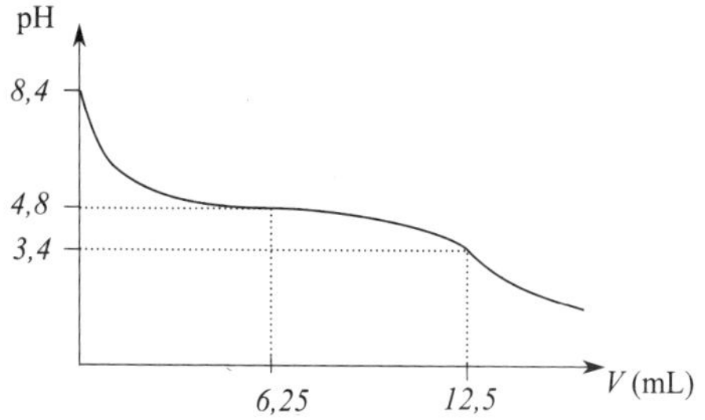

Point méthode : Pour choisir un indicateur coloré, on doit avoir les conditions suivantes :

- Le pK_a de l'indicateur coloré doit être proche du pH à l'équivalence ;
- Le saut de pH doit être assez marqué (il doit être plus grand que la zone de virage de l'indicateur coloré) pour avoir une nette différence de couleurs.

On réalise ici une **volumétrie avec détection de l'équivalence à l'aide d'un indicateur coloré**. Ce n'est pas une méthode colorimétrique au cours de laquelle on mesure l'absorbance ou la transmittance dans le visible.

7. Le pK_a du bleu de bromothymol 7,3 est trop éloigné du pH à l'équivalence 3,4 : le bleu de bromothymol n'est pas adapté.

8. Le pK_a de l'hélianthine 3,5 est proche du pH à l'équivalence 3,4 mais le saut de pH est trop faible pour pouvoir utiliser un indicateur coloré.

Exercice 4.3 : Titrage conductimétrique d'une solution d'acétate de sodium (CAPES) *

On se propose de réaliser le titrage d'une solution d'acétate de sodium CH_3COONa de volume $V_b = 200$ mL et de concentration $C_b = 1,00 \cdot 10^{-2}$ mol.L^{-1} par une solution d'acide chlorhydrique de concentration $C_a = 1,60 \cdot 10^{-1}$ mol.L^{-1} par une méthode conductimétrique.

1. Les mesures donnent la conductivité de la solution. Préciser l'unité de cette grandeur.

2. Donner littéralement puis numériquement l'équation de la courbe donnant la conductivité en fonction du volume V_a d'acide versé et de données utiles :

a) avant l'équivalence.

b) après l'équivalence.

3. Représenter l'allure de la courbe de titrage conductimétrique donnant la conductivité σ en fonction du volume V_a d'acide versé, en faisant apparaître le volume à l'équivalence. Pourquoi n'est-il pas nécessaire de représenter la conductivité corrigée $\sigma\,(V_b + V_a)$ en fonction de V_a pour ce titrage ?

Données :

$pK_a\,(CH_3COOH/CH_3COO^-) = 4,8$. Produit ionique de l'eau : $pK_e = 14,0$.

Conductivités molaires ioniques à dilution infinie :

ion	H_3O^+	HO^-	Cl^-	Na^+	CH_3COO^-
$\lambda°$ ($mS.m^2.mol^{-1}$)	35,0	19,8	7,6	5,0	4,1

1. La conductivité s'exprime en $S.m^{-1}$.

2. La réaction de titrage est la suivante :

$$CH_3COO^- + H_3O^+ \longrightarrow CH_3COOH + H_2O \qquad K = \frac{1}{K_a} = 10^{4,8}$$

À l'équivalence, les réactifs sont introduits dans les proportions stœchiométriques de la R.T. : $C_bV_b = C_aV_{eq}$. Cela permet de calculer le volume à l'équivalence :

$$V_{eq} = \frac{C_bV_b}{C_a} = \frac{1,00 \cdot 10^{-2} \times 200}{1,60 \cdot 10^{-1}} = 12,5 \text{ mL}$$

Remarque : Comme $12,5 \text{ mL} < \frac{200}{10} = 20$ mL, on peut considérer, en première approximation, que lors du titrage, le volume du bécher est constant, égal à 200 mL.

a) Avant l'équivalence, le réactif limitant est l'acide :

	CH_3COO^-	+ H_3O^+	$\longrightarrow$ CH_3COOH	+ H_2O	$K = 10^{4,8}$
E.I.	C_bV_b	C_aV_a	0	excès	
E.F.	$C_bV_b - C_aV_a$	ε	C_aV_a	excès	

Nous obtenons une solution équivalente contenant des ions acétate, de concentration $[CH_3COO^-] = \frac{C_bV_b - C_aV_a}{V_b} = C_b - \frac{C_aV_a}{V_b}$, des ions sodium de concentration $[Na^+] = \frac{C_bV_b}{V_b} = C_b$ et des ions chlorure de concentration $[Cl^-] = \frac{C_aV_a}{V_b}$. D'après la loi de Kohlrausch, la conductivité de la solution s'écrit :

$$\sigma = \lambda^\circ_{(CH_3COO^-)} \times \left(C_b - \frac{C_aV_a}{V_b}\right) + \lambda^\circ_{(Na^+)} \times C_b + \lambda^\circ_{(Cl^-)} \times \frac{C_aV_a}{V_b}$$

$$\sigma = \left(\lambda^\circ_{(Cl^-)} - \lambda^\circ_{(CH_3COO^-)}\right) \times \frac{C_a}{V_b} \times V_a + \left(\lambda^\circ_{(Na^+)} + \lambda^\circ_{(CH_3COO^-)}\right) \times C_b$$

$$\sigma = (7,6 - 4,1) \times \frac{1,60 \cdot 10^{-1} \times 10^3}{200} \times V_a + (5,0 + 4,1) \times 1,00 \cdot 10^{-2} \times 10^3$$

$$\sigma = 2,80\ V_a + 91,0$$

V_a s'exprime en mL et σ en mS.m^{-1}.

Il faut prendre en compte tous les IONS présents en solution même ceux qui n'ont pas de propriétés acido-basiques.

b) Après l'équivalence, le réactif limitant est l'ion acétate :

	CH_3COO^-	+ H_3O^+	$\longrightarrow$ CH_3COOH	+ H_2O	$K = 10^{4,8}$
E.I.	C_bV_b	C_aV_a	0	excès	
E.F.	0	$C_aV_a - C_bV_b$	C_bV_b	excès	

La solution contient des ions H_3O^+, de concentration $[H_3O^+] = \dfrac{C_aV_a - C_bV_b}{V_b} = \dfrac{C_aV_a}{V_b} - C_b$, des ions sodium de concentration $[Na^+] = \dfrac{C_bV_b}{V_b} = C_b$ et des ions chlorure de concentration $[Cl^-] = \dfrac{C_aV_a}{V_b}$.

D'après la loi de Kohlrausch, la conductivité de la solution s'écrit :

$$\sigma = \lambda^\circ_{(H_3O^+)} \times \left(\frac{C_aV_a}{V_b} - C_b\right) + \lambda^\circ_{(Na^+)} \times C_b + \lambda^\circ_{(Cl^-)} \times \frac{C_aV_a}{V_b}$$

$$\sigma = \left(\lambda^\circ_{(H_3O^+)} + \lambda^\circ_{(Cl^-)}\right) \times \frac{C_a}{V_b} \times V_a + \left(\lambda^\circ_{(Na^+)} - \lambda^\circ_{(H_3O^+)}\right) \times C_b$$

$$\sigma = (35,0 + 7,6) \times \frac{1,60 \cdot 10^{-1}.10^3}{200} \times V_a + (5,0 - 35,0) \times 1,00 \cdot 10^{-2}.10^3$$

$$\sigma = 34,1\ V_a - 300$$

V_a s'exprime en mL et σ en mS.m^{-1}.

3. La courbe de la conductivité en fonction du volume V_a est composée de deux droites croissantes dont l'intersection détermine l'équivalence.

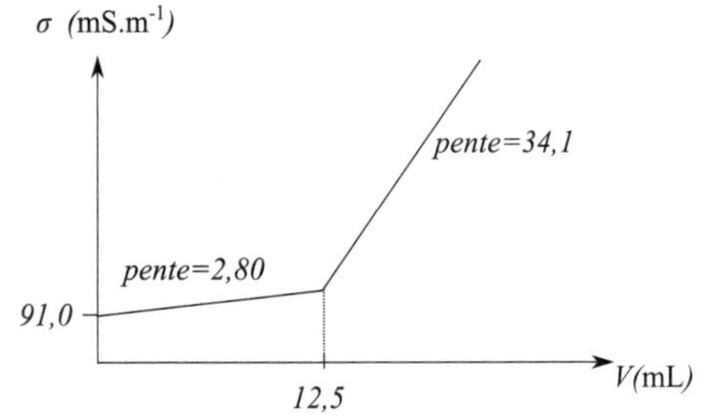

Il n'est pas nécessaire de représenter la conductivité corrigée $\sigma_{\text{corr}} = \sigma\,(V_b + V_a)$ en fonction de V_a pour ce titrage car le volume de la solution peut être considéré constant et ainsi, le tracé de la conductivité en fonction du volume V_a est bien constitué de deux droites.

Remarque : Si le volume du bécher est modifié de façon significative, porter la conductivité en fonction du volume versé aurait donné deux portions de courbes. Il aurait alors fallu tracer σ_{corr} en fonction du volume pour obtenir deux droites à partir desquelles l'équivalence peut être déterminée.

Exercice 4.4 : Titrage d'une solution d'acide oxalique (Centrale) *

L'acide oxalique est un diacide ($pK_{a_1} = 1,2$ et $pK_{a_2} = 4,2$).
Dans un bécher de 250 mL, on introduit $V_A = 10,0$ mL d'une solution aqueuse d'acide oxalique (de concentration molaire C_A inconnue), puis 90 mL d'eau distillée afin d'immerger les électrodes. On procède au titrage par une solution aqueuse de soude à $2,00 \cdot 10^{-2}$ mol.L^{-1}. Soit V le volume de soude versée.

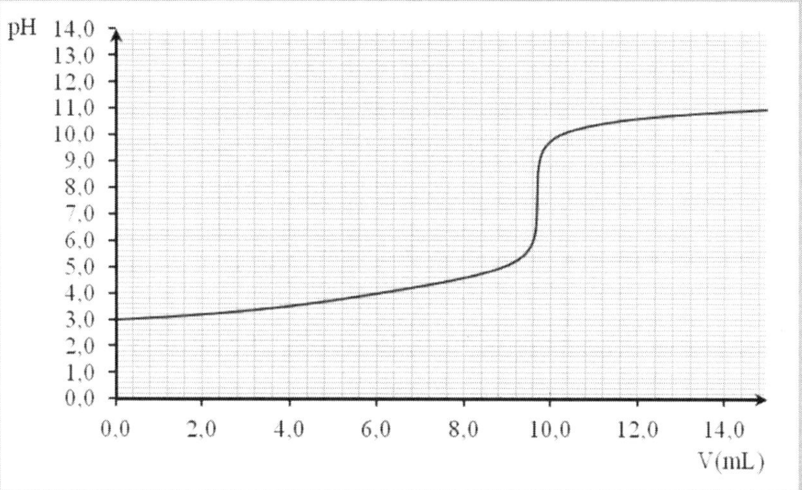

La figure donne l'allure de la courbe pH $= f(V)$ obtenue. Le saut de pH est repéré pour un volume versé $V = 9,7$ mL.

1. Quelles électrodes doit-on choisir pour effectuer ce suivi pH-métrique ?

2. Écrire les réactions de titrage. Sont-elles successives ou simultanées ? Justifier.

3. Déterminer la valeur de la concentration molaire C_A de la solution d'acide oxalique.

4. Vérifier, à l'aide d'un calcul simple, la valeur du pH initial (à 0,1 unité près). Énoncer clairement les hypothèses de calcul et montrer qu'elles sont justifiées.

5. Comment peut-on expliquer l'absence de point d'inflexion en début de titrage ?

1. Pour effectuer un suivi pH-métrique, deux électrodes sont utilisées : une électrode de verre et une électrode de référence. Ces deux électrodes peuvent être regroupées dans une sonde combinée.

Remarque : L'électrode de référence est en général une électrode au calomel saturée.

2. L'acide oxalique est un diacide. Les réactions de titrage sont donc les suivantes :

$$H_2A + HO^- \longrightarrow HA^- + H_2O \qquad K = \frac{K_{a_1}}{K_e} = 10^{12,8}$$

$$HA^- + HO^- \longrightarrow A^{2-} + H_2O \qquad K' = \frac{K_{a_2}}{K_e} = 10^{9,8}$$

La différence de pK_a est inférieure à 4 : $\Delta pK_a = 3,0$ donc les deux acidités sont titrées simultanément. Cela se traduit par la présence d'un unique saut de pH sur la courbe $pH = f(V)$.

3. On écrit la réaction de titrage et on fait un tableau d'avancement avant l'équivalence, où HO^- est le réactif limitant :

	H_2A	+	$2HO^-$	$\longrightarrow$	A^{2-}	+	$2H_2O$	$K = K_1K_2 = 10^{22,6}$
E.I.	C_AV_A		C_BV_B		0		excès	
E.F.	$C_AV_A - x$		$C_BV_B - 2x$		x		excès	

À l'équivalence, H_2A est entièrement consommé :

$$C_BV_{eq} = 2C_AV_A$$

Remarque : À l'aide des coefficients stœchiométriques, il est possible d'écrire directement l'égalité : $\dfrac{C_BV_{eq}}{2} = C_AV_A$.

Nous obtenons ainsi : $C_A = \dfrac{C_BV_{eq}}{2V_A} = \dfrac{2,00 \cdot 10^{-2} \times 9,7}{2 \times 10,0} = 9,7 \cdot 10^{-3}$ mol.L^{-1}

4. Initialement, dans le bécher, la concentration d'acide oxalique est égale à $C'_A = \dfrac{C_A}{10} = 9,7 \cdot 10^{-4}$ mol.L^{-1} car la solution initiale a été diluée.

La réaction prépondérante R.P. est l'action de l'acide H_2A sur l'eau. L'acide est dilué et son pK_a est faible. Nous pouvons faire l'hypothèse d'un acide très dissocié :

	H_2A	+	H_2O	$\rightleftharpoons$	HA^-	+	H_3O^+	$K_{a_1} = 10^{-1,2}$
E.I.	C'_A		excès		0		0	
E.F.	0		excès		C'_A		C'_A	

$$pH = pC'_A = 3,0$$

Vérifions : $pH \leqslant 6,5$: l'autoprotolyse de l'eau est négligeable ; $pH \geqslant pK_{a_1} + 1 = 2,2$: on peut considérer que la R.P. est très déplacée ; $pH \leqslant pK_{a_2} - 1 = 3,2$: la seconde acidité est négligeable.

5. Le calcul du pH a montré qu'au départ, l'acide est déjà très dissocié, il se comporte donc comme un acide fort. Cela explique l'absence de point d'inflexion en début de titrage.

Exercice 4.5 : Titrage d'un mélange d'acide (ENSTIM) **

On dispose d'une solution S constituée d'un mélange :

- d'acide sulfurique H_2SO_4 de concentration C_A (1re acidité forte ; $pK_a\left(HSO_4^-/SO_4^{2-}\right) = 2,0$) ;
- de chlorure d'ammonium $\left(NH_4^+ + Cl^-\right)$ de concentration C'_A ($pK_a\left(NH_4^+/NH_3\right) = 9,2$).

On titre un volume $V_A = 10,0$ mL de solution S par une solution d'hydroxyde de sodium de concentration $C_B = 1,00 \cdot 10^{-1}$ mol.L^{-1}. On note V_B le volume de solution titrante ajoutée à la burette.

On propose de comparer les résultats de trois techniques de titrage : titrage pH-métrique, titrage conductimétrique et titrage à l'aide d'un indicateur coloré.

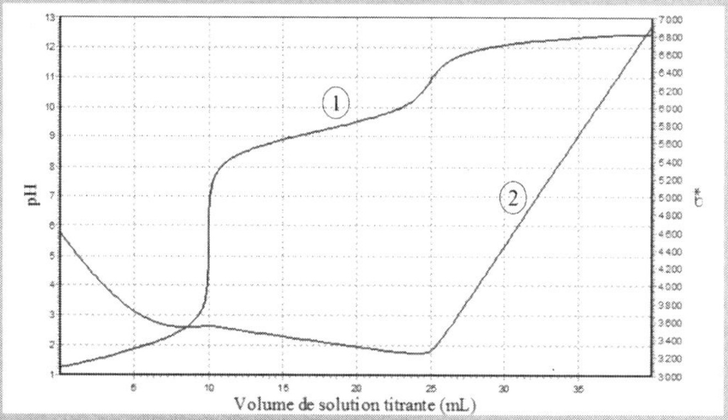

On note $\sigma^* = \dfrac{V_A + V_B}{V_A}\sigma$.

1. Identifier les courbes ① et ②.

2. Proposer un schéma détaillé et légendé (nature de la verrerie, des électrodes, ...) permettant d'effectuer simultanément les titrages pH-métrique et conductimétrique.

3. Indiquer quelles sont les trois réactions qui ont lieu au cours du titrage, en précisant les valeurs de leurs constantes d'équilibre. Préciser celle(s) qui se déroule(nt) avant la première équivalence, puis ce qui se passe entre les deux équivalences.

4. Déterminer graphiquement les volumes des points d'équivalence. Indiquer à chaque fois la courbe exploitée.

5. En déduire les valeurs des concentrations C_A et C'_A.

6. Interpréter qualitativement l'allure de la courbe de la conductivité corrigée.

7. Retrouver par le calcul la valeur du pH lorsque $V_B = 0$ mL.

8. Lorsque $V_B = 10$ mL, quelles sont les espèces présentes et quelles sont leurs concentrations initiales ? Quelle est la réaction prépondérante ? Après avoir fait un bilan sur la réaction prépondérante, calculer les différentes concentrations à l'équilibre et en déduire le pH de la solution. L'autoprotolyse de l'eau est-elle négligeable ?

9. Aurait-il été possible d'utiliser un indicateur coloré pour repérer le 1er point d'équivalence ? le 2e point d'équivalence ? Si oui le(s)quel(s) ?

Indicateur coloré	**Zone de virage**	**Teinte acide → Teinte basique**
Bleu de thymol	1,2 à 2,8 8,0 à 9,6	Rouge → Jaune Jaune → Bleu
Hélianthine	3,2 à 4,4	Rouge → Jaune
Rouge de méthyle	4,8 à 6,0	Rouge → Jaune
Phénolphtaléine	8,2 à 10	Incolore → Rose
Jaune d'alizarine	10,1 à 12,0	Jaune → Rouge

1. La courbe ① donne $\mathrm{pH} = f(V)$ et ② donne $\sigma^* = f(V)$.

2. La cellule conductimétrique est constituée de deux plaques de platine entre lesquelles on impose une différence de potentiels, l'intensité du courant est mesurée, la conductivité en est déduite. La sonde pH-métrique est constituée de deux électrodes : une électrode de verre et une électrode de référence entre lesquelles on mesure une différence de potentiels, reliée au pH.

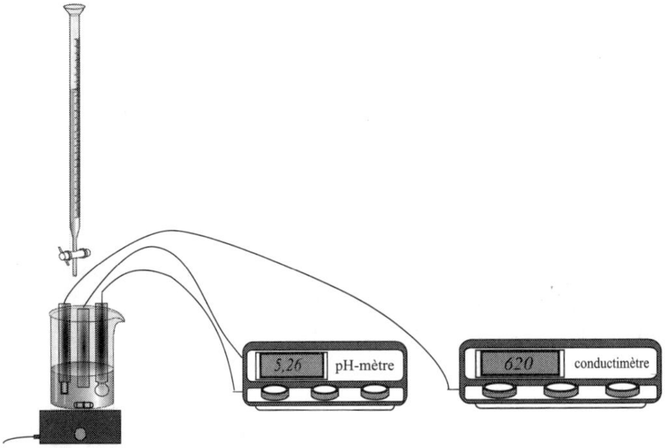

3. Au départ, comme la première acidité de H_2SO_4 est forte, dans le bécher, on a un mélange de trois acides : H_3O^+ de concentration C_A, HSO_4^- de concentration C_A et NH_4^+ de concentration C'_A.

$pK_a(H_3O^+/H_2O) = 0$, $pK_a(HSO_4^-/SO_4^{2-}) = 2$ et $pK_a(NH_4^+/NH_3) = 9,2$.

Ainsi :

- $pK_a(HSO_4^-/SO_4^{2-}) - pK_a(H_3O^+/H_2O) < 4$: les deux premiers acides sont titrés simultanément.
- $pK_a(NH_4^+/NH_3) - pK_a(HSO_4^-/SO_4^{2-}) > 4$: NH_4^+ est titré seul ensuite.

Avant 10 mL, les réactions qui ont lieu sont les suivantes :

$$H_3O^+ + HO^- \longrightarrow 2H_2O \qquad K = \frac{1}{K_e} = 10^{14}$$

$$HSO_4^- + HO^- \longrightarrow SO_4^{2-} + H_2O \qquad K = \frac{K_a}{K_e} = 10^{12}$$

Entre 10 mL et 25 mL, la réaction suivante a lieu :

$$NH_4^+ + HO^- \longrightarrow NH_3 + H_2O \qquad K = \frac{K_a}{K_e} = 10^{4,8}$$

Les trois réactions de titrage peuvent être considérées totales.

4. Par la méthode des tangentes (le premier saut de pH est suffisant marqué), on détermine $V_{eq,2} = 10$ mL.

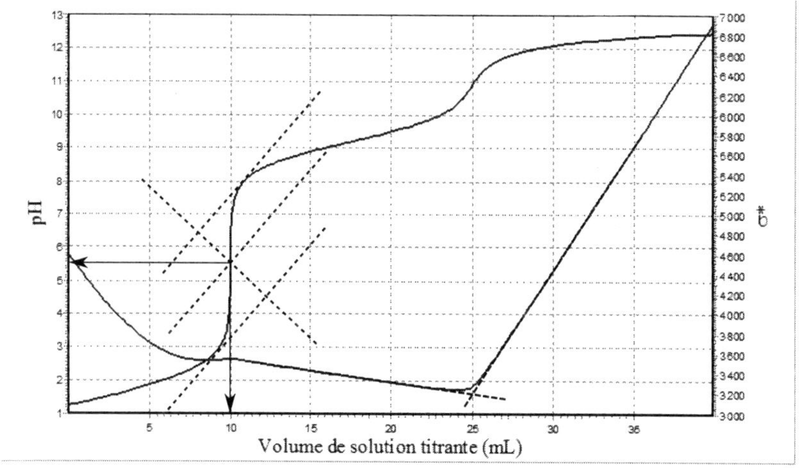

Ce volume correspond au volume nécessaire pour titrer H_3O^+ et HSO_4^-, il s'agit donc d'un volume correspondant à une deuxième équivalence.

En utilisant la rupture de pente de la courbe conductimétrique, on mesure le volume à l'équivalence $V_{eq,3} = 25$ mL.

Remarque : Pour ce dernier volume à l'équivalence, le saut de pH n'est pas assez net pour qu'une détermination du volume à l'équivalence avec la courbe ① soit précise.

5. $10\ \mathrm{mL}$ a été nécessaire pour titrer à la fois H_3O^+ et HSO_4^- :

$$n_{B_{\text{versée}}} = n_{H_3O^+_{\text{initiale}}} + n_{HSO^-_{4\ \text{initiale}}}$$
$$C_B V_{eq,2} = C_A V_A + C_A V_A$$

Donc $$C_A = \frac{C_B V_{eq,2}}{2V_A} = \frac{1,00 \cdot 10^{-1} \times 10,0}{2 \times 10,0} = 5,00 \cdot 10^{-2}\ \mathrm{mol.L^{-1}}$$

Il a fallu ensuite $25 - 10 = 15\ \mathrm{mL}$ pour titrer NH_4^+ :

$$n_{B_{\text{versée}}} = n_{NH^+_{4\ \text{initiale}}}$$
$$C_B \left(V_{eq,3} - V_{eq,2}\right) = C'_A V_A$$

Donc $$C'_A = \frac{C_B \left(V_{eq,3} - V_{eq,2}\right)}{V_A} = \frac{1,00 \cdot 10^{-1} \times 15,0}{10,0} = 1,50 \cdot 10^{-1}\ \mathrm{mol.L^{-1}}$$

6. Avant $10\ \mathrm{mL}$, les réactions de titrage permettent d'affirmer que les concentrations de H_3O^+, HSO_4^- diminuent et que la concentration de SO_4^{2-} augmente. Par ailleurs, la concentration de NH_4^+ diminue par dilution et celle de Na^+ augmente par ajout.
La conductivité molaire ionique limite de H_3O^+ étant très supérieure par rapport aux autres, H_3O^+ impose la tendance : la conductivité diminue fortement.

À $10\ \mathrm{mL}$, dans le bécher, il y a NH_4^+, SO_4^{2-} et Na^+.
Entre $10\ \mathrm{mL}$ et $25\ \mathrm{mL}$, les concentrations de NH_4^+ et SO_4^{2-} diminuent : la première par réaction, la seconde par dilution et la concentration de Na^+ augmente. La conductivité diminue plus légèrement.

Après $25\ \mathrm{mL}$, la concentration de SO_4^{2-} diminue par dilution et celles de Na^+ et HO^- augmentent par ajout. La conductivité molaire ionique limite de HO^- étant très supérieure par rapport aux autres, HO^- impose la tendance : la conductivité augmente fortement.

7. Lorsque $V_B = 0\ \mathrm{mL}$, la réaction prépondérante est :

$$H_3O^+ + H_2O \rightleftharpoons H_2O + H_3O^+ \qquad K = 1$$
$$\mathrm{pH} = \mathrm{p}C_A = 1,3$$

Vérifications : $\mathrm{pH} \leqslant 6,5$: l'autoprotolyse de l'eau est négligeable.
$\mathrm{pH} \leqslant \mathrm{p}K_a - 1 = 1$ n'est pas réalisé donc la réaction de HSO_4^- avec l'eau n'est pas négligeable. Il faut donc aussi prendre en compte :

$$HSO_4^- + H_2O \rightleftharpoons SO_4^{2-} + H_3O^+ \qquad K = K_a = 10^{-2}$$

Faisons un tableau d'avancement en ne faisant aucune hypothèse (puisque $\mathrm{p}K_a\left(HSO_4^-/SO_4^{2-}\right) = 2,0$ est une valeur assez faible) :

	HSO_4^-	+	H_2O	$\rightleftharpoons$	SO_4^{2-}	+	H_3O^+
E.I.	C_A		excès		0		C_A
E.Eq.	$C_A - x$		excès		x		$C_A + x$

$[H_3O^+]_{\text{équilibre}} = C_A + x = h$ donc $x = h - C_A$

$[HSO_4^-]_{\text{équilibre}} = C_A - x = 2C_A - h$ $\quad [SO_4^{2-}]_{\text{équilibre}} = x = h - C_A$.

Pour déterminer h, qui est une concentration à l'équilibre, on fait appel à une constante d'équilibre, ici K_a :

$$K_a = \frac{(h - C_A)\,h}{2C_A - h}$$

Il faut résoudre : $h^2 + (K_a - C_A)\,h - 2K_aC_A = 0$.
On trouve $h = 5,75 \cdot 10^{-2}$ mol.L^{-1} et pH $= 1,24$.

Vérifications : pH $\leqslant 6,5$: l'autoprotolyse de l'eau est négligeable.
pH $\leqslant pK_{a_2} - 1 = 8,2$: la réaction de NH_4^+ avec l'eau est négligeable.

8. À 10 mL, dans le bécher, nous avons une solution contenant NH_4^+ à la concentration $C'_A \times \dfrac{10}{20} = 0,075$ mol.L^{-1}, SO_4^{2-} à la concentration $C_A \times \dfrac{10}{20} = 0,025$ mol.L^{-1}, Na^+ et H_2O.
La réaction prépondérante est l'action de NH_4^+ sur SO_4^{2-}. Compte tenu de la valeur de la constante d'équilibre, nous faisons un tableau d'avancement en supposant la réaction peu déplacée :

	NH_4^+	+	SO_4^{2-}	$\rightleftharpoons$	NH_3	+	HSO_4^-
E.I.	0,075		0,025		0		0
E.Eq.	0,075		0,025		y		y

$$K = \frac{K_{a_2}}{K_a} = 10^{-7,2}$$

À l'équilibre, $[NH_4^+] = 0,075$ mol.L^{-1}, $[SO_4^{2-}] = 0,025$ mol.L^{-1}, $[NH_3] = [HSO_4^-] = y$ mol.L^{-1}.

Point méthode : Nous avons deux inconnues : y et h. Il nous faut deux équations. y et h sont des concentrations à l'équilibre, on fait donc appel à des constantes d'équilibre pour les déterminer.

$$K_a = \frac{0,025 \times h}{y} \text{ et } K_{a_2} = \frac{y \times h}{0,075} \quad \text{donc} \quad K_aK_{a_2} = \frac{0,025 \times h^2}{0,075} = \frac{h^2}{3}$$

$$\text{pH} = \frac{1}{2}\left(pK_a + pK_{a_2} - \log 3\right) = 5,36$$

Vérifications : $\text{pH} \leqslant 6,5$: l'autoprotolyse de l'eau est négligeable.
Nous avons supposé que la réaction prépondérante était peu déplacée. Vérifions :
$K = \dfrac{y^2}{0,075 \times 0,025} \Leftrightarrow y = \sqrt{10^{-7,2} \times 0,075 \times 0,025} = 1,09{\cdot}10^{-5}\ \text{mol.L}^{-1}$

Remarque : On peut aussi écrire $K = \dfrac{y^2}{0,075 \times 0,025} = 10^{-7,2}$ pour trouver y. On obtient alors $y = 1,09 \cdot 10^{-5}$ mol.L^{-1}.
On calcule ensuite le pH par la relation $\text{pH} = \text{p}K_a + \log \dfrac{0,025}{y}$ ou la relation $\text{pH} = \text{p}K_{a_2} + \log \dfrac{y}{0,075}$.

Cette concentration est négligeable devant $0,075$ mol.L^{-1} et $0,025$ mol.L^{-1} donc l'équilibre est peu déplacé.

Remarque : On peut vérifier le calcul en utilisant la courbe pH-métrique pour mesurer par la méthode des tangentes le pH à 10 mL.

9. Pour repérer la seconde équivalence (premier saut de pH), on peut utiliser un indicateur coloré car le saut de pH est supérieur à 2. Par ailleurs, le pH est de 5,36. On peut donc proposer le rouge de méthyle.
Le second saut de pH n'est pas assez marqué pour pouvoir utiliser un indicateur coloré.

Exercice 4.6 : Titrage de l'acide tartrique (ENSTIM)**

L'acide tartrique (noté H_2T) se comporte comme un diacide en solution aqueuse. On titre 10 mL d'une solution d'acide tartrique à 0,1 mol.L^{-1} par une solution de soude à 0,1 mol.L^{-1}. On suit ce titrage par pH-métrie, les résultats expérimentaux sont reportés sur la figure ci-dessous. Par modélisation informatique on superpose à la courbe obtenue les courbes de répartition des espèces en fonction du pH.

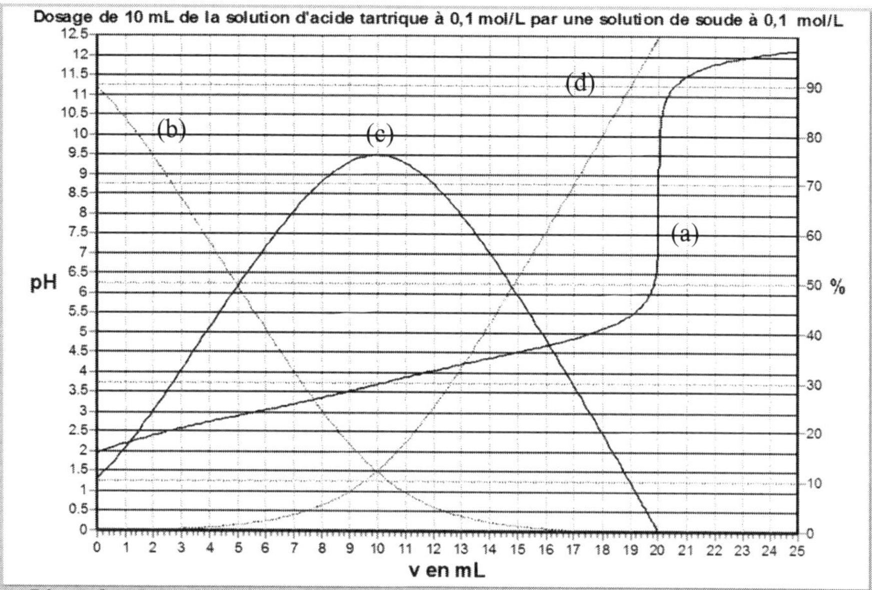

1. Identifier les courbes.

2. Donner les valeurs des pK_a de l'acide tartrique.

3. Le pH lu sur la courbe pH $= f(v)$ pour $v = 0$ mL est-il en accord avec l'hypothèse consistant à négliger la seconde acidité ?

4. Combien de sauts de pH observe-t-on ? Cela est-il justifiable ?

5. Retrouver le pH de la solution lorsque 10 mL de la solution de soude ont été versés.

6. Calculer le pH de la solution lorsque 20 mL de la solution de soude ont été versés.

1. La courbe **(a)** représente l'évolution du pH en fonction du volume de réactif titrant ajouté. La courbe **(b)** est le pourcentage de H_2T car nous observons un fort pourcentage aux faibles pH ce qui correspond à la forme la plus acide. On peut donc attribuer les autres courbes : la courbe **(c)** représente le pourcentage de HT^- et la courbe **(d)** représente le pourcentage de T^{2-}.

2. Les pK_a se lisent grâce aux intersections des courbes de distribution.

Le pK_a n'est pas l'ordonnée de l'intersection des courbes de distribution.

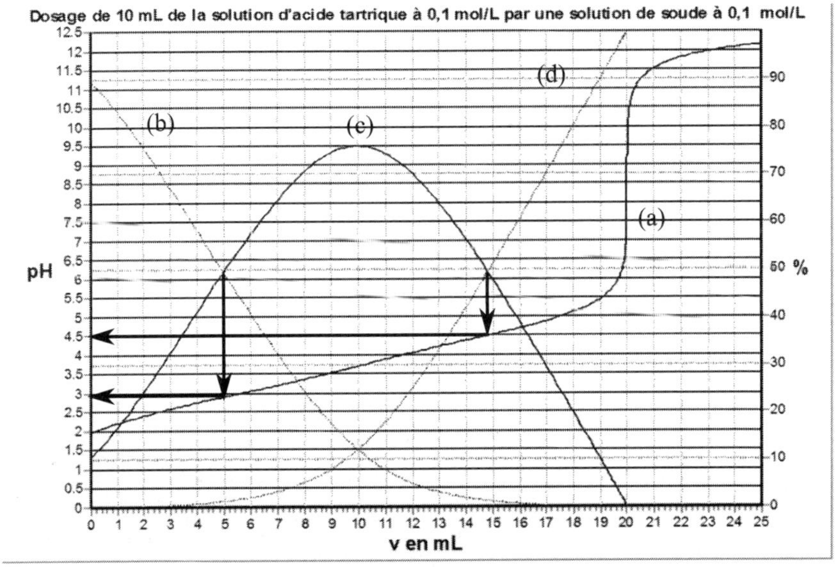

L'intersection des courbes **(b)** et **(c)** montre que $\mathrm{p}K_{a_1} = 2,9$ et l'intersection des courbes **(c)** et **(d)** permet de déterminer $\mathrm{p}K_{a_2} = 4,5$.

Rappel : À l'intersection des courbes de distributions pour deux espèces acido-basiques successives, par exemple **(b)** et **(c)**, on a égalité des concentrations, ici $[\mathrm{H_2T}] = [\mathrm{HT^-}]$ à $\mathrm{pH} = 2,9$.

D'après la relation d'Henderson on a $\mathrm{pH} = \mathrm{p}K_a + \log \dfrac{[\mathrm{HT^-}]}{[\mathrm{H_2T}]} = \mathrm{p}K_a$.

3. À $v = 0$ mL, on a une solution de $\mathrm{H_2T}$ seul.
La réaction prépondérante est la réaction de $\mathrm{H_2T}$ sur l'eau (réaction entre l'acide le plus fort et la base la plus forte en solution) :

$$\mathrm{H_2T + H_2O \rightleftharpoons HT^- + H_3O^+}$$

Faisons l'hypothèse que l'acide est peu dissocié :

$$\mathrm{pH} = \frac{1}{2}\left(\mathrm{p}K_{a_1} + \mathrm{p}C\right) = 0,5 \times (2,9 + 1) = 1,95$$

Remarque : Cette expression a été établie dans l'exercice 2.2.

Vérifications des hypothèses :
$\mathrm{pH} < 6,5$: l'autoprotolyse de l'eau est négligeable ;
$\mathrm{pH} \nless \mathrm{p}K_{a_1} - 1$: l'hypothèse « acide $\mathrm{H_2T}$ peu dissocié » est fausse.
Si l'acide est moyennement dissocié, faisons un tableau d'avancement volumique :

	$\mathrm{H_2T}$	+	$\mathrm{H_2O}$	$\rightleftharpoons$	$\mathrm{HT^-}$	+	$\mathrm{H_3O^+}$	K_{a_1}
E.I.	$0,1$		excès		0		0	
E.Eq.	$0,1 - h$		excès		h		h	

À l'équilibre, $K_{a_1} = \dfrac{[HT^-][H_3O^+]}{[H_2T]} = \dfrac{h^2}{0,1-h}$

> Il ne faut plus négliger h au risque de retomber sur la formule de l'acide faible peu dissocié.

Résolvons donc l'équation du second degré $h^2 + K_{a_1}h - 0,1K_{a_1} = 0$
On trouve $h = 1,1 \cdot 10^{-2}$ mol.L^{-1} $\Leftrightarrow$ $pH = 2,0$

Vérifions les hypothèses :
$pH < 6,5$: l'autoprotolyse de l'eau est négligeable ;
$pH < pK_{a_2} - 1$: la seconde acidité est négligeable.
Cette valeur est bien en accord avec ce qui est lu sur la courbe.

4. On observe un seul saut de pH, car les deux acidités sont titrées simultanément. Ceci s'explique par le fait que les deux pK_a sont proches : $\Delta pK_a = 4,5 - 2,9 = 1,6 < 4$.
Les deux réactions qui se produisent ont alors des constantes d'équilibre comparables :

(1) $H_2T + HO^- \longrightarrow HT^- + H_2O \qquad K_1^\circ = \dfrac{K_{a_1}}{K_e} = 10^{11,9}$

(2) $HT^- + HO^- \longrightarrow T^{2-} + H_2O \qquad K_2^\circ = \dfrac{K_{a_2}}{K_e} = 10^{9,5}$

5. À la demi-équivalence, on a versé autant d'ions hydroxydes HO^- (10 mL, 10^{-3} mol) que d'acide tartrique H_2T initialement présent (10 mL, 10^{-3} mol). Pour calculer le pH, raisonnons selon un processus fictif menant de l'état initial à l'état final. Supposons que tous les ions hydroxyde HO^- ont réagit d'abord selon la réaction (1).
Cela conduit à une solution de 20 mL contenant 10^{-3} moles de HT^- soit une concentration de $5 \cdot 10^{-2}$ mol. La réaction prépondérante est alors celle de l'ampholyte sur lui-même :

	$2HT^-$	$\rightleftharpoons$	H_2T	+	T^{2-}	$K = \dfrac{K_{a_2}}{K_{a_1}} = 10^{-1,6}$
E.I.	$5 \cdot 10^{-2}$		0		0	
E.Eq.	$5 \cdot 10^{-2} - y$		y		y	

$$pH = \frac{1}{2}\left(pK_{a_1} + pK_{a_2}\right) = 3,7$$

6. Un volume versé de 20 mL correspond à l'équivalence : le diacide s'est transformé, sous l'action de la soude, en dibase. On a donc une solution de 10^{-3} moles de T^{2-} dans un volume de 30 mL. La réaction prépondérante est alors celle de T^{2-} (base la plus forte présente) sur l'eau (acide le plus fort présent) :

$$T^{2-} + H_2O \rightleftharpoons HT^- + HO^-$$

On peut la supposer peu avancée car la base T^{2-} est très faible :

$$pH = 7 + \frac{1}{2}\left(pK_{a_2} - pC\right) = 7 + \frac{1}{2}\left(4,5 + \log\frac{10^{-3}}{30 \cdot 10^{-3}}\right) = 8,5$$

Remarque : Cette expression a été établie dans l'exercice 2.5.

Vérifications des hypothèses :
$pH < 6,5$: l'autoprotolyse de l'eau est négligeable ;
$pH > pK_{a_2} + 1 = 5,5$, ce qui confirme que la réaction est peu avancée.
La valeur du pH calculée est encore comparable à celle lue sur la courbe.

Exercice 4.7 : Nature d'un titrage **

On cherche à déterminer la quantité d'aspirine contenue dans un comprimé du commerce. L'acide salicylique contient une fonction carboxylique (acide faible) et une fonction ester. Il y a ainsi deux façons de titrer la quantité d'aspirine :

- titrage direct de l'aspirine en tant qu'acide faible par une solution de soude de concentration connue :

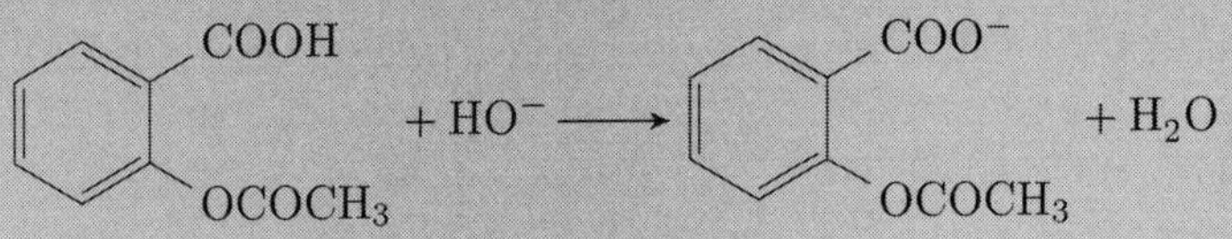

- titrage en retour : après avoir transformé quantitativement l'acide en carboxylate par un excès de soude, on traite l'ester par un excès de soude. Une partie de soude est consommée pour saponifier l'ester :

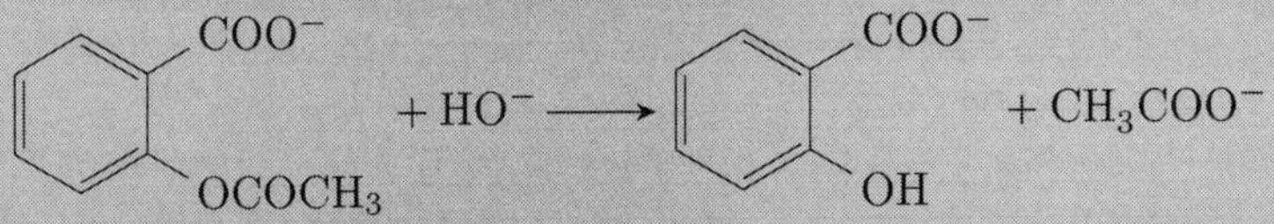

Puis on titre la soude restante.

Dosage 1

Broyer soigneusement un comprimé d'aspirine 500 dans un mortier. Transvaser la poudre obtenue dans une fiole jaugée de 500 mL. Rincer le mortier et verser l'eau de rinçage dans la fiole. Compléter à 500 cm^3. Agiter pendant 15 minutes. Titrer par pH-métrie 100 mL de cette solution par la soude à $0,1$ $mol.L^{-1}$. On obtient un volume équivalent de 5,5 mL.

1. Quelle est la réaction de titrage ?

2. Déterminer la masse d'aspirine contenue dans un comprimé.

Dosage 2

Placer un comprimé dans un erlenmeyer. Ajouter 10 mL de soude 1 $mol.L^{-1}$.

Chauffer doucement jusqu'à ébullition. Laisser refroidir. Transférer la solution dans une fiole jaugée de 100 mL. Rincer l'erlenmeyer avec de l'eau distillée et ajouter l'eau de rinçage dans la fiole jaugée, compléter à 100 mL avec de l'eau distillée. Faire un titrage à l'aide d'un indicateur coloré de 10 mL de cette solution par une solution d'acide chlorhydrique $0,05\ \text{mol.L}^{-1}$. La phénolphtaléine sera employée comme indicateur coloré. Au point de virage, on lit un volume équivalent de $8,7$ mL.

3. Quelle est la réaction qui se produit au cours du chauffage ?
4. Quelles sont les espèces présentes au départ dans l'erlenmeyer ?
5. Si l'on titre avec de l'acide chlorhydrique, quelles seront les réactions de titrage ?
6. Commenter le choix de l'indicateur coloré.
7. Déterminer la masse d'aspirine contenue dans un comprimé.
8. Comparer à la valeur indiquée sur la boîte.

Données : $\text{p}K_{a_{\text{aspirine}}} = 3,5 \quad M_{\text{aspirine}} = 180\ \text{g.mol}^{-1}$
$\text{p}K_{a_{\text{CH}_3\text{COOH/CH}_3\text{COO}^-}} = 4,8$

1. On constate dans le titrage 1 que la soude est le réactif titrant, il s'agit donc du dosage direct de l'aspirine selon l'équation :

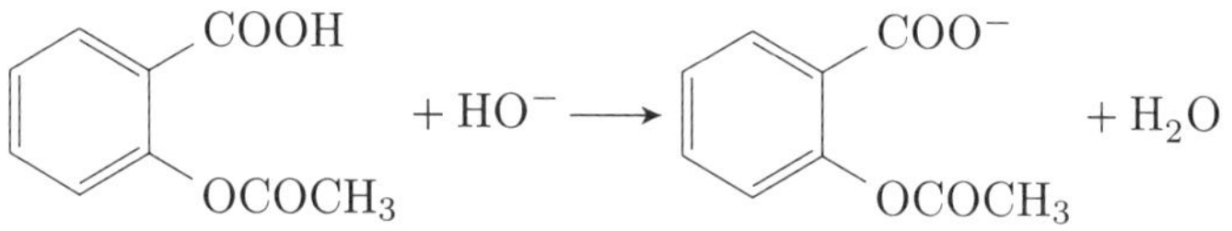

$pK_a = 3,5$ donc $K = \dfrac{K_e}{K_a} = 10^{10,5} >> 1$: la réaction de titrage est totale.

2. À l'équivalence de la réaction de titrage les réactifs ont été introduits dans les proportions stœchiométriques.

$$n_{\text{aspirine}} = n_{\text{HO}^-} \quad \Leftrightarrow \quad \frac{m_{\text{aspirine}}}{M_{\text{aspirine}}} = C_B V_{B,\text{équivalence}}$$

$$m_{\text{aspirine}} = M_{\text{aspirine}} C_B V_{B,\text{équivalence}} = 180 \times 0,1 \times 5,5 \cdot 10^{-3}$$

$$m_{\text{aspirine}} = 9,9 \cdot 10^{-2}\ \text{g}$$

Ceci est la masse d'aspirine contenu dans les 100 mL titrés.

Pour les 500 mL de la solution de départ , il faut multiplier par 5 le résultat obtenu.
Ainsi : $m_{\text{aspirine,1 comprimé}} = 4,95 \cdot 10^{-1}\ \text{g}$

3. Dans le titrage 2, on titre la soude restante par de l'acide chlorhydrique (réactif titrant). Il s'agit donc d'un titrage en retour.

Rappel : Il existe 4 grands type de titrage d'une espèce :
- titrage direct : espèce (bécher) + titrant (burette) ;
- titrage inverse : espèce (burette) + titrant (bécher) ;
- titrage en retour : espèce + réactif en excès donne produit. On titre le réactif en excès ;
- titrage indirect : espèce + réactif donne produit. On titre le produit.

Au cours du chauffage, il se produit les 2 réactions de l'énoncé donc l'équation-bilan est :

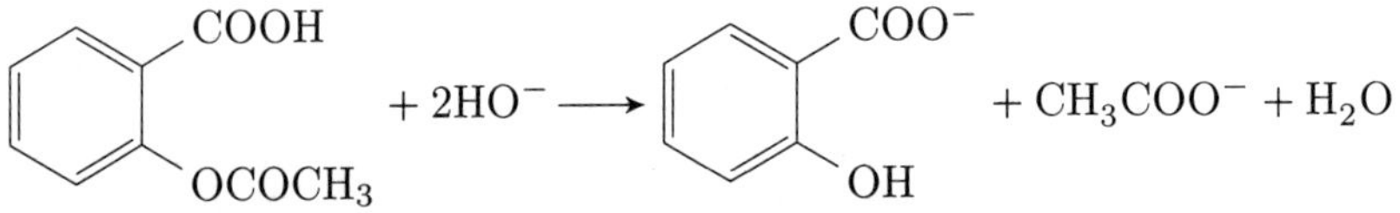

4. Dans l'erlenmeyer se trouve les produits de la réaction précédente ainsi que la soude restante (introduite en excès).

HO^- 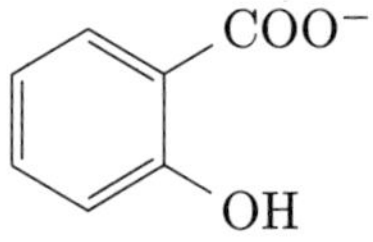

CH_3COO^-

Remarque : Ce sont ces espèces, contenues dans l'erlenmeyer, que l'on va titrer.

5. Si l'on titre avec l'acide chlorhydrique, les réactions sont les suivantes :

$$H_3O^+ + HO^- \longrightarrow 2H_2O \quad K = 10^{14}$$

$$H_3O^+ + CH_3COO^- \longrightarrow CH_3COOH + H_2O \quad K = 10^{4,8}$$

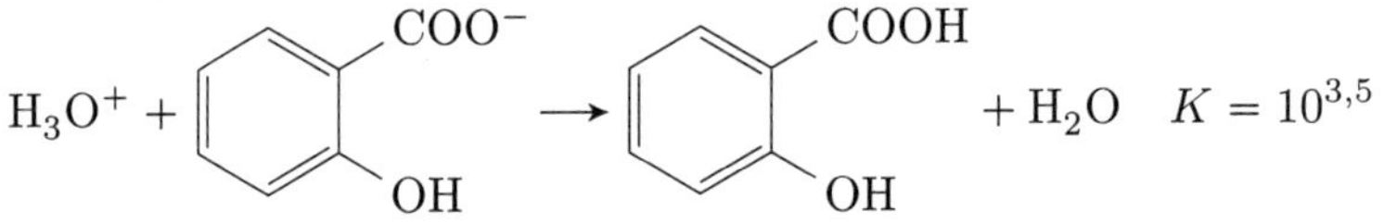

6. La première basicité est titrée séparément des deux autres ($\Delta pK > 4$).

Explication : Si l'on s'intéresse aux pK_a des trois bases que l'on titre :
$pK_{a_{HO^-}} - pK_{a_{carboxylate}} = 10,5$; $pK_{a_{HO^-}} - pK_{a_{CH_3COO^-}} = 9,2$ et
$pK_{a_{CH_3COO^-}} - pK_{a_{carboxylate}} = 1,3$.
On titre donc en premier les ions hydroxyde HO^-, puis ensuite on titre simultanément l'éthanoate et le carboxylate.

C'est la première basicité avec HO^- que l'on repère avec la phénolphtaléine : à la première équivalence, dans l'erlenmeyer, il reste :

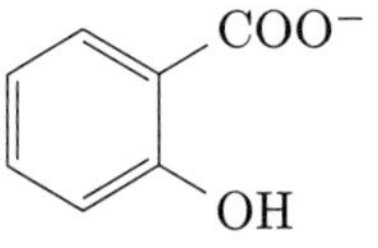

et CH_3COO^-

Ainsi, la solution est basique donc le pH est supérieur à 7 d'où le choix de la phénolphtaléine.

7. Dans l'erlenmeyer, on a introduit $1 \times 10 \cdot 10^{-3} = 10^{-2}$ mol $= 10$ mmol de soude. La quantité de matière de soude initialement présente dans la prise d'essai du dosage est : $n_{\text{soude,initiale}} = 1$ mmol.
Une partie de cette soude, notée $n_{\text{soude,réagi}}$, sert à effectuer la réaction de la question 3. Si on note n_{aspirine} la quantité de matière d'aspirine présente dans la prise d'essai du dosage, on a :

$$n_{\text{aspirine}} = \frac{n_{\text{soude,réagi}}}{2}$$

Comme la soude est introduite en excès, après la réaction de la question 3, il en reste $n_{\text{soude,restante}}$. Une conservation de la matière sur la soude permet d'écrire :

$$n_{\text{soude,initiale}} = n_{\text{soude,réagi}} + n_{\text{soude,restante}}$$

Le titrage par l'acide chlorhydrique permet de connaître la quantité de soude restante : $C_{\text{acide}} V_{\text{acide,équivalence}} = n_{\text{soude,restante}}$

$$n_{\text{aspirine}} = \frac{n_{\text{soude,initiale}} - n_{\text{soude,restante}}}{2}$$

$$m_{\text{aspirine}} = n_{\text{aspirine}} \times M_{\text{aspirine}} = \frac{10^{-3} - 0,05 \times 8,7 \cdot 10^{-3}}{2} \times 180$$

$$m_{\text{aspirine}} = 5,1 \cdot 10^{-2} \text{ g}$$

On a ainsi $5,1 \cdot 10^{-2}$ g d'aspirine dans 10 mL. On en a 10 fois plus dans 100 mL. Nous obtenons alors la masse d'aspirine dans un comprimé :

$$m_{\text{aspirine 1 comprimé}} = 5,09 \cdot 10^{-1} \text{ g}$$

8. Nous avons à notre disposition un cachet d'aspirine 500 (cachet contenant 500 mg d'aspirine).
Il faut effectuer pour chaque titrage un calcul d'écart relatif :

$$\% = \frac{|m_{\text{aspirine,mesuré}} - m_{\text{aspirine,boîte}}|}{m_{\text{aspirine,boîte}}}$$

Pour le titrage 1 : $\% = \dfrac{|4,95 \cdot 10^{-1} - 0,500|}{0,500} = 1\%$

Pour le titrage 2 : $\% = \dfrac{|5,09 \cdot 10^{-1} - 0,500|}{0,500} = 2\%$

L'écart relatif est faible : les méthodes de titrage sont précises.

Sous-partie 2

Signaux physiques, bilans et transports

CHAPITRE

5

Signaux physiques

Capacités à acquérir	Exercices
Pour un signal sinusoïdal : savoir comment mesurer une valeur efficace, une valeur moyenne, une amplitude, une valeur crête à crête, une fréquence.	5.1 et 5.2
Écrire, à partir de données, l'expression de la fonction d'onde d'un signal.	5.1
Relier la célérité d'une onde à un temps de propagation.	5.1 et 5.3
Étudier une onde sismique.	5.3
Comprendre la composition de signaux sinusoïdaux.	5.4
Interpréter le résultat d'une analyse spectrale.	

Exercice 5.1 : Onde progressive *

Voici l'acquisition d'une onde se propageant dans le vide, réalisée à trois instants différents :

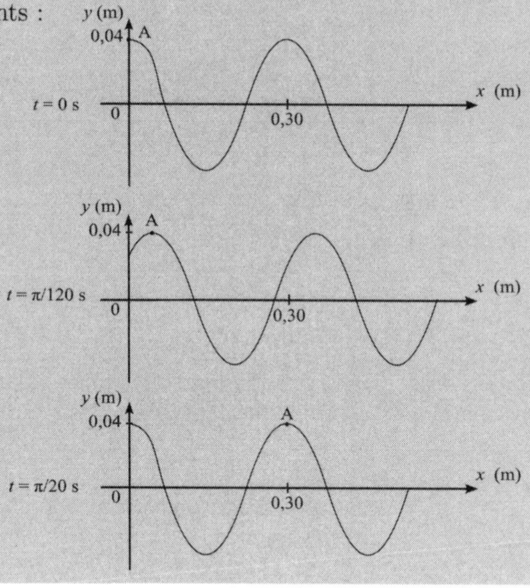

1. L'onde est-elle progressive ou stationnaire ? Dans le cas d'une onde progressive, préciser la direction de propagation de l'onde.
2. Déterminer l'amplitude, la longueur d'onde, la célérité, la fréquence et la valeur crête à crête de l'onde.
3. Écrire la fonction d'onde correspondante.

1. Il s'agit d'une onde progressive. En observant le déplacement du point A on constate que l'onde se propage selon les x croissants.

2. L'amplitude de l'onde caractérise l'ampleur de l'oscillation de l'onde par rapport à sa valeur moyenne. On remarque que sa valeur moyenne vaut 0 et l'amplitude de l'onde vaut $a = 0,04$ m.
La longueur d'onde est la période spatiale de l'onde progressive périodique. On la lit sur le graphe $y = f(x)$.

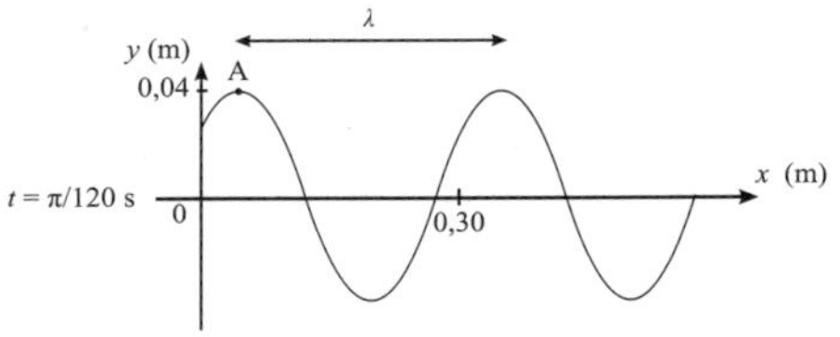

On a : $\lambda = 0,30$ m.
La célérité c d'une onde est égale au rapport de sa période spatiale sur sa période temporelle $c = \dfrac{\lambda}{T}$. Déterminons donc sa période temporelle : entre les graphes 1 et 3 on constate que le point A se retrouve à la même amplitude donc $T = \dfrac{\pi}{20}$ s.
D'où : $c = \dfrac{0,30}{\dfrac{\pi}{20}} = 1,91 \text{ m.s}^{-1}$.

Remarque : On remarque bien l'existence de la double périodicité, temporelle et spatiale, pour une onde progressive sinusoïdale.

La fréquence est donnée par : $f = \dfrac{1}{T} = \dfrac{20}{\pi} = 6,37$ Hz.
La valeur crête à crête est de $0,08$ m.

3. Toute onde plane progressive harmonique s'écrit sous la forme :

$$s(x,t) = a\cos\left[\omega\left(t - \text{retard}\right) - \varphi_s\right]$$

Où ω est la pulsation de l'onde et φ_s la phase de l'onde au niveau de la source. Le retard correspond au temps que met l'onde pour parcourir une distance x : $\text{retard} = \dfrac{x}{c}$.

En écrivant, $\omega = \dfrac{2\pi}{T}$, on peut associer à l'onde la fonction suivante :

$$s(x,t) = a\cos\left[2\pi\left(\frac{t}{T} - \frac{x}{c}\right) - \varphi_s\right]$$

Exercice 5.2 : Modélisation de la marche d'un joggeur (ATS) *

On trouve de plus en plus de dispositifs permettant la génération d'énergie électrique (pour recharger un téléphone portable par exemple) à partir du mouvement humain volontaire ou non volontaire.

Lorsque l'on enregistre grâce à des marqueurs le déplacement en 3 dimensions du torse humain, on remarque que le déplacement le plus significatif est le mouvement vertical de la hanche.

La figure ci-dessous donne l'altitude $Z_e(t)$ (en mm) de la hanche lors de la marche d'un homme à 5 km.h^{-1} sur un tapis roulant en fonction du temps (en s) :

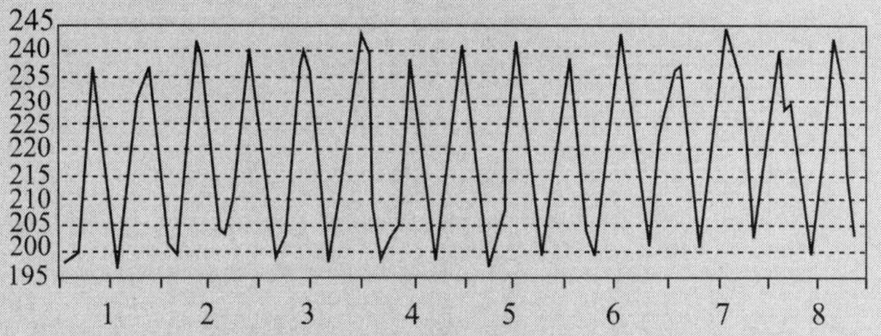

En vue de la modélisation, on assimile le mouvement vertical de la hanche à un déplacement purement sinusoïdal : $Z_e(t) = Z_e \cos(\omega t) + Z_{moy}$ (on fera abstraction de la position de l'origine des temps).

1. Déterminer graphiquement la valeur moyenne Z_{moy} et l'amplitude Z_e du mouvement.

2. Déterminer graphiquement la période T du mouvement. En déduire la pulsation ω.

Remarque : Lors de l'analyse, on exclut le début de la courbe qui correspond à la mise en mouvement. On ne prendra que les temps supérieurs à 1 s.

1. Pour trouver la valeur moyenne, il faut chercher la valeur correspondant à l'axe de symétrie de $Z_e(t)$. Dans le tableau suivant, regroupons les lectures effectuées :

Z_{max} (mm)	237	241	240	240	243	238	241
	242	238	243	237	244	240	242
Z_{min} (mm)	197	199	203	198	197	197	198
	196	199	198	200	200	203	199

Puis, on fait la moyenne des valeurs maximales : $Z_{max,\ moy} = 240$ mm et celle des valeurs minimales : $Z_{min,\ moy} = 199$ mm. La valeur moyenne cherchée est donc :

$$Z_{\text{moy}} = \frac{Z_{\text{max, moy}} + Z_{\text{min, moy}}}{2} = 220 \text{ mm}$$

Pour faire ce calcul, on prend les valeurs exactes de $Z_{\text{max, moy}}$ et $Z_{\text{min, moy}}$ et non les valeurs approchées 240 mm et 199 mm.

Pour avoir l'amplitude, on mesure les écarts en valeurs absolues entre la valeur moyenne Z_{moy} et les maxima ou minima.

$Z_{\text{max}} - Z_{\text{moy}}$ (mm)	17	21	20	20	23	18	21
	22	18	23	17	24	20	22
$Z_{\text{moy}} - Z_{\text{min}}$ (mm)	23	21	17	22	23	23	22
	24	21	22	20	20	17	21

En faisant la moyenne des valeurs obtenues, on trouve $Z_e = 21$ mm.

Remarque : Des calculs d'incertitude sont proposés dans l'exercice 12.3.

2. On mesure la durée correspondant à 13 périodes.

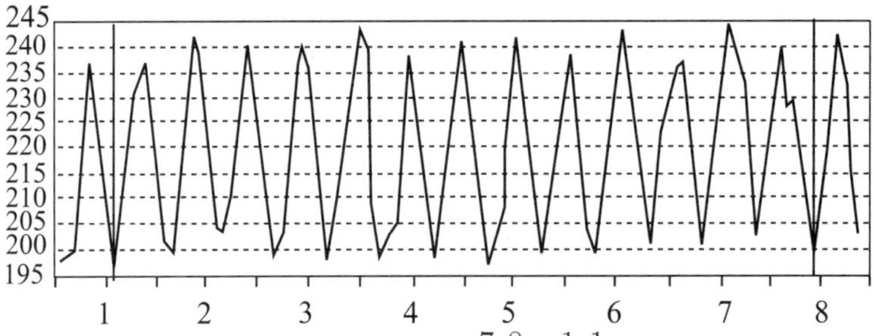

La période T du mouvement est égale à : $\dfrac{7,8 - 1,1}{13} = 0,52$ s.

Remarque : Vu le graphe fourni, nous pouvons estimer que nous avons une précision de lecture de $0,1$ s. Une incertitude élargie (avec un intervalle de confiance de 95 %) due à la double lecture est égale à $\Delta T = 0,08$ s.

On en déduit $\omega = \dfrac{2\pi}{T} = 12,9 \text{ rad.s}^{-1}$.

Exercice 5.3 : Sismologie (Agrégation) **

Dans cet exercice, les périodes considérées sont de l'ordre de 0,1 seconde à quelques secondes. L'objectif de la sismologie est double :

- la caractérisation de la source sismique (position du foyer, mécanisme à la source, énergie, prévision), d'une part ;

- la détermination de la structure du globe par l'étude expérimentale de la propagation des ondes issues des séismes, d'autre part.

À la suite d'un séisme, différentes ondes se propagent à partir du foyer. On distingue les ondes P (de l'adjectif latin « primus », premier) de compression, longitudinales, et les ondes S (de l'adjectif latin « secundus », second) de cisaillement, transversales. Toutes deux se propagent en volume dans la lithosphère, celles de plus grande vitesse de propagation étant les ondes P.

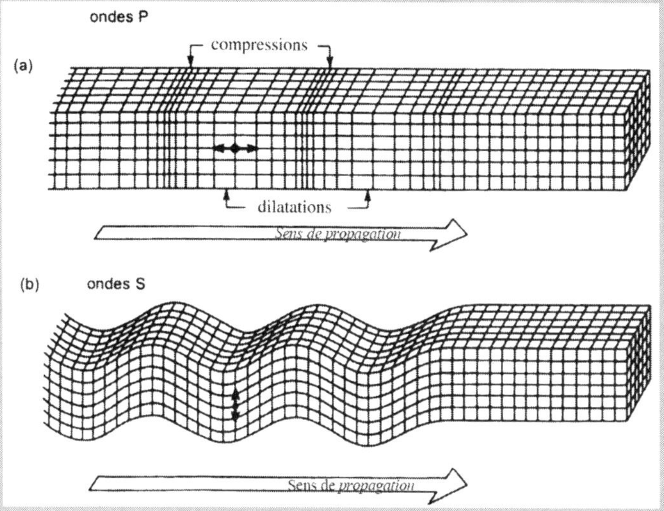

Lorsqu'elles atteignent la surface terrestre, elles engendrent des ondes de surface (de propagation plus lente que les ondes de volume P et S), que nous n'étudierons pas ici.

On supposera, de plus, que les ondes P et S ont un comportement analogue à celui des ondes lumineuses : leur propagation est, en particulier, rectiligne dans un milieu homogène. On nomme rais sismiques l'équivalent, en sismique, des rayons lumineux en optique.

Positionnement et datation d'un séisme par la méthode dite des S-P

On cherche à positionner et à dater un séisme qui vient d'avoir lieu à faible profondeur ; on considère que, dans ces conditions, les ondes sismiques se propagent du foyer du séisme jusqu'aux capteurs (sismographes) de façon rectiligne, avec des vitesses de propagation uniformes - et supposées connues - v_P pour les ondes P, et v_S pour les ondes S ; on rappelle que v_P est supérieure à v_S.

On assimile localement la surface terrestre à une portion du plan xOy, l'axe Oz étant vertical ascendant.

Un premier sismographe noté A, posé au sol, perçoit les premières ondes P à un instant noté t_{P_1} et les premières ondes S à un instant noté t_{S_1}.

1. Montrer que la connaissance de ces deux instants permet de déterminer la date, notée t_0, du début du séisme et la distance, notée Δ_1, entre le foyer du séisme et ce premier sismographe.
2. Sachant que le foyer F est à une distance Δ_1 du sismographe A, montrer que F se situe sur une surface particulière. Donner l'équation cartésienne de cette surface en choisissant l'origine du repère en A.

On utilise un second sismographe B. On note $(b, 0, 0)$ ses coordonnées cartésiennes et Δ_2 la distance entre le foyer F du séisme et B.
3. Montrer que F se situe sur une seconde surface dont on précisera l'équation.
4. En utilisant les résultats des deux questions précédentes, montrer que F se situe sur un cercle dont on précisera le centre et le rayon.

Enfin, on fait appel à un troisième sismographe, noté C, de coordonnées cartésiennes $(c, d, 0)$ et distant de Δ_3 par rapport au foyer.
5. Montrer sans calcul qu'il est possible avec 3 sismographes de positionner le foyer du séisme, situé sous la surface terrestre.

Rappel : Équation d'une sphère de centre C (x_c, y_c, z_c) et de rayon R :

$$(x - x_c)^2 + (y - y_c)^2 + (z - z_c)^2 = R^2$$

Équation d'un cercle situé dans le plan (Oyz) de centre C (y_c, z_c) et de rayon R :

$$(y - y_c)^2 + (z - z_c)^2 = R^2$$

1. Les premières ondes P sont émises à l'instant t_0, se déplacent à la vitesse constante v_P et sont détectées à la distance Δ_1 à l'instant t_{P_1}. Ainsi :

$$v_P = \frac{\Delta_1}{t_{P_1} - t_0} \quad \Leftrightarrow \quad \Delta_1 = v_P\left(t_{P_1} - t_0\right) \quad (1)$$

De même pour les premières ondes S nous avons :

$$v_S = \frac{\Delta_1}{t_{S_1} - t_0} \quad \Leftrightarrow \quad \Delta_1 = v_S\left(t_{S_1} - t_0\right) \quad (2)$$

En égalisant ces deux expressions, il vient :

$$v_P\left(t_{P_1} - t_0\right) = v_S\left(t_{S_1} - t_0\right) \quad \Leftrightarrow \quad t_0 = \frac{v_P t_{P_1} - v_S t_{S_1}}{v_P - v_S}$$

En remplaçant t_0 dans une des deux expressions (1) ou (2), nous obtenons :

$$\Delta_1 = \frac{v_P v_S}{v_P - v_S}\left(t_{S_1} - t_{P_1}\right)$$

2. Le foyer du séisme se situe à une distance Δ_1 de A donc le foyer est situé sur une sphère de rayon Δ_1 et de centre A $(0, 0, 0)$ qui a pour équation :

$$x^2 + y^2 + z^2 = {\Delta_1}^2 \quad (3)$$

3. De même pour le sismographe B $(b, 0, 0)$, le foyer du séisme est sur une sphère de rayon Δ_2 et de centre B $(b, 0, 0)$ qui a pour équation :

$$(x-b)^2 + y^2 + z^2 = {\Delta_2}^2$$

4. Le foyer du séisme appartient à ces deux sphères et vérifie les deux équations :

$$x^2 + y^2 + z^2 = {\Delta_1}^2$$

$$(x-b)^2 + y^2 + z^2 = {\Delta_2}^2 \quad \Leftrightarrow \quad x^2 - 2bx + b^2 + y^2 + z^2 = {\Delta_2}^2$$

En remplaçant avec (3) dans la seconde équation, il vient :

$$-2bx + b^2 = {\Delta_2}^2 - {\Delta_1}^2$$

$$x = \frac{b^2 + {\Delta_1}^2 - {\Delta_2}^2}{2b}$$

En réinjectant ce résultat dans (3) nous obtenons :

$$y^2 + z^2 = {\Delta_1}^2 - \left(\frac{b^2 + {\Delta_1}^2 - {\Delta_2}^2}{2b}\right)^2$$

Il s'agit de l'équation d'un cercle dans le plan vertical Oyz. Le foyer F appartient à un cercle de rayon $\sqrt{{\Delta_1}^2 - \left(\frac{b^2 + {\Delta_1}^2 - {\Delta_2}^2}{2b}\right)^2}$ et de centre $\left(\frac{b^2 + {\Delta_1}^2 - {\Delta_2}^2}{2b}, 0, 0\right)$.

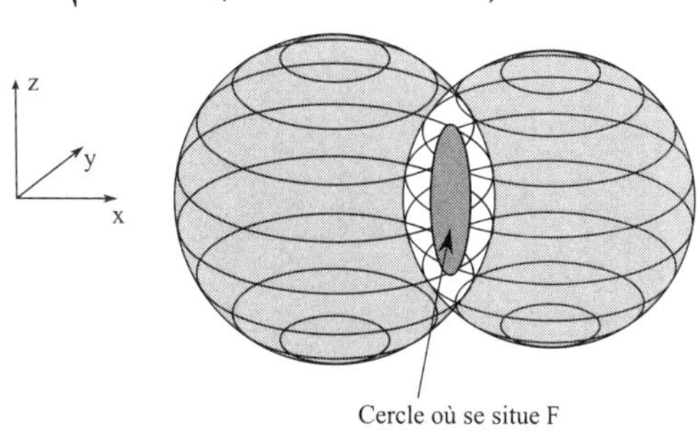

5. Si on raisonne de même pour le sismographe C alors le foyer doit également appartenir à une sphère de centre C et de rayon Δ_3 ; donc le foyer est à l'intersection de trois sphères.

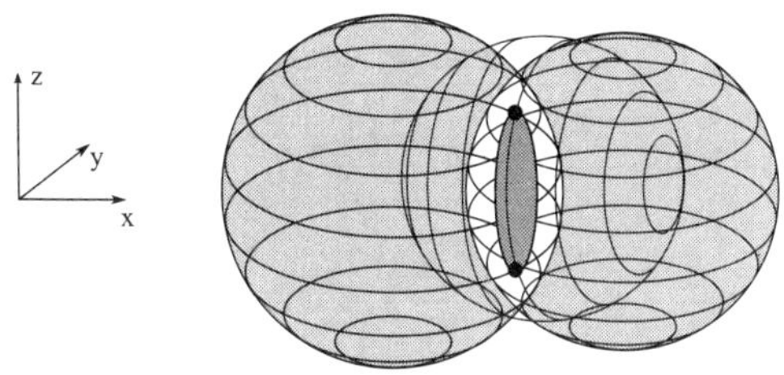

Nous obtenons donc deux points possibles pour le foyer mais ce dernier est nécessairement sous la surface de la terre donc nous obtenons alors sa position.

Remarque : Cette méthode est appelée triangulation, elle permet en connaissant la position de trois récepteurs et leurs positions respectives de déterminer l'origine de l'émission d'un signal.

Exercice 5.4 : Analyse spectrale et sons *

Un son musical est caractérisé par 3 qualités :

- L'intensité du son qui est d'autant plus importante que l'amplitude du signal est élevée.
- La hauteur du son qui traduit la fréquence de l'onde sonore : plus la fréquence est élevée, plus le son est aigu.
- Le timbre du son qui traduit la forme de l'onde sonore (un son pur a une forme sinusoïdale, un son complexe est associé à une onde qui peut être carrée, triangulaire ou avoir une forme quelconque périodique ou non). Le timbre du son est la qualité physiologique qui permet de distinguer deux sons de même hauteur et de même intensité, émis par des instruments différents.

Dans un premier temps, on envisage les trois sons décrits par les signaux suivants.

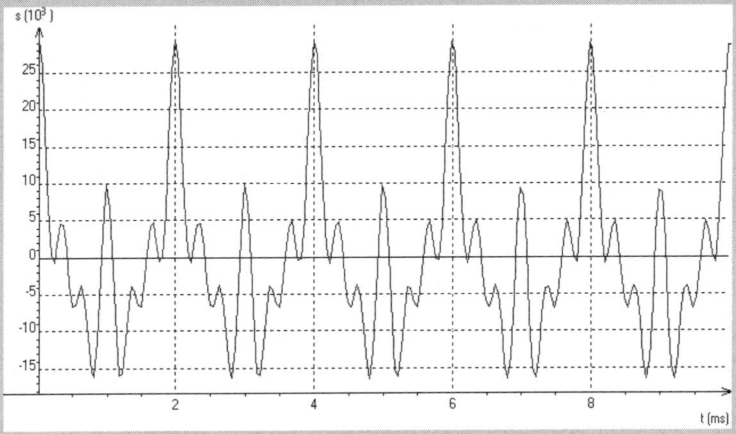

Son 1

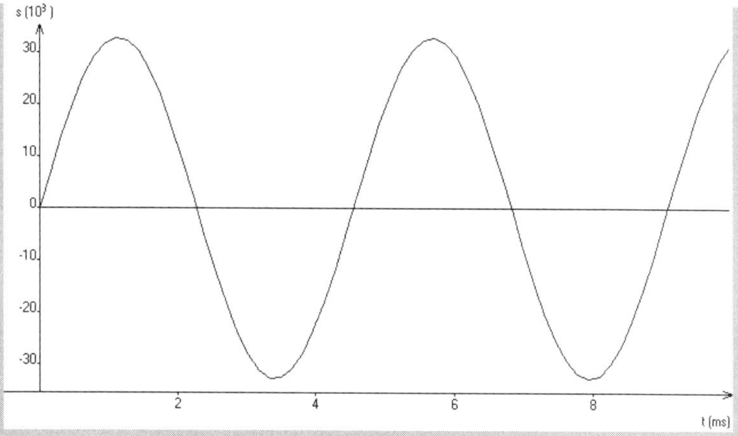

Son 2

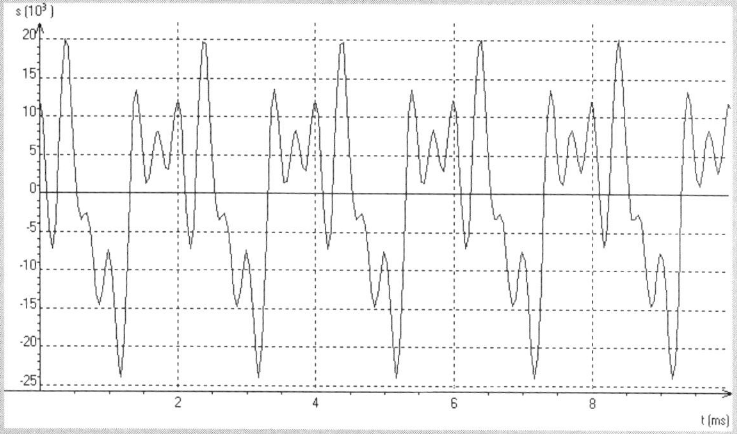

Son 3

1. Quel son peut-on qualifier de pur ?
2. Préciser les fréquences du fondamental associé à chaque signal.
3. Quels sont les sons qui ont même hauteur mais pas même timbre ?

Pour deux autres sons (son 4 et son 5), on observe les analyses spectrales suivantes :

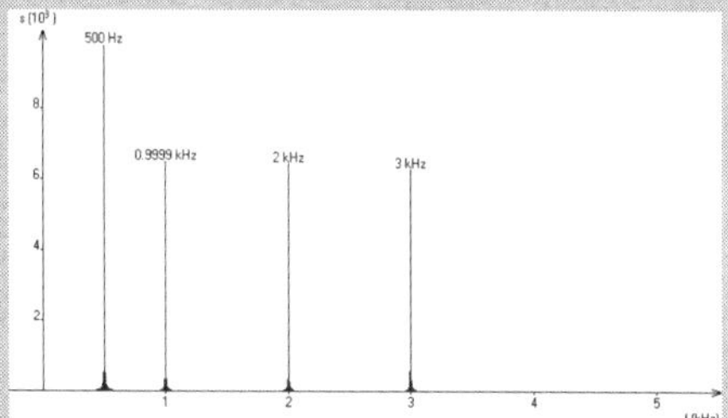

Son 4

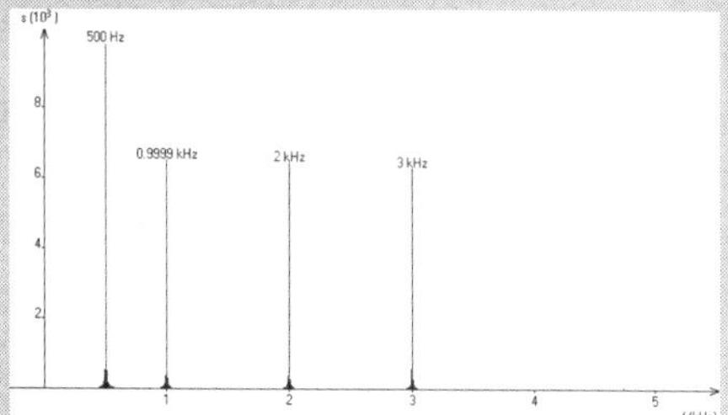

Son 5

4. Peut-on affirmer que les signaux associés sont identiques ?

On s'intéresse aux sons 6 et 7 associés aux signaux suivants :

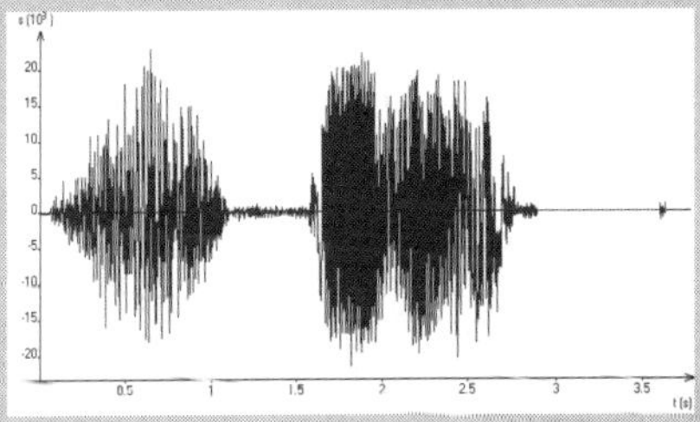

Son 6

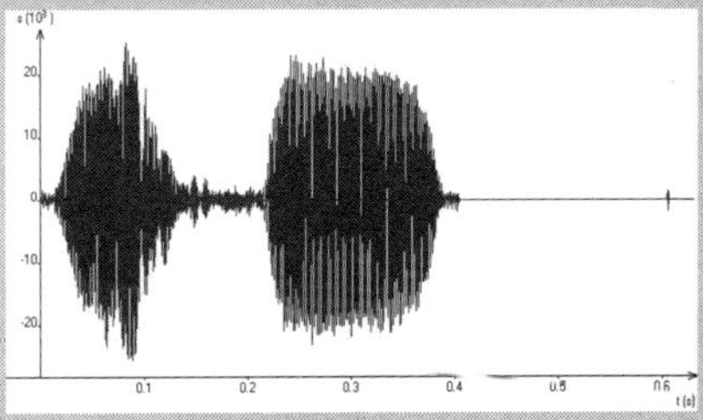

Son 7

5. Peut-on affirmer qu'il s'agit du même son ?

Voici ci-dessous les signaux et les analyses spectrales d'un son émis par une chouette et d'un autre émis par un rossignol. Le rossignol émet des sons plus aigus.

6. Attribuer les spectres à chaque oiseau.

Animal 1 :

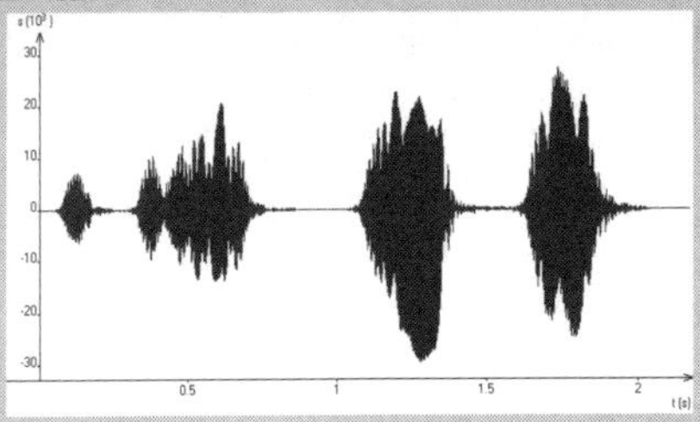

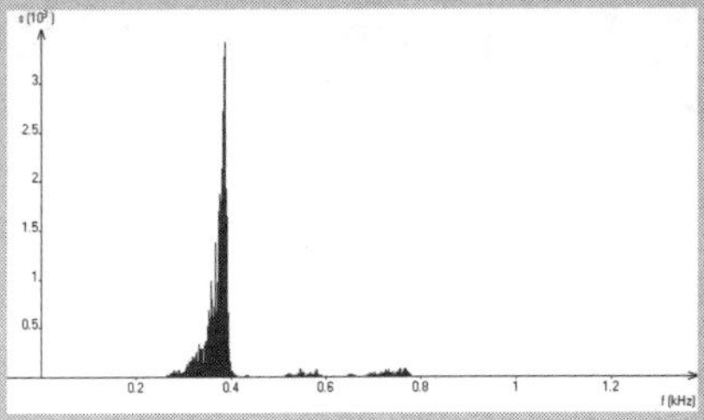

Animal 2 :

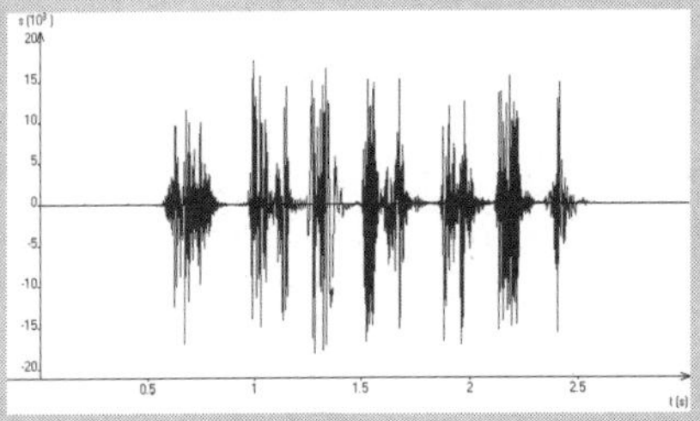

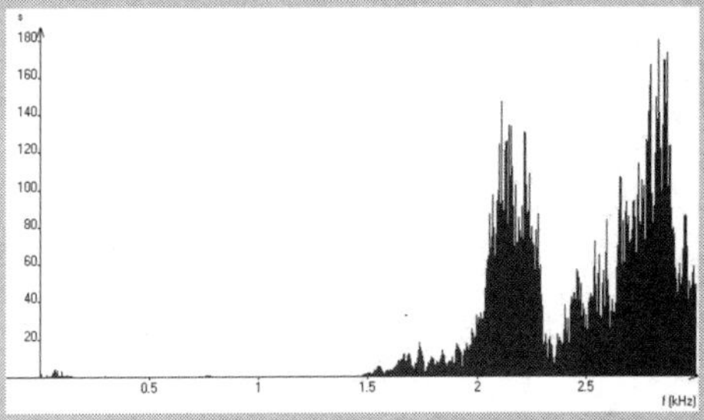

1. Le son 2 correspond à un signal constitué d'une unique fonction sinusoïdale, il peut être qualifié de pur.

2. Les fréquences se déduisent de la période temporelle T par : $f = \dfrac{1}{T}$.

Pour les sons 1 et 3, on constate que la période temporelle est la même : $T = 2$ ms donc $f = \dfrac{1}{2 \cdot 10^{-3}} = 500$ Hz.

Pour le son 2, $T = 4,5$ ms donc $f = \dfrac{1}{4,5 \cdot 10^{-3}} = 220$ Hz.

La fréquence calculée correspond au fondamental.

Remarque : Les analyses de Fourier de ces spectres peuvent confirmer les calculs.

3. Les sons 1 et 3 ont donc même hauteur mais pas même timbre.

4. Les analyses spectrales sont identiques. Cependant, elles ne sont pas forcément associées au même signal puisque dans la transformée de Fourier, les phases des composantes (harmoniques) peuvent être différentes.

Explication : La décomposition d'une fonction périodique f en série de Fourier s'écrit :

$$f(t) = a_0 + \sum_{n=1}^{\infty} \left[a_n \cos\left(\frac{n2\pi t}{T} + \varphi_n \right) \right]$$

L'analyse spectrale renseigne sur les amplitudes relatives a_n et sur la période T (autrement dit la fréquence).

Remarque : Les analyses spectrales données correspondent aux sons 1 et 3. Les signaux ne sont pas identiques. Cependant, comme l'oreille n'est sensible qu'aux amplitudes relatives des différentes harmoniques, aucune différence ne sera perçue entre le son 1 et le son 3.

5. Les signaux associés aux sons 6 et 7 se ressemblent mais ne sont pas associés à la même échelle de temps. Ils seront donc différents.

Remarque : Ceci est confirmé par leur analyse spectrale :

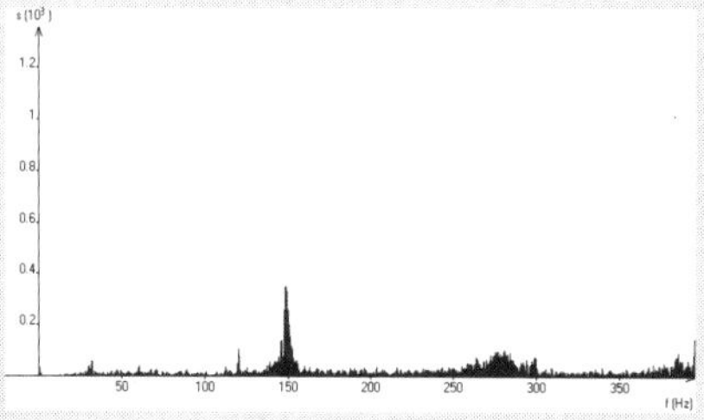

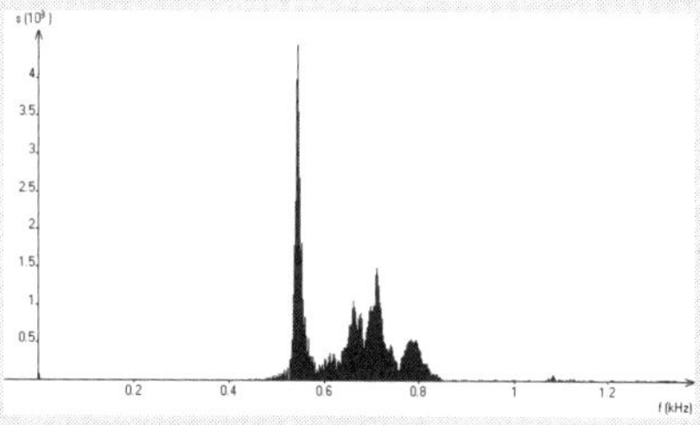

6. L'analyse spectrale associée à l'animal 1 montre que les fréquences émises sont plus basses donc associées à un son plus grave. L'animal 1 est la chouette et le 2 est le rossignol.

Remarque : On peut constater qu'ils émettent des sons par salves.

CHAPITRE

6

Bilan macroscopique - transport

Capacités à acquérir	Exercices
Relier un flux de charge (d'énergie thermique ou de matière) à une différence de potentiel électrique (de température ou de composition).	
Remplacer une association série ou parallèle de plusieurs résistances par une résistance équivalente.	6.1 et 6.2
Faire l'analogie transport thermique/transport de charges.	
Interpréter le sens du transport.	6.2
Établir un bilan macroscopique.	6.3

Exercice 6.1 : Associations de résistances thermiques (Agro-Véto) *

On considère un corps homogène de section droite S, de longueur L et de conductivité thermique λ.

1. Exprimer la résistance thermique R_{th} du matériau en fonction de S, L et λ. Préciser l'unité de la résistance thermique.

Dans toute la suite de l'exercice, on se place en régime permanent.

2. Les extrémités du corps sont à des températures différentes, notées T_0 et T_1. En utilisant une analogie avec l'électrocinétique, rappeler la relation entre $T_0 - T_1$, R_{th} et la puissance thermique $\mathcal{P}_{\text{th}}$.

3. On associe deux corps de résistance thermique R_{th_1} et R_{th_2} selon la figure ci-dessous.

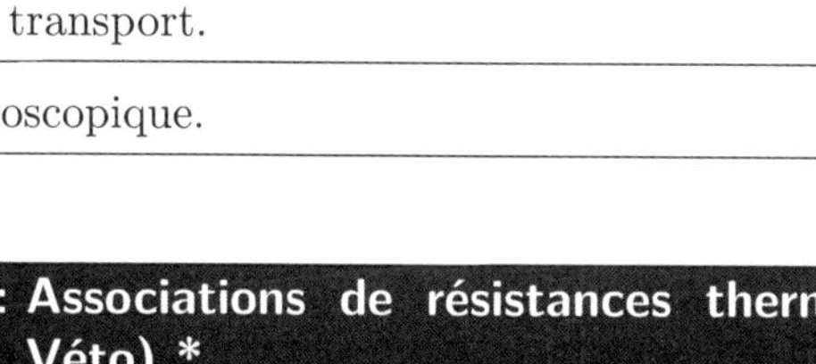

Les parties grisées sont des isolants thermiques. Le premier corps est compris entre $x = 0$ et $x = L_1$ et le second entre $x = L_1$ et $x = L_1 + L_2$. On note T_0, T_1 et T_2 les températures en $x = 0$, $x = L_1$ et $x = L_1 + L_2$.

Donner l'expression de la résistance thermique R_{th} de l'ensemble en fonction de R_{th_1} et R_{th_2}.

4. Donner l'expression de la température T_1 en fonction de T_0, T_2, R_{th_1} et R_{th_2}.

5. Les deux corps sont maintenant associés selon le schéma :

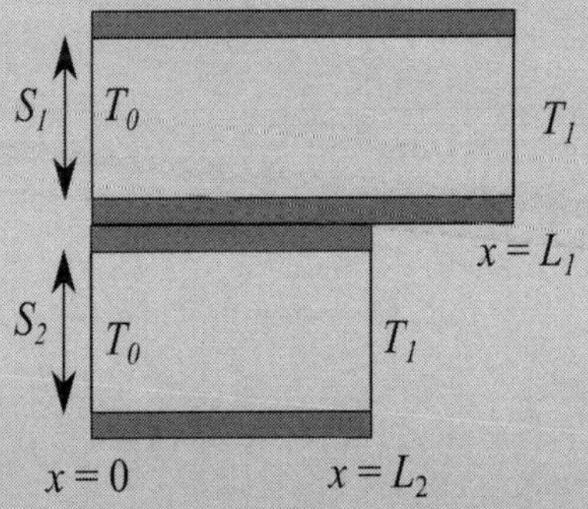

On note T_0 la température sur les surfaces d'entrée pour $x = 0$ et T_1 la température sur les faces de sortie. Donner l'expression de la résistance thermique R_{th} (définie par la relation $T_0 - T_1 = R_{\text{th}}\mathcal{P}_{\text{th}}$, où $\mathcal{P}_{\text{th}}$ est la puissance thermique traversant l'ensemble des surfaces S_1 et S_2 en $x = 0$) de l'ensemble en fonction de R_{th_1} et R_{th_2}. Faire une analogie avec l'électrocinétique.

1. La résistance thermique d'un matériau, s'exprimant en K.W^{-1}, a pour expression :

$$R_{\text{th}} = \frac{L}{\lambda S}$$

2. Une analogie entre électrocinétique et conductivité thermique en régime permanent est résumée dans le tableau ci-dessous :

Électrocinétique	**Diffusion thermique**
Tension $\boldsymbol{U} = \boldsymbol{V_0} - \boldsymbol{V_1}$(V)	Différence de température $T_0 - T_1$ (K)
Potentiel électrique $\boldsymbol{V}$(V)	Température T (K)
Intensité $\boldsymbol{I} = \dfrac{\boldsymbol{dq}}{\boldsymbol{dt}}$(A)	Puissance thermique $\mathcal{P}_{\text{th}} = \dfrac{\delta Q}{dt}$ (J.s^{-1})
Résistance $\boldsymbol{R} = \dfrac{\boldsymbol{U}}{\boldsymbol{I}}(\Omega)$	Résistance thermique $R_{\text{th}} = \dfrac{T_0 - T_1}{\mathcal{P}_{\text{th}}}$ (K.W^{-1})

Rappel : Une différence de potentiel entraîne un mouvement des électrons et donc une intensité. Une différence de température entraîne un transfert d'énergie thermique par unité de temps. La chaleur est transférée vers l'endroit le plus froid : si $T_0 - T_1 > 0$, $\mathcal{P}_{\text{th}} > 0$ et si $T_0 - T_1 < 0$, $\mathcal{P}_{\text{th}} < 0$. Dans tous les cas, $R_{\text{th}} > 0$.

3. Le régime étant permanent et les parties grisées étant isolantes, la puissance thermique traversant le premier corps est égale à celle traversant le second. En utilisant l'expression trouvée précédemment, la résistance thermique de l'ensemble s'écrit : $R_{\text{th}} = \dfrac{T_0 - T_2}{\mathcal{P}_{\text{th}}}$, celle du premier corps : $R_{\text{th}_1} = \dfrac{T_0 - T_1}{\mathcal{P}_{\text{th}}}$ et celle du second : $R_{\text{th}_1} = \dfrac{T_1 - T_2}{\mathcal{P}_{\text{th}}}$. Les corps sont associés en série car ils sont traversés par la même puissance thermique. Nous obtenons ainsi : $R_{\text{th}} = R_{\text{th}_1} + R_{\text{th}_2}$.

4. Exprimons de deux façons la puissance thermique :

$$\mathcal{P}_{\text{th}} = \frac{T_0 - T_1}{R_{\text{th}_1}} = \frac{T_1 - T_2}{R_{\text{th}_2}}$$

On en déduit l'expression de T_1 :

$$\left(\frac{1}{R_{\text{th}_1}} + \frac{1}{R_{\text{th}_2}}\right) T_1 = \frac{1}{R_{\text{th}_1}} T_0 + \frac{1}{R_{\text{th}_2}} T_2$$

$$T_1 = \frac{R_{\text{th}_2} T_0 + R_{\text{th}_1} T_2}{R_{\text{th}_1} + R_{\text{th}_2}}$$

5. Exprimons les résistances thermiques des deux corps :

$$R_{\text{th}_1} = \frac{T_0 - T_1}{\mathcal{P}_{\text{th}_1}} \text{ et } R_{\text{th}_2} = \frac{T_0 - T_1}{\mathcal{P}_{\text{th}_2}}$$

Les deux corps sont associés en parallèle car ils sont soumis à la même différence de température. On obtient ainsi :

$$\frac{1}{R_{\text{th}}} = \frac{1}{R_{\text{th}_1}} + \frac{1}{R_{\text{th}_2}}$$

Démonstration : La puissance thermique sur les deux surfaces est la somme des deux autres :

$$\mathcal{P}_{\text{th}} = \mathcal{P}_{\text{th}_1} + \mathcal{P}_{\text{th}_2} = \frac{T_0 - T_1}{R_{\text{th}_1}} + \frac{T_0 - T_1}{R_{\text{th}_2}} = \left(\frac{1}{R_{\text{th}_1}} + \frac{1}{R_{\text{th}_2}}\right) \times (T_0 - T_1)$$

Exercice 6.2 : Chauffage d'une maison en hiver (Agro-Véto) **

On propose l'étude simplifiée du chauffage hivernal d'une maison dans des conditions extrêmes. Seul le transfert thermique par diffusion est pris en compte.

La température extérieure T_e est uniforme et constante. La température intérieure T_i est uniforme.

La maison comporte une seule pièce. Les éléments considérés sont :

- Les murs, la porte et le toit dont la résistance thermique totale est notée R_m ;
- Une seule fenêtre de surface s.

Les pertes thermiques à travers le sol de la maison sont négligeables.

Données :

Température intérieure	$T_i = 25\ °C$
Température extérieure	$T_e = -15\ °C$
Résistance thermique (mur, porte, toit)	$R_m = 1,0 \cdot 10^{-2}\ K.W^{-1}$
Surface de la fenêtre	$s = 5,0\ m^2$
Conductivité thermique du verre	$\lambda_v = 1,0\ W.m^{-1}.K^{-1}$
Conductivité thermique de l'air	$\lambda_a = 2,0 \cdot 10^{-2}\ W.m^{-1}.K^{-1}$
Épaisseur des plaques de verre	$e = 5,0\ mm$

L'étude est réalisée en régime permanent.

1. $\mathcal{P}_m$ est la puissance thermique à travers les murs, la porte et le toit de la maison, orientée de l'intérieur vers l'extérieur.

a) Donner l'expression littérale de la résistance thermique R_m de l'ensemble {mur, porte, toit de la maison}.

b) Pourquoi la résistance thermique est-elle toujours positive ?

c) Application numérique : calculer $\mathcal{P}_m$.

2. La fenêtre est constituée d'une plaque de verre de surface s et d'épaisseur e (fenêtre simple vitrage). La conductivité thermique du verre est notée λ_v. Les pertes dues au cadre de la fenêtre sont négligées. La résistance thermique de la fenêtre vaut $R_v = \dfrac{e}{\lambda_v s}$. Exprimer la puissance thermique perdue à travers la fenêtre, $\mathcal{P}_f$, en fonction de λ_v, e, s, T_i et T_e. Réaliser l'application numérique. Commenter.

3. Pour réduire cette déperdition d'énergie, la fenêtre simple est remplacée par un double vitrage composé de deux vitres identiques d'épaisseur e et de surface s, séparées par une épaisseur $2e$ d'air. La conductivité thermique de l'air est notée λ_a. La fenêtre double vitrage est schématisée ci-dessous :

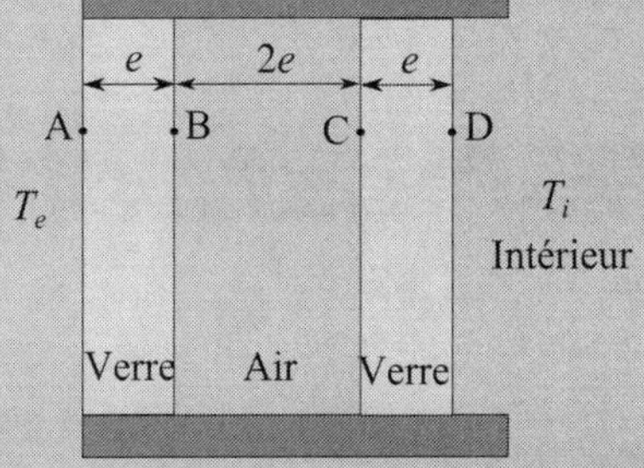

Le point A est au niveau de l'interface extérieur/verre, B au niveau de l'interface verre/air, C au niveau de l'interface air/verre et D au niveau de l'interface verre/intérieur. Les températures en A et D sont $T(A) = T_e$ et $T(D) = T_i$.

a) Exprimer puis calculer les valeurs numériques des résistances thermiques R_{AB}, R_{BC} et R_{CD}.
b) Donner la résistance thermique totale R_{AD} en fonction de e, λ_v, λ_a et s.
c) Que vaut la puissance thermique perdue à travers la fenêtre $\mathcal{P}'_f$?
d) Montrer que l'on a $\dfrac{\mathcal{P}'_f}{\mathcal{P}_f} \approx \dfrac{\lambda_a}{2\lambda_v}$ et déduire la valeur numérique de $\mathcal{P}'_f$. Commenter.
4. Dans cette question, les températures aux points B et C sont calculées.
a) Exprimer $T_{\mathrm{B}} - T_e$ en fonction de $T_i - T_e$ et des résistances thermiques R_{AB}, R_{BC} et R_{CD}.
b) Donner les valeurs de T_{B} et T_{C}.
c) Au final, quel élément du double-vitrage assure l'essentiel de l'isolation ?
5. Montrer que la puissance thermique totale $\mathcal{P}_T$, perdue par la maison équipée d'une fenêtre simple (respectivement $\mathcal{P}'_T$, pour une fenêtre double), s'exprime selon :

$$\text{Fenêtre simple : } \mathcal{P}_T = (T_i - T_e)/R_1 \qquad (1)$$
$$\text{Fenêtre double : } \mathcal{P}'_T = (T_i - T_e)/R_2 \qquad (2)$$

où l'on exprimera R_1 en fonction de R_m, λ_v, e et s ; et R_2 en fonction de R_m,λ_a, e et s.

1.
a) La résistance thermique est le rapport entre la différence de température et la puissance thermique :

$$R_m = \frac{T_i - T_e}{\mathcal{P}_m}$$

b) $T_i > T_e$ donc $T_i - T_e > 0$ et comme le flux d'énergie thermique (ou flux de chaleur) est orienté vers les températures décroissantes donc ici de l'intérieur vers l'extérieur, R_m est positive.

c) $\mathcal{P}_m = \dfrac{T_i - T_e}{R_m} = \dfrac{25-(-15)}{1,0 \cdot 10^{-2}} = 4,0 \cdot 10^3 \text{ W}$

2. Appliquons l'expression précédente à la fenêtre simple vitrage :

$$\mathcal{P}_f = \frac{\Delta T}{R_{\mathrm{th}}} = \frac{T_i - T_e}{\dfrac{e}{\lambda_v s}} = \frac{\lambda_v s}{e}(T_i - T_e) = \frac{1,0 \times 5,0}{5,0 \cdot 10^{-3}} \times 40 = 4,0 \cdot 10^4 \text{ W}$$

Les pertes thermiques par une fenêtre simple vitrage sont 10 fois plus importantes que celle de l'ensemble des murs, porte et toit.

3.
a) Utilisons l'expression donnée dans la question **2.** :

$$R_{\mathrm{AB}} = R_{\mathrm{CD}} = \frac{e}{\lambda_v s} = \frac{5,0 \cdot 10^{-3}}{1,0 \times 5,0} = 1,0 \cdot 10^{-3} \text{ K.W}^{-1}$$

$$R_{\text{BC}} = \frac{2e}{\lambda_a s} = \frac{2 \times 5,0 \cdot 10^{-3}}{2,0 \cdot 10^{-2} \times 5,0} = 1,0 \cdot 10^{-1} \text{ K.W}^{-1}$$

Remarque : On constate que $R_{\text{AB}} = R_{\text{CD}} \ll R_{\text{BC}}$. C'est principalement la couche d'air qui s'oppose au transfert thermique.

b) Les 3 résistances thermiques sont traversées par le même flux d'énergie thermique : elles sont donc associées en série.

$$R_{\text{AD}} = R_{\text{AB}} + R_{\text{BC}} + R_{\text{CD}} = \frac{2e}{\lambda_v s} + \frac{2e}{\lambda_a s} = \frac{2e}{s}\left(\frac{1}{\lambda_a} + \frac{1}{\lambda_v}\right)$$

c) Ainsi : $\mathcal{P}'_f = \dfrac{\Delta T}{R_{\text{th}}} = \dfrac{T_i - T_e}{R_{\text{AD}}} = \dfrac{s}{2e} \dfrac{1}{\dfrac{1}{\lambda_a} + \dfrac{1}{\lambda_v}} (T_i - T_e)$

d) D'après les données : $\lambda_a < \dfrac{\lambda_v}{10} \quad \Leftrightarrow \quad \dfrac{1}{\lambda_a} > 10 \times \dfrac{1}{\lambda_v}$

$$\text{d'où} \quad \frac{1}{\lambda_a} + \frac{1}{\lambda_v} \approx \frac{1}{\lambda_a} \quad \text{donc} \quad \mathcal{P}'_f \approx \frac{\lambda_a s}{2e}(T_i - T_e)$$

$$\mathcal{P}'_f = \frac{2,0 \cdot 10^{-2} \times 5,0}{2 \times 5,0 \cdot 10^{-3}} \times 40 = 4,0 \cdot 10^2 = 400 \text{ W}$$

On divise la perte thermique de 100, par rapport au simple vitrage, en faisant appel à un double vitrage.

Remarque : Pour le double vitrage, la résistance thermique s'écrit $R_{\text{AD}} \approx \dfrac{2e}{\lambda_a s}$.

4.

a) Dans un premier temps, on peut écrire : $T_{\text{B}} - T_e = T_{\text{B}} - T_{\text{A}}$. Par ailleurs, les résistances sont en série donc traversées par la même puissance thermique. On peut ainsi écrire :

$$T_{\text{B}} - T_{\text{A}} = R_{\text{AB}} \mathcal{P}'_f$$
$$T_i - T_e = (R_{\text{AB}} + R_{\text{BC}} + R_{\text{CD}}) \mathcal{P}'_f$$

En faisant le rapport membre à membre, on obtient :

$$T_{\text{B}} - T_{\text{A}} = \frac{R_{\text{AB}}}{R_{\text{AB}} + R_{\text{BC}} + R_{\text{CD}}}(T_i - T_e)$$

En utilisant le résultat de la question 2, on peut écrire :

$$T_{\text{B}} - T_e \approx \frac{R_{\text{AB}}}{R_{\text{BC}}}(T_i - T_e)$$

b) Calculons T_{B} : $T_{\text{B}} - T_e = \dfrac{1,0 \cdot 10^{-3}}{1,0 \cdot 10^{-1}} \times 40 = 0,4 \text{ K}$ donc $T_{\text{B}} \approx T_e$.

Calculons T_{C} : $T_{\text{C}} - T_{\text{B}} = \dfrac{R_{\text{BC}}}{R_{\text{AB}} + R_{\text{BC}} + R_{\text{CD}}}(T_i - T_e) \approx T_i - T_e$ donc $T_{\text{C}} \approx T_i$.

c) D'après l'application numérique précédente, c'est à l'intérieur de la couche d'air qu'on observe la plus grande variation de température : la couche d'air assure l'essentiel de l'isolation.

Remarque : D'après la question **3.a)**, la couche d'air possède la plus grande résistance thermique.

5. On considère maintenant le système fenêtre +murs.

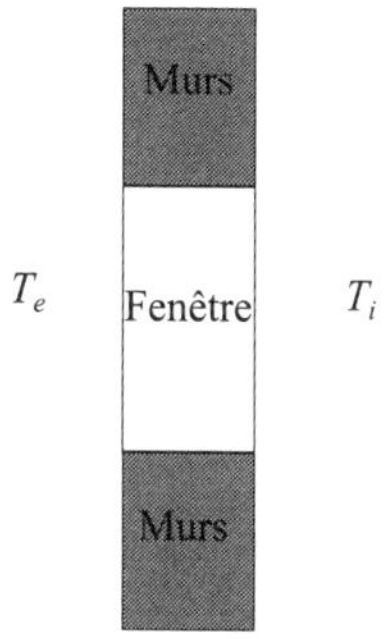

Les 2 résistances thermiques sont soumises à la même différence de température, elles sont donc associées en parallèle. Pour une fenêtre simple vitrage : $\dfrac{1}{R_1} = \dfrac{1}{R_m} + \dfrac{1}{R_v} = \dfrac{1}{R_m} + \dfrac{\lambda_v s}{e}$

$$\mathcal{P}_T = \frac{T_i - T_e}{R_1} = \left(\frac{1}{R_m} + \frac{\lambda_v s}{e}\right)(T_i - T_e)$$

Pour un double vitrage : $\dfrac{1}{R_2} = \dfrac{1}{R_m} + \dfrac{1}{R_{\text{AD}}} \approx \dfrac{1}{R_m} + \dfrac{\lambda_a s}{2e}$ (d'après q.3.b)

$$\mathcal{P}'_T = \frac{T_i - T_e}{R_2} \approx \left(\frac{1}{R_m} + \frac{\lambda_a s}{2e}\right)(T_i - T_e)$$

Exercice 6.3 : Pollution d'un réservoir d'eau **

Très solubles dans l'eau, les nitrates constituent la cause majeure de pollution des réservoirs d'eau souterraine. La teneur en nitrates des eaux souterraines dépasse souvent aujourd'hui 50 milligrammes par litre, norme retenue pour les eaux potables par l'Organisation Mondiale de la Santé. Cet exercice propose d'étudier un système modélisant la pollution d'un bassin d'eau douce.

Un réservoir, modélisant un bassin d'eau douce, contient un volume $V_0 = 100$ mL d'eau distillée. Il reçoit avec un débit volumique constant noté $D = 25$ mL.min^{-1} une solution d'eau salée (modélisant la source de pollution) de concentration molaire constante C_0. Pendant le même temps, il évacue avec un même débit D une partie de sa solution. Ainsi, le volume de solution qu'il contient reste constant au cours du temps. On supposera de plus que l'homogénéisation de la solution est instantanée.

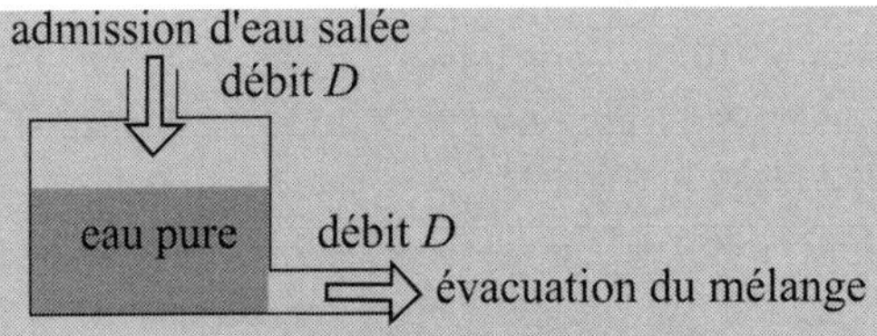

On cherche à exprimer l'évolution de la concentration en sel dans le réservoir en fonction du temps.

1. Trouver l'équation différentielle suivie par $n(t)$ où $n(t)$ est la quantité de matière de sel dans le réservoir à l'instant t.

2. En déduire l'expression de $n(t)$ puis exprimer la concentration $C(t)$ en sel de la solution contenue dans le réservoir à une date t.

3. Quelle est la nature du régime suivie par le système ?

4. Estimer le temps au bout duquel la solution contenue dans le réservoir est considérée comme totalement polluée.

5. Qu'en est-il si on double le débit D ?

Cet exercice est inspiré d'un article paru dans le BUP d'octobre 2008 (vol.102, n°907, p.1169-1180).

1. Pour trouver l'équation différentielle suivie par $n(t)$, nous allons faire un bilan de matière. Le système étudié est le volume contenu dans la surface de contrôle (Σ) définie en pointillé sur le schéma :

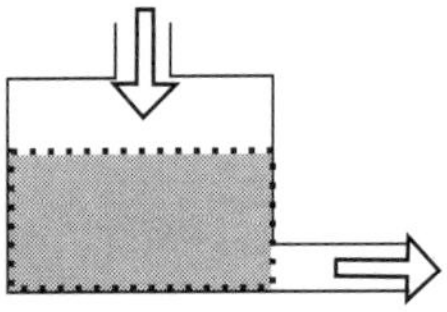

Ce système est un système ouvert.

Il faut toujours bien définir le système d'étude que le bilan soit un bilan de charges, de particules ou thermique.

Réalisons un bilan de matière de sel dans le volume de contrôle V_0 du réservoir et entre les instants t et $t + dt$:

$$n(t + dt) - n(t) = \delta n_{\text{entrant}} - \delta n_{\text{sortant}} + \delta n_{\text{créé}} - \delta n_{\text{détruit}}$$

Remarque : Nous utiliserons les notations suivantes : dn correspond à une différence de quantité de matière (par exemple : $dn = n(t + dt) - n(t)$) et δn est réservée pour une quantité de matière élémentaire.

Ici il n'y a pas de création ou de destruction de sel donc :

$$n(t + dt) - n(t) = \delta n_{\text{entrant}} - \delta n_{\text{sortant}}$$

Remarque : On peut retrouver cette expression en utilisant un système fermé (que l'on suit au cours du temps) :

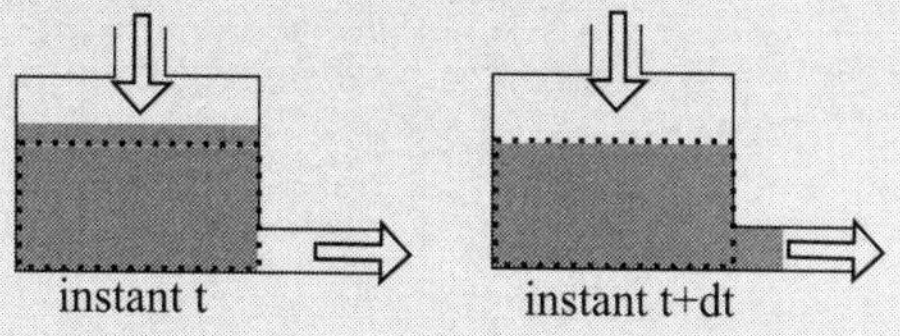

À l'instant t : le système fermé est constitué d'une quantité de matière entrante et du volume de contrôle. Sa quantité de matière en sel s'écrit : $n_{sf}(t) = n(t) + \delta n_{\text{entrant}}$

À l'instant $t + dt$: il est constitué d'une quantité de matière sortante et du volume de contrôle. Sa quantité de matière en sel s'écrit alors : $n_{sf}(t+dt) = n(t+dt) + \delta n_{\text{entrant}}$

Comme il n'y a pas création ni destruction de matière (via une réaction chimique par exemple), la quantité de matière du système fermé est constante : $n_{sf}(t) = n_{sf}(t+dt)$. On retrouve l'expression donnée plus haut.

En faisant appel aux concentrations, nous pouvons écrire :

$$\delta n_{\text{entrant}} = C_{\text{entrant}}\delta V_{\text{entrant}} = C_0 \delta V_{\text{entrant}} \quad \text{avec} \quad \delta V_{\text{entrant}} = Ddt$$

$$\text{donc} \quad \delta n_{\text{entrant}} = C_0 Ddt$$

$$\delta n_{\text{sortant}} = C_{\text{sortie}}\delta V_{\text{sortie}} = C(t)\delta V_{\text{sortie}} = \frac{n(t)}{V_0} Ddt$$

Ainsi : $n(t+dt) - n(t) = dn(t) = C_0 Ddt - \dfrac{n(t)}{V_0} Ddt$

$$\frac{dn(t)}{dt} + \frac{D}{V_0} n(t) = C_0 D$$

On obtient une équation différentielle du premier ordre avec second membre constant.

2. Nous allons résoudre cette équation différentielle.

Point mathématique : La résolution a lieu en deux étapes :

- Détermination de la solution générale de l'équation homogène

$$\frac{dn_1}{dt} + \frac{D}{V_0} n_1 = 0$$

La solution d'une telle équation s'écrit : $n_1(t) = \lambda e^{-t/\tau}$ avec $\tau = \dfrac{V_0}{D}$

Nous retrouvons cette solution par la méthode de séparation des variables, ici, les variables étant n_1 et t : $\dfrac{V_0}{D}\dfrac{dn_1}{dt} = -n_1 \quad \Leftrightarrow \quad \dfrac{dn_1}{n_1} = -\dfrac{dt}{\tau}$

Passons aux intégrales : $\displaystyle\int \frac{dn_1}{n_1} = -\int \frac{dt}{\tau} + \text{cste} \quad \Leftrightarrow \quad \ln n_1 = \frac{dt}{\tau} + \text{cste}$

Prenons l'exponentielle : $n_1(t) = e^{-t/\tau + \text{cste}} = e^{-t/\tau} \times e^{\text{cste}} = e^{-t/\tau} \times \lambda$

La détermination de la constante λ ne se fait pas à ce niveau.

- Détermination d'une solution particulière de l'équation complète

Le second membre étant constant, nous pouvons rechercher une solution particulière constante : $\frac{dn_2}{dt} + \frac{1}{\tau} n_2 = C_0 D$ avec $\frac{dn_2}{dt} = 0$ car n_2 est constante donc la solution particulière s'écrit : $n_2 = C_0 D\tau = C_0 V_0$.

La solution de l'équation différentielle est la somme $n_1(t) + n_2$.

La solution de l'équation différentielle est de la forme :

$$n(t) = \lambda \text{ e}^{-\frac{t}{\tau}} + C_0 V_0 \quad \text{avec} \quad \tau = \frac{V_0}{D}$$

C'est maintenant que la constante λ peut être déterminée grâce à la condition initiale : $n(t=0) = 0 \quad \Leftrightarrow \quad 0 = \lambda \text{ e}^{-t/\tau} + C_0 V_0 = \lambda + C_0 V_0$. Nous obtenons ainsi : $\lambda = -C_0 V_0$ et la solution recherchée est :

$$n(t) = C_0 V_0 \left(1 - \text{ e}^{-t/\tau}\right)$$

3. La concentration molaire de la solution salée dans le réservoir est donnée par la relation : $C(t) = \frac{n(t)}{V_0}$ donc : $C(t) = C_0 \left(1 - \text{ e}^{-t/\tau}\right)$

4. L'expression de $C(t)$ montre que $C(t)$ varie jusqu'à atteindre une valeur seuil : le régime est transitoire.

5. La solution dans le réservoir est totalement polluée à la fin de régime transitoire, c'est-à-dire au bout de quelques temps τ. On peut proposer comme ordre de grandeur 5τ.

$$5\tau = 5\frac{V_0}{D} = 5 \times \frac{100}{25} = 20\,\text{min}$$

Remarque : Au bout de 5τ, $C(5\tau) = C_0 \left(1 - \text{ e}^{-5\tau/\tau}\right) = C_0 \left(1 - \text{ e}^{-5}\right) = 0,99\ C_0$

6. Si on double le débit D, on reprend le raisonnement précédent en remplaçant D par $2D$. Ainsi, la valeur de la constante de temps est divisée par deux :

$$\tau' = \frac{V_0}{2D} = \frac{\tau}{2}$$

Donc le temps nécessaire pour polluer le réservoir sera de $10\,\text{min}$.

CHAPITRE 7

Circuit dans l'ARQP

Capacités à acquérir	Exercices
Algébriser les grandeurs électriques et utiliser les conventions récepteur et générateur.	7.1 et 7.2
Appliquer les lois de Kirchhoff.	7.2
Reconnaître un montage diviseur de tension ou de courant dans un montage.	7.1 à 7.3
Modéliser une source non idéale par un modèle de Thévenin ou de Norton.	7.3 et 7.4
Utiliser la loi de Pouillet.	7.1, 7.3 et 7.4
Utiliser le théorème de Millman.	7.3 et 7.4
Calculer la puissance électrique et reconnaître le comportement récepteur ou générateur d'un dipôle dans un circuit. Exprimer la puissance électrique dissipée par effet Joule.	7.1 et 7.5

Point méthode : Ne pas hésiter à faire un maximum de schémas sur lesquels sont précisées les intensités et tensions. Il est pratique d'utiliser la convention générateur pour les sources idéales et la convention récepteur pour les dipôles passifs.
Pour simplifier le circuit, il faut repérer les dipôles en série (traversés par une même intensité) et ceux branchés en parallèle (possédant la même tension, c'est-à-dire la même différence de potentiels, à leurs bornes).

(!) Lors de toute simplification de circuit, on perd de l'information (certaines intensités et tension n'apparaissent plus).

Exercice 7.1 : Lois de Kirchhoff, simplification de circuit *

On s'intéresse au circuit électrique ci-après, alimenté par une source de tension de force électromotrice E :

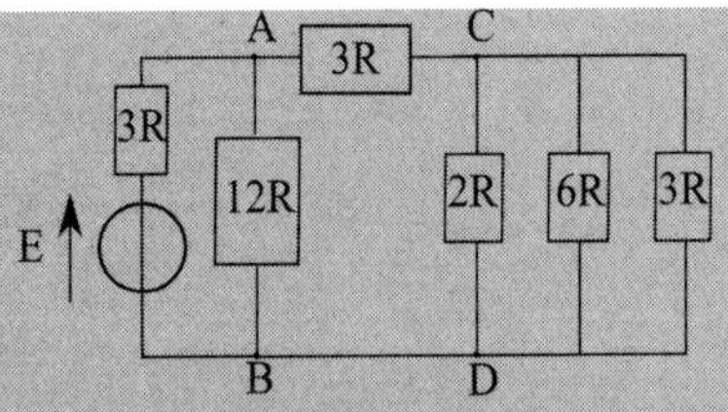

1. Donner l'expression de l'intensité du courant délivré par la source de tension en fonction de E et R. Faire l'application numérique.
2. Exprimer la tension U_{AB} en fonction de E et R. Préciser sa valeur.
3. En appliquant le diviseur de tension, exprimer U_{CD} en fonction de E et R puis faire l'application numérique.
4. Exprimer puis calculer l'intensité du courant traversant la résistance $6R$.
5. Calculer la puissance dissipée par effet Joule à travers la résistance $6R$.

Données : $E = 3,0$ V ; $R = 1,0$ kΩ

1. Sur un schéma, introduisons tensions et intensités.

Point méthode : Nous introduisons toutes celles qui semblent nécessaires : ici l'intensité traversant le générateur et les tensions U_{AB} et U_{CD}. On peut également introduire les tensions U_1 et U_2, non demandées par l'énoncé mais utiles pour la compréhension du circuit.

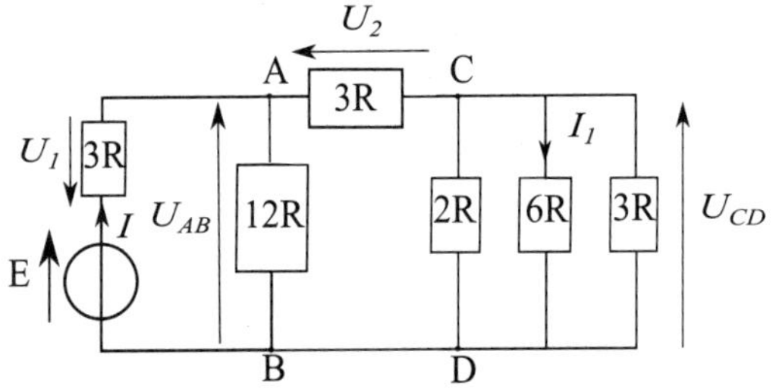

Figure 1

$I = \dfrac{E}{3R}$ est faux car E n'est pas la tension aux bornes de la résistance $3R$ voisine.

Point méthode : L'intensité cherchée est celle traversant la source de tension. La première étape est de simplifier au maximum la partie droite du circuit pour n'avoir qu'une seule maille faisant apparaître l'intensité cherchée. On pourra ensuite appliquer la loi de Pouillet.

La source de tension et la résistance voisine sont branchées en série ; les trois résistances de droite ($2R$, $6R$ et $3R$) ont toutes trois même tension U_{CD} et sont donc branchées en parallèle.
Les trois résistances en parallèle peuvent être remplacées par une résistance

équivalente :

$$\frac{1}{R_{eq,1}} = \frac{1}{2R} + \frac{1}{6R} + \frac{1}{3R} = \frac{3+1+2}{6R} = \frac{6}{6R} = \frac{1}{R}$$

Attention à ne pas écrire par analogie maladroite avec une association parallèle de deux résistances série $\left(R_{eq} = \frac{R_1 R_2}{R_1 + R_2}\right)$: $R_{eq} = \frac{R_1 R_2 R_3}{R_1 + R_2 + R_3}$, qui est évidemment une expression fausse car inhomogène.

La résistance $12R$ n'est pas en parallèle avec les trois citées ci-dessus car sa tension (U_{AB}) est différente de la tension aux bornes des 3 autres (U_{CD}).

Le schéma équivalent est le suivant :

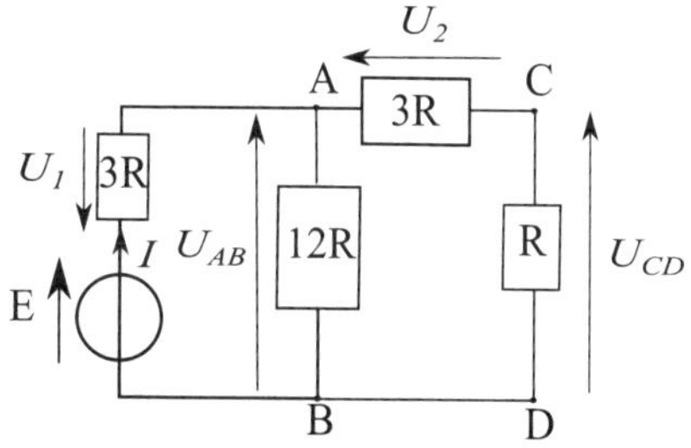

Figure 2

Nous pouvons à nouveau simplifier le circuit en associant les deux résistances $3R$ et R en série : $R_{eq,2} = 3R + R = 4R$. Dessinons le circuit associé :

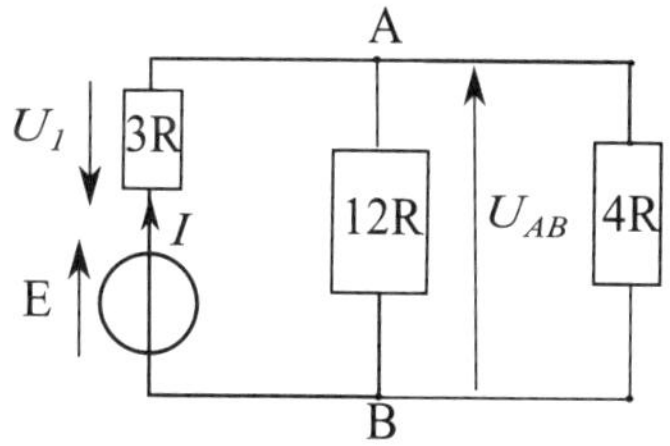

Remarque : À ce stade, deux grandeurs n'apparaissent plus : U_{CD} et U_2.

Les résistances $12R$ et $4R$ sont associées en parallèle.

$$R_{eq,3} = \frac{12R \times 4R}{12R + 4R} = 3R$$

Remarque : On peut aussi écrire : $\frac{1}{R_{eq,3}} = \frac{1}{12R} + \frac{1}{4R} = \frac{1+3}{12R} = \frac{4}{12R} = \frac{1}{3R}$

⚠ Écrire $R_{eq,3} = \frac{1}{12R} + \frac{1}{4R}$ est faux car inhomogène.

Le schéma électrique obtenu est alors :

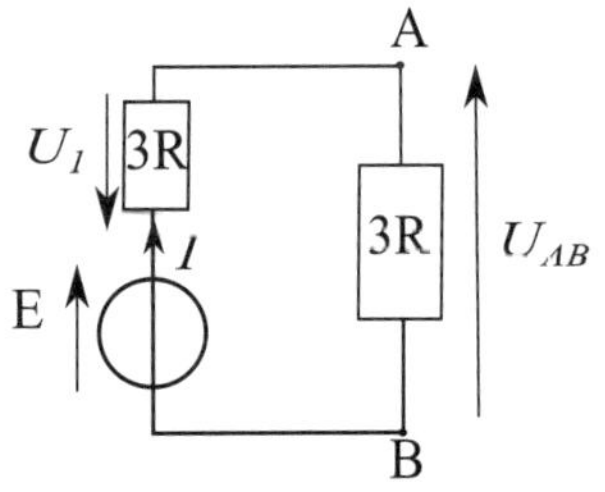

Figure 3

Remarque : Il est inutile de simplifier encore le circuit.

L'intensité I est obtenue en appliquant la loi de Pouillet.

Point méthode : La loi de Pouillet s'applique lorsque tous les dipôles sont en série.

Comme I et E ont été définis dans le même sens, on écrit :

$$I = \frac{E}{3R + 3R} = \frac{E}{6R}$$

Faisons l'application numérique :

$$I = \frac{3,0}{6 \times 1,0 \cdot 10^3} = 0,50 \cdot 10^{-3}\ \text{A} = 5,0 \cdot 10^{-1}\ \text{mA}$$

Remarque : Si l'intensité I a été choisie au préalable dans l'autre sens, l'expression obtenue est l'opposée de celle donnée ci-dessus et le calcul donne une intensité I négative. Dans ce cas, le sens réel du courant est opposé à celui choisi au départ.

2. La figure 3 permet de déterminer U_{AB}. Nous pouvons appliquer la loi d'Ohm :

$$U_{AB} = 3RI = 3R \times \frac{E}{6R} = \frac{E}{2} = \frac{3,0}{2} = 1,5\ \text{V}$$

Remarque : Il est aussi possible de faire appel au diviseur de tension car les résistances $3R$ et $3R$ sont en série :

$$U_{AB} = \frac{3R}{3R + 3R}E = \frac{3R}{6R}E = \frac{1}{2}E$$

La figure ci-contre équivalente à la figure 3 permet de visualiser d'une autre manière le diviseur de tension :

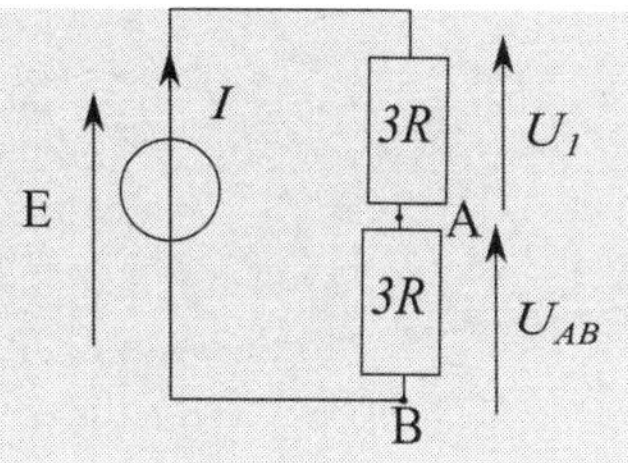

3. Pour déterminer U_{CD}, faisons appel à la figure 2 (circuit électrique le plus simple dans lequel apparaît encore U_{CD}) et appliquons le diviseur de tension :

$$U_{CD} = \frac{R}{R+3R}U_{AB} = \frac{1}{4}U_{AB} = \frac{1}{4} \times \frac{1}{2}E = \frac{1}{8}E = \frac{3,0}{8} = 0,38 \text{ V}$$

4. Grâce à la figure 1, on voit que la tension aux bornes de la résistance $6R$ est U_{CD}. Utilisons la loi d'Ohm pour déterminer l'intensité du courant traversant cette résistance :

$$I_1 = \frac{U_{CD}}{6R} = \frac{E}{8 \times 6R} = \frac{E}{48R} = \frac{3,0}{48 \times 1,0 \cdot 10^3} = 6,3{\cdot}10^{-5} \text{ A} = 6,3{\cdot}10^{-2} \text{ mA}$$

5. La puissance dissipée par effet Joule est la puissance reçue par $6R$. Comme la convention récepteur a été choisie pour $6R$, la puissance reçue par $6R$ s'écrit : $\mathcal{P} = U_{CD} \times I_1$.

Il faut bien prendre l'intensité du courant qui traverse 6R et la tension aux bornes de $6R$. Il faut bien adapter l'expression $\mathcal{P} = UI$ au cas par cas.

$$P = U_{CD} \times I_1 = \frac{E^2}{8 \times 48R} = \frac{3,0^2}{8 \times 48 \times 1,0 \cdot 10^3} = 2,3 \cdot 10^{-5} \text{ W}$$

Remarque : Cette puissance est positive : la résistance est bien un dipôle récepteur. Toute la puissance qu'il reçoit est dissipée sous forme d'énergie thermique.

Exercice 7.2 : Modélisation d'un conductimètre : Pont de Wheastone *

En chimie, un conductimètre mesure la résistance de la portion de solution comprise entre les électrodes de la cellule conductimétrique et il peut être modélisé par le montage électrique suivant appelé Pont de Wheastone, alimenté par un générateur de fem constante E :

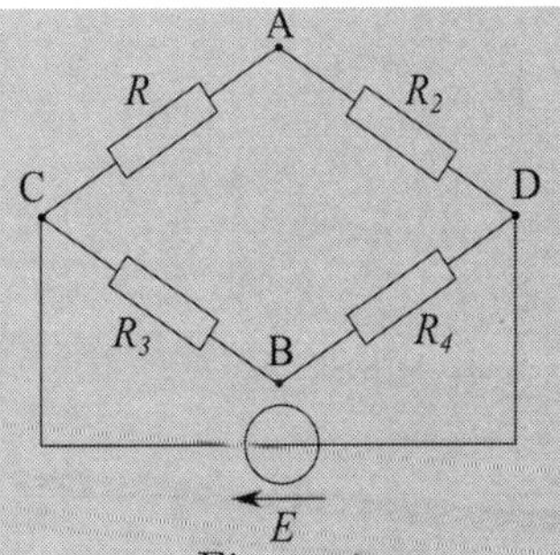

Figure 4

La résistance mesurée par la cellule conductimétrique vaut R. La résistance R_2 est une résistance variable tandis que les résistances R_3 et R_4 sont des résistances fixes. Le pont de Wheastone est dit équilibré lorsque la tension U_{AB} est nulle.

1. Déterminer la tension U_{AB} en fonction des résistances R, R_2, R_3 et R_4 et de la fem E :

a) en utilisant la loi d'additivité des tensions sur la figure 4 ;

b) en appliquant à bon escient le diviseur de tension.

2. Lorsque l'on mesure la conductivité d'une solution, le conductimètre modifie la valeur de la résistance R_2 afin d'équilibrer le pont.

a) À quelle condition le pont est-il équilibré ?

b) Déterminer alors la résistance R. Faire l'application numérique avec $R_2 = 2\ \text{k}\Omega$, $R_3 = 100\ \Omega$ et $R_4 = 30\ \text{k}\Omega$.

Remarque : Le pont de Wheastone est une méthode expérimentale pour déterminer une résistance inconnue.

1. Sur un schéma, introduisons tensions et intensités.

Point méthode : Nous introduisons toutes celles qui semblent nécessaires : U_{AB} qui est la tension recherchée, les tensions U_{AD}, U_{BD} et U_{CD} utiles à la compréhension du circuit ainsi que les courants I, I' et I''.

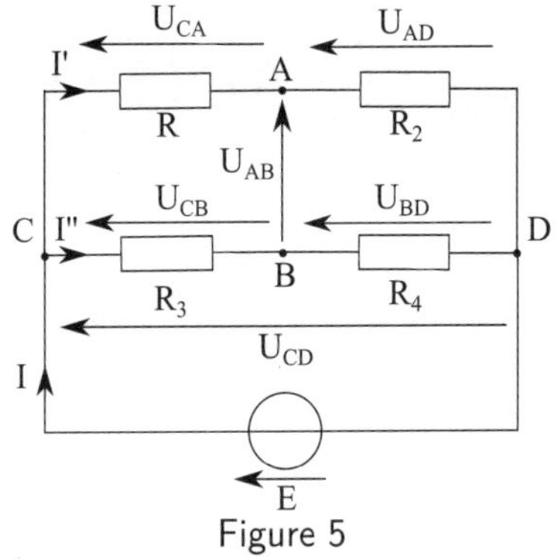

Figure 5

Il ne faut surtout pas simplifier le circuit en associant les résistances en série R et R_2, de même pour R_3 et R_4, car on perdrait alors les points A et B et donc la tension U_{AB}.

Remarque : On ne peut pas obtenir la tension U_{AB} directement à l'aide d'une relation du cours, on va donc chercher à décomposer cette tension en fonction d'autres dont on pourra facilement trouver les expressions.

a) D'après la loi d'additivité des tensions, on peut écrire :

$U_{AB} = U_{AD} + U_{DB} = U_{AD} - U_{BD}$ (1)

$U_{CD} = U_{CA} + U_{AD} = E$ (2)

$U_{CD} = U_{CB} + U_{BD} = E$ (3)

Appliquons la loi d'Ohm : $U_{CA} = RI'$ et $U_{AD} = R_2 I'$

Ainsi : $U_{CD} = RI' + R_2 I'$

L'équation (2) s'écrit : $(R + R_2)\, I' = E$

En combinant $U_{AD} = R_2 I'$ et (2), on obtient : $U_{CD} = E = (R + R_2)\,\dfrac{U_{AD}}{R_2}$

Donc : $U_{AD} = \dfrac{R_2}{R + R_2} E$

Par analogie, on montre que $U_{BD} = \dfrac{R_4}{R_3 + R_4} E$.

Remarque : Il est inutile ici de refaire le raisonnement qui est tout à fait semblable au précédent.

L'équation (1) permet d'obtenir l'expression de la tension cherchée :

$$U_{AB} = \frac{R_2}{R + R_2} E - \frac{R_4}{R_3 + R_4} E = \left(\frac{R_2}{R + R_2} - \frac{R_4}{R_3 + R_4} \right) E$$

b) Pour la seconde méthode, nous allons réécrire le circuit de départ.

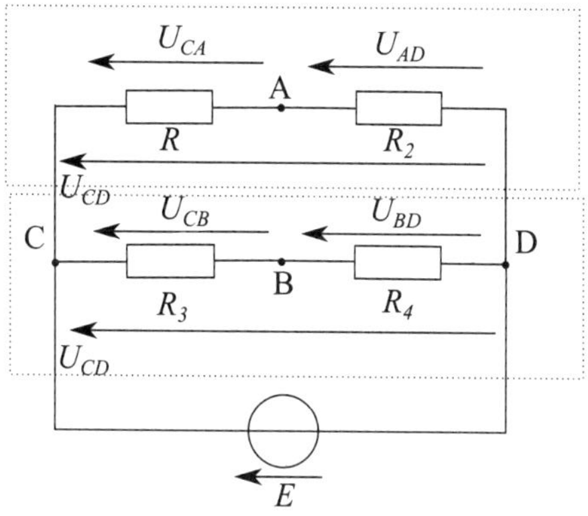

Nous pouvons faire appel au diviseur de tension (encadrés pointillés) :

$$U_{AD} = \frac{R_2}{R + R_2} U_{CD} \quad \text{et} \quad U_{BD} = \frac{R_4}{R_3 + R_4} U_{CD}$$

De plus, $U_{CD} = E$. D'après la loi d'additivité des tensions : $U_{AB} = U_{AD} - U_{BD}$
Par conséquent :

$$U_{AB} = \frac{R_2}{R + R_2} E - \frac{R_4}{R_3 + R_4} E = \left(\frac{R_2}{R + R_2} - \frac{R_4}{R_3 + R_4} \right) E$$

2.
a) Le pont est équilibré si et seulement si :

$$U_{AB} = 0 \quad \Leftrightarrow \quad \left(\frac{R_2}{R + R_2} - \frac{R_4}{R_3 + R_4} \right) E = 0$$

$E \neq 0$: le circuit possède une source de tension d'après l'énoncé.
On a donc :

$$\frac{R_2}{R + R_2} - \frac{R_4}{R_3 + R_4} = 0 \quad \Leftrightarrow \quad \frac{R_2}{R + R_2} = \frac{R_4}{R_3 + R_4}$$

$$R_2 \times (R_3 + R_4) = R_4 \times (R + R_2)$$

$$R_2 R_3 + R_2 R_4 = R_4 R + R_4 R_2$$

$$R_2 R_3 = R_4 R$$

b) Le pont est équilibré lorsque $R = \dfrac{R_2 R_3}{R_4}$.

Application numérique : $R = \dfrac{2 \times 100}{30} = 67\ \Omega$

Exercice 7.3 : Modélisation de sources non idéales **

On étudie le circuit électrique ci-dessous :

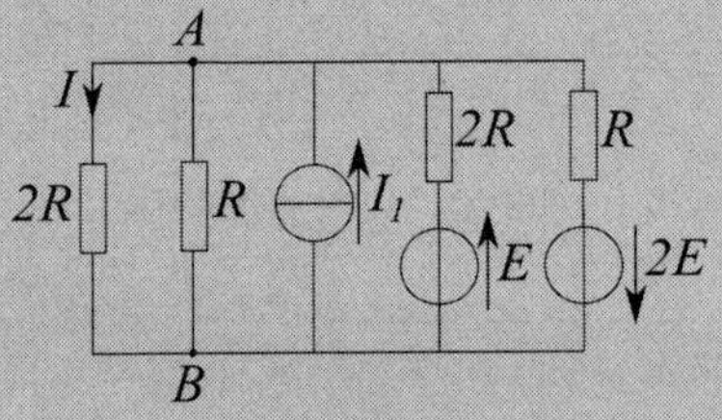

Figure 6

On souhaite déterminer l'intensité du courant I circulant dans la résistance $2R$.

1. Pour cela, dans un premier temps, à l'aide de l'équivalence entre modèles de Thévenin et de Norton, proposer des circuits simplifiés équivalents au circuit de la figure 6.

2. À l'aide d'un des circuits obtenus, appliquer la loi de Pouillet pour exprimer I.

3. Utiliser le diviseur de tension sur le circuit approprié afin de retrouver l'expression de I.
4. Reprendre la question précédente avec le diviseur de courant.
5. En appliquant le théorème de Millman sur le circuit de la figure 6, retrouver l'expression de I.

Nous utiliserons les abréviations courantes : cem : courant électromoteur et fem : force électromotrice.

Point méthode : L'intensité cherchée est celle traversant la résistance $2R$. La première étape est de simplifier au maximum la partie droite du circuit pour n'avoir qu'une seule maille faisant apparaître l'intensité cherchée. On pourra ensuite appliquer la loi de Pouillet.

1. Nous allons tout d'abord simplifier le circuit.

Point méthode : On repère dans le circuit de départ les deux générateurs de Thévenin. On les transforme en deux générateurs de Norton équivalents. En effet, la représentation de Norton est adaptée lorsque les générateurs sont branchés en parallèle.

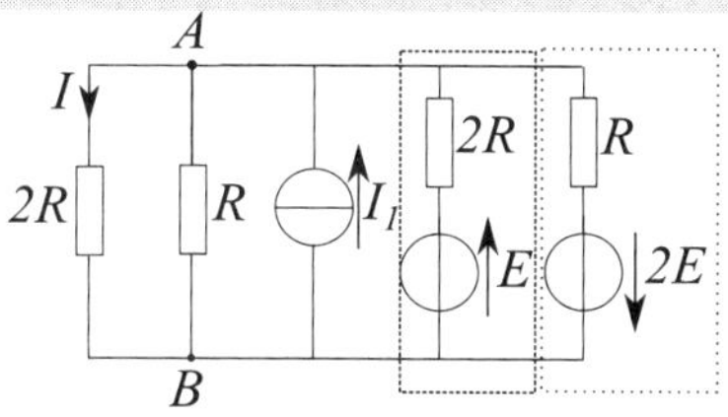

Le circuit équivalent est alors :

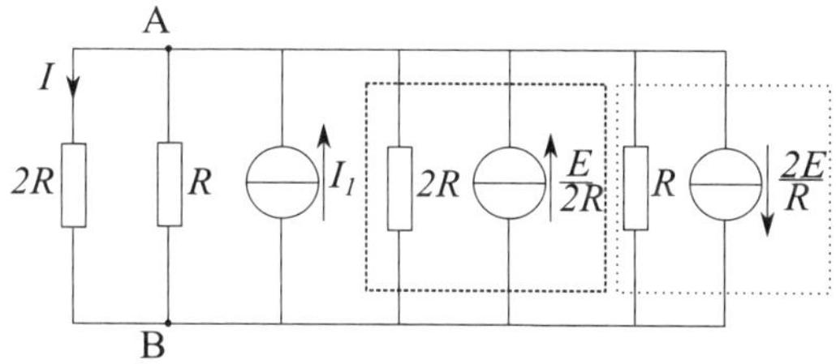

Pour une source idéale de courant, la flèche à côté de la source indique le cem (ce n'est donc en rien une tension). Lors du passage du modèle de Thévenin au modèle de Norton, le cem est orienté dans le même sens que la fem du générateur de tension modélisé.

Point méthode : Ici tous les dipôles sont branchés en parallèle. Nous allons redessiner les branches en parallèle en inversant certaines branches (cela ne change évidemment pas le circuit) afin de voir apparaître des associations parallèles de résistances d'une part et des associations parallèles de générateurs de courant

d'autre part.
Le schéma équivalent est alors le suivant :

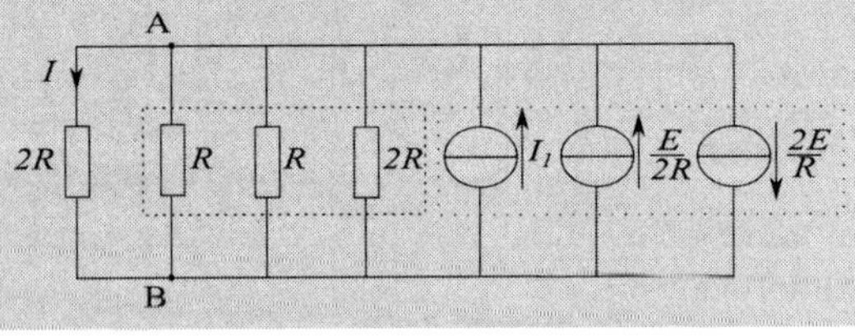

Il ne faut pas trop simplifier le circuit et garder la branche parcourue par l'intensité cherchée I.

Les trois résistances en parallèle peuvent être remplacées par une résistance équivalente :

$$\frac{1}{R_{eq}} = \frac{1}{2R} + \frac{1}{R} + \frac{1}{R} = \frac{1}{2R} + \frac{2}{R} = \frac{1+4}{2R} = \frac{5}{2R} \quad \Rightarrow R_{eq} = \frac{2R}{5}$$

Nous avons également une association en parallèle de trois générateurs idéaux de courant, les courants électromoteurs s'additionnent mais il faut faire attention à leur sens.
Le courant électromoteur résultant s'écrit :

$$I_{eq} = I_1 + \frac{E}{2R} - \frac{2E}{R} = I_1 - \frac{3E}{2R}$$

Dessinons le circuit associé :

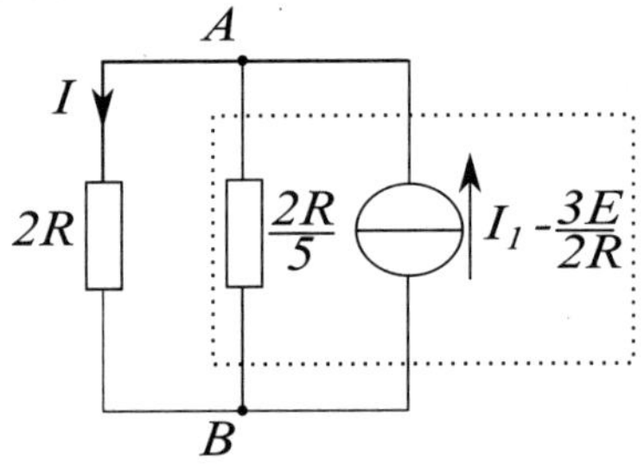

Figure 7

Arrivé à ce niveau, il ne faut surtout pas associer les deux dernières résistances en parallèle sinon on perdrait le courant I cherché. On ne doit toucher en aucun cas à la branche contenant la résistance $2R$.

Il faut maintenant transformer le générateur de courant en parallèle avec la résistance $\frac{2R}{5}$ en générateur de Thévenin équivalent.
Le générateur de Thévenin équivalent a pour fem :

$$E_{eq} = \frac{2R}{5}\left(I_1 - \frac{3E}{2R}\right) = \frac{2RI_1}{5} - \frac{3E}{5} = \frac{2RI_1 - 3E}{5}$$

Le schéma électrique obtenu est alors :

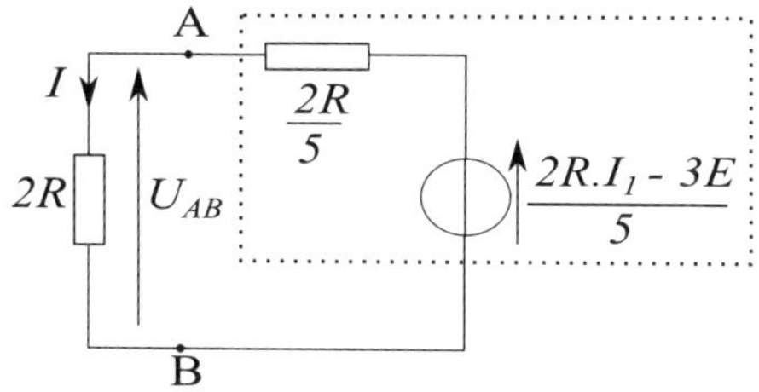

Figure 8

2. L'intensité I est obtenue en appliquant la loi de Pouillet :

Point méthode : La loi de Pouillet s'applique lorsque tous les dipôles sont en série.

$$I = +\frac{\dfrac{2RI_1 - 3E}{5}}{2R + \dfrac{2R}{5}} = \frac{\dfrac{2RI_1 - 3E}{5}}{\dfrac{10R}{5} + \dfrac{2R}{5}} = \frac{\dfrac{2RI_1 - 3E}{5}}{\dfrac{12R}{5}} = \frac{2RI_1 - 3E}{12R}$$

Remarque : I et E_{eq} ont été définis dans le même sens d'où le signe +.

$$I = \frac{2RI_1}{12R} - \frac{3E}{12R} = \frac{I_1}{6} - \frac{E}{4R}$$

Remarque : Il faut toujours vérifier l'homogénéité du résultat final. Ici $\frac{E}{4R}$ est homogène à des $V.\Omega^{-1}$ c'est-à-dire des ampères A.

3. Le dernier schéma équivalent permet de déterminer U_{AB}, tension aux bornes de la résistance $2R$, en y appliquant la formule du diviseur de tension :

$$U_{AB} = \frac{2R}{2R + \dfrac{2R}{5}} \times \frac{2RI_1 - 3E}{5} = 2R\frac{\dfrac{2RI_1 - 3E}{5}}{2R + \dfrac{2R}{5}}$$

Point méthode : Pour appliquer le diviseur de tension, les résistances doivent être en série (c'est bien le cas de $2R$ et $\frac{2R}{5}$ dans la figure 8).

De plus, nous pouvons appliquer la loi d'Ohm : $U_{AB} = 2RI$
En combinant ces deux expressions, on a donc :

$$I = \frac{U_{AB}}{2R} = \frac{\dfrac{2RI_1 - 3E}{5}}{2R + \dfrac{2R}{5}} = \frac{I_1}{6} - \frac{E}{4R}$$

4. Appliquons le diviseur de courant en utilisant la figure 7 :

$$I = \frac{\frac{1}{2R}}{\frac{1}{2R} + \frac{5}{2R}} \times \left(I_1 - \frac{3E}{2R}\right) = \frac{\frac{1}{2R}}{\frac{6}{2R}} \times \left(I_1 - \frac{3E}{2R}\right) = \frac{1}{6} \times \left(I_1 - \frac{3E}{2R}\right)$$

$$I = \frac{I_1}{6} - \frac{E}{4R}$$

Point méthode : Pour appliquer le diviseur de courant, les résistances doivent être en parallèle (c'est bien le cas de $2R$ et $\frac{2R}{5}$ dans la figure 7).

5. Redessinons le schéma de la figure 6.

Point méthode : Avant d'appliquer le théorème de Millman, on repère les différents types de branches sur le circuit.

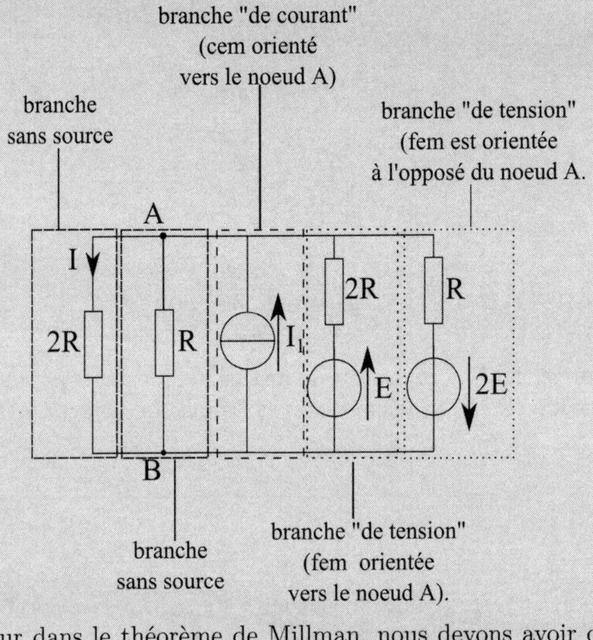

Au numérateur dans le théorème de Millman, nous devons avoir des grandeurs homogènes à une intensité :

- Branches sans source : $\frac{V_B}{2R}$ et $\frac{V_B}{R}$
- Branche de courant (cem orienté vers A) : $+I_1$
- Branche de tension (fem orientée vers A) : $+\frac{E}{2R} + \frac{V_B}{2R}$

On remarque que les potentiels électriques V_B sont toujours précédés du signe +. Le signe – n'intervient qu'avec un cem ou une fem.

Appliquons le théorème de Millman au point A :

$$V_A = \frac{\dfrac{V_B}{2R} + \dfrac{V_B}{R} + I_1 + \dfrac{E}{2R} + \dfrac{V_B}{2R} - \dfrac{2E}{R} + \dfrac{V_B}{R}}{\dfrac{1}{2R} + \dfrac{1}{R} + \dfrac{1}{2R} + \dfrac{1}{R}}$$

$$V_A = \frac{I_1 + \dfrac{E}{2R} - \dfrac{2E}{R}}{\dfrac{1}{2R} + \dfrac{1}{R} + \dfrac{1}{2R} + \dfrac{1}{R}} + \frac{\dfrac{1}{2R} + \dfrac{1}{R} + \dfrac{1}{2R} + \dfrac{1}{R}}{\dfrac{1}{2R} + \dfrac{1}{R} + \dfrac{1}{2R} + \dfrac{1}{R}} V_B$$

$$V_A = \frac{I_1 + \dfrac{E}{2R} - \dfrac{2E}{R}}{\dfrac{1}{2R} + \dfrac{1}{R} + \dfrac{1}{2R} + \dfrac{1}{R}} + V_B$$

$$U_{AB} = \frac{I_1 + \dfrac{E}{2R} - \dfrac{2E}{R}}{\dfrac{3}{R}} = \frac{I_1 - \dfrac{3E}{2R}}{\dfrac{3}{R}}$$

D'après la loi d'Ohm : $U_{AB} = 2RI$ et ainsi, on retrouve bien :

$$I = \frac{U_{AB}}{2R} = \frac{1}{2R} \times \frac{I_1 - \dfrac{3E}{2R}}{\dfrac{3}{R}} = \frac{I_1}{6} - \frac{E}{4R}$$

Point méthode : Pour appliquer le théorème de Millman, on peut poser **artificiellement** une masse en B (artificiellement car cette masse n'apparaît pas dans un montage réel). On a alors $V_B = V_{\text{masse}} = 0$ V. L'application du théorème de Millman donne l'expression suivante :

$$V_A = \frac{I_1 + \dfrac{E}{2R} - \dfrac{2E}{R}}{\dfrac{1}{2R} + \dfrac{1}{R} + \dfrac{1}{2R} + \dfrac{1}{R}}$$

De plus, $U_{AB} = V_A - V_B = V_A$ et $U_{AB} = 2RI$. On retombe sur l'expression précédente.

Exercice 7.4 : Modèles Thévenin/Norton – Théorème de Millman ***

On considère le circuit ci-dessous :

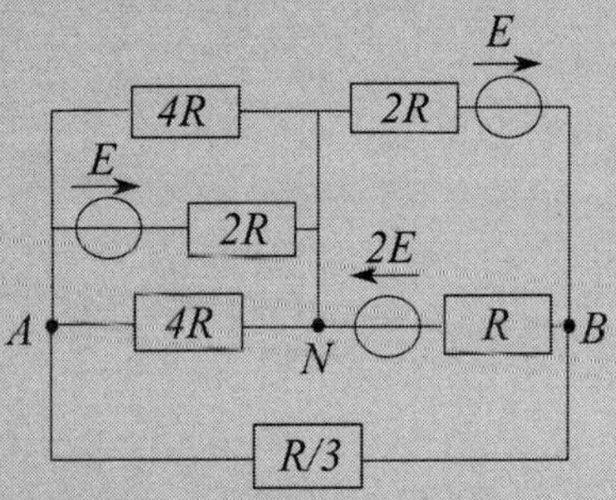

1. Donner les modèles de Norton du dipôle situé entre les bornes A et N et de celui situé entre N et B.
2. Préciser la force électromotrice et la résistance du générateur de Thévenin branché aux bornes de la résistance $\frac{1}{3}R$.
3. Exprimer l'intensité I traversant la résistance $\frac{1}{3}R$ en fonction de E et R.
4. Sur le circuit non simplifié de l'énoncé, placer artificiellement une masse en A puis :
a) Appliquer le théorème de Millman et donner une expression du potentiel électrique V_B au nœud B en fonction de E, R et du potentiel électrique V_N au nœud N.
b) Appliquer le théorème de Millman et donner une expression du potentiel électrique V_N en fonction de E, R et V_B.
c) Déduire des expressions précédentes l'expression de V_B en fonction de E.
d) Retrouver l'expression de l'intensité I traversant la résistance $\frac{1}{3}R$ en fonction de E et R.

Remarque : Trois branches ont en commun les bornes A et N, elles sont donc en parallèle. Les deux branches ayant en commun les bornes N et B sont également en parallèle.

1. Nous allons redessiner les branches en parallèle en inversant certaines branches (cela ne change évidemment pas le circuit) afin de voir apparaître des associations parallèles de résistances :

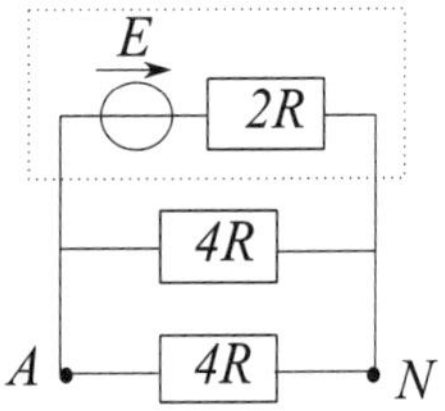

Simplifions la partie du circuit comprise entre A et N. Nous pouvons à la fois utiliser l'équivalence entre les modèles de Thévenin et Norton et associer les deux résistances pour obtenir le schéma équivalent suivant :

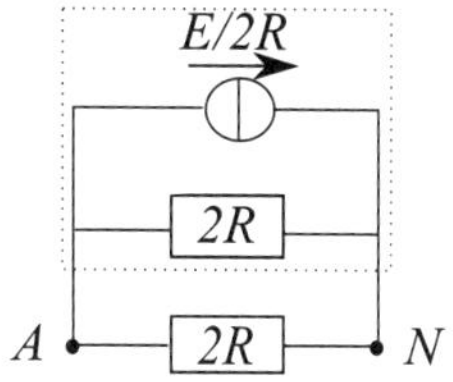

Pour une source idéale de courant, la flèche au-dessus de la source indique le courant électromoteur (ce n'est donc en rien une tension).

Il reste à écrire la résistance équivalente pour obtenir le modèle de Norton du dipôle situé entre les bornes A et N ($\frac{1}{R_{eq}} = \frac{1}{2R} + \frac{1}{2R} = \frac{1}{R}$ donc $R_{eq} = R$) :

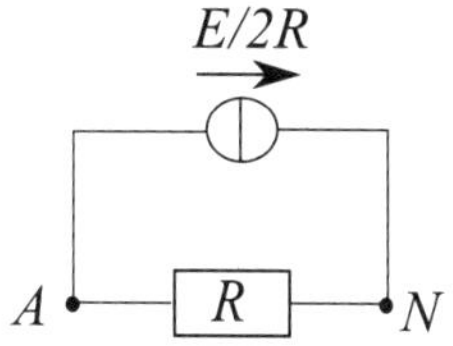

Figure 9

Simplifions la partie du circuit comprise entre N et B. Cherchons le modèle de Norton du dipôle situé entre N et B :

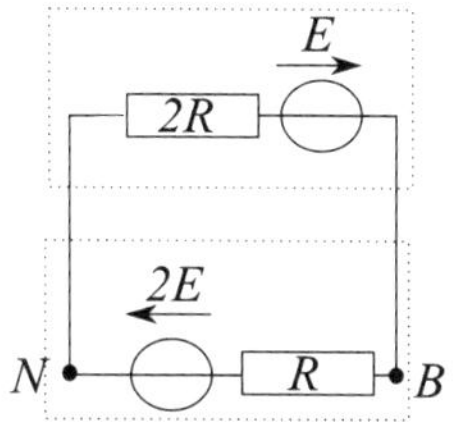

Remarque : Pour chacun des dipôles en modèle de Thévenin, nous allons préciser le modèle de Norton ; la force électromotrice du modèle de Thévenin et le courant électromoteur du modèle de Norton ont le même sens.

Le schéma est équivalent à :

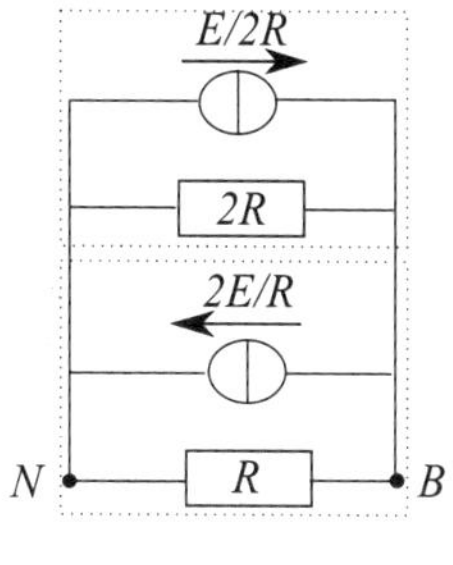

Remarque : Nous nous retrouvons avec une association en parallèle de deux sources idéales et de deux résistances.
Les courants électromoteurs s'additionnent mais il faut faire attention à leur sens.

Le courant électromoteur résultant s'écrit : $\frac{2E}{R} - \frac{E}{2R} = \frac{3E}{2R}$ et la résistance équivalente : $\frac{R \times 2R}{R + 2R} = \frac{2}{3}R$.

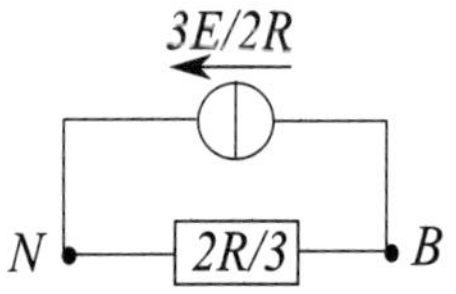

Figure 10

2. Les dipôles actifs des figures 9 et 10 sont placés en série.

Point méthode : Le modèle de Thévenin est adapté pour les associations série de sources réelles. Pour les associer, il faut préciser la représentation de Thévenin de chaque source.

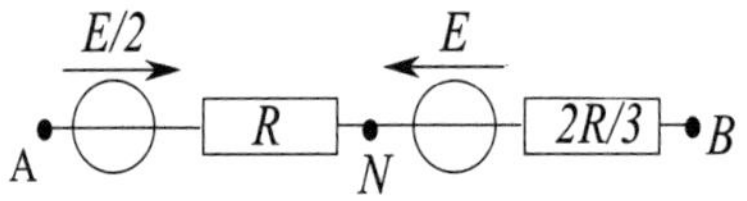

Les sources idéales de tension sont branchées en série, on peut les associer en prenant garde aux sens des forces électromotrices : $E - \frac{E}{2} = \frac{E}{2}$. Les résistances en série sont elles aussi associées $R + \frac{2}{3}R = \frac{5}{3}R$:

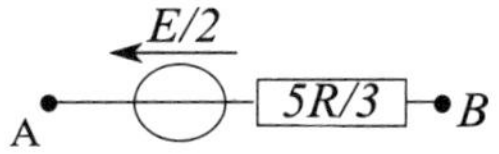

3. En utilisant les questions précédentes, on peut utiliser le circuit équivalent :

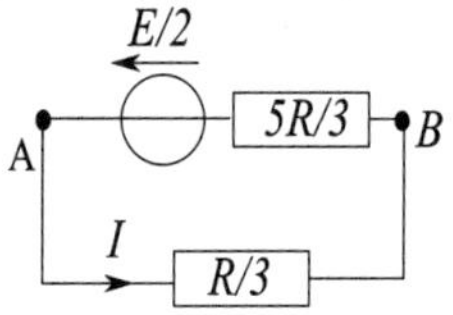

Remarque : L'énoncé ne précise pas le sens pour l'intensité parcourant R/3. On choisit donc un sens.

Comme tous les dipôles sont en série, nous pouvons appliquer la loi de Pouillet :

$$I = \frac{\frac{E}{2}}{\frac{6}{3}R} = \frac{\frac{E}{2}}{2R} = \frac{E}{4R}$$

Remarque : L'intensité obtenue est positive, le sens choisi correspond au sens réel du courant.
Le résultat aurait pu également être obtenu en appliquant la loi des mailles :

$$\frac{E}{2} = \frac{1}{3}RI + \frac{5}{3}RI \quad \Leftrightarrow \quad \frac{E}{2} = \frac{6}{3}RI = 2RI$$

On retrouve bien la même expression $I = \dfrac{E}{4R}$.

4. On place artificiellement une masse en A. Le potentiel électrique au nœud A est donc nul, $V_A = 0$ V.

Point méthode : Du nœud N partent 5 branches, nous pouvons utiliser le schéma suivant pour appliquer le théorème de Millman (Nous utilisons l'abréviation courante : fem pour force électromotrice) :

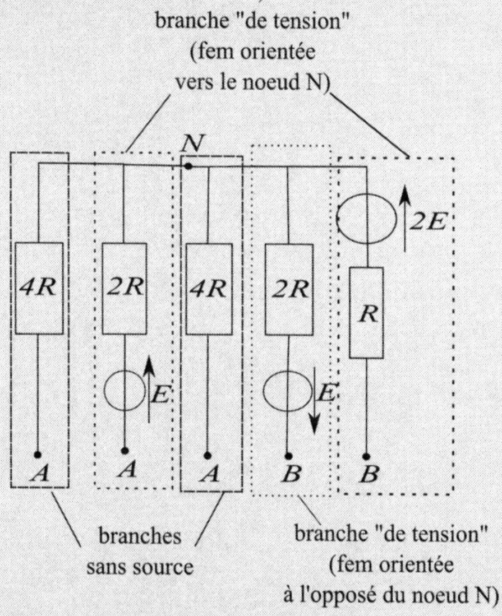

Au numérateur dans le théorème de Millman, nous devons avoir des grandeurs homogènes à une intensité :

- Branches sans source : $\dfrac{V_A}{4R}$ et $\dfrac{V_A}{4R}$ avec $V_A = 0$ V.
- Branches de tension (fem orientée vers N) : $+\dfrac{E}{2R} + \dfrac{V_A}{2R}$ et $+\dfrac{2E}{R} + \dfrac{V_B}{R}$
- Branche de tension (fem orientée à l'opposé de N) : $-\dfrac{E}{2R} + \dfrac{V_B}{2R}$

On remarque que les potentiels électriques V_B sont toujours précédés du signe +. Le signe − n'intervient qu'avec une fem.

a) Appliquons alors le théorème de Millman au nœud N :

$$V_N = \frac{\dfrac{E}{2R} - \dfrac{E}{2R} + \dfrac{2E}{R} + \dfrac{V_B}{2R} + \dfrac{V_B}{R}}{\dfrac{1}{4R} + \dfrac{1}{2R} + \dfrac{1}{4R} + \dfrac{1}{2R} + \dfrac{1}{R}} = \frac{\dfrac{2E}{R} + \dfrac{3V_B}{2R}}{\dfrac{10}{4R}} = \left(\frac{2E}{R} + \frac{3V_B}{2R}\right) \times \frac{4R}{10}$$

$$V_N = \frac{4E}{5} + \frac{3V_B}{5}$$

Point méthode : Faisons également un schéma montrant les 3 branches partant du nœud B :

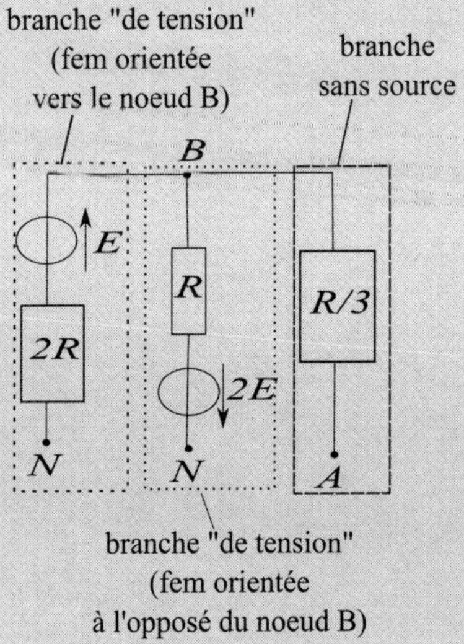

Au numérateur dans le théorème de Millman, nous devons avoir des grandeurs homogènes à une intensité :

- Branche sans source : $\frac{V_A}{R/3}$ avec $V_A = 0$ V
- Branche de tension (fem orientée vers B) : $+\frac{E}{2R} + \frac{V_N}{2R}$
- Branche de tension (fem orientée à l'opposé de B) : $-\frac{2E}{R} + \frac{V_N}{R}$

b) Le théorème de Millman permet d'écrire :

$$V_B = \frac{\frac{E}{2R} - \frac{2E}{R} + \frac{V_N}{2R} + \frac{V_N}{R}}{\frac{1}{2R} + \frac{1}{R} + \frac{3}{R}} = \frac{-\frac{3E}{2R} + \frac{3V_N}{2R}}{\frac{9}{2R}} = \left(-\frac{3E}{2R} + \frac{3V_N}{2R}\right) \times \frac{2R}{9}$$

$$V_B = -\frac{E}{3} + \frac{V_N}{3}$$

c) Nous pouvons ainsi trouver l'expression de V_B en fonction de E :

$$V_B = -\frac{E}{3} + \frac{1}{3} \times \left(\frac{4E}{5} + \frac{3V_B}{5}\right) = -\frac{E}{3} + \frac{4E}{15} + \frac{V_B}{5} = -\frac{5E}{15} + \frac{4E}{15} + \frac{V_B}{5}$$

$$V_B = -\frac{E}{15} + \frac{V_B}{5}$$

$$V_B - \frac{V_B}{5} = -\frac{E}{15}$$

$$\frac{4V_B}{5} = -\frac{E}{15}$$

$$V_B = -\frac{E}{15} \times \frac{5}{4} = -\frac{E}{12}$$

d) D'après la loi d'Ohm :

$V_A - V_B = \frac{R}{3}I$ donc $-V_B = \frac{R}{3}I$ et $I = -\frac{3V_B}{R} = \frac{E}{4R}$.

Exercice 7.5 : Quelques calculs de puissance (Agro) *

On se propose de déterminer l'ordre de grandeur de la puissance fournie par un système électrique.

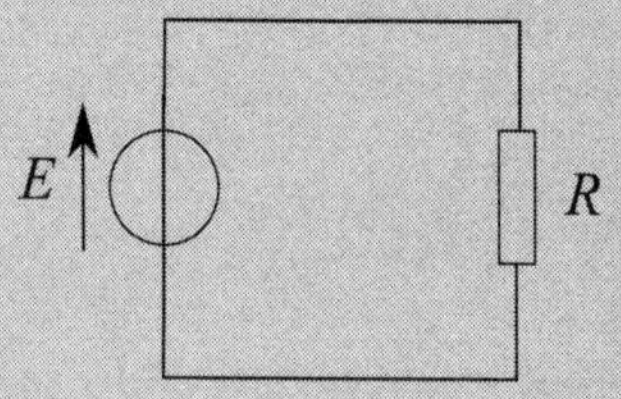

Figure 11

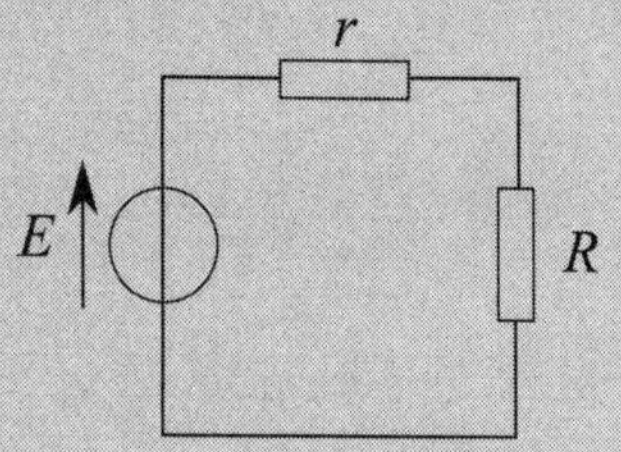

Figure 12

On considère le montage électrique de la figure 11, dans lequel le générateur est un générateur idéal de tension continue, de force électromotrice constante E et R une résistance.

1. Déterminer en fonction de E et R la puissance $\mathcal{P}_g$ fournie par le générateur.

2. Déterminer également la puissance $\mathcal{P}_J$ dissipée par effet Joule dans la résistance.

3. Évaluer le rapport $\rho = \frac{\mathcal{P}_J}{\mathcal{P}_g}$. Conclure.

4. Application numérique : on considère un générateur de force électromotrice $E = 12,0$ V alimentant un montage électronique de résistance $R = 1,0 \cdot 10^2\ \Omega$. Déterminer $\mathcal{P}_g$.

Dans une modélisation plus réaliste, il faut prendre en compte la résistance interne r (faible, mais non nulle) du générateur de tension continue. On considère donc le montage de la figure 12.

5. Déterminer en fonction de E, r et R la puissance totale $\mathcal{P}_g$ fournie par le générateur, c'est-à-dire globalement dissipée par effet Joule dans la résistance de charge R et la résistance r.

6. Déterminer également la puissance $\mathcal{P}_J$ dissipée par effet Joule dans la résistance de charge R.

7. Évaluer le rapport $\rho = \frac{\mathcal{P}_J}{\mathcal{P}_g}$. Conclure. Si l'on a le choix de la valeur de la résistance de charge R, pour E et r fixés, c'est-à-dire pour un générateur

donné, comment a-t-on intérêt à choisir R pour optimiser le rendement en puissance ρ ?
8. Déterminer la valeur de R, pour E et r fixés, permettant d'obtenir la valeur maximale de $\mathcal{P}_J$.
9. Y a-t-il contradiction entre les deux résultats précédents ? Commenter.

1. Sur un schéma introduisons tension et intensité.

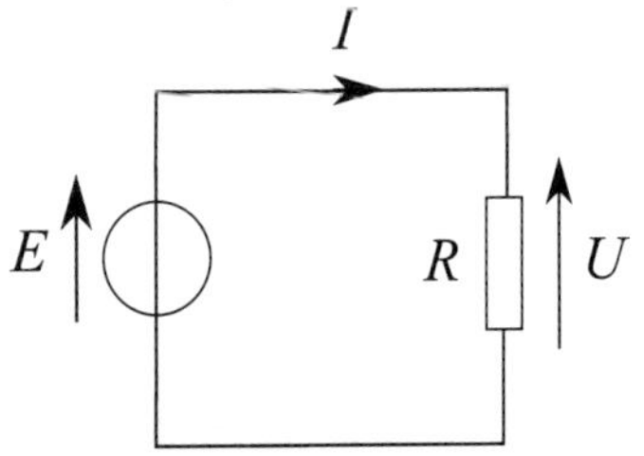

La puissance fournie par le générateur idéal de tension continue est :

$$\mathcal{P}_g = EI$$

D'après la loi des mailles on a : $E = U$

Appliquons la loi d'Ohm : $U = RI \quad \Leftrightarrow \quad I = \dfrac{U}{R} = \dfrac{E}{R}$

Ainsi : $\mathcal{P}_g = E \times \dfrac{E}{R} = \dfrac{E^2}{R}$

2. La puissance dissipée par effet Joule dans la résistance R vaut $\mathcal{P}_J = UI$.

D'après la question précédente il vient : $\mathcal{P}_J = \dfrac{E^2}{R} = RI^2$.

3. $\rho = \dfrac{\mathcal{P}_J}{\mathcal{P}_g} = \dfrac{\frac{E^2}{R}}{\frac{E^2}{R}} \quad \Leftrightarrow \quad \rho = 1.$

On constate que toute la puissance fournie par le générateur idéal de tension continue est dissipée par effet Joule dans la résistance R.

4. AN : $\mathcal{P}_g = \dfrac{12,0^2}{1,0 \cdot 10^2} = 1,4\ \mathrm{W}$.

5. Sur un schéma introduisons tension et intensité :

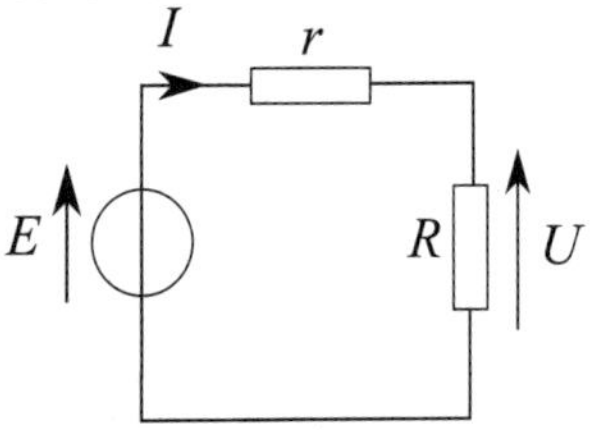

La puissance fournie par le générateur idéal de tension continue s'exprime toujours : $\mathcal{P}_g = EI$.

Appliquons la loi des mailles et la loi d'Ohm : $E = rI + RI = (r+R)\,I$

Ainsi : $I = \dfrac{E}{r+R}$.

Remarque : On aurait pu trouver ce résultat directement en appliquant la loi de Pouillet dans ce circuit.

Par conséquent on a : $\mathcal{P}_g = \dfrac{E^2}{r+R}$.

6. On a toujours dans ce circuit $\mathcal{P}_J = UI = RI^2$.

Dans ce circuit nous n'avons pas $U = E$.

D'après la question précédente il vient :

$$\mathcal{P}_J = R\left(\frac{E}{r+R}\right)^2 = \frac{RE^2}{(r+R)^2}$$

7. $\rho = \dfrac{\mathcal{P}_J}{\mathcal{P}_g} = \dfrac{R\left(\dfrac{E}{r+R}\right)^2}{\dfrac{E^2}{r+R}} = \dfrac{R}{r+R}$ donc $\rho < 1$.

Modifions l'expression précédente pour voir comment choisir R.

$$\rho = \frac{1}{1+\dfrac{r}{R}}$$

On constate alors que ρ augmente si R augmente.

Remarque : Si $R \gg r$, alors, $1 \gg \dfrac{r}{R}$ et $\rho \approx 1$.

Le rendement en puissance ρ tend vers 1 (valeur maximale) si R est très grand devant r.

8. Afin de trouver l'extremum de $\mathcal{P}_J$ en fonction de R, nous allons calculer la dérivée de $\mathcal{P}_J$ par rapport à R (pour E et R fixées) :

$$\frac{d\mathcal{P}_J}{dR} = E^2\frac{(r+R)^2 - 2R(r+R)}{(r+R)^4} = E^2\frac{r-R}{(r+R)^3}$$

La valeur maximal est atteinte pour $\dfrac{d\mathcal{P}_J}{dR} = 0 \quad \Leftrightarrow \quad R = r$ et $\mathcal{P}_{J\ \max} = \dfrac{E^2}{4R}$

9. Il n'y a pas de contradiction entre les deux résultats précédents car on ne s'intéresse pas aux mêmes notions : soit on cherche à augmenter le rendement en puissance c'est-à-dire que la puissance délivrée par le générateur est quasi-intégralement dissipée seulement dans la résistance R (q. 7), soit on cherche à augmenter la puissance dissipée par effet Joule dans la résistance R (q. 8).

CHAPITRE 8

Régime transitoire du premier ordre

Capacités à acquérir	Exercices
Relier la tension et la charge ou la tension et l'intensité pour un condensateur.	Tous
Savoir expliquer le montage permettant de visualiser à l'oscilloscope la charge et la décharge d'un condensateur.	8.1
Analyser le comportement d'un condensateur en régime permanent.	8.2 et 8.5
Associer des condensateurs en série ou en parallèle.	8.2 et 8.3
Établir l'équation différentielle de la réponse d'un circuit RC à un échelon de tension et la résoudre en interprétant la continuité de la tension aux bornes du condensateur.	8.1 et 8.3 à 8.6
Exprimer l'énergie dissipée par effet Joule.	8.3 et 8.5
Exprimer l'énergie stockée dans un condensateur.	8.5 et 8.6

Point mathématique : Dans ce chapitre, des équations différentielles du premier ordre seront à résoudre. Cette résolution a été développée dans l'exercice 6.3.

Exercice 8.1 : Visualisation à l'oscilloscope *

On étudie le circuit électrique ci-dessous :

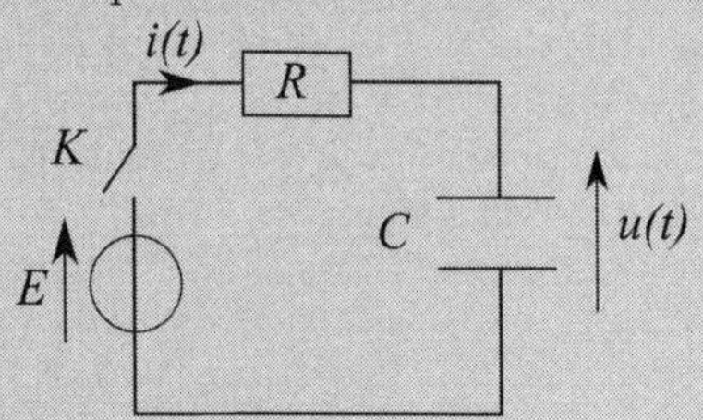

Initialement le condensateur est déchargé. À $t = 0$, on ferme l'interrupteur K.

1. Donner l'expression de $u(t)$.

2. Calculer le temps caractéristique associé.

3. Au bout de combien de temps peut-on considérer le régime permanent atteint ?

4. On souhaite observer $u(t)$ à l'aide d'un oscilloscope et d'un GBF délivrant un signal créneau dont la tension peut adopter les valeurs 0 V et +2 V.

a) Faire un schéma du montage.

b) Quelle doit être la fréquence du GBF pour pouvoir observer sur l'oscillogramme l'établissement du régime permanent aux bornes du condensateur ?

Données : $E = 2$ V, $R = 200\ \Omega$, $C = 5\ \mu$F.

1. Le circuit étudié est le suivant :

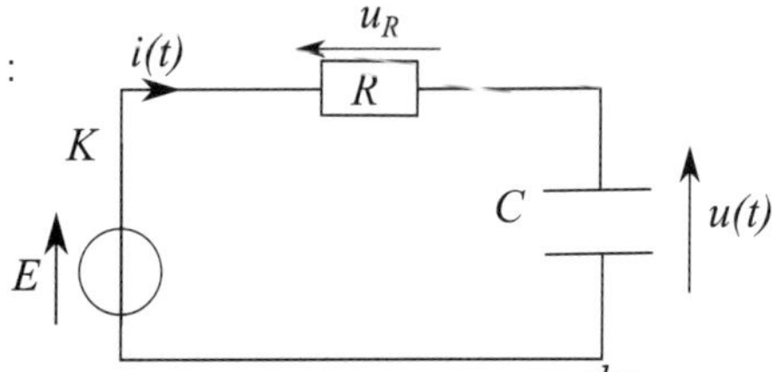

En appliquant la loi des mailles $E = Ri + u$ et en utilisant $i = C\dfrac{du}{dt}$, on trouve l'équation différentielle : $E = RC\dfrac{du}{dt} + u$ qui s'écrit également :

$$\frac{du}{dt} + \frac{1}{RC}u = \frac{E}{RC}$$

La solution de l'équation différentielle est de la forme :

$$u(t) = u_1(t) + u_2 = \lambda\ \mathrm{e}^{-\frac{t}{RC}} + E$$

La constante λ peut être déterminée grâce à la condition initiale : $u(t = 0) = 0$ $\Leftrightarrow$ $0 = \lambda\ \mathrm{e}^{-\frac{0}{RC}} + E = \lambda + E$. Nous obtenons ainsi : $\lambda = -E$ et la solution recherchée est :

$$u(t) = E\left(1 - \mathrm{e}^{-\frac{t}{RC}}\right)$$

2. Calculons le temps caractéristique :

$$\tau = RC = 200 \times 5 \cdot 10^{-6} = 10^{-3}\ \mathrm{s}$$

3. Le régime transitoire est achevé au bout de quelques temps τ. On peut proposer comme ordre de grandeur 5τ c'est-à-dire au bout de 5 ms.

4.

a) Pour visualiser la tension $u(t)$ et la tension délivrée par le GBF, nous procédons aux branchements suivants :

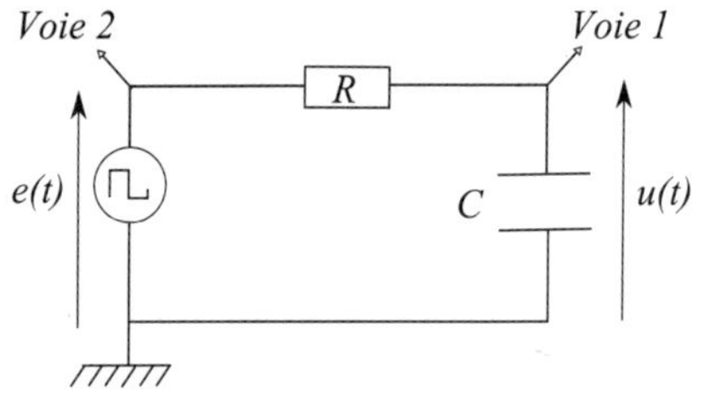

Point travaux pratiques : Lors du branchement d'un oscilloscope dans un circuit comportant un GBF, on doit s'assurer que les masses de ces deux composants sont reliées entre elles.
Sur la voie 1, on peut observer la tension $u(t)$, c'est-à-dire la différence de potentiel $V_{\text{voie 1}} - V_{\text{masse}}$.
Sur la voie 2, l'oscillogramme représente la tension créneau délivrée par le GBF, c'est-à-dire la différence de potentiel $V_{\text{voie 2}} - V_{\text{masse}}$:

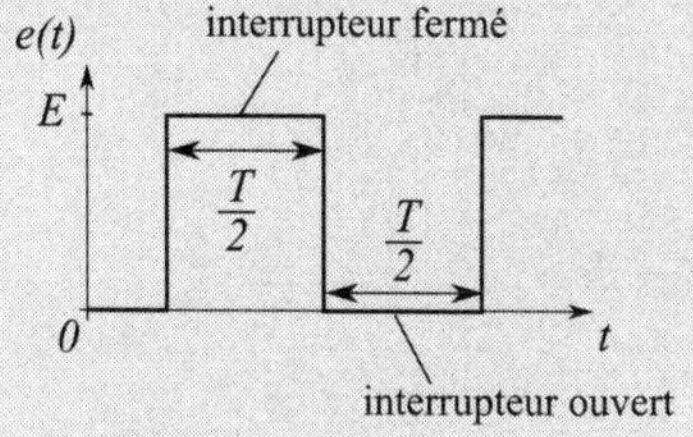

Ainsi, sur une demi-période le GBF se comporte comme si l'interrupteur était ouvert (sa tension est nulle), et sur l'autre demi-période comme si l'interrupteur était fermé (sa tension vaut E).

b) On souhaite observer l'établissement du régime permanent aux bornes du condensateur qui dure $5 \cdot 10^{-3}$ s (d'après la question 3). Ainsi la demi-période doit durer au minimum $5 \cdot 10^{-3}$ s.
Donc le signal doit avoir une période de $T = 2 \times 5 \cdot 10^{-3} = 1,0 \cdot 10^{-2}$ s.
Par conséquent le GBF doit avoir une fréquence $f = \dfrac{1}{T} = 100$ Hz.

Exercice 8.2 : Association série de condensateurs et régime permanent *

On s'intéresse au circuit électrique ci-dessous :

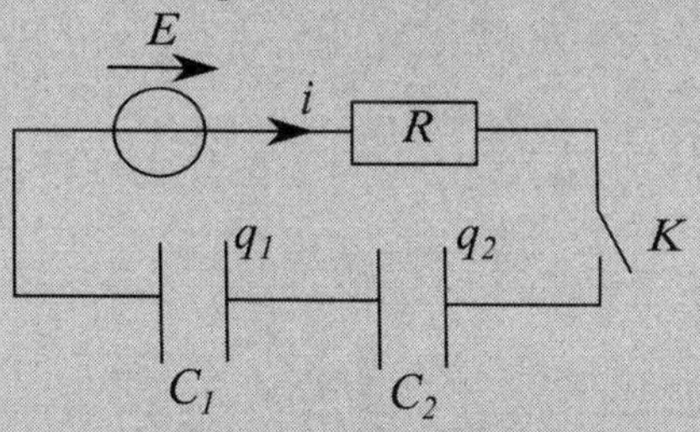

Les condensateurs sont initialement déchargés. À $t = 0$, l'interrupteur K est fermé. Une fois le régime permanent établi, les condensateurs portent les charges Q_1 et Q_2.
1. Donner une relation entre les charges Q_1 et Q_2.
2. Donner les expressions des charges Q_1 et Q_2 en fonction des capacités des condensateurs C_1 et C_2 et de la force électromotrice E.

Point méthode : Il s'agit d'étudier le circuit en régime permanent. Il n'est donc pas nécessaire d'établir une équation différentielle puis de faire tendre t vers l'infini comme nous allons le voir.

1. Le circuit à étudier est le suivant :

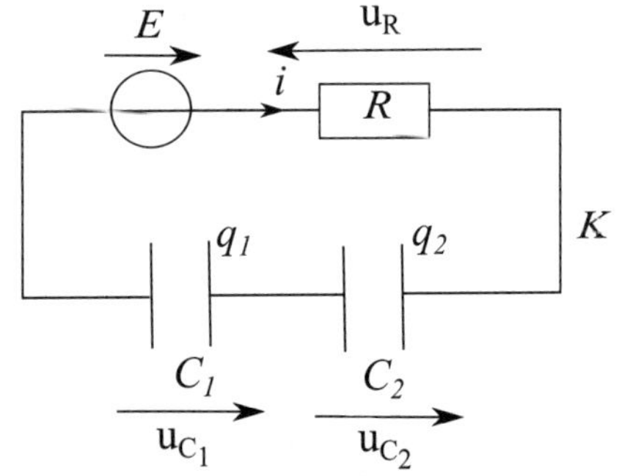

Nous pouvons constater que les condensateurs sont en série donc : $i = \dfrac{dq_1}{dt} = \dfrac{dq_2}{dt}$. Ainsi, $dq_1 = dq_2$. On intègre entre $t = 0$, $q_1(0) = q_2(0) = 0$ et le régime permanent, $q_1 = Q_1$ et $q_2 = Q_2$:

$$\int_0^{Q_1} dq_1 = \int_0^{Q_2} dq_2 \quad \text{donc} \quad Q_1 = Q_2$$

Remarque : En effectuant l'intégration entre l'instant $t = 0$ et un instant quelconque, nous pouvons écrire qu'à n'importe quel instant t, $q_1(t) = q_2(t)$.

2. La loi des mailles s'écrit : $E = Ri + u_{C_1} + u_{C_2}$ ou encore $E = Ri + \dfrac{q_1}{C_1} + \dfrac{q_2}{C_2}$.

En régime permanent, les condensateurs se comportent comme des interrupteurs ouverts et ainsi $i = 0$. La loi des mailles devient donc :

$$E = \frac{Q_1}{C_1} + \frac{Q_2}{C_2} = \left(\frac{1}{C_1} + \frac{1}{C_2}\right) Q_1$$

Rappel : $\left(\dfrac{1}{C_1} + \dfrac{1}{C_2}\right)$ est la capacité du condensateur équivalent à l'association série de deux condensateurs.

$$Q_1 = Q_2 = \frac{C_1 C_2}{C_1 + C_2} E$$

Exercice 8.3 : Association parallèle de condensateurs *

On étudie la charge de deux condensateurs (initialement déchargés), de capacités C_1 et C_2, à la fermeture de l'interrupteur K. E est la fem d'un générateur de tension continue.

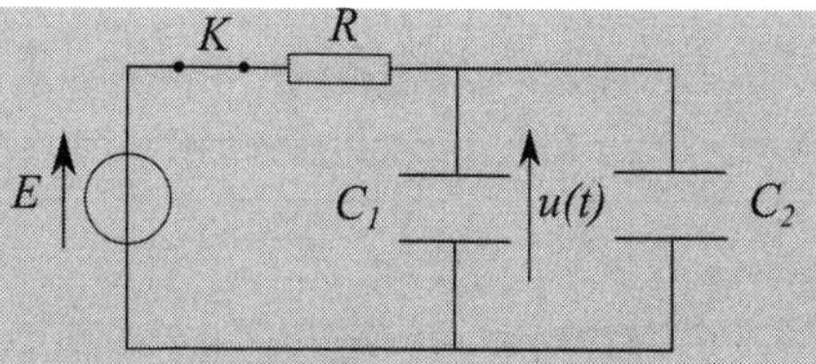

1. Établir l'équation différentielle satisfaite par la tension $u(t)$ et la résoudre. En déduire la constante de temps τ de ce circuit.
2. Exprimer $q_1(t)$ et $q_2(t)$, charges des condensateurs (C_1) et (C_2).
3. Quelle est l'énergie E_J dissipée par effet Joule ?

1. Les deux condensateurs C_1 et C_2 sont associées en parallèle (ils sont soumis à la même tension u), ils sont donc équivalents à un condensateur de capacité $C_{\text{eq}} = C_1 + C_2$. Le circuit étudié est donc :

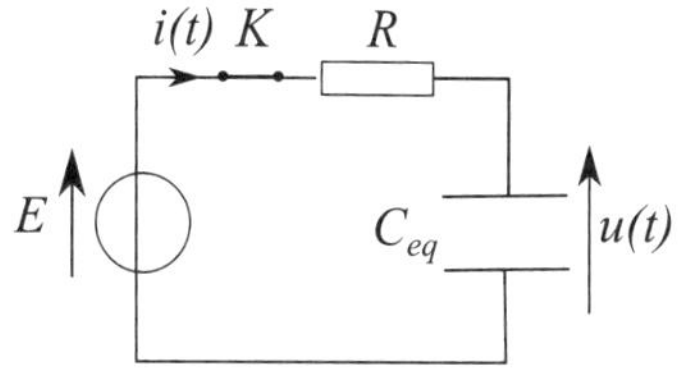

Remarque : On retrouve un circuit équivalent à celui étudié dans l'exercice 8.1.

En appliquant la loi des mailles $E = Ri + u$ et en utilisant $i = C_{\text{eq}}\dfrac{du}{dt}$, on trouve l'équation différentielle : $E = RC_{\text{eq}}\dfrac{du}{dt} + u$ qui s'écrit également :

$$\frac{du}{dt} + \frac{1}{RC_{\text{eq}}}u = \frac{E}{RC_{\text{eq}}}$$

Remarque : On peut retrouver cette équation différentielle à l'aide des lois de Kirchhoff sur le circuit de départ.

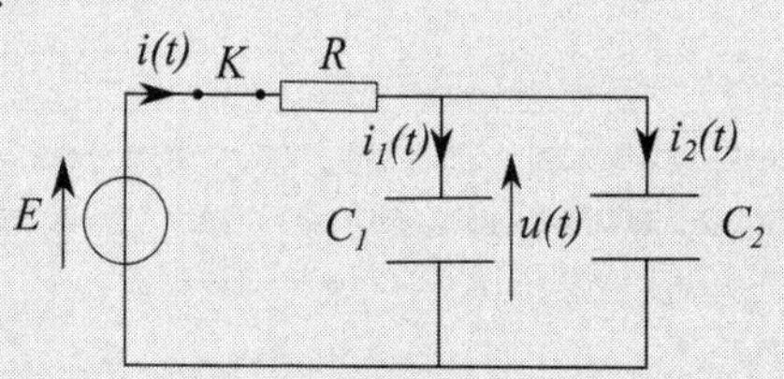

La loi des mailles est toujours : $E = Ri + u$.
De plus $i_1 = C_1\dfrac{du}{dt}$ et $i_2 = C_2\dfrac{du}{dt}$
La loi des nœuds nous donne : $i = i_1 + i_2$
On obtient ainsi : $E = R\left(C_1\dfrac{du}{dt} + C_2\dfrac{du}{dt}\right) + u = R\left(C_1 + C_2\right)\dfrac{du}{dt} + u$ et on retrouve la capacité équivalente C_{eq}.

Nous obtenons une équation différentielle du premier ordre avec second membre non nul. La solution de l'équation différentielle est de la forme :

$$u = \lambda\, \mathrm{e}^{-\frac{t}{RC_{\text{eq}}}} + E$$

La constante λ peut être déterminée grâce à la condition initiale : $u(t=0)=0$: $0 = \lambda\, \mathrm{e}^{-\frac{0}{RC_{\text{eq}}}} + E = \lambda + E$. Nous obtenons ainsi : $\lambda = -E$ et la solution recherchée est :

$$u(t) = E\left(1 - \mathrm{e}^{-\frac{t}{RC_{\text{eq}}}}\right)$$

La constante de temps de ce circuit vaut donc $\tau = RC_{\text{eq}}$.

2. Nous avons $q_1 = C_1 u$ et $q_2 = C_2 u$.

Remarque : Ici il n'est pas utile de repartir de $i_1 = \dfrac{dq_1}{dt}$ et $i_2 = \dfrac{dq_2}{dt}$ car nous venons de calculer la tension u (qui est la même aux bornes des deux condensateurs).

Ainsi : $q_1(t) = C_1 E\left(1 - \mathrm{e}^{-\frac{t}{RC_{\text{eq}}}}\right)$ et $q_2(t) = C_2 E\left(1 - \mathrm{e}^{-\frac{t}{RC_{\text{eq}}}}\right)$.

3. Pour déterminer l'énergie dissipée par effet Joule, nous partons de la puissance instantanée reçue par la résistance : $\mathcal{P}_J = u_R i$.

De plus $\mathcal{P}_J = \dfrac{dE_J}{dt}$ donc on peut séparer les variables (E_J et t) et intégrer :

$$E_J = \int_0^\infty u_R i dt = \int_0^\infty \frac{{u_R}^2}{R} dt$$

Or $\quad u_R = E - u = E\, \mathrm{e}^{-\frac{t}{RC_{\text{eq}}}}$. D'où :

$$E_J = \int_0^\infty \frac{1}{R}\left(E\, \mathrm{e}^{-\frac{t}{\tau}}\right)^2 dt = \frac{E^2}{R}\int_0^\infty \mathrm{e}^{-2\frac{t}{\tau}} dt$$

$$E_J = \frac{E^2}{R}\left[\frac{\mathrm{e}^{-2\frac{t}{\tau}}}{-\frac{2}{\tau}}\right]_0^\infty = \frac{E^2}{R} \times \left(-\frac{\tau}{2}\right) \times (0-1) = \frac{E^2}{R} \times \frac{RC_{\text{eq}}}{2} = \frac{1}{2} C_{\text{eq}} E^2$$

Exercice 8.4 : Étude d'une balise lumineuse (G2E 2008) **

La passe d'un port est signalée la nuit par une balise lumineuse. La source de lumière est constituée d'un tube à décharge.

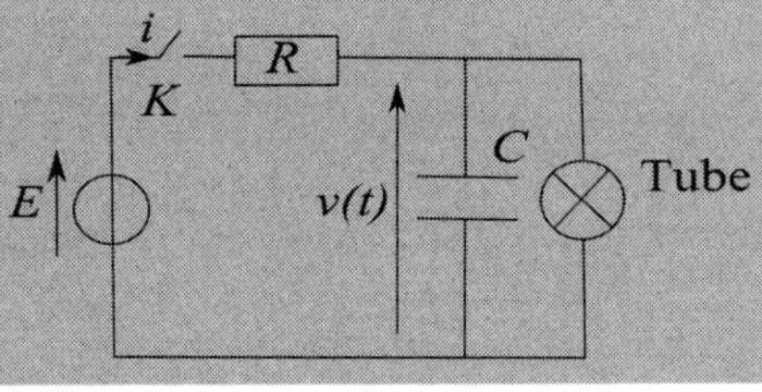

La décharge électrique qui se produit entre les électrodes du tube est caractérisée par une tension d'allumage U_a et une tension d'extinction U_{ex}. On admettra que : $E > U_a > U_{ex}$.
Lorsque le tube fonctionne, il se comporte comme un résistor de résistance $r \ll R$.
Lorsqu'il est éteint, il se comporte comme un résistor de résistance infinie.
On ferme l'interrupteur (K) à l'instant $t = 0$. Le condensateur n'est pas chargé.
On posera $\tau = RC$.
1. Dans l'intervalle $0 < t < t_a$, déterminer la loi $v(t)$. Calculer l'instant t_a où s'amorce la décharge.
2. Établir l'équation différentielle à laquelle satisfait $v(t)$ à partir de cet instant.
3. On utilisera la condition $R \gg r$ pour simplifier et intégrer cette équation différentielle. On posera $\tau' = rC$.
4. En déduire l'expression de l'instant t_{ex} où se produit l'extinction du tube.
5. Calculer la durée T_1 de l'éclair produit dans le tube.
6. À partir de l'instant t_{ex} le tube est éteint. Établir l'expression du temps T_2 qui s'écoule jusqu'au prochain ré-allumage de la décharge en fonction de τ, E, U_{ex} et U_a. Calculer T_2.
7. En déduire la valeur T de la période des éclairs produits par ce dispositif.

On donne : $C = 1\ \mu$F ; $r = 1\ \Omega$; $R = 2\ \text{M}\Omega$; $E = 120$ V ; $U_a = 90$ V ; $U_{ex} = 70$ V.

Point méthode : Il est important de lire l'énoncé jusqu'au bout pour s'approprier les notations.
Dans un premier temps, nous allons chercher comment se comporte le tube à l'instant initial : comme un résistor de résistance r ou de résistance infinie.

1. À $t = 0$, le condensateur est déchargé. La tension à ses bornes est donc nulle : $v(t = 0) = 0$. Le tube est en parallèle avec le condensateur, il possède ainsi la même tension. À cet instant, $v(t = 0) < U_a$, le tube est donc éteint, il se comporte comme une résistance infinie.

Remarque : L'intensité traversant un résistor de résistance infinie est nulle. Le tube se comporte alors comme un interrupteur ouvert.

Point méthode : Il est très utile de faire un schéma électrique équivalent, puis d'appliquer la loi des mailles (après avoir précisé les sens des intensités et tensions sur le schéma).

Le schéma électrique équivalent correspond ici à un circuit RC série :

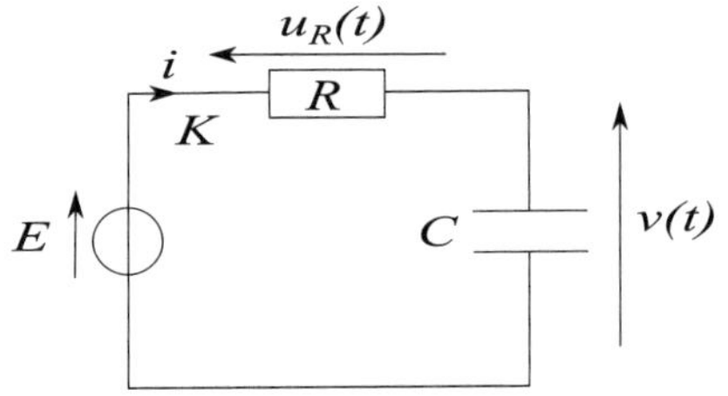

La loi des mailles permet d'obtenir l'équation différentielle suivie par v :

$$E = u_R + v \quad \Leftrightarrow \quad E = Ri + v \quad \Leftrightarrow \quad E = RC\frac{dv}{dt} + v$$

La solution de l'équation différentielle est de la forme :

$$v = v_1 + v_2 = \lambda\, \mathrm{e}^{-\frac{t}{RC}} + E$$

La constante λ peut être déterminée grâce à la condition initiale : $v(t=0) = 0$: $0 = \lambda\, \mathrm{e}^{-\frac{0}{RC}} + E = \lambda + E$. Nous obtenons ainsi : $\lambda = -E$ et la solution recherchée est :

$$v(t) = E\left(1 - \mathrm{e}^{-\frac{t}{RC}}\right)$$

La décharge s'amorce lorsque le tube s'allume et se comporte comme un résistor de résistance r dans laquelle le condensateur pourra se décharger. Le temps t_a correspond au temps pour lequel la tension $v(t = t_a)$ vaut U_a. Cherchons une expression littérale de t_a avant de faire une application numérique.

$$U_a = v(t = t_a) \quad \Leftrightarrow \quad U_a = E\left(1 - \mathrm{e}^{-\frac{t_a}{RC}}\right) \quad \Leftrightarrow \quad \frac{U_a}{E} = 1 - \mathrm{e}^{-\frac{t_a}{RC}}$$

$$\Leftrightarrow \quad \mathrm{e}^{-\frac{t_a}{RC}} = 1 - \frac{U_a}{E} \quad \Leftrightarrow \quad -\frac{t_a}{RC} = \ln\left(1 - \frac{U_a}{E}\right)$$

$$\Leftrightarrow \quad t_a = -RC\ln\left(1 - \frac{U_a}{E}\right)$$

Passons à l'application numérique :

$$t_a = -2\cdot 10^6 \times 1\cdot 10^{-6}\ln\left(1 - \frac{90}{120}\right) = 3\ \mathrm{s}$$

2. À partir de t_a, le tube se comporte comme un résistor de résistance r. Le schéma électrique à étudier est donc le suivant :

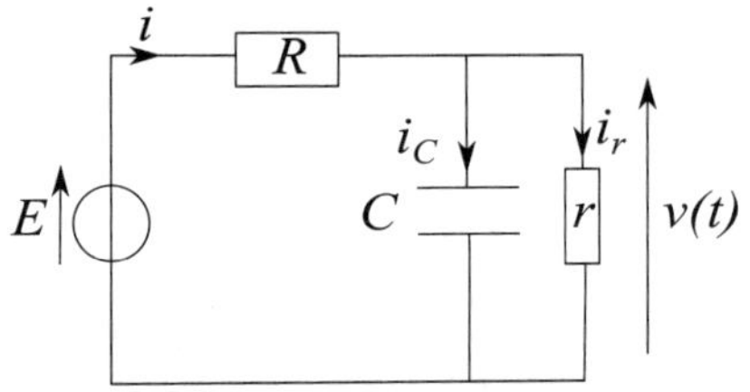

Pour établir l'équation différentielle suivie par $v(t)$, nous pouvons appliquer la loi des mailles, ainsi que la loi des nœuds et exprimer les intensités :

$$E = Ri + v \qquad i = i_C + i_r \qquad i_C = C\frac{dv}{dt} \quad \text{et} \quad i_r = \frac{v}{r}$$

i n'est pas l'intensité parcourant le condensateur donc écrire $i = C\dfrac{dv}{dt}$ est faux.

En combinant les équations, nous obtenons :

$$E = R\left(C\frac{dv}{dt} + \frac{v}{r}\right) + v = RC\frac{dv}{dt} + \frac{R}{r}v + v$$

L'équation différentielle demandée s'écrit donc :

$$\frac{dv}{dt} + \left(\frac{1}{rC} + \frac{1}{RC}\right)v = \frac{E}{RC}$$

Appliquons l'approximation : $R \gg r$ donc $\dfrac{1}{R} \ll \dfrac{1}{r}$ donc $\dfrac{1}{RC} \ll \dfrac{1}{rC}$ et ainsi $\dfrac{1}{rC} + \dfrac{1}{RC} \approx \dfrac{1}{rC}$. L'équation différentielle simplifiée est donc :

$$\frac{dv}{dt} + \frac{1}{rC}v = \frac{E}{RC}$$

Remarque : On peut aussi adopter la démarche suivante :

Nous pouvons simplifier le circuit en cherchant à trouver un circuit équivalent avec une seule maille. Pour cela, on utilise l'équivalence des modèles de Thévenin et Norton :

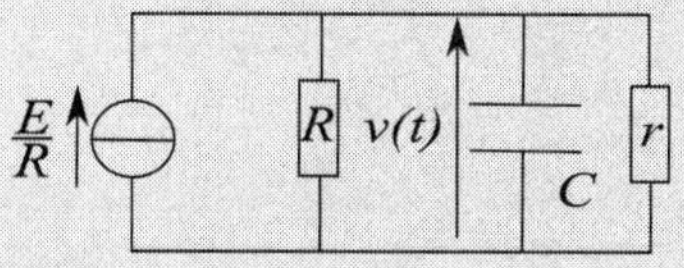

Les résistances R et r ont ainsi la même tension, elles sont en parallèle, on peut donc utiliser la résistance équivalente R_{eq} qui est telle que : $\dfrac{1}{R_{eq}} = \dfrac{1}{R} + \dfrac{1}{r}$. Or, $R \gg r$ donc $\dfrac{1}{R} \ll \dfrac{1}{r}$. On peut ainsi faire l'approximation suivante : $\dfrac{1}{R_{eq}} \approx \dfrac{1}{r}$.

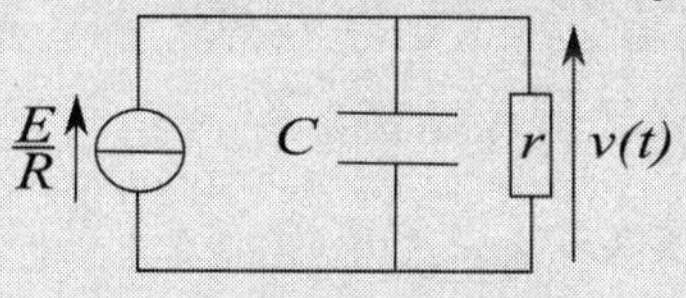

Nous pouvons alors utiliser à nouveau le modèle de Thévenin pour obtenir le circuit équivalent suivant :

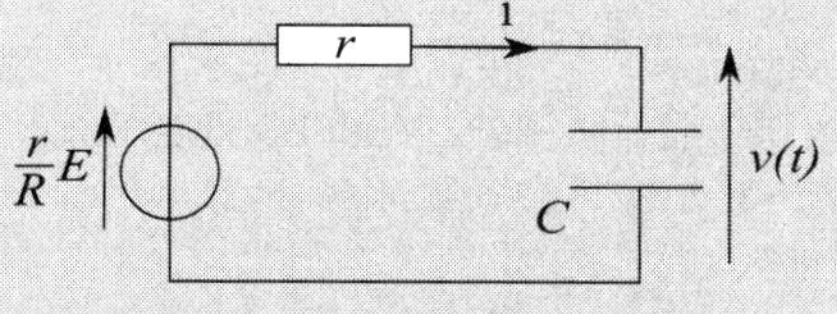

En appliquant la loi des mailles à ce circuit, nous obtenons :

$$\frac{r}{R}E = ri + v = rC\frac{dv}{dt} + v$$

L'équation différentielle obtenue est donc bien la même :

$$\frac{E}{RC}=\frac{dv}{dt}+\frac{v}{rC}$$

3. La solution de l'équation différentielle est donc de la forme :

$$v=\lambda\,\mathrm{e}^{-\frac{t}{rC}}+\frac{r}{R}E$$

La constante λ se détermine à l'aide de la condition initiale : $v(t_a)=U_a$

$$U_a=\lambda\,\mathrm{e}^{-\frac{t_a}{rC}}+\frac{r}{R}E \quad\Leftrightarrow\quad U_a-\frac{r}{R}E=\lambda\,\mathrm{e}^{-\frac{t_a}{rC}}$$

$$\Leftrightarrow\quad \lambda=\left(U_a-\frac{r}{R}E\right)\,\mathrm{e}^{-\frac{t_a}{rC}}$$

Dès que le tube s'allume, la tension s'exprime de la sorte :

$$v(t)=\left(U_a-\frac{r}{R}E\right)\,\mathrm{e}^{-\frac{t-t_a}{rC}}+\frac{r}{R}E$$

$U_a-\frac{r}{R}E>O$ donc $v(t)$ est une fonction décroissante.

4. Le tube s'éteint dès que $v(t=t_{ex})=U_{ex}$

$$U_{ex}=\left(U_a-\frac{r}{R}E\right)\,\mathrm{e}^{-\frac{t_{ex}-t_a}{rC}}+\frac{r}{R}E$$

$$\Leftrightarrow\quad U_{ex}-\frac{r}{R}E=\left(U_a-\frac{r}{R}E\right)\,\mathrm{e}^{-\frac{t_{ex}-t_a}{rC}} \quad\Leftrightarrow\quad \frac{U_{ex}-\frac{r}{R}E}{U_a-\frac{r}{R}E}=\mathrm{e}^{-\frac{t_{ex}-t_a}{rC}}$$

$$\Leftrightarrow\quad \ln\left(\frac{RU_{ex}-rE}{RU_a-rE}\right)=-\frac{t_{ex}-t_a}{rC} \quad\Leftrightarrow\quad t_{ex}-t_a=-rC\ln\left(\frac{RU_{ex}-rE}{RU_a-rE}\right)$$

$$\Leftrightarrow\quad t_{ex}=t_a-rC\ln\left(\frac{RU_{ex}-rE}{RU_a-rE}\right)$$

$$\Leftrightarrow\quad t_{ex}=-RC\ln\left(1-\frac{U_a}{E}\right)-rC\ln\left(\frac{RU_{ex}-rE}{RU_a-rE}\right)$$

5. L'éclair produit dans le tube a une durée :

$$T_1=t_{ex}-t_a=-rC\ln\left(\frac{RU_{ex}-rE}{RU_a-rE}\right)$$

Le calcul donne : $T_1=-1\times 1\cdot 10^{-6}\ln\left(\frac{2\cdot 10^6\times 70-1\times 120}{2\cdot 10^6\times 90-1\times 120}\right)=3\cdot 10^{-7}\ \mathrm{s}$

6. À partir de l'instant t_{ex}, le tube se comporte comme une résistance infinie. Le circuit est donc à nouveau celui étudié dans la question 1. L'équation différentielle est la même que lors de la première question, la solution est donc toujours :

$$v(t)=\lambda\,\mathrm{e}^{-\frac{t}{RC}}+E$$

Maintenant, les conditions initiales sont celles à l'instant t_{ex}. La constante λ est donc telle que :

$$U_{ex}=\lambda\,\mathrm{e}^{-\frac{t_{ex}}{RC}}+E \quad\Leftrightarrow\quad U_{ex}-E=\lambda\,\mathrm{e}^{-\frac{t_{ex}}{RC}} \quad\Leftrightarrow\quad \lambda=(U_{ex}-E)\,\mathrm{e}^{\frac{t_{ex}}{RC}}$$

On obtient ainsi : $v(t) = (U_{ex} - E)\ \mathrm{e}^{-\frac{t-t_{ex}}{RC}} + E$
Le temps T_2 qui s'écoule (il s'agit ici d'une durée) jusqu'au prochain allumage est donc tel que :

$$U_a = (U_{ex} - E)\ \mathrm{e}^{-\frac{T_2}{RC}} + E \quad \Leftrightarrow \quad U_a - E = (U_{ex} - E)\ \mathrm{e}^{-\frac{T_2}{RC}}$$
$$\Leftrightarrow \quad \frac{U_a - E}{U_{ex} - E} = \mathrm{e}^{-\frac{T_2}{RC}} \quad \Leftrightarrow \quad \ln\left(\frac{U_a - E}{U_{ex} - E}\right) = -\frac{T_2}{RC}$$
$$\Leftrightarrow \quad T_2 = -RC \ln\left(\frac{U_a - E}{U_{ex} - E}\right)$$

Faisons l'application numérique :

$$T_2 = -2 \cdot 10^6 \times 1 \cdot 10^{-6} \times \ln\left(\frac{90 - 120}{70 - 120}\right) = 1 \text{ s}$$

7. Les éclairs sont produits à chaque ré-allumage, qui a lieu toutes les $T_1 + T_2$, c'est-à-dire toutes les secondes.

Exercice 8.5 : Étude énergétique d'un circuit RC (ENSTIM) **

Un dipôle comporte entre deux bornes A et B une résistance R et un condensateur de capacité C placés en série. On place aux bornes A et B du dipôle un générateur de tension idéal de force électromotrice constante E et un interrupteur K.

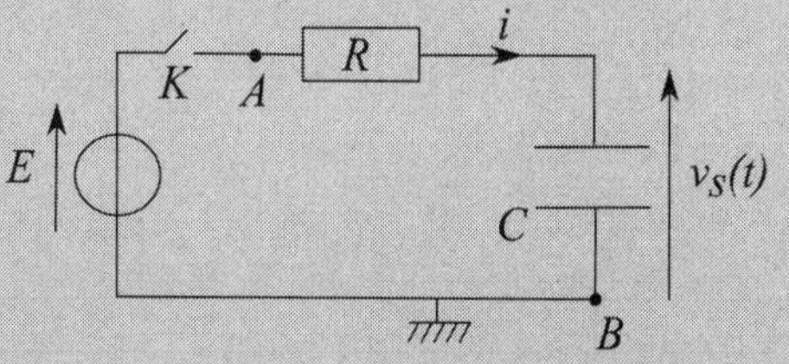

Initialement, le circuit est ouvert et le condensateur déchargé. Soit v_S la tension aux bornes du condensateur.
À l'instant $t = 0$, on ferme l'interrupteur K.

1. Quel est le comportement du condensateur au bout d'un temps très long (infini) après la fermeture de l'interrupteur ? En déduire les valeurs de v_S et de l'intensité i dans le circuit au bout d'un temps très long.
2. Établir l'équation différentielle à laquelle obéit $v_S(t)$.
3. Établir l'expression de la tension $v_S(t)$ au cours du temps (pour $t \geqslant 0$).
4. Déterminer, en fonction de τ, l'expression du temps t_1 à partir duquel la charge du condensateur diffère de moins de 1 % de sa charge finale.
5. Déterminer l'expression de l'intensité $i(t)$ du courant qui circule dans le circuit pour $t \geqslant 0$. (L'orientation de $i(t)$ est précisée sur le schéma).
6. Exprimer l'énergie E_c emmagasinée par le condensateur lorsque sa charge est terminée en fonction de C et de E.

7. Déterminer, à partir des résultats de la partie précédente, l'expression de l'énergie E_J dissipée par effet Joule dans la résistance au cours de la charge. On exprimera E_J en fonction de C et de E.
8. Montrer, à partir des résultats de la partie précédente, que l'énergie E_g fournie par le générateur au cours de la charge est égale à $E_g = CE^2$.
9. Définir et calculer le rendement énergétique ρ de la charge du condensateur par le générateur à travers une résistance non inductive.

1. Initialement, le circuit est ouvert et le condensateur déchargé. Soit $v_S(t < 0) = 0$. À l'instant $t = 0$, on ferme l'interrupteur K. La tension aux bornes du condensateur est une fonction continue du temps donc $v_S(t > 0) = v_S(t < 0) = 0$.
Au bout d'un temps très long (infini) après la fermeture de l'interrupteur, le régime continu est établi.

Rappel : L'intensité traversant le condensateur et sa tension sont reliées par l'expression : $i_c = C\dfrac{dv_s}{dt}$. Le régime continu se traduit par v_S constant donc $\dfrac{dv_s}{dt} = 0$, ce qui entraîne $i_c = 0$.

Le condensateur se comporte donc comme un interrupteur ouvert. Le circuit équivalent est donc :

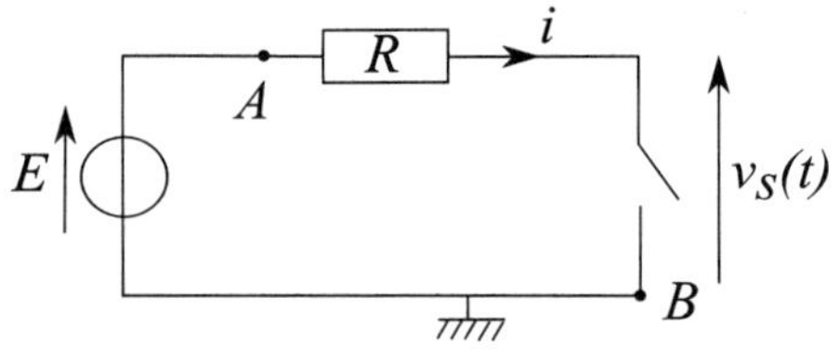

On en déduit : $i(\infty) = 0$ et, d'après la loi des mailles, $E = Ri(\infty) + v_s(\infty)$, donc $v_s(\infty) = E$.

Point méthode : Faire un circuit équivalent en prenant en compte le comportement du condensateur en régime permanent.

Dire que le condensateur est totalement chargé une fois atteint le régime continu et qu'alors $v_s(\infty) = E$ n'est pas toujours vrai. C'est par exemple le cas du circuit suivant pour lequel $v_s(\infty) = \dfrac{R}{R+r}E$:

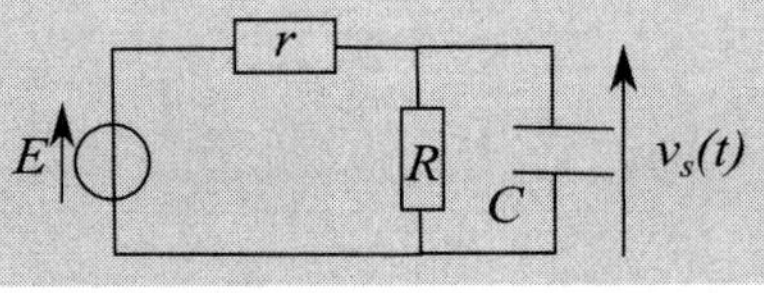

2. Le circuit étudié est le suivant :

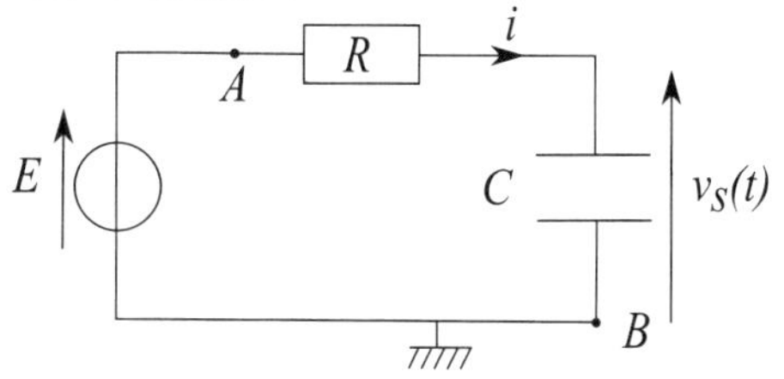

Pour établir l'équation différentielle à laquelle obéit $v_S(t)$, appliquons la loi des mailles :

$$E = Ri + v_s = RC\frac{dv_s}{dt} + v_S$$

L'équation différentielle suivie par v_s s'écrit donc : $\dfrac{dv_s}{dt} + \dfrac{v_S}{\tau} = \dfrac{E}{\tau}$.

3. La solution de l'équation différentielle est de la forme :

$$v_s = v_{s_1} + v_{s_2} = \lambda\,\mathrm{e}^{-\frac{t}{\tau}} + E$$

La constante λ peut être déterminée grâce à la condition initiale : $v(t = 0) = 0$: $0 = \lambda\,\mathrm{e}^{-\frac{0}{\tau}} + E = \lambda + E$. Nous obtenons ainsi : $\lambda = -E$ et la solution recherchée est :

$$v_s(t) = E\left(1 - \mathrm{e}^{-\frac{t}{\tau}}\right)$$

Pour trouver à partir de cette expression la valeur de $v_S(t)$ pour un temps très long, faisons tendre t vers l'infini, nous obtenons alors bien la valeur trouvée à la question 1 : $v_s(\infty) = E$.

4. La charge du condensateur diffère de moins de 1 % de sa charge finale lorsque $E - v_s(t_1) = 1\%E$, c'est-à-dire lorsque $v_s(t_1) = 99\%E$.

$$v_s(t_1) = E\left(1 - \mathrm{e}^{-\frac{t_1}{\tau}}\right) \quad \Leftrightarrow \quad \frac{v_s(t_1)}{E} = 1 - \mathrm{e}^{-\frac{t1}{\tau}} \quad \Leftrightarrow \quad 99\% = 1 - \mathrm{e}^{-\frac{t1}{\tau}}$$

$$\Leftrightarrow \quad \mathrm{e}^{-\frac{t1}{\tau}} = 1 - 99\% = 1\% \quad \Leftrightarrow -\frac{t_1}{\tau} = \ln\frac{1}{100} = -\ln 100$$

$$\Leftrightarrow \quad t_1 = \tau \ln 100 = 5\tau$$

5. Pour déterminer l'expression de l'intensité $i(t)$ du courant qui circule dans le circuit pour $t \geqslant 0$, on peut utiliser $i = C\dfrac{dv_s}{dt} = C\dfrac{E}{\tau}\,\mathrm{e}^{-\frac{t}{\tau}}$:

$$i(t) = \frac{E}{R}\,\mathrm{e}^{-\frac{t}{\tau}}$$

6. $v_s(\infty) = E$ donc l'énergie E_c emmagasinée par le condensateur, initialement déchargé, lorsque sa charge est terminée s'écrit : $E_c = \dfrac{1}{2}CE^2$.

Cette expression est valable ici car les conditions circuit RC série et condensateur initialement déchargé sont respectées. L'exercice suivant va montrer que ce n'est pas toujours le cas.

7. Pour déterminer l'énergie dissipée par effet Joule, nous partons de la puissance instantanée : $\mathcal{P}_J = u_R i$.

De plus $\mathcal{P}_J = \dfrac{dE_J}{dt}$ donc on peut séparer les variables (E_J et t) et intégrer :

$$E_J = \int_0^{\infty} u_R i dt = \int_0^{\infty} R i^2 dt = \int_0^{\infty} R\left(\frac{E}{R}\,\mathrm{e}^{-\frac{t}{\tau}}\right)^2 dt = \frac{E^2}{R}\int_0^{\infty} \mathrm{e}^{-2\frac{t}{\tau}} dt$$

$$E_J = \frac{E^2}{R}\left[\frac{\mathrm{e}^{-2\frac{t}{\tau}}}{-\frac{2}{\tau}}\right]_0^{\infty} = \frac{E^2}{R} \times \left(-\frac{\tau}{2}\right) \times (0-1) = \frac{E^2}{R} \times \frac{RC}{2} = \frac{1}{2}CE^2$$

8. L'énergie E_g fournie par le générateur au cours de la charge est égale à la somme de l'énergie emmagasinée par le condensateur et de l'énergie dissipée par effet Joule. Elle vaut bien $E_g = CE^2$.

9. On peut définir le rendement énergétique ρ de la charge du condensateur par le générateur à travers une résistance non inductive comme étant égal au rapport entre l'énergie emmagasinée par le condensateur et l'énergie fournie par le générateur.

$$\rho = \frac{E_J}{E_g} = \frac{1}{2}$$

Exercice 8.6 : Circuit avec deux sources (ENSTIM) **

Un dipôle comporte entre deux bornes A et B une résistance R et un condensateur de capacité C placés en série. On considère le montage suivant :

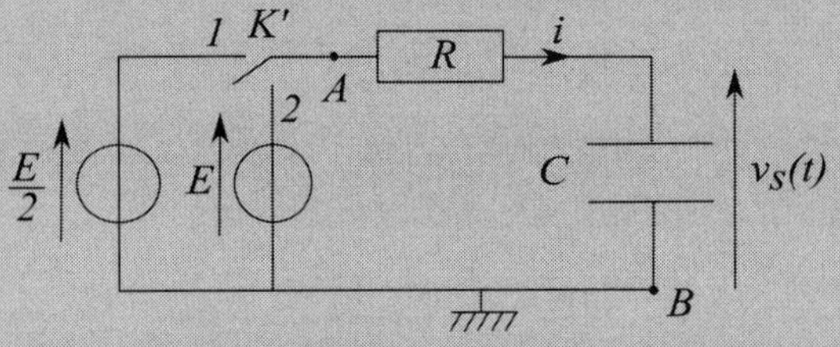

À la date $t = 0$, le condensateur étant déchargé, on ferme l'interrupteur K' dans la position 1 (phase 1). Lorsque la charge sous la tension $\dfrac{E}{2}$ est terminée, on bascule K' dans la position 2 (phase 2) et on procède à la charge du condensateur sous la tension E.

1. Quelle est l'énergie E_{g_1} fournie par le générateur au cours de la première phase de charge ? Quelle est l'énergie E_{c_1} emmagasinée par le condensateur au cours de la première phase de charge ?
2. Quelle est l'équation différentielle vérifiée par la tension v_s au cours de la deuxième phase de charge ? En prenant pour origine des temps $(t = 0)$ la date à laquelle on bascule l'interrupteur de la position 1 dans la position 2, déterminer l'expression de $v_s(t)$ en fonction du temps au cours de la deuxième phase de charge.
3. En déduire, en fonction du temps, l'expression de l'intensité $i(t)$ qui traverse le circuit au cours de la deuxième phase de charge.
4. En utilisant les expressions de $v_s(t)$ et de $i(t)$ en fonction du temps, déterminer :

- L'expression de l'énergie E_{g_2} fournie par le générateur au cours de la deuxième phase de charge en fonction de C et E ;
- L'expression de l'énergie E_{c_2} emmagasinée par le condensateur au cours de la deuxième phase de charge en fonction de C et E.

Remarque : Nous allons voir qu'il est dangereux d'utiliser des formules de type $E_c = \frac{1}{2}CE^2$ sans vérifier si les conditions d'application de ces formules sont toutes vérifiées.

1. Le circuit étudié est le suivant :

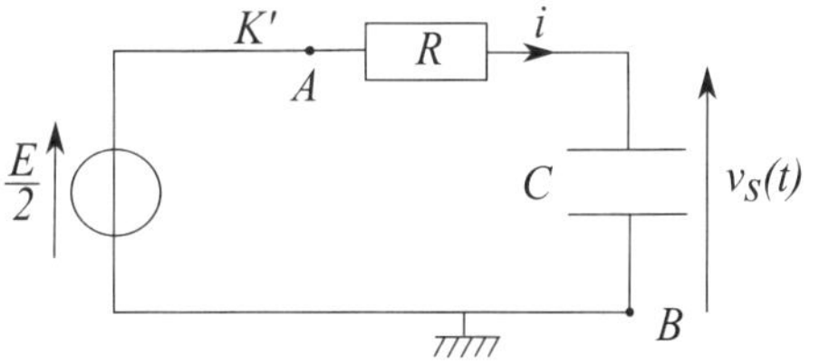

Rappel : Pour un circuit RC série, branché aux bornes d'une source de tension de fem E, si le condensateur est initialement déchargé, à la fin de la charge, l'énergie emmagasinée par le générateur vaut $\frac{1}{2}CE^2$. La source a fourni une énergie égale à CE^2.

E_{g_1} fournie par le générateur au cours de la première phase de charge (le générateur a alors pour force électromotrice $\frac{E}{2}$) s'écrit : $E_{g_1} = C\left(\frac{E}{2}\right)^2 = \frac{1}{4}CE^2$ et l'énergie E_{c_1} emmagasinée par le condensateur au cours de la première phase de charge $E_{c_1} = \frac{1}{2}C\left(\frac{E}{2}\right)^2 = \frac{1}{8}CE^2$.

2. Au cours de la deuxième phase de charge, le circuit à étudier est le suivant :

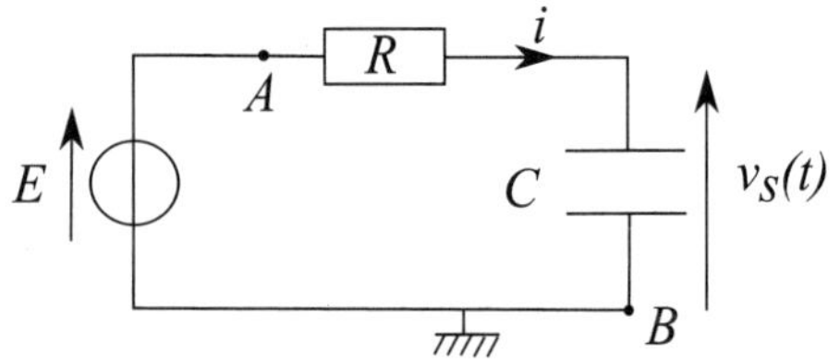

Pour établir l'équation différentielle à laquelle obéit $v_S(t)$, appliquons la loi des mailles :

$$E = Ri + v_s = RC\frac{dv_s}{dt} + v_S$$

L'équation différentielle suivie par v_s s'écrit donc : $\dfrac{dv_s}{dt} + \dfrac{v_s}{\tau} = \dfrac{E}{\tau}$ avec $\tau = RC$.
La solution de l'équation différentielle est de la forme :

$$v_s = \lambda\,\mathrm{e}^{-\frac{t}{\tau}} + E$$

La constante λ se détermine grâce à la condition initiale sur v_s.
L'origine des temps ($t = 0$) est la date à laquelle on bascule l'interrupteur de la position 1 dans la position 2.
Pour des temps antérieurs, le circuit est celui de la figure de la question 1. Dans la position 1, une fois le régime permanent atteint, nous avons : $v_s = \dfrac{E}{2}$. Ceci est valable à $t = 0^-$. Or, comme v_s est une fonction continue, nous pouvons affirmer que : $v_s(t = 0^+) = v_s(t = 0^-) = \dfrac{E}{2}$
Déterminons maintenant la constante λ : $\dfrac{E}{2} = \lambda + E$ donc $\lambda = -\dfrac{E}{2}$
La solution cherchée est donc : $v_s(t) = -\dfrac{E}{2}\,\mathrm{e}^{-\frac{t}{\tau}} + E$.

3. L'expression de l'intensité $i(t)$ qui traverse le circuit au cours de la deuxième phase de charge s'exprime par : $i = C\dfrac{dv_s}{dt} = C \times \dfrac{E}{2\tau}\,\mathrm{e}^{-\frac{t}{\tau}} = \dfrac{E}{2R}\,\mathrm{e}^{-\frac{t}{\tau}}$.

4. Partons de la puissance fournie par le générateur : $\mathcal{P}_{g_2} = Ei = \dfrac{dE_{g_2}}{dt}$.

Remarque : Le générateur délivre une puissance. La puissance fournie par celui-ci est donc positive et la puissance reçue est négative : cette dernière s'écrit en effet $-Ei$ (expression de la puissance en convention générateur).

Séparons les variables puis intégrons :

$$E_{g_2} = \int_0^{\infty} Ei dt = E\int_0^{\infty} \frac{E}{2R}\,\mathrm{e}^{-\frac{t}{\tau}} dt = \frac{E^2}{2R}\int_0^{\infty} \mathrm{e}^{-\frac{t}{\tau}} dt$$

$$E_{g_2} = \frac{E^2}{2R}\left[\frac{\mathrm{e}^{-\frac{t}{\tau}}}{-\frac{1}{\tau}}\right]_0^{\infty} = \frac{E^2}{2R} \times (-\tau) \times (0 - 1) = \frac{E^2}{2R} \times RC = \frac{1}{2}CE^2$$

Calculons de la même façon l'énergie emmagasinée par le condensateur au cours de la deuxième phase :

$$\mathcal{P}_{c_2} = v_s i$$

$$E_{c_2} = \int_0^{\infty} v_s i dt = \int_0^{\infty} \left(-\frac{E}{2}\,\mathrm{e}^{-\frac{t}{\tau}} + E\right)\frac{E}{2R}\,\mathrm{e}^{-\frac{t}{\tau}} dt$$

$$E_{c_2} = -\frac{E^2}{4R}\int_0^{\infty} \mathrm{e}^{-\frac{2t}{\tau}} + \frac{E^2}{2R}\int_0^{\infty} \mathrm{e}^{-\frac{t}{\tau}} dt$$

$$E_{c_2} = -\frac{E^2}{4R}\left[\frac{\mathrm{e}^{-\frac{2t}{\tau}}}{-\frac{2}{\tau}}\right]_0^{\infty} + \frac{E^2}{2R}\left[\frac{\mathrm{e}^{-\frac{t}{\tau}}}{-\frac{1}{\tau}}\right]_0^{\infty}$$

$$E_{c_2} = -\frac{E^2}{4R}\times\left(-\frac{\tau}{2}\right)\times(0-1) + \frac{E^2}{2R}\times(-\tau)\times(0-1)$$

$$E_{c_2} = -\frac{E^2}{8R}\times RC + \frac{E^2}{2R}\times RC = \left(-\frac{1}{8}+\frac{1}{2}\right)CE^2 = \frac{3}{8}CE^2$$

Il aurait été faux de dire que l'énergie emmagasinée par le condensateur valait $\frac{1}{2}CE^2$, résultat valable uniquement lorsque le condensateur est initialement déchargé et lorsqu'à la fin de la charge du condensateur, la tension à ses bornes vaut E.

Remarque : E_{c_2} aurait pu se calculer aussi en adoptant la démarche suivante :

$$E_{c_2} = \int_0^{\infty} v_s i dt = \int_0^{\infty} v_s C\frac{dv_s}{dt}dt = C\int_{v_s(0)}^{v_s(\infty)} v_s dv_s = C\left[\frac{{v_s}^2}{2}\right]_{v_s(0)}^{v_s(\infty)}$$

$v_s(0) = \frac{E}{2}$ et $v_s(\infty) = E$. Nous pouvons ainsi exprimer E_{c_2} :

$$E_{c_2} = C\left[\frac{{v_s}^2}{2}\right]_{\frac{E}{2}}^{E} = C\left(\frac{E^2}{2} - \frac{\left(\frac{E}{2}\right)^2}{2}\right) = C\left(\frac{E^2}{2} - \frac{E^2}{4\times 2}\right) = CE^2\left(\frac{1}{2}-\frac{1}{8}\right) = \frac{3}{8}CE^2$$

Sous-partie 3
Structure de la matière

CHAPITRE 9

Noyau atomique

Capacités à acquérir	Exercices
Connaître la composition d'un atome, la définition d'un isotope.	9.1
Mettre en équation la décroissance radioactive.	Tous
Écrire le bilan d'une réaction nucléaire.	9.3

Exercice 9.1 : Autour de l'argent (Centrale) *

1. L'argent possède 2 isotopes : ^{107}Ag et ^{110}Ag. Rappeler la définition des isotopes.
2. L'isotope ^{110}Ag est radioactif avec une période (ou durée de demi-vie) de $T = 249$ jours. Sa décomposition correspond à une cinétique du premier ordre dont on note λ la constante de vitesse (constante radioactive). On appelle $N_{(t)}$ le nombre de radionucléides à la date t, et $N_{(0)}$ le nombre initial de radionucléides.
Établir l'expression de $N_{(t)}$ en fonction de $N_{(0)}$, λ et t puis calculer la constante radioactive λ en jour^{-1}.
3. L'activité d'une source radioactive se mesure en becquerels (Bq), unité qui correspond au nombre de désintégrations par seconde. L'activité massique est souvent utilisée. Elle correspond à l'activité rapportée à l'unité de masse (Bq.kg^{-1} ou Bq.g^{-1}). On donne $A_{(0)} = 1,76 \cdot 10^{14}$ Bq.g^{-1}.
Donner l'expression de l'activité $A_{(t)}$ en fonction du temps t, de λ et de $A_{(0)}$.
4. Calculer le temps (en jours) au bout duquel l'activité de l'échantillon est devenue égale à $A_{(t)} = 5,00 \cdot 10^{13}$ Bq.g^{-1}.

1. Deux isotopes d'un élément ont le même nombre de protons mais un nombre de neutrons différent dans leur noyau.

2. La décomposition des radionucléides suit une cinétique du premier ordre :

$$\frac{dN_{(t)}}{dt} = -\lambda N_{(t)}$$

On intègre par séparation de variables entre $(t = 0, N_{(0)})$ et $(t, N_{(t)})$:

$$\frac{dN_{(t)}}{N_{(t)}} = -\lambda dt \quad \Leftrightarrow \quad \int_{N_{(0)}}^{N_{(t)}} \frac{dN_{(t)}}{N_{(t)}} = -\lambda \int_0^t dt \quad \Leftrightarrow \quad \left[\ln N_{(t)}\right]_{N_{(0)}}^{N_{(t)}} = -\lambda t$$

$$\ln \frac{N_{(t)}}{N_{(0)}} = -\lambda t \quad \Leftrightarrow \quad N_{(t)} = N_{(0)}\ \mathrm{e}^{-\lambda t}$$

Pour calculer λ, nous utilisons la définition de la période ou demi-vie radioactive. Pour $t = T$, le nombre de radionucléides a été divisé par deux :

$$N_{(t)} = \frac{N_{(0)}}{2} = N_{(0)}\ \mathrm{e}^{-\lambda T} \quad \Leftrightarrow \quad \ln 2 = \lambda T$$

$$\lambda = \frac{\ln 2}{T} = \frac{\ln 2}{249} = 2,78 \cdot 10^{-3}\ \mathrm{jour}^{-1}$$

3. Par définition : $A_{(t)} = -\frac{dN'_{(t)}}{dt}$, où N' est le nombre de radionucléides par unité de masse $N'_{(t)} = \frac{N_{(t)}}{m}$. On peut ainsi écrire :

$$A_{(t)} = -\frac{d\frac{N_{(t)}}{m}}{dt} = -\frac{1}{m}\frac{dN_{(t)}}{dt}$$

On a vu dans la question précédente que : $\frac{dN_{(t)}}{dt} = -\lambda N_{(t)}$, on obtient alors :

$$A_{(t)} = \frac{\lambda}{m} N_{(t)} = \lambda \frac{N_{(0)}}{m}\ \mathrm{e}^{-\lambda t} = \lambda N'_{(0)}\ \mathrm{e}^{-\lambda t}$$

$$A_{(t)} = A_0\ \mathrm{e}^{-\lambda t}$$

4. D'après le résultat précédent, il vient :

$$t = \frac{1}{\lambda} \ln \frac{A_{(0)}}{A_{(t)}} = \frac{1}{2,78 \cdot 10^{-3}} \ln \frac{1,76 \cdot 10^{14}}{5,00 \cdot 10^{13}} = 453\ \mathrm{jours}$$

Exercice 9.2 : L'âge d'une momie (CCP) *

Le carbone à l'état naturel comporte trois isotopes : ^{12}C (98,9 %) ; ^{13}C (1,1 %) et ^{14}C (traces).

Le carbone 14 est radioactif β^-. Il se désintègre avec une période ou durée de demi-vie de 5 730 années. Il est formé dans l'atmosphère à haute altitude par action sur l'azote de la composante neutronique des rayons cosmiques et s'y maintient avec une teneur constante. Il passe dans le cycle du carbone des règnes animal et végétal. Il s'établit alors dans les tissus un équilibre stationnaire avec une proportion constante de carbone radioactif. À la mort du sujet, les échanges avec l'atmosphère cessent et la proportion de carbone radioactif décroît du fait de sa désintégration. La cinétique de cette désintégration est d'ordre 1 :

$$\frac{dN(t)}{dt} = -\lambda N(t)$$

N étant le nombre d'atomes radioactifs dans un échantillon donné et λ la constante de désintégration.

La vitesse de désintégration $A(t) = -\dfrac{dN(t)}{dt}$ s'appelle l'activité de l'échantillon et s'exprime en becquerel : 1 Bq = 1 désintégration par seconde.
En période pré-industrielle, l'activité des organismes vivants était de 0,2082 Bq par gramme de carbone.
1. Calculer la constante de désintégration.
2. Quel était le pourcentage de carbone 14 dans les organismes vivants en période pré-industrielle ?
3. L'étude d'une momie a révélé que l'activité était de 0,1397 Bq par gramme de carbone. Estimer l'âge de la momie.
4. Sachant que les appareils de comptage actuels détectent au mieux une impulsion par atome de carbone toutes les 50 minutes, estimer l'âge limite accessible par la méthode de datation au ^{14}C .

Données : constante d'Avogadro $\mathcal{N}_A = 6,022 \cdot 10^{23}$ mol^{-1} ; masse molaire du carbone $M_C = 12,01$ g.mol^{-1}

1. La cinétique de cette désintégration radioactive est d'ordre 1 donc $N(t) = N(0)\, e^{-\lambda t}$ et $T = \dfrac{\ln 2}{\lambda}$

Remarque : Ces résultats ont été démontrés dans l'exercice précédent.

$$T = 5730 \text{ an} \quad \Rightarrow \quad \lambda = 1,210 \cdot 10^{-4} \text{ an}^{-1}$$

2. D'après l'énoncé, à la période pré-industrielle pour 1 g de carbone il y avait $A = 0,2082 = \lambda N$ désintégrations par seconde.

$$\lambda = \frac{1,210 \cdot 10^{-4}}{365,25 \times 24 \times 3600} = 3,834 \cdot 10^{-12} \text{ s}^{-1}$$

On a calculé λ en an^{-1}, il faut le mettre ici en s^{-1}.

Ceci correspond à : $N_{^{14}C} = \dfrac{A}{\lambda} = \dfrac{0,2082}{3,834 \cdot 10^{-12}} = 5,430 \cdot 10^{10}$ atomes de ^{14}C présents.
Dans $m = 1$ g de carbone il y a $N_C = \dfrac{m\mathcal{N}_A}{M_C}$ atomes de carbone soit $\dfrac{1 \times 6,022 \cdot 10^{23}}{12,01} = 5,014 \cdot 10^{22}$ atomes de carbone.
Le pourcentage de carbone 14 en période pré-industrielle était donc :

$$\%_{^{14}C} = \frac{N_{^{14}C}}{N_C} \times 100 = \frac{5,430 \cdot 10^{10}}{5,014 \cdot 10^{22}} \times 100 = 1,083 \cdot 10^{-10}\ \%$$

3. Utilisons la loi de désintégration : $A(t) = \lambda N(t) = \lambda N(0)\ \mathrm{e}^{-\lambda t}$.
Notons t_1 un temps de référence de la période pré-industrielle et t_2 le temps correspondant à l'âge de la momie.

Point méthode : On ne connait pas $N(0)$, on va donc faire le rapport des vitesses de désintégration aux deux temps et déterminer ainsi la période qui s'est écoulée entre t_1 et t_2.

$$\frac{A(t_2)}{A(t_1)} = \frac{\lambda N(0)\ \mathrm{e}^{-\lambda t_2}}{\lambda N(0)\ \mathrm{e}^{-\lambda t_1}} = \frac{\mathrm{e}^{-\lambda t_2}}{\mathrm{e}^{-\lambda t_1}} = \mathrm{e}^{-\lambda(t_2 - t_1)}$$

$$t_2 - t_1 = \frac{1}{\lambda} \ln \frac{A(t_1)}{A(t_2)}$$

Remarque : Nous prendrons λ en an^{-1} afin d'avoir l'âge en années.

$$t_2 - t_1 = \frac{1}{1,210 \cdot 10^{-4}} \ln \frac{0,2082}{0,1397} = 3298 \text{ ans}$$

La momie date donc d'environ 3300 ans avant la période pré-industrielle.

4. L'appareil détecte une désintégration par atome de carbone toutes les 50 minutes, ce qui correspond à une activité détectable par l'appareil $A_{\text{app}} = \dfrac{1}{50 \times 60} = 3,3 \cdot 10^{-4}$ Bq.
On réinjecte ce résultat dans l'expression trouvée dans q.3 afin de trouver l'âge limite :

$$t' - t_1 = \frac{1}{\lambda} \ln \frac{A(t_1)}{A_{\text{app}}} = \frac{1}{1,210 \cdot 10^{-4}} \ln \frac{0,2082}{3,3 \cdot 10^{-4}} = 53 \cdot 10^3 \text{ ans}$$

On peut donc dater un échantillon jusqu'à environ 53000 ans avant la période pré-industrielle.

Exercice 9.3 : Hydrogène et isotopes (CCP) **

Données :

Masse molaire atomique de l'isotope $^1_1$H : 1,007825 g.mol^{-1}
Masse molaire atomique de l'isotope $^2_1$H (ou deutérium) : 2,014102 g.mol^{-1}
Masse molaire atomique de l'isotope $^3_1$H (ou tritium) : 3,016049 g.mol^{-1}
Période du tritium : 12,32 ans.
1 becquerel (symbole Bq) = 1 désintégration par seconde.
1 curie (symbole Ci) = $3,7 \cdot 10^{10}$ Bq

L'hydrogène naturel est constitué de 99,985 % molaire d'isotope $^1_1$H et de 0,015 % molaire de deutérium (isotope $^2_1$H).
1. Déduire de la composition isotopique de l'hydrogène naturel, la valeur numérique de la masse molaire du dihydrogène.

2. Déterminer la fraction massique ω_D en deutérium dans l'hydrogène naturel.
Le tritium (isotope ${}^3_1\text{H}$) est un isotope radioactif de l'hydrogène. C'est un émetteur β^-. Sa décomposition suit une loi cinétique d'ordre 1.
On note $N(t)$ le nombre d'atomes de tritium présents dans la source à l'instant t et λ la constante de désintégration du tritium.
3. Écrire le bilan de la réaction nucléaire et indiquer le nom de l'élément dont le noyau est émis lors de la désintégration du tritium.
4. Établir la relation entre la période T d'un radioélément et sa constante de désintégration λ.
5. Calculer la constante de désintégration du tritium.
6. Calculer le nombre d'atomes de tritium présents dans une source radioactive contenant 10^{-3} mg de tritium.
7. Déduire des questions précédentes, l'activité, exprimée en Bq d'une part et en Ci d'autre part, de la source contenant 10^{-3} mg de tritium.
8. Calculer le temps, exprimé en années, au bout duquel l'activité de la source ci-dessus est divisée par 100.

1. Pour un mélange de plusieurs constituants $M = \sum_i x_i M_i$ où M_i représente la masse molaire du constituant i et x_i la fraction molaire de i dans le mélange. Ainsi :

$$M_{\text{H}_2} = 2 \times M_{\text{H}} = 2 \times \left(x_{{}^1_1\text{H}} M_{{}^1_1\text{H}} + x_{{}^2_1\text{H}} M_{{}^2_1\text{H}}\right)$$
$$M_{\text{H}_2} = 2 \times (0,99985 \times 1,007825 + 0,00015 \times 2,014102)$$
$$M_{\text{H}_2} = 2,015952 \text{ g.mol}^{-1}$$

2. La fraction massique en deutérium est le rapport entre la masse de deutérium et la masse d'hydrogène naturel :

$$\omega_D = \frac{m_{{}^2_1\text{H}}}{m_{\text{H}}} = \frac{m_{{}^2_1\text{H}}}{m_{{}^1_1\text{H}} + m_{{}^2_1\text{H}}}$$

Une mole d'hydrogène naturel contient :

$$n_{{}^2_1\text{H}} = 0,00015 \text{ mol} \quad \Rightarrow m_{{}^2_1\text{H}} = 0,00015 \times 2,014102 = 3,02 \cdot 10^{-4} \text{ g}$$
$$m_{\text{H}} = n_{\text{H}} M_{\text{H}} = n_{\text{H}} \frac{M_{\text{H}_2}}{2} = 1 \times \frac{2,01595}{2} = 1,00798 \text{ g}$$

D'où : $\omega_D = \dfrac{3,02 \cdot 10^{-4}}{1,00798} = 2,996 \cdot 10^{-4}$, ce qui représente 0,02996 % en masse de deutérium.

3. Le tritium est un émetteur β^-. Il émet donc un électron, par transformation d'un neutron en un proton, selon l'équation bilan :

$${}^3_1\text{H} \rightarrow {}^3_2\text{X} + e^-$$

L'atome d'hélium 3 possède deux protons et 3 neutrons : ${}^3_2\text{X} = {}^3_2\text{He}$, c'est cet atome qui est émis.

4. La période T ou durée de demi-vie est le temps où bout duquel la moitié des radioéléments s'est désintégrée. Comme la loi cinétique est d'ordre 1, nous pouvons écrire :

$$-\frac{dN(t)}{dt} = \lambda N(t)$$

On intègre par séparation de variables entre $(t = 0, N(0))$ et $(T, \frac{N(0)}{2})$:

$$\frac{dN(t)}{N(t)} = -\lambda dt \quad \Leftrightarrow \quad \int_{N(0)}^{\frac{N(0)}{2}} \frac{dN(t)}{N(t)} = -\lambda \int_0^T dt \quad \Leftrightarrow \quad \ln 2 = \lambda T$$

$$T = \frac{\ln 2}{\lambda}$$

5. D'après les données : $T = 12,32$ ans
On obtient donc :

$$\lambda = \frac{\ln 2}{12,32 \times 365,25 \times 24 \times 3600} = 1,7828 \cdot 10^{-9}\ \mathrm{s}^{-1}$$

Bien préciser l'unité de la constante de désintégration.

6. Le nombre d'atomes contenus dans une masse m de tritium est :

$$N = \frac{m\mathcal{N}_A}{M_{^3_1\mathrm{H}}}$$

Dans 10^{-3} mg de tritium il y a : $N = 1,9967 \cdot 10^{17}$ atomes.

aux unités : M est en g.mol^{-1}, m doit être en g.

7. Dans 10^{-3} mg de tritium, tous les atomes sont susceptibles de se désintégrer, il va y avoir λN désintégrations par seconde c'est-à-dire $3,5597 \cdot 10^8$ Bq ou encore $9,6209 \cdot 10^{-3}$Ci.

8. L'activité de la source a été divisée par 100 pour :

$$N(t) = \frac{N(0)}{100} = N(0)\ \mathrm{e}^{-\lambda t} \quad \Leftrightarrow \quad t = \frac{\ln 100}{\lambda}$$

$$t = 2,5831 \cdot 10^9\ \mathrm{s} \approx 82\ \mathrm{ans}$$

CHAPITRE 10

Structure électronique

Capacités à acquérir	Exercices
Calculer les longueurs d'onde d'émission à partir d'un diagramme d'énergie.	10.1
Connaître les informations sur les nombres quantiques orbitaux.	10.2
Donner la configuration électronique fondamentale d'un atome.	10.2 à 10.5
Relier la structure électronique d'un élément et sa place dans la classification.	
Donner la configuration électronique fondamentale d'ions.	10.3 à 10.5
Distinguer électrons de cœur et de valence.	
Donner le schéma de Lewis d'un atome.	10.3 et 10.5
Interpréter l'évolution de propriétés physiques dans le tableau périodique.	10.3

Exercice 10.1 : Spectre d'émission de l'hydrogène *

Dans le spectre d'émission de l'hydrogène, on trouve les trois raies suivantes caractérisées par leur longueur d'onde $\lambda_1 = 434,1$ nm, $\lambda_2 = 486,1$ nm, $\lambda_3 = 656,3$ nm.

1. À quel domaine du spectre électromagnétique appartiennent ces rayonnements lumineux ?

2. Calculer en eV, les énergies des photons de longueurs d'onde λ_i.

3. Expliquer la discontinuité du spectre d'émission.

4. On rappelle que pour un atome d'hydrogène, le niveau n ($n \in \mathbb{N}^*$) a pour énergie $E_n = -\dfrac{13,6}{n^2}$ en eV. Représenter le diagramme des niveaux d'énergie de l'atome d'hydrogène pour n allant de 1 à 6. Préciser le niveau fondamental et les niveaux excités.

5. Qu'appelle-t-on énergie d'ionisation ? Donner sa valeur.

6. À quelles transitions correspondent les énergies calculées en 2. ?

7. Quelle sont l'énergie et la longueur d'onde du photon émis lors de la transition $n = 4$ vers $n = 1$? Dans quel domaine du spectre se situe-t-on ?
Données : constante de Planck : $h = 6,62 \cdot 10^{-34}$ J.s 1 eV $= 1,6 \cdot 10^{-19}$ J
célérité de la lumière dans le vide : $c = 3,00 \cdot 10^{8}$ m.s^{-1}

1. Ces trois longueurs d'onde sont comprises dans l'intervalle $400 - 800$ nm, elles appartiennent au domaine du visible.

2. L'énergie d'un photon est reliée à sa longueur d'onde par : $E = \dfrac{hc}{\lambda}$.

Ainsi : $E_{\lambda_1} = \dfrac{6,62 \cdot 10^{-34}}{1,60 \cdot 10^{-19}} \times \dfrac{3,00 \cdot 10^{8}}{434,1 \cdot 10^{-9}} = 2,86 \text{ eV}$

Remarque : On peut aussi exprimer h en eV.s :

$$h = 6,62 \cdot 10^{-34} \text{ J.s} = \frac{6,62 \cdot 10^{-34}}{1,60 \cdot 10^{-19}} = 4,14 \cdot 10^{-15} \text{eV.s}$$

$$E_{\lambda_2} = 4,14 \cdot 10^{-15} \times \frac{3,00 \cdot 10^{8}}{486,1 \cdot 10^{-9}} = 2,55 \text{ eV}$$

$$E_{\lambda_3} = 4,14 \cdot 10^{-15} \times \frac{3,00 \cdot 10^{8}}{656,3 \cdot 10^{-9}} = 1,89 \text{ eV}$$

3. L'émission d'un photon a lieu lorsqu'un atome se désexcite d'un niveau d'énergie supérieur vers un niveau d'énergie inférieur. Or un atome possède des niveaux d'énergie discrets (quantifiés) donc le spectre d'émission est discontinue.

4. En utilisant la formule de l'énoncé, on obtient :

$$E_1 = -13,6 \text{ eV} \quad E_2 = -3,40 \text{ eV} \quad E_3 = -1,51 \text{ eV}$$

$$E_4 = -0,85 \text{ eV} \quad E_5 = -0,54 \text{ eV} \quad E_6 = -0,38 \text{ eV}$$

Le diagramme des niveaux d'énergie est le suivant :

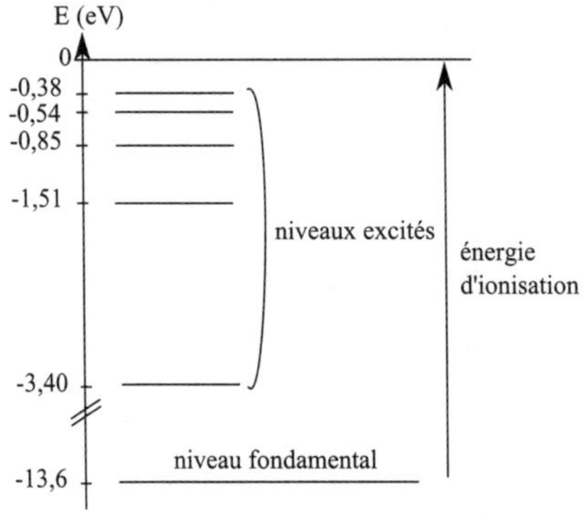

5. L'énergie d'ionisation est l'énergie nécessaire pour arracher un électron à un atome dans son état fondamental.

Pour l'hydrogène, l'énergie d'ionisation $E.I.$ est l'énergie nécessaire pour passer du niveau fondamental au niveau $n \to \infty$. Nous avons ainsi : $E.I. = 13,6$ eV.

6. Lors d'une transition entre deux niveaux $|\Delta E| = \dfrac{hc}{\lambda}$.

Rappel : Si la transition est une absorption $\Delta E > 0$ (il faut fournir de l'énergie pour faire cette transition via un photon) et $\Delta E = E_f - E_i = \dfrac{hc}{\lambda}$.
Si la transition est une émission $\Delta E < 0$ (l'énergie est perdue par émission de photon) et $\Delta E = E_f - E_i = -\dfrac{hc}{\lambda}$.

En utilisant les valeurs obtenues dans la question 2 et en faisant des différences, on montre que :

$$E_2 - E_3 = -E_{\lambda_3} \qquad E_2 - E_4 = -E_{\lambda_2} \qquad E_2 - E_5 = -E_{\lambda_1}$$

Les trois raies étudiées correspondent à la désexcitation de l'atome d'hydrogène vers le niveau 2.

Rappel : Ces transitions appartiennent à la série de Balmer.

Transitions vers	Série	Domaine
$n = 1$	Lyman	UV
$n = 2$	Balmer	Visible
$n = 3$	Paschen	
$n = 4$	Brackett	IR
$n = 5$	Pfund	

7. Calculons l'énergie du photon :

$$E_\lambda = |E_1 - E_4| = |-13,6 + 0,84| = 12,76 \text{ eV}$$

Calculons sa longueur d'onde :

$$\lambda = \frac{hc}{E_\lambda} \quad \Leftrightarrow \quad \lambda = \frac{4,14 \cdot 10^{-15} \times 3,00 \cdot 10^{8}}{12,76} = 9,73 \cdot 10^{-8} \text{ m} = 97,3 \text{ nm}$$

Cette radiation est du domaine de l'UV.

Exercice 10.2 : Les nombres quantiques *

1. Quels sont les noms et les grandeurs physiques associées des trois nombres quantiques n, ℓ et m_ℓ ?
2. Donner les valeurs du couple (n,ℓ) pour les orbitales 3d et 4p.
3. Quelles sont les valeurs que peut prendre le nombre quantique m_ℓ pour une orbitale de type p et de type d ?
4. Indiquer si les situations suivantes sont possibles : $(n = 3,\ \ell = 2,\ m_\ell = 0)$, $(n = 2,\ \ell = 2,\ m_\ell = 2)$, $(n = 2,\ \ell = 0,\ m_\ell = 0)$ et $(n = 3,\ \ell = -2,\ m_\ell = 0)$
5. Les notations suivantes sont-elles possibles : 1p, 4f, 1d, 8s ?

6. Parmi les configurations suivantes, indiquer celles qui représentent un état fondamental, celles qui représentent un état excité et celles qui sont impossibles : $1s^22s^32p^4$ $1s^22s^22p^63s^23p^5$ $1s^22s^22p^63s^23p^63d^{12}4s^2$ $1s^22s^22p^53s^2$ $1s^22s^22p^63s^13p^6$ $1s^22s^22p^63s^23p^63d^{10}4s^24p^3$

7. On s'intéresse à l'atome d'azote. Rappeler le nombre d'électrons de l'azote. Parmi les configurations suivantes, distinguer celles qui représentent un état fondamental, celles qui représentent un état excité et celles qui sont impossibles :

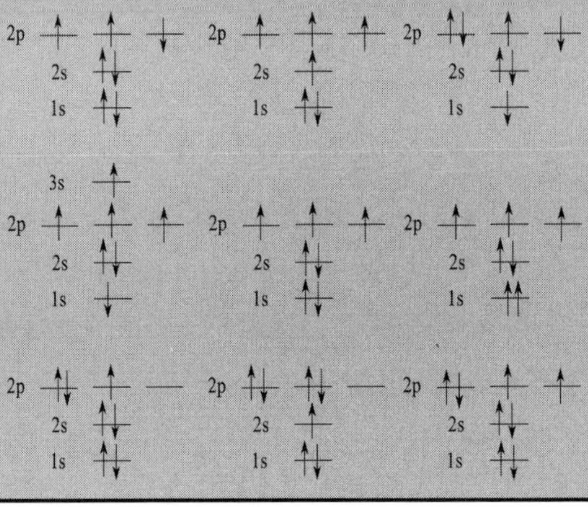

1. n est le nombre quantique principal ($n \in \mathbb{N}^*$). Il donne une indication sur :

- la taille des orbitales atomiques (O.A.) : plus n est grand, plus l'O.A. est grosse ;
- l'énergie associée.

Remarque : On peut se représenter une orbitale atomique comme « volume » dans lequel peut se situer un électron.

Rappel : Pour l'atome d'hydrogène et les ions hydrogénoïdes (ions avec Z protons et un seul électron), l'énergie des orbitales atomiques ne dépend que de n : plus n est grand, plus l'énergie des O.A. est élevée.

ℓ est le nombre quantique secondaire ou azimutal ($\ell \in \mathbb{N}$ et $\ell < n$). Il donne une indication sur :

- la forme de l'O.A. ;

Rappel : $\ell = 0$ pour une O.A. sphérique de type s, $\ell = 1$ pour une orbitale avec deux lobes de type p, $\ell = 2$ pour une orbitale de type d et $\ell = 3$ pour une orbitale de type f.

- l'énergie de l'O.A. pour les atomes à plusieurs électrons.

Rappel : Pour les atomes à plusieurs électrons, l'énergie d'une O.A. dépend à la fois de n et de ℓ. La régle de Klechkowski permet, de façon qualitative, d'établir un diagramme énergétique.

m_ℓ est le nombre quantique magnétique ($-l \leqslant m_\ell \leqslant \ell$). Il donne une indication sur l'orientation d'une O.A..

Rappel : m_ℓ permet par exemple de distinguer les 3 orbitales atomiques 2p : $2p_x$, $2p_y$ et $2p_z$.

2. 3d correspond à une O.A. pour laquelle $n = 3$ et $\ell = 2$. 4p est une O.A. telle que $n = 4$ et $\ell = 1$.

3. Une O.A. de type p admet pour nombre quantique azimutal $\ell = 1$ donc les valeurs possibles du nombre quantique magnétique sont : $m_\ell = -1; 0; 1$ Une O.A. de type d admet pour nombre quantique azimutal $\ell = 2$ donc les valeurs possibles du nombre quantique magnétique sont : $m_\ell = -2; -1; 0; 1; 2$.

4. ($n = 3$, $\ell = 2$, $m_\ell = 0$) est une O.A. de type 3d.
($n = 2$, $\ell = 2$, $m_\ell = 2$) est impossible car ℓ doit être strictement inférieur à n.
($n = 2$, $\ell = 0$, $m_\ell = 0$) est une O.A. 2s.
($n = 3$, $\ell = -2$, $m_\ell = 0$) est impossible car ℓ doit toujours être positif ou nul.

5. 1p correspond à $n = 1$ et $\ell = 1$, 1d correspond à $n = 1$ et $\ell = 2$: ces notations sont impossibles car ℓ doit être strictement inférieur à n.
4f correspond à $n = 4$ et $\ell = 3$, 8s correspond à $n = 8$ et $\ell = 0$: ce sont des notations possibles d'O.A..

Remarque : 4f est une orbitale atomique qui apparaît dans la configuration électronique d'atomes situés dans les 6e période et 7e période.
Aucun élément du tableau périodique ne fait appel à une O.A. 8s. Cela ne veut pas dire que c'est une situation impossible mais que des éléments possédant une configuration électronique à l'état fondamental faisant intervenir une O.A. 8s n'ont pas encore été découverts...

6. Les configurations impossibles sont celles qui ne respectent pas le principe de Pauli. Les configurations fondamentales respectent le principe de Pauli et la règle de Hund. Les autres sont des configurations excitées.
$1s^2 2s^3 2p^4$ est impossible car ne respecte pas le principe de Pauli : il y a au plus 2 électrons dans une couche ns.
$1s^2 2s^2 2p^6 3s^2 3p^5$ est une configuration fondamentale.
$1s^2 2s^2 2p^6 3s^2 3p^6 3d^{12} 4s^2$ est impossible car ne respecte pas le principe de Pauli : il y a au plus 10 électrons dans une couche nd.
$1s^2 2s^2 2p^5 3s^2$ est une configuration d'un état excité.

Remarque : La configuration fondamentale aurait été $1s^2 2s^2 2p^6 3s^1$.

$1s^2 2s^2 2p^6 3s^1 3p^6$ est une configuration d'un état excité.

Remarque : La configuration fondamentale aurait été $1s^2 2s^2 2p^6 3s^2 3p^5$.

$1s^2 2s^2 2p^6 3s^2 3p^6 3d^{10} 4s^2 4p^3$ est la configuration de l'état fondamental.

7. L'atome d'azote a 7 électrons. On utilise le même raisonnement que dans la question précédente et ainsi :

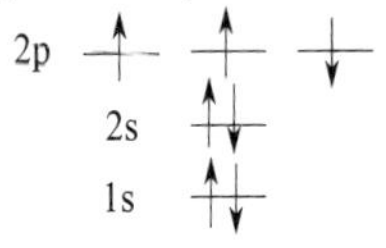

est un état excité car selon la règle de Hund (pour l'état fondamental), les électrons se répartissent sur une couche en ayant le même nombre quantique de spin, ce qui n'est pas le cas ici dans la couche 2p.

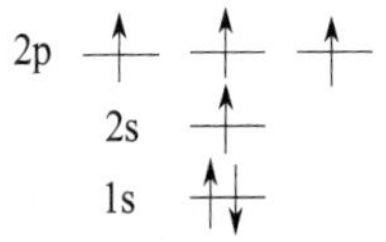

ne possède que 6 électrons, il ne peut s'agir de l'azote.

Remarque : Il peut s'agir du cation N^+ ou du carbone. Dans les deux cas, l'état est excité.

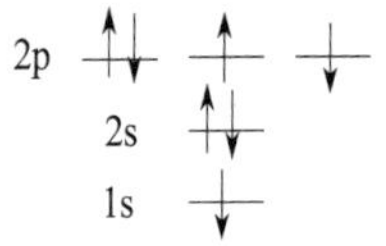

est un état excité de l'azote car la couche 1s n'a pas été entièrement remplie avant de commencer à remplir la couche 2s.

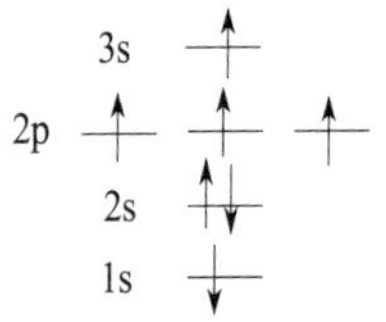

est un état excité car 1s n'a pas été entièrement remplie avant de commencer à remplir 2s.

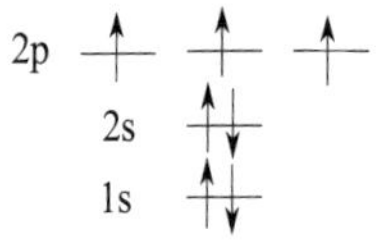

est l'état fondamental : la règle de Hund est respectée : les électrons se placent dans les trois O.A. 2p en ayant des spins identiques.

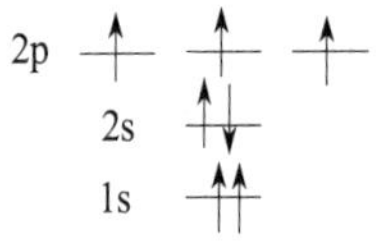

est impossible car le principe de Pauli n'est pas respecté dans l'O.A. 1s.

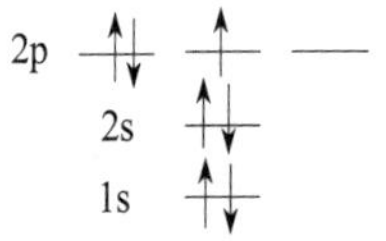

est un état excité car la règle de Hund n'est pas respectée sur la couche 2p.

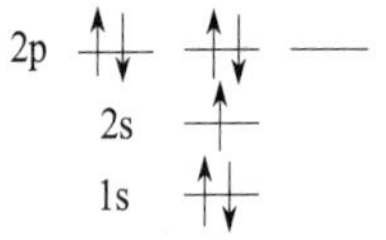

est un état excité car 2s n'a pas été entièrement remplie avant de commencer le remplissage de la couche 2p.

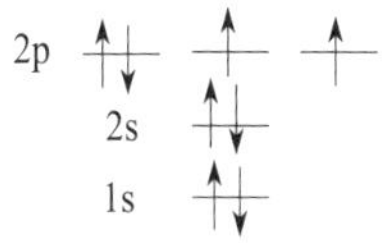

possède 8 électrons. Il ne s'agit donc pas de l'atome d'azote.

Remarque : Il pourrait s'agir de l'état fondamental de l'anion N^- ou de l'oxygène.

Exercice 10.3 : Dans la colonne du calcium *

On donne les propriétés suivantes pour quelques éléments :

	Be	Mg	Ca	Sr	Ba
Numéro atomique	4	12	20	38	56
Rayon atomique (pm)	111,3	159,9	197,4	215,1	217,4
Énergie d'ionisation (kJ.mol^{-1})	899	738	590	549	503

1. Donner la configuration électronique de ces éléments. Où se situent-ils dans le tableau périodique ? À quelle(s) famille(s) appartiennent-ils ?
2. Donner le schéma de Lewis de ces éléments.
3. Quels ions peut-on obtenir à partir des alcalino-terreux ?
4. Parmi les éléments étudiés ici, quel est le plus électronégatif ?
5. Justifier l'évolution du rayon atomique.
6. Rappeler la définition de l'énergie d'ionisation puis donner les valeurs des énergies d'ionisation en eV.
7. Justifier l'évolution de l'énergie d'ionisation.
8. Classer les atomes par polarisabilité croissante.

Données : $1\ \text{eV} = 1,60 \cdot 10^{-19}\ \text{J} \quad \mathcal{N}_A = 6,02 \cdot 10^{23}\ \text{mol}^{-1}$.

1. Les configurations électroniques de ces éléments s'obtiennent en plaçant leurs électrons dans les orbitales atomiques (O.A.).

Rappel : Pour écrire une configuration électronique, il convient d'appliquer la règle de Klechkowski (ordre énergétique des orbitales atomiques), le principe de Pauli (deux électrons au maximum par orbitales atomiques) et la règle de Hund (on remplit tout d'abord les orbitales atomiques de plus basse énergie).

Be : $1s^2 2s^2$
Mg : $1s^2 2s^2 2p^6 3s^2$
Ca : $1s^2 2s^2 2p^6 3s^2 3p^6 4s^2$
Sr : $1s^2 2s^2 2p^6 3s^2 3p^6 4s^2 3d^{10} 4p^6 5s^2$
Ba : $1s^2 2s^2 2p^6 3s^2 3p^6 4s^2 3d^{10} 4p^6 5s^2 4d^{10} 5p^6 6s^2$

Rappel : Dans la ligne numéro N, les orbitales atomiques en cours de remplissage sont : Ns, $(N-2)$f, $(N-1)$d, Np.

Si l'on s'intéresse aux dernières orbitales atomiques que l'on remplit dans les différentes configurations, nous pouvons en déduire que Be appartient à la 2e période (ou ligne) du tableau, Mg à la 3e, Ca à la 4e, Sr à la 5e et Ba à la 6e.

Rappel : Pour connaître la colonne à laquelle appartient l'élément, on s'intéresse à la toute dernière orbitale qui est écrite dans la configuration électronique.
Un atome dont la configuration se termine par $N\mathrm{s}^1$ appartient à la 1re colonne.
Un atome dont la configuration se termine par $N\mathrm{s}^2$ appartient à la 2de colonne.

Tous les atomes cités ici se situent dans la seconde colonne du tableau périodique, ce sont des alcalino-terreux.

2. Les alcalino-terreux ont deux électrons de valence appariés, ils ont tous le même schéma de Lewis : $|\mathrm{X}$.
En effet, le schéma de Lewis d'un élément précise la nature de l'atome et le nombre d'électrons de valence. Les alcalino-terreux ont deux électrons de valence (les deux électrons contenus dans l'orbitale $N\mathrm{s}$).

3. Les alcalino-terreux préfèrent céder les deux électrons $N\mathrm{s}$ pour adopter la configuration électronique du gaz noble le plus proche.

Remarque : Les ions obtenus ont alors les configurations de gaz noble :
Be^{2+} : $1s^2 \Rightarrow$ gaz noble He
Mg^{2+} : $s^2 2s^2 2p^6 \Rightarrow$ gaz noble Ne
Ca^{2+} : $s^2 2s^2 2p^6 3s^2 3p^6$ gaz noble Ar
Sr^{2+} : $s^2 2s^2 2p^6 3s^2 3p^6 4s^2 3d^{10} 4p^6 \Rightarrow$ gaz noble Kr
Ba^{2+} : $s^2 2s^2 2p^6 3s^2 3p^6 4s^2 3d^{10} 4p^6 5s^2 4d^{10} 5p^6 \Rightarrow$ gaz noble Xe

4. L'électronégativité augmente de bas en haut dans une colonne du tableau périodique donc l'atome le plus électronégatif de la famille des alcalino-terreux est Be.

5. Le rayon atomique d'un alcalino-terreux peut être défini comme le rayon de l'orbitale atomique O.A. de valence $N\mathrm{s}$ (orbitale qui possède les électrons les plus externes au noyau).
D'après le tableau fourni par l'énoncé, on constate que sur une même colonne, quand on va du haut vers le bas dans le tableau périodique, le rayon atomique augmente. Quand on descend dans une colonne du tableau périodique, le nombre quantique principal de valence est de plus en plus grand.

Remarque : Les orbitales atomiques de valence sont : 2s pour Be, 3s pour Mg, 4s pour Ca, 5s pour Sr et 6s pour Ba.

Les O.A. de valence sont de plus en plus grosses. Le rayon atomique augmente.

Il est faux de dire qu'il y a de plus en plus d'électrons, donc qu'ils prennent de plus en plus de place. Ce raisonnement est faux car utilisé sur une ligne du tableau périodique, il donne l'inverse des faits expérimentaux.

6. L'énergie d'ionisation $E.I.$ (ou énergie de première ionisation) est l'énergie nécessaire pour arracher à un atome un électron externe (électron appartenant à une O.A. de valence). On utilise la relation suivante pour l'énergie d'ionisation $E.I.$:

$$E.I.(\text{eV}) = \frac{E.I.(\text{kJ.mol}^{-1}) \times 10^3}{\mathcal{N}_A \times e}$$

On obtient :

	Be	Mg	Ca	Sr	Ba
Énergie d'ionisation (eV)	9,33	7,66	6,12	5,70	5,22

7. L'énergie d'ionisation diminue de haut en bas dans une colonne du tableau périodique donc lorsque le rayon atomique augmente. $E.I.$ évolue de façon opposée au rayon atomique car plus le rayon atomique est petit, plus l'électron est retenu par le noyau, plus il est difficile de l'arracher, il faut donc fournir plus d'énergie : $E.I.$ est plus grande.

8. La polarisabilité est la capacité du nuage électronique à se déformer lors de l'approche d'une autre espèce chimique. Plus l'atome est gros, plus il est polarisable. La polarisabilité évolue donc de la façon suivante :

$$\alpha(\text{Be}) < \alpha(\text{Mg}) < \alpha(\text{Ca}) < \alpha(\text{Sr}) < \alpha(\text{Ba})$$

Exercice 10.4 : Dans la ligne du calcium ***

Le calcium est le troisième alcalino-terreux.
1. Donner la configuration électronique et le numéro atomique du calcium.

Le manganèse est dans la même période que le calcium et dans la 7e colonne.
2. Préciser le numéro atomique du manganèse.
3. Combien le manganèse a-t-il d'électrons de valence ?
4. À quelle famille appartient cet élément ?

On précise les éléments de la même période que le manganèse.

Colonne	3	4	5	6	7	8	9	10	11
Élément	Sc	Ti	V	Cr	Mn	Fe	Co	Ni	Cu

5. Donner la configuration électronique du fer et du cuivre.
6. Donner la configuration électronique de Mn^{2+}, Mn^{3+}, Fe^{2+}, Fe^{3+}, Cu^{+} et Cu^{2+}.

7. Le passage de Fe^{2+} à Fe^{3+} est plus facile que celui de Mn^{2+} à Mn^{3+}. Proposer une explication.

Point méthode : Il est bon de savoir refaire un tableau périodique schématique et d'y placer les atomes dont l'énoncé précise la place :

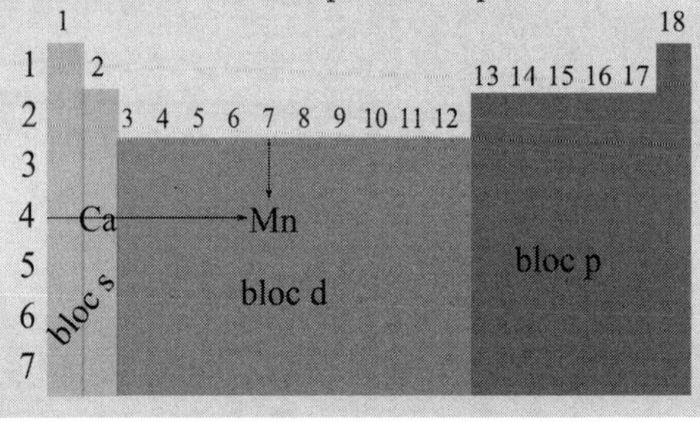

1. La famille des alcalino-terreux se situe dans la 2e colonne du tableau périodique et commence à la 2e période. Le calcium appartient donc à la 2e colonne et à la 4e ligne. Sa configuration électronique se termine donc par : $4s^2$.

Remarque : Le calcium a donc 2 électrons de valence. Son schéma de Lewis est : |Ca

Pour trouver la configuration électronique, on remplit les orbitales atomiques (O.A.) dont l'énergie est plus basse que celle de 4s.

Rappel : On fait appel à la règle de Klechkowski.

Le calcium admet donc comme configuration électronique :

$$1s^2 2s^2 2p^6 3s^2 3p^6 4s^2$$

Il possède 20 électrons donc son numéro atomique vaut $Z = 20$.

2. Pour trouver le numéro atomique du manganèse, on peut utiliser le fait qu'il est situé 5 colonnes à droite du calcium donc il possède 5 électrons en plus. Ainsi, le numéro atomique du manganèse vaut $Z = 25$.

Remarque : On aurait pu trouver ce résultat en adoptant la même démarche que précédemment. On cherche tout d'abord la configuration fondamentale. Le manganèse appartient à la 7e colonne et à la 4e période donc sa configuration électronique se termine par $4s^2 3d^5$. Pour trouver la configuration électronique, on remplit les orbitales atomiques (O.A.) d'énergie plus basse : $1s^2 2s^2 2p^6 3s^2 3p^6 4s^2 3d^5$. Le manganèse a bien 25 électrons.

3. Le manganèse a 7 électrons de valence.

Explication : En effet, pour trouver le nombre d'électrons de valence, on s'intéresse aux O.A. en cours de remplissage dans la période de l'atome. Pour le manganèse, on a vu que la configuration électronique se termine par $4s^23d^5$.

4. Le manganèse appartient à la première série des métaux de transition.

Rappel : Les électrons de valence des métaux de transition sont ceux qui se trouvent dans les orbitales Ns et $(N-1)$d où N est le numéro de la période à laquelle appartient l'atome.

5. La configuration électronique du fer s'obtient à partir de celle du manganèse en ajoutant 1 électron : $\mathrm{Fe} : 1s^22s^22p^63s^23p^64s^23d^6$.
Pour le cuivre, on ajoute encore 3 électrons : $\mathrm{Cu} : 1s^22s^22p^63s^23p^64s^23d^9$ mais cet élément constitue une exception aux règles de remplissage : il est plus favorable de remplir de façon équivalente les 5 orbitales 3d :

$$\mathrm{Cu} : 1s^22s^22p^63s^23p^64s^13d^{10}$$

Remarque : Cette particularité se rencontre aussi pour justifier l'exception à la règle de Klechkowski pour établir la configuration électronique du chrome :
$\mathrm{Cr} : 1s^22s^22p^63s^23p^64s^13d^5$ au lieu de $\mathrm{Cr} : 1s^22s^22p^63s^23p^64s^13d^4$ car la situation où une orbitale 3d possède 5 électrons est favorable (couche à demi remplie).

6. Lors de l'ionisation d'un métal de transition, on enlève les électrons à la couche 4s avant de retirer des électrons à la couche 3d.

$$\mathrm{Mn}^{2+} : 1s^22s^22p^63s^23p^63d^5$$
$$\mathrm{Mn}^{3+} : 1s^22s^22p^63s^23p^63d^4$$
$$\mathrm{Fe}^{2+} : 1s^22s^22p^63s^23p^63d^6$$
$$\mathrm{Fe}^{3+} : 1s^22s^22p^63s^23p^63d^{10}$$
$$\mathrm{Cu}^{+} : 1s^22s^22p^63s^23p^63d^5$$
$$\mathrm{Cu}^{2+} : 1s^22s^22p^63s^23p^63d^9$$

Remarque : Les cations des métaux de transition s'obtiennent en vidant une couche Ns comme c'est le cas lors du passage de Mn à Mn^{2+} ou Fe à Fe^{2+}.
L'existence des ions Fe^{3+} peut se justifier par un remplissage équivalent des 5 orbitales 3d.

7. Il est facile de passer de Fe^{2+} à Fe^{3+} car Fe^{3+} possède une configuration électronique particulièrement stable due à la répartition homogène des électrons dans les 5 orbitales de type d (couche à demi remplie avec tous les spins parallèles). On ne rencontre pas ce genre de singularité lors du passage de Mn^{2+} à Mn^{3+}.

> ⚠ Il ne faudrait pas dire ici qu'un des ions mentionnés est instable. Mn^{2+} intervient comme coenzyme, Mn^{3+} est responsable de la couleur bleu-intense de composés appelés complexes. Fe^{2+} et Fe^{3+} sont présents dans l'hémoglobine.
> Le cuivre est le site actif de l'hémocyanine, molécule impliquée dans le transport de l'oxygène chez les arthropodes et les mollusques. Dans l'hémocyanine, le cuivre se trouve sous forme de cation Cu^{+} ou Cu^{2+}.

Exercice 10.5 : Électrons de cœur et de valence – Ions **

Le soufre est le 16ᵉ élément naturel le plus abondant dans la croûte terrestre : il est très répandu à l'état libre ou combiné. On le trouve à l'état combiné dans de nombreux sulfures métalliques, tels que le sulfure de plomb, ou galène, de formule PbS, la stibine Sb_2S_3, la blende de zinc ZnS, le cinabre HgS.

1. Le numéro atomique du soufre est de 16. Donner la configuration électronique fondamentale du soufre en distinguant électrons de cœur et électrons de valence. Quel atome est situé au-dessus du soufre ? Préciser le nombre d'électrons célibataires et le schéma de Lewis de cet élément

2. Quel type d'ion peut-on obtenir à partir du soufre ? Justifier.

3. Le plomb Pb appartient à la 6ᵉ période et à la 14ᵉ colonne. Donner la configuration électronique de l'ion Pb^{2+}.

4. L'antimoine Sb est le troisième élément du bloc p appartenant à la 5ᵉ période. Donner la configuration électronique de l'antimoine. Combien possède-t-il d'électrons de valence ? Quel type de cation obtient-on à partir de Sb ?

5. Le zinc Zn est le dernier élément de la première série des métaux de transition. Donner sa configuration électronique et le type d'ion que l'on obtient à partir du zinc.

6. Le mercure Hg a pour numéro atomique $Z = 80$. Préciser sa configuration électronique et sa place dans le tableau périodique.

7. Donner la configuration électronique de valence des ions mercurique Hg^{2+} et mercureux Hg^{+}.

8. La configuration électronique externe de Hg^{+} ressemble à un atome simple. Lequel ? Utiliser cette analogie pour justifier la dimérisation de l'ion mercureux en Hg_2^{2+}.

Point méthode : Il est bon de savoir refaire un tableau périodique schématique et d'y placer les atomes dont l'énoncé précise la place :

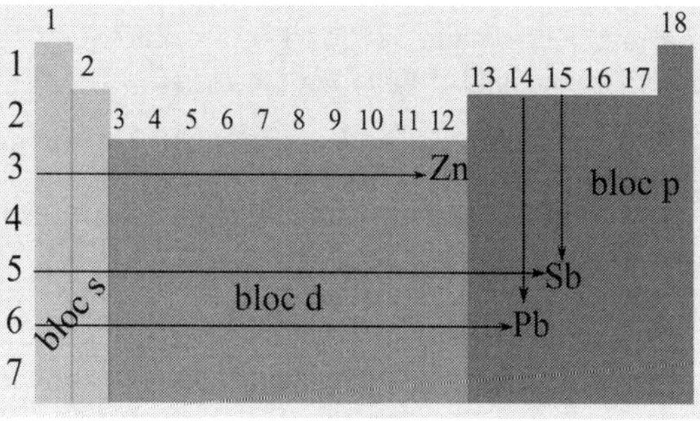

1. La configuration électronique du soufre est : $1s^22s^22p^63s^23p^4$.

Orthographe : soufre ne prend qu'un f car il ne s'agit pas d'un dérivé du verbe souffrir.

$1s^22s^22p^6$ sont les électrons de cœur.
$3s^23p^4$ sont les électrons de valence. Le soufre appartient à la 3e période et à la 16e colonne. Il est situé sous l'atome d'oxygène et possède 6 électrons de valence.
Construisons un schéma de remplissage des sous-couches de valence :

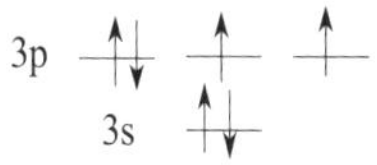

On constate qu'il y a 2 paires d'électrons appariés et 2 électrons célibataires donc le schéma de Lewis est : |Ṡ·

Rappel : Les électrons de valence des atomes du bloc s sont ceux situés dans l'orbitale Ns avec N étant le numéro de la période (N est la plus grande valeur du nombre quantique principal). Les électrons de valence des atomes du bloc p sont ceux situés dans les orbitales Ns et Np.

2. Le soufre, en captant 2 électrons, adopte la configuration électronique du gaz noble le plus proche. L'ion obtenu à partir du soufre est donc S^{2-}.

Remarque : S^{2-} : $1s^22s^22p^63s^23p^6$ a même configuration électronique que l'argon.

3. Le plomb appartient à la 6e période donc les O.A. en cours de remplissage sont : 6s, 4f, 5d et 6p. Il appartient à la 14e colonne donc sa configuration électronique se termine par : $6s^24f^{14}5d^{10}6p^2$.

On ne prend pas en compte les électrons contenus dans l'OA 4f car le bloc f est à l'écart dans le tableau périodique.

Remarque : Le plomb ($6p^2$) se trouve dans le bloc p sous le carbone ($2p^2$).

La configuration électronique de l'ion Pb^{2+} s'obtient en retirant les 2 électrons 3p et en remplissant les OA d'énergie plus basse :

$$1s^2 2s^2 2p^6 3s^2 3p^6 4s^2 3d^{10} 4p^6 5s^2 4d^{10} 5p^6 6s^2 4f^{14} 5d^{10}$$

Remarque : Cet ion est obtenu en vidant la couche 6p afin de n'avoir que des couches entièrement remplies. Pb^{2+} peut s'associer avec S^{2-} pour donner le sulfure de plomb que mentionne l'énoncé.

4. L'antimoine est le troisième élément du bloc p et appartient à la 5e période. Sa configuration électronique se termine donc par $5p^3$. En complétant, nous trouvons : Sb : $1s^2 2s^2 2p^6 3s^2 3p^6 4s^2 3d^{10} 4p^6 5s^2 4d^{10} 5p^3$.
Se situant dans le bloc p, Sb possède 5 électrons de valence : $5s^2 5p^3$.

Remarque : L'antimoine se trouve donc sous l'azote.

L'ion obtenu à partir de l'antimoine est Sb^{3+} dont la configuration ne comporte que des couches entièrement remplies : Sb^{3+} : $1s^2 2s^2 2p^6 3s^2 3p^6 4s^2 3d^{10} 4p^6 5s^2 4d^{10}$.

Remarque : Ceci est confirmé par l'énoncé qui mentionne la stibine Sb_2S_3, composé neutre. Comme le soufre donne l'anion S^{2-}, l'antimoine donne le cation Sb^{3+}.

5. Le zinc appartient à la première série des métaux de transition donc à la 3e période. Sa configuration électronique se termine par : $4s^2 3d^{10}$.
Ainsi Zn : $1s^2 2s^2 2p^6 3s^2 3p^6 4s^2 3d^{10}$.
L'ion obtenu à partir du zinc adopte la configuration correspondant à : $1s^2 2s^2 2p^6 3s^2 3p^6 3d^{10}$, il s'agit donc de Zn^{2+}.

(!) Pour obtenir les ions des métaux de transition, on vide 4s avant 3d.

Remarque : Ce cation permet d'expliquer l'existence de blende ZnS.

6. Hg : $1s^2 2s^2 2p^6 3s^2 3p^6 4s^2 3d^{10} 4p^6 5s^2 4d^{10} 5p^6 6s^2 4f^{14} 5d^{10}$. Le mercure se situe dans la 6e période et la 12e colonne.

Point méthode : Le nombre d'électrons dans les orbitales 6s et 5d permet de connaître la colonne.

Remarque : Le mercure se situe sous le zinc.

7. Pour obtenir la configuration électronique des cations associés, on vide 6s avant 5d :

$$Hg^{2+} : 1s^2 2s^2 2p^6 3s^2 3p^6 4s^2 3d^{10} 4p^6 5s^2 4d^{10} 5p^6 4f^{14} 5d^{10}$$

$$Hg^{+} : 1s^2 2s^2 2p^6 3s^2 3p^6 4s^2 3d^{10} 4p^6 5s^2 4d^{10} 5p^6 6s^1 4f^{14} 5d^{10}$$

Remarque : Comme dans l'exercice précédent, on utilise le fait que, lors de l'ionisation d'un métal de transition, on enlève les électrons à la couche Ns avant de retirer des électrons à la couche $(N-1)$d.

8. Si l'on omet les couches entièrement remplies, Hg^+ a une couche $6s^1$, ce qui ressemble à l'atome d'hydrogène $1s^1$. Tout comme deux atomes d'hydrogène s'associent pour donner H_2, deux ions mercureux s'associent pour donner le dimère Hg_2^{2+}.

CHAPITRE 11

Liaison covalente - Délocalisation et aromaticité

Capacités à acquérir	Exercices
Déterminer si une molécule est polaire ou non.	11.1
Établir la structure de Lewis de molécules.	11.1 à 11.4
Commenter l'ordre de grandeur des longueurs de liaison.	11.1 à 11.4
Représenter les structures courantes de type AX_nE_m.	11.2 à 11.4
Écrire les formes résonantes d'une molécule.	11.2 à 11.6
Utiliser la mésomérie et la conjugaison pour interpréter la géométrie et la réactivité.	11.2 à 11.6

Exercice 11.1 : Moment dipolaire et caractère ionique (CCP) *

1. Le difluor F_2

a) Quel est le schéma de Lewis de la molécule F_2 ?

b) Quelle est la nature de la liaison chimique entre les deux atomes de fluor dans la molécule F_2 ?

2. Le fluorure de potassium KF

a) Donner la configuration électronique fondamentale du potassium ^{19}K. Préciser son schéma de Lewis.

b) Où se situe le potassium dans le tableau périodique ? À quelle famille appartient-il ?

c) Quel est le schéma de Lewis de la molécule KF ?

d) Calculer le moment dipolaire de la molécule KF dans l'unité du système international puis en Debye.

e) Calculer le caractère ionique partiel de la molécule KF.

f) En déduire la nature de la liaison chimique entre l'atome de potassium et l'atome de fluor dans la molécule KF.

3. Le fluorure d'hydrogène

a) Quel est le schéma de Lewis de la molécule HF ?

b) Classer les longueurs de liaison de HF et HCl.

c) La liaison HF est plus polaire que la liaison HCl. Proposer une interprétation.
d) Calculer le moment dipolaire de la molécule HF.
e) Calculer le caractère ionique partiel de la molécule HF.
f) En déduire la nature de la liaison chimique entre l'atome d'hydrogène et l'atome de fluor dans la molécule HF.

Données : $1\ \text{D} = 3,33 \cdot 10^{-30}$ C.m $e = 1,60 \cdot 10^{-19}$ C

Composé	KF	HF
ℓ, longueur de liaison (pm)	213	92
q_F, charge partielle sur le fluor (C)	$-1,34 \cdot 10^{-19}$	$-6,56 \cdot 10^{-20}$

Remarque : Dans cet exercice, il est question de liaisons avec l'atome de fluor qui possède 7 électrons de valence.

1. Le difluor

a) Le schéma de Lewis du difluor est $|\overline{\underline{F}}-\overline{\underline{F}}|$.

b) La liaison est covalente et non polaire.

2. Le fluorure de potassium

a) La structure électronique du potassium est $1s^2 2s^2 2p^6 3s^2 3p^6 4s^1$. Cet atome possède un électron de valence. Son schéma de Lewis est donc : K•

b) D'après sa configuration électronique, le potassium se situe dans la 4e période et la première colonne. Il appartient à la famille des alcalins.

c) Le schéma de Lewis de la molécule KF est $H-\overline{\underline{F}}|$.

d) La norme μ du moment dipolaire s'exprime en fonction de la charge partielle q et de la longueur de liaison ℓ :

$$\mu = q \times \ell = 1,34 \cdot 10^{-19} \times 213 \cdot 10^{-12} = 2,85 \cdot 10^{-29}\ \text{C.m}$$

$$\mu = \frac{2,85 \cdot 10^{-29}}{3,33 \cdot 10^{-30}} = 8,57\ \text{D}$$

Rappel : Le moment dipolaire d'une liaison est un vecteur dirigé de l'atome le plus électronégatif (portant donc une charge partielle négative $-q$) vers l'atome le moins électronégatif (qui porte alors la charge $+q$) :

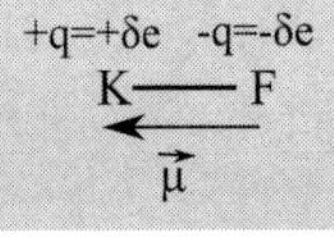

e) Le caractère ionique partiel de la liaison s'écrit :

$$\delta = \frac{q}{e} = \frac{1,34 \cdot 10^{-19}}{1,60 \cdot 10^{-19}} = 0,838$$

f) D'après la question précédente, la liaison KF est à 83,8 % ionique.

Remarque : Ceci explique que KF est souvent considéré comme un électrolyte fort : $KF \rightarrow K^+ + F^-$.

3. Le fluorure d'hydrogène

a) Le schéma de Lewis de la molécule HF est le suivant : $H-\overline{\underline{F}}|$.

b) Le fluor se situe en-dessous du chlore dans le tableau périodique donc $r_{at}(F) < r_{at}(Cl)$.

Remarque : Sur une colonne du tableau périodique, les atomes sont de plus en plus gros quand on descend dans le tableau périodique car les orbitales atomiques de valence sont de plus en plus grosses.

Les longueurs de liaison dépendent des rayons atomiques des atomes, elles évoluent de la même façon : $\ell(HF) < \ell(HCl)$.

c) Le moment dipolaire d'une liaison dépend de deux critères : la charge partielle q et la longueur de liaison ℓ. Le fluor est plus électronégatif que le chlore donc $q_F > q_{Cl}$.
Cela implique $\mu(HF) > \mu(HCl)$. HCl est plus longue que HF. Cela implique $\mu(HF) < \mu(HCl)$.
Or, c'est la liaison HF qui est la plus polaire. Le facteur prédominant est donc l'électronégativité.

Rappel : Quand il s'agit de comparer deux moments dipolaires, il faut toujours raisonner sur les deux critères : la différence d'électronégativité entre les atomes, qui renseigne sur la charge partielle q, et la longueur de la liaison. Parfois, ces critères ne donnent pas la même conclusion : cela signifie qu'un des deux a un effet qui l'emporte.

d) Le moment dipolaire de HF possède la valeur suivante :

$$\mu = q \times \ell = 6,56 \cdot 10^{-20} \times 92 \cdot 10^{-12} = 6,04 \cdot 10^{-30} \text{ C.m}$$

$$\mu = \frac{6,04 \cdot 10^{-30}}{3,33 \cdot 10^{-30}} = 1,81 \text{ D}$$

e) Le caractère ionique partiel de la liaison s'écrit :

$$\delta = \frac{q}{e} = \frac{6,56 \cdot 10^{-20}}{1,60 \cdot 10^{-19}} = 0,410$$

f) La liaison HF est ionique à 41,0 % et covalente à 59,0 %.

Remarque : Cela explique que HF est un acide ($HF = H^+ + F^-$). En solution aqueuse, HF est un acide faible associé à $pK_a = 3,2$.

Exercice 11.2 : Dans la colonne de l'azote (ENSTIM) *

1. Donner un schéma de Lewis pour chacun des composés suivants, l'azote étant l'atome central : NH_3, HNO_2 (H est lié à O), HNO_3 (H est lié à O), NO et NO_2. Préciser la géométrie autour de l'atome d'azote.
2. Comment peut-on expliquer que NO_2 soit en équilibre avec N_2O_4 à température ambiante selon $2NO_2 \rightleftharpoons N_2O_4$?
3. Le phosphore appartient à la même colonne que l'azote et peut conduire à la molécule PF_5. Préciser son schéma de Lewis. Pourquoi l'analogue n'existe-t-il pas avec l'azote ?
4. Donner les schémas de Lewis du diphosphore P_2 et du tétraphosphore P_4 (cette molécule est tétraédrique). La règle de l'octet est vérifiée dans les deux cas.
5. À l'état naturel, le phosphore se trouve sous forme de phosphates tels que la fluoroapatite ($Ca_5(PO_4)_3F$). On rappelle que le calcium est un alcalino-terreux. Quelle est la charge q de l'ion phosphate PO_4^q ? Donner la structure de Lewis de cet ion et sa géométrie en discutant des angles et des longueurs de liaison.
6. L'arsenic se situe sous le phosphore. Il est susceptible de donner des ions arsénite AsO_3^{3-}. Quelle est leur structure de Lewis ?

Remarque : Dans un *schéma* de Lewis, la nature des atomes et les électrons de valence sont précisés, une *structure* de Lewis est l'ensemble des formes mésomères d'une molécule.

Rappel : Dans cet exercice, il est question d'atomes situés dans la colonne de l'azote. Ils possèdent donc tous 5 électrons de valence. Le phosphore et l'arsenic sont des atomes hypervalents : ils peuvent réaliser jusqu'à 5 liaisons. L'oxygène possède 6 électrons de valence.

1. Les schémas de Lewis de ces molécules sont :

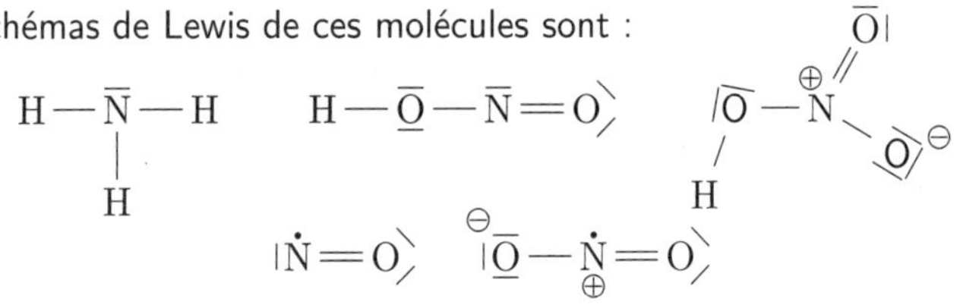

Remarque : NO et NO_2 possèdent un électron célibataire. Ce sont des espèces radicalaires (ou radicaux libres).

Le terme radical (souvent appelé radical libre pour éviter toute confusion) employé en chimie (espèce possédant un électron célibataire) n'a pas la même signification que celui employé en biochimie pour les acides aminés (groupe noté généralement R). Il peut aussi être utilisé en chimie organique.

Remarque : L'énoncé demande un schéma de Lewis. Certaines molécules possèdent des formes mésomères :

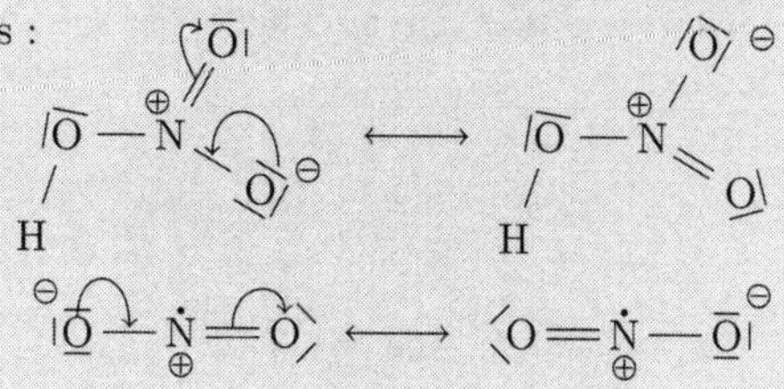

NH_3 a une géométrie de type AX_3E_1 pyramide trigonale. HNO_2 est une molécule coudée AX_2E_1. HNO_3 est une molécule plane trigonale (type AX_3E_0). NO est linéaire (il n'y a que deux atomes) et NO_2 est coudée (la géométrie se situe entre AX_2E_0 et AX_2E_1).

Remarque : Les angles $\widehat{HNH}$ dans NH_3 sont inférieurs à $109,5°$ car la paire libre repousse les liaisons NH. L'angle $\widehat{ONO}$ dans HNO_2 est inférieur à 120° pour la même raison. L'angle $\widehat{ONO}$ dans NO_2 est supérieur à 120° car un électron célibataire repousse moins qu'une liaison.

2. D'après la question 1, on constate que NO_2 a un électron célibataire. Deux molécules peuvent s'associer pour former une liaison simple :

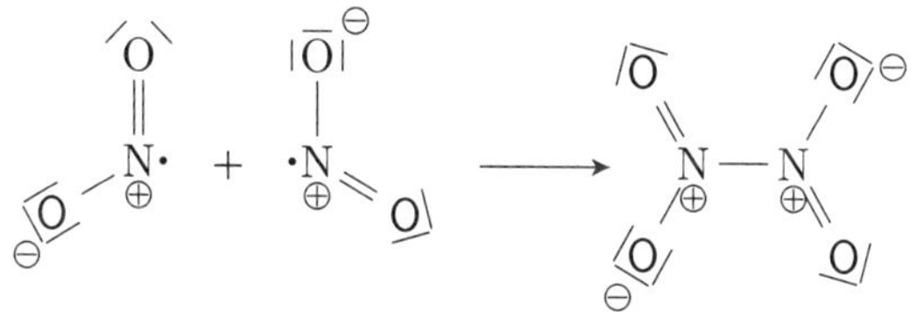

Remarque : On peut utiliser l'analogie avec deux atomes d'hydrogène s'associant pour donner H_2.

3. Le schéma de Lewis de PF_5 est le suivant :

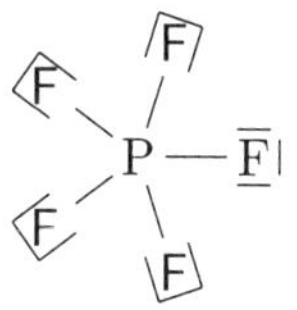

Remarque : Le fluor est un halogène, il possède 7 électrons de valence et ne forme qu'une liaison simple avec un autre atome. La géométrie est de type bipyramide trigonale (type AX_5E_0).

Le phosphore est un atome hypervalent pour lequel la règle de l'octet n'est pas forcément respectée (ici, le phosphore s'entoure de 5 liaisons). L'azote n'est pas un atome hypervalent donc ne peut s'associer avec 5 atomes de fluor.

4. Pour respecter la règle de l'octet, chaque phosphore devra s'entourer de 8 électrons (ou 4 paires) :

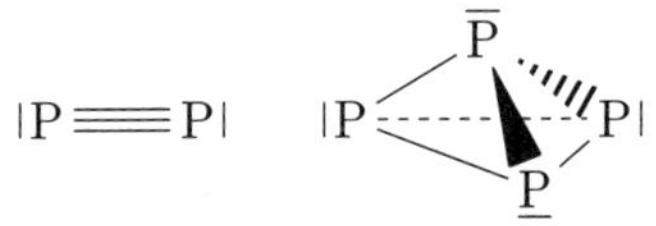

Remarque : Dans P_4, les atomes de phosphore sont équivalents : ils forment trois liaisons simples et possèdent une paire libre.

5. $Ca_5(PO_4)_3F$ est un composé neutre. C'est un électrolyte qui se décompose en ions. Le calcium, alcalino-terreux, donne des ions Ca^{2+} et le fluor, halogène, donne des ions F^-.

$$Ca_5(PO_4)_3F \longrightarrow 5Ca^{2+} + 3PO_4^{q} + F^-$$

La charge doit être globalement neutre : $5 \times 2 + 3 \times q - 1 = 0$ d'où $q = -3$
L' ion phosphate est PO_4^{3-}. Sa structure de Lewis est :

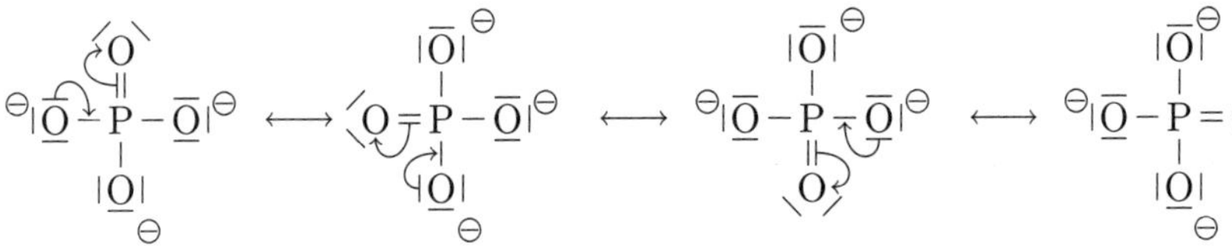

Sa géométrie est tétraédrique régulière (type AX_4E_0) : toutes les liaisons PO sont équivalentes. Les longueurs PO sont toutes identiques et les angles $\widehat{OPO}$ valent tous $109,5°$ ou $109°28'$.

Remarque : Les formes mésomères sont données ici sans respecter la géométrie de l'ion pour mieux mettre en évidence les déplacements électroniques. L'ensemble des formes mésomères peut s'écrire sous une forme unique appelée hybride de résonance où les électrons délocalisables sont représentés en pointillés (les liaisons et paires libres communes à toutes les formes mésomères sont représentées en trait plein) :

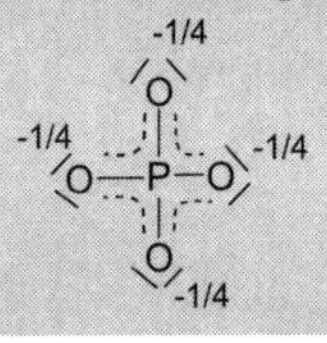

6. L'arsenic possède 5 électrons de valence. Le schéma de Lewis des ions arsénites est donc :

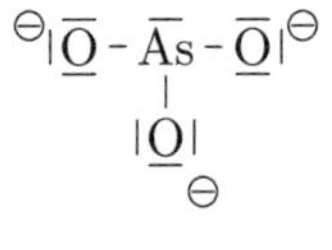

C'est un ion pyramide trigonal (type AX_3E_1).

Exercice 11.3 : Résonance et mésomérie (ENS) *

Dans un nombre important de composés, l'explication correcte des longueurs de liaisons expérimentales fait appel au concept de mésomérie. Les distances d_{AB} relatives aux 3 éléments C, N et O, sont données ci-dessous en fonction de la multiplicité de la liaison AB.

A − B	d_{A-B} **(pm)**	$d_{A=B}$ **(pm)**	$d_{A\equiv B}$ **(pm)**
C − C	154	134	120
C − N	147	126	116
C − O	143	120	116
N − N	145	125	110
N − O	145	120	–
O − O	147	121	–

1. Les ions carbonate CO_3^{2-} et nitrate NO_3^- ont des structures quasiment identiques : $\widehat{OAO} = 120°$ (A = C ou N) ; $d_{CO} = 129$ pm ; $d_{NO} = 122$ pm.
a) Montrer que ces ions sont des espèces isoélectroniques.
b) Donner leurs formules mésomères limites.
c) Interpréter leur structure en termes d'hybride de résonance. Commenter les longueurs des liaisons A − O au vu des données du tableau.
2. Le protoxyde d'azote a pour formule N_2O.
a) Écrire les formules mésomères limites pour N_2O sachant que l'atome central est un atome d'azote.
b) Commenter ce résultat sachant que les longueurs réelles des liaisons sont respectivement $d_{NN} = 113$ pm et $d_{NO} = 119$ pm.

1.
a) Des espèces sont dites isoélectroniques si elles ont le même nombre d'atomes et le même nombre d'électrons de valence.
Ces deux ions possèdent chacun 4 atomes et ont pour schéma de Lewis :

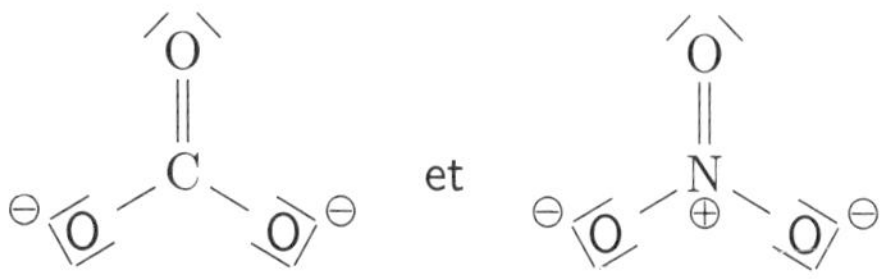

⚠ Pour l'ion nitrate, ne pas écrire que son schéma de Lewis est 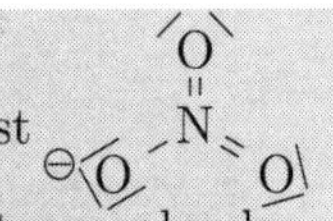 car l'atome d'azote n'est pas hypervalent (il ne peut s'entourer de plus de 4 paires).

Ces deux ions possèdent tous deux 24 électrons de valence : ils sont isoélectroniques.

b) Les formules mésomères limites sont :

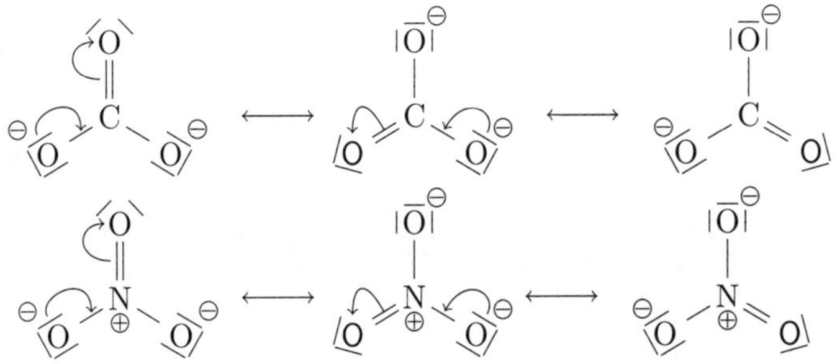

Remarque : Les formes mésomères sont données ici en respectant la géométrie de l'ion (plane trigonale type AX_3E_0 autour de l'atome de carbone ou de l'atome d'azote).

c) L'ensemble des formes mésomères peut s'écrire sous la forme d'hybride de résonance :

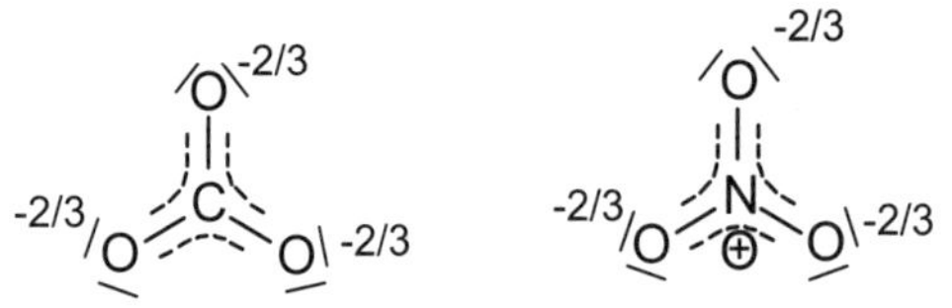

Pour les ions carbonate, d'après leur hybride de résonance, on constate que les liaisons CO sont toutes les trois équivalentes et intermédiaires entre une double et une simple liaison. D'où : $d_{C=O} < d_{CO} < d_{C-O}$.
Avec le même raisonnement pour les ions nitrate il vient :

$$d_{N=O} < d_{NO} < d_{N-O}$$

Remarque : Le raisonnement peut aussi se faire en faisant une moyenne pondérée sur les différentes formes mésomères. En analysant toutes les formes mésomères, on constate que chaque liaison NO est une fois double et deux fois simple, les liaisons NO ont donc toutes la même longueur : la géométrie est régulière. On peut également affirmer que la longueur de la liaison NO est intermédiaire entre la longueur d'une simple liaison et celle d'une double liaison : $d_{N=O} < d_{NO} < d_{N-O}$.

2.
a) En considérant un azote comme atome central, les formules mésomères sont :

Remarque : Le protoxyde d'azote est plus connu sous le nom de gaz hilarant.

b) Ce résultat est bien en accord avec les longueurs réelles des liaisons car d'après les formes mésomères la liaison NN est intermédiaire entre une triple et une double liaison et la liaison NO est intermédiaire entre une double et une simple liaison :

$$d_{N\equiv N} < d_{NN} < d_{N=N}$$
$$d_{N=O} < d_{NO} < d_{N-O}$$

Exercice 11.4 : Autour du chlore (CAPES) *

Dans les formules brutes proposées, l'atome central est représenté en gras.
1. Établir la représentation de Lewis des espèces polyatomiques suivantes dont la formule est écrite de façon à traduire l'enchaînement : (a) le chlorure de thionyle $\mathbf{O}\mathbf{S}Cl_2$; (b) le chlorure de sulfuryle $O_2\mathbf{S}Cl_2$; (c) le trichlorure d'iode $\mathbf{I}Cl_3$.
2. Déterminer, à l'aide de la méthode VSEPR, la géométrie des édifices (a), (b) et (c).
3. Dans l'édifice (c), peut-on remplacer l'atome d'iode par un atome de fluor ? Justifier la réponse.
4.
a) Écrire les formules mésomères les plus contributives de l'ion chlorite $\mathbf{Cl}O_2^-$ et de l'ion chlorate $\mathbf{Cl}O_3^-$.
b) Pourquoi les distances chlore – oxygène sont-elles identiques dans l'ion chlorite (cette distance sera notée d_1) ? dans l'ion chlorate (cette distance sera notée d_2) ?
c) Comparer les longueurs des liaisons chlore – oxygène d_1 et d_2. Justifier.

Rappel : Le soufre se situe sous l'oxygène : il possède 6 électrons de valence. Le chlore et l'iode sont des halogènes avec 7 électrons de valence.
Le soufre et l'iode sont des atomes hypervalents : on peut avoir jusqu'à 6 paires autour du soufre et 7 autour de l'iode.

1. Les schémas de Lewis de ces molécules sont :

(a) 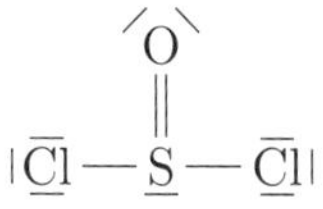 (b) 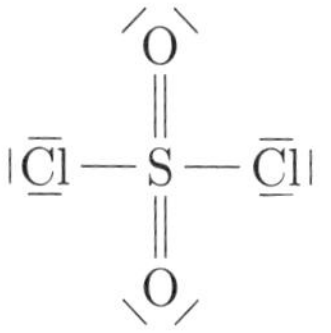 (c) 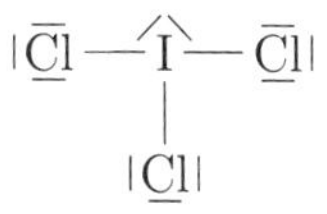

2. Pour la molécule (a), la géométrie autour de l'atome de soufre est du type AX_3E_1 pyramide trigonal. Pour la molécule (b), la géométrie autour de l'atome de soufre est du type AX_4E_0 tétraédrique. Pour la molécule (c), la géométrie autour de l'atome d'iode est du type AX_3E_2 structure en T.

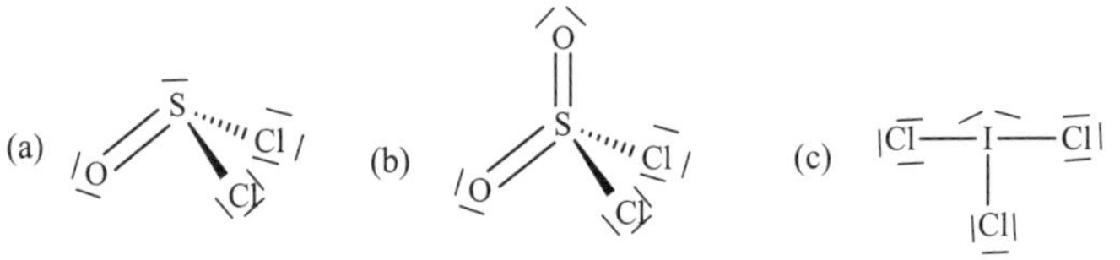

3. L'atome d'iode est hypervalent (dans la structure (c), il est entouré de 5 paires : on est au-delà de la règle de l'octet). Il ne peut être remplacé par le fluor qui ne l'est pas.

4.
a) En utilisant la possibilité d'hypervalence pour l'atome de chlore, on a les formes mésomères suivantes :

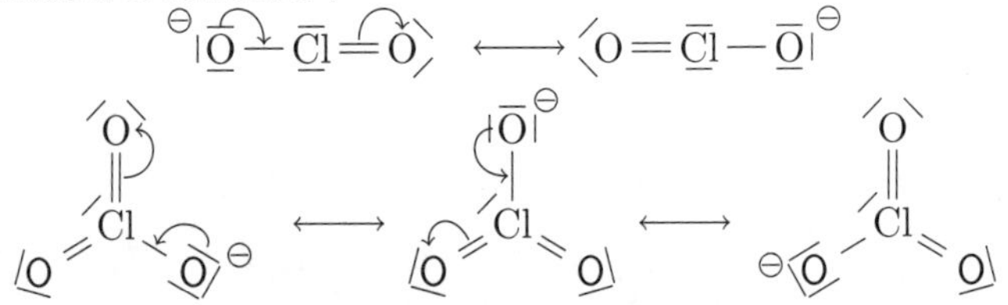

b) Dans l'ion ClO_2^-, chaque liaison ClO est une fois double et une fois simple, les liaisons ClO ont donc toutes la même longueur : la géométrie est régulière. Il en est de même pour l'ion ClO_3^-, où chaque liaison ClO est deux fois double et une fois simple.

c) Dans l'ion ClO_3^-, la liaison ClO est deux fois double et une fois simple tandis que dans l'ion ClO_2^- elle est une fois double et une fois simple. Or une liaison double est plus courte qu'une liaison simple. Ainsi, la longueur chlore-oxygène est plus courte dans l'ion chlorate que dans l'ion chlorite :

$$d_{Cl=O} < d_2 < d_1 < d_{Cl-O}$$

Exercice 11.5 : Benzène, aromaticité, énergie de résonance (Culture scientifique) **

Le benzène est un composé aromatique de formule brute C_6H_6, dont la structure est demeurée inconnue jusqu'en 1865. Kékulé a alors proposé (après avoir rêvé qu'un serpent se mordait la queue !) une structure cyclique du benzène.
1. Donner la structure de Lewis du benzène et identifier les orbitales schématisées ci-dessous.

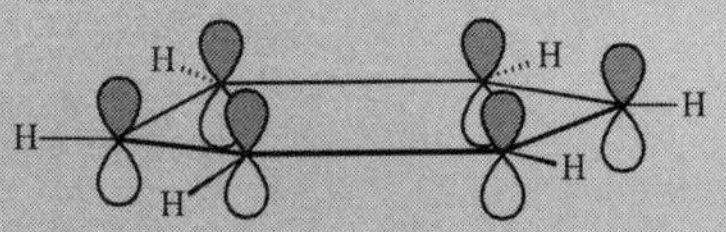

2. La structure du benzène a finalement été déterminée par diffraction des rayons X. On a ainsi montré que toutes les liaisons entre atomes de carbone ont la même longueur et se situent entre une liaison simple et une liaison

double. Interpréter cette longueur des liaisons entre atomes de carbone dans le benzène.

3. Donner les règles d'Hückel justifiant le caractère aromatique d'un composé.

4. Les composés suivants sont-ils aromatiques ?

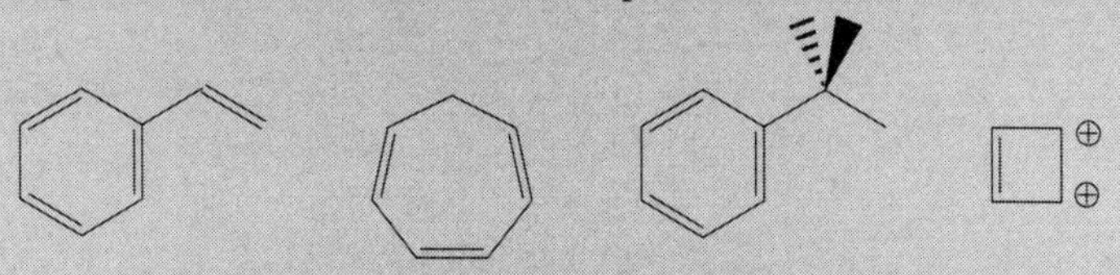

Les formules données ne sont pas les schémas de Lewis. Il faudra compléter éventuellement avec des lacunes.

5. Le benzène et le cyclohexène, suite à l'action de H_2, conduisent au cyclohexane. Cette réaction est appelée réaction d'hydrogénation. Lors de l'hydrogénation du benzène, une énergie de -208 kJ.mol^{-1} est libérée. Lors de l'hydrogénation du cyclohexène, une énergie de -119 kJ.mol^{-1} est libérée.

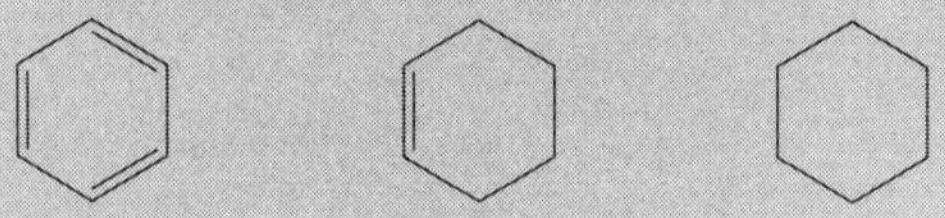

benzène cyclohexène cyclohexane

Déterminer l'énergie de résonance du benzène.

1. Le benzène est une molécule cyclique contenant trois doubles liaisons :

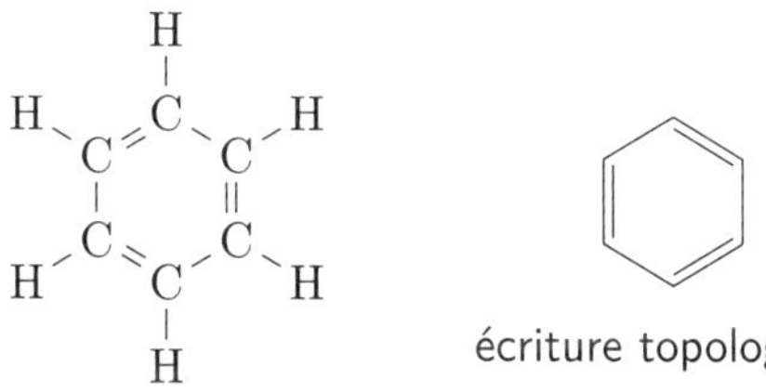

écriture topologique

Chaque atome de carbone adopte une géométrie plane trigonale. La molécule de benzène est donc globalement plane. Les orbitales représentées dans l'énoncé sont des orbitales atomiques du carbone de type 2p, perpendiculaires au plan de la molécule : ces orbitales atomiques se recouvrent en formant des orbitales moléculaires de type π.

2. Les longueurs de liaison s'interprètent en s'intéressant aux formes mésomères du benzène :

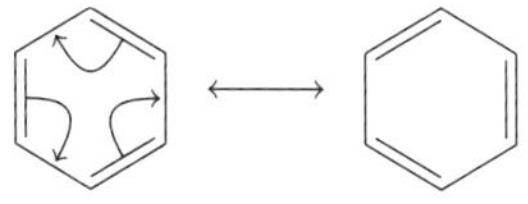

En faisant une moyenne sur ces deux formes mésomères, on constate que chaque liaison est une fois simple et une fois double. Elles sont donc toutes équivalentes et ont ainsi même longueur.

3. Selon la règle de Hückel, pour qu'une molécule soit aromatique, elle doit posséder une partie cyclique, plane, contenant $(4n+2)$ électrons délocalisables où n est un entier naturel.

Rappel : La partie cyclique doit être plane et contenir $(4n+2)$ électrons délocalisables. Si un autre endroit de la molécule n'est pas plan, la molécule sera quand même aromatique. Les électrons délocalisables n'appartenant pas au cycle n'entrent pas en considération.

Les molécules suivantes sont aromatiques :

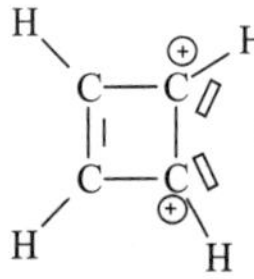

cycle plan possédant 2 électrons délocalisables (n=0)

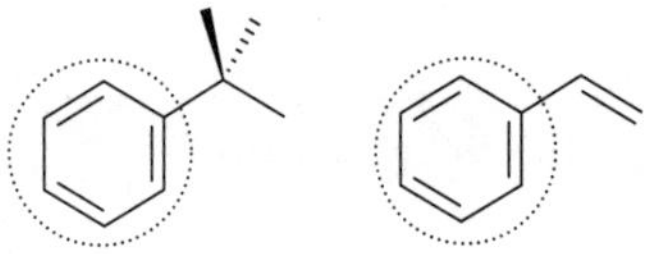

cycle plan possédant 6 électrons délocalisables (n=1)

La molécule suivante ne l'est pas car le cycle n'est pas plan :

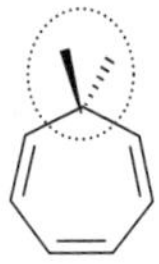

4. Pour hydrogéner le benzène en cyclohexane, trois molécules de H_2 sont nécessaires. Pour hydrogéner le cyclohexène en cyclohexane, une molécule de H_2 est nécessaire.
Pour pouvoir comparer les deux situations, il faut calculer l'énergie libérée lorsque 3 molécules de cyclohexène réagissent avec 3 molécules de H_2 pour donner du cyclohexane : $3 \times (-119) = -357$ kJ.mol^{-1}.

Traduisons ce raisonnement sur un diagramme énergétique :

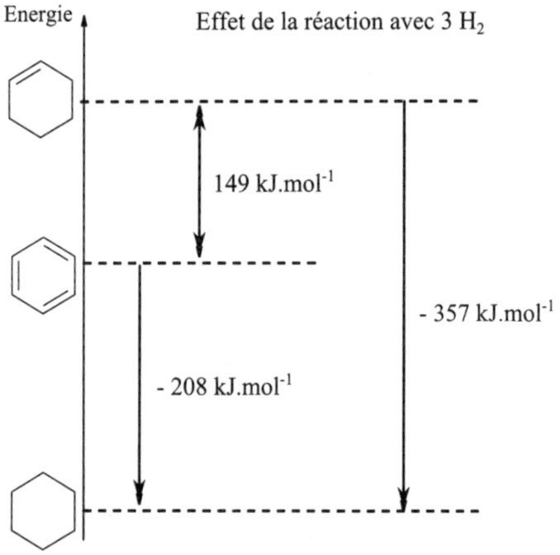

Nous constatons alors que le benzène est plus stable de $149\ \text{kJ.mol}^{-1}$, cette énergie est par définition l'énergie de résonance du benzène.

Remarque : L'énergie de résonance traduit la stabilité particulière des molécules aromatiques par rapport aux molécules non aromatiques.

⚠ Le point le plus délicat de cet exercice est de penser à multiplier par 3 l'énergie libérée par le cyclohexène. Si l'on omet de multiplier par 3, le diagramme énergétique aurait été :

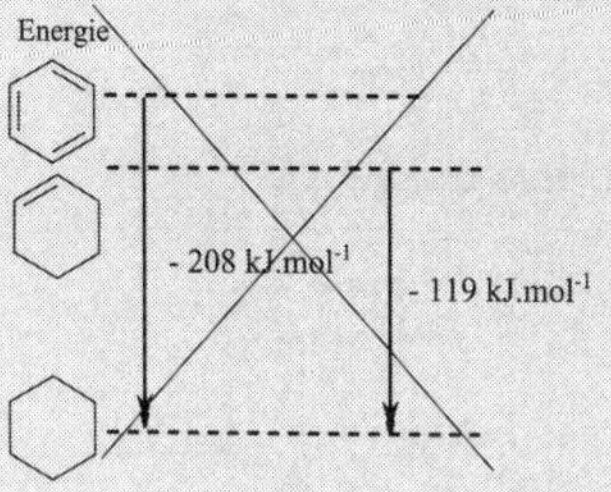

On en conclurait que le benzène est moins stable que le cyclohexène, ce qui est faux puisque le benzène est une molécule aromatique, réputée pour être particulièrement stable !!

Exercice 11.6 : Mésomérie, conjugaison et réactivité *

1. Indiquer les sites nucléophiles sur les molécules suivantes :

2. Classer les carbocations suivants par ordre de stabilité croissante :

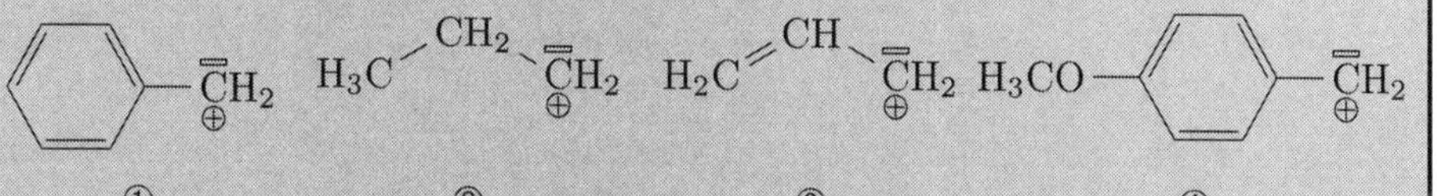

① ② ③ ④

1. Pour identifier les sites nucléophiles il faut repérer les atomes électronégatifs porteurs de doublets non liants ainsi que les liaisons π (riches en électrons).

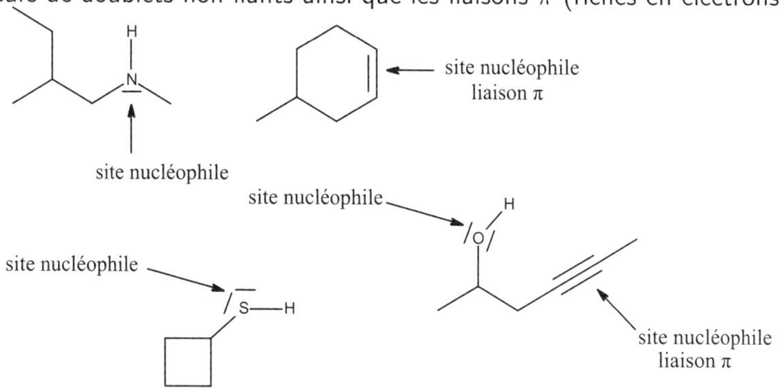

2. Un carbocation est d'autant plus stable qu'il possède des formes mésomères et/ou des groupes à effets inductifs donneurs. Le premier carbocation possède 5 formes mésomères :

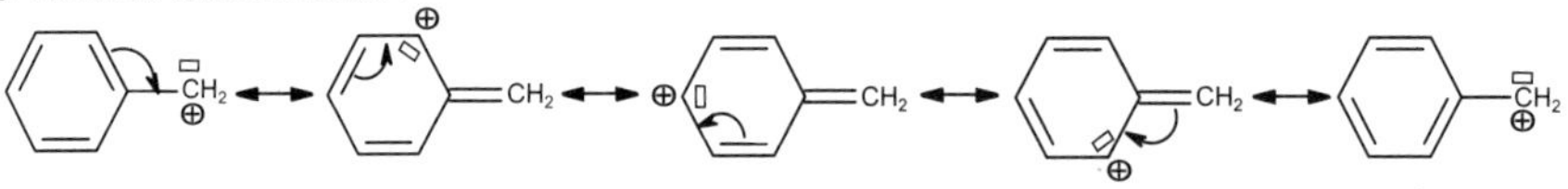

Le second carbocation est un carbocation primaire qui porte un seul groupe alkyle à effet inductif donneur, il n'est pas très stable.

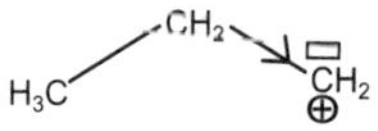

Le troisième carbocation possède 2 formes mésomères :

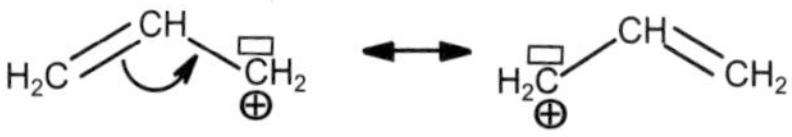

Le dernier carbocation possède 6 formes mésomères :

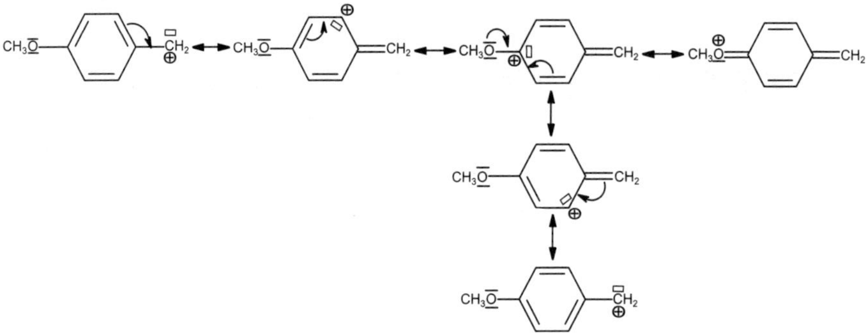

Les effets mésomères l'emportent devant les effets inductifs. Ainsi par ordre de stabilité croissante nous obtenons : ④>①>③>②.

Remarque : Tous les carbocations sont primaires, seuls ceux qui sont stabilisés par mésomérie pourront être formés facilement.

CHAPITRE 12

Interactions de faible énergie

Capacités à acquérir	Exercices
Expliquer l'évolution de propriétés physico-chimiques grâce aux interactions faibles.	12.1 et 12.2
Connaître les ordres de grandeurs des liaisons de Van der Waals et des liaisons hydrogène.	
Mettre en évidence l'importance des interactions de faible énergie pour la structure tridimensionnelle des molécules.	12.3

Exercice 12.1 : Évolution des températures d'ébullition (ENS) *

1. Rappeler brièvement ce qu'est une liaison hydrogène (conditions d'existence, énergie mise en jeu). Vous donnerez deux exemples de liaison hydrogène en milieu liquide, dont au moins un concernant des macromolécules biologiques.

La figure ci-dessous représente l'évolution des températures d'ébullition (sous la pression atmosphérique normale) des composés hydrogénés des éléments des colonnes 14, 15 et 16 du tableau périodique, en fonction du numéro de la période à laquelle appartient l'élément.

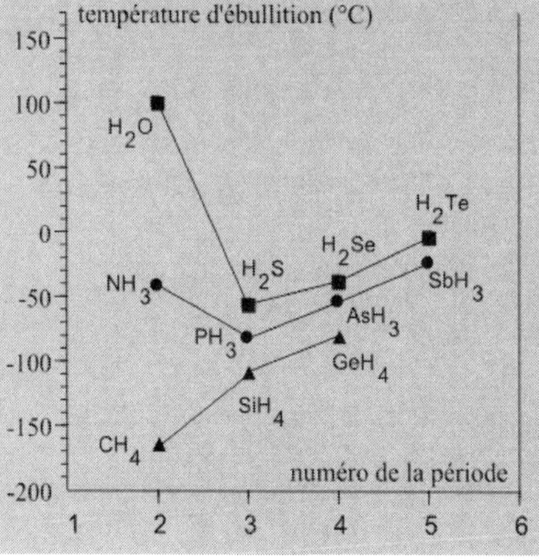

2. Interpréter l'évolution des températures d'ébullition des composés hydrogénés des éléments de la colonne 14.
3. À partir de la 3e période, les éléments des colonnes 15 et 16 suivent la même évolution. Proposer une explication.
4. Expliquer en quoi H_2O et NH_3 constituent des exceptions.
5. Expliquer pourquoi la température d'ébullition de H_2O est plus grande que celle de NH_3.
6. Proposer une interprétation pour l'évolution des températures d'ébullition de PH_3 et H_2O.

1. La liaison hydrogène est une liaison faible qui s'établit entre un hydrogène porté par un atome A électronégatif (tel que O, N, F) et un atome |B ou un anion $|B^{\ominus}$ présentant un doublet libre (tel que O, N, F).

A–H - - - |B
→ Liaison hydrogène

La liaison hydrogène est la plus forte des liaisons faibles avec une énergie de l'ordre de quelques dizaines de $kJ.mol^{-1}$.
Une liaison hydrogène est d'autant plus forte que les atomes peuvent s'aligner et que la distance entre l'hydrogène et la paire libre est faible.

Il ne peut y avoir de liaisons hydrogène entre un atome |B présentant un doublet libre et un atome d'hydrogène porté par un carbone car un carbone n'est pas un atome assez électronégatif.

C–H - - - |B
→ Liaison de Van der Waals, pas liaison hydrogène

Nous pouvons citer par exemple la liaison hydrogène qui s'établit entre une molécule d'eau et un ion fluorure F^-, qui explique la solubilité de cet ion dans l'eau.

$|\overline{\underline{F}}|^{\ominus}$ ·········H——OH

Par ailleurs, de nombreuses liaisons hydrogène expliquent la structure en double hélice de l'ADN. Ci-dessous sont représentées deux liaisons hydrogène entre la thymine et l'adénine :

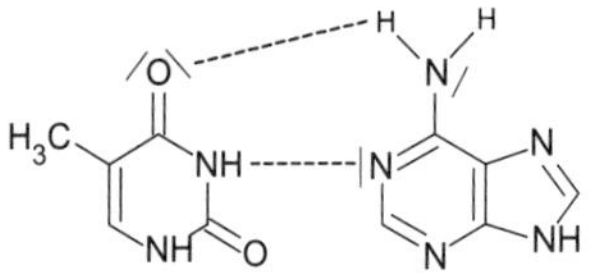

2. Dans la colonne 14, les température d'ébullition évoluent de la sorte : $T_{eb}(CH_4) < T_{eb}(SiH_4) < T_{eb}(GeH_4)$.
L'ébullition correspond au passage de l'état liquide (les molécules sont liées par des interactions de type Van der Waals voire liaisons hydrogène) à l'état gaz (idéalement, pas d'interaction entre les molécules).
Les molécules CH_4 sont non polaires donc entre les différentes molécules de

CH_4 en phase liquide existent des liaisons de type London. Le même raisonnement s'applique pour les molécules SiH_4 ou GeH_4.
L'énergie des liaisons de type London dépend de la polarisabilité de la molécule donc de sa taille. Quand on descend dans une colonne du tableau périodique, la taille des atomes augmente donc la polarisabilité α évolue de la sorte : $\alpha(CH_4) < \alpha(SiH_4) < \alpha(GeH_4)$.
L'énergie nécessaire pour rompre les liaisons de London évolue de la même façon, il en est de même de la température d'ébullition.

Remarque : La température d'ébullition est liée à une énergie thermique par la relation : $E_{\text{thermique}} = RT_{\text{ébullition}}$ (J.mol^{-1}). Si la température d'ébullition est élevée, l'énergie nécessaire pour casser les liaisons intermoléculaires l'est aussi, ce qui signifie que ces liaisons sont fortes.

3. Dans la colonne 15, la même évolution est observée pour les températures d'ébullition à partir de la 3e période : $T_{eb}(H_3P) < T_{eb}(H_3As) < T_{eb}(H_3Sb)$. Il en est de même pour la colonne 16. Dans ces deux colonnes, les molécules sont polaires :

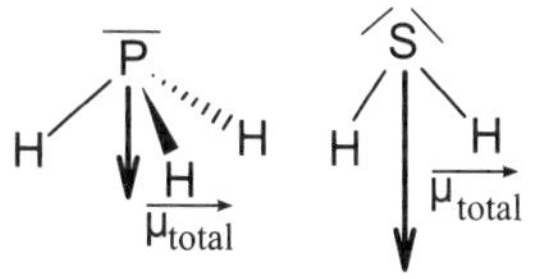

Entre différentes molécules polaires, il existe des liaisons de type Keesom, Debye et London. Parmi les liaisons de Van der Waals, la plus importante est la liaison de London. On se retrouve ainsi dans le cas de la question 2. L'interprétation est donc similaire.

4. Entre les molécules de NH_3, il existe des liaisons de type hydrogène car N est assez électronégatif.

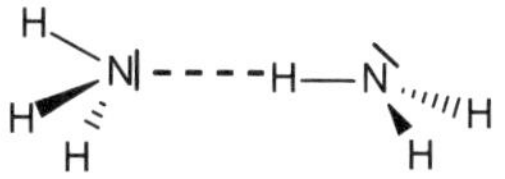

Les liaisons hydrogène (quelques dizaines de kJ.mol^{-1}) sont plus fortes que des liaisons de Van der Waals (quelques kJ.mol^{-1}). Il faut donc fournir plus d'énergie pour casser des liaisons hydrogène : $T_{eb}(H_3N) > T_{eb}(H_3P)$.
On fait un raisonnement analogue pour expliquer $T_{eb}(H_2O) > T_{eb}(H_2S)$.

5. O est plus électronégatif que N. Donc les liaisons hydrogène entre molécules H_2O sont plus fortes que celles entre molécules NH_3. Donc $T_{eb}(H_2O) > T_{eb}(H_3N)$.

6. $T_{eb}(H_2S) > T_{eb}(H_3P)$ s'interprète par des liaisons plus fortes entre les molécules de H_2S. H_2S est plus polaire que H_3P car S est plus électronégatif que P donc les liaisons de type Debye et Keesom sont plus fortes pour H_2S. Cela entraîne une température d'ébullition plus élevée.

> ⚠ La polarisabilité n'est pas ici le facteur prédominant pour expliquer cette différence car H_2S est plus petit que H_3P et raisonner sur la polarisabilité conduit à la mauvaise conclusion.

Exercice 12.2 : Températures d'ébullition des nitrophénols **

Le tableau ci-dessous donne les températures d'ébullition des nitrophénols sous la pression $P = 70$ mmHg :

Espèce	2-nitrophénol	3-nitrophénol	4-nitrophénol
Température d'ébullition	116 °C	194 °C	201 °C

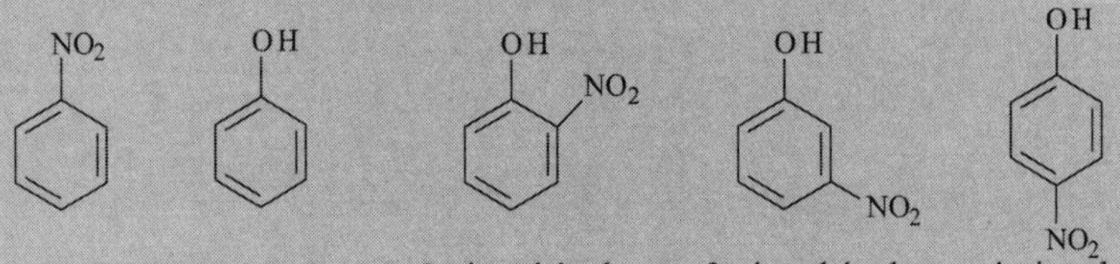

nitrobenzène phénol 2-nitrophénol 3-nitrophénol 4-nitrophénol

1. Expliquer la différence importante de température d'ébullition entre le 2-nitrophénol et les deux autres molécules.

2. Le moment dipolaire du nitrobenzène vaut $\mu_N = 4,27$ D, μ_N est dirigé du groupe $-NO_2$ vers le cycle. Celui du phénol vaut $\mu_P = 1,60$ D, μ_P est dirigé du cycle vers le groupe $-OH$. En écrivant une forme mésomère judicieuse du nitrobenzène et du phénol, justifier le sens des moments dipolaires. (On supposera que les liaisons $C-H$ ont un moment dipolaire nul).

3. Attribuer les moments dipolaires suivants aux 2-nitrophénol, 3-nitrophénol et 4-nitrophénol : $\mu_1 = 5,25$ D, $\mu_2 = 3,73$ D et $\mu_3 = 5,87$ D.

4. Pourquoi le 3-nitrophénol et le 4-nitrophénol ont-ils des températures d'ébullition très voisines ? Comment pourrait-on expliquer la différence ?

Rappel : L'ébullition est le passage de la phase liquide (présence de liaisons intermoléculaires) à la phase gaz (pas de liaisons intermoléculaires). Pour passer de la phase liquide à la phase gaz, des liaisons intermoléculaires doivent être rompues. Plus ces liaisons sont fortes, plus l'énergie (thermique) pour les casser est grande, plus la température d'ébullition est élevée.
Deux molécules possédant un moment dipolaire permanent peuvent établir entre elles des liaisons de Van der Waals de type Keesom, Debye et London. En plus de ces liaisons peuvent se mettre en place des liaisons hydrogène (voir conditions dans l'exercice 12.1).

1. Le 2-nitrophénol peut former des liaisons hydrogène intramoléculaires. Les liaisons intermoléculaires sont donc de type Van der Waals principalement. Les deux autres molécules ne forment pas de liaisons hydrogène intramoléculaires fortes mais forment des liaisons hydrogène intermoléculaires en plus des liaisons de Van der Waals.

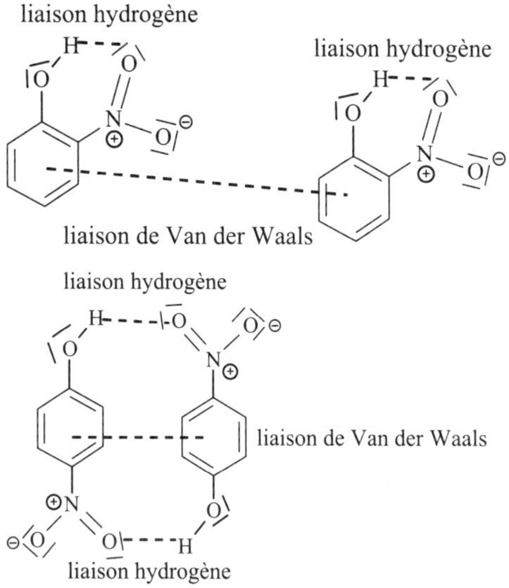

Les liaisons de Van der Waals sont plus faibles que les liaisons hydrogène donc plus faciles à rompre : la température d'ébullition du 2-nitrophénol est bien plus faible que celles des autres molécules.

2. Le moment dipolaire est un vecteur dirigé de la charge négative vers la charge positive.

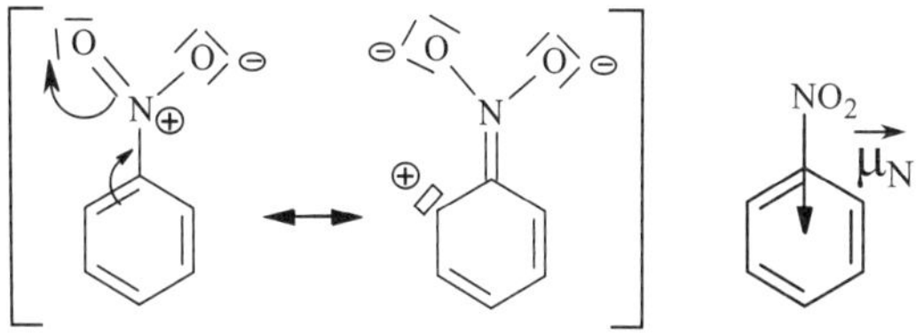

Ces deux formes mésomères prouvent que le moment dipolaire du nitrobenzène est dirigé du groupe $-\mathrm{NO_2}$ vers le cycle.

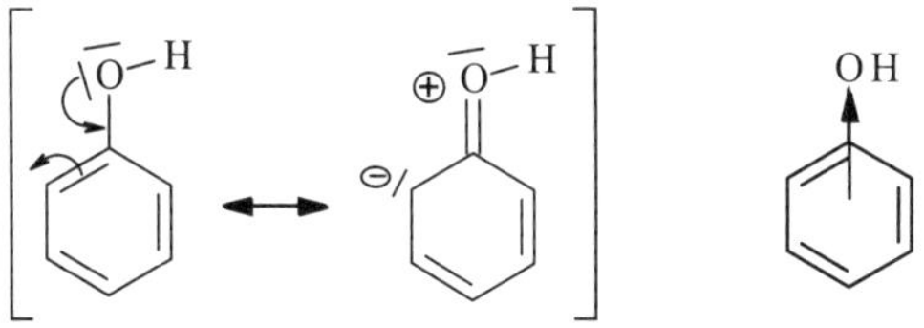

Pour le phénol, le moment dipolaire est dirigé du cycle vers le groupe $-\mathrm{OH}$.

En chimie, le moment dipolaire d'une liaison est dirigé de l'élément le plus électronégatif vers l'élément le moins électronégatif. C'est l'inverse en physique.

3. Le moment dipolaire d'une molécule est la somme vectorielle des moments dipolaires des liaisons polaires de cette molécule :

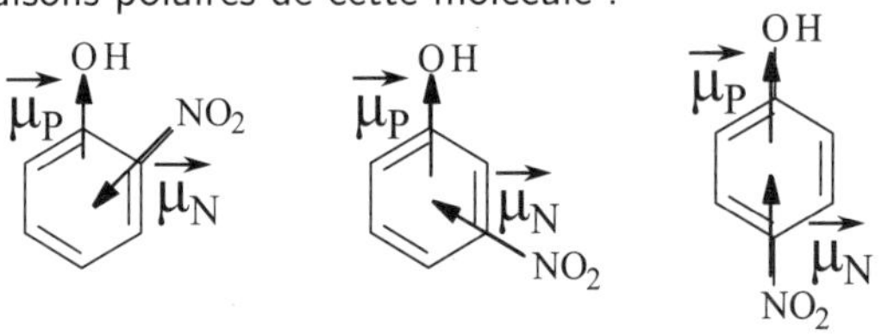

Les moments dipolaires μ_N et μ_P ne sont pas dans le même sens pour le 2-nitrophénol ; le moment dipolaire est donc le plus petit : $\mu_2 = 3,73$ D.
Les moments dipolaires ont même direction et même sens pour le 4-nitrophénol donc on lui associe le plus grand moment dipolaire : $\mu_3 = 5,87$ D.
Le moment dipolaire du 3-nitrophénol vaut donc $\mu_1 = 5,25$ D.

4. Le 3-nitrophénol et le 4-nitrophénol ont des températures d'ébullition voisines car pour tous les deux, les liaisons intermoléculaires sont des liaisons hydrogène. En plus des liaisons hydrogène, ils établissent également des liaisons intermoléculaires de type Van der Waals. Le 4-nitrophénol a un moment dipolaire permanent plus élevé donc les liaisons de Van der Waals intermoléculaires sont plus fortes que celles du 3-nitrophénol : sa température d'ébullition est plus grande.

Exercice 12.3 : Les 60 ans de la découverte de la structure de l'ADN *

J.D. Watson et F.H. Crick ont soumis un article le 2 avril 1953 à la revue Nature. Cet article fut publié le 25 avril 1953 (Nature 171, page 737) sous le titre «Medical Research Council Unit for the Study of the Molecular Structure of Biological Systems, Cavendish Laboratory, Cambridge». Voici un extrait :

«Nous souhaitons suggérer une structure pour [...] l'acide désoxyribonucléique (ADN). Cette structure présente de nouvelles caractéristiques qui sont d'un intérêt biologique considérable.»

«Une structure pour l'acide nucléique a déjà été proposée par Pauling et Corey (structure à trois hélices). [...] À notre avis, cette structure n'est pas satisfaisante (en raison du chevauchement des atomes et de la répulsion des phosphates trop proches.»
[...]
«Nous souhaitons proposer une structure radicalement différente pour [...] l'acide désoxyribonucléique. Cette structure a deux chaînes hélicoïdales enroulées chacune autour du même axe. [...] Les deux chaînes suivent des hélices dextres, mais [...] de directions opposées. [...] Les bases sont à l'intérieur de l'hélice et les phosphates à l'extérieur. [...] Il y a un résidu sur chaque chaîne tous les 3,4 Angström selon l'axe z. Nous supposons un angle de 36° entre les résidus adjacents d'une même chaîne, de manière à ce que la structure

se répète après 10 résidus sur chaque chaîne, c'est-à-dire après 34 Angström. [...] La nouvelle caractéristique de cette structure est la manière dont les deux chaînes sont maintenues assemblées par les bases puriques et pyrimidiques. Les plans des bases sont perpendiculaires à l'axe de la fibre. Elles sont regroupées en paires, une unique base d'une chaîne étant en interaction avec une unique base de l'autre chaîne, de manière à ce que les deux [bases] se trouvent côte à côte [...]. Une des bases de cette paire doit être une purine et l'autre une pyrimidine pour que des interactions soient présentes. [...] Les paires [de bases azotées] sont : adénine (purine) avec thymine (pyrimidine), et guanine (purine) avec cytosine (pyrimidine). En d'autres termes, si une adénine constitue un membre d'une paire, sur n'importe quelle chaîne, alors selon ces hypothèses l'autre membre doit être une thymine ; il en est de même pour la guanine et la cytosine. La séquence des bases sur une simple chaîne n'apparaît aucunement restreinte. Toutefois, si seules des paires spécifiques peuvent être formées, il s'en suit que si la séquence des bases sur une chaîne est donnée, alors la séquence de l'autre chaîne est automatiquement déterminée. Il a été trouvé expérimentalement (par Chargaff) que le rapport entre les quantités d'adénine et de thymine, et le rapport entre guanine et cytosine, sont toujours très proche de l'unité dans l'acide désoxyribonucléique.»

En analysant cette publication et en utilisant vos connaissances sur les interactions de faible énergie, expliquer la structure de l'ADN.

Données :

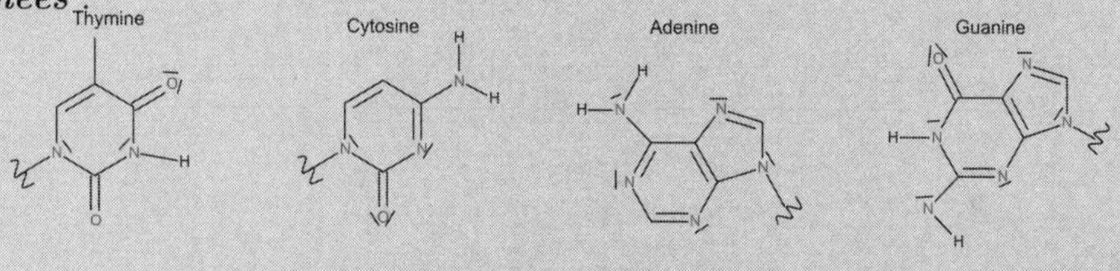

∿ signifie qu'il y a une partie de la molécule qui n'est pas explicitée

Cet article mentionne la structure de l'ADN proposée par Watson et Crick. Dans un premier temps, la structure proposée par Pauling et Corey est rejetée suite aux arguments suivants :

- Une gêne stérique trop importante est développée (chevauchement entre atomes) ;
- Les ions phosphates sont trop proches ce qui entraîne une répulsion électrostatique défavorable à la structure.

Watson et Crick ont proposé une structure qui évite ces écueils. Elle est formée de deux chaînes formant des hélices qui sont enroulées autour du même axe, qui ont même sens (dextre) mais qui sont de directions opposées.

Les ions phosphate sont à l'extérieur des chaînes, ils sont ainsi très éloignés les uns des autres (de 3,4 Angström), ce qui minimise les répulsions électrostatiques.

L'intérieur de chaque chaîne est constitué de différents types de bases : bases longues (type purique, adénine ou guanine) et bases courtes (type pyrimidique thymine ou cytosine). Les chaînes sont reliées entre elles via des liaisons hydrogène, ce qui renforce la structure. La spécificité de la structure provient du fait que seules les associations $\mathrm{A-T}$ (Adénine-Thymine) et $\mathrm{C-G}$ (Cytosine-Guanine) sont possibles. Cet assemblage particulier est confirmé par les études expérimentales de Chargaff qui prouvent que le rapport adénine/thymine est proche de 1 et qu'il en est de même du rapport guanine/cytosine.
L'existence de liaisons hydrogène intermoléculaires permet d'expliquer cette agencement singulier de bases. La cytosine établit trois liaisons hydrogène avec la guanine tandis que la thymine établit deux liaisons hydrogène avec l'adénine. La cytosine et la guanine forment ainsi un édifice stable avec 3 liaisons hydrogène ; si elles se liaient avec une adénine ou une thymine, il n'y aurait que 2 liaisons hydrogène, l'édifice ainsi formé serait moins stable.

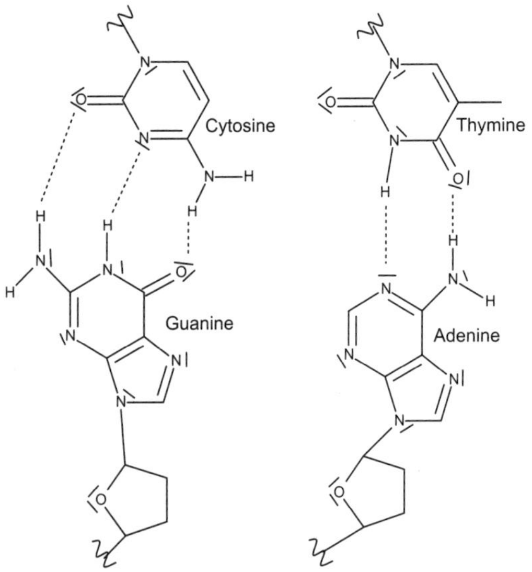

Détaillons un morceau d'ADN comprenant un enchainement possible :

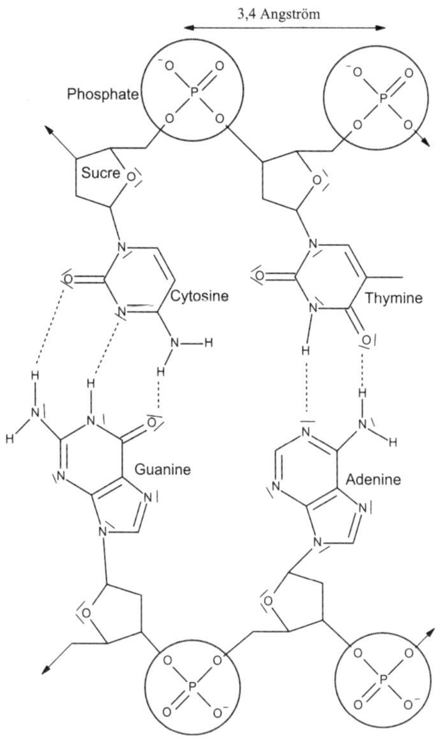

Deux chaînes peuvent ainsi s'unir l'une à l'autre si leurs bases sont complémentaires. Elles forment de plus deux hélices de directions opposées, les chaînes sont antiparallèles :

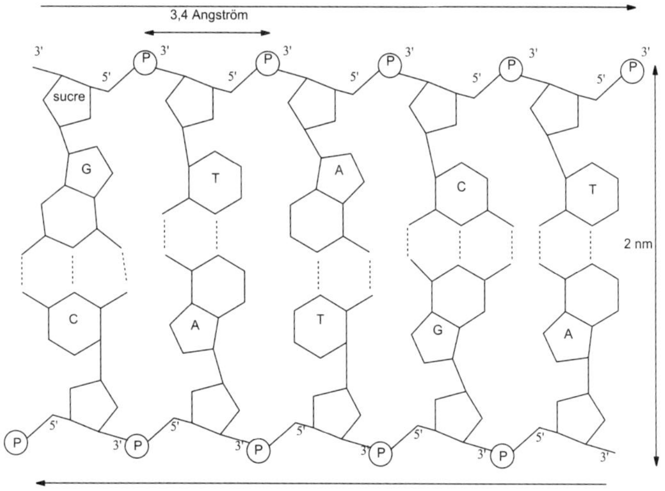

La présence de liaisons hydrogène explique l'écartement constant de deux nanomètres entre les brins. Cet écartement minimise bien les gênes stériques puisque l'ordre de grandeur de la taille d'une molécule est inférieur à un nanomètre.

Remarque : L'ordre de grandeur de la taille d'un atome est un Angström, soit 0, 1 nm.

Les liaisons hydrogènes sont responsables de l'organisation tridimensionnelle de la double hélice. Elles sont rompues notamment lors de la réplication de l'ADN. L'ouverture et l'écartement des deux brins se fait par des enzymes au niveau de boites TATA, c'est-à-dire Thymine-Adénine-Thymine-Adénine, car lorsque l'on a cet enchainement dans l'ADN il n'y a que quatre liaisons hydrogènes à casser.

Pour aller plus loin : Dans la suite de l'article, Watson et Crick mentionnent les perspectives qu'ils vont apporter :
« Nous n'avons pu nous empêcher de remarquer que l'assemblage par paires spécifiques que nous postulons suggère immédiatement un possible mécanisme de copie du matériel génétique. Les détails complets de cette structure, incluant les conditions proposées pour sa mise en place, accompagnés d'un ensemble de coordonnées des atomes, seront publiés ultérieurement.»
Le complément fut publié dans cette même revue le 30 mai 1953. Watson et Crick y présentèrent la structure tridimensionnelle en se basant sur les travaux obtenus par diffraction de rayons X d'un cristal d'ADN de Rosalind Franklin. Francis Crick et James Watson partagèrent en 1962 le Prix Nobel de médecine avec Maurice Wilkins (qui proposa les premières photographies de l'ADN aux rayons X).

Remarque : La méthode de diffraction par rayons X reste à ce jour la plus utilisée en biologie structurale pour la détermination de la structure tridimensionnelle.

Sous-partie 4
Optique géométrique

CHAPITRE 13

Lois de Descartes

Capacités à acquérir	Exercices
Savoir utiliser les lois de Descartes.	Tous
Utiliser le principe du retour inverse de la lumière.	13.1
Établir la condition de réflexion totale.	13.1, 13.2 et 13.4
Exprimer de deux façons le chemin optique en reliant l'indice optique et la vitesse de propagation dans le milieu.	13.4
Construire l'image d'un objet, identifier sa nature, réelle ou virtuelle.	13.5 et 13.6
Énoncer les conditions de Gauss.	

Exercice 13.1 : Épingle dans l'eau (ATS) *

On note n l'indice de réfraction de l'eau. On donne $n = 1,3$.

1. On considère un dioptre plan horizontal séparant de l'air (indice 1,0) au-dessus et de l'eau (indice n) en dessous. Un rayon lumineux arrive de haut en bas sur le dioptre avec une incidence i. Représenter le rayon réfracté dans l'eau et donner la relation entre l'angle de réfraction r et l'angle i.

2. On plante une épingle au centre d'un bouchon de liège en forme de disque de rayon a (on ne se préoccupera pas de son épaisseur). On fait flotter le bouchon sur l'eau, l'épingle vers le bas. Le bouchon de liège s'enfonce d'une profondeur négligeable dans l'eau. L'épingle dépasse du bouchon d'une hauteur h. On se reportera à la figure ci-dessous :

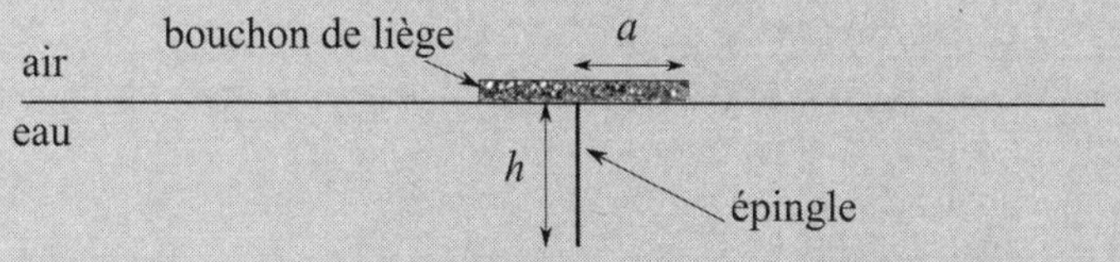

On observe depuis un point situé au-dessus de l'eau. Si la longueur h n'est pas trop grande, on constate qu'il est impossible de voir l'épingle, quelle que soit la position de l'observateur au-dessus de l'eau. Expliquer le phénomène.

3. Calculer la longueur maximale h_0 de h pour que l'épingle soit absolument invisible depuis l'air. Le rayon du disque vaut $a = 3,0$ cm.
4. Utiliser le phénomène invoqué dans la question 2 pour expliquer pourquoi un poisson, fixant un point I de la surface de l'eau, ne voit pas toujours un martin pêcheur posé sur une branche et qu'inversement, le martin-pêcheur, fixant le même point I, ne verra pas forcément le poisson.

1. D'après la loi de la réfraction de Snell-Descartes : $\sin i = n \sin r$ (voir figure ci-dessous).

Rappel : Cette égalité ne constitue que la seconde partie des lois de la réfraction de Snell-Descartes. La première loi stipule que le rayon réfracté et le rayon incident sont dans le même plan (ainsi, les schémas réalisés dans le plan de la feuille à 2 dimensions sont suffisants).

Comme $n > 1,0$, nous avons $i > r$: le rayon lumineux passe d'un milieu moins réfringent vers un milieu plus réfringent : il se rapproche de la normale.

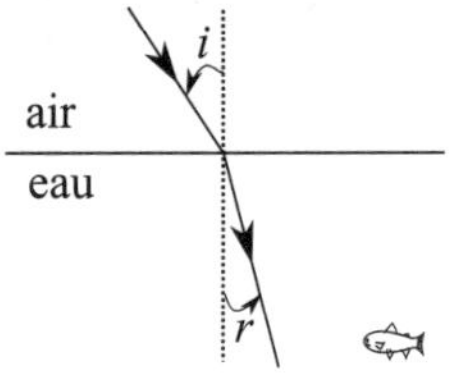

2. L'épingle est une source secondaire. Un observateur situé dans l'air voit l'épingle si un rayon issu de la tête de l'épingle vient frapper son œil, comme c'est le cas ci-dessous avec le rayon d'incidence i_1 :

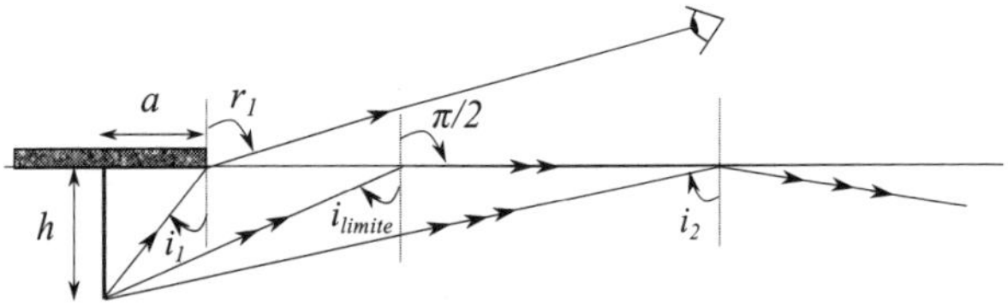

Or les rayons provenant de l'épingle vont d'un milieu plus réfringent vers un milieu moins réfringent : l'angle réfracté est plus grand que l'angle incident et pour i_{limite}, nous avons la réfraction rasante.
Si l'angle d'incidence est supérieur à i_{limite} (cas de i_2), le rayon est réfléchi.
On ne verra pas l'épingle lorsque tous les rayons issus de la tête de l'épingle subiront le phénomène de réflexion totale, ce phénomène peut être observé si les rayons provenant de l'épingle sont trop inclinés :

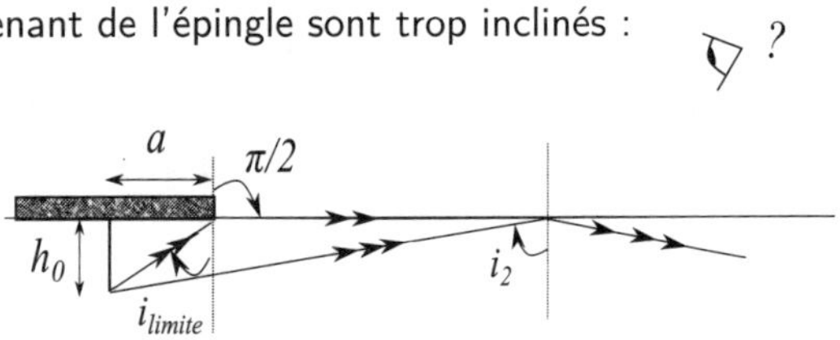

3. D'après la figure précédente, tous les rayons sont réfléchis lorsque le rayon venant frôlé le bord du bouchon de liège a pour angle d'incidence i_{limite}.
D'après la loi de la réfraction : $n \sin(i_{\text{limite}}) = \sin \frac{\pi}{2} = 1$.
D'après la figure : $\tan(i_{\text{limite}}) = \frac{a}{h_0}$.

$$h_0 = \frac{a}{\tan(i_{\text{limite}})} = a\frac{\cos(i_{\text{limite}})}{\sin(i_{\text{limite}})} = a\sqrt{\frac{1-\sin^2 i_{\text{limite}}}{\sin^2(i_{\text{limite}})}} = a\sqrt{n^2\left(1-\frac{1}{n^2}\right)}$$

$$h_0 = a\sqrt{n^2-1} = 3,0 \times \sqrt{1,3^2-1} = 2,5 \text{ cm}$$

4. À cause du phénomène de réflexion totale, un martin-pêcheur fixant un point I de la surface de l'eau ne verra le poisson que si celui-ci est à l'intérieur du cône de réfraction. Par principe du retour inverse de la lumière, le poisson verra aussi le martin-pêcheur.
Si le poisson est à l'extérieur du cône de réfraction, le martin-pêcheur ne pourra pas le voir. Toujours par principe du retour inverse, le poisson non plus : ce dernier verra la surface de l'eau qui lui apparaîtra comme un miroir.

Explication : Quand le poisson est à l'extérieur du cône, les rayons partant du poisson (objet) sont réfléchis et ne peuvent donc pas atteindre l'œil de l'oiseau. Inversement, les rayons partant de l'oiseau (objet) sont dans le cône de réfraction et ne peuvent atteindre l'œil du poisson.

Dans la figure ci-dessous est représenté le cône de réfraction au point I, d'angle i_{lim}.

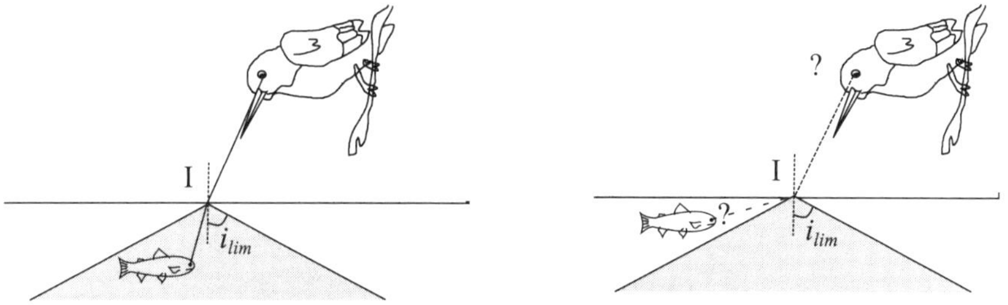

Exercice 13.2 : Réfractomètre de Pulfrich (ATS) *

On cherche à mesurer l'indice de réfraction de l'eau par le principe du réfractomètre de Pulfrich. On dépose une goutte d'eau sur la face supérieure d'un prisme d'angle au sommet 90°. On éclaire cette goutte d'eau en lumière monochromatique en prenant bien soin qu'elle soit aussi éclairée en incidence rasante. À l'aide d'un oculaire, on observe derrière l'autre face du prisme.

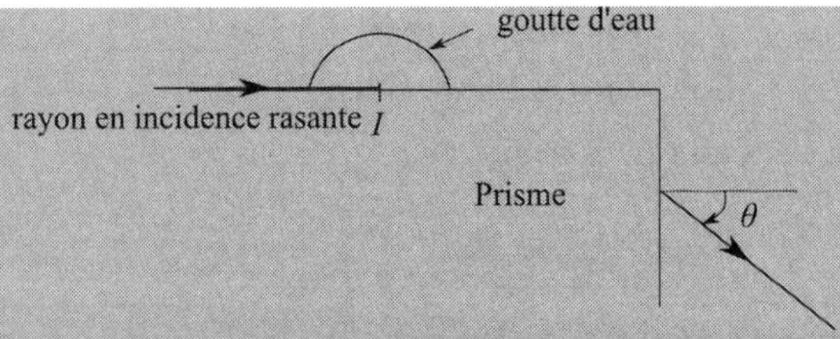

L'indice de réfraction du verre constituant le prisme est $N = 1,625$. Il est suffisamment élevé pour être supérieur à celui de l'eau. On note n l'indice de réfraction de l'eau, on prendra 1 comme valeur pour l'indice optique de l'air.

1. Dessiner la marche du rayon lumineux se réfractant en I en justifiant.

2. On est capable de mesurer l'angle θ du rayon émergent correspondant au rayon d'incidence rasante. Exprimer $\sin\theta$ en fonction de n et N. On mesure $\theta = 69°$. En déduire l'indice de réfraction de l'eau.

3. Quelle est la valeur minimale de l'indice de réfraction d'un liquide qu'on peut mesurer avec ce réfractomètre ?

1. Lorsque le rayon passe de l'eau au prisme, il se rapproche de la normale car il va d'un milieu moins réfringent vers un milieu plus réfringent. Ensuite, au niveau du dioptre prisme/air, le rayon s'écarte de la normale puisqu'il passe d'un milieu plus réfringent vers un milieu moins réfringent.

Remarque : Tout se justifie à partir de la loi de la réfraction de Snell-Descartes : $\sin i = n \sin r$ (voir exercice **13.1**).
Nous pouvons remarquer que le rayon en incidence normale arrive tout d'abord sur le dioptre sphérique constitué de la goutte d'eau mais qu'il n'est pas dévié car arrivant selon la normale de ce dioptre.

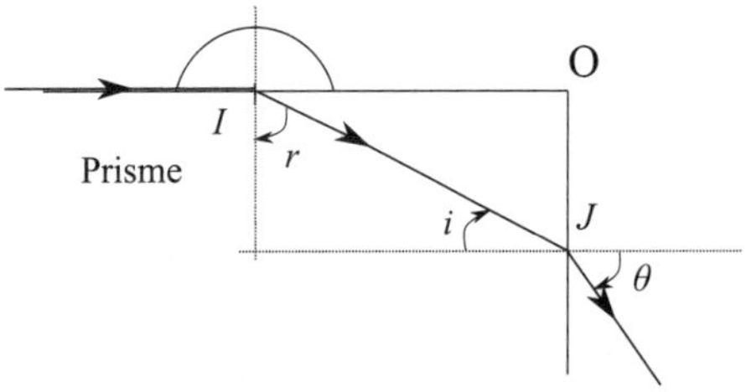

2. Au point I, la loi de réfraction permet d'écrire : $n\sin\dfrac{\pi}{2} = N\sin r$ et au point J : $N\sin i = \sin\theta$.

Remarque : Les angles de réfraction et de réflexion sont par définition orientés de la normale aux dioptres vers le rayon lumineux. Ici r et i ne sont pas orientés dans le même sens, cependant, en changeant de convention au niveau du point J, ils seront considérés positifs.

Dans le triangle OIJ, nous pouvons écrire : $\pi = r + \dfrac{\pi}{2} + i$ donc $i = \dfrac{\pi}{2} - r$.

Ainsi, $\sin i = \sin\left(\dfrac{\pi}{2} - r\right) = \cos r = \sqrt{1 - \sin^2 r} = \sqrt{1 - \left(\dfrac{n}{N}\right)^2}$.

La loi de la réfraction au point J devient : $N\sqrt{1-\left(\frac{n}{N}\right)^2} = \sin\theta$

$$\sin\theta = \sqrt{N^2 - n^2}$$

L'indice de réfraction de l'eau s'en déduit : $n^2 = N^2 - \sin^2\theta$.

$$n = \sqrt{N^2 - \sin^2\theta} = \sqrt{1,625^2 - (\sin 69)^2} = 1,330$$

3. Au point J, on peut rencontrer le phénomène de réflexion totale car le rayon passe d'un milieu plus réfringent à un milieu moins réfringent. S'il y a réflexion totale, on n'observe plus de rayon émergent du prisme et on ne peut plus mesurer d'angle θ. On souhaite donc éviter ce phénomène. Pour cela, l'angle i doit être inférieur à l'angle limite de réfraction i_{lim}, tel que $N\sin i_{\text{lim}} = \sin\frac{\pi}{2}$.

$0 < i < i_{\text{lim}} \quad \Leftrightarrow \quad 0 < \sin i < \sin i_{\text{lim}}$ (la fonction sinus est croissante pour des angles compris entre 0 et $\frac{\pi}{2}$). Or on a vu que $\sin i = \sqrt{1-\left(\frac{n}{N}\right)^2}$ et $\sin i_{\text{lim}} = \frac{1}{N}$. On observe un rayon émergent si :

$$0 < \sqrt{1-\left(\frac{n}{N}\right)^2} < \frac{1}{N} \quad \Leftrightarrow \quad 0 < \sqrt{N^2 - n^2} < 1)$$

$$\Leftrightarrow \quad N^2 - n^2 < 1 \quad \Leftrightarrow N^2 - 1 < n^2 \quad \Leftrightarrow \quad \sqrt{N^2 - 1} < n$$

$$\Leftrightarrow \sqrt{1,625^2 - 1} < n \quad \Leftrightarrow \quad 1,281 < n$$

Remarque : La première inégalité permet d'écrire : $0 < N^2 - n^2 \quad \Leftrightarrow \quad n^2 < N^2 \quad \Leftrightarrow$ $n < N$. On retrouve la condition sur N donnée par l'énoncé.

Aspect pratique : Le réfractomètre est couramment employé lors de synthèses organiques après les étapes de purification si le produit final est liquide. Il suffit de connaitre la valeur de référence de l'indice optique du composé pur (trouvé dans le Handbook), de mesurer celle du produit obtenu et de comparer. On doit avoir une valeur proche à 10^{-3} près.

Exercice 13.3 : Contrôle de pierres précieuses (CCP) **

Un solide transparent d'indice de réfraction n_1 est plongé dans un liquide transparent d'indice de réfraction n_2 (figure 1). Un faisceau lumineux, en incidence normale, vient éclairer le solide et, après la traversée de celui-ci , illumine un écran situé sous le solide.

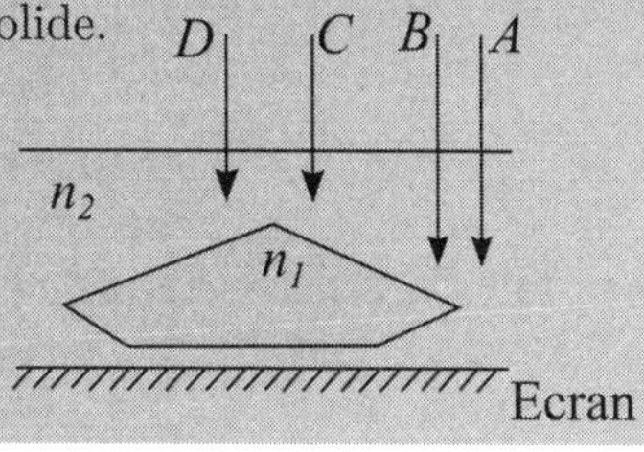

Figure 1

1. En reproduisant fidèlement la figure ci-dessus, tracer l'allure du prolongement des rayons réfractés issus de A, B, C et D, jusqu'à l'écran, dans le cas où l'indice de réfraction n_1 est supérieur à n_2, puis dans le cas où l'indice de réfraction n_2 est supérieur à n_1. On ne tiendra pas compte des rayons réfléchis. Repérer les zones de plus forte et de plus faible intensité lumineuse sur l'écran.

2. Application : un collectionneur de gemmes possède trois petites pierres transparentes et incolores : une moissanite, un zircon et un morceau de verre à fort indice (flint), ainsi qu'un flacon d'iodure de méthylène liquide. Les propriétés physiques de ces quatre substances sont résumées dans le tableau ci-dessous :

Substance	**Masse volumique ($kg.m^{-3}$)**	**Indice de réfraction**
Zircon	4690	1,95
Moissanite	3210	2,7
Verre flint	3740	1,64
Iodure de méthylène	3330	1,75

Les trois pierres ont été interverties, si bien que leur propriétaire doit conduire une série d'expériences pour les reconnaître.

a) L'immersion des trois pierres dans l'iodure de méthylène, permet de reconnaitre immédiatement l'une des trois pierres. Laquelle ?

b) Les deux pierres restantes sont posées sur un morceau de verre dépoli, recouvertes d'iodure de méthylène, puis éclairées depuis le haut. Un miroir incliné situé sous le verre dépoli permet d'observer le verre dépoli par en dessous (figures ci-dessous).

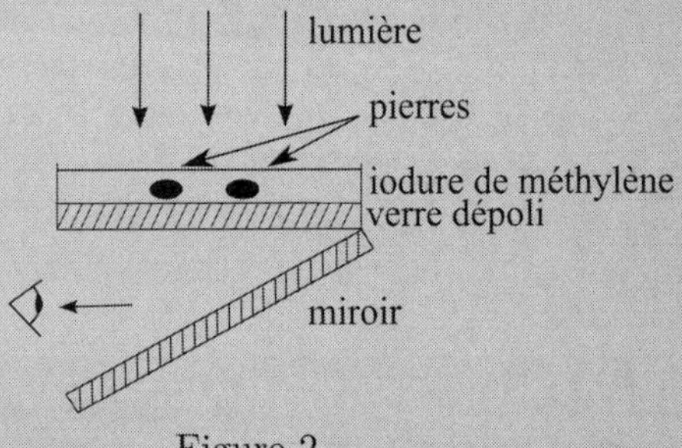

Figure 2

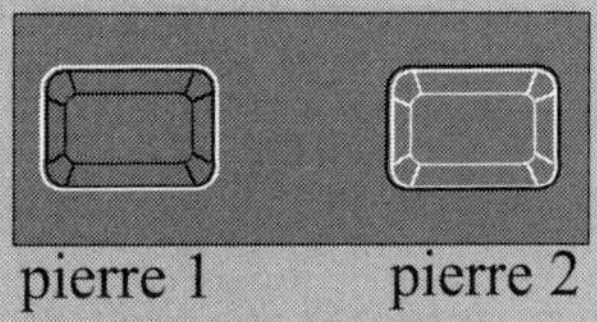

Figure 3

La pierre 1 est entourée d'un contour brillant, et ses arêtes vives sont sombres. La pierre 2 est entourée d'un contour sombre, et les arêtes paraissent brillantes. Identifier les pierres 1 et 2.

1. Cas $n_1 > n_2$: le rayon lumineux entrant dans la pierre passe d'un milieu moins réfringent vers un milieu plus réfringent : il se rapproche de la normale. Le rayon lumineux sortant de la pierre passe d'un milieu plus réfringent vers un milieu moins réfringent : il s'éloigne de la normale (nous supposons que l'angle d'incidence est suffisamment faible : il n'y a pas de réflexion totale).

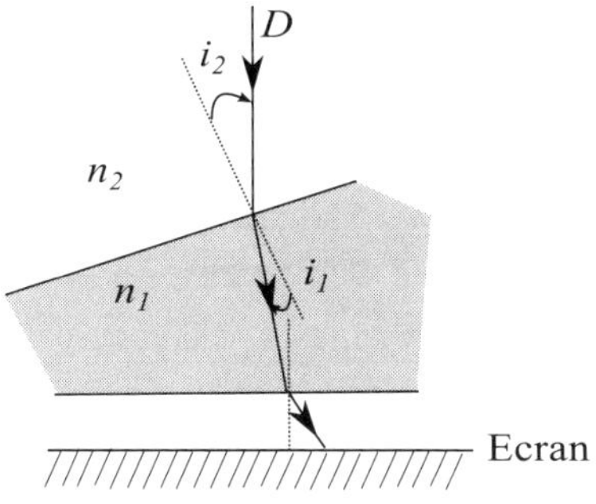

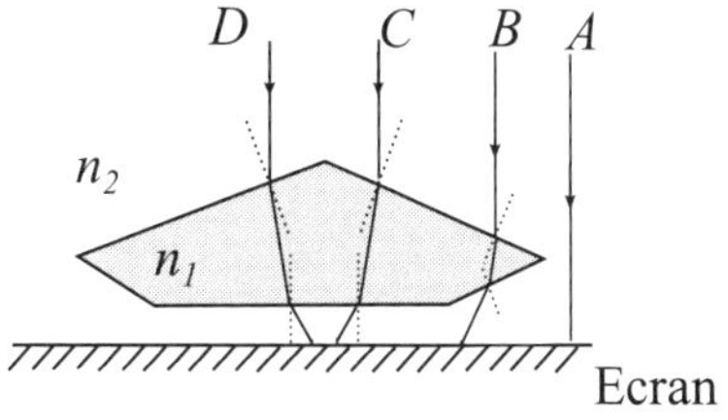

Remarque : Sur le schéma de la première figure n'est représenté que le rayon issu de D. On met ainsi bien en évidence les différentes réfractions. Sur la seconde figure, nous ne faisons figurer que les rayons lumineux sans préciser les angles pour plus de clarté.

Les rayons sortant de la pierre se concentrent au centre. On a donc une zone de plus forte intensité lumineuse sur l'écran au centre du solide et une zone de plus faible intensité sur les bords entre A et B.

Cas $n_1 < n_2$: nous avons donc $i_1 > i_2$, le rayon lumineux passe d'un milieu plus réfringent vers un milieu moins réfringent : il s'éloigne de la normale.

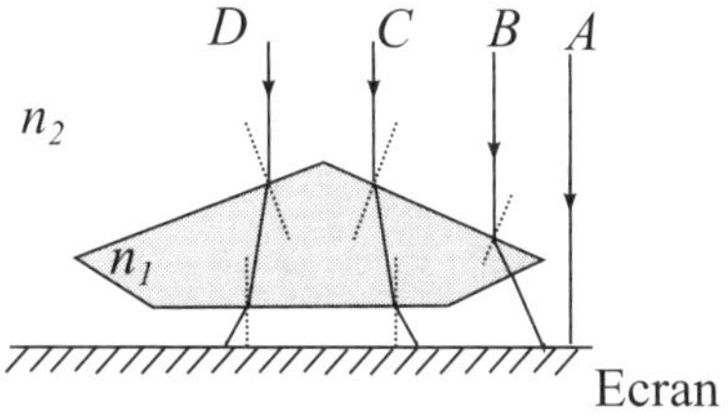

On a donc une zone de plus faible intensité lumineuse sur l'écran au centre du solide et une zone de plus forte intensité sur les bords entre A et B.

2.

a) D'après le tableau on constate que la moissanite a une masse volumique plus faible que celle de l'iodure de méthylène. Par conséquent, c'est la seule qui flotte dans l'iodure de méthylène.

b) D'après les résultats de la question 1 et les données du tableau : la pierre numéro 1, avec une zone centrale sombre et des contours brillants, satisfait au cas $n_1 < n_2$ avec $n_2 = 1,75$ (iodure de méthylène) et $n_1 = 1,64$ pour le verre flint.

La pierre numéro 2, avec une zone centrale brillante et des contours sombres, satisfait au cas $n_1 > n_2$ avec $n_2 = 1,75$ (iodure de méthylène) et $n_1 = 1,95$ pour le zircon.

Exercice 13.4 : Fibre à saut d'indice (Agrégation) **

Une fibre optique est fabriquée à base de verres ou de plastiques supposés transparents et isotropes. La fibre à saut d'indice est constituée d'un cœur cylindrique homogène de rayon r_1, d'indice n_1 et d'axe (Oz), et d'une gaine cylindrique d'indice n_2 entourant le cœur et de même axe.

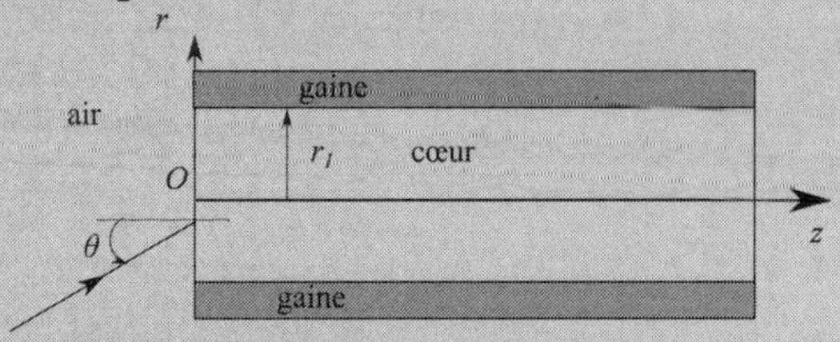

On introduit $\Delta = \dfrac{{n_1}^2 - {n_2}^2}{2{n_1}^2}$. Dans la pratique, n_1 et n_2 ont des valeurs très voisines, et $|\Delta| \approx 10^{-2}$. On considère, dans l'air d'indice 1, un rayon incident dont le plan d'incidence contient l'axe (Oz), et qui arrive sur l'entrée de la fibre avec une incidence θ.

1. Comment faut-il choisir n_1 et n_2 pour que la lumière soit guidée, c'est-à-dire pour que la réflexion totale puisse se produire ?

2. Montrer alors que, si θ reste inférieur à un angle θ_{max}, un rayon peut être guidé dans le cœur. On appelle ouverture numérique $O.N.$ la quantité $\sin\theta_{\text{max}}$. Exprimer l'$O.N.$ en fonction de n_1 et Δ. Faire l'application numérique avec $\Delta = 10^{-2}$ et $n_1 = 1,50$.

3. Pour un milieu transparent homogène isotrope, on définit le chemin optique par : $(AB) = n \times D$ où D est la distance parcourue par le rayon lumineux pour aller de A à B. Exprimer le chemin optique dans la fibre optique :

- du rayon incident arrivant selon l'axe (Oz) ;
- d'un rayon incident incliné d'un angle $\theta_i < \theta_{\text{max}}$.

Les chemins optiques seront exprimés en fonction de L, la longueur de la fibre optique, de n_1 et de θ_i.

4. Exprimer le chemin optique en fonction de c, la célérité de la lumière dans le vide, et de t, le temps que met la lumière pour aller de A à B.

5. Déduire des questions précédentes le temps mis par chacun des rayons pour traverser la fibre optique.

6. Exprimer alors l'élargissement temporal Δt défini comme la différence de temps mis par chacun des rayons pour traverser la fibre optique. On donne $L = 10$ m, $c = 3 \cdot 10^8$ m.s^{-1} et $\theta_i = 8^\circ$. Faire l'application numérique.

Point mathématique : Nous utiliserons à plusieurs reprises le fait que sur l'intervalle $\left[0; \dfrac{\pi}{2}\right]$, la fonction sinus est une fonction croissante. Ainsi :

$$i_1 < i_2 \quad \Leftrightarrow \quad \sin i_1 < \sin i_2$$

Définissons tout d'abord différents angles sur un schéma décrivant le parcours d'un rayon lumineux :

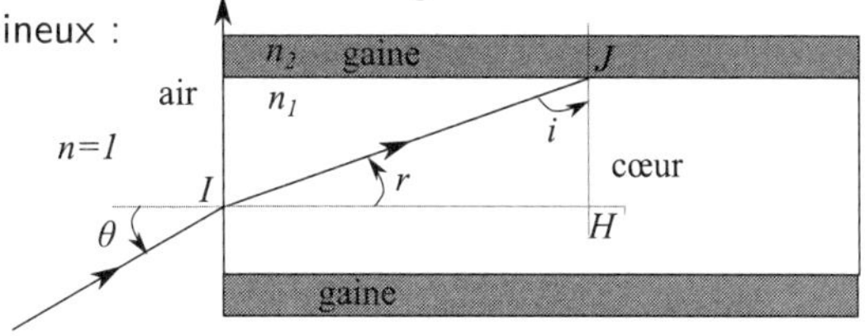

1. Une des conditions pour qu'il y ait réflexion totale en J est que le milieu incident doit être plus réfringent que le milieu émergent : $n_1 > n_2$.
De plus pour qu'il y ait réflexion totale en J l'angle d'incidence i doit être supérieur à l'angle de réfraction limite i_{lim}.

2. Pour qu'il y ait réflexion totale, $i > i_{\text{lim}}$ où i_{lim} est l'angle limite de réfraction tel que : $n_1 \sin i_{\text{lim}} = n_2 \sin \frac{\pi}{2} \quad \Leftrightarrow \quad \sin i_{\text{lim}} = \frac{n_2}{n_1}$.
Dans le triangle HIJ, nous pouvons écrire : $\pi = \frac{\pi}{2} + r + i$ donc $i = \frac{\pi}{2} - r$.

$$i > i_{\text{lim}} \quad \Leftrightarrow \quad \frac{\pi}{2} - r > i_{\text{lim}} \quad \Leftrightarrow \quad r < \frac{\pi}{2} - i_{\text{lim}}$$

$$\Leftrightarrow \quad \sin r < \sin\left(\frac{\pi}{2} - i_{\text{lim}}\right) \qquad (1)$$

$$\sin\left(\frac{\pi}{2} - i_{\text{lim}}\right) = \cos i_{\text{lim}} = \sqrt{1 - \sin^2 i_{\text{lim}}} = \sqrt{1 - \left(\frac{n_2}{n_1}\right)^2}$$

Par ailleurs, la loi de la réfraction en I donne :

$$\sin\theta = n_1 \sin r \text{ donc } \sin r = \frac{\sin\theta}{n_1}$$

$$(1) \quad \Leftrightarrow \quad \frac{\sin\theta}{n_1} < \sqrt{1 - \left(\frac{n_2}{n_1}\right)^2} \quad \Leftrightarrow \quad \sin\theta < n_1\sqrt{1 - \left(\frac{n_2}{n_1}\right)^2}$$

Si θ reste inférieur à un angle $\theta_{\max}$ tel que $\sin\theta_{\max} = n_1\sqrt{1 - \left(\frac{n_2}{n_1}\right)^2} = \sqrt{{n_1}^2 - {n_2}^2}$, un rayon peut être guidé dans le cœur.

$$O.N. = \sqrt{{n_1}^2 - {n_2}^2} = n_1\sqrt{2\Delta} = 1,5 \times \sqrt{2 \cdot 10^{-2}} = 0,212$$

3. Faisons un schéma :

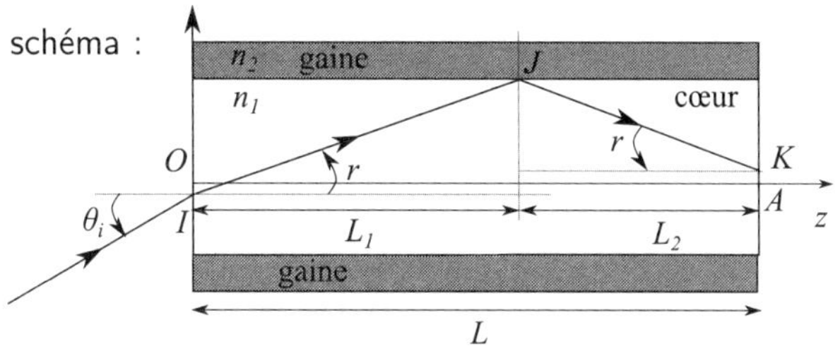

Le rayon arrivant selon l'axe (Oz) n'est pas dévié : il parcourt la distance L, son chemin optique est donc égal à $(OA) = n_1 \times L$.
Le rayon entrant avec un angle $\theta_i < \theta_{\max}$ a pour chemin optique :

$$(IK) = (IJ) + (JK) = n_1 \times IJ + n_1 \times JK = n_1 \times \frac{L_1}{\cos r} + n_1 \times \frac{L_2}{\cos r}$$

$$(IK) = n_1 \times \frac{L}{\cos r}$$

Cette expression est valable quelle que soit la longueur de la fibre, c'est-à-dire quel que soit le nombre de réflexions ayant lieu dans le cœur. Par ailleurs, la loi de la réfraction en I s'écrit : $\sin\theta_i = n_1 \sin r$.

$$\cos r = \sqrt{1 - \sin^2 r} = \sqrt{1 - \left(\frac{\sin\theta_i}{n_1}\right)^2}$$

$$(IK) = n_1 \times \frac{L}{\sqrt{1 - \left(\frac{\sin\theta_i}{n_1}\right)^2}} = \frac{{n_1}^2}{\sqrt{{n_1}^2 - \sin^2\theta_i}} L$$

4. La distance D parcourue par un rayon est reliée à la vitesse v de la lumière dans le milieu et au temps t par : $D = v \times t$. Or, l'indice optique est par définition : $n = \frac{c}{v}$ donc le chemin optique s'écrit : $(AB) = c \times t$.

5. Les chemins optiques s'expriment en fonction des temps parcourus par : $(OA) = c \times t_1$ et $(IK) = c \times t_2$. En utilisant les résultats de la question 3,

$$t_1 = \frac{n_1 \times L}{c} \quad \text{et} \quad t_2 = \frac{{n_1}^2}{\sqrt{{n_1}^2 - \sin^2\theta_i}} \frac{L}{c}$$

6. $\Delta t = |t_1 - t_2| = \left| \frac{n_1 \times L}{c} - \frac{{n_1}^2}{\sqrt{{n_1}^2 - \sin^2\theta_i}} \frac{L}{c} \right|$

$$\Delta t = \frac{n_1 \times L}{c} \left| 1 - \frac{n_1}{\sqrt{{n_1}^2 - \sin^2\theta_i}} \right|$$

$$\Delta t = \frac{1,50 \times 10}{3 \cdot 10^8} \left| 1 - \frac{1,50}{\sqrt{1,50^2 - (\sin 8)^2}} \right| = 2 \cdot 10^{-10}\ \text{s}$$

Remarque : La fibre optique permet de faire transiter une grande quantité d'informations (internet très haut débit, signaux sonores et vidéos,...) dans un même signal à la vitesse de la lumière. Or d'après le résultat précédent on constate que l'impulsion lumineuse, suivant le nombre de réflexions dans la fibre, n'arrive pas au même moment à la sortie. Pour une fibre optique de 10 m de long, l'élargissement temporel n'est que de $2 \cdot 10^{-10}$ s. Cependant les fibres optiques utilisées, par exemple pour l'échange de données entre les continents européen et américain (câble sous-marin océanique), sont des assemblages de fibres de 50 km de long. Pour éviter que l'élargissement temporel soit gênant (problème de désynchronisation du signal, de lecture du signal) on connecte entre chaque tronçon un petit amplificateur optique pour resynchroniser le signal.

Exercice 13.5 : Dioptre plan et lame à faces parallèles (G2E) *

Un dioptre plan est une surface plane séparant deux milieux d'indices respectifs n et n' tels que $n' < n$.

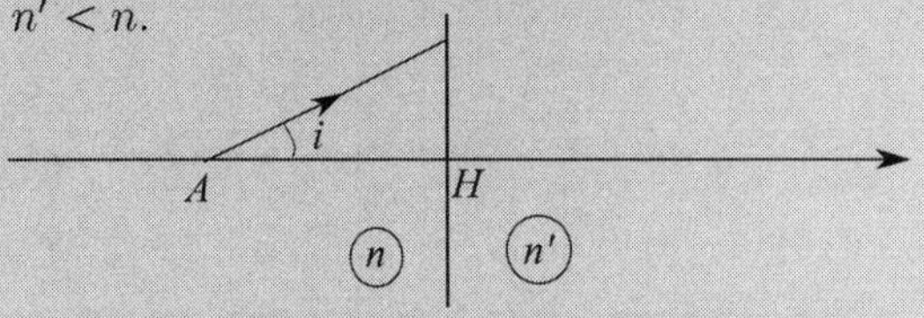

Des rayons sont émis d'un point A, source ponctuelle.

1. Énoncer les conditions de l'approximation de Gauss. Quelles en sont les conséquences ? On se place désormais dans ces conditions.

2. Par un tracé, déterminer la position de A', image de A à travers le dioptre.

3. Exprimer $\overline{A'H}$ en fonction des angles d'incidence i, de réfraction i' et de $\overline{AH}$.

4. Établir la relation de conjugaison entre $\overline{AH}$, $\overline{A'H}$, n et n'.

L'objet A éclaire maintenant une lame à faces parallèles, d'indice n et d'épaisseur e, plongée dans l'air d'indice égal à 1.

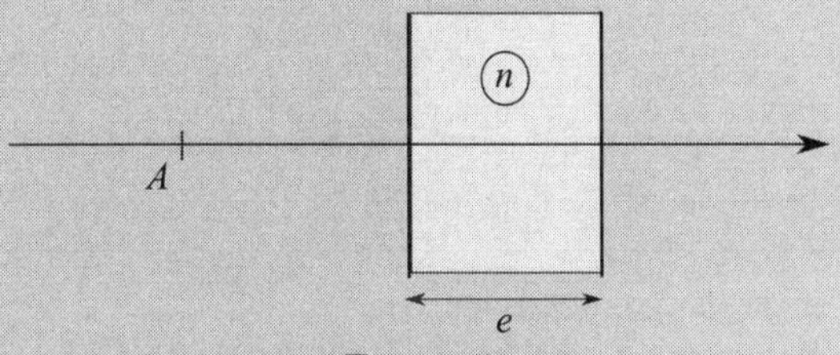

Figure 4

5. Montrer que le déplacement $\overline{AA'}$ où A' est l'image de A à travers la lame s'écrit : $\overline{AA'} = e\left(1 - \dfrac{1}{n}\right)$.

1. Travailler dans l'approximation de Gauss consiste à ne considérer que les rayons faiblement inclinés par rapport à l'axe optique du système et proches de celui-ci (rayons paraxiaux). Conséquence pratique (la plus importante) : l'intérêt de travailler dans de telles conditions est d'obtenir une image nette d'un objet. Conséquences mathématiques : si ces conditions sont vérifiées, on pourra faire l'approximation des petits angles ($\sin i \approx \tan i \approx i$ et $\cos i \approx 1$), notamment dans la loi de Snell-Descartes : $n \sin i = n' \sin i'$ devient $ni = n'i'$.

2. Pour le dioptre plan, nous sommes face à un stigmatisme approché.

Point méthode : Pour trouver graphiquement l'image A' d'un point objet A, il faut tracer deux rayons incidents partant de A, tracer leurs émergents puis chercher leur point d'intersection A' (A' peut être obtenu en traçant le prolongement du rayon lumineux). En pratique, on choisit un des deux rayons de façon à ce qu'il ne soit pas dévié (rayons « double flèche » de la figure 4).

Traçons deux rayons issus du point objet A et déterminons la position du point image A' par l'intersection ou le prolongement des rayons émergents.

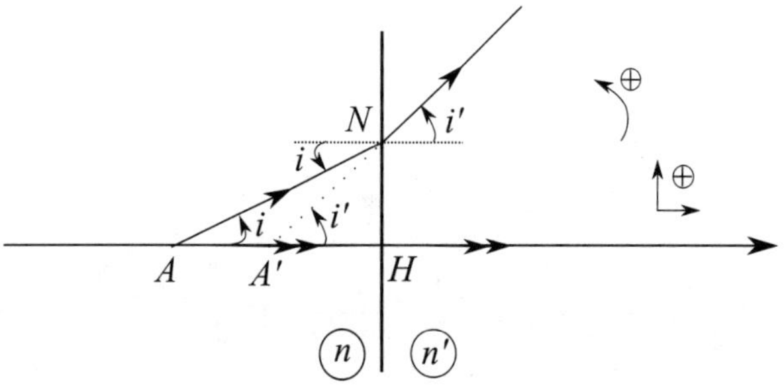

3. Dans le triangle rectangle HAN : $\tan i = \dfrac{\overline{HN}}{\overline{AH}}$

Dans le triangle rectangle $HA'N$: $\tan i' = \dfrac{\overline{HN}}{\overline{A'H}}$

Les grandeurs sont algébriques et les angles sont orientés. Ici, les angles sont positifs (et compris entre 0 et $\dfrac{\pi}{2}$) donc $\tan i > 0$ et il est préférable de l'exprimer comme un rapport de deux grandeurs positives : $\overline{HN}$ et $\overline{AH}$.

En combinant les deux relations, il vient : $\overline{AH}\tan i = \overline{A'H}\tan i'$

Nous sommes dans les conditions de l'approximation de Gauss donc :

$$\overline{AH}i = \overline{A'H}i' \qquad (1)$$

4. La loi de la réfraction de Snell-Descartes dans les conditions de l'approximation de Gauss : $ni = n'i'$ et la relation (1) permettent d'écrire : $i = \dfrac{n'}{n}i'$ et $\overline{AH}\dfrac{n'}{n}i' = \overline{A'H}i'$ donc : $\dfrac{\overline{AH}}{n} = \dfrac{\overline{A'H}}{n'}$.

5. Le système étudié est constitué de deux dioptres, on va le décomposer en deux sous-systèmes pour l'étude afin d'utiliser les résultats des questions précédentes et on appelle A_1 l'image intermédiaire.

$$A \xrightarrow{\text{Dioptre 1 } (n_{\text{air}} = 1 \to n)} A_1 \xrightarrow{\text{Dioptre 2 } (n \to n_{\text{air}} = 1)} A'$$

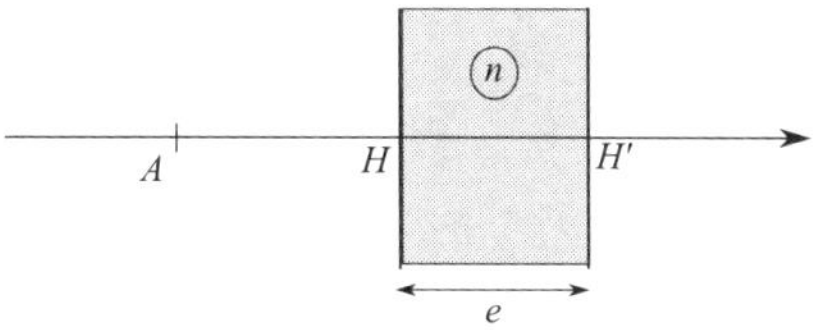

Les points (A,A_1) sont conjugués donc d'après la question 4, à la traversée du premier dioptre air/verre on a : $\dfrac{\overline{AH}}{1} = \dfrac{\overline{A_1H}}{n}$

Les points (A_1,A') sont conjugués donc : $\dfrac{\overline{A_1H'}}{n} = \dfrac{\overline{A'H'}}{1}$

Pour exprimer le déplacement $\overline{AA'}$, utilisons la relation de Chasles :

$$\overline{AA'} = \overline{AH} + \overline{HH'} + \overline{H'A'}$$

$$\overline{AA'} = \frac{\overline{A_1H}}{n} + e - \frac{\overline{A_1H'}}{n} = \frac{\overline{A_1H} + \overline{H'A_1}}{n} + e = \frac{\overline{H'H}}{n} + e = e\left(1 - \frac{1}{n}\right)$$

Exercice 13.6 : Formule de conjugaison d'un miroir (CCP) *

Un miroir sphérique est une calotte sphérique réfléchissante sur l'une de ses faces. Le centre de la sphère est noté C et le point d'intersection S de la calotte avec l'axe optique est appelé sommet du miroir. On se place dans les conditions de l'approximation de Gauss.

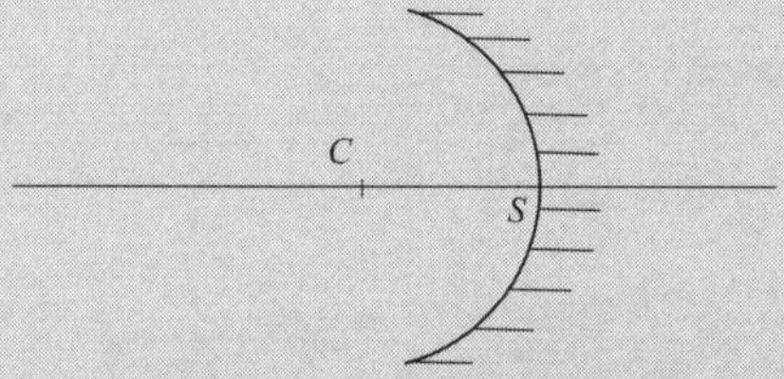

1. Soit un point objet situé à l'infini sur l'axe optique. Par un tracé, déterminer la position de son image. Cette image est-elle réelle ou virtuelle ? Le miroir est-il convergent ou divergent ?

On cherche à déterminer la position de l'image A' d'un point A situé sur l'axe optique. On considère un rayon incident AI issu de A qui se réfléchit en I selon la figure ci-dessous.

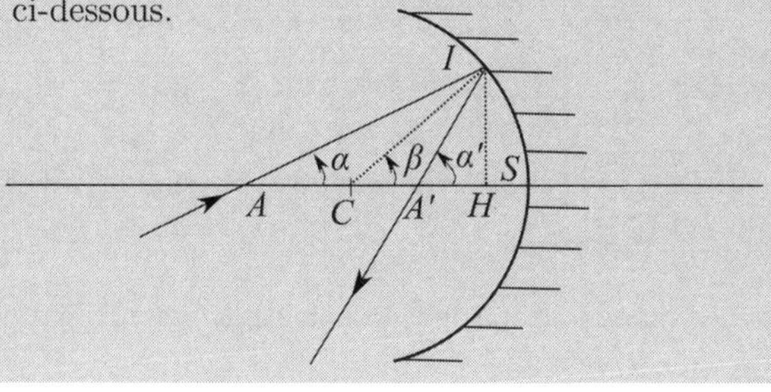

2. Déterminer les relations liant les angles α, α' et β aux grandeurs algébriques $\overline{SA}$, $\overline{SA}$, $\overline{SC}$ et $\overline{HI}$.
3. Exprimer la relation entre les angles α, α' et β.
4. En déduire la relation de conjugaison au sommet du miroir :

$$\frac{1}{\overline{SA'}} + \frac{1}{\overline{SA}} = \frac{k}{\overline{SC}} \text{ où } k \text{ est un facteur que l'on déterminera}$$

5. Donner les expressions des distances focales image $f' = \overline{SF'}$ et objet $f = \overline{SF}$ du miroir sphérique en fonction de $\overline{SC}$.

1. Un objet situé à l'infini émet des rayons parallèles à l'axe optique. En arrivant sur le miroir sphérique, un rayon est réfléchi symétriquement par rapport à la normale au miroir.

Rappel : On utilise ici les lois de la réflexion de Descartes : la première loi stipule que pour un rayon incident, il n'existe qu'un rayon réfléchi et ce rayon se situe dans le plan d'incidence, la seconde loi indique que le rayon réfléchi est symétrique du rayon incident par rapport à la normale du miroir. Pour un miroir sphérique, celle-ci s'obtient en traçant un rayon du cercle.

Point méthode : Pour trouver la position de l'image d'un point, on utilise deux rayons provenant de ce point. Nous prenons un rayon parallèle à l'axe optique et le rayon qui suit l'axe optique (et qui est réfléchi sur lui-même).

En traçant deux rayons distincts, on a :

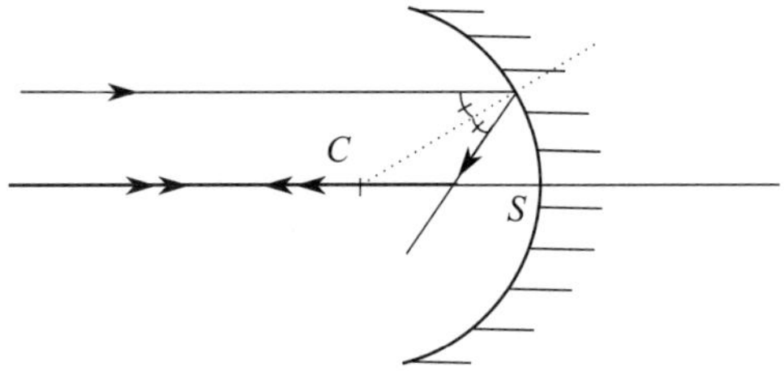

Les rayons émergents du système optique se coupent réellement, l'image est donc réelle.
Pour un rayon incident parallèle à l'axe optique, le rayon émergent se rapproche de l'axe optique (et le coupe) on a donc un miroir convergent.

Autre justification : L'image se situe après la face de sortie du système optique, « après» étant relatif au sens de propagation de la lumière. L'image est donc réelle. Un point situé à l'infini donne une image réelle (car située après la face de sortie du système optique) : le miroir est convergent.

2. Étant dans les conditions de Gauss, faisons l'approximation des petits angles : $\alpha \approx \tan\alpha = \frac{\overline{HI}}{\overline{AH}}$. De plus, comme les rayons sont peu inclinés, on peut considérer que : $\overline{AH} \approx \overline{AS}$.

D'où : $\alpha \approx \tan\alpha = \dfrac{\overline{HI}}{\overline{AH}} \approx \dfrac{\overline{HI}}{\overline{AS}} = -\dfrac{\overline{HI}}{\overline{SA}}$, ce qui donne $\alpha \approx -\dfrac{\overline{HI}}{\overline{SA}}$.
Avec le même raisonnement on obtient :

$$\beta \approx \tan\beta = \frac{\overline{HI}}{\overline{CH}} \approx \frac{\overline{HI}}{\overline{CS}} = -\frac{\overline{HI}}{\overline{SC}} \text{ donne } \beta \approx -\frac{\overline{HI}}{\overline{SC}}$$

$$\alpha' \approx \tan\alpha' = \frac{\overline{HI}}{\overline{A'H}} \approx \frac{\overline{HI}}{\overline{A'S}} = -\frac{\overline{HI}}{\overline{SA'}} \text{ donne } \alpha' \approx -\frac{\overline{HI}}{\overline{SA'}}$$

3. Le rayon réfléchi est symétrique par rapport à la normale au rayon incident donc, d'après la figure de l'énoncé, on a : $\widehat{AIC} = \widehat{CIA'}$.
De plus $\widehat{ICA} = \pi - \beta$ (car l'angle $\widehat{ACA}$ est plat), en se plaçant dans le triangle ACI il vient : $\pi = \widehat{CAI} + \widehat{AIC} + \widehat{ICA} = \alpha + \widehat{AIC} + \pi - \beta$.

$$\widehat{AIC} = \beta - \alpha$$

Avec le même raisonnement dans le triangle $A'CI$ on obtient :

$$\widehat{CIA'} = \alpha' - \beta$$

Par conséquent : $\beta - \alpha = \alpha' - \beta \quad \Leftrightarrow \quad \alpha + \alpha' = 2\beta \qquad (1)$

4. En remplaçant α, β et α' par leurs expressions obtenues à la question 2 dans la relation (1), il vient :

$$-\frac{\overline{HI}}{\overline{SA}} - \frac{\overline{HI}}{\overline{SA'}} = -2\frac{\overline{HI}}{\overline{SC}}$$

$$\frac{1}{\overline{SA}} + \frac{1}{\overline{SA'}} = \frac{2}{\overline{SC}}$$

Le facteur k vaut donc 2.

Remarque : On obtient alors la formule de conjugaison d'un miroir sphérique avec origine au sommet.

5. Le foyer objet F est le point objet de l'axe optique dont l'image se trouve à l'infini. Ici l'objet est F, l'image A' étant à l'infini on a $\dfrac{1}{\overline{SA'}} \to 0$, d'après la formule de conjugaison précédente il vient :

$$\frac{1}{\overline{SF}} = \frac{2}{\overline{SC}} \quad \Leftrightarrow \quad \overline{SF} = \frac{\overline{SC}}{2}$$

Le foyer image F' est l'image du point objet situé à l'infini sur l'axe optique (et émettant des rayons incidents parallèles à cet axe). Ici l'image est F', l'objet A étant à l'infini on a $\dfrac{1}{\overline{SA}} \to 0$, d'après la formule de conjugaison précédente il vient :

$$\frac{1}{\overline{SF'}} = \frac{2}{\overline{SC}} \quad \Leftrightarrow \quad \overline{SF'} = \frac{\overline{SC}}{2}$$

Remarque : Ainsi F et F' sont confondus.

CHAPITRE 14

Lentilles minces

Capacités à acquérir	Exercices
Énoncer les conditions de l'approximation de Gauss.	14.1
Savoir comment reconnaître le caractère convergent ou divergent d'une lentille.	14.2
Effectuer des tracés de rayons pour résoudre un problème d'optique.	14.1 à 14.4
Exploiter les formules de conjugaison et de grandissement transversal pour des systèmes à une ou deux lentilles.	14.2, 14.3 et 14.5
Connaître le principe de l'autocollimation.	14.3
Savoir déterminer la position du punctum remotum et du punctum proximum d'un œil.	14.5
Interpréter les défauts de l'œil et leur correction.	

Exercice 14.1 : Objectif standard pour photographier la tour Eiffel (ENSTIM) *

On souhaite photographier la tour Eiffel culminant à une hauteur $h = 324$ m du sol (depuis le 8 mars 2011 elle culmine à 327 m avec un émetteur TNT !) et située à une distance $d = 2,0$ km du photographe.
On s'intéresse à un objectif standard d'appareil photographique argentique constitué d'une lentille convergente unique de centre O et de focale $f' = 50$ mm.
On se place dans les conditions de l'approximation de Gauss.
1. Rappeler les conditions de l'approximation de Gauss et préciser l'intérêt de se placer dans de telles conditions.
2. Quelle doit être la distance D entre la lentille et la pellicule pour que la photographie soit nette ? Justifier votre réponse.
3. Construire sur un schéma l'image de l'objet sur la pellicule (sans respecter l'échelle !!).
4. On appelle h_1 la hauteur de l'image de la tour Eiffel sur la pellicule. Déterminer son expression en fonction de f', d et h puis calculer sa valeur numérique.

1. Les conditions de l'approximation de Gauss permettent d'obtenir une image nette d'un objet étendu. Pour cela, l'objet doit être transverse de sorte que les rayons provenant de cet objet et traversant l'axe optique soit proches de l'axe optique et peu inclinés par rapport à cet axe (rayons paraxiaux).

2. La tour Eiffel est assimilable à un objet AB, A, pied de la tour Eiffel, étant sur l'axe optique et B, sommet de la tour, étant tel que l'objet AB soit transverse.

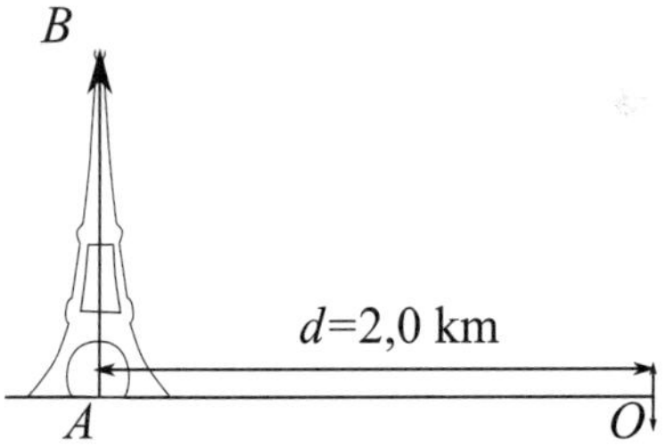

L'objet est situé à une distance $d = 2,0 \text{ km}$ de l'objectif. Cette distance est très supérieure à la focale $f' = 50 \text{ mm}$ de l'objectif. Tous les rayons issus de A et traversant la lentille peuvent donc être considérés comme parallèles à l'axe optique. On peut donc considérer que A est à l'infini. De même, B est un point objet situé à l'infini : les rayons issus de B et traversant l'objectif forment un faisceau cylindrique incliné par rapport à l'axe optique.

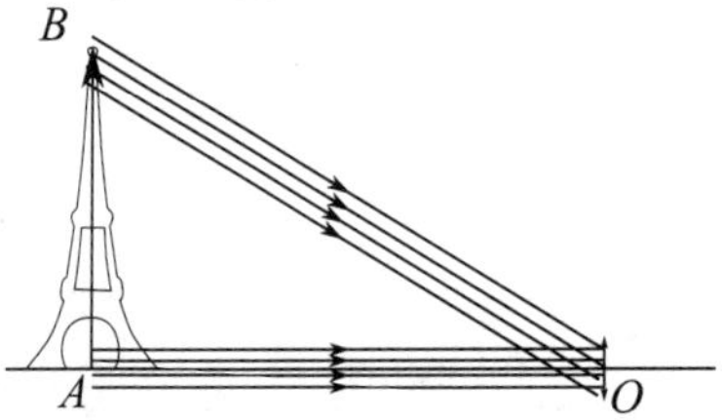

L'image de la tour se forme alors dans le plan focal image de l'objectif. La pellicule doit donc se situer dans ce plan focal image : $D = f'$.

3. Le point A étant situé à l'infini sur l'axe optique, son image est le point focal image F'. Représentons le rayon issu du point B et qui passe par le centre optique O : il n'est pas dévié.

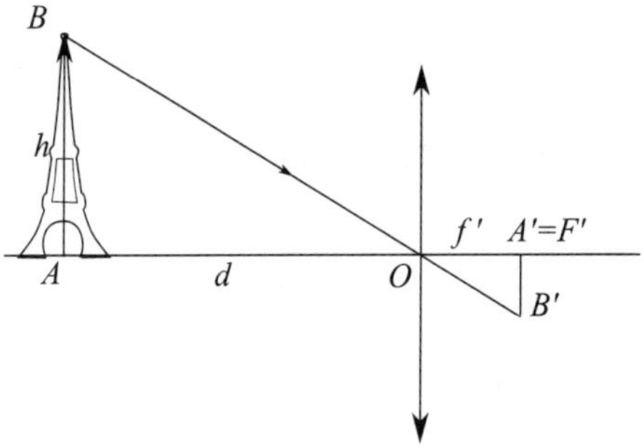

4. En appliquant le théorème de Thalès, il vient :

$$\frac{\overline{A'B'}}{\overline{AB}} = \frac{\overline{OA'}}{\overline{OA}} \quad \Leftrightarrow \quad \frac{-h_1}{h} = \frac{f'}{-d}$$

$$h_1 = \frac{f'}{d}h = 8,1 \text{ mm}$$

Exercice 14.2 : Téléobjectif pour photographier la tour Eiffel (ENSTIM) *

Un téléobjectif est constitué d'une association de deux lentilles distantes d'une distance e : une lentille convergente L_1 de centre O_1 et de focale f_1' et une lentille divergente L_2 de centre O_2 et de focale f_2'. Le téléobjectif est utilisé pour photographier la tour Eiffel culminant à une hauteur $h = 324$ m du sol et située à une distance $d = 2,0$ km du photographe.
On prendra pour les applications numériques : $f_1' = 50$ mm, $f_2' = -25$ mm et $e = O_1O_2 = 31$ mm. On note P l'intersection du plan de la pellicule avec l'axe optique et F' l'image par le téléobjectif d'un point à l'infini sur l'axe optique.
On se place dans les conditions de l'approximation de Gauss.
1. Comment reconnaître le caractère convergent ou divergent d'une lentille mince ?
2. Faire un schéma du dispositif et déterminer graphiquement la position de F'. Où doit se situer F' pour avoir une photographie nette ?
3. Déterminer $\overline{O_2F'}$ en fonction de f_1', f_2' et e. En déduire l'expression de l'encombrement $\overline{O_1P}$) de l'appareil en fonction de ces mêmes grandeurs. Effectuer l'application numérique.
4. Déterminer l'expression de h_3, hauteur de l'image de la tour Eiffel sur la pellicule en fonction de f_1', f_2', e, d et h. Effectuer l'application numérique.

Point méthode : Lors de tout exercice d'optique dans lequel des lentilles minces interviennent, il est utile de faire un petit schéma synoptique indiquant pour chaque lentille l'objet et l'image conjuguée : $A \xrightarrow{\text{lentille}} A'$.
Pour faire des schémas clairs, il est conseillé de dessiner en pointillé les points de construction et les prolongements des rayons et en trait plein les rayons.

⚠ En optique on raisonne sur des grandeurs algébriques, il faut donc faire attention aux différentes orientations.

1. Une lentille mince convergente est à bords minces et une lentille mince divergente est à bords épais. On peut aussi observer un texte placé à courte distance d'une lentille. Une lentille convergente agrandit le texte, une divergente le réduit.

2. Un point à l'infini sur l'axe optique émet des rayons parallèles à l'axe optique. À la traversée de la première lentille, le rayon va donc converger sur F_1'. Dans

une seconde phase, on trace le rayon émergent de la seconde lentille. On trace (en pointillé) la parallèle à ce rayon passant par O_2 et on cherche l'intersection I avec le plan focal image de L_2. Le prolongement du rayon émergent passe par I.

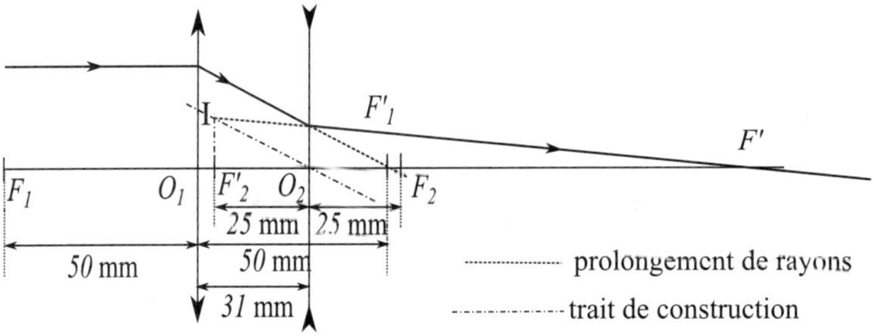

F' est l'image du pied de la tour Eiffel par le téléobjectif (voir exercice précédent). Pour avoir une photographie nette, F' doit se trouver sur la pellicule donc $F' = P$.

3. Nous pouvons associer les points objets et images suivants pour l'ensemble des deux lentilles :

$$\infty \xrightarrow{L_1} F_1' \xrightarrow{L_2} F'$$

Point méthode : Pour établir l'expression d'une distance algébrique, on fait appel aux relations de conjugaison.

La relation de conjugaison de Descartes appliquée à L_2 pour le couple de points $(F_1' ;F')$ s'écrit : $\frac{1}{\overline{O_2F'}} - \frac{1}{\overline{O_2F_1'}} = \frac{1}{f_2'}$. On a donc :

$$\overline{O_2F'} = \frac{\overline{O_2F_1'} \times f_2'}{\overline{O_2F_1'} + f_2'} = \frac{\left(\overline{O_2O_1} + \overline{O_1F_1'}\right) \times f_2'}{\overline{O_2O_1} + \overline{O_1F_1'} + f_2'} = \frac{(-e + f_1') \times f_2'}{-e + f_1' + f_2'}$$

Le foyer image F' de l'appareil est confondu avec P. L'encombrement vaut alors :

$$\overline{O_1P} = \overline{O_1F'} = \overline{O_1O_2} + \overline{O_2F'} = e + \frac{(-e + f_1') \times f_2'}{-e + f_1' + f_2'}$$

$$\overline{O_1P} = 31 + \frac{(-31 + 50) \times (-25)}{-31 + 50 - 25} = 110 \text{ mm}$$

4. La hauteur h_3 cherchée est la taille de l'image. Notons AB la tour Eiffel, nous pouvons schématiser :

$$AB \xrightarrow{L_1} A_1'B_1' \xrightarrow{L_2} A'B'$$

Par définition, les grandissements des lentilles s'écrivant : $\gamma_1 = \frac{\overline{A_1'B_1'}}{\overline{AB}}$ et $\gamma_2 = \frac{\overline{A'B'}}{\overline{A_1'B_1'}}$. Le grandissement de l'ensemble s'écrit donc $\frac{\overline{A'B'}}{\overline{AB}} = \gamma_1 \times \gamma_2$.

La hauteur h_3 cherchée est la valeur absolue de la distance algébrique $\overline{A'B'}$.

$$\overline{A'B'} = \gamma_1\gamma_2\overline{AB}$$

Utilisons l'expression du grandissement des formules de Descartes sachant que $F_1' = A_1'$:

$$\gamma_1 = \frac{\overline{O_1F_1'}}{\overline{O_1A}} = -\frac{f_1'}{d}$$

$$\gamma_2 = \frac{\overline{O_2F'}}{\overline{O_2F_1'}} = \frac{\overline{O_2F'}}{-e+f_1'} = \frac{f_2'}{-e+f_1'+f_2'} \quad \text{d'après la question 3}$$

$$\overline{A'B'} = -\frac{f_1'f_2'}{d\left(-e+f_1'+f_2'\right)}\overline{AB}$$

$$\overline{A'B'} = -\frac{50\times(-25)}{2\cdot 10^6\times(-31+50-25)}\times 324\cdot 10^3 = -34\ \text{mm}$$

$\overline{A'B'} < 0$: l'image est renversée. L'image de la tour Eiffel a donc une hauteur de 34 mm.

Exercice 14.3 : Principe d'un viseur (CCP) **

Les lentilles sphériques minces, considérées dans cette partie et notées (L_i), sont utilisées dans le cadre de l'approximation de Gauss. Chaque lentille (L_i) est caractérisée par son centre optique O_i et par sa distance focale image f_i'. Les foyers objet et image sont notés respectivement F_i et F_i'.
La formule de conjugaison de Descartes (1) précise la position, sur l'axe optique, des points conjugués A et A' :

$$\frac{1}{\overline{O_iA'}} - \frac{1}{\overline{O_iA}} = \frac{1}{f_i'} \qquad (1)$$

La formule de conjugaison de Newton (2) précise la position des points A et A' par rapport aux foyers :

$$\overline{F_iA}\times\overline{F_i'A'} = -f_i'^2 \qquad (2)$$

Un viseur « à frontale fixe », noté (θ), est un système centré comprenant trois éléments de même axe optique :

- un objectif constitué d'une lentille mince (L_1) convergente ;
- un réticule de centre R (lame à faces parallèles d'épaisseur négligeable sur laquelle sont gravés deux traits orthogonaux formant une croix) ;
- un oculaire constitué d'une lentille mince (L_2) convergente.

Le réticule est situé entre ces deux lentilles, à la distance d_1 de (L_1) et à la distance d_2 de (L_2).

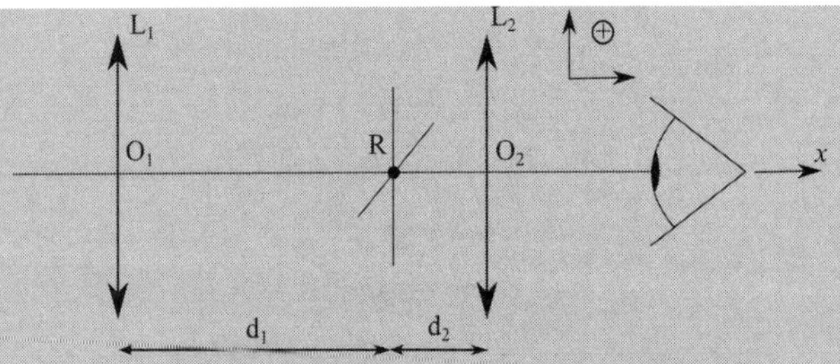

Données : $f'_1 = +8,0 \cdot 10^{-2}$ m $f'_2 = +3,0 \cdot 10^{-2}$ m $d_1 = +15 \cdot 10^{-2}$ m

Caractéristiques du viseur

1. Déterminer la distance $d_2 = \overline{RO_2}$ pour qu'un œil emmétrope, c'est-à-dire « normal », puisse observer l'image du réticule, à travers (L_2), sans accommoder.
2. Soit un ensemble de rayons lumineux incidents passant tous par le point F, foyer principal objet du viseur (θ). Donner la principale caractéristique géométrique du trajet de ces rayons lorsqu'ils émergent de (θ).
3. Déterminer graphiquement la position de F.
4. Déterminer la position du foyer principal objet F de (θ), en calculant la grandeur algébrique $\overline{F_1F}$.

Utilisation du viseur

5. « Viser » un objet avec le viseur, c'est positionner correctement viseur et objet l'un par rapport à l'autre, afin de pouvoir observer simultanément, sans accommoder (conditions définies à la question 1), l'image de l'objet visé et celle du réticule.
a) Pour être « visé », un objet doit se situer dans un plan de front du viseur. Quelle est la position de ce plan de front ?
b) Proposer la construction de l'image, par (θ), d'un point B, situé dans le plan de front et hors de l'axe optique.
6. Un viseur peut servir à déterminer la distance focale d'une lentille convergente.

Pour cela, il est possible d'utiliser la méthode d'autocollimation à l'aide d'un viseur selon la figure ci-dessous :

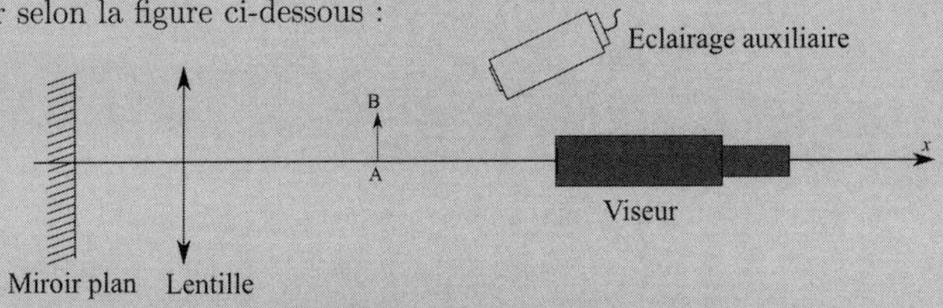

Expliquer le principe.

1. Un œil normal voit l'image du réticule nette et sans accommoder si cette dernière est située à l'infini. Par définition le foyer principal objet est le point dont l'image à travers le système optique est située à l'infini sur l'axe optique. Par conséquent le réticule R doit être au foyer objet de la lentille L_2 et on a :

$$\overline{O_2R} = \overline{O_2F_2} = -f_2' \quad \Leftrightarrow d_2 = \overline{RO_2} = f_2' = 3,0 \cdot 10^{-2}\ \mathrm{m}$$

2. D'après la définition du foyer principal objet F, les rayons issus de F émergent de (θ) parallèles entre eux et à l'axe optique.

3. Pour trouver le foyer principal objet F nous allons utiliser le principe du retour inverse de la lumière. Un point à l'infini sur l'axe optique émet des rayons parallèles à l'axe optique. À la traversée de la lentille L_2, le rayon va donc converger sur F_2. Dans une seconde phase, on trace le rayon émergent de la lentille L_1. On trace (en pointillés) la parallèle à ce rayon passant par O_1 et on cherche l'intersection I avec le plan focal objet de L_1. Le prolongement du rayon émergent passe par I et coupe l'axe optique en F.

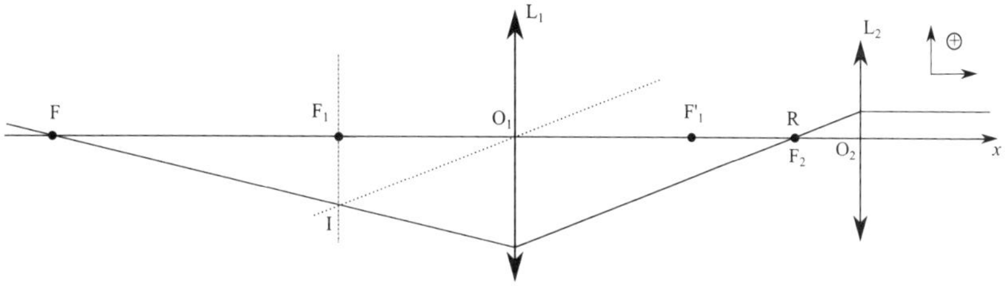

4. Nous pouvons associer les points objets et images suivants pour l'ensemble des deux lentilles :

$$F \xrightarrow{L_1} A_1 \xrightarrow{L_2} \infty$$

Or d'après la question 1 nous avons vu que si l'image à travers L_2 est à l'infini alors l'objet pour L_2 est situé en F_2. On obtient donc :

$$F \xrightarrow{L_1} A_1 = F_2 \xrightarrow{L_2} \infty$$

Remarque : Ici, il est demandé une distance par rapport à F_1 foyer objet de L_1, il est commode d'utiliser alors la relation de conjugaison de Newton donnée dans le sujet.

La formule de conjugaison de Newton à travers la lentille L_1 nous donne :

$$\overline{F_1F} \times \overline{F_1'A_1} = -f_1'^2 \quad \Leftrightarrow \quad \overline{F_1F} \times \overline{F_1'F_2} = -f_1'^2$$

De plus : $d_1 = \overline{O_1R} = \overline{O_1F_2} = \overline{O_1F_1'} + \overline{F_1'F_2} \quad \Leftrightarrow \quad \overline{F_1'F_2} = d_1 - f_1'$
Par conséquent :

$$\overline{F_1F} = \frac{-f_1'^2}{d_1 - f_1'} = -9,1 \cdot 10^{-2}\ \mathrm{m}$$

5.

a) D'après les questions précédentes, pour être observé sans accommoder, c'est-à-dire avoir son image à l'infini, il faut que l'objet soit au foyer principal objet F. Le plan de front est le plan passant par F.

Rappel : Le rayon lumineux passant par B et le centre O_1 de la lentille L_1 n'est pas dévié. Le rayon passant par B et le foyer objet F_1 de la lentille L_1 émerge de L_1 parallèle

à l'axe optique. On note B_1 l'intersection de ces deux rayons. B_1 est situé dans le plan focal objet de la lentille L_2.
B_1 est l'objet pour la lentille L_2 : étant situé dans le plan focal objet de cette lentille, il constitue un foyer secondaire objet donc les rayons émergents de cette lentille sont parallèles entre eux. Pour déterminer la direction des rayons émergents, il suffit de prendre le rayon le plus simple ici celui passant par B_1 et parallèle à l'axe optique qui ressort en passant par F'_2, puis de tracer l'autre rayon émergeant parallèle à ce dernier.

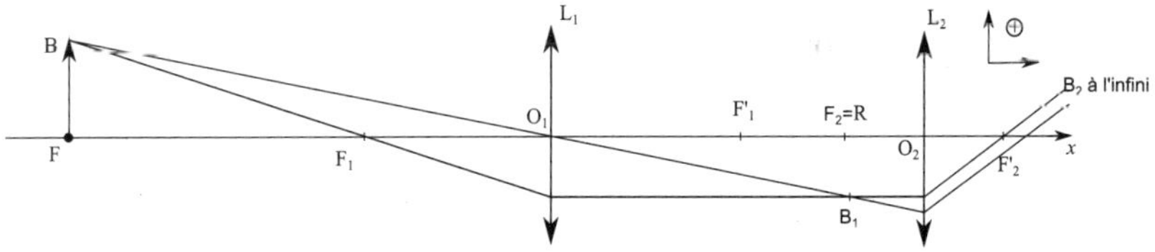

6. Pour déterminer la distance focale d'une lentille par autocollimation, nous avons besoin d'un miroir, d'une source lumineuse et d'un objet AB.
Tout d'abord, à l'aide du viseur, on vise l'objet AB afin d'observer son image nette. On déplace l'ensemble miroir+lentille de manière à former son image $A'B'$ dans le plan de l'objet. Quand l'objet AB et l'image $A'B'$ sont nets en même temps dans le viseur, on lit $x(A)$ l'abscisse du viseur.
On retire du banc l'objet AB et on fait une croix sur le centre optique O de la lentille au feutre. On vise alors le centre optique O de la lentille et on relève l'abscisse $x(O)$ du viseur. La différence $x(A) - x(O)$ nous donne la distance focale de la lentille.

Rappel : Lorsque l'objet AB est placé au foyer objet de la lentille, les rayons émergent de la lentille parallèles entre eux. Ils sont ensuite réfléchis par le miroir plan et reviennent alors sur la lentille (toujours parallèles entre eux) et ils convergent alors dans le plan focal image (qui est également le plan focal objet initial). On obtient une image $A'B'$ de même taille et inversée ; le grandissement est de -1.

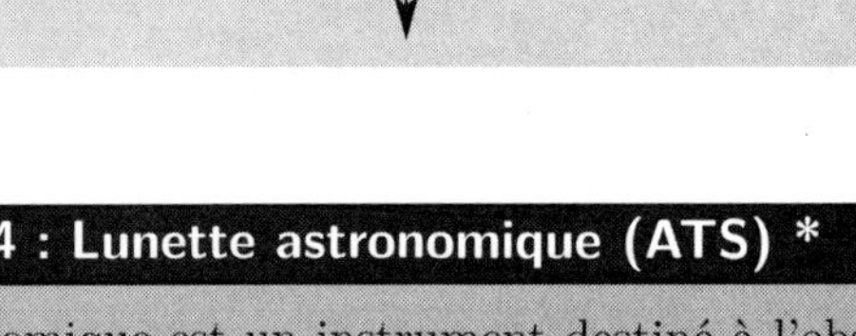

Exercice 14.4 : Lunette astronomique (ATS) *

La lunette astronomique est un instrument destiné à l'observation des astres lointains. Quoique supplantées aujourd'hui par les télescopes à miroir parabolique, les lunettes astronomiques ont eu une grande importance en astronomie. Schématiquement, une lunette astronomique se compose de deux lentilles minces convergentes successives. La lumière provenant de l'astre observé arrive d'abord sur une lentille L_1 appelée *objectif*, de distance focale f'_1, puis sur une lentille L_2, appelée *oculaire*, de même axe optique que la précédente et de distance focale f'_2 ($f'_1 > f'_2$). On note O_1 et O_2 les centres optiques respectifs de L_1 et L_2 et d la distance O_1O_2. On se place dans les conditions de l'approximation de Gauss.

1. La lunette a son axe optique dirigé vers une étoile, objet ponctuel situé à l'infini. On veut que l'image finale de l'étoile par la lunette (donc après traversée des deux lentilles) soit elle aussi à l'infini (réglage dit *afocal*). Exprimer la distance d en fonction de f'_1 et f'_2.

2. Faire un schéma de la lunette dans le réglage afocal et représenter la marche d'un rayon lumineux issu de l'étoile ne coïncidant pas avec l'axe optique.

3. On observe maintenant un objet ponctuel à l'infini situé hors de l'axe optique de la lunette. Les rayons issus de cet objet arrivant sur l'objectif forment un faisceau de rayons parallèles inclinés d'un angle α par rapport à l'axe optique de la lunette. Représenter la marche à travers la lunette (toujours en réglage afocal) de deux rayons lumineux bien espacés de ce faisceau.

4. Le faisceau précédent émergeant de la lunette afocale est formé de rayons parallèles inclinés d'un angle α' par rapport à l'axe optique. Les angles α et α'. étant supposés petits, déterminer leur rapport appelé grossissement, en fonction de f'_1 et f'_2.

1. L'étoile, objet ponctuel, est située à l'infini donc l'image à travers la lentille L_1 se forme au foyer principal image F'_1 (il s'agit de l'image intermédiaire).
De plus on veut que l'image finale soit aussi à l'infini, il faut donc que l'image intermédiaire, qui constitue l'objet secondaire pour la lentille L_2, se trouve au foyer principal objet de L_2 en F_2.
Par conséquent les foyers F'_1 et F_2 doivent être confondus, on a alors créé une lunette afocale et $d = \overline{O_1O_2} = \overline{O_1F'_1} + \overline{F_2O_2} = f'_1 + f'_2$.

On a donc : $\infty \xrightarrow{L_1} F'_1 = F_2 \xrightarrow{L_2} \infty$

2.

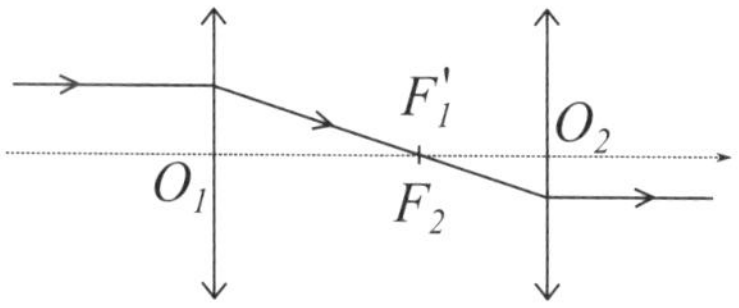

Rappel : Un rayon incident parallèle à l'axe optique donne un rayon émergent passant par le foyer principal image. Un rayon incident passant par le foyer principal objet ressort parallèle à l'axe optique.

3. Traçons tout d'abord le rayon lumineux passant par le centre O_1 de la lentille L_1. Il n'est pas dévié et on note B_1 son intersection avec le plan focal image de L_1. B_1 est un foyer secondaire, tous les rayons parallèles au rayon incident mentionné ci-dessus convergent en B_1.
B_1 est l'objet pour la lentille L_2 et il est situé dans le plan focal objet de cette lentille et constitue un foyer secondaire objet donc les rayons émergeant de

cette lentille sont parallèles entre eux. Pour déterminer la direction des rayons émergents, il suffit de prendre le rayon le plus simple c'est-à-dire celui passant par B_1 et le centre de la lentille O_2 qui n'est pas dévié, puis de tracer tous les autres rayons émergents parallèles à ce dernier.

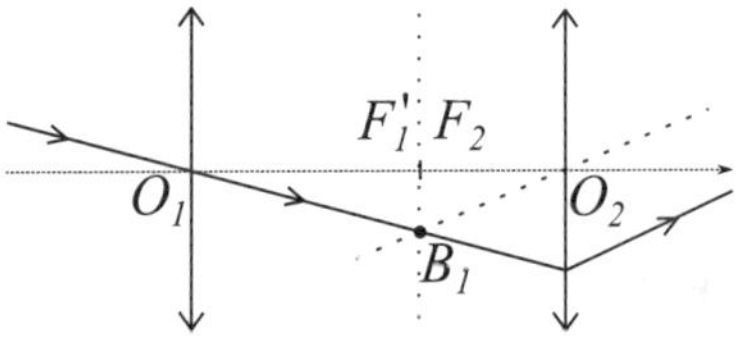

Pour deux rayons lumineux bien espacés, on a donc :

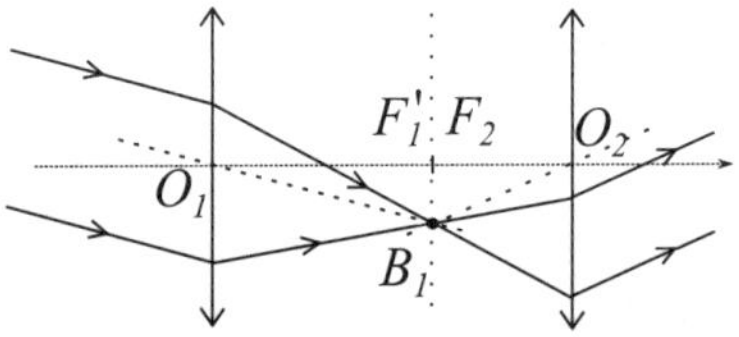

4. Afin de déterminer le grossissement repérons les angles α et α' sur la figure précédente :

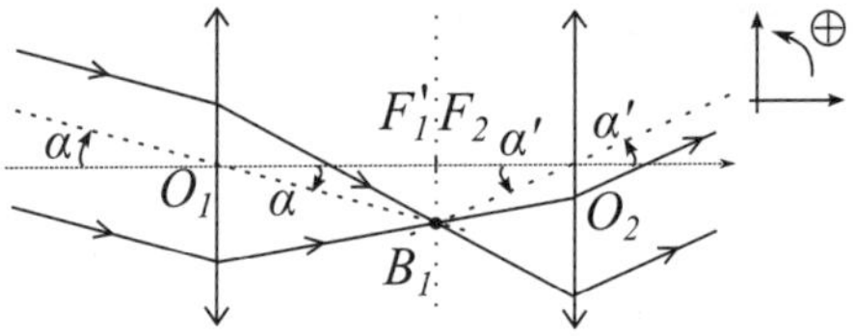

Nous sommes dans les conditions de l'approximation de Gauss donc les angles α et α' sont petits et on peut écrire : $\tan\alpha \approx \alpha$ et $\tan\alpha' \approx \alpha'$.
De plus, d'après la figure précédente :

$$\tan\alpha = \frac{\overline{F_1'B_1}}{\overline{O_1F_1'}} = \frac{\overline{F_1'B_1}}{f_1'} \approx \alpha$$

$$\tan\alpha' = \frac{\overline{F_1'B_1}}{\overline{O_2F_2}} = \frac{\overline{F_1'B_1}}{-f_2'} \approx \alpha'$$

Ainsi

$$G = \frac{\alpha'}{\alpha} \approx \frac{\dfrac{\overline{F_1'B_1}}{-f_2'}}{\dfrac{\overline{F_1'B_1}}{f_1'}} = -\frac{f_1'}{f_2'}$$

Exercice 14.5 : Test de la vue (G2E) *

Pour tester la vue du conducteur, on lui demande d'observer un objet noté AB. Pour cela, on utilise un banc optique sur lequel peuvent glisser un support porte-objet et un support porte-lentille. L'objet et l'œil sont placés respectivement à gauche et à droite de la lentille. L'œil est placé au point S à 10 cm du centre optique O de la lentille.

L'observateur utilise une lentille mince divergente de vergence $-0,5\ \delta$ ($1\ \delta = 1\ \mathrm{m}^{-1}$). On déplace l'objet AB, la lentille restant fixe ; l'observateur perçoit une image nette quand l'objet se trouve à une distance comprise entre 2 m et 5,1 cm de la lentille.
1. Faire un schéma simple du système optique.
2. Déterminer la position du punctum remotum (PR) et du punctum proximum (PP) en donnant les valeurs $\overline{SP_R}$ et $\overline{SP_P}$.

Le PR est le point objet situé le plus loin vu nettement par l'œil au repos (sans accommodation). Le PP est le point objet situé le plus près vu nettement par l'œil avec une accommodation maximale.

3. On se propose de corriger la myopie de cet œil, hors du banc optique, par le port d'un verre correcteur assimilé à une lentille mince dont le centre optique O' est situé à 2 cm en avant de S. L'axe optique de l'œil et celui de la lentille sont confondus. Le PR est alors rejeté à l'infini.
a) Déterminer la nature de la lentille correctrice.
b) Calculer la distance focale image de la lentille.
c) À quelle distance, comptée à partir de O', se trouve le nouveau PP de l'œil ainsi corrigé ?

1. La lentille employée a une vergence $v = -0,5\ \delta$ donc elle a une distance focale $f' = \dfrac{1}{v} = \dfrac{1}{-0,5} = -2\ \mathrm{m}$. Le système optique étudié est le suivant (non à l'échelle, $\overline{OS} = 10\ \mathrm{cm}$, $\overline{OF'} = -2\ \mathrm{m}$) :

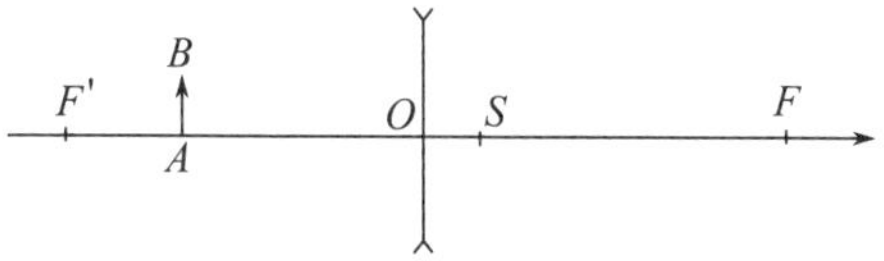

2. L'objet AB va former une image conjuguée intermédiaire à travers la lentille notée $A'B'$ qui constituera l'objet intermédiaire vu par l'œil à travers le système optique. D'après la relation de conjugaison avec origine au centre, on a :

$$\frac{1}{\overline{OA'}} - \frac{1}{\overline{OA}} = \frac{1}{f'}$$

L'observateur perçoit une image nette quand l'objet se trouve à une distance comprise entre 2 m et 5,1 cm de la lentille. Déterminons pour chaque extrême net la position de l'image intermédiaire :

- si l'objet est à 2 m on a : $\overline{OA} = -2\ \mathrm{m} \quad \Leftrightarrow \quad \dfrac{1}{\overline{OA'}} = \dfrac{1}{f'} + \dfrac{1}{\overline{OA}}$

$$\overline{OA'} = \frac{\overline{OA} \times f'}{\overline{OA} + f'} = \frac{-2 \times (-2)}{-2-2} = -1\ \mathrm{m}$$

- si l'objet est à 5,1 cm, on trouve : $\overline{OA'} = \dfrac{-5,1 \cdot 10^{-2} \times (-2)}{-5,1 \cdot 10^{-2} - 2} = -5\ \mathrm{cm}$

Or l'image intermédiaire constitue l'objet vu par l'œil, ainsi chaque extrême net nous donne la position des PP et PR donc $\overline{OP_R} = -1$ m et $\overline{OP_P} = -5$ cm. Enfin $\overline{OS} = 10$ cm d'où : $\overline{SP_R} = -1,1$ m et $\overline{SP_P} = -15$ cm. L'œil nu voit net à travers la lentille si l'objet est situé entre 15 cm et 1, 1 m.

3.

a) La correction doit permettre à l'œil myope de voir net à l'infini sans accommoder :

$$\infty \xrightarrow{\text{lentille correctrice}} P_R = F'_{\text{corr}} \xrightarrow{\text{oeil sans accomodation}} \text{rétine}$$

Le P_R de l'œil étudié est situé avant la lentille ($\overline{SP_R} = -1,1$ m et $\overline{SO'} - 2$ cm), une lentille dont le foyer principal image est situé avant son centre optique est divergente.

Un œil myope a un cristallin trop convergent, il faut le corriger à l'aide d'une lentille divergente.

b) Pour la lentille correctrice, nous pouvons écrire :

$$\overline{O'P_R} = \overline{O'F'_{\text{corr}}} = \overline{O'S} + \overline{SP_R}$$

$$f'_{\text{corr}} = 2 \cdot 10^{-2} - 1,1 = -1,08 \text{ m}$$

On a bien une distance focale image négative caractéristique des lentilles divergentes.

c) Le nouveau PP, noté P'_P, est tel que :

$$P'_P \xrightarrow{\text{lentille correctrice}} P_P \xrightarrow{\text{oeil avec accomodation maximale}} \text{rétine}$$

$$\frac{1}{\overline{O'P_P}} - \frac{1}{\overline{O'P'_P}} = \frac{1}{f'_{\text{corr}}} \quad \text{soit} \quad \overline{O'P'_P} = \frac{f'_{\text{corr}} \times \overline{O'P_P}}{f'_{\text{corr}} - \overline{O'P_P}}$$

Avec $\overline{O'P_P} = \overline{O'S} + \overline{SP_P} = -13,0$ cm.

D'où : $\overline{O'P'_P} = \dfrac{-1,08 \times (-13)}{-1,08 + 0,13} = -14,8$ cm

Sous-partie 5
Introduction à la chimie organique

CHAPITRE

15

Stéréochimie

Capacités à acquérir	Exercices
Déterminer la formule brute d'une molécule et proposer des formules développées.	15.1
Déterminer les descripteurs stéréochimiques Z/E, R/S, D/L.	15.1 à 15.6
Représenter une molécule à partir de son nom, en tenant compte d'informations stéréochimiques, dans un type de représentation donné.	15.3
Savoir passer d'une représentation à une autre en respectant les descripteurs stéréochimiques.	15.3 à 15.6
Identifier les relations de stéréoisomérie entre deux composés.	15.3 et 15.4
Déterminer si une molécule est chirale.	15.4 et 15.6
Représenter le conformère le plus stable d'un cyclohexane substitué.	15.6
Déterminer si une molécule est chirale.	15.4 et 15.6
Utiliser la loi de Biot.	15.7
Utiliser la loi de Biot pour discuter de la pureté énantiomérique d'un mélange.	15.8

Notation : Les règles de Cahn-Ingold-Prelog seront abrégées en règles CIP.

Exercice 15.1 : Détermination d'une formule brute (Agro-Véto) *

On peut obtenir à partir des rhizomes d'iris un extrait à l'odeur de violette constitué d'un mélange d'isomères dont l'un est l'α-irone.

1. La microanalyse quantitative (oxydation totale par des ions cuivriques dans un courant de dioxygène), effectuée sur un échantillon de masse $m_0 = 10,32$ mg fournit $m_1 = 30,83$ mg de CO_2 et $m_2 = 9,91$ mg d'eau. La masse molaire de l' α-irone est $M = 206$ g.mol^{-1}. On donne les masses molaires en g.mol^{-1} : $M_C = 12$; $M_H = 1$; $M_O = 16$. Déterminer la formule brute de l'α-irone.

2. En déduire le nombre d'insaturations.
3. Le squelette de l' α-irone est le suivant :

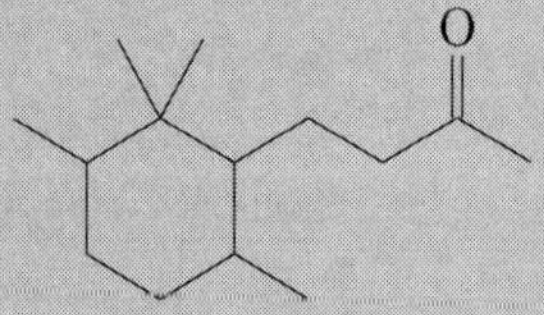

Proposer les différentes formules possibles sachant qu'une double liaison est conjuguée avec la fonction cétone et qu'une autre est dans le cycle. Vous indiquerez pour chacune la présence de carbone(s) asymétrique(s) et de double(s) liaison(s) pouvant adopter une configuration Z ou E.

1. La réaction d'oxydation s'écrit :

$$C_xH_yO_z + \left(x + \frac{y}{4} - \frac{z}{2}\right) O_2 \longrightarrow xCO_2 + \frac{y}{2}H_2O$$

Point méthode : On fait un bilan en quantité de matière, puis on passe aux masses.

La quantité de matière de carbone obtenue vaut :

$$n_C = n_{CO_2} = \frac{m_{CO_2}}{M_{CO_2}} = \frac{m_1}{M_{CO_2}}$$

La masse de carbone vaut $m_C = n_C M_C = \dfrac{m_1 M_C}{M_{CO_2}}$

Le pourcentage en masse du carbone vaut :

$$\%C = \frac{m_C}{m_0} \times 100 = \frac{m_1 M_C}{M_{CO_2} m_0} \times 100$$

Rappel : Les pourcentages en masse sont reliés aux nombres x, y et z par la relation :

$$\frac{xM_C}{\%C} = \frac{yM_H}{\%H} = \frac{zM_O}{\%O} = \frac{M}{100}$$

Le nombre d'atomes de carbone dans la formule brute est donc obtenu grâce à la relation : $\%C = \dfrac{xM_C}{M} \times 100 \quad \Leftrightarrow \quad \dfrac{xM_C}{M} = \dfrac{m_1 M_C}{M_{CO_2} m_0}$.

$$x = \frac{m_1 M}{M_{CO_2} m_0} \quad \Leftrightarrow \quad x = \frac{30,83 \times 206}{44 \times 10,32} = 14$$

La quantité de matière d'hydrogène obtenue vaut :

$$n_H = 2 \times n_{H_2O} = 2 \times \frac{m_{H_2O}}{M_{H_2O}} = \frac{2m_2}{M_{H_2O}}$$

La masse d'hydrogène vaut $m_H = n_H M_H = \dfrac{2m_2 M_H}{M_{H_2O}}$.

Le pourcentage en masse d'hydrogène vaut :

$$\%H = \frac{m_H}{m_0} \times 100 = \frac{2m_2 M_H}{M_{H_2O} m_0} \times 100$$

Le nombre d'atomes d'hydrogène est obtenu grâce à la formule : $\dfrac{yM_H}{\%H} = \dfrac{M}{100}$.

$$y = \frac{2m_2 M}{M_{H_2O} m_0} \quad \Leftrightarrow \quad y = \frac{2 \times 9,91 \times 206}{18 \times 10,32} = 22$$

Point méthode : Le pourcentage d'oxygène se déduit des autres.

Le pourcentage d'oxygène ne peut pas se déduire par un bilan de matière comme on le fait pour le carbone et l'hydrogène car l'oxygène peut provenir non seulement de l'espèce organique dont on cherche la formule brute mais aussi du dioxygène servant à l'oxydation.

Puis on utilise : $M = xM_C + yM_H + zM_O$

$$z = \frac{M - xM_C - yM_H}{M_O} = 1$$

La formule brute de l'α-irone est donc $C_{14}H_{22}O$.

2. Le nombre d'insaturations se calcule en comparant $C_{14}H_{22}$ à $C_{14}H_{2\times14+2}$.

Explication : $C_{14}H_{22}O$ et $C_{14}H_{22}$ ont le même nombre d'insaturations.

Il y a 4 H_2 de différence donc l' α-irone possède 4 insaturations.

3. Le squelette de l' α-irone est le suivant :

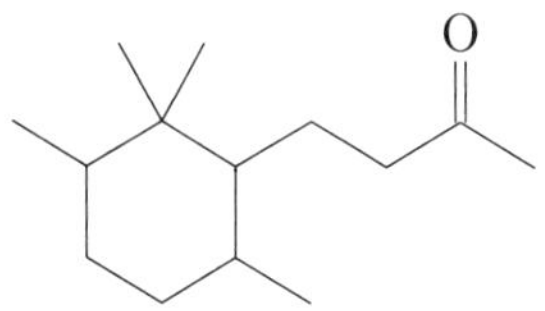

Il y a déjà 2 insaturations : le cycle et la double liaison C=O. Il reste à en placer 2. Sachant qu'une double liaison est conjuguée avec la fonction cétone et qu'une autre est dans le cycle, on peut obtenir les molécules suivantes :

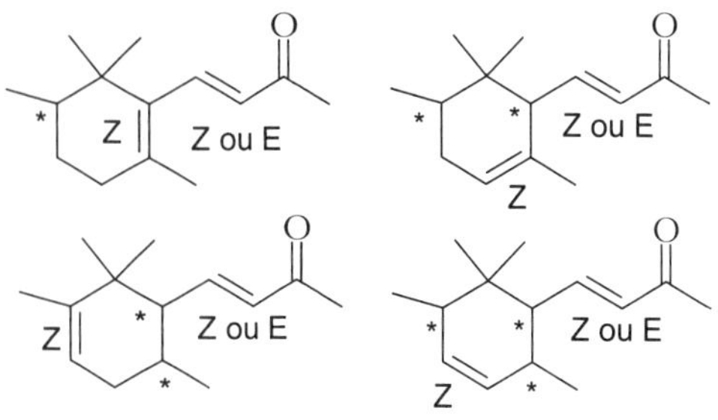

> ⚠ La double liaison du cycle ne peut être que de configuration Z sinon le cycle serait trop « tordu » (les angles 109° et 120° ne seraient plus respectés).

Exercice 15.2 : Stéréochimie et représentation de Newman *

On s'intéresse au 2-chloro-3-phénylbutane. Ce composé possède 4 stéréoisomères de configuration. On donne pour les 4 stéréoiso-mères, notés I, II, III et IV, une projection de Newman suivant l'axe C_2-C_3 :

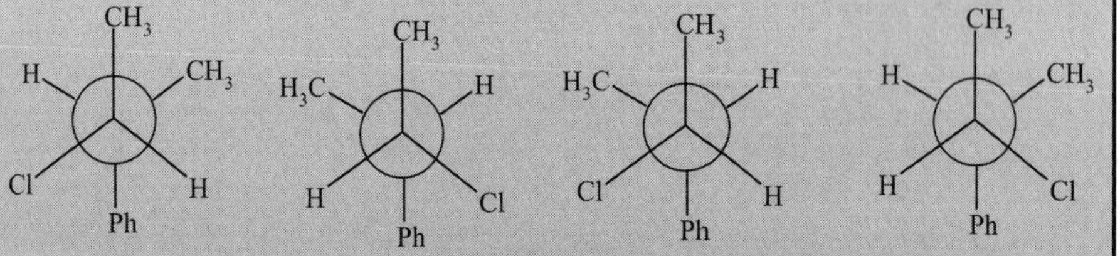

I II III IV

1. Donner le schéma de Lewis du groupe phényle.
2. Préciser les descripteurs stéréochimiques de chaque carbone asymétrique en justifiant.
3. Quelles sont les relations d'énantiomérie et de diastéréoisomérie entre les différents stéréoisomères ?

1. Le schéma de Lewis du groupe phényle est le suivant (à ne pas confondre avec le groupe benzyle) :

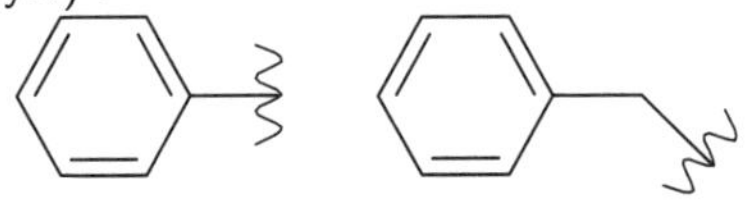

phényle benzyle

2. Pour déterminer les descripteurs stéréochimiques, il faut tout d'abord classer les 4 substituants des carbones asymétriques selon les règles CIP :
C_2^* : $Cl > C_3 > CH_3 > H$ et C_3^* : $C_2 > Ph > CH_3 > H$
Puis on place notre œil de façon à ce que le plus petit substituant s'éloigne de nous.
Pour le carbone C_2^* :

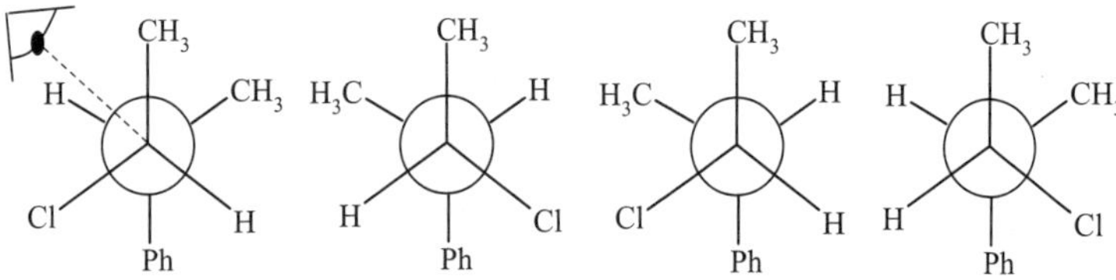

I II III IV

Pour le carbone C_3^* :

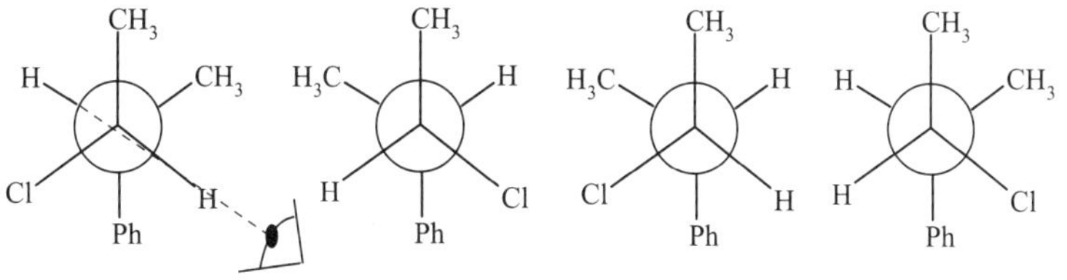

I II III IV

Ainsi, I=2R3S.

Remarque : Nous pouvons procéder de même pour déterminer les descripteurs stéréochimiques absolus des trois autres stéréoisomères. Nous allons proposer ci-dessous une autre méthode.

II est l'image de I dans un miroir donc les descripteurs stéréochimiques de II sont inversés par rapport à celles de I : II= 2S3R.
Dans III, les substituants du carbone 2 sont placés comme dans I : 2R et les substituants du carbone 3 sont placés comme dans II : 3R. Nous avons donc III=2R3R. IV est l'image dans un miroir de III : IV=2S3S.
3. I et II sont images l'un de l'autre dans un miroir : ce sont des énantiomères. De même pour II et IV. Ainsi, les couples (I,III), (I,IV), (II,III) et (II,IV) sont des couples de diastéréoisomères.

Exercice 15.3 : Stabilité de conformères (Olympiades Chimie) *

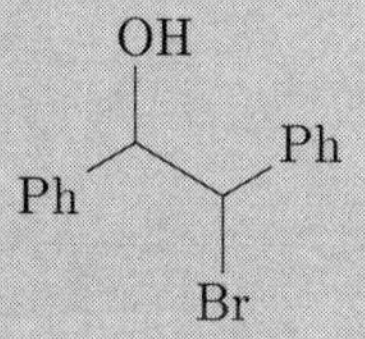

E

Représenter en projection de Newman un conformère stable du (1R,2S)-2-bromo-1,2-diphényléthanol. La réponse sera justifée.

La représentation en projection de Newman du (1R,2S)-2-bromo-1,2-diphényléthanol est la suivante :

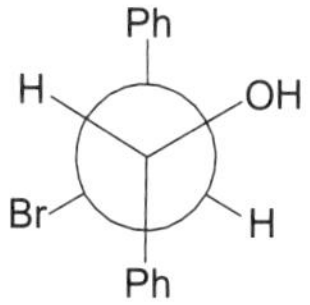

En effet, d'après les règles CIP :
C_1^* : OH > C_2 > Ph > H et C_2^* : Br > C_1 > Ph > H

Point méthode : Pour obtenir la représentation de Newman, on dessine directement une représentation de Newman de la molécule en mettant les substituants au hasard puis il faut vérifier que les bonnes configurations sont obtenues. Si ce n'est pas le cas, il suffit d'échanger deux substituants.

On peut aussi représenter tout d'abord le composé en représentation de Cram (en attribuant les bonnes configurations), puis on réalise la projection de Newman selon l'axe $C_1 - C_2$:

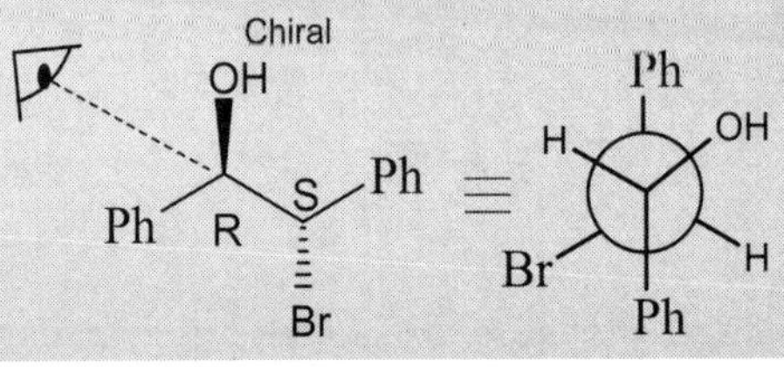

Il ne faut surtout pas prendre de conformère éclipsé (instable) car on demande un conformère stable.

Cette conformation décalée anti est stable car dans toutes les autres conformations les interactions gauches entre les phényles ou entre les phényles, OH et Br sont défavorables (gêne stérique).

Exercice 15.4 : Acides lactique et tartrique **

L'acide lactique est la molécule suivante :

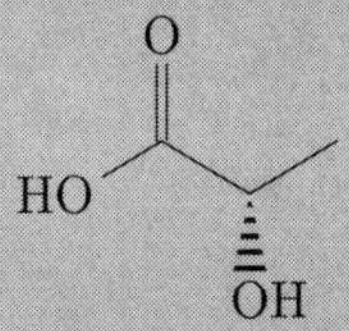

1. Quelles fonctions organiques possède l'acide lactique ?
2. Préciser le descripteur stéréochimique du carbone asymétrique de l'acide lactique.
3. Cette molécule est-elle chirale ? Pourquoi ?
4. Qu'appelle-t-on mélange racémique ? Un tel mélange a-t-il une action sur la lumière polarisée ? Justifier votre réponse.

L'acide tartrique est l'acide 2,3-dihydroxybutanedioïque.
5. Représenter en représentation de Cram puis en projection de Fischer les stéréoisomères 2R,3R et 2S,3S de l'acide tartrique.
6. Quelle est la relation de stéréochimie entre les stéréoisomères 2R,3R et 2S,3S de l'acide tartrique ? Quelles sont les propriétés communes à ces stéréoisomères ?

7. Que peut-on dire du stéréoisomère 2R,3S de l'acide tartrique. Quelle propriété le distingue des deux autres ?

1. L'acide lactique possède la fonction acide carboxylique et la fonction alcool :

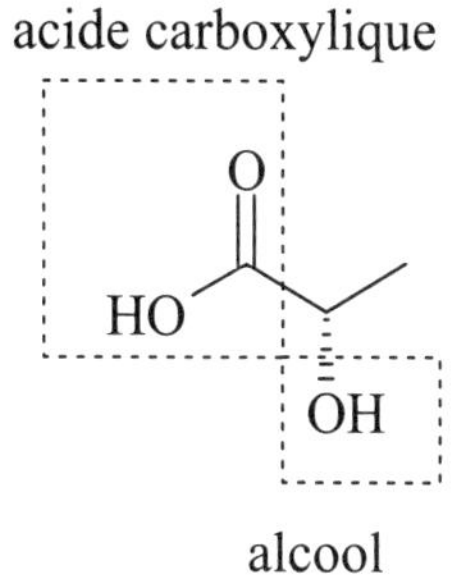

2. On classe les substituants d'après les règles CIP : $OH > COOH > CH_3 > H$.

La configuration du carbone asymétrique est donc S.

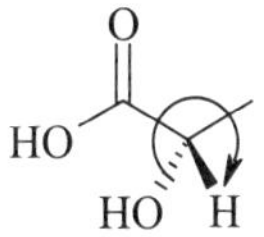

Point méthode : Comme le plus « petit » substituant est devant, il faut changer de sens pour trouver la bonne configuration.

3. L'acide lactique n'est pas superposable à son image dans un miroir :

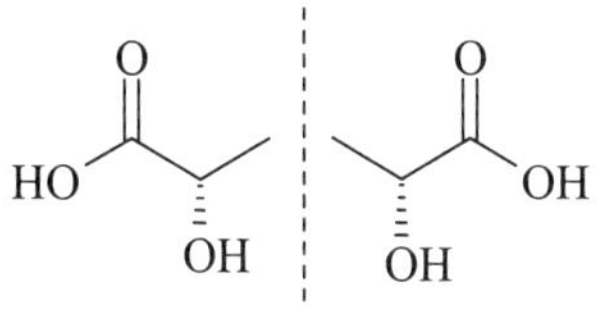

C'est donc une molécule chirale.

Rappel : Une substance chirale n'est pas superposable à son image dans un miroir. L'image dans un miroir d'une configuration S est une configuration R.
Une substance chirale fait dévier le plan de polarisation d'une lumière polarisée.

⚠ Il ne faudrait pas dire ici qu'une substance chirale fait dévier la lumière car alors, on fait référence au phénomène de réfraction, qui n'est pas du tout celui observé avec le polarimètre de Laurent.

4. Un mélange racémique est un mélange équimolaire de deux énantiomères. C'est un mélange achiral car les énantiomères ont des pouvoirs rotatoires spécifiques opposés et la loi de Biot est additive :

$$\alpha = [\alpha]_R \ell C + [\alpha]_S \ell C = 0$$

Bien employer les bons termes : α est le pouvoir rotatoire de la solution, $[\alpha]_R$ est le pouvoir rotatoire spécifique de l'espèce « molécule dans la configuration R ». Le pouvoir rotatoire spécifique dépend de la température, du solvant et de la longueur d'onde utilisée.

5. La configuration absolue des carbones asymétriques est obtenue en respectant l'ordre : $OH > COOH > C > H$.
Les représentations de Cram des stéréoisomères 2R,3R et 2S,3S de l'acide tartrique sont les suivantes :

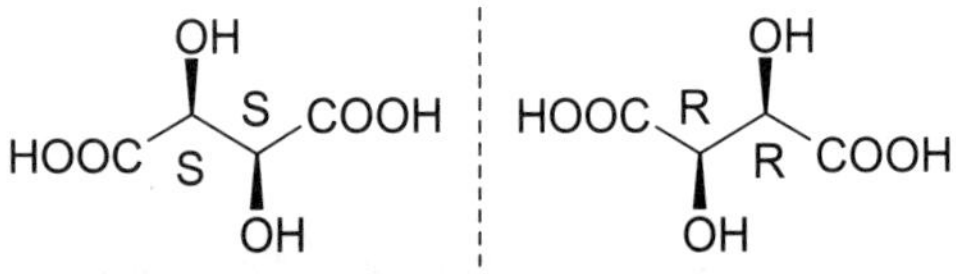

Point méthode : Afin de dessiner une représentation de Cram claire (ou lisible), on met la chaîne carbonée la plus longue en zigzag dans le plan de la feuille.

Une technique consiste ensuite à mettre au hasard le groupe —OH : devant ou derrière. Si la bonne configuration est obtenue de suite, tant mieux, on a eu de la chance. Sinon, il suffit d'échanger les places de H et de OH : en échangeant 2 substituants, les autres ne bougeant pas, on inverse les configurations.

Les représentations en projection de Fischer sont les suivantes :

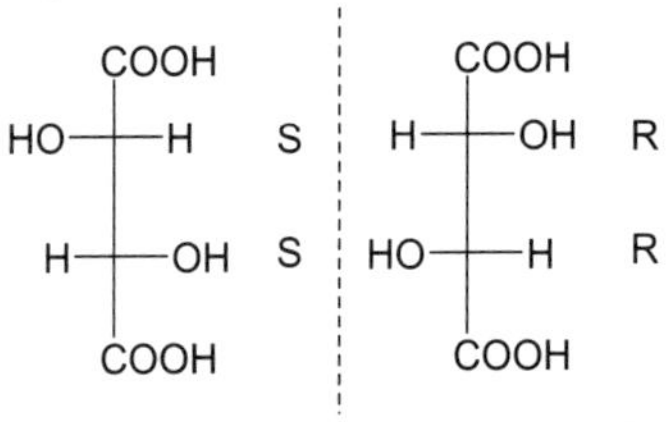

Point méthode : Dans la représentation de Fischer, la chaîne carbonée la plus longue doit être dessinée verticalement avec le groupe le plus oxydé en haut. On positionne ensuite les groupes OH et H de manière à obtenir la configuration voulue.

6. Les stéréoisomères 2R,3R et 2S,3S de l'acide tartrique sont images l'un de l'autre dans un miroir et ne se superposent pas : ce sont des énantiomères. Les énantiomères ont les mêmes propriétés physiques (température de changement d'état, solubilité...) et chimiques (réactivité) sauf vis-à-vis de la lumière polarisée et vis-à-vis de réactifs chiraux.

Remarque : Chacun de ces stéréoisomères est une molécule chirale.

7. Le stéréoisomère 2R,3S de l'acide tartrique est superposable à son image dans un miroir :

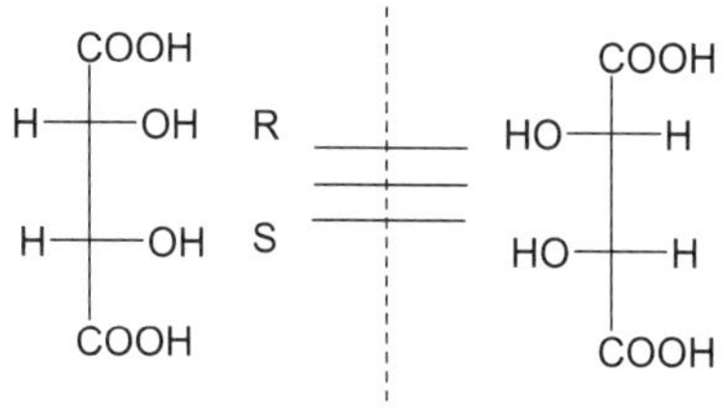

Il est achiral (il s'agit du composé méso), ce qui le distingue des deux autres composés.

Remarque : L'acide tartrique possède donc 3 stéréoisomères de configuration.

La règle 2^n stéréoisomères de configuration, où n est le nombre de carbones asymétriques, ne s'applique pas lorsque les deux carbones asymétriques sont identiques (c'est-à-dire lorsqu'ils portent les mêmes groupes). Par exemple, lorsqu'une molécule possède deux carbones asymétriques identiques, il n'existe que trois stéréoisomères : un couple d'énantiomères et le composé méso (achiral car superposable à son image dans un miroir).

Exercice 15.5 : Configurations de l'acide isocitrique (ENS) **

On considère l'acide isocitrique $HO_2C—CHOH—CH(CO_2H)—CH_2—CO_2H$.

1. Combien de stéréoisomères correspondent à cette constitution moléculaire ? Donner les configurations absolues possibles, sans les représenter.

2. L'un des stéréoisomères précédents, nommé A_1, est de configuration 2R,3S. Donner sa représentation de Fischer en plaçant le carbone 5 au sommet de l'axe vertical. À quelle série, L ou D, appartient A_1 ? Peut-on alors prévoir le signe du pouvoir rotatoire spécifique de A_1 ?

3. Donner la représentation de Fischer de l'énantiomère de A_1, ainsi qu'un diastéréoisomère de A_1. Représenter A_1 en représentation de Cram selon la géométrie donnée ci-dessous, en complétant par les substituants sur les carbones 3 et 4. Pourquoi cette géométrie quasi-cyclique est-elle privilégiée ?

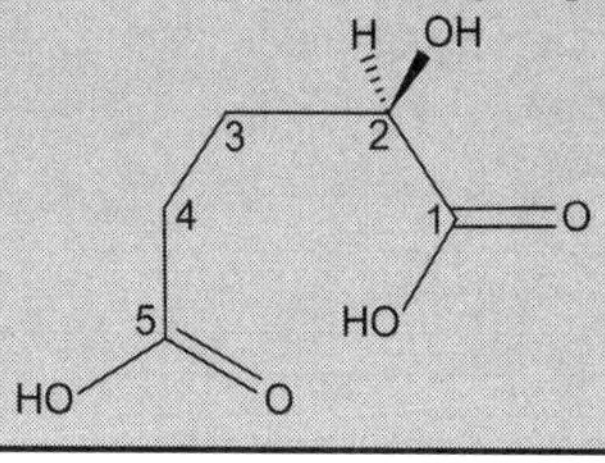

1. À l'aide de la formule semi-développée ci-dessous on remarque que la molécule a deux carbones asymétriques (noté par une *), elle possède au maximum $2^2 = 4$ stéréoisomères.

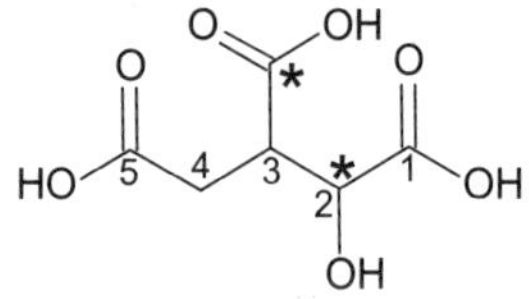

Les 2 carbones asymétriques ont des substituants différents, on a donc 4 stéréoisomères. Les configurations possibles sont : (2R,3R), (2R,3S), (2S,3R) et (2S,3S).

Rappel : Les stéréoisomères (2R,3R) et (2S,3S) sont énantiomères (de même pour (2R,3S) et (2S,3R)). Les stéréoisomères (2R,3R) et (2R,3S) sont diastéréoisomères (de même pour (2R,3R) et (2S,3R), (2S,3S) et (2S,3R), (2S,3S) et (2R,3S)).

2. La formule du stéréoisomère 2R,3S nommé A_1 est :

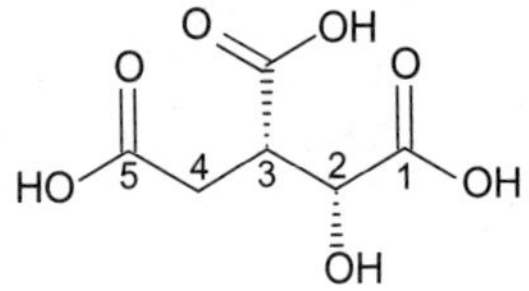

C_2^* : OH > C_1 > C_3 > H et C_3^* : COOH > C_2 > C_4 > H

Point méthode : Pour la représentation de Fischer, on peut imaginer que la molécule doit s'enrouler sur elle-même avec le carbone 5 vers le haut et on regarde la position des substituants de la chaine carbonée (dessinée verticalement) en gardant le carbone 5 vers le haut.

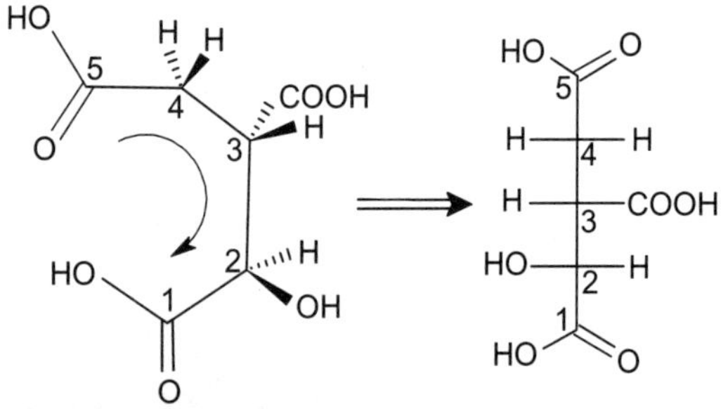

Point méthode : Nous pouvons également trouver la représentation de Fischer de A_1 en complétant les substituants des carbones 2 et 3 du squelette ci-contre de manière à obtenir les bonnes configurations :

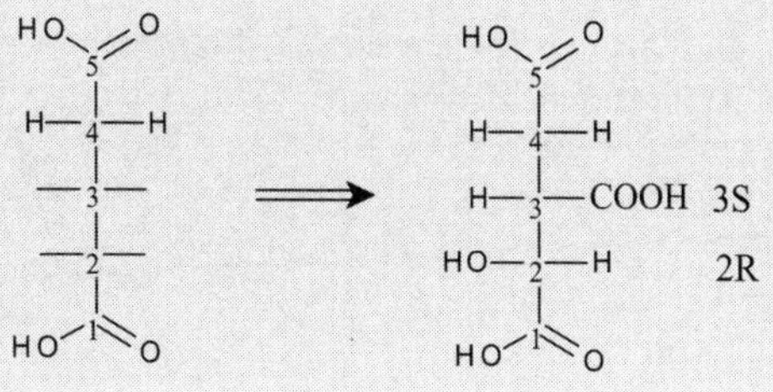

Le groupement situé sur le dernier carbone asymétrique, le substituant OH sur le carbone 2, est à gauche dans la représentation de Fischer donc il appartient à la série L. Il n'existe aucun lien entre pouvoir rotatoire spécifique et série D ou L.

Rappel : Pour des substances lévogyres, le pouvoir rotatoire spécifique est négatif. Pour des substances dextrogyres, il est positif.

La série ne donne aucune indication sur le signe du pouvoir rotatoire spécifique. Par exemple, le fructose donné ci-dessous est lévogyre et de la série D :

De même, il n'existe aucune relation entre pouvoir rotatoire spécifique et configuration R ou S.

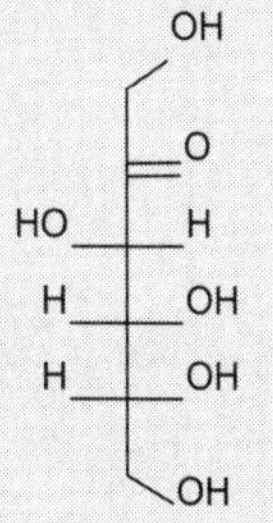

(-)-(D)-Fructose

3. Pour obtenir l'énantiomère de A_1, on fait son image dans un miroir :

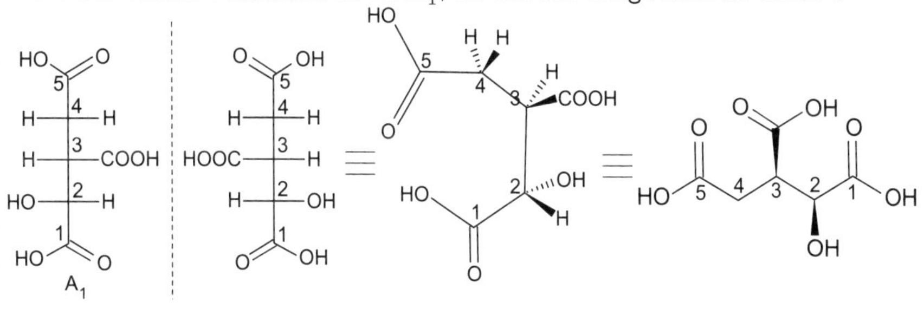

Point méthode : Pour représenter l'énantiomère de A_1 (2R,3S) en représentation de Cram, on peut aussi compléter le squelette carboné ci-dessous de façon à obtenir les configurations (2S,3R) :

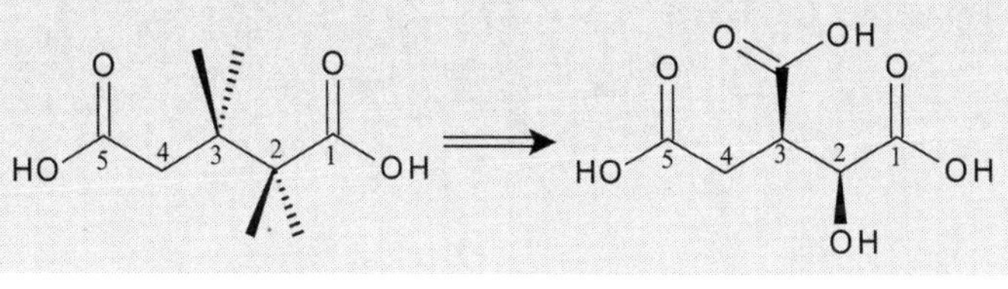

Pour obtenir un diastéréoisomère de A_1, il faut inverser deux substituants d'un seul carbone asymétrique. Par exemple :

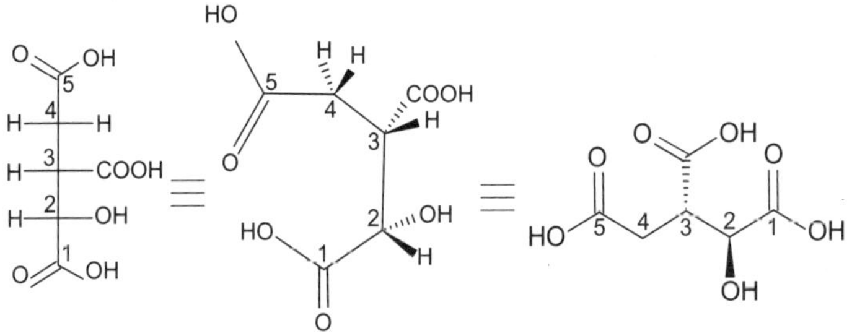

A_1 en représentation de Cram selon la géométrie imposée donne :

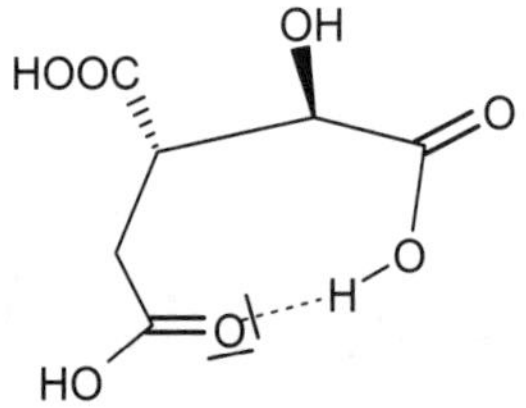

Cette géométrie quasi-cyclique est privilégiée par la présence d'une liaison hydrogène intramoléculaire.

Remarque : On forme un cycle à 8 centres (moins stable qu'un cycle à 6 centres) d'où une liaison hydrogène plus faible qu'à l'accoutumée.

Exercice 15.6 : Conformations et configurations dans un dérivé du cyclohexane **

1. Donner les descripteurs stéréochimiques des carbones asymétriques de la molécule <u>***A***</u> suivante puis la nommer :

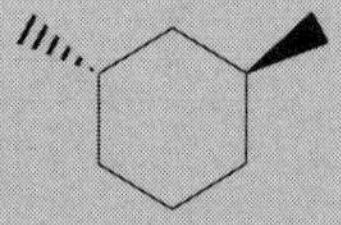

<u>***A***</u>

2. Les substituants de <u>***A***</u> sont-ils en position cis ou trans ?

3. Compléter la représentation en perspective suivante de <u>***A***</u> :

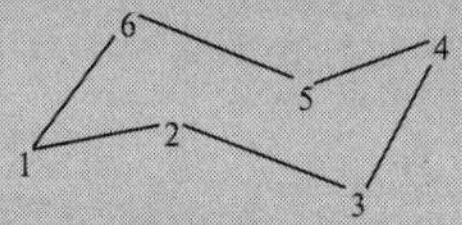

Écrire l'équilibre d'inversion de conformation chaise et préciser le conformère le plus stable pour ce composé.

4. Reprendre la question avec <u>***B***</u>.

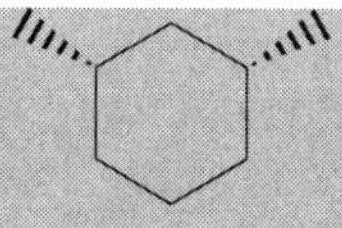

B

5. En utilisant la représentation de votre choix, dessiner tous les stéréoisomères de la molécule étudiée en donnant leur lien de stéréochimie. Préciser si ces stéréoisomères sont chiraux.

1. Pour déterminer les descripteurs stéréochimiques des carbones asymétriques, on utilise les règles CIP :

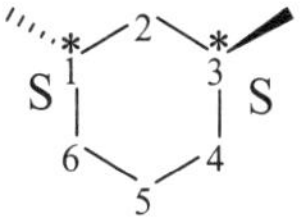

$C_1^* : C_2 > C_6 > CH_3 > H$: S

$C_3^* : C_2 > C_4 > CH_3 > H$: S

A est le (1S,3S)-1,3-diméthylcyclohexane.

2. Les substituants de ***A*** sont en position trans.

3. Pour passer de la représentation de Cram à celle en perspective, la configuration absolue des atomes de carbone doit être respectée.

Point méthode : On place le groupe méthyle et l'atome d'hydrogène sur le carbone 1 en choisissant la position de façon arbitraire : par exemple, axiale pour le groupe méthyle et équatoriale pour l'hydrogène. Ensuite, on regarde la configuration. Si on obtient la bonne, on ne change rien ! Sinon, il suffit d'échanger le groupe méthyle et l'hydrogène pour obtenir la bonne configuration.

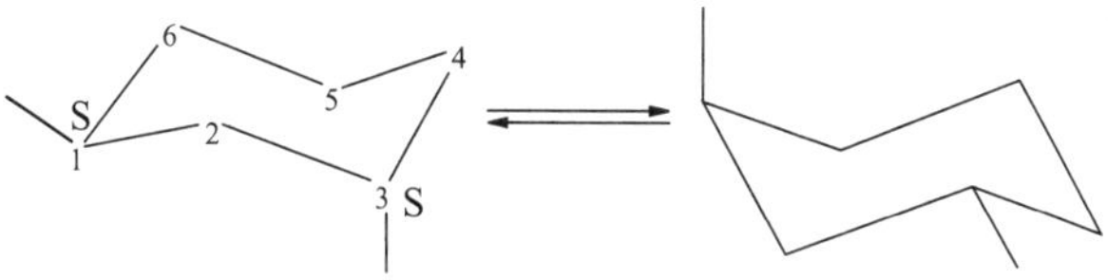

Remarque : On retrouve bien le fait que les deux groupes sont en position trans.

Les deux conformations chaises ont même énergie : elles possèdent toutes deux un groupe méthyle en position axiale et un autre en position équatoriale.

4. Reprenons les questions pour le composé ***B*** :

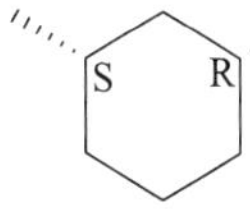

B

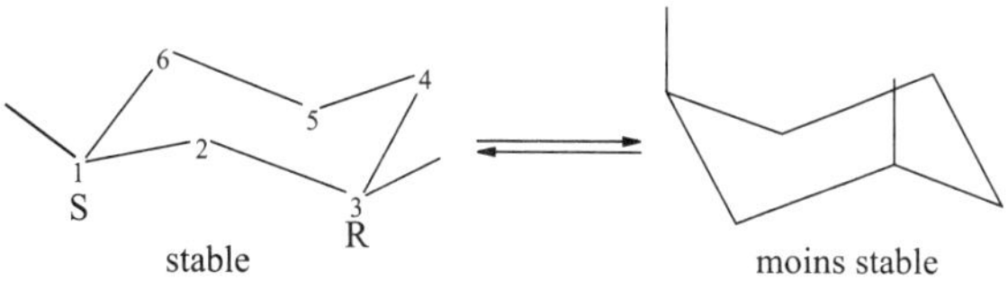

B est le (1S,3R)-1,3-diméthylcyclohexane, les substituants sont en position cis. Le premier conformère est plus stable car les deux groupes méthyles sont en position équatoriale. En position axiale, il existe des gênes stériques de type 1,3-diaxiales et décalées gauche.

Rappel : Les interactions 1,3-diaxiales se mettent en évidence sur la représentation chaise, les interactions décalées gauche sur la représentation de Newman :

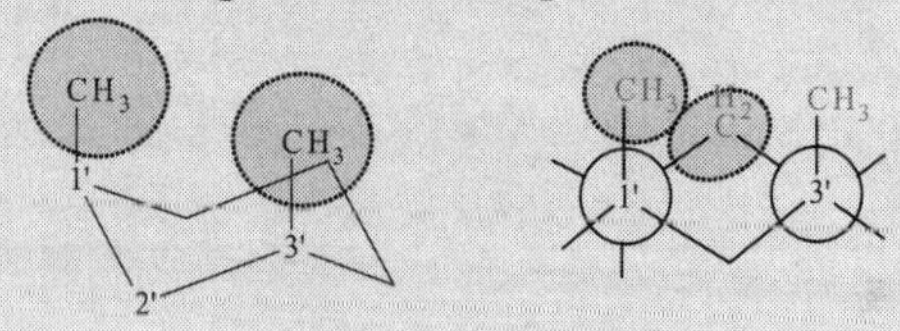

Ici, les nuages électroniques sont grisés et mettent en évidence les gênes stériques, une seule interaction décalée gauche a été représentée. Les atomes non concernés ne sont pas dessinés ici.

5. La représentation de Cram est la plus simple pour visualiser les différents stéréoisomères :

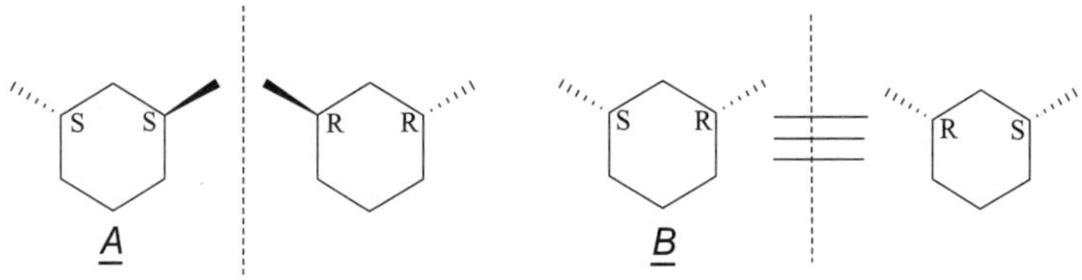

A est chirale car non superposable à son image dans un miroir : on a un couple d'énantiomères. ***B*** est achirale, on l'appelle composé méso.

Exercice 15.7 : Nature de sucres dans le miel (Agro-Véto) *

Le miel est la matière sucrée la plus ancienne utilisée par l'homme, il est cité dans la Bible et le Coran. Si aujourd'hui il sert moins comme sucre, il a pris une large place dans la pharmacopée moderne.

Données :

Formule du glucose : HO–CH_2–CH(OH)–CH(OH)–CH(OH)–CH(OH)–CH=O

Pouvoirs rotatoires spécifiques en °.mL.g^{-1}.dm^{-1} : glucose : $[\alpha]_G = 52,5$; fructose : $[\alpha]_F = -92,0$; saccharose : $[\alpha]_S = 66,5$

Masses molaires en g.mol^{-1} : glucose et fructose : $M_G = M_F = 180$;
saccharose : $M_S = 342$

Lors de la maturation du miel dans la ruche, le saccharose est hydrolysé en glucose et fructose, sous l'action d'une enzyme. Un miel naturel contient moins de 10 % (en masse) de saccharose. L'équation-bilan de cette hydrolyse s'écrit :

$$\text{Saccharose} + H_2O = \text{Glucose} + \text{Fructose}$$

On étudie par polarimétrie une solution de miel préparée par pesée ($0,500$ g de miel, contenant initialement $m_0 = 0,400$ g de saccharose, dans $V = 25,0$ mL d'eau). Dans une cuve de longueur $\ell = 2,00$ dm, on mesure un pouvoir rotatoire $\alpha = -0,442°$.

On note y la quantité de matière de saccharose hydrolysé. On part de saccharose pur.

1. La loi de BIOT s'écrit : $\alpha = [\alpha]\ell\omega$. Pour respecter les unités de l'énoncé, en quelles unités doivent être exprimées ℓ et la concentration massique ω de l'espèce optiquement active ?

2. Exprimer m_S, m_G et m_F, masses respectives de saccharose, glucose et fructose présentes dans le miel en fonction de y, des masses molaires des différents sucres et de la masse initiale de saccharose $m_0 = 0,400$ g.

3. Exprimer le pouvoir rotatoire α de la solution en fonction de y et des pouvoirs rotatoires spécifiques.

4. En déduire la valeur de y. Est-on dans la limite légale des 10 % maximum de saccharose ?

1. Par analyse dimensionnelle, comme α s'exprime en $°$ et $[\alpha]$ en $°.\mathrm{mL.g^{-1}.dm^{-1}}$, la longueur ℓ doit s'exprimer en dm et la concentration massique ω en $\mathrm{g.mL^{-1}}$.

2. Faisons un tableau d'avancement :

	Saccharose +	H_2O =	Glucose +	Fructose
E.I.	n_0	solvant	0	0
E.Eq	$n_0 - y$	solvant	y	y

Le tableau d'avancement doit se faire avec les quantités de matière (pas les masses).

Avec les données de l'énoncé, nous pouvons écrire :

$$m_0 = M_S n_0 \qquad n_0 - y = \frac{m_S}{M_S} \qquad y = \frac{m_G}{M_G} = \frac{m_F}{M_F}$$

Nous obtenons ainsi : $m_S = m_0 - M_S y \qquad m_G = yM_G \quad et \quad m_F = yM_F$.

3. Le pouvoir rotatoire est une grandeur additive :

$$\alpha = [\alpha]_S \ell \frac{m_0 - M_S y}{V} + [\alpha]_G \ell \frac{yM_G}{V} + [\alpha]_F \ell \frac{yM_F}{V}$$

4. Isolons y à partir de l'expression précédente :

$$\frac{\alpha V}{\ell} = [\alpha]_S (m_0 - M_S y) + [\alpha]_G y M_G + [\alpha]_F y M_F$$

$$\frac{\alpha V}{\ell} = m_0[\alpha]_S + ([\alpha]_G M_G + [\alpha]_F M_F - [\alpha]_S M_S)\, y$$

$$y = \left(\frac{\alpha V}{\ell} - m_0[\alpha]_S\right) \times \frac{1}{[\alpha]_G M_G + [\alpha]_F M_F - [\alpha]_S M_S}$$

Faisons l'application numérique :

$$y = \left(\frac{-0,442 \times 25}{2,00} - 0,400 \times 66,5\right) \times \frac{1}{52,5 \times 180 - 92,0 \times 180 - 66,5 \times 342}$$

$$y = 1,08 \cdot 10^{-3} \text{ mol}$$

Calculons le pourcentage en masse de saccharose :

$$\% = \frac{m_S}{m_0} \times 100 = \frac{m_0 - M_S y}{m_0} \times 100 = \frac{0,400 - 342 \times y}{0,400} \times 100 = 7,99\%$$

On est dans la limite légale.

Remarque : Pour faire l'application numérique, il faut prendre la valeur précise de y.

Exercice 15.8 : Excès énantiomérique et pureté optique (Centrale) **

On définit l'excès énantiomérique (noté ee) d'un mélange de deux énantiomères E_d et E_ℓ d'un même couple par la relation : $ee = \dfrac{|n_d - n_\ell|}{n_d + n_\ell}$ où n_d est la quantité de matière d'énantiomère dextrogyre E_d et n_ℓ la quantité de matière d'énantiomère lévogyre E_ℓ dans l'échantillon.

1. Entre quelles bornes l'excès énantiomérique ee peut-il varier ? Dans quels cas ces bornes sont-elles effectivement atteintes ?

On note $|\alpha_{\max}|$ le pouvoir rotatoire (en valeur absolue) d'une solution contenant un énantiomère pur d'une substance chirale à concentration massique c_m donnée. On définit la pureté optique po d'un mélange de deux énantiomères d'un même couple dont la somme des deux concentrations massiques est égale à c_m par la valeur absolue du rapport du pouvoir rotatoire α de ce mélange à celle d'un énantiomère pur à la concentration c_m : $po = \left|\dfrac{\alpha}{\alpha_{\max}}\right|$.

2. Établir le lien très simple entre po et ee. Quel intérêt voyez-vous à avoir introduit ces deux grandeurs pour caractériser un mélange d'énantiomères ?

Pour le (S)-acide 2-éthyl-2-méthylbutanedioïque énantiomériquement pur à la concentration massique $c_m = 11,9 \cdot 10^{-3}$ g.mL^{-1} dans le chloroforme (échantillon 1), on mesure un pouvoir rotatoire $\alpha_1 = +3,0 \cdot 10^{-2}$ ° dans une cuve de longueur $\ell = 1,00$ dm, à la température de 22 °C et à la longueur d'onde $\lambda = 589$ nm.

3. Représenter le (S)-acide 2-éthyl-2-méthylbutanedioïque. Cet acide est-il dextrogyre ou lévogyre ?

4. Calculer la valeur de l'excès énantiomérique pour un mélange constitué de 75 % de l'énantiomère S et 25 % de l'énantiomère R du même acide et une somme des concentrations massiques des deux énantiomères toujours égale à $c_m = 11,9 \cdot 10^{-3}$ g.mL^{-1} (échantillon 2).

5. Expérimentalement, pour l'échantillon 1, on mesure, dans les mêmes conditions qu'à la question 2, $\alpha_2 = +2,4 \cdot 10^{-2}$ °. En déduire, à partir de cette mesure expérimentale, la valeur de la pureté optique de cet échantillon.
6. Un important écart est observé entre l'excès énantiomérique et la pureté optique mesurée pour des acides carboxyliques en solvants apolaires ou peu polaires ; ce phénomène est appelé « effet Horeau ». Proposer une interprétation pour rendre compte de ce phénomène.

1. L'excès énantiomérique peut varier entre 0 et 1. En effet, lorsque le mélange est racémique, il y a autant d'énantiomère dextrogyre que d'énantiomère lévogyre et $ee = 0$. Lorsqu'il n'y a qu'un seul énantiomère, $ee = 1$.

2. Exprimons les pouvoirs rotatoires en faisant appel à la loi de Biot et en utilisant le fait que les énantiomères ont des pouvoirs rotatoires spécifiques opposés : $[\alpha]_\ell = -[\alpha]_d$. $\alpha_{\max}$ correspond à la situation où l'on n'a qu'un seul énantiomère : $|\alpha_{\max}| = [\alpha]_d \ell c_m$.

Remarque : On peut aussi écrire : $|\alpha_{\max}| = |[\alpha]_\ell \ell c_m|$, comme $[\alpha_\ell] = -[\alpha]_d$, on retrouve la même expression.

Le pouvoir rotatoire est une grandeur additive : $\alpha = [\alpha]_d \ell c_d + [\alpha]_\ell \ell c_\ell$.
On note c_d et c_ℓ les concentrations massiques en énantiomères dextrogyre et lévogyre.
$\alpha = [\alpha]_d \ell c_d - [\alpha]_d \ell c_\ell = [\alpha]_d \ell (c_d - c_\ell)$.
Nous avons $c_m = c_d + c_\ell$, la pureté optique s'écrit donc :

$$po = \left|\frac{\alpha}{\alpha_{\max}}\right| = \left|\frac{[\alpha]_d \ell (c_d - c_\ell)}{[\alpha]_d \ell c_m}\right| = \frac{|c_d - c_\ell|}{c_d + c_\ell}$$

Exprimons les concentrations massiques en fonction des quantités de matière. On note V le volume et M la masse molaire (qui est commune aux deux énantiomères) :

$$c_d = \frac{m_d}{V} = \frac{n_d}{VM}$$

En remplaçant dans l'expression de po et en simplifiant par MV, on arrive à :

$$po = \frac{|c_d - c_\ell|}{c_d + c_\ell} = \frac{|n_d - n_\ell|}{n_d + n_\ell} = ee$$

La pureté optique se définit grâce à des grandeurs mesurables expérimentalement : il a en ce sens un aspect expérimental que n'a pas l'excès énantiomérique.

3. Le (S)-acide 2-éthyl-2-méthylbutanedioïque est la molécule suivante :

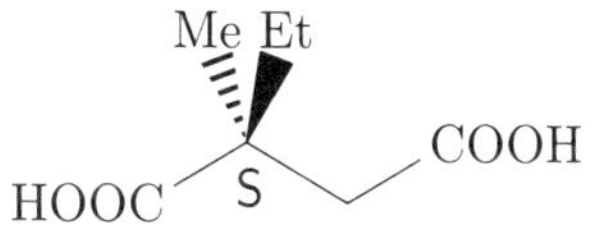

D'après les règles CIP : C* : COOH > CH_2 > Et > Me.

Point méthode : Pour une représentation claire de la molécule, on dessine la chaine carbonée la plus longue horizontalement dans le plan de la feuille.

D'après l'énoncé, lorsque ce composé est pur, le pouvoir rotatoire est positif. Or : $\alpha = [\alpha]_S \ell c_m > 0$ donc $[\alpha]_S > 0$: le pouvoir rotatoire spécifique de ce composé est positif : le composé est dextrogyre.

4. $ee = \dfrac{|n_d - n_\ell|}{n_d + n_\ell} = \dfrac{|0,75n_t - 0,25n_t|}{n_t}$ où n_t est la quantité de matière totale.

$$ee = 0,50$$

Remarque : Il est indifférent de parler de pourcentages en masse ou en quantité de matière puisque deux énantiomères ont même masse molaire.

5. Reprenons la définition de la pureté optique : $po = \left|\dfrac{\alpha}{\alpha_{\max}}\right|$. Ici α_2 est le pouvoir rotatoire quand les deux énantiomères sont présents et α_1 est le pouvoir rotatoire lorsqu'il n'y a qu'un seul énantiomère donc :

$$po = \frac{\alpha_2}{\alpha_1} = \frac{2,4}{3,0} = 0,80$$

On constate que l'égalité de la question 2 : $ee = po$ n'est pas vérifiée.

6. Dans la question 2, on n'a pas pris en compte l'existence de dimères qui se forment avec des diacides :

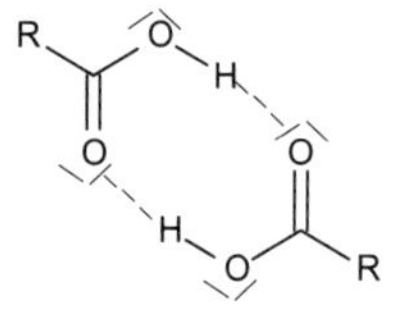

Ces dimères expliquent l'écart entre ee et po.

Remarque : Ces dimères existent dans le chloroforme car ce solvant ne peut établir de liaison hydrogène.

CHAPITRE 16

Solvant et acido-basicité en chimie organique

Capacités à acquérir	Exercices
Faire le lien entre les propriétés du solvant et les interactions intermoléculaires.	16.1
Interpréter la méthode d'extraction liquide-liquide.	
Connaître l'échelle des pK_a généralisée.	16.2 et 16.5
Connaître le caractère acide ou basique des acides carboxyliques, alcools, amines et H en α d'un groupe électroattracteur.	16.2, 16.4 et 16.5
Interpréter l'évolution de pK_a.	16.2 à 16.5
Décrire le comportement d'un acide aminé en fonction du pH.	16.6

Point méthode : Dans les exercices 16.2 à 16.5, il va être question de montrer qu'une espèce est acide ou de comparer les forces de différents acides. Pour cela, une démarche générale est de représenter le schéma de Lewis de la base conjuguée et de montrer que cette base est stabilisée (par effet inductif attracteur ou par mésomérie ou par l'existence de liaisons hydrogène intramoléculaires).
En effet, plus la base est stable, plus l'équilibre $HA + H_2O \rightleftharpoons A^- + H_3O^+$ est en faveur des produits, plus la constante d'équilibre K_a est grande, plus le pK_a est petit, meilleur est l'acide.

Exercice 16.1 : Extraction liquide - liquide (CCP) *

L'eau et le tétrachlorométhane sont deux solvants non miscibles dans lesquels le diiode est soluble.

1. Justifier ces deux affirmations.

À $1,00$ L de solution aqueuse de diiode à la concentration de $1,00 \cdot 10^{-3}$ mol.L^{-1}, on ajoute 10 mL de tétrachlorométhane. On agite, puis on sépare les deux phases. Le dosage de I_2 dans la phase organique indique une concentration de $47,4 \cdot 10^{-3}$ mol.L^{-1}.

2. Calculer le coefficient de partage défini par $K = \dfrac{[I_2]_{\text{orga}}}{[I_2]_{\text{aqueux}}}$.

On veut extraire le diiode d'un litre d'une solution aqueuse à $0,100\ g.L^{-1}$.
3. Expliquer cette phrase.
Pour réaliser l'extraction, on ajoute 50 mL de CCl_4 à la solution aqueuse de diiode et on agite.
4. Quelle sera, en grammes par litre, la nouvelle concentration de I_2 dans la solution aqueuse ?
Au lieu d'ajouter en une seule fois les 50 mL de CCl_4, on n'en ajoute d'abord que 10 mL. On agite, on laisse décanter, puis on enlève la phase organique. On ajoute de nouveau 10 mL de CCl_4, on agite, on laisse décanter et on élimine la phase organique. On réitère ce protocole opératoire jusqu'à l'utilisation complète des 50 mL de CCl_4.
5. Quelle sera alors la concentration (en $g.L^{-1}$) de I_2 dans la phase aqueuse ? Que peut-on en conclure ?

1. Entre les molécules d'eau, des liaisons hydrogène s'établissent. Les interactions intermoléculaires entre les molécules de tétrachlorométhane CCl_4 sont de type liaisons de Van der Waals.

Remarque : Comme CCl_4 n'est pas polaire, des liaisons de type London s'établissent entre les molécules.

Comme les liaisons intermoléculaires dans l'eau et dans CCl_4 ne sont pas de même nature, ces deux solvants ne sont pas miscibles.
Le diiode est soluble dans l'eau car il peut former des liaisons de Van der Waals avec l'eau. Le diiode est apolaire donc est bien solvaté par un solvant apolaire comme CCl_4.

Le diiode est apolaire donc sa solubilité dans l'eau reste faible (il peut établir des liaisons de type Debye et London).

2. Dans les 10 mL de phase organique nous avons :

$$n_{I_{2_{org}}} = 47,4 \cdot 10^{-3} \times 10 \cdot 10^{-3} = 4,74 \cdot 10^{-4}\ \text{mol}$$

D'après la conservation de la matière en diiode il vient :

$$n_{I_{2_{ini}}} = n_{I_{2_{org}}} + n_{I_{2_{aq}}}$$

$$n_{I_{2_{aq}}} = n_{I_{2_{ini}}} - n_{I_{2_{org}}} = 1,00 \cdot 10^{-3} \times 1,00 - 4,74 \cdot 10^{-4} = 5,26 \cdot 10^{-4}\ \text{mol}$$

On dispose d'un litre de phase aqueuse donc $[I_2]_{\text{aqueux}} = 5,26 \cdot 10^{-4}\ \text{mol.L}^{-1}$.

Par conséquent : $K = \dfrac{47,4 \cdot 10^{-3}}{5,26 \cdot 10^{-4}} = 90,1$

3. Extraire le diiode d'une solution aqueuse signifie que l'on souhaite faire passer un maximum de diiode dans la phase organique, ici dans le solvant CCl_4.

4. La constante de partage est une grandeur sans dimension, en multipliant le numérateur et le dénominateur par la masse molaire de diiode on obtient :

$$K = \frac{[\mathrm{I_2}]_{\mathrm{org}} M_{I_2}}{[\mathrm{I_2}]_{\mathrm{aq}} M_{I_2}} = \frac{\dfrac{m_{\mathrm{I_2}_{\mathrm{org}}}}{V_{\mathrm{org}}}}{\dfrac{m_{\mathrm{I_2}_{\mathrm{aq}}}}{V_{\mathrm{aq}}}}$$

$$\frac{m_{\mathrm{I_2}_{\mathrm{org}}}}{V_{\mathrm{org}}} = K \times \frac{m_{\mathrm{I_2}_{\mathrm{aq}}}}{V_{\mathrm{aq}}} \qquad (1)$$

D'après la conservation massique en diiode : $m_{\mathrm{I_2}_{\mathrm{ini}}} = m_{\mathrm{I_2}_{\mathrm{org}}} + m_{\mathrm{I_2}_{\mathrm{aq}}}$.

Donc : $m_{\mathrm{I_2}_{\mathrm{org}}} = m_{\mathrm{I_2}_{\mathrm{ini}}} - m_{\mathrm{I_2}_{\mathrm{aq}}}$. On remplace alors dans l'expression (1), il vient :

$$\frac{m_{\mathrm{I_2}_{\mathrm{ini}}} - m_{\mathrm{I_2}_{\mathrm{aq}}}}{V_{\mathrm{org}}} = K \times \frac{m_{\mathrm{I_2}_{\mathrm{aq}}}}{V_{\mathrm{aq}}}$$

$$\left(m_{\mathrm{I_2}_{\mathrm{ini}}} - m_{\mathrm{I_2}_{\mathrm{aq}}}\right) \times V_{\mathrm{aq}} = K \times m_{\mathrm{I_2}_{\mathrm{aq}}} \times V_{\mathrm{org}}$$

$$m_{\mathrm{I_2}_{\mathrm{aq}}} = \frac{m_{\mathrm{I_2}_{\mathrm{ini}}} V_{\mathrm{aq}}}{V_{\mathrm{aq}} + K V_{\mathrm{org}}} \qquad (2)$$

$$c_{m_{\mathrm{I_2}_{\mathrm{aq}}}} = \frac{m_{\mathrm{I_2}_{\mathrm{aq}}}}{V_{\mathrm{aq}}} = \frac{m_{\mathrm{I_2}_{\mathrm{ini}}}}{V_{\mathrm{aq}} + K V_{\mathrm{org}}} = \frac{c_{m_{\mathrm{I_2}_{\mathrm{ini}}}} V_{\mathrm{ini}}}{V_{\mathrm{aq}} + K V_{\mathrm{org}}} \qquad (3)$$

Remarque : On a également : $m_{\mathrm{I_2}_{\mathrm{org}}} = m_{\mathrm{I_2}_{\mathrm{ini}}} - \dfrac{m_{\mathrm{I_2}_{\mathrm{ini}}} V_{\mathrm{aq}}}{V_{\mathrm{aq}} + K V_{\mathrm{org}}} = \dfrac{m_{\mathrm{I_2}_{\mathrm{ini}}} K V_{\mathrm{org}}}{V_{\mathrm{aq}} + K V_{\mathrm{org}}}$.

Faisons l'application numérique :

$$c_{m_{\mathrm{I_2}_{\mathrm{aq}}}} = \frac{0,100 \times 1,00}{1,00 + 90,1 \times 50 \cdot 10^{-3}} = 1,82 \cdot 10^{-2}\ \mathrm{g.L^{-1}}$$

Remarque : Cette concentration en phase aqueuse est plus faible que celle de départ : du diode est bien passé en phase organique.

5. Après la première extraction de 10 mL de phase organique, utilisons les expressions obtenues précédemment pour exprimer les masses de diiode en phase aqueuse et en phase organique :

$$m^1_{\mathrm{I_2}_{\mathrm{aq}}} = \frac{m_{\mathrm{I_2}_{\mathrm{ini}}} V_{\mathrm{aq}}}{V_{\mathrm{aq}} + K V_{\mathrm{org}}}$$

$$m^1_{\mathrm{I_2}_{\mathrm{org}}} = m_{\mathrm{I_2}_{\mathrm{ini}}} - m^1_{\mathrm{I_2}_{\mathrm{aq}}}$$

On récupère la phase aqueuse. On a donc une masse $m^1_{\mathrm{I_2}_{\mathrm{aq}}}$ de diiode.

Après la seconde extraction, cette masse est partagée entre la phase aqueuse et

la phase organique : $m^1_{\mathrm{I}_{2_{\mathrm{aq}}}} = m^2_{\mathrm{I}_{2_{\mathrm{org}}}} + m^2_{\mathrm{I}_{2_{\mathrm{aq}}}}$.
On peut faire une analogie avec la question précédente, expression (2) : $m^1_{\mathrm{I}_{2_{\mathrm{aq}}}}$ remplace $m_{\mathrm{I}_{2_{\mathrm{ini}}}}$: $m^2_{\mathrm{I}_{2_{\mathrm{aq}}}} = \dfrac{m^1_{\mathrm{I}_{2_{\mathrm{aq}}}} V_{\mathrm{aq}}}{V_{\mathrm{aq}} + KV_{\mathrm{org}}}$.

Remarque : On peut aussi refaire la démarche en utilisant l'expression (1) :

$$\frac{m^2_{\mathrm{I}_{2_{\mathrm{org}}}}}{V_{\mathrm{org}}} = K \times \frac{m^2_{\mathrm{I}_{2_{\mathrm{aq}}}}}{V_{\mathrm{aq}}}$$

Puis remplacer $m^2_{\mathrm{I}_{2_{\mathrm{org}}}}$ par $m^1_{\mathrm{I}_{2_{\mathrm{aq}}}} - m^2_{\mathrm{I}_{2_{\mathrm{aq}}}}$ puis isoler $m^2_{\mathrm{I}_{2_{\mathrm{aq}}}}$.

On remplace $m^1_{\mathrm{I}_{2_{\mathrm{aq}}}}$ par son expression et on trouve :

$$m^2_{\mathrm{I}_{2_{\mathrm{aq}}}} = \frac{m_{\mathrm{I}_{2_{\mathrm{ini}}}} V_{\mathrm{aq}}}{V_{\mathrm{aq}} + KV_{\mathrm{org}}} \times \frac{V_{\mathrm{aq}}}{V_{\mathrm{aq}} + KV_{\mathrm{org}}} = \frac{m_{\mathrm{I}_{2_{\mathrm{ini}}}} {V_{\mathrm{aq}}}^2}{\left(V_{\mathrm{aq}} + KV_{\mathrm{org}}\right)^2}$$

La concentration en diiode en phase aqueuse après la seconde extraction est donc : $c^2_{m_{\mathrm{I}_{2_{\mathrm{aq}}}}} = \dfrac{m_{\mathrm{I}_{2_{\mathrm{ini}}}} V_{\mathrm{aq}}}{\left(V_{\mathrm{aq}} + KV_{\mathrm{org}}\right)^2}$

On peut alors généraliser ce résultat, pour 5 extractions nous avons :

$$m^5_{\mathrm{I}_{2_{\mathrm{aq}}}} = \frac{m_{\mathrm{I}_{2_{\mathrm{ini}}}} {V_{\mathrm{aq}}}^5}{\left(V_{\mathrm{aq}} + KV_{\mathrm{org}}\right)^5} \quad \text{et} \quad c^5_{m_{\mathrm{I}_{2_{\mathrm{aq}}}}} = \frac{m_{\mathrm{I}_{2_{\mathrm{ini}}}} {V_{\mathrm{aq}}}^4}{\left(V_{\mathrm{aq}} + KV_{\mathrm{org}}\right)^5}$$

AN : $c^5_{m_{\mathrm{I}_{2_{\mathrm{aq}}}}} = \dfrac{0,100 \times 1^4}{(1 + 90,1 \times 10 \cdot 10^{-3})^5} = 4,03 \cdot 10^{-3}\ \mathrm{g.L^{-1}}$

Cette concentration est inférieure à celle obtenue dans la question 4. Au cours d'une extraction multiple, davantage de diiode passe en phase organique. L'extraction multiple est plus efficace pour extraire le diiode qu'une extraction simple.

Exercice 16.2 : Propriétés acido-basiques des amines et alcools *

1. Les amines et les alcools ont des propriétés acides et basiques. Préciser les couples associés et donner un ordre de grandeur des pK_a associés.
2. On s'intéresse aux propriétés basiques des amines. Interpréter la différence entre les valeurs des pK_a de l'aniline et de la pyridine.
3. On s'intéresse aux propriétés acides des alcools. Interpréter la différence entre les valeurs des pK_a du cyclohexanol et du phénol.
4. Proposer une méthode de préparation de l'ion cyclohexanolate.

Données :

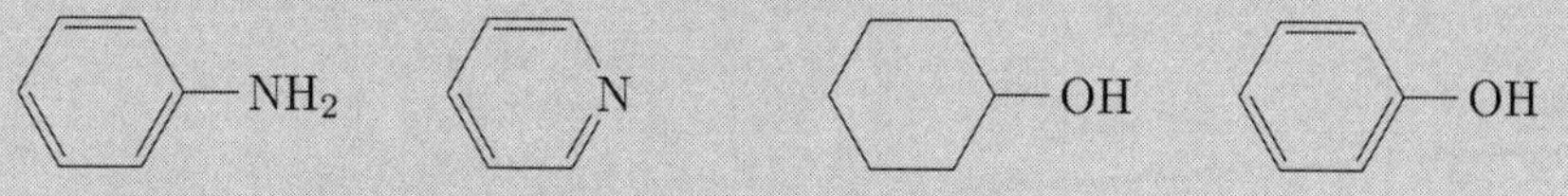

pK_a(aniline)=4,6 pK_a(pyridine)=5,2 pK_a(cyclohexanol)=17 pK_a(phénol)=10

1. Les propriétés acide et basique des amines RNH_2 et alcools ROH sont précisées dans l'échelle des acidités suivantes :

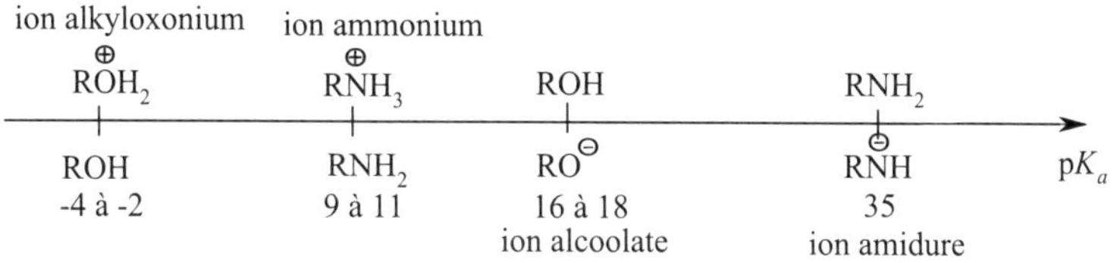

2. Les propriétés basiques de l'aniline et de la pyridine sont dues à la présence d'un doublet non liant sur l'atome d'azote. Plus ce doublet non liant est disponible pour capter H^+, plus la base est forte, plus le couple ammonium/amine est associé à un pK_a élevé. Les formes mésomères de l'aniline et de la pyridine nous renseignent sur la disponibilité du doublet non liant :

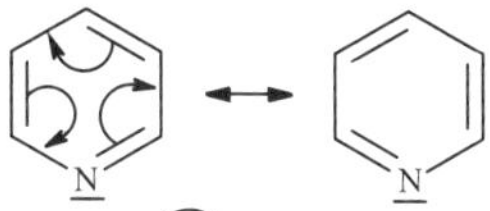

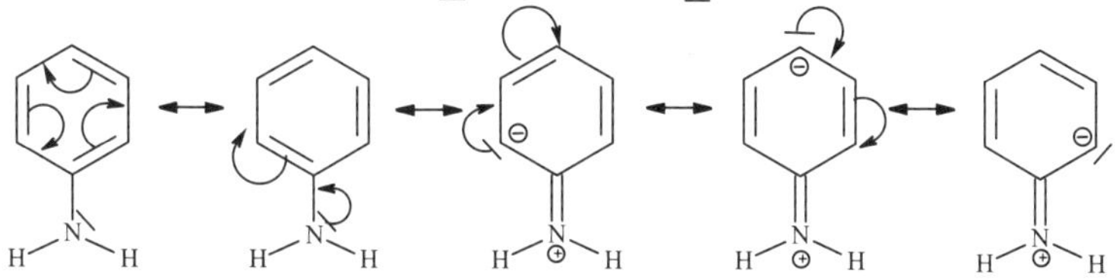

Le doublet non liant de la pyridine est disponible car il ne participe pas aux formes mésomères contrairement à celui de l'aniline. Ainsi, l'aniline est moins basique donc associée à un pK_a moins élevé.

3. L'acide est d'autant plus fort que la base conjuguée est stabilisée par mésomérie :

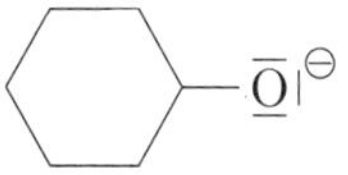

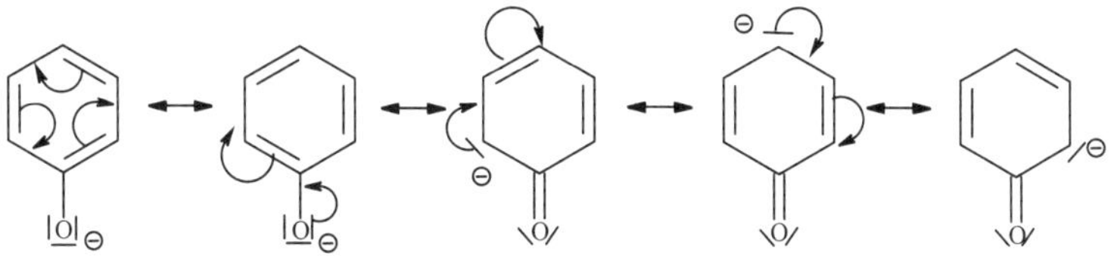

L'ion cyclohexanolate ne possède pas de forme mésomère contrairement à l'ion phénolate, il est moins stable ce qui rend le cyclohexanol moins acide.

4. Le cyclohexanolate, comme tout alcoolate peut se former via une réaction d'oxydoréduction avec du sodium :

$$\mathrm{R-OH + Na = RO^- + Na^+ + \frac{1}{2}H_2}$$

Exercice 16.3 : Force des acides carboxyliques **

Le tableau ci-dessous donne les $\mathrm{p}K_a$ à 25 °C de trois diacides carboxyliques dans l'eau. On rappelle par ailleurs que le $\mathrm{p}K_a$ de l'acide éthanoïque vaut 4,7.

	$\mathrm{p}K_{a_1}$	$\mathrm{p}K_{a_2}$
Acide butanedioïque (acide succinique)	4,2	5,6
Acide (Z)-but-2-ènedioïque (acide maléique)	2,0	6,3
Acide (E)-but-2-ènedioïque (acide fumarique)	3,1	4,53

1. Le $\mathrm{p}K_{a_1}$ est plus faible que le $\mathrm{p}K_a$ de l'acide éthanoïque. Proposer une interprétation.
2. Quelle relation de stéréoisomérie lie l'acide maléique et l'acide fumarique ?
3. Le $\mathrm{p}K_{a_1}$ de l'acide maléique est inférieur à celui de l'acide fumarique, alors que son $\mathrm{p}K_{a_2}$ est supérieur à celui de l'acide fumarique. Proposer une explication.

1. La première acidité de l'acide butanedioïque est plus élevée que celle de l'acide éthanoïque. Pour justifier, on peut raisonner sur la stabilité de la base conjuguée. La base conjuguée de l'acide butanedioïque est stabilisée par l'effet inductif attracteur du groupe $-\mathrm{COOH}$:

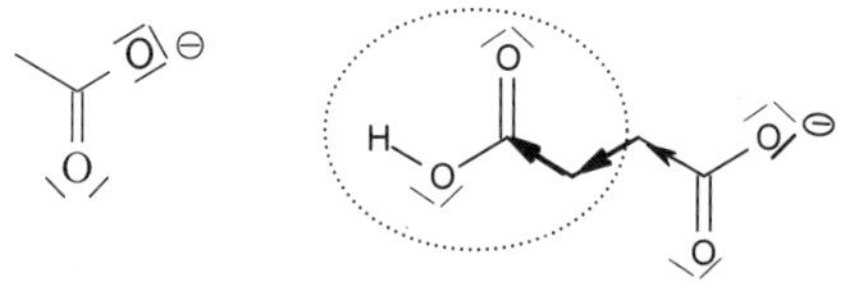

Cette stabilisation est faible car les effets inductifs s'atténuent en se propageant. Donc le $\mathrm{p}K_{a_1}$ de l'acide butanedioïque est légèrement plus faible que celui de l'acide éthanoïque.

Remarque : Le $\mathrm{p}K_{a_1}$ de l'acide butanedioïque est plus élevé que ceux des acides maléique et fumarique : en effet, dans ces derniers, l'effet inductif attracteur du groupe $-\mathrm{COOH}$ se transmet intégralement à travers la double liaison $\mathrm{C=C}$. Il n'y a pas d'atténuation donc la base conjuguée de ces deux acides est nettement plus stable et les acides associés plus forts.

Ce raisonnement, qui ne prend en compte que les effets inductifs, n'est rigoureusement valable qu'en phase gazeuse puisque l'on néglige tout effet de solvatation et qu'on ne prend pas en compte le fait que, pour des solutions concentrées, les acides carboxyliques présentent des dimères formés à partir de deux liaisons hydrogène :

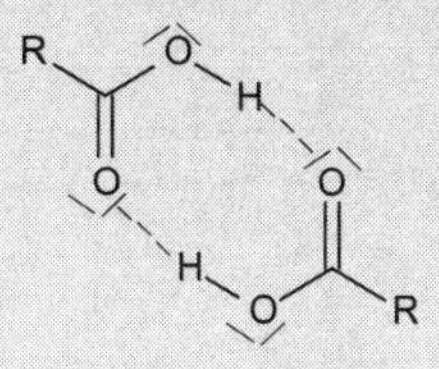

2. L'acide maléique et l'acide fumarique sont deux diastéréoisomères.

Remarque : Deux diastéréoisomères ont des propriétés physiques et chimiques différentes (température de changement d'état, solubilité dans un solvant, pK_a...)

3. Expliquons les différences entre les pK_{a_1} des acides maléique et fumarique. La base conjuguée de l'acide maléique est stabilisée par une liaison hydrogène intramoléculaire, qui ne peut pas se former pour l'acide fumarique :

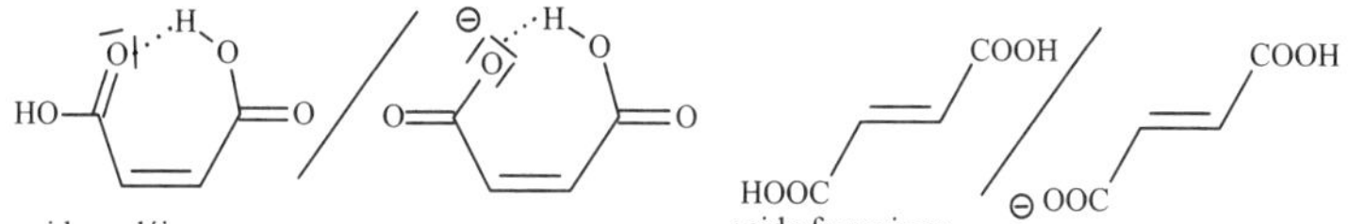

acide maléique — acide fumarique

Par conséquent l'acide maléique sera plus fort que l'acide fumarique d'où un pK_{a_1} encore plus petit.
On s'intéresse maintenant à la deuxième acidité donc aux couples :

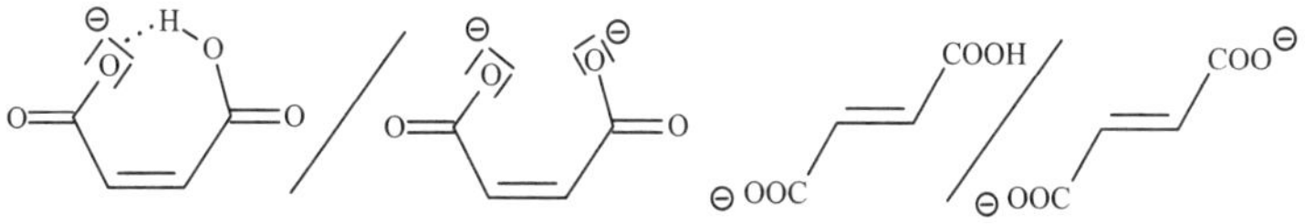

La première base conjuguée est moins stable car les sites chargés négativement sont plus proches. Le second pK_a de l'acide malique est donc plus élevé que celui de l'acide fumarique.

Exercice 16.4 : Protéines fluorescentes (ENS) **

Les sondes lumineuses sont devenues des outils incontournables en biologie pour suivre de nombreux phénomènes tels que la réplication cellulaire, la diffusion de métabolites, le repliement/dépliement de protéines. On s'intéresse ici à une protéine fluorescente : la « green fluorescent protein » (GFP) présente dans la méduse « *Aequorea Victoria* ». Son fonctionnement implique un chromophore, c'est-à-dire une entité chimique absorbant dans la région UV-Visible, noté GFPc.
La structure du chromophore GFPc est décrite ci-après :

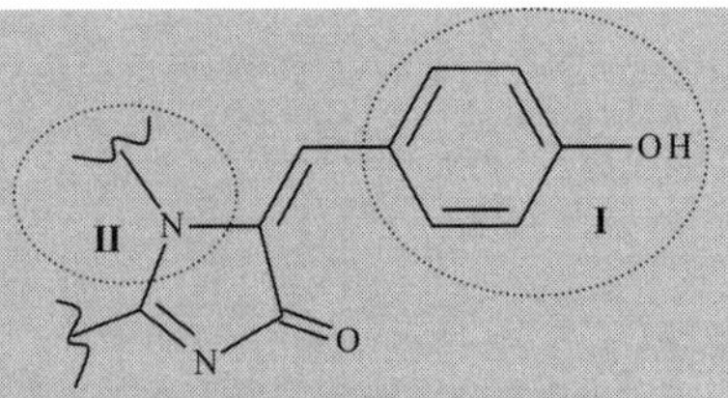

1. Représenter la structure des formes acides et basiques conjuguées associées respectivement aux fonctions **II** et **I** précisées sur la molécule. Nommer les formes acides et basiques impliquées dans les couples acide/base **I** et **II**.

Dans les conditions physiologiques (pH $\approx 7,4$), le chromophore existe sous ses formes neutre et anionique.

2. La constante d'acido-basicité K_a correspondant au couple I de GFPc est telle que p$K_a = 7,8$. Lorsque le couple concerné est déconnecté de la structure moléculaire, il présente une valeur de pK_a de 9,1. Expliquer cette différence.

3. Proposer une structure pour la forme anionique de GFPc.

1. La forme acide associée à la fonction amine **II** est l'ion ammonium :

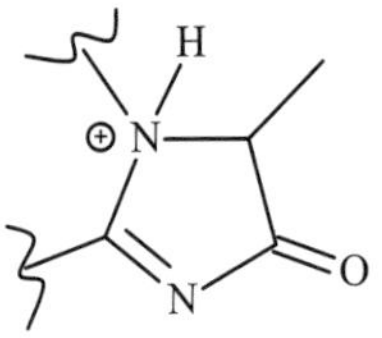

La forme basique associée au phénol **I** est l'ion phénolate : 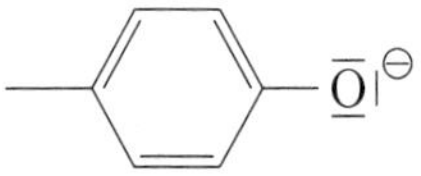

2. Montrons que la base conjuguée de la fonction **I** est plus stabilisée que l'ion phénolate en écrivant une forme mésomère particulière à cet ion :

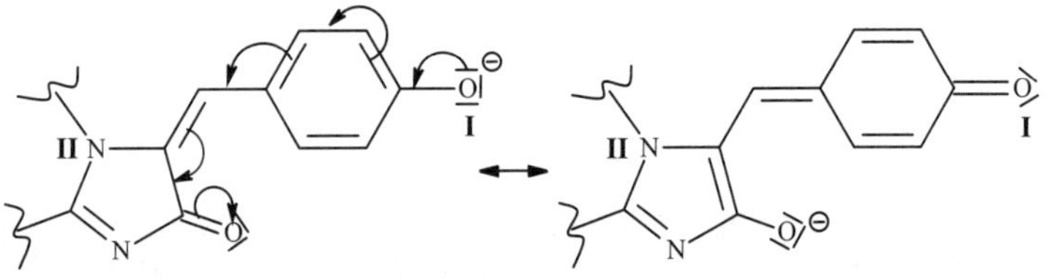

Remarque : Les formes mésomères du phénol ont été données dans l'exercice 16.2. On retrouve les mêmes formes pour la base conjuguée de **I**, mais qui en possèdent une autre donc qui est plus stable.

3. Les trois formes de GFPc sont les suivantes :

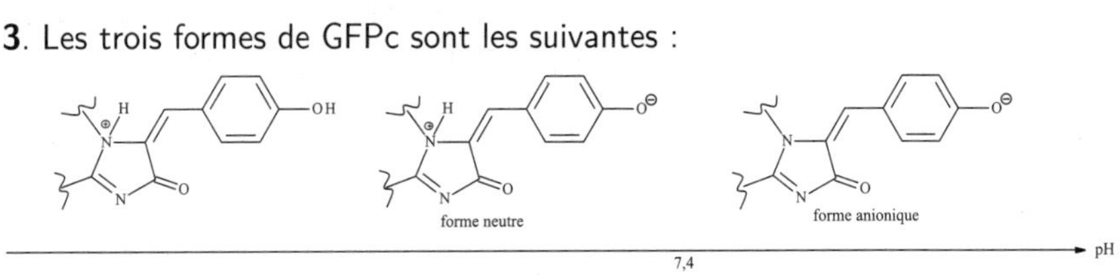

Le phénol est associé à un pKa inférieur à celui de l'amine donc le phénol est plus acide d'où la forme neutre obtenue. La forme anionique correspond à la situation où l'ion ammonium perd un hydrogène.

Remarque : Dans la question précédente, on a vu que le pK_a est de 7,8 au lieu de 9,1 pour la fonction phénol. Il doit en être de même pour l'amine puisque la base conjuguée est également stabilisée par mésomérie.

Exercice 16.5 : Dépendance et sevrage tabagique (G2E) **

La nicotine est un alcaloïde présent dans les feuilles de tabac (son pourcentage massique peut aller jusqu'à 14 %). La formule topologique de la nicotine est donnée ci-dessous :

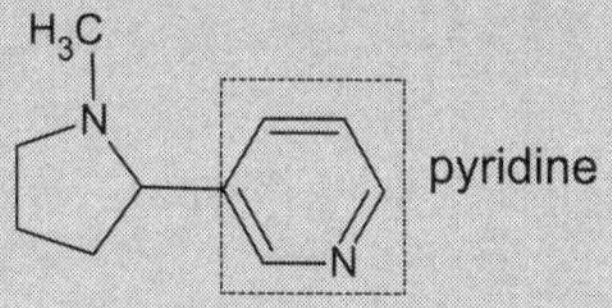

1. Le pK_a du couple ion pyridinium/pyridine est de 5,3. Une amine est-elle plus ou moins basique que la pyridine ?
2. Les valeurs des deux pK_a de la nicotine sont 3,10 et 8,00. Représenter le diagramme de prédominance des espèces acide-base de la nicotine en précisant le schéma de Lewis des espèces H_2B^{2+} et HB^+ associées à la nicotine B.
3. La nicotine peut facilement passer la membrane cellulaire des poumons quand elle est sous sa forme basique B. Calculer le pourcentage de forme basique de la nicotine dans le plasma sanguin dont le pH est égal à 7,40.
4. Certains fabricants ajoutent dans les cigarettes des dérivés ammoniacaux qui, pendant la combustion de la cigarette, libèrent de l'ammoniac. Quelle conséquence cet ajout a-t-il ?
La synthèse de la nicotine peut être réalisée à partir de la N-méthylpyrrolidone :

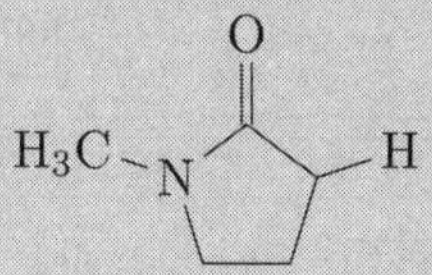

5. L'hydrogène représenté sur le schéma de Lewis ci-dessus est acide. Justifier.

1. L'ordre de grandeur du pK_a du couple ion ammonium/amine est de 9. Une amine est donc plus basique que la pyridine.

2. Les schémas de Lewis associés aux espèces acido-basiques liées à la nicotine sont les suivants :

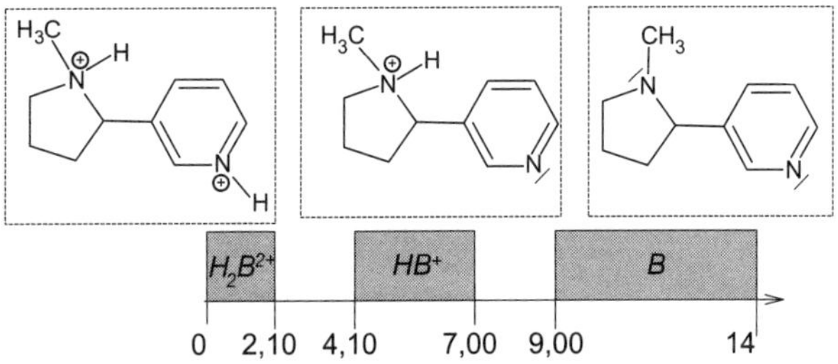

Explication : Les propriétés basiques de la nicotine sont dues aux paires libres situées sur les atomes d'azote, capables de capter un ion H^+ pour former une liaison N – H. Les amines sont plus basiques que les pyridines donc le couple ci-dessous est associé à un pK_a plus élevé.

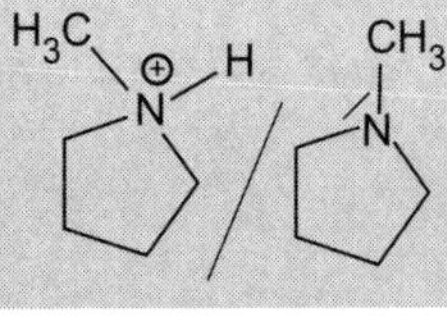

3. D'après le diagramme de prédominance des espèces, pH $= 7,40$ correspond à un domaine de majorité des espèces HB^+ et B. On néglige ainsi la présence de H_2B^{2+}.

Le pourcentage de la forme basique est défini par : $\dfrac{[B]}{C_T} \times 100$ où C_T est la concentration totale. Pour pH $= 7,40$, on peut écrire $C_T = [B] + [HB^+]$.
Faisons appel à la constante d'acidité liée à ce couple :

$$K_{a_2} = \frac{[B]h}{[HB^+]}$$

$$[HB^+] = \frac{[B]h}{K_{a_2}}$$

Donc : $C_T = [B] + \dfrac{[B]h}{K_{a_2}} = [B]\left(1 + \dfrac{h}{K_{a_2}}\right) = [B]\left(\dfrac{K_{a_2} + h}{K_{a_2}}\right)$.

Le pourcentage de la forme basique est donc égal à :

$$\frac{K_{a_2}}{K_{a_2} + h} \times 100 = \frac{10^{-8,00}}{10^{-8,00} + 10^{-7,40}} \times 100 = 20,0\%$$

4. L'ammoniac NH_3 est une espèce basique. Cette espèce augmente le pH et ainsi, on peut se retrouver dans le domaine de prédominance de B, forme de la nicotine qui passe facilement à travers la membrane cellulaire des poumons !

5. Montrons que la base conjuguée est particulièrement stable :

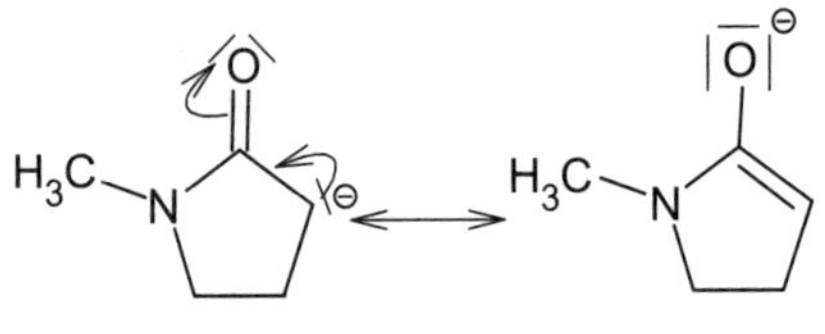

La base conjuguée est stabilisée par mésomérie. L'hydrogène cité par l'énoncé est particulièrement acide.

Explication : Le schéma de Lewis de la base est obtenu en enlevant un H^+ à l'acide. Ici, on crée donc un carbanion :

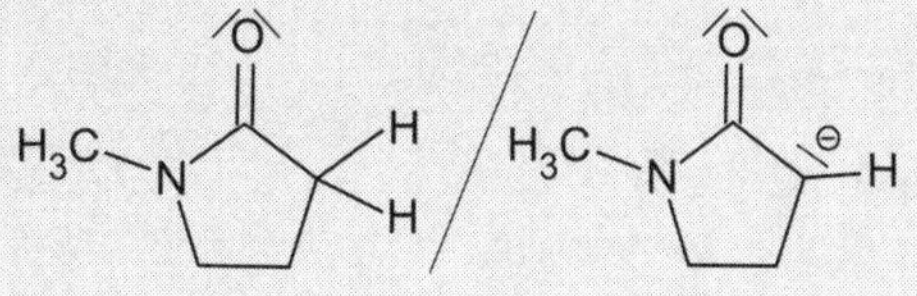

Exercice 16.6 : Comportement d'un acide aminé en fonction du pH et point isoélectrique **

Chaque acide α-aminé est caractérisé par des valeurs de pK_a et de pI (point isoélectrique).

1. Pour un acide α-aminé tel que la phénylalanine (R= $-CH_2C_6H_5$), il existe deux couples acido-basiques de pK_{a_1} $= 1,83$; pK_{a_2} $= 9,12$ respectivement. Identifier et nommer les fonctions chimiques responsables de l'acido-basicité de chaque couple. Préciser la structure des 3 espèces acido-basiques.

2. L'acide aspartique, un des constituants de l'hémoglobine, est un acide α-aminé ionisable (c'est-à-dire que R possède une fonction acide ou basique, ici R est le groupe $-CH_2$-COOH). Il est associé aux 3 pK_a : pK_{a_1} $= 1,9$; pK_{a_2} $= 3,7$; pK_{a_3} $= 9,6$. Préciser les structures des différentes espèces acido-basiques associées à l'acide aspartique.

3. Quel est le comportement des deux acides aminés précédents lors de l'électrophorèse dans un tampon phosphate à pH $= 6,1$?

4. Définir le point isoélectrique d'un acide α-aminé. Quelle est l'espèce majoritaire présente dans les deux cas précédents ?

5. **Estimer** le pH (= pI) du point isoélectrique de la phénylalanine et de l'acide aspartique.

1. Les fonctions chimiques responsables de l'acido-basicité d'un acide aminé sont la fonction acide carboxylique et la fonction amine.

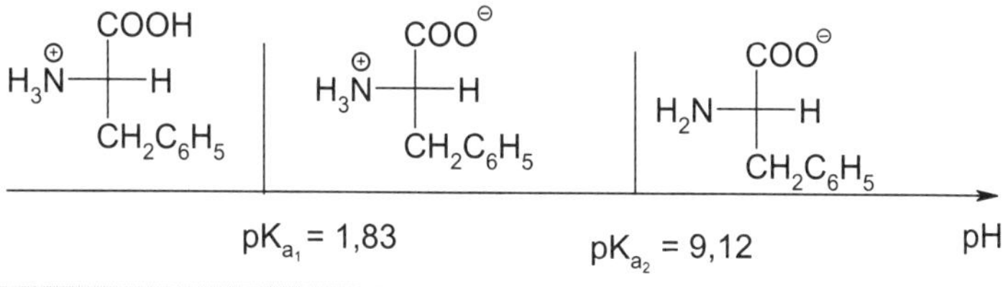

Remarque : Les fonctions acides carboxyliques (le pK_a de l'acide éthanoïque est de 4,8) sont plus acides que les fonctions amines (le pK_a de l'ion ammonium est de 9,2) donc le premier hydrogène acide est celui porté par la fonction carboxylique.
L'espèce amphotère est un zwittérion (globalement neutre mais possédant un site chargé positivement et un autre chargé négativement).

2.

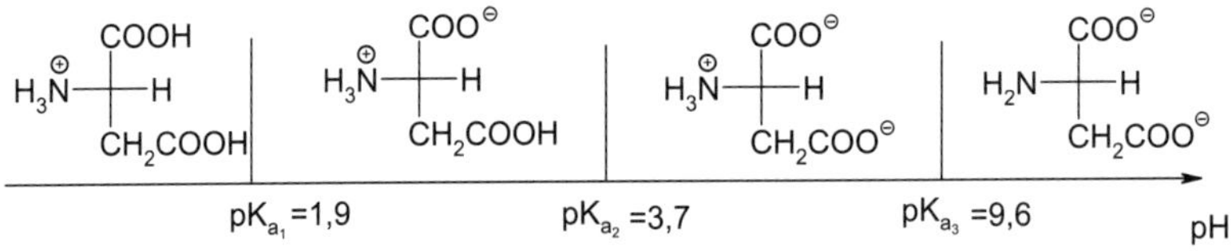

Remarque : L'acide carboxylique le plus proche du groupe $-NH_3^+$ est le plus acide des deux : en effet, sa base conjuguée (seconde espèce dans le diagramme de prédominance) est davantage stabilisée par l'effet inductif attracteur de $-NH_3^+$ car il est plus proche (une propriété des effets inductifs est de s'atténuer en se propageant).

3. À $\text{pH} = 6,1$, d'après les diagrammes de prédominance, la phénylalanine est sous forme zwittérionique donc globalement neutre : elle ne migre pas et l'acide aspartique est chargé négativement (troisième espèce du diagramme de prédominance) : il migre vers la borne positive.

4. Le point isoélectrique d'un acide α-aminé correspond à la situation pour laquelle la conductivité de la solution est minimale. L'espèce majoritaire présente est le zwittérion (espèce globalement neutre donc ne participant pas à la conductivité) :

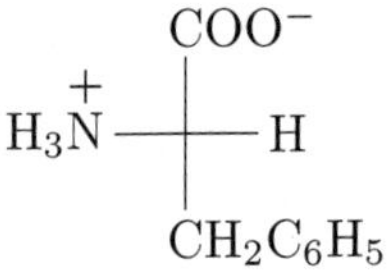

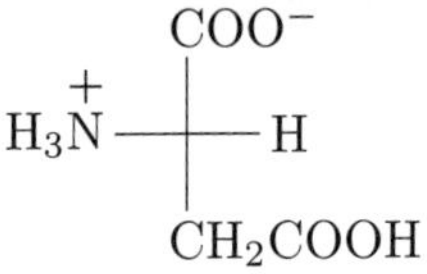

5. Dans les deux cas, la solution est alors constituée d'une espèce amphotère (voir exercice 2.4) donc :

Pour la phénylalanine : $\text{pH} = \frac{1}{2}\left(\text{p}K_{a_1} + \text{p}K_{a_2}\right) = 0,5 \times (1,83 + 9,12) = 5,5$

Pour l'acide aspartique : $\text{pH} = \frac{1}{2}\left(\text{p}K_{a_1} + \text{p}K_{a_2}\right) = 0,5 \times (1,9 + 3,7) = 2,8$

CHAPITRE 17

Oxydo-réduction en chimie organique

Capacités à acquérir	Exercices
Distinguer oxydation complète et oxydation ménagée.	17.1
Écrire les équations d'oxydation d'un alcool primaire en aldéhyde, d'un aldéhyde en acide carboxylique, d'un alcool secondaire en cétone.	
Écrire l'équation-bilan d'une époxydation.	17.2 et 17.3
Écrire le diol obtenu par ouverture d'un époxyde en milieu basique.	17.2
Écrire le diol obtenu par action du permanganate sur un alcène.	
Écrire le bilan de la coupure oxydante par action de l'acide périodique sur un diol.	
Écrire l'équation de la réduction d'un composé carbonylé en alcool par $NaBH_4$.	17.4
Écrire l'équation-bilan de réduction d'un alcène en alcane par H_2 et déterminer les stéréoisomères obtenus.	17.5

Notation : Les règles de Cahn-Ingold-Prelog seront abrégées en règles CIP.

Exercice 17.1 : Oxydation des alcools (Agrégation) **

Dans un tube à essais on introduit 1 mL de butan-1-ol. On ajoute progressivement en agitant 1 mL d'une solution oxydante de Cr(VI) (36,75 g de $K_2Cr_2O_7$; 100 mL d'une solution d'acide sulfurique à 0,5 mol.L^{-1}). On porte quelques minutes au bain-marie, puis on ajoute 5 mL d'eau distillée. Après refroidissement, on ajoute 2 mL d'éther (ou d'hexane) et on agite le tube préalablement bouché.

On ajoute alors du réactif de Tollens, qui est une solution de nitrate d'argent $AgNO_3$ ammoniacal. L'oxydant est le complexe $Ag(NH_3)_2^+$. On observe alors l'apparition d'un dépôt d'argent métallique.

1. Écrire l'équation-bilan dans le cas d'une oxydation ménagée.

2. Montrer que l'oxydant est en défaut.
3. Écrire l'équation-bilan si l'oxydant avait été mis en excès.
4. Écrire la réaction qui a lieu avec le réactif de Tollens.
5. Écrire la réaction si de la liqueur de Fehling avait été ajoutée à la place du réactif de Tollens. On rappelle que la liqueur de Fehling est une solution de tartrate de cuivre(II) en milieu ammoniacal, formant le complexe $[Cu(tart)_2]^{2+}$.

Données : d(butan-1-ol) $= 0,81$; masse volumique de l'eau : $\mu_{eau} = 1$ kg.L^{-1} ; $M_{Cr} = 52$ g.mol^{-1} ; $M_O = 16$ g.mol^{-1} ; $M_K = 39$ g.mol^{-1}

Rappel : Si l'alcool est primaire, par oxydation dite ménagée, on obtient un aldéhyde. L'aldéhyde ayant un caractère réducteur, elle peut être oxydée en acide carboxylique. Si l'oxydant est en excès on obtient directement l'acide carboxylique à partir de l'alcool primaire. Si l'alcool est secondaire, par oxydation on obtient une cétone. Un alcool tertiaire n'est pas oxydable.

1. L' oxydation ménagée du butan-1-ol (alcool primaire) donne un aldéhyde : le butanal :

RCH_2OH RCHO

Point méthode : Pour une réaction rédox, il faut toujours écrire les demi-équations rédox afin d'éviter des erreurs dans le décompte d'atomes ou de charges. On peut utiliser une formule compacte pour équilibrer les demi-équations rédox. L'équation-bilan peut être donnée grâce aux formules topologiques.

$$RCH_2OH = RCHO + 2H^+ + 2e^- \qquad (\times 3)$$
$$Cr_2O_7^{2-} + 14H^+ + 6e^- = 2Cr^{3+} + 7H_2O \qquad (\times 1)$$

L'équation-bilan est :

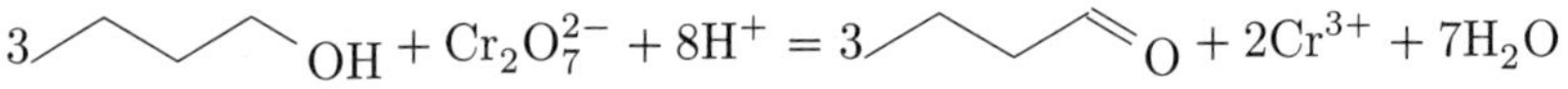

2. Le tube contient 1 mL de butan-1-ol soit :

$$n_{\text{butan-1-ol}} = \frac{m}{M} = \frac{\mu_{\text{butan-1-ol}}V}{M_{\text{butan-1-ol}}} = \frac{\mu_{eau}dV}{M} = \frac{0,81 \times 1}{74} = 1,09 \cdot 10^{-2} \text{ mol}$$

On a préparé $36,75$ g de $K_2Cr_2O_7$ ($M_{K_2Cr_2O_7} = 294$ g.mol^{-1}) dans 100 mL soit $n' = \dfrac{36,75}{294} = 1,25 \cdot 10^{-1}$ mol dans 100 mL. On en a introduit 1 mL dans le tube soit $1,25 \cdot 10^{-3}$ mol.

Pour être en proportions stœchiométriques, il faut que :

$$n_{Cr_2O_7^{2-}} = \frac{n_{\text{butan-1-ol}}}{3} = 3,63 \cdot 10^{-3} \text{ mol}$$

$1,25 \cdot 10^{-3}$ mol $< 3,63 \cdot 10^{-3}$ mol : l'oxydant est donc le réactif limitant.

3. Si l'oxydant est en excès, l'alcool primaire est oxydé directement en acide carboxylique :

$$RCH_2OH + H_2O = RCOOH + 4H^+ + 4e^- \qquad \times 3$$

$$Cr_2O_7^{2-} + 14H^+ + 6e^- = 2Cr^{3+} + 7H_2O \qquad \times 2$$

L'équation-bilan est :

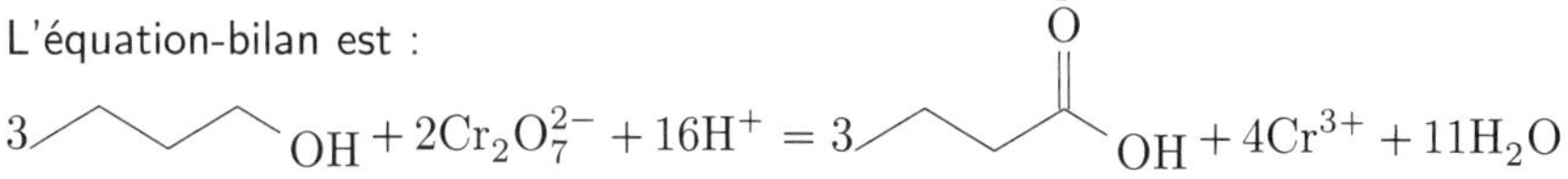

4. La réaction entre l'aldéhyde et le réactif de Tollens est une réaction d'oxydoréduction.

Comme nous sommes en milieu ammoniacal (à pH basique), il faut donner les demi-équations rédox avec HO^- (pas avec H^+). De plus l'acide carboxylique RCOOH est sous forme de sa base conjuguée $RCOO^-$. Pour équilibrer une demi-équation rédox en milieu basique, on écrit l'équilibre en milieu acide puis on ajoute le nombre nécessaire de HO^- pour neutraliser les acides présents :

$$RCHO + H_2O = RCOOH + 2H^+ + 2e^-$$

$$«RCHO + H_2O + 3HO^- = RCOOH + 2H^+ + 2e^- + 3HO^-»$$

$$«RCHO + H_2O + 3HO^- = RCOO^- + 3H_2O + 2e^-»$$

La demi-équation rédox en milieu basique s'écrit :

$$RCHO + 3HO^- = RCOO^- + 2H_2O + 2e^- \qquad \times 1$$

$$Ag(NH_3)_2^+ + e^- = Ag_{(s)} + 2NH_3 \qquad \times 2$$

L'équation-bilan est :

$$RCHO + 3HO^- + 2Ag(NH_3)_2^+ = RCOO^- + 2H_2O + 2Ag_{(s)} + 4NH_3$$

5. Avec la liqueur de Fehling, on observe un précipité rouge brique de $Cu_2O_{(s)}$ (oxyde de cuivre (I)). La réaction a aussi lieu en milieu basique :

$$RCHO + 3HO^- = RCOO^- + 2H_2O + 2e^-$$

$$2Cu(tart)_2^{2-} + 2HO^- + 2e^- = Cu_2O_{(s)} + H_2O + 4tart^{2-}$$

L'équation-bilan est :

$$RCHO + 2Cu(tart)_2^{2-} + 5HO^- = RCOO^- + 3H_2O + Cu_2O_{(s)} + 4tart^{2-}$$

Exercice 17.2 : Synthèse d'un époxyde à partir d'un alcène (G2E)

1. Proposer une méthode de synthèse d'un époxyde à partir de l'alcène suivant dont on précisera le nom :

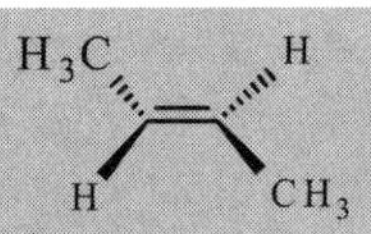

2. Montrer que l'on obtient en général un mélange de stéréoisomères et préciser la relation de stéréoisomérie qui les lie.

On considère l'époxyde suivant :

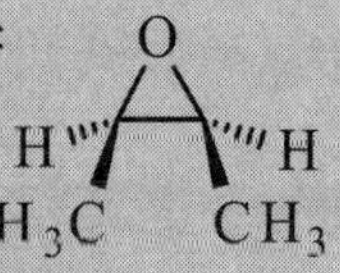

3. Par hydrolyse basique de cet époxyde on obtient un diol. Donner le produit obtenu en précisant sa stéréochimie.

4. Quels sont les produits obtenus par action du permanganate sur l'alcène de départ ?

5. Le diol obtenu dans la question 3 est traité par de l'acide périodique. Préciser le bilan de la réaction. Nommer le(s) produit(s) obtenu(s).

1. L'alcène étudié est le (E)-but-2-ène. On peut obtenir un époxyde en le traitant par de l'acide métachloroperbenzoïque (le m-CPBA) dans le dichlorométhane.

2. L'époxyde peut se former soit au-dessus soit en dessous du plan de l'alcène. Il y a ainsi formation de deux énantiomères :

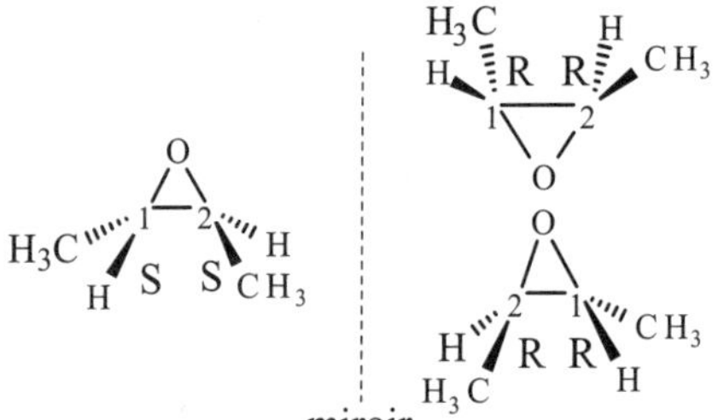

3. L'hydrolyse en milieu basique d'un époxyde conduit à des diols vicinaux ANTI :

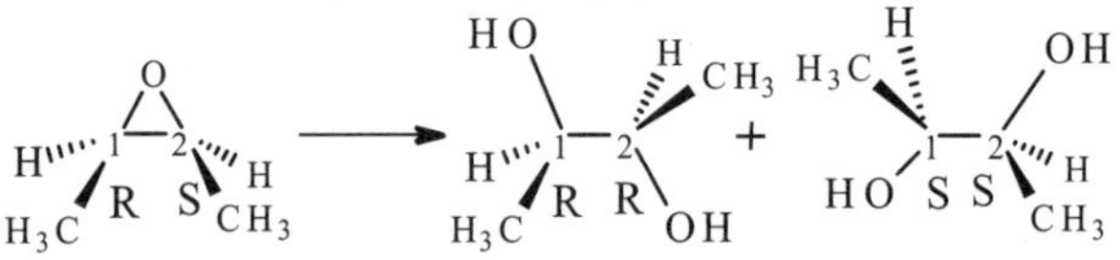

On obtient un couple d'énantiomères.

Rappel : Lorsque partant d'un réactif, une réaction donne un produit principal parmi plusieurs, la réaction est stéréosélective. De plus, si changer la configuration du réactif change celle du produit principal, la réaction est stéréospécifique. Une réaction stéréospécifique est donc stéréosélective, l'inverse n'est pas vrai.

Remarque : La réaction est stéréosélective car on obtient deux stéréoisomères sur 3 (attention, les carbones asymétriques sont identiques). On montre également qu'elle est stéréospécifique car en partant de l'époxyde (1S,2R), on obtiendrait le composé méso ((1R,2S) = (1S,2R))

4. Par action du permanganate, on obtient des diols vicinaux SYN :

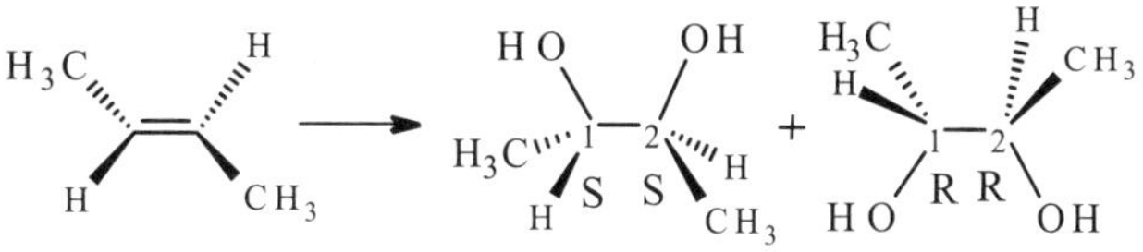

Remarque : La réaction étudiée ici est stéréospécifique : en partant du (E)-but-2-ène, on obtient un couple d'énantiomères (1S,2S) et (1R,2R), en partant du (Z)-but-2-ène, on obtiendrait le diastéréoisomère (composé méso (1R,2S) = (1S,2R)).

5. L'acide périodique provoque une coupure oxydante. Écrivons le bilan en précisant les demi-équations rédox :

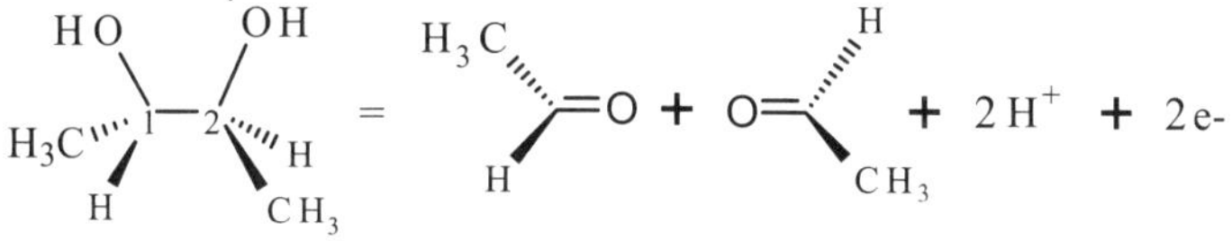

Remarque : On obtient deux fois le même produit : l'éthanal.

$$HIO_4 + 2H^+ + 2e^- = HIO_3 + H_2O$$

L'équation-bilan est donc :

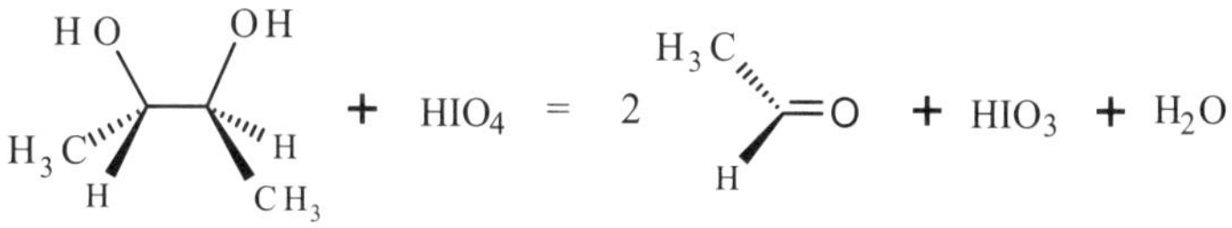

Exercice 17.3 : Époxydation de Sharpless (G2E) **

Le composé de départ est l'alcool allylique suivant : 
K.B. Sharpless a mis au point une méthode particulièrement efficace pour réaliser une époxydation énantiosélective d'un alcool allylique en présence de (+)-tartrate de diéthyle :

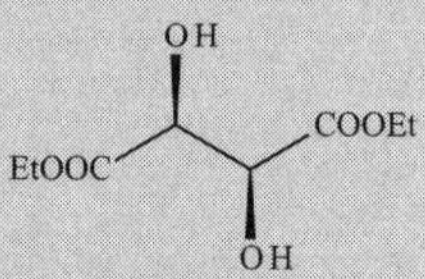

1. Combien ce composé compte-t-il de stéréoisomères de configuration ? Les représenter dans l'espace et préciser, si c'est possible, le signe de leur pouvoir rotatoire.

L'interprétation de la stéréochimie de la réaction d'époxydation de Sharpless peut se modéliser de la façon suivante : en plaçant l'alcool allylique dans un plan comme sur la figure ci-contre, l'utilisation de (-)-tartrate de diéthyle permet une époxydation par le dessus et c'est l'inverse avec le (+)- tartrate de diéthyle.

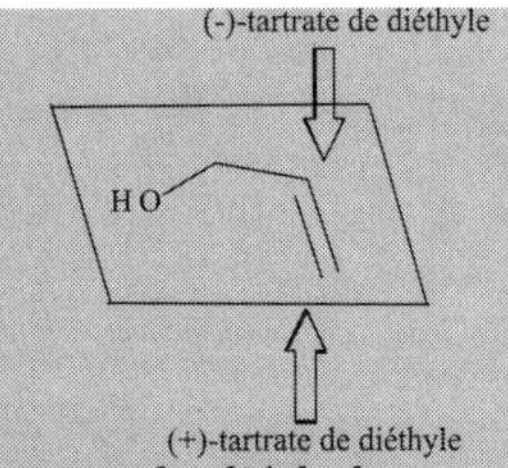

2. Donner le produit obtenu en utilisant le (+)-tartrate de diéthyle.

3. En notant [R] et [S] les concentrations respectives en énantiomères R et S dans le mélange, on définit l'excès énantiomérique par $ee = 100\frac{[R]-[S]}{[R]+[S]}$

Dans cette synthèse, l'excès énantiomérique atteint 94 %. Quels sont les pourcentages de composés R et S dans le mélange ?

1. Le tartrate de diéthyle possède deux carbones asymétriques identiques donc 3 stéréoisomères de configuration : un couple d'énantiomères et le composé méso (identique à son image dans un miroir donc achiral) :

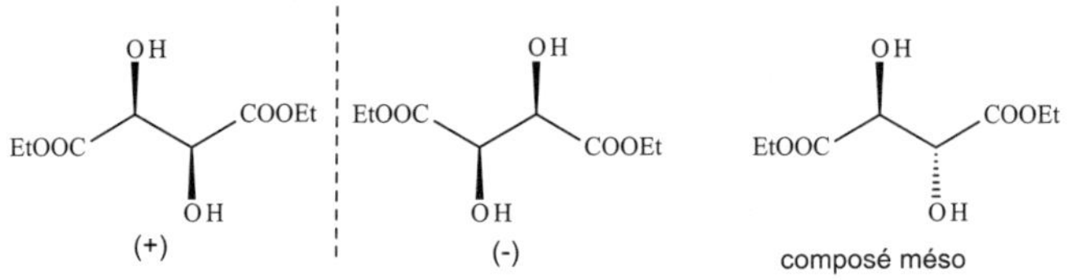

Comme le (+)-tartrate de diéthyle possède un pouvoir rotatoire spécifique positif ($[\alpha] > 0$), son image dans un miroir possède donc un pouvoir rotatoire spécifique opposé ($[\alpha] < 0$) et le composé méso achiral a un pouvoir rotatoire spécifique nul ($[\alpha] = 0$).

2. Le produit obtenu est le suivant :

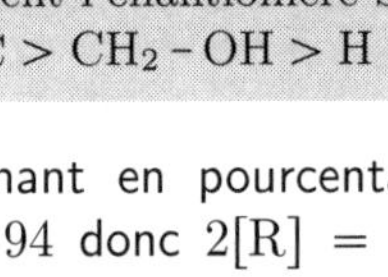

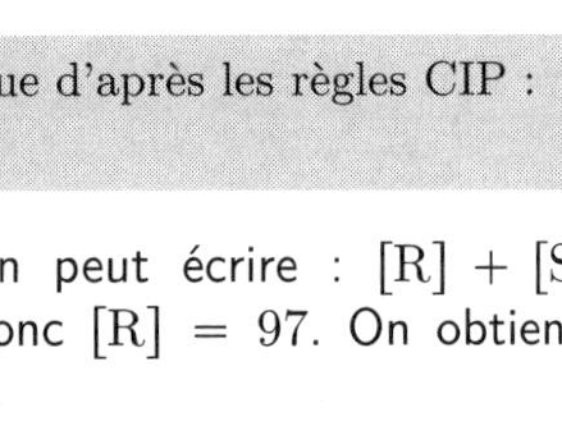

Remarque : On obtient l'énantiomère S puisque d'après les règles CIP :
C^* : O > CH_2 - O - C > CH_2 - OH > H

3. En raisonnant en pourcentage, on peut écrire : $[R] + [S] = 100$ et $[R] - [S] = 94$ donc $2[R] = 194$ donc $[R] = 97$. On obtient 97 % de R et 3 % de S.

Exercice 17.4 : Oxydo-réduction des alcools et composés carbonylés (G2E) **

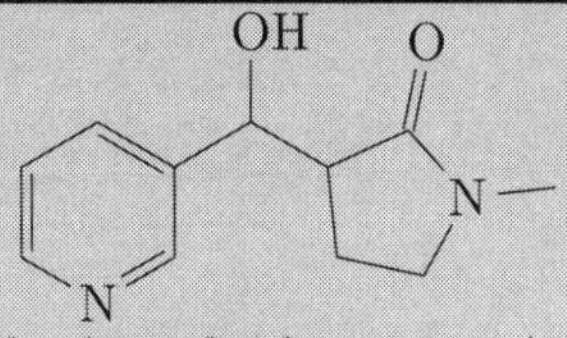

C

Le composé ***C*** réagit avec le dioxyde de manganèse MnO_2. On obtient le composé ***D*** de formule brute $C_{11}H_{12}N_2O_2$.

1. Comment peut-on qualifier cette réaction ?

2. Représenter la formule semi-développée du produit ***D*** obtenu.

Par une suite de réactions non étudiées ici, ***D*** permet d'obtenir le composé ***G*** qui est ensuite transformé dans l'éthanol en composé ***H*** selon le schéma réactionnel suivant :

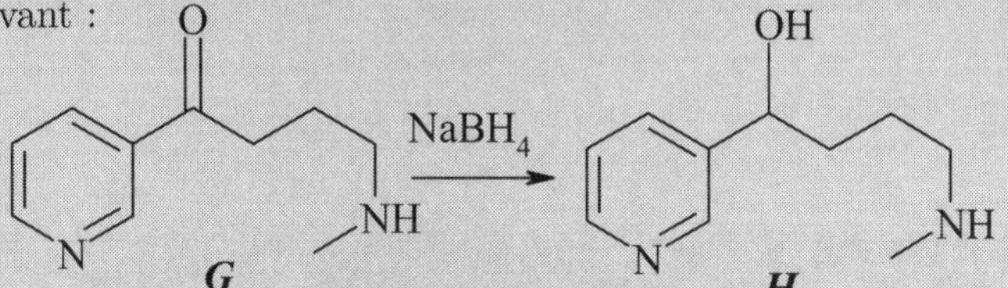

3. Comment peut-on qualifier la réaction permettant de passer de ***G*** à ***H*** ?

4. Écrire l'équation-bilan de cette réaction.

1. La réaction de passage de ***C*** à ***D*** est une réaction d'oxydation de la fonction alcool en cétone.

Remarque : On peut appuyer le raisonnement en comptant le nombre d'insaturations. Le composé ***D*** de formule brute $C_{11}H_{12}N_2O_2$ a le même nombre d'insaturations que $C_{11}H_{10}$. On le compare à $C_{11}H_{24}$ et on constate qu'il possède donc 7 insaturations. Le composé ***C*** possède 6 insaturations.

2. Le produit ***D*** obtenu est donc :

D

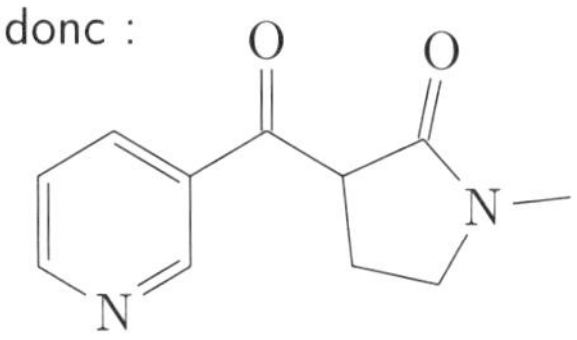

3. La réaction de passage de ***G*** à ***H*** est une réaction de réduction de la fonction cétone en fonction alcool.

4. Pour écrire l'équation-bilan, utilisons les notations suivantes :

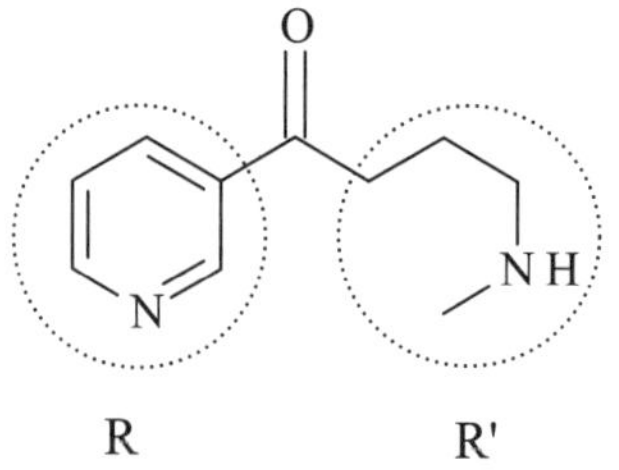

Le borohydrure de sodium ou tétrahydruroborate de sodium peut réduire 4 fonctions cétones. Le bilan de la réaction est :

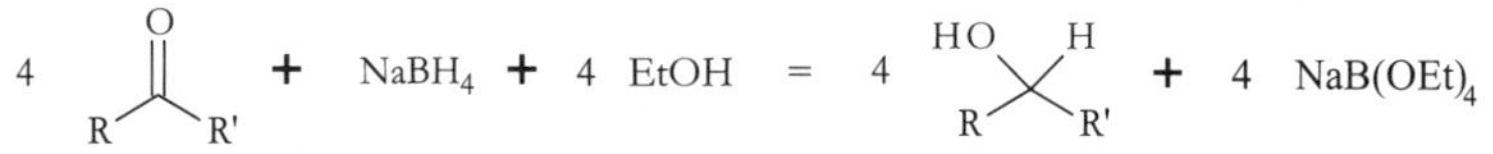

Remarque : La réaction s'effectue dans le solvant éthanol qui joue aussi le rôle de réactif.

Exercice 17.5 : Hydrogénation des alcènes **

On considère la molécule de 1-éthyl-2-méthylcyclohexène.
1. Donner la représentation de Cram de la molécule et préciser la configuration absolue de la double liaison.

On effectue une hydrogénation catalytique de cette molécule sur le nickel de Raney.
2. La réaction d'hydrogénation est-elle stéréosélective ? stéréospécifique ?
3. Donner les représentations de Cram des produits obtenus. Préciser les configurations absolues des carbones asymétriques formés. Nommer les produits obtenus.
4. Donner ensuite les représentations en perspective en précisant les conformations chaises. Comparer la stabilité des produits obtenus. On supposera que les groupes éthyle et méthyle ont même préférence conformationnelle.
5. Le mélange final obtenu est-il chiral ?

1. Le 1-éthyl-2-méthylcyclohexène est la molécule suivante :

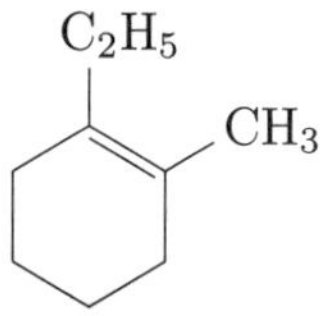

La configuration de la double liaison est Z.

Remarque : La présence du cycle empêche la double liaison d'adopter une configuration E car cela engendrerait des angles trop éloignés des valeurs 120° et 109° associées aux carbones plan trigonaux et aux carbones tétraédriques.

2. La réaction d'hydrogénation est une addition SYN : les deux atomes d'hydrogène s'attachent du même côté du plan de la double liaison. La réaction d'hydrogénation est donc stéréospécifique et par conséquent stéréosélective.

3. Les produits obtenus sont donc :

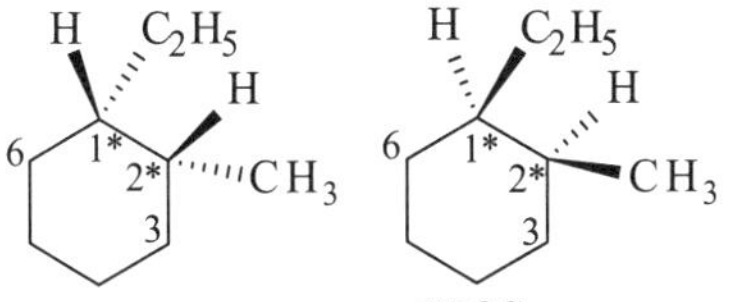

1S2R   1R2S

Justification des configurations absolues d'après les règles CIP :
$C_1^* : C_2 > C_6 > C_2H_5 > H \qquad C_2^* : C_1 > C_3 > CH_3 > H$
Le premier produit est : (1S,2R)-1-éthyl-2-méthylcyclohexane.
Le second est : (1R,2S)-1-éthyl-2-méthylcyclohexane.

4. Les représentations en perspective sont les suivantes :

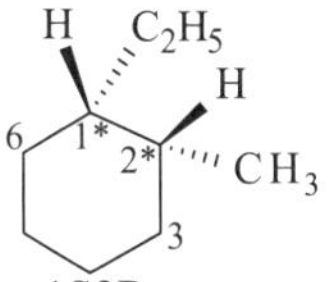

1S2R

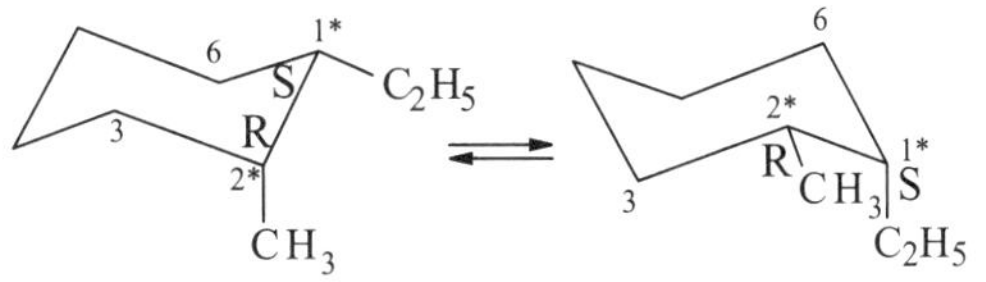

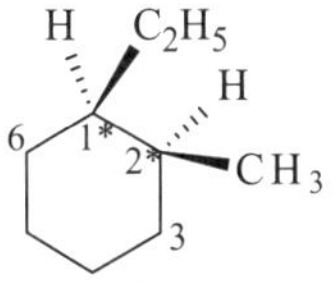

1R2S

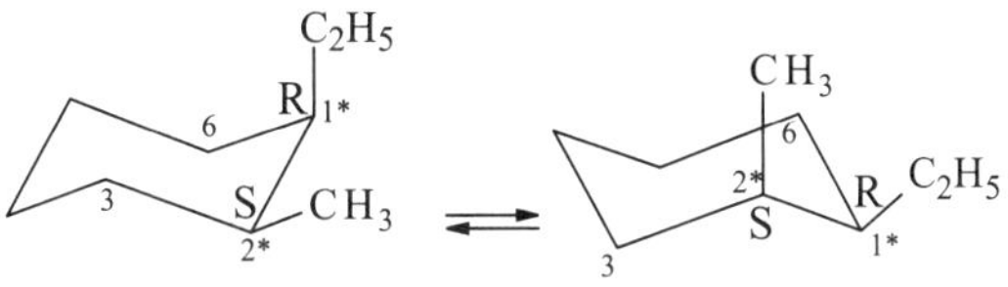

Point méthode : Lors du passage de la représentation de Cram à la représentation en perspective, les configurations absolues des carbones asymétriques doivent être maintenues. En pratique, on vérifie qu'on a la bonne configuration absolue pour le C_1^* et si le groupe C_2H_5 pointe vers le bas, le groupe CH_3 aussi (dans la représentation de Cram, ils sont tous les deux du même côté).
Lors de l'inversion de conformation chaise, les configurations absolues ne changent pas.

Les conformations ont toutes un substituant en position axiale et un autre en position équatoriale. Ces substituants ayant même préférence conformationnelle, les 4 conformations ont même stabilité. Les produits obtenus ont même stabilité.

Rappel : La préférence conformationnelle traduit la stabilité obtenue lorsque un substituant passe de la position axiale à la position équatoriale.

5. Le mélange obtenu est racémique. Il est donc achiral.

Explication : Les produits obtenus sont des énantiomères (les configurations absolues s'inversent quand on passe de l'un à l'autre) et la question précédente prouve qu'ils sont obtenus en quantité égale car ils ont même stabilité.

Sous-partie 6

Thermodynamique physique

CHAPITRE

18

États de la matière

Capacités à acquérir	Exercices
Utiliser l'équation d'état du gaz parfait.	18.1 et 18.2
Raisonner sur l'équation d'état d'un gaz réel.	18.3 et 18.4
Connaître les grandeurs caractéristiques d'un mélange idéal de gaz parfaits (pression partielle, densité, masse molaire).	18.5

Exercice 18.1 : Les pneumatiques (G2E) *

Un poste mobile de gonflage de pneumatiques comporte un réservoir de volume $V_1 = 15$ L que l'on peut remplir d'air, sous la pression $P_1 = 6$ bar. L'air sera assimilé à un gaz parfait.

1. La température du réservoir est égale à $\theta_1 = 17$ °C. Exprimer la quantité de matière d'air dans le réservoir. La pression chute à $P_f = 1$ bar, la température n'est pas modifiée. Calculer le volume V_f qu'occupe l'air.

2. On utilise le poste mobile, contenant de l'air sous la pression P_1 à la température θ_1, pour compléter le gonflage d'un pneumatique de l'automobile. La pression avant le gonflage est $P_2 = 1,2$ bar et la pression recommandée par le manufacturier est $P_3 = 2$ bar. Le volume de l'enveloppe, supposé invariable, est $V = 35$ L.

a) Calculer le volume d'air introduit dans le pneumatique, mesuré à 17 °C sous 1 bar.

b) Calculer la pression finale P_4 de l'air dans le poste mobile à la fin de l'opération à 17 °C.

3. Après un parcours, effectué à grande vitesse, la pression dans le pneumatique atteint la pression $P_5 = 6$ bar (pression maximale). Sachant que lorsque la température du pneumatique est supérieure à 250 °C, la gomme se dégrade, risque-t-on l'explosion ?

1. L'air étant assimilé à un gaz parfait, $P_1V_1 = nRT_1$ donc :

$$n = \frac{P_1V_1}{RT_1} = n_1 \qquad (1)$$

Lorsque la pression vaut P_f, $P_fV_f = nRT_1 = P_1V_1$ donc $V_f = \dfrac{P_1V_1}{P_f}$.

$$V_f = \frac{6 \cdot 10^5 \times 15 \cdot 10^{-3}}{1 \cdot 10^5} = 9 \cdot 10^{-2}\ \text{m}^3 = 90\ \text{L}$$

> Dans la loi des gaz parfaits, lors de l'application numérique il faut que la pression P soit en Pa (Pascals, 1 bar = 10^5 Pa), que le volume V soit en m^3 (1 L = 10^{-3} m^3) et que la température T soit en K (Kelvin, $T(\text{K}) = 273 + t(°\text{C})$). La constante des gaz parfaits R est par définition égale à $8,314$ J.K^{-1}.mol^{-1}.

2.

a) Le volume V' d'air introduit dans le pneu s'exprime en utilisant l'équation des gaz parfaits $P'V' = n'RT_1$ où $P' = 1$ bar et $T_1 = 273 + 17$ et n' est la quantité d'air introduite.

$n' = n_3 - n_2$ où n_2 est la quantité de matière avant le gonflage et n_3 celle après le gonflage : $n_2 = \dfrac{P_2V}{RT_1}$ et $n_3 = \dfrac{P_3V}{RT_1}$.

On obtient donc $n' = n_3 - n_2 = \dfrac{V}{RT_1}(P_3 - P_2)$.

$$V' = \frac{n'RT_1}{P'} = \frac{V}{P'}(P_3 - P_2)$$

$$V' = \frac{35 \cdot 10^{-3}}{1 \cdot 10^5}\left(2 \cdot 10^5 - 1,2 \cdot 10^5\right) = 2,8 \cdot 10^{-2}\ \text{m}^3 = 28\ \text{L}$$

b) Initialement dans le poste mobile on avait une quantité d'air $n_1 = \dfrac{P_1V_1}{RT_1}$ (d'après q. 1). On a prélevé une quantité d'air n' (cf q.2.a) afin de compléter le gonflage du pneu. Au final, dans le compresseur il reste donc une quantité d'air n_4 avec :

$$n_4 = n_1 - n' = \frac{P_1V_1}{RT_1} - \frac{V}{RT_1}(P_3 - P_2)$$

Et d'après la loi des gaz parfaits : $n_4 = \dfrac{P_4V_1}{RT_1}$ (le compresseur a un volume fixe V_1). En égalisant les deux relations, il vient : $P_4 = P_1 - \dfrac{V}{V_1}(P_3 - P_2)$

$$P_4 = 6 \cdot 10^5 - \frac{35 \cdot 10^{-3}}{15 \cdot 10^{-3}}\left(2 \cdot 10^5 - 1,2 \cdot 10^5\right) = 4,1 \cdot 10^5\ \text{Pa} = 4,1\ \text{bar}$$

3. Initialement le pneu était dans les conditions recommandées par le constructeur (P_3, T_1). Après le parcours à grande vitesse, il est à l'état (P_5, T_5). De plus, le volume du pneu est supposé invariable et le pneu constitue un système fermé donc sa quantité de matière de gaz n'a pas varié.

$$n_3 = \frac{P_3V}{RT_1} = \frac{P_5V}{RT_5}$$

$$T_5 = \frac{P_5 T_1}{P_3}$$

$$T_5 = \frac{6 \cdot 10^5 \times 290}{2 \cdot 10^5} = 870 \text{ K} = 597 \text{ °C}$$

Il y a donc risque de dégradation des gommes et d'explosion.

Exercice 18.2 : Machine à café expresso (Agro-Véto) **

Dans une machine à café expresso, on fait circuler l'eau chaude à travers la poudre de café en jouant sur une différence de pression. La plupart des machines à café de ce type réalisent des pressions de 15 bar. On s'intéresse ici au principe d'une pompe à air permettant de comprimer l'air ambiant. La pompe est constituée de deux compartiments, le corps de la pompe de volume fixe V_0 dans lequel est stocké l'air sous pression et un réservoir de volume V_{max}. Un piston effectue des aller-retours et pousse de l'air issu de l'atmosphère extérieure dans le corps.

On suppose la température constante égale à $\theta_0 = 20$ °C, et l'air est assimilé à un gaz parfait de masse molaire $M = 29$ g.mol^{-1} dont la pression dans l'atmosphère est de $P_0 = 10^5$ Pa.

On peut décomposer le fonctionnement de la pompe selon une séquence de trois étapes :
- La soupape interne S_{int} est fermée, la soupape externe S_{ext} est ouverte. La pression dans le corps de pompe, à l'issue du $(k-1)^e$ coup de piston, est P_{k-1}, le réservoir est rempli d'air pris dans les conditions de pression de l'atmosphère extérieure.

État initial :

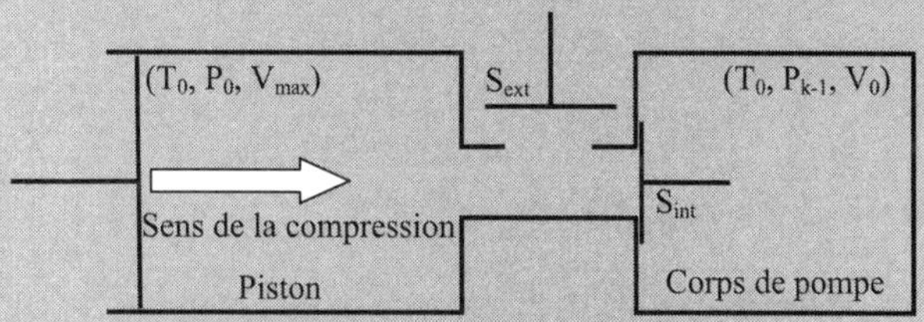

- On ferme la soupape externe S_{ext}, le piston avance alors jusqu'à délimiter le volume minimal V_{min} indispensable au jeu des soupapes. On ouvre finalement la soupape interne S_{int} pour faire entrer l'air comprimé dans le corps de la pompe.

Fermeture de la soupape :

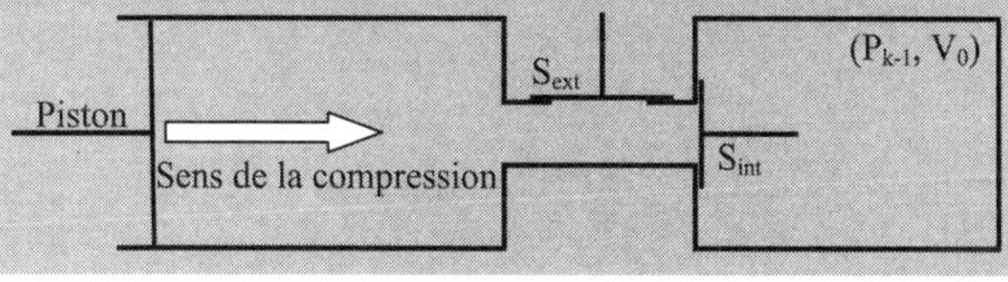

Fin de la compression :

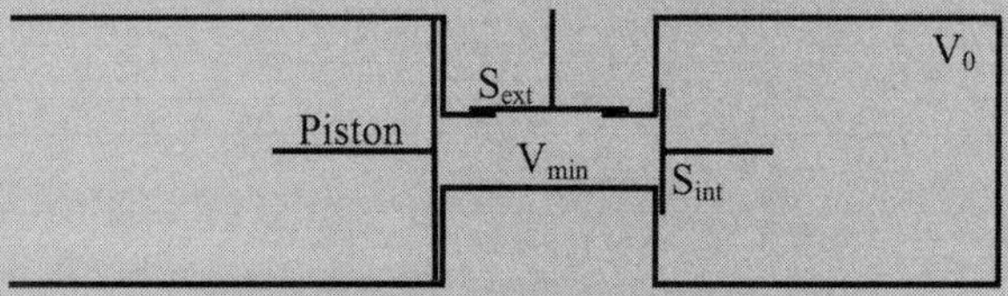

Ouverture de la soupape S_{int} :

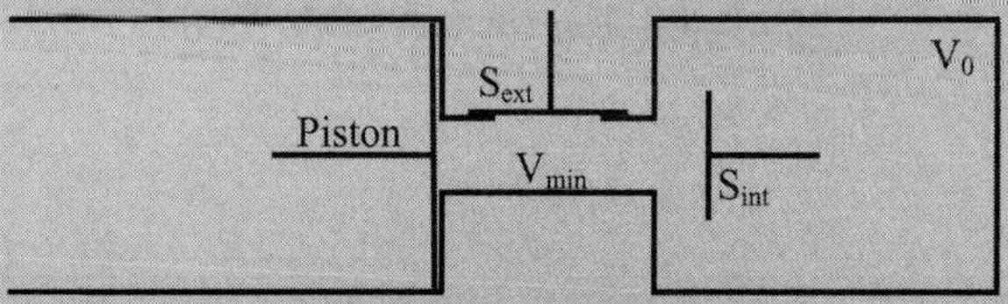

- On ferme la soupape interne S_{int} puis on ouvre la soupape externe S_{ext}, la pression dans le corps de pompe est maintenant P_k. Il reste à ramener le piston dans sa position initiale et le k^{e} coup de piston est terminé.

Ouverture de la soupape S_{ext} :

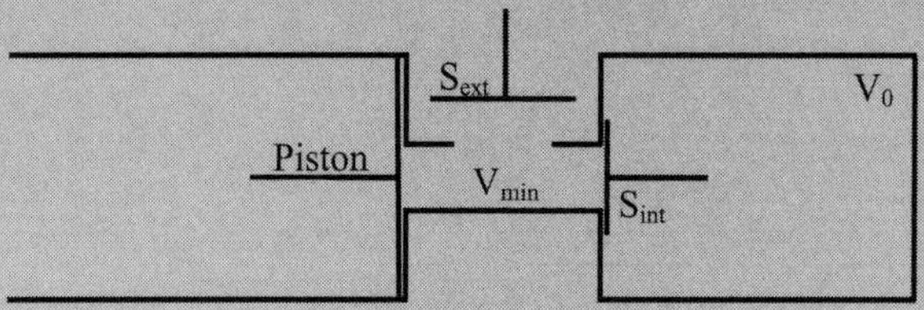

État final :

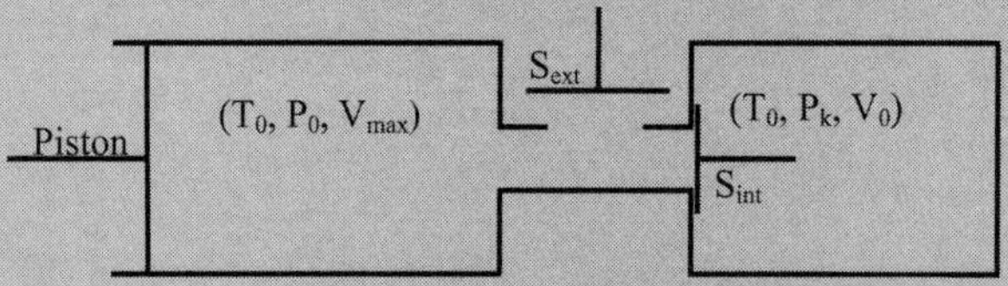

On désire analyser la mise en pression du corps de pompe.

1. Déterminer la quantité de matière n_{k-1} présente dans le corps de pompe quand la soupape interne est encore fermée, c'est-à-dire au début de la séquence. On donnera le résultat en fonction de P_{k-1}, R, T_0 et V_0 le volume du corps de la pompe.

2. Déterminer la quantité de matière n_0 présente dans le réservoir juste avant de fermer la soupape externe et d'ouvrir la soupape interne.

3. En déduire la quantité d'air n_k dans le corps de la pompe dans l'état final.

4. Montrer que la pression obéit à une relation de récurrence de la forme :

$$P_k = \alpha P_{k-1} + \beta P_0$$

On déterminera α et β en fonction de V_0, $V_{\min}$ et $V_{\max}$.

5. Exprimer la pression limite P_∞ que l'air peut atteindre dans le corps de pompe.
6. En déduire la valeur du rapport $\dfrac{V_{\max}}{V_{\min}}$ pour obtenir $P_\infty = 15$ bar.

Remarque : Avant de commencer, il faut bien analyser les différents schémas donnés par l'énoncé et ne pas hésiter à en refaire pour bien visualiser les étapes de la mise en pression.

1.

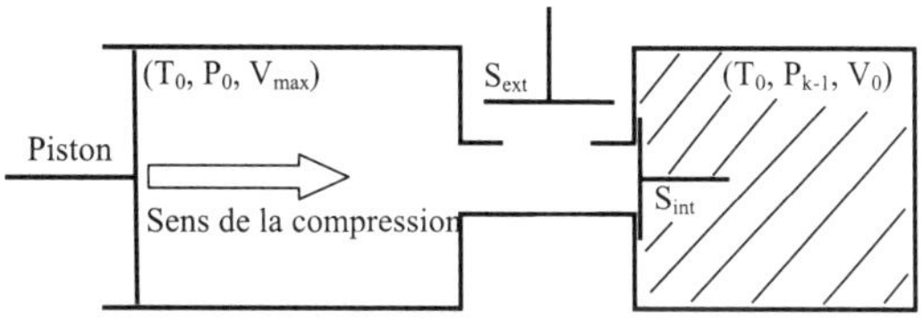

Appliquons la loi des gaz parfaits dans le corps de pompe :

$$n_{k-1} = \frac{P_{k-1}V_0}{RT_0}$$

2.

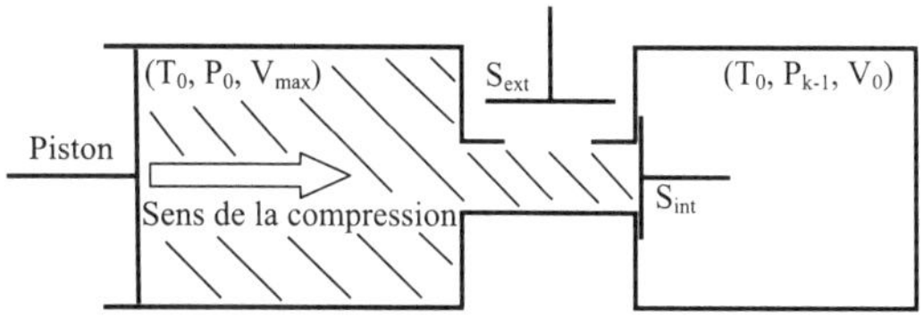

Avant de fermer la soupape externe, le réservoir contient : $n_0 = \dfrac{P_0 V_{\max}}{RT_0}$.

3. La quantité de matière n_k dans le corps de pompe dans l'état final est égale à : $n_k = n_{k-1} + n_{\text{intro}}$ (1)
où n_{intro} est la quantité d'air introduite lors d'un aller-retour :

$$n_{\text{intro}} = n_0 - n'$$

avec n_0 la quantité présente initialement dans le réservoir et n' la quantité d'air restante dans $V_{\min}$.

Ne pas oublier le « volume mort » entre le corps de pompe et le piston.

D'après la loi des gaz parfaits : $n_k = \dfrac{P_k V_0}{RT_0}$ et $n' = \dfrac{P_k V_{\min}}{RT_0}$.

On remplace dans (1) : $n_k = \dfrac{P_k V_0}{RT_0} = \dfrac{P_{k-1}V_0}{RT_0} + \dfrac{P_0 V_{\max}}{RT_0} - \dfrac{P_k V_{\min}}{RT_0}$

4. Utilisons le résultat de la question précédente :

$$P_k\left(V_0 + V_{\min}\right) = P_{k-1}V_0 + P_0 V_{\max}$$

$$P_k = \frac{V_0}{V_0 + V_{min}} P_{k-1} + \frac{V_{max}}{V_0 + V_{min}} P_0$$

En identifiant, il vient : $\alpha = \dfrac{V_0}{V_0 + V_{min}}$; $\beta = \dfrac{V_{max}}{V_0 + V_{min}}$

5. Quand $k \to +\infty$, la pression tend vers une valeur limite telle que : $P_k \approx P_{k-1} \approx P_\infty$.

Remarque : Lorsque la valeur limite est atteinte, la pression conserve la même expression quel que soit le nombre de coups de pompe.

Ainsi, on a : $P_\infty \approx \alpha P_\infty + \beta P_0 \quad \Leftrightarrow \quad P_\infty(1-\alpha) = \beta P_0$

$$\Leftrightarrow \quad P_\infty \frac{V_{min}}{V_0 + V_{min}} = \frac{V_{max}}{V_0 + V_{min}} P_0 \quad \Leftrightarrow \quad P_\infty = \frac{V_{max}}{V_{min}} P_0$$

6. $\dfrac{V_{max}}{V_{min}} = \dfrac{P_\infty}{P_0}$ donc $\dfrac{V_{max}}{V_{min}} = \dfrac{15 \cdot 10^5}{1 \cdot 10^5} = 15.$

Exercice 18.3 : Équation d'état d'un gaz réel (Agro-Véto) *

On désire vérifier la validité du modèle de Joule appliqué au CO_2 gazeux. L'équation d'état s'écrit alors : $P(V - nb) = nRT$ (b est une constante positive et n est la quantité de matière).

Expérimentalement, pour un kilogramme de CO_2 gazeux à une température de 280 K, on obtient les résultats suivants :

P (bar)	0,804	0,868	0,968	1,060	1,130	1,179
V (m^3)	0,658	0,610	0,547	0,499	0,468	0,449

1. Dans le modèle de Joule, exprimer le produit PV en fonction de n, R, T, b et P.
2. Cette relation est-elle compatible avec les résultats expérimentaux ?
3. Le modèle du gaz parfait est-il envisageable ici ?

Données : $M_{CO_2} = 44$ g.mol^{-1} et $R = 8,31$ J.K^{-1}.mol^{-1}

1. Exprimons le produit PV dans le modèle de Joule :

$$PV = nRT + Pnb$$

2. Calculons le produit PV à l'aide des données du tableau :

P (bar)	0,804	0,868	0,968	1,060	1,130	1,179
V (m^3)	0,658	0,610	0,547	0,499	0,468	0,449
PV (bar.m^3)	0,529	0,529	0,529	0,529	0,529	0,529

On constate que le produit PV est constant.
Or, dans le modèle de Joule, à température fixée (ici $280\ \mathrm{K}$), lorsque P varie, le produit PV varie aussi. Ainsi, le modèle de Joule n'est pas compatible avec les résultats expérimentaux.

3. À température constante, dans le modèle du gaz parfait, PV est constant et égal à nRT. Calculons nRT :

$$nRT = \frac{m}{M}RT = \frac{10^3}{44} \times 8,314 \times 280 = 52,9 \cdot 10^3\ \mathrm{Pa.m^{-3}} = 0,529\ \mathrm{bar.m^{-3}}$$

Le modèle du gaz parfait est applicable.

Exercice 18.4 : Équations d'état de fluides **

L'équation d'état de Clausius s'écrit pour une mole de gaz réel :

$$\left(P + \frac{a}{TV^2}\right)(V - b) = RT$$

1. Écrire l'équation pour n moles de fluide.
2. Proposer une interprétation physique de b et de $\frac{a}{TV^2}$.

1. Pour obtenir l'équation d'état pour n moles : on remplace V_m (noté V dans l'énoncé) par $\frac{V}{n}$:

$$\left(P + \frac{a}{T\left(\frac{V}{n}\right)^2}\right)\left(\frac{V}{n} - b\right) = RT$$

$$\left(P + \frac{n^2 a}{TV^2}\right)(V - nb) = nRT$$

Explication : Pour trouver l'équation d'état pour n moles, on repère les grandeurs extensives et on traduit par exemple pour le volume que le volume pour une mole (le volume molaire) s'écrit : $V_m = \frac{V}{n}$.

2. Nous allons comparer l'équation d'état de l'énoncé à celle d'un gaz parfait. Pour une mole, nous comparons $\left(P + \frac{a}{TV^2}\right)(V - b) = RT$ à $PV = RT$.
D'une part, nous avons $(V - b)$ à la place de V. Ainsi, le volume accessible aux molécules de gaz est plus petit dans un gaz réel que dans un gaz parfait. b traduit le fait que les molécules ne sont pas ponctuelles, mais ont un volume propre. b s'appelle le covolume.
D'autre part , la pression s'écrit : $P = \frac{RT}{V - b} - \frac{a}{TV^2}$.

$\frac{a}{TV^2}$ est homogène à une pression et traduit le fait que la pression (due à des chocs molécules/parois) est diminuée par rapport à la situation gaz parfait.
$\frac{a}{TV^2}$ traduit le fait que dans un gaz réel, il existe des liaisons intermoléculaires attractives (de type Van der Waals voire liaisons hydrogène) entre les molécules. Ces liaisons intermoléculaires diminuent les chocs molécules/parois et diminuent ainsi la pression.

Exercice 18.5 : Dimérisation de $FeCl_3$ (Véto) **

On étudie en phase gazeuse l'équilibre de dimérisation de $FeCl_3$, à température donnée $T = 700$ K sous la pression standard $P° = 1$ bar.

$$2FeCl_{3_{(g)}} \rightleftharpoons Fe_2Cl_{6_{(g)}}$$

À l'équilibre, la densité du mélange gazeux est égale à $d = 10,5$.

On appelle α le taux de dimérisation de $FeCl_3$ à l'équilibre. On rappelle que α est le rapport de la quantité de matière ayant réagi sur la quantité de matière initiale.

1. Exprimer les pressions partielles des deux gaz à l'équilibre.
2. Montrer que $d = \dfrac{5,60}{1-\dfrac{\alpha}{2}}$.
3. Calculer le taux de dimérisation.

Données : masses molaires : $M_{Fe} = 55,85$ g.mol^{-1} ; $M_{Cl} = 35,50$ g.mol^{-1} et $M_{air} = 29,0$ g.mol^{-1}.

1. Faisons tout d'abord un tableau d'avancement :

	$2FeCl_{3_{(g)}}$	$\rightleftharpoons$	$Fe_2Cl_{6_{(g)}}$
État initial	n_0		0
État d'équilibre	$n_0 - 2\xi$		ξ

ξ est l'avancement de la réaction. Nous pouvons ainsi donner l'expression suivante du taux de dimérisation de $FeCl_{3_{(g)}}$: $\alpha = \dfrac{2\xi}{n_0}$

À l'équilibre, le tableau d'avancement devient :

	$2FeCl_{3_{(g)}}$	$\rightleftharpoons$	$Fe_2Cl_{6_{(g)}}$
État d'équilibre	$n_0(1-\alpha)$		$\dfrac{n_0\alpha}{2}$

La quantité de matière gazeuse totale est donc $n_{tot} = n_0\left(1 - \dfrac{\alpha}{2}\right)$.
Les pressions partielles à l'équilibre sont donc égales à :

$$p_{FeCl_{3_{(g)}}} = \frac{n_0(1-\alpha)}{n_0\left(1-\dfrac{\alpha}{2}\right)}P° = \frac{2(1-\alpha)}{2-\alpha}P°$$

$$p_{Fe_2Cl_{6(g)}} = \frac{\frac{n_0\alpha}{2}}{n_0\left(1-\frac{\alpha}{2}\right)}P^\circ = \frac{\alpha}{2-\alpha}P^\circ$$

Rappel : La densité d'un mélange gazeux est donnée par la formule $d = \frac{M}{29,0}$ où M est la masse molaire du mélange gazeux en g.mol^{-1}.

2. Exprimons la masse molaire M du mélange gazeux :

$$M = \sum_i x_i M_i = x_{FeCl_3}M_{FeCl_3} + x_{Fe_2Cl_6}M_{Fe_2Cl_6}$$

x_i sont les fractions molaires et on peut constater que $M_{Fe_2Cl_6} = 2M_{FeCl_3}$.
La masse molaire du mélange s'écrit donc :

$$M = \frac{n_0(1-\alpha)}{n_0\left(1-\frac{\alpha}{2}\right)}M_{FeCl_3} + \frac{\frac{n_0\alpha}{2}}{n_0\left(1-\frac{\alpha}{2}\right)}2M_{FeCl_3} = \frac{2(1-\alpha)+2\alpha}{2-\alpha}M_{FeCl_3}$$

$$\Leftrightarrow \quad M = \frac{2(1-\alpha)+2\alpha}{2-\alpha}M_{FeCl_3} = \frac{2}{2-\alpha}M_{FeCl_3} \quad \text{d'après q. 1}$$

La densité du mélange s'écrit alors :

$$d = \frac{2}{2-\alpha}\frac{M_{FeCl_3}}{29,0} = \frac{2}{2-\alpha}\frac{55,85+3\times 35,50}{29} = \frac{11,2}{2-\alpha}$$

3. Utilisons la valeur de la densité pour calculer α :

$$d = \frac{11,2}{2-\alpha} \quad \Leftrightarrow \quad d\,(2-\alpha) = 11,2 \quad \Leftrightarrow \quad \alpha = 2 - \frac{11,2}{d}$$

$$\alpha = 2 - \frac{11,2}{10,5} = 0,933$$

CHAPITRE

Éléments de statique des fluides

19

Capacités à acquérir	Exercices
Utiliser la relation de la statique des fluides pour un fluide incompressible ou compressible dans un champ de pesanteur uniforme.	Tous
Exprimer une incertitude relative ou un écart relatif.	19.2 et 19.3

Point méthode : Lorsque l'énoncé demande une relation entre la pression et l'altitude ou la profondeur, on utilise la relation fondamentale de la statique des fluides. La méthode générale pour appliquer la relation fondamentale de la statique des fluides est la suivante :

- trouver une expression de ρ ;
- séparer les variables ;
- intégrer en faisant correspondre les bornes.

Exercice 19.1 : Réservoir diesel (CCP) *

Le principal danger pour les nouveaux moteurs diesel (HDI,TDI...) est une forte présence d'eau dans le carburant. L'indication de remplissage d'un réservoir de carburant est proportionnelle à la pression mesurée par une jauge placée au fond du réservoir.

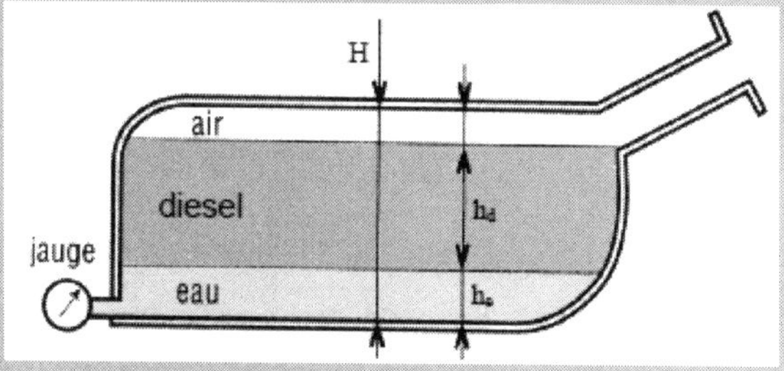

L'eau, de densité plus élevée que le diesel, vient se loger au fond du réservoir, faussant ainsi la mesure prise par la jauge. Le réservoir possède une hauteur totale H. On note ρ_e la masse volumique de l'eau, ρ_d la masse volumique du diesel, g l'accélération de la pesanteur et P_a la pression atmosphérique.

1. Déterminer la pression P_{max} indiquée par la jauge lorsque le réservoir est rempli uniquement de diesel en fonction de P_a, ρ_d, g et H.
2. Le réservoir contient maintenant de l'eau sur une hauteur h_e. Quelle est la hauteur h_d de diesel pour laquelle la jauge indique le plein du réservoir. On exprimera h_d en fonction de ρ_e, ρ_d, h_e et H.
3. Application numérique : calculer le taux de remplissage $T = 100\dfrac{h_d}{H}$ pour $H = 25$ cm, $h_e = 18$ mm, $\rho_e = 1$ kg.L^{-1} et $\rho_d = 846$ kg.m^{-3}.

Rappel : Si l'on choisit un axe (Oz) descendant où O est à la surface du fluide incompressible et z indique la profondeur, la relation fondamentale de la statique des fluides s'écrit : $dP = \rho g dz$. Intégrons sachant que ρ est constante :

$$\int_{P_{\text{surface}}}^{P(z)} dP = \rho g \int_0^z dz \quad \Leftrightarrow \quad P(z) = P_{\text{surface}} + \rho g z$$

1. Le réservoir est rempli de diesel. La surface du diesel est en contact avec l'atmosphère donc par continuité des pressions : $P_{\text{surface,diesel}} = P_a$. La jauge est à une profondeur H. Quand le réservoir est rempli de diesel, on peut écrire : $P_{\text{max}} = P_a + \rho_d g H$.

2. Le réservoir contient à la fois de l'eau et du diesel. Notons $P_{\text{interface,eau/diesel}}$ la pression sur la surface commune à l'eau et au diesel.
Pour l'eau : $P_{\text{eau,jauge}} = P_{\text{interface,eau/diesel}} + \rho_e g h_e$.
Pour le diesel : $P_{\text{interface,eau/diesel}} = P_a + \rho_d g h_d$.
La jauge indique le plein du réservoir lorsque $P_{\text{eau,jauge}} = P_{\text{max}}$. En combinant les équations que nous venons d'écrire, nous obtenons :

$$P_{\text{max}} = P_{\text{interface,eau/diesel}} + \rho_e g h_e = P_a + \rho_d g h_d + \rho_e g h_e$$

D'après la question précédente $P_{\text{max}} = P_a + \rho_d g H$.
Ainsi : $P_a + \rho_d g H = P_a + \rho_d g h_d + \rho_e g h_e$. On en déduit :

$$h_d = H - \frac{\rho_e}{\rho_d} h_e$$

3. Le taux de remplissage s'écrit :

$$T = 100\frac{h_d}{H} = 100\left(1 - \frac{\rho_e}{\rho_d}\frac{h_e}{H}\right) = 100\left(1 - \frac{1 \cdot 10^3}{846} \times \frac{18}{250}\right) = 91,5$$

Remarque : Les masses volumiques doivent s'exprimer dans la même unité (ici prises en kg.m^{-3}). Il en est de même des hauteurs (ici exprimées en mm).

Exercice 19.2 : Modèle de l'atmosphère (Agro-Véto) *

On donne, ci-dessous, l'évolution de la température de l'atmosphère en fonction de l'altitude. On cherche à retrouver un modèle calculatoire de la pression atmosphérique en fonction de l'altitude :

Alt.(km)	0	2	4	6	8	10	11
Temp.(°C)	15,0	2,0	$-10,5$	$-24,0$	$-37,0$	$-49,9$	$-56,5$

1. Pour les altitudes faibles ($z \leqslant 11$ km, cas de la troposphère), vérifier que l'expression de la température T (en K) en fonction de l'altitude z (en km) peut se mettre sous la forme : $T = T_0 - \beta z$. Donner les valeurs numériques de T_0 et de β.

Dans la suite, on considère que cette relation est satisfaite.

2. En assimilant l'air atmosphérique à un gaz parfait, montrer que la pression peut s'écrire sous la forme $P = P_0 \left(1 - \frac{\beta z}{T_0}\right)^{\frac{Mg}{R\beta}}$ où M est la masse molaire de l'air, g est l'accélération de la pesanteur, R est la constante des gaz parfaits et P_0 la pression en $z = 0$.

On pourra dans la suite admettre cette relation avec les valeurs suivantes : $\beta = 6,5 \cdot 10^{-3}$ K.m^{-1} ; $g = 9,81$ m.s^{-2} ; $T_0 = 288$ K ; $P_0 = 1013$ hPa ; $M = 29$ g.mol^{-1} ; $R = 8,31$ J.mol^{-1}.K^{-1}.

3. Le vol en niveau (sur une surface isobare) nécessite un espacement vertical de 500 pieds (soit 150 m environ) et requiert une précision des instruments de mesure telle que l'incertitude soit de l'ordre de 20 pieds (soit 6,0 m).

Exprimer l'incertitude relative de la pression en fonction de l'incertitude relative de l'altitude. À quelle valeur de variation de pression cette incertitude correspond-elle à 1000 m d'altitude ?

1. On souhaite montrer que la température varie linéairement en fonction de l'altitude : $T = T_0 - \beta z$.

En traçant la température en fonction de z, on montre qu'il s'agit d'une droite. De plus, une régression linéaire permet d'obtenir :

- La pente égale à $-6,5$ donc $\beta = 6,5$ K.km^{-1} ;
- L'ordonnée à l'origine égale à 288 donc $T_0 = 288$ K.

⚠ Il ne faut pas oublier les unités.

2. Appliquons la relation fondamentale de la statique des fluides pour un axe (Oz) vertical ascendant : $dP = -\rho g dz$ où ρ est la masse volumique du fluide.

L'air est assimilé à un gaz parfait donc $\rho = \frac{PM}{RT} = \frac{PM}{R(T_0 - \beta z)}$.

⚠ Il ne faut pas appliquer $P(z) = P_0 + \rho g z$, qui n'est vrai que si le fluide est incompressible et avec un axe (Oz) descendant !

Remarque : Il faut remplacer T par son expression avant de séparer les variables.

$$dP = -\frac{PM}{R(T_0 - \beta z)} g dz$$

Séparons les variables : $\dfrac{dP}{P} = -\dfrac{Mg}{R} \dfrac{dz}{T_0 - \beta z}$

Intégrons : $\displaystyle\int_{P_0}^{P} \frac{dP}{P} = -\frac{Mg}{R} \int_0^z \frac{dz}{T_0 - \beta z}$

Point mathématique : Pour intégrer $\dfrac{1}{T_0 - \beta z}$, on peut faire un changement de variables en posant $X = T_0 - \beta z$ $(dX = -\beta dz)$.

$$[\ln P]_{P_0}^{P} = \frac{Mg}{R\beta} [\ln (T_0 - \beta z)]_0^z$$

$$\ln P - \ln P_0 = \frac{Mg}{R\beta} [\ln (T_0 - \beta z) - \ln T_0] \qquad (1)$$

$$\ln \frac{P}{P_0} = \frac{Mg}{R\beta} \ln \frac{T_0 - \beta z}{T_0} = \ln \left(\frac{T_0 - \beta z}{T_0}\right)^{\frac{Mg}{R\beta}}$$

On obtient ainsi : $\dfrac{P}{P_0} = \left(\dfrac{T_0 - \beta z}{T_0}\right)^{\frac{Mg}{R\beta}}$ et on trouve bien l'expression donnée par l'énoncé : $P = P_0 \left(1 - \dfrac{\beta z}{T_0}\right)^{\frac{Mg}{R\beta}}$

3. L'incertitude relative de la pression est le rapport $\dfrac{\Delta P}{P}$.

Point méthode : Pour trouver une expression d'une incertitude absolue ou relative, on suit la démarche suivante :

- Faire un calcul différentiel ;
- Isoler la grandeur dont on veut exprimer l'incertitude (ici P) ;
- Passer aux incertitudes en prenant les valeurs absolues (les erreurs ne peuvent se compenser).

$\dfrac{\Delta P}{P}$ est obtenu à partir de $\dfrac{dP}{P}$ qui est la différentielle de $\ln P$. C'est pourquoi il est plus simple de partir de l'équation (1) que de l'expression finale obtenue dans la question précédente.

Faisons la différentielle de l'équation (1) :

$$d(\ln P) - d(\ln P_0) = d\left(\frac{Mg}{R\beta}\ln(T_0 - \beta z)\right) - d\left(\frac{Mg}{R\beta}\ln T_0\right)$$

Point mathématique : $d(\ln P) = \frac{dP}{P}$ et on utilise le résultat général $d(af) = adf$ où a est une constante et f une fonction. Ici $a = \frac{Mg}{R\beta}$ et $f = \ln(T_0 - \beta z)$.

$$\frac{dP}{P} = \frac{Mg}{R\beta} \times d\Big(\ln(T_0 - \beta z)\Big) = \frac{Mg}{R\beta} \times \frac{d(T_0 - \beta z)}{T_0 - \beta z} = \frac{Mg}{R\beta} \times \frac{-\beta dz}{T_0 - \beta z}$$

$$\frac{dP}{P} = -\frac{Mg}{R}\frac{dz}{T_0 - \beta z}$$

On passe aux incertitudes : $\frac{\Delta P}{P} = \frac{Mg}{R}\frac{\Delta z}{T_0 - \beta z}$

On en déduit l'expression de l'incertitude sur la pression :

$$\Delta P = P\frac{Mg}{R}\frac{\Delta z}{T_0 - \beta z} = P_0\left(1 - \frac{\beta z}{T_0}\right)^{\frac{Mg}{R\beta}}\frac{Mg}{R}\frac{\Delta z}{T_0 - \beta z}$$

$$\Delta P = 1013 \times \left(1 - \frac{6{,}5 \cdot 10^{-3} \times 1000}{288}\right)^{\frac{29 \cdot 10^{-3} \times 9{,}81}{8{,}31 \times 6{,}5 \cdot 10^{-3}}} \times \frac{29 \cdot 10^{-3} \times 9{,}81 \times 6}{8{,}31 \times (288 - 6{,}5 \cdot 10^{-3} \times 1000)}$$

$$\Delta P = 0{,}65 \text{ hPa} = 65 \text{ Pa}$$

Convertir la masse molaire en kg.mol^{-1}.

Exercice 19.3 : Pression dans l'atmosphère (G2E) **

L'atmosphère terrestre est assimilée à du gaz parfait, de masse molaire $M = 29{,}0$ g.mol^{-1}, placée dans le champ de pesanteur uniforme, de norme $g_0 = 10{,}0$ m.s^{-2}.

Le référentiel lié à la Terre est supposé galiléen. On choisit l'axe vertical Oz dirigé vers le haut, l'origine est prise au niveau du sol où règne une pression $P_0 = 1{,}00$ bar. On suppose que la pression P ne dépend que de l'altitude z.
On note μ est la masse volumique du gaz.
On considère l'atmosphère isotherme à la température $T_0 = 288$ K.
La constante des gaz parfaits est prise égale à $R = 8{,}31$ J.K^{-1}.mol^{-1}.
1. Exprimer la pression $P(z)$ en fonction de l'altitude.

On appelle hauteur caractéristique, l'altitude h telle que $P(h) = \frac{P_0}{e}$ avec $\ln e = 1$.
2. Donner l'expression de h et calculer sa valeur.

3. Déterminer la valeur de la pression à l'altitude de 10,0 km.

On suppose désormais que la température n'est plus uniforme, mais obéit à l'équation suivante : $T(z) = T_0(1 - az)$ avec $a = 0{,}0226$ km^{-1}.
4. Déterminer la nouvelle loi d'évolution de la pression $P(z)$.
5. Calculer la pression à l'altitude de 10,0 km.

Pour les besoins de l'aéronautique et de la météorologie, une atmosphère standard a été définie pour une altitude inférieure à 11 km (troposphère).

Les évolutions de la pression et de la température, en fonction de l'altitude z, sont données par :

$$P(z) = P_0(1\text{-}az)^{\beta} \quad \text{et} \quad T(z) = T_0(1\text{-}az) \quad \text{avec} \quad \beta = 5{,}26$$

Ce modèle d'atmosphère standard présente un bon accord avec la réalité.
6. Comparer les valeurs des pressions obtenues par les trois types d'atmosphère, à l'altitude $z = 10$ km.

1. Utilisons la relation fondamentale de la statique des fluides, écrite avec un axe (Oz) ascendant : $dP = -\mu g_0 dz$
L'atmosphère est un gaz parfait et sa température est constante. L'expression de sa masse volumique est : $\mu = \dfrac{PM}{RT_0}$.

La relation fondamentale de la statique des fluides devient : $dP = -\dfrac{PM}{RT_0} g_0 dz$

On sépare les variables et on intègre : $\displaystyle\int_{P(0)}^{P(z)} \frac{dP}{P} = \int_0^z -\frac{Mg_0}{RT_0} dz$

$$\ln \frac{P(z)}{P_0} = -\frac{Mg_0}{RT_0} z$$

$$P(z) = P_0 \exp\left(-\frac{Mg_0}{RT_0} z\right)$$

2. On cherche h tel que $P(h) = \dfrac{P_0}{e}$:

$$\frac{P(h)}{P_0} = \frac{1}{e} = \exp\left(-\frac{Mg_0}{RT_0} h\right)$$

$$\frac{Mg_0}{RT_0} h = 1$$

$$h = \frac{RT_0}{Mg_0}$$

$$h = \frac{8{,}31 \times 288}{29{,}0 \cdot 10^{-3} \times 10{,}0} = 8{,}25 \text{ km}$$

La masse molaire doit s'exprimer en **kg.mol^{-1}**.

3. Utilisons l'expression de la question 1 :

$$P(z) = 1,00 \times \exp\left(-\frac{29,0 \cdot 10^{-3} \times 10,0}{8,31 \times 288} \times 10,0 \cdot 10^{3}\right) = 0,298 \text{ bar}$$

4. On reprend la même démarche que dans la question 1 mais maintenant $T(z) = T_0(1\text{–}az)$. D'où $dP = -\dfrac{PM}{RT(z)}g_0 dz = -\dfrac{PM}{RT_0(1\text{–}az)}g_0 dz$

$$\int_{P(0)}^{P(z)} \frac{dP}{P} = \int_0^z -\frac{Mg_0}{RT_0(1\text{–}az)}dz = -\frac{Mg_0}{RT_0}\int_0^z \frac{dz}{1\text{–}az}$$

$$\ln\frac{P(z)}{P_0} = -\frac{Mg_0}{RT_0}\left[\frac{-1}{a}\ln(1-az)\right]_0^z = \frac{Mg_0}{aRT_0}\ln(1-az)$$

Finalement : $P(z) = P_0 \exp\left[\dfrac{Mg_0}{aRT_0}\ln(1-az)\right]$

$$P(z) = P_0(1-az)^{\frac{Mg_0}{aRT_0}}$$

5. Faisons l'application numérique :

$$P(z) = 1 \times (1 - 0,0226 \times 10,0)^{\frac{29 \cdot 10^{-3} \times 10,0}{0,0226 \cdot 10^{-3} \times 8,31 \times 288}} = 0,253 \text{ bar}$$

Attention à l'unité du coefficient a dans les différents termes de l'expression afin de s'assurer de son homogénéité : dans le terme $(1 - az)$, z étant en km, a doit être en km^{-1} et dans le terme $\frac{Mg_0}{aRT_0}$, g_0 étant en m.s^{-2}, a doit être en m^{-1}.

6. Calculons la pression à $z = 10,0$ km avec le modèle de l'atmosphère standard : $P(z) = 1 \times (1 - 0,0226 \times 10,0)^{5,26} = 0,260$ bar.
Faisons un calcul d'écart relatif pour comparer les modèles sachant que la référence est le modèle de l'atmosphère standard.

Rappel : On utilise l'expression :

$$\text{écart relatif} = \left|\frac{\text{valeur calculée} - \text{valeur de référence}}{\text{valeur de référence}}\right| \times 100$$

Pour le modèle de l'atmosphère isotherme :

$$\text{écart relatif} = \frac{0,298 - 0,260}{0,260} \times 100 = 14,6\%$$

Pour le modèle de l'atmosphère avec température variable :

$$\text{écart relatif} = \frac{0,260 - 0,253}{0,260} \times 100 = 2,69\%$$

Le modèle d'atmosphère avec température variable est donc meilleur que celui de l'atmosphère isotherme.

Remarque : Il faut penser à calculer un écart relatif lorsque l'on veut valider un modèle.

Exercice 19.4 : La plongée sous-marine

On s'intéresse à la plongée en bouteille et plus particulièrement au rôle du détendeur.

La pression dans la bouteille peut varier de 100 à 200 bars en début de plongée jusqu'à 30 à 50 bars en fin de plongée : la réserve de sécurité est caractérisée par la pression de seuil p_s.

Il faut ramener la pression de l'air sortant de la bouteille à la pression atmosphérique, pression de l'air respiré par le plongeur. Le détendeur assure cette fonction. Ce dispositif, inséré entre la bouteille d'air et la bouche du plongeur fournit de l'air à la demande de ce dernier. Le détendeur possède ainsi plusieurs fonctions :

- Il réduit la pression de l'air issu de la bouteille à la pression $p(z)$ de l'endroit où se trouve le plongeur ;
- il fournit la quantité d'air nécessaire à la respiration du plongeur à la pression $p(z)$;
- il se bloque lorsque la pression P_b de l'air dans la bouteille devient de l'ordre de la pression de seuil p_s. Le plongeur est alors averti qu'il doit passer sur la réserve et remonter.

L'eau où le plongeur évolue est considérée comme un liquide homogène et incompressible, de masse volumique $\rho = 1,0 \cdot 10^3$ kg.m^{-3}, en équilibre dans le champ de pesanteur g uniforme avec $g = 9,81$ m.s^{-2}.

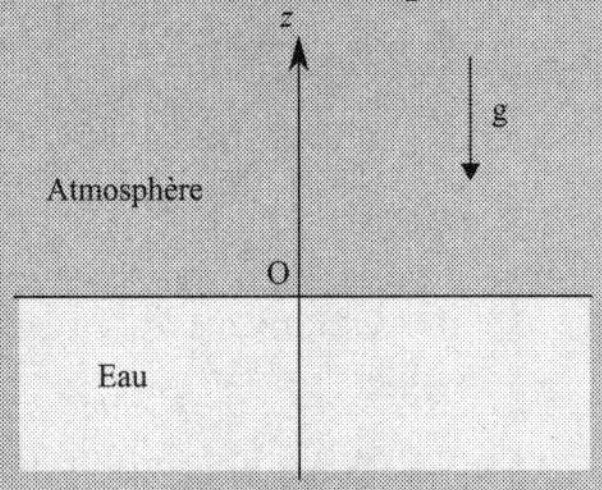

La surface libre de l'eau (cote $z = 0$) est en contact avec l'atmosphère, de pression constante $P_{\text{atm}} = 1,013 \cdot 10^5$ Pa.

On assimile l'air contenu dans les poumons du plongeur à un gaz parfait ; cet air est caractérisé par une pression $p(z)$ identique à celle de l'eau à la cote z.

1. Déterminer, littéralement et numériquement, la pression $p(z)$ de l'eau en un point de cote z ; tracer le graphe de $p(z)$.

Au début de la plongée, la bouteille, de volume V_b, est remplie d'air à la température $T_b = T_a$ sous une pression p_b ; en profondeur ou en surface, la bouteille et son contenu prennent instantanément la température T_e, constante, de l'eau environnante.

2. Calculer le nombre de moles d'air contenues dans la bouteille, d'une part au début de la plongée (n_i), d'autre part au moment où le détendeur se bloque

(n_s).
Données : $p = 200$ bar $= 2,0 \cdot 10^7$ Pa $\quad p_s = 4,0 \cdot 10^5$ Pa $\quad V_b = 12$ L
$T_a = 293$ K $\quad T_e = 288$ K $\quad R = 8,31$ J.K^{-1}.mol^{-1}
3. La respiration du plongeur est périodique, de fréquence f. Sous la pression locale $p(z)$ et à la température T_e, le volume moyen de l'air inspiré au cours de chaque cycle (avant d'être ensuite rejeté à l'extérieur) est Ω_0 ; calculer le temps $\Delta t_s(z)$ au bout duquel le détendeur se bloque ; pour simplifier les calculs on admettra que le temps de descente du plongeur à la profondeur z est négligeable, que ce dernier se maintient tout le temps $\Delta t_s(z)$ à la profondeur z et que le volume Ω_0 ne dépend pas de la profondeur.
Données : $z = -20$ m $\quad \Omega_0 = 2,0$ L $\quad f = 0,2$ s^{-1} $\quad T = 288$ K

1. On utilise la relation fondamentale de la statique des fluides et on intègre, sachant que l'eau est incompressible donc que sa masse volumique est constante :

$$dp = -\rho g dz$$

Bien respecter l'énoncé, l'axe (Oz) est ascendant et sous l'eau, $z < 0$.

$$\int_{P_{\text{atm}}}^{P(z)} dp = -\rho g \int_0^z dz$$

$$p(z) = P_{\text{atm}} - \rho g z$$

En utilisant les données de l'énoncé : $p(z) = 1,013 \cdot 10^5 - 9,81 \cdot 10^3 \times z$ en Pa.
Il s'agit d'une droite :

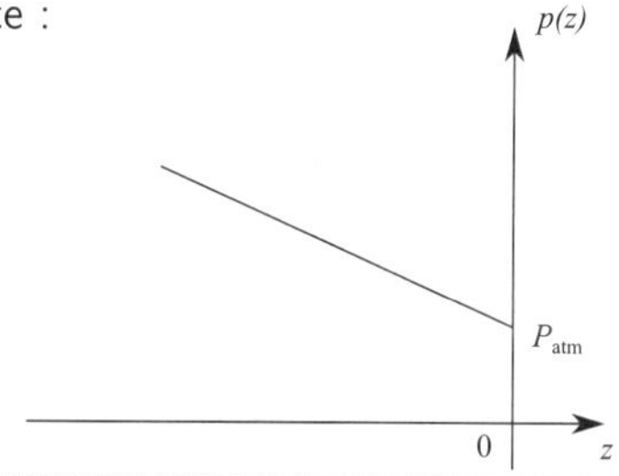

Remarque : Dans le tracé, il ne faut prendre que les valeurs de z négatives car l'expression n'est valable que sous l'eau.

2. Au début de la plongée, la bouteille, de volume V_b, est remplie d'air à la température $T_b = T_a$ sous une pression p : $pV_b = n_i RT_a$.

$$n_i = \frac{pV_b}{RT_a} = \frac{2,0 \cdot 10^7 \times 12 \cdot 10^{-3}}{8,31 \times 293} = 98,6 \text{ mol}$$

En profondeur, la bouteille et son contenu prennent instantanément la température T_e, constante, de l'eau environnante.
En fin de plongée : $p_s V_b = n_s RT_e$.

$$n_s = \frac{p_s V_b}{RT_e} = \frac{4,0 \cdot 10^5 \times 12 \cdot 10^{-3}}{8,31 \times 288} = 2,0 \text{ mol}$$

3. Lorsque le plongeur est à la profondeur z, la pression dans la bouteille est la même que l'eau environnante. Elle vaut donc, d'après la première question :

$$p(z) = P_{\text{atm}} - \rho g z$$

Toutes les $\dfrac{1}{f}$ secondes, le plongeur consomme $n = \dfrac{p(z)\Omega_0}{RT_e}$.

En 1 seconde, il consomme donc nf mol et en $\Delta t_s(z)$ secondes, $nf \times \Delta t_s(z)$ moles sont consommées.

Le détendeur se bloque lorsque le plongeur a consommé $n_i - n_s$ mol d'air.

$\Delta t_s(z)$ est tel que $nf \times \Delta t_s(z) = n_i - n_s$.

$$\Delta t_s(z) = \frac{n_i - n_s}{f} \times \frac{RT_e}{p(z)\Omega_0}$$

$$\Delta t_s(z) = \frac{98,6 - 2,0}{0,2} \times \frac{8,31 \times 288}{(1,013 \cdot 10^5 + 9,81 \cdot 10^3 \times 20) \times 2,0 \cdot 10^{-3}}$$

$$\Delta t_s(z) = 1943\ \text{s} \approx 32\,\text{min}$$

CHAPITRE

Changements d'état du corps pur 20

Capacités à acquérir	Exercices
Connaître le diagramme de phases en coordonnées (P, T), les points particuliers.	20.1 et 20.2
Savoir définir la variance et interpréter sa valeur.	20.1
Interpréter le palier de température associé au changement d'état isobare en terme de variance.	
Pour le changement d'état liquide-vapeur, utiliser le diagramme (P, V).	20.1 et 20.3 à 20.5
Utiliser le théorème des moments pour calculer la composition d'un mélange liquide-vapeur à l'équilibre.	20.4 et 20.5

Exercice 20.1 : Changements d'état de l'eau (Agro) *

On s'intéresse ici à quelques aspects de l'étude des changements d'état de l'eau, on donne ci-dessous, le diagramme d'état de l'eau en coordonnées (P, T).

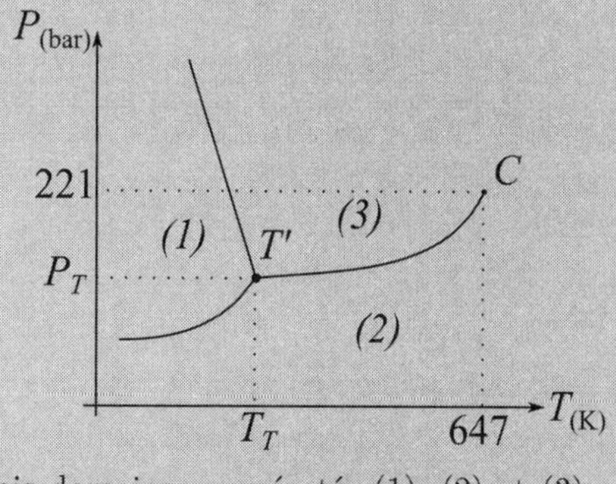

1. Identifier les trois domaines numérotés (1), (2) et (3) sur la figure. Après avoir rappelé la définition de la variance, préciser la variance du système dans chacun de ces domaines.

2. Nommer les points C et T' et décrire ce à quoi ils correspondent. Préciser la variance du système au point T'.

Un corps pur en équilibre sous deux phases (a) et (b), à la température T, est soumis à une pression P_{eq} qui dépend de T et de la nature du corps pur.

3. Montrer que, si l'on fixe la pression, alors la température est fixée pour l'équilibre entre les deux phases.
4. On s'intéresse à l'équilibre entre les phases (2) et (3) indiquées sur la figure. Représenter ces domaines dans le diagramme de Clapeyron (P, v), où v est le volume massique et P est la pression. Un troisième domaine apparaît, quel est-il ?

1. Sur la figure du diagramme (P, T) du corps pur : (1) correspond au domaine de H_2O solide, (2) correspond au domaine de H_2O gaz, (3) correspond au domaine de H_2O liquide.

Remarque : Le terme gaz est employé pour un état gaz ou « vapeur sèche » et le terme vapeur est employé pour le gaz en équilibre avec le liquide.

La variance est le nombre de paramètres d'état intensifs qu'il faut connaître pour décrire entièrement l'état d'équilibre d'un système. Elle se calcule à partir du théorème (ou règle) de Gibbs : $v = N - r + 2 - \varphi$ où N est le nombre de constituants physico-chimiques, r le nombre de relations indépendantes (changement d'état, réaction chimique,...) entre les différents constituants, 2 correspond à la température et la pression et φ est le nombre de phases.
Dans chacun des domaines (1), (2) ou (3), $v = 1 + 2 - 1 = 2$.

2. Le point C est le point critique, il s'agit du point au-delà duquel le changement d'état liquide-vapeur n'est plus observable (fluide supercritique). Le point T' est le point triple, en ce point on a coexistence des trois états de la matière du corps pur (la pression P_T et la température T_T sont des constantes thermodynamiques ne dépendant que du corps pur).
La variance au point triple est nulle : les paramètres d'état intensifs ont tous une valeur imposée. Si on modifie la valeur d'un seul paramètre d' état, le système n'est plus au point triple, il n'y a plus coexistence des 3 phases.

3. La variance d'un système constitué d'un corps pur en équilibre entre deux phases est de 1 ($v = 2 - 1 + 2 - 2 = 1$) : si la pression est fixée, la température l'est donc aussi.

4. Lors de l'équilibre liquide-vapeur, le diagramme de Clapeyron fait intervenir la courbe de saturation qui permet de faire apparaître différents domaines :

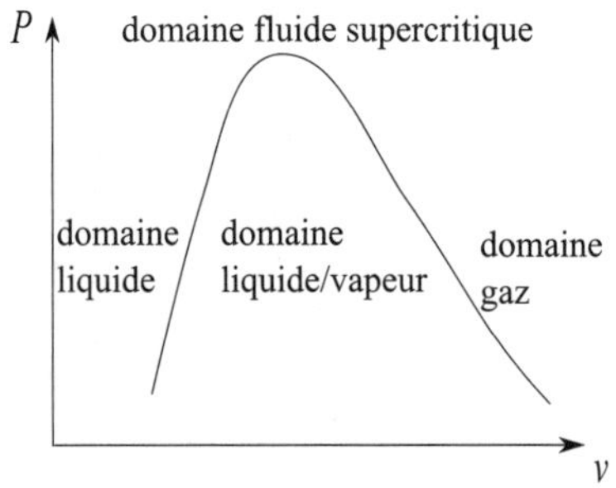

Le troisième domaine qui apparait correspond à la zone d'équilibre liquide-vapeur.

Exercice 20.2 : Stockage de CO_2 au fond des océans (Agro-Véto) *

Les activités humaines ont accru sensiblement le taux de la concentration de CO_2 dans l'atmosphère : autour de 280 ppm il y a 250 ans, il est actuellement de 387 ppm (soit une augmentation de 38 %). Afin de ne pas dépasser la limite de 450 ppm au-delà de laquelle les conséquences les plus dramatiques du réchauffement climatique seront inévitables de nombreuses options sont envisagées afin de limiter les rejets de CO_2 dans l'atmosphère.

Données :

- masse volumique de l'océan : $\rho_0 = 1,03 \cdot 10^3$ kg.m^{-3}
- température de l'océan : $T_0 = 280$ K
- pression à la surface de l'océan : $P° = 1$ bar $= 10^5$ Pa
- Le référentiel terrestre est supposé galiléen et le champ de pesanteur est : $\vec{g} = g_0 \vec{u_z}$, supposé constant ; $g_0 = 9,80$ m.s^{-2} ; $\vec{u_z}$ est orienté selon la verticale descendante.

Une première proposition un peu simple (simpliste) consiste à former des blocs de CO_2 solide à l'aide d'installations frigorifiques puis de les laisser tomber dans des fosses marines. On effectue les approximations suivantes :

- L'océan est un fluide homogène au repos, de température constante, incompressible et indilatable ;
- Les blocs de CO_2 sont incompressibles et indilatables. Ils ont de plus une masse constante tout au long de la descente dans la fosse (approximation forte).

On propose le diagramme de phases du CO_2 :

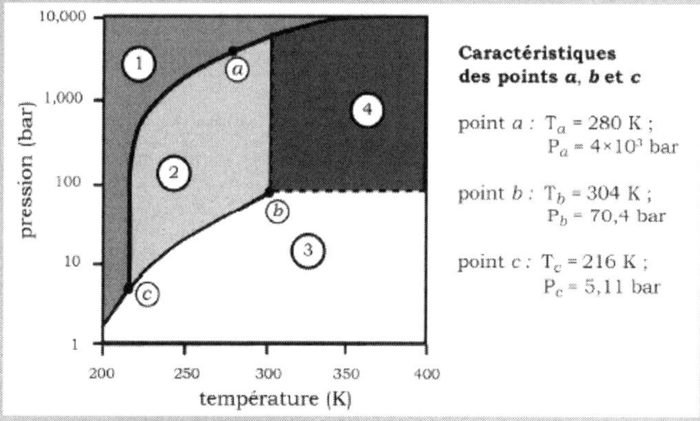

Figure 1

1. Donner le nom de l'état physique dans chacune des quatre zones 1, 2, 3 et 4.
2. Donner les noms des points b et c et préciser leur particularité.
3. Un morceau de dioxyde de carbone solide est laissé sur une paillasse dans un laboratoire. Ce solide est-il stable ou au contraire observe-t-on un changement d'état (préciser alors son nom) ?
4. Quelle doit être la pression minimale de l'eau pour que le CO_2 reste solide dans son emplacement de stockage ?
5. On note z la profondeur du point considéré avec $z = 0$ correspondant à la surface de l'océan. Après avoir rappelé l'équation de la statique des fluides, démontrer l'expression de $P(z)$ dans l'océan en fonction de P°, g_0 et r_0.
6. Quelle doit être la profondeur minimale de la fosse marine pour que le bloc de CO_2 solide soit dans un état stable ? Commenter le résultat.

1. La zone 1 correspond à des fortes pressions et des faibles températures : c'est le domaine du solide. La zone 2 est le domaine du liquide et la zone 3 celle du gaz. La zone 4 correspond au fluide supercritique.

2. Le point b est le point critique : au-delà de ce point, on ne distingue plus d'état liquide ou gaz : le fluide est supercritique. Le point c est le point triple où coexistent liquide, gaz et solide.

Remarque : Dire que les 3 « états » coexistent est trop imprécis : en effet, « état » a une signification plus large que « phase » : 1 kg d'eau liquide sous P° et à 295 K est un état et 1 kg d'eau liquide sous P° et à 298 K est un autre état. Ces deux états correspondent à la même phase liquide.

3. D'après le diagramme d'état, sous la pression atmosphérique et à une température de laboratoire (d'environ $293\ \text{K}$), le dioxyde de carbone est sous forme gazeuse. Le solide n'est pas stable : il se sublime.

4. La température de l'océan est de $280\ \text{K}$, d'après le diagramme de phases, pour qu'il soit solide, il faut que la pression soit supérieure à celle du point a : la pression doit dépasser $4 \cdot 10^3$ bar.

5. L'axe (Oz) est vertical descendant. L'équation de la statique des fluides est donc : $dP = \rho_0 g_0 dz$. On intègre entre la surface et la profondeur z en supposant l'océan incompressible : $\int_{P^\circ}^{P} dP = \rho_0 g_0 \int_0^z dz$

$$P - P^\circ = \rho_0 g_0 z$$

L'expression demandée est donc : $P(z) = P^\circ + \rho_0 g_0 z$.

Remarque : On vérifie que lorsque la profondeur z augmente, la pression augmente.

6. On cherche la profondeur z pour laquelle la pression vaut $4 \cdot 10^3$ bar.
En utilisant l'expression précédente, on a :

$$z = \frac{P - P^\circ}{\rho_0 g_0} = \frac{(4 \cdot 10^3 - 1) \cdot 10^5}{1,03 \cdot 10^3 \times 9,80} = 4,0 \cdot 10^4 \text{ m} = 40 \text{ km}$$

Il n'existe pas de fosses avec une telle profondeur.

Remarque : La fosse des Mariannes est la fosse océanique la plus profonde actuellement connue et est l'endroit le plus profond de la croûte terrestre. Le point le plus bas connu se situe selon les relevés à -11034 mètres.

Exercice 20.3 : Vapeur sèche – Vapeur saturante (CCP) *

Un récipient, de volume intérieur variable V, est constitué d'un cylindre muni d'un piston mobile. La température est maintenue constante égale à $T = 373$ K.

Hypothèses de travail et données :

- L'eau gaz (vapeur sèche) et l'eau vapeur (en équilibre avec le liquide) peuvent être considérées comme des gaz parfaits ;
- Le volume de la phase liquide est négligé devant le volume de la phase vapeur ;
- $P^*(T)$ est la pression de vapeur saturante du corps pur eau, à la température T et $P^*(373 \text{ K}) = 1,00 \cdot 10^5$ Pa ;
- M est la masse molaire de l'eau : $M = 18,0$ g.mol^{-1} ;
- R est la constante du gaz parfait : $R = 8,31$ J.mol^{-1}.K^{-1}.

1. Le piston est immobilisé provisoirement dans une position initiale telle que le volume intérieur du cylindre est $V_i = 20,0$ L. Exprimer la masse maximale $m_{\max}$ d'eau pure qui peut être injectée dans ce récipient, initialement vide, sans qu'apparaisse la phase liquide du corps pur eau. Faire l'application numérique.

On injecte maintenant une masse $m = 5,00$ g d'eau dans le récipient initialement vide.

2. À partir du volume V_i, faut-il procéder à une augmentation ou à une diminution du volume (à la température T) pour faire apparaître la première goutte de liquide (ou goutte de rosée) ?

3. Exprimer puis calculer le volume V_0 d'apparition de la phase liquide.

4. Le volume V est modifié jusqu'au volume final V_f pour lequel la masse d'eau liquide m_ℓ et la masse d'eau vapeur m_v, en équilibre, sont égales. Exprimer puis calculer le volume final V_f en fonction du volume V_0.

1. Quand on injecte de l'eau dans le vide, l'eau se vaporise totalement tant que la pression dans le récipient est inférieure à la pression de vapeur saturante. La masse $m_{\max}$ est obtenue lorsque la pression dans le récipient est égale à la pression de vapeur saturante : $P = P^*(373\ \mathrm{K})$. Le système est alors constitué de gaz parfait sous la pression $P^*(373\ \mathrm{K})$, à la température $T = 373\ \mathrm{K}$. La quantité de matière vaut $n = \dfrac{m_{\max}}{M}$ et le volume est égal à $V_i = 20,0\ \mathrm{L}$.

Les gaz sont parfaits donc $P^*(373\ \mathrm{K})V_i = \dfrac{m_{\max}}{M}RT$.

$$m_{\max} = \frac{P^*(373\ \mathrm{K})V_i M}{RT}$$

$$m_{\max} = \frac{1,00\cdot 10^5 \times 20,0\cdot 10^{-3} \times 18,0\cdot 10^{-3}}{8,31\times 373} = 0,0116\ \mathrm{kg} = 11,6\ \mathrm{g}$$

La pression doit s'exprimer en Pa, le volume en m^3, la masse molaire en kg.mol^{-1}, la température en K.

2. $m < m_{\max}$ donc dans le récipient, on a de la vapeur sèche. Pour faire apparaître la première goutte de liquide, il faut diminuer le volume.

Explication : Une diminution du volume, à température constante, permet d'atteindre le domaine liquide comme le montre le diagramme de Clapeyron ci-dessous dans lequel figurent la courbe de saturation et l'isotherme d'Andrews associée à la température $T = 373$ K :

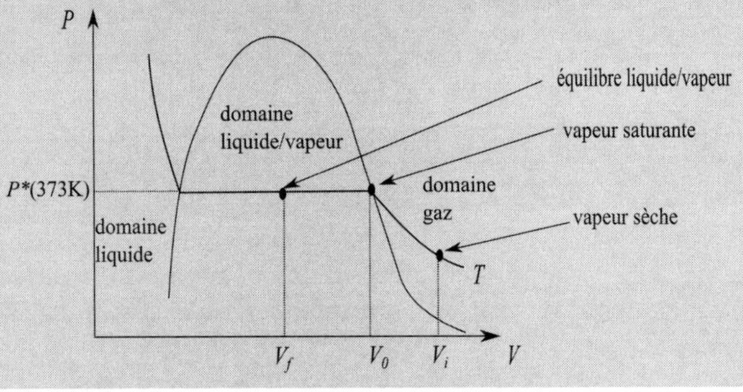

3. Lorsque la première goutte de liquide apparaît, le système est alors constitué de gaz parfait (le liquide est présent en quantité négligeable) sous la pression $P^*(373\ \mathrm{K})$, à la température $T = 373\ \mathrm{K}$. La quantité de matière vaut $n = \dfrac{m}{M}$ et le volume est égal à V_0.

En appliquant l'équation d'état : $P^*(373\ \mathrm{K})V_0 = \dfrac{m}{M}RT$, on trouve :

$$V_0 = \frac{m}{P^*(373\ \mathrm{K})M}RT$$

$$V_0 = \frac{5,00\cdot 10^{-3}}{1,00\cdot 10^5 \times 18,0\cdot 10^{-3}} \times 8,31\times 373 = 8,61\cdot 10^{-3}\ \mathrm{m}^3 = 8,61\ \mathrm{L}$$

4. Dans l'état final, le système est constitué de liquide et de vapeur. Le volume est un paramètre d'état additif, nous pouvons écrire : $V_f = V_\ell + V_v$, où V_ℓ

et V_v sont les volumes du liquide et de la vapeur. D'après les hypothèses de l'énoncé, le volume de la phase liquide est négligé devant le volume de la phase vapeur ($V_\ell \ll V_v$) donc $V_f = V_v = m_v v_v$ où v_v est le volume massique de la vapeur.

Remarque : Le volume est un paramètre d'état extensif car il dépend de la quantité de matière. Pour un mélange non idéal, le volume n'est pas additif (1 L d'eau et 1 L de méthanol ne donnent pas un mélange de 2 L !). On suppose donc ici le mélange idéal donc le volume est un paramètre d'état additif.

La masse est aussi un paramètre d'état additif : $m = m_\ell + m_v$.
D'après l'énoncé, $m_\ell = m_v$ donc $m_v = \dfrac{m}{2}$ et $V_f = \dfrac{m}{2} v_v$.
Il nous reste à exprimer v_v. Pour cela, plaçons-nous dans l'état où le volume vaut V_0. Nous sommes sur la courbe de rosée, le système est alors constitué de vapeur en équilibre avec une goutte de liquide (la masse de liquide est alors négligeable devant celle de vapeur, cette dernière est donc égale à m), nous pouvons écrire : $V_0 = m v_v$.
Ainsi, $V_f = \dfrac{V_0}{2} = 4,31$ L.

Exercice 20.4 : Isothermes d'Andrews (Centrale) *

Le diagramme ci-dessous est le diagramme d'état de l'eau en représentation de Clapeyron (pression, volume massique).

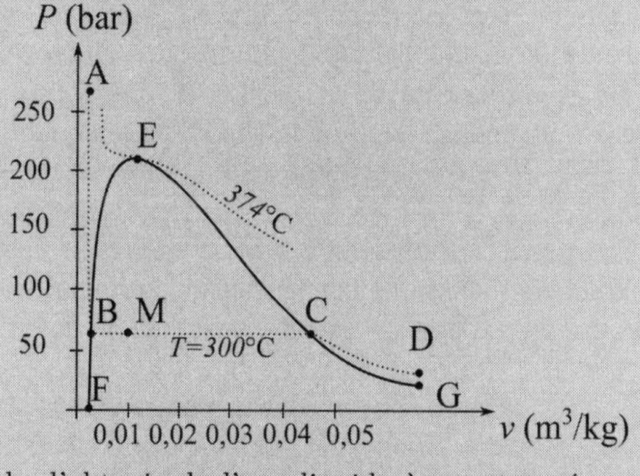

1. Est-il possible d'obtenir de l'eau liquide à une température supérieure à 100 °C ? Si oui, comment procéder ?
2. Le long de l'isotherme $\theta = 300$ °C, entre les points figuratifs A et B, dans quel état physique se trouve l'eau ? Même question entre les points C et D, et finalement entre les points B et C. Identifier sur le diagramme les courbes de rosée et d'ébullition ainsi que le point critique.
3. Considérons un système de masse m_{H_2O} dont le point figuratif est le point M. Montrer qu'il est possible d'exprimer les fractions massiques d'eau sous

forme liquide ($x_{\text{liq}} = \dfrac{m_{H_2O}^{\text{liq}}}{m_{H_2O}}$) et sous forme vapeur ($x_{\text{vap}} = \dfrac{m_{H_2O}^{\text{vap}}}{m_{H_2O}}$) en fonction des longueurs des segments BM, MC et BC. Pour un kilogramme d'eau dans un état dont le point figuratif est le point M, déterminer la masse et le volume de chacune des deux phases. Même question pour un système dont le point figuratif est le point B, puis le point C.

1. Il est possible d'obtenir de l'eau liquide à une température supérieure à 100 °C en augmentant la pression comme le montre la courbe de vaporisation dans le diagramme de phase de l'eau :

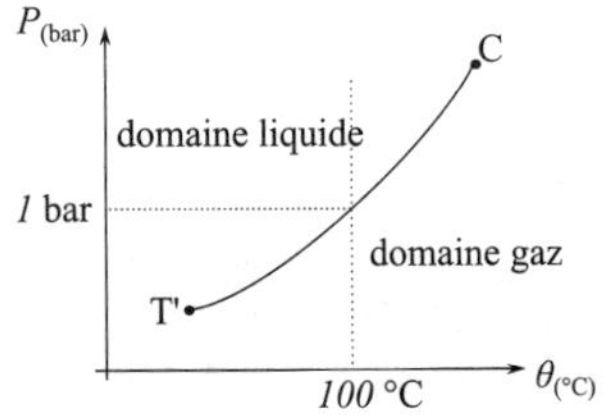

Remarque : C'est le principe de la cocotte minute en cuisine : la pression dans le récipient est supérieure à la pression atmosphérique ($P \approx 2$ bar), l'eau y est donc sous forme liquide à une température supérieure à 100 °C (aux alentours de 120 °C) et on diminue ainsi le temps de cuisson.

2. Nous utilisons la figure du corrigé de l'exercice 20.2 pour répondre à cette question. Entre les points A et B, l'eau se trouve à l'état liquide. Entre les points C et D, l'eau se trouve sous forme de gaz. Entre les points B et C, nous sommes dans le domaine diphasé, l'eau est en équilibre liquide-vapeur.

La courbe d'ébullition caractérise l'apparition de la première bulle de vapeur, elle sépare le domaine liquide du domaine diphasé liquide + vapeur, il s'agit de la courbe FBE. C'est sur cette courbe que l'on lit les caractéristiques de la phase liquide.

La courbe de rosée caractérise la disparition de la dernière bulle de liquide, elle sépare le domaine diphasé liquide + vapeur du domaine vapeur, il s'agit donc de la courbe ECG. C'est sur cette courbe que l'on lit les caractéristiques de la phase vapeur.

L'ensemble des courbes d'ébullition et de rosée s'appelle la courbe de saturation. Le point critique correspond au sommet de la courbe de saturation dans un diagramme de Clapeyron : il s'agit du point E.

3. Le point M appartient au domaine diphasé, on peut donc appliquer le théorème de moments en ce point :

$$x_{\text{liq}} = \frac{\overline{MC}}{\overline{BC}} = \frac{v_C - v_M}{v_C - v_B}$$

$$x_{\text{vap}} = \frac{\overline{BM}}{\overline{BC}} = \frac{v_M - v_B}{v_C - v_B}$$

Par lecture graphique du diagramme, on trouve :

$$v_B = 0,002\ \text{m}^3.\text{kg}^{-1} \quad v_M = 0,01\ \text{m}^3.\text{kg}^{-1} \quad v_C = 0,045\ \text{m}^3.\text{kg}^{-1}$$

De plus, on a une masse totale d'eau $m_{\text{H}_2\text{O}} = 1$ kg. D'où :

$$m_{\text{H}_2\text{O}}^{\text{liq}} = x_{\text{liq}} \times m_{\text{H}_2\text{O}}$$

$$m_{\text{H}_2\text{O}}^{\text{vap}} = x_{\text{vap}} \times m_{\text{H}_2\text{O}}$$

$$m_{\text{H}_2\text{O}}^{\text{liq}} = \frac{0,045 - 0,01}{0,045 - 0,002} \times 1 = 0,81\ \text{kg}$$

$$m_{\text{H}_2\text{O}}^{\text{vap}} = \frac{0,01 - 0,002}{0,045 - 0,002} \times 1 = 0,19\ \text{kg}$$

Remarque : On vérifie que l'on a bien $m_{\text{H}_2\text{O}}^{\text{liq}} + m_{\text{H}_2\text{O}}^{\text{vap}} = m_{\text{H}_2\text{O}}$ et que les masses trouvées correspondent à la situation du diagramme : le point M est plus proche de B que de C donc on doit avoir plus d'eau liquide que d'eau vapeur.

Le volume massique de la phase liquide à $\theta = 300$ °C est donné par l'intersection du palier de changement d'état avec la courbe d'ébullition.

$$V_{\text{liq}} = m_{\text{H}_2\text{O}}^{\text{liq}} \times v_B$$

Avec le même raisonnement pour la phase vapeur, on obtient :

$$V_{\text{vap}} = m_{\text{H}_2\text{O}}^{\text{vap}} \times v_C$$

$$V_{\text{liq}} = 0,81 \times 0,002 = 1,6 \cdot 10^{-3}\ \text{m}^3 = 1,6\ \text{L}$$

$$V_{\text{vap}} = 0,19 \times 0,045 = 8,6 \cdot 10^{-3}\ \text{m}^3 = 8,6\ \text{L}$$

Au point B, on a de l'eau qu'à l'état liquide donc :

$$m_{\text{H}_2\text{O}}^{\text{liq}} = 1\ \text{kg}$$

$$V_{\text{liq}} = m_{\text{H}_2\text{O}}^{\text{liq}} \times v_B = 2 \cdot 10^{-3}\ \text{m}^3 = 2\ \text{L}$$

Au point C, on a de l'eau qu'à l'état vapeur donc :

$$m_{\text{H}_2\text{O}}^{\text{vap}} = 1\ \text{kg}$$

$$V_{\text{vap}} = m_{\text{H}_2\text{O}}^{\text{vap}} \times v_C = 4,5 \cdot 10^{-2}\ \text{m}^3 = 45\ \text{L}$$

Exercice 20.5 : Compressions du dioxyde de carbone (Agro-Véto) **

Le diagramme de Clapeyron du dioxyde de carbone est donné ci-dessous :

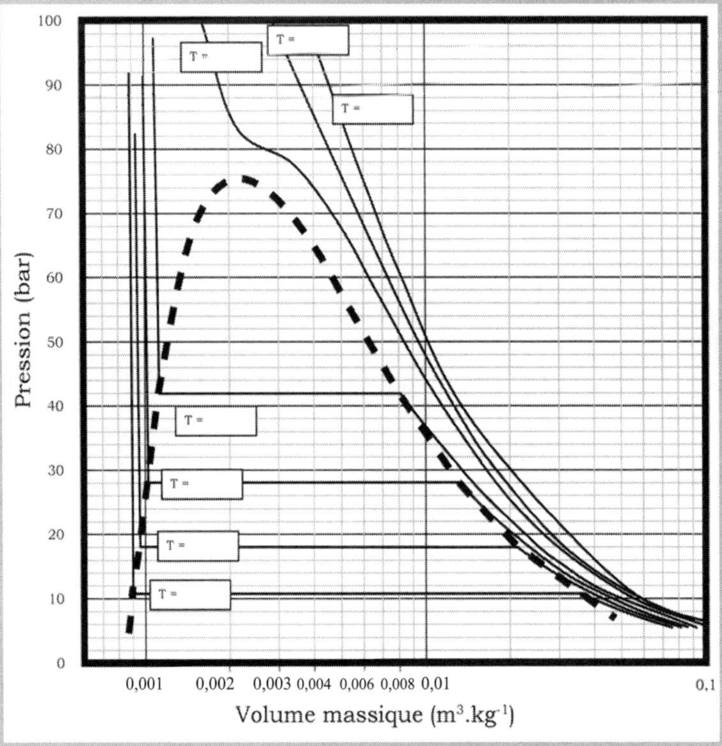

Sont représentées les isothermes pour les températures suivantes : 340 K ; 325 K ; 310 K ; 280 K ; 265 K ; 250 K et 235 K.

1. Compléter ce diagramme (températures) et tracer l'isotherme à $T = 295$ K.

2. À cette température, et à la pression de 59 bar, le dioxyde de carbone gazeux peut-il être considéré comme parfait ?

Une masse $m_0 = 18,0$ kg de CO_2 gazeux est à présent soumise à diverses transformations la faisant passer par les états A, B, C et D caractérisés par leur température et leur volume :

$T_A = 280$ K ; $V_A = 120$ L $\quad$ $T_B = 280$ K ; $V_B = 53$ L

$T_C = 295$ K ; $V_C = 53$ L $\quad$ $T_D = 310$ K ; $V_D = 53$ L

3. Placer les points A, B, C et D sur le diagramme de Clapeyron et préciser l'état physique du CO_2 pour chacun de ces états.

4. Préciser la pression pour chacun des états A, B, C et D.

5. Dans le cas de systèmes biphasiques à 280 K, préciser la composition massique du mélange.

Données : Constante des gaz parfaits : $R = 8,31$ J.K^{-1}.mol^{-1}

Masse molaire de CO_2 : $M_{CO_2} = 44,0$ g.mol^{-1}
Données thermodynamiques relatives au dioxyde de carbone :

T (K)	235	250	265	280	295
P_{sat} (en bar)	10,7	18,0	28,1	41,9	59,5
v_ℓ (en m^3.kg^{-1})	$9,0 \cdot 10^{-4}$	$9,6 \cdot 10^{-4}$	$1,0 \cdot 10^{-3}$	$1,1 \cdot 10^{-3}$	$1,3 \cdot 10^{-3}$
v_v (en m^3.kg^{-1})	$3,6 \cdot 10^{-2}$	$2,1 \cdot 10^{-2}$	$1,3 \cdot 10^{-2}$	$8,1 \cdot 10^{-3}$	$4,7 \cdot 10^{-3}$

P_{sat} est la pression de vapeur saturante. v_ℓ et v_v sont les volumes massiques du liquide saturant et de la vapeur saturante.

1. Dans le diagramme de Clapeyron, les basses températures sont en bas, le sommet de la courbe de saturation correspond à l'isotherme de la température critique qui présente un point d'inflexion.

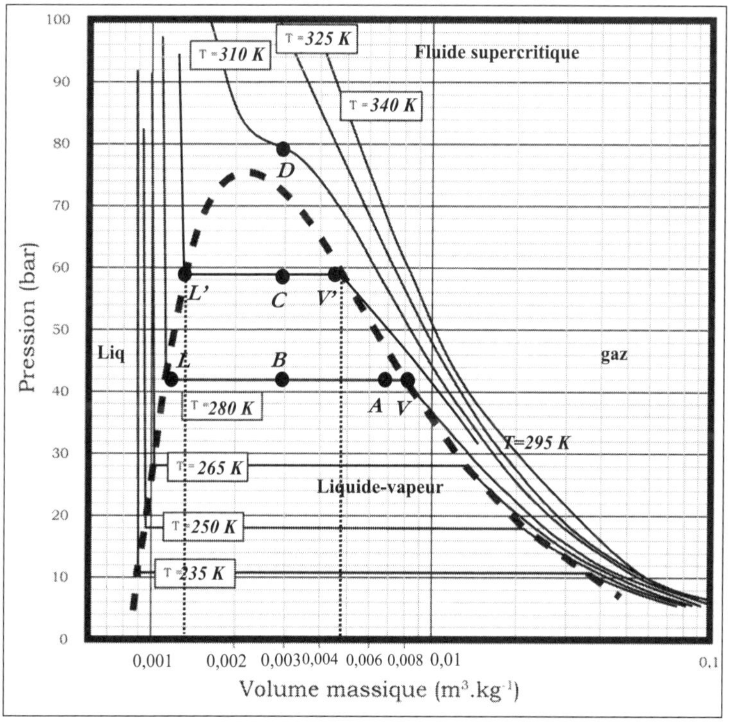

2. Faisons l'hypothèse qu'à $T = 295$ K et sous $P = 59$ bar, le gaz soit parfait. On doit alors avoir $PV = nRT$. L'énoncé donne les volumes massiques. L'équation d'état des gaz parfaits avec le volume massique est :

$$Pmv_v = nRT \quad \Leftrightarrow \quad Pv_v = \frac{RT}{M}$$

Passons à l'application numérique : $Pv_v = 59 \cdot 10^5 \times 4,7 \cdot 10^{-3} = 28 \cdot 10^3$ J et $\dfrac{RT}{M} = \dfrac{8,31 \times 295}{44,0 \cdot 10^{-3}} = 56 \cdot 10^3$ J. Les deux valeurs ne sont pas égales : le gaz n'est pas parfait.

3. Pour placer les points dans le diagramme de Clapeyron, il faut calculer les volumes massiques associés.

$$v_A = \frac{V_A}{m_0} = \frac{120 \cdot 10^{-3}}{18,0} = 6,7 \cdot 10^{-3}\ \text{m}^3.\text{kg}^{-1}$$

$$v_B = v_C = v_D = \frac{V_B}{m_0} = \frac{53 \cdot 10^{-3}}{18,0} = 2,9 \cdot 10^{-3}\ \text{m}^3.\text{kg}^{-1}$$

En plaçant les points A, B, C et D dans le diagramme, on constate que les états A, B et C sont des équilibres liquide-vapeur et l'état D est du fluide supercritique.

4. Les états A, B et C sont biphasiques, la pression est la pression de vapeur staurante. On peut donc utiliser le tableau : $P_A = P_B = 41,9$ bar et $P_C = 59,5$ bar. En lisant le diagramme de Clapeyron, on a : $P_D = 80$ bar.

5. On utilise le théorème des moments pour les états biphasiques à 280 K : états A et B. On fait appel au tableau pour les valeurs des volumes massiques.

Pour l'état A : $\dfrac{m_{v_A}}{m_0} = \dfrac{\overline{LA}}{\overline{LV}}$ donc :

$$m_{v_A} = m_0 \times \frac{\overline{LA}}{\overline{LV}} = 18,0 \times \frac{6,7 \cdot 10^{-3} - 1,1 \cdot 10^{-3}}{8,1 \cdot 10^{-3} - 1,1 \cdot 10^{-3}} = 14,4\ \text{kg}$$

$$m_{\ell_A} = m_0 - m_{v_A} = 3,6\ \text{kg}$$

Pour l'état B : $\dfrac{m_{v_B}}{m_0} = \dfrac{\overline{LB}}{\overline{LV}}$ donc :

$$m_{v_B} = m_0 \times \frac{\overline{LB}}{\overline{LV}} = 18,0 \times \frac{2,9 \cdot 10^{-3} - 1,1 \cdot 10^{-3}}{8,1 \cdot 10^{-3} - 1,1 \cdot 10^{-3}} = 4,6\ \text{kg}$$

$$m_{\ell_B} = m_0 - m_{v_B} = 13,4\ \text{kg}$$

Semestre 2

Sous-partie 7

Thermodynamique physique en système fermé

CHAPITRE 21

Équilibre et transformations

Capacités à acquérir	Exercices
Interpréter les conditions d'équilibre thermique et mécanique.	21.1 à 21.3
Maîtriser le vocabulaire usuel : isotherme, isobare, isochore, monobare, monotherme, adiabatique, thermostat.	
Déterminer l'état d'équilibre final à partir des contraintes imposées par le milieu extérieur.	21.1, 21.2 et 21.4
Dégager ou reconnaître les critères de réversibilité d'une transformation.	
Savoir définir le transfert thermique, la puissance thermique.	21.5
Distinguer les trois types de transferts thermiques : conduction, convection et rayonnement.	

Exercice 21.1 : Mélange gaz/solide (Concours commun sup) *

Le système étudié, constitué de n moles d'air assimilé à un gaz parfait et d'une masse m de cuivre solide, est contenu dans un cylindre schématisé sur la figure suivante :

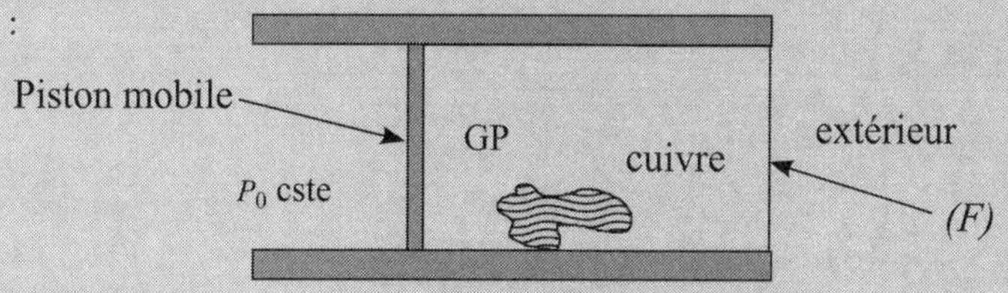

On précise que :

- le piston est mobile sans frottement, les autres parois sont fixes.
- les éléments grisés sont athermanes, tandis que la paroi (F) permet les tranferts thermiques.

Données :

- Gaz : $R = 8,3$ J.mol^{-1}.K^{-1} ; $n = 1,0$ mol
- Cuivre : masse volumique : $\rho = 8,9$ g.cm^{-3} ; $m = 270$ g

• P_0 est constante

La température extérieure étant restée très longtemps égale à T_0 (correspond à la valeur de 27 °C) le fond (F) du cylindre est mis en contact avec une source (ou thermostat) à la température T_1 ; on laisse le système atteindre l'équilibre. Le volume V occupé par le gaz subit une diminution relative de 5 % à partir de la valeur initiale V_0.

1. Rappeler les principales propriétés d'un thermostat.

2. Calculer le volume occupé par le cuivre. Calculer le volume occupé par le gaz si la pression P_0 est égale à 10^5 Pa. Conclure.

La pression P_0 prend une valeur non précisée.

3. Après avoir caractérisé les états initial et final, calculer la température dans l'état final.

1. Un thermostat est un système dont la température reste constante même si ce système échange de l'énergie thermique avec un autre système.

Remarque : Pour réaliser un thermostat, on peut utiliser un système de grande dimension et de capacité thermique très grande.

2. Calculons le volume occupé par le cuivre : $V_{\text{Cu}} = \dfrac{m}{\rho} = \dfrac{270}{8,9} = 30\ \text{cm}^3$

Calculons le volume occupé par le gaz parfait :

$$V_{\text{GP}} = \frac{nRT_0}{P_0} = \frac{1,0 \times 8,3 \times (27+273)}{10^5} = 25 \cdot 10^{-3}\ \text{m}^3 = 25 \cdot 10^3\ \text{cm}^3$$

Le cuivre est une phase condensée, on peut négliger son volume devant celui du gaz : ainsi, le volume de l'enceinte est le volume du gaz.

3. L'état initial du système est donné par (P_0, V_0, T_0). Le gaz est parfait :

$$P_0V_0 = nRT_0 \quad (1)$$

L'état final du système est donné par (P_0, V_1, T_1). Le gaz est parfait :

$$P_0V_1 = nRT_1 \quad (2)$$

Explication : Dans l'état initial, le système est en équilibre mécanique au niveau du piston mobile (la pression du système est égale à la pression extérieure P_0) et il est en équilibre thermique au niveau du fond (F) (la température du système est égale à la température extérieure T_0). Dans l'état final, le système est en équilibre mécanique au niveau du piston mobile (la pression du système est égale à la pression extérieure P_0). Et il est en équilibre thermique au niveau du fond (F) (la température du système est égale à la température extérieure T_1).

Faisons le rapport membre à membre de (1) et de (2) : $\dfrac{V_1}{V_0} = \dfrac{T_1}{T_0}$. La température finale est donnée par :

$$T_1 = T_0\frac{V_1}{V_0}$$

Le volume subit une diminution relative de 5 % donc $V_1 = 95\%V_0 = 0,95V_0$.

$$T_1 = (27 + 273) \times 0,95 = 285 \text{ K}$$

⚠ Bien laisser la température en Kelvin.

Exercice 21.2 : Transformations subies par un gaz (Agro-Véto) *

Un grand récipient de verre de 25 L constitué de parois diathermanes et indéformables, est rempli d'air considéré par la suite comme un gaz parfait.
Le récipient est équipé d'un manomètre à dénivellation de liquide (tube en U contenant de l'eau colorée) : la dénivellation donne la différence de pressions entre la pression mesurée et la pression atmosphérique.
Une loupe fixée sur le tube permet une lecture précise de la hauteur de liquide.
Une poire en caoutchouc munie d'un clapet permet de créer dans le récipient une surpression.
Un robinet R à très grande ouverture permet de mettre le récipient en contact avec l'atmosphère.

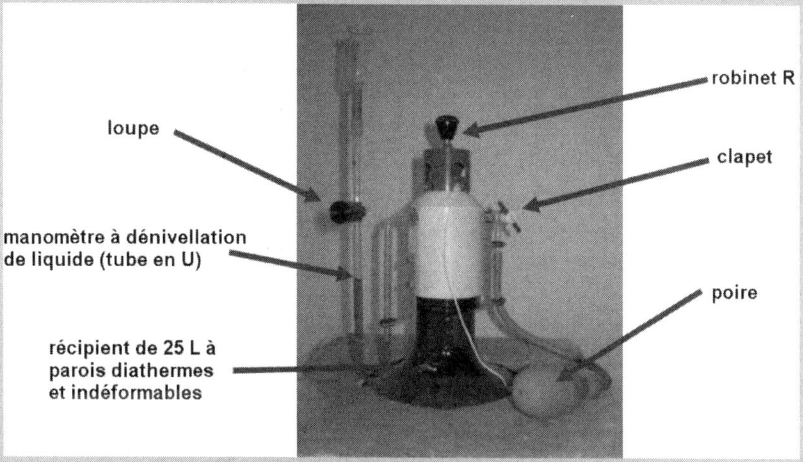

Les manipulations expérimentales sont les suivantes :

- On part de l'état 0 où l'air contenu dans le récipient est à la pression P_0 et à la température T_0, les mêmes que celles de l'air extérieur.

- On introduit lentement, de manière à assurer l'équilibre thermique avec l'extérieur, de l'air à l'intérieur du récipient à l'aide de la poire pour créer une compression. On atteint l'état 1 pour lequel on mesure la dénivellation $h_1 = 3,2$ cm.
- On ouvre et on ferme rapidement le robinet. On constate que l'équilibre mécanique s'établit car la dénivellation s'annule brutalement (état 2, $h_2 = 0,0$ cm), en revanche, l'équilibre thermique ne s'établit pas. On considère comme réversible la transformation du gaz qui reste dans le récipient, la quantité d'air qui s'échappe étant faible.
- On constate alors qu'une dénivellation réapparaît progressivement pour se stabiliser à une valeur $h_3 = 0,9$ cm inférieure à h_1 mais de même sens : état 3.

On considère le système fermé correspondant au gaz contenu dans le récipient à l'état 3. Voici 4 schémas qui représentent le système (zone hachurée) dans les états 0, 1, 2 et enfin 3.

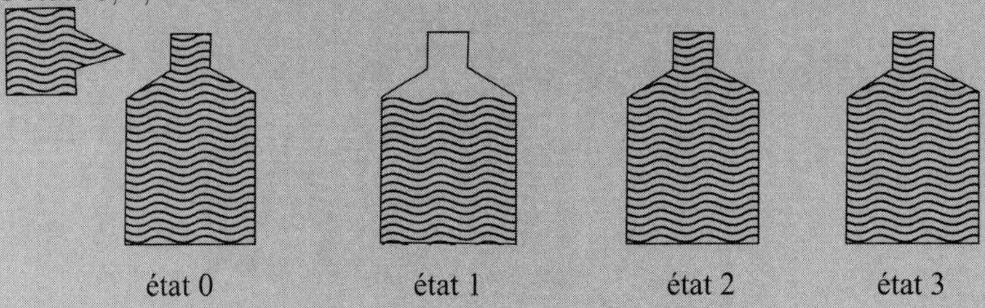

1. Indiquer à quel type de transformations (isotherme, isochore ou adiabatique) appartiennent respectivement les transformations 0→1, 1→2, 2→3 subies par le système.
2. Classer par ordre croissant V_0, V_1, V_2 et V_3, volumes du système dans les états 0, 1, 2 et 3.
3. Classer par ordre croissant P_0, P_1, P_2 et P_3, pressions du système dans les états 0, 1, 2 et 3 ainsi que T_0, T_1, T_2 et T_3, températures dans les états 0, 1, 2 et 3.
4. Représenter graphiquement en coordonnées de Clapeyron (P,V) la transformation 0→1.

1. Au cours de la transformation 0→1, l'équilibre thermique avec le milieu extérieur est réalisé. La température du système est donc toujours égale à celle du milieu extérieur, qui est constante. La transformation 0→1 est donc isotherme.
La transformation 1→2 s'effectue rapidement. On peut supposer que les échanges d'énergie thermique n'ont pas le temps de se réaliser. La transformation 1→2 peut être considérée adiabatique.

Remarque : Au cours d'une transformation adiabatique, la température, le volume et la pression du système changent.

Au cours de la transformation 2→3, le volume du système est constant : il s'agit d'une transformation isochore.

2. D'après les schémas, nous constatons que : $V_0 > V_1$, $V_1 < V_2$ et $V_2 = V_3$. Nous avons ainsi : $V_1 < V_2 = V_3 < V_0$.

3. Pour les pressions, on utilise la dénivellation : plus elle est grande, plus la différence de pressions est importante (principe du manomètre différentiel en U). L'énoncé parle de compression pour la transformation 0→1 donc $P_1 > P_0$. Dans l'état 2, l'équilibre mécanique s'établit donc $P_2 = P_0$.
Comme la dénivellation h_3 est de même sens que h_1 mais plus petite, on peut conclure que $P_3 < P_1$.
En résumé, nous avons : $P_2 = P_0 < P_1 < P_3$.

4. La transformation 0→1 est une isotherme d'un gaz parfait. Son équation dans le diagramme de Clapeyron est de type $P = \dfrac{\text{cste}}{V}$ donc l'allure est hyperbolique :

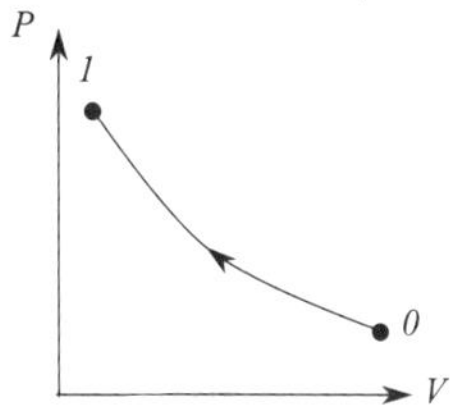

Exercice 21.3 : Masse, piston et gaz parfait (ENSTIM) **

On imagine un cylindre aux parois diathermanes (perméables à la chaleur), fermé par un piston. Le piston, de masse négligeable, peut glisser sans frottement entre 2 cales A et B, sa section est S. Dans l'état initial, le piston est en A, le cylindre renferme un volume V_A d'air supposé gaz parfait, à la température de l'extérieur T_0, pression P_0, (gaz dans l'état 0 : P_0, V_A, T_0).

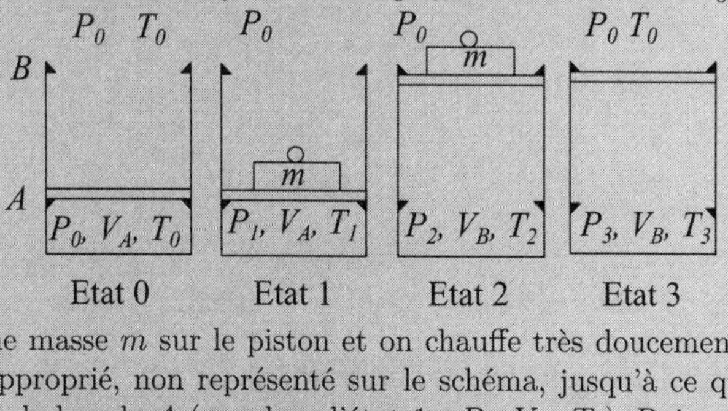

On place une masse m sur le piston et on chauffe très doucement le gaz par un moyen approprié, non représenté sur le schéma, jusqu'à ce que le piston décolle juste de la cale A (gaz dans l'état 1 : P_1, V_A, T_1). Puis, on maintient le chauffage jusqu'à ce que le piston arrive juste en B (gaz dans l'état 2 : P_2, V_B, T_2), le chauffage est alors arrêté. On ôte m et on laisse refroidir l'ensemble jusqu'à ce que le piston décolle juste de B (gaz dans l'état 3 : P_3, V_B, T_3). On laisse toujours refroidir jusqu'à la température T_0, alors, le piston revient en A (gaz dans l'état 0), le cycle est terminé.

Données : $V_B = 1,0$ L, $V_A = 330$ mL, $T_0 = 300$ K, $P_0 = 1,0$ bar, $m = 10$ kg, $S = 100$ cm^2, $g = 10$ N.kg^{-1}, $R = 8,3$ J.K^{-1}.mol^{-1}.

1. Quelle est la caractéristique commune à toutes les transformations ?
2. Quelle est la nature de la transformation de 0 à 1 subie par le gaz ?
La pression P_1 a pour expression : $P_1 = P_0 + \dfrac{mg}{S}$.
3. Exprimer la température T_1 en fonction de P_0, T_0, m, g, S. Calculer P_1 et T_1.
4. Quelle est la nature de la transformation 1 à 2 subie par le gaz ?
5. Exprimer la température T_2 en fonction de T_1, V_A, V_B. Faire l'application numérique.
6. Quelles sont les natures des transformations 2 à 3 et 3 à 0 subies par le gaz ?
7. Tracer l'allure des transformations dans le diagramme de Clapeyron.

1. Le piston se déplace sans frottement, les transformations se font lentement. On peut donc supposer qu'elles sont toutes réversibles.

2. La transformation 0 à 1 subie par le gaz est isochore réversible.

La transformation n'est pas monobare : la pression extérieure n'est pas constante : lorsque le piston est en contact avec les cales, la réaction de celles-ci joue dans la pression extérieure puis lorsque le piston décolle, la réaction n'entre plus dans le bilan des forces s'exerçant sur le piston : la pression extérieure est alors différente.

3. Utilisons la loi des gaz parfaits dans l'état 0 et dans l'état 1 :
$P_0V_A = nRT_0$ et $P_1V_A = nRT_1$. En faisant le rapport membre à membre, nous obtenons :

$$T_1 = T_0\frac{P_1}{P_0} = T_0\left(1 + \frac{mg}{SP_0}\right) = 300 \times \left(1 + \frac{10 \times 10}{100 \cdot 10^{-4} \times 1,0 \cdot 10^5}\right) = 330 \text{ K}$$

$$P_1 = P_0 + \frac{mg}{S} = 1,0 \cdot 10^5 + \frac{10 \times 10}{100 \cdot 10^{-4}} = 1,1 \cdot 10^5 \text{ Pa}$$

4. La transformation 1 à 2 est réversible donc à chaque instant, la pression du gaz vaut P_1. La transformation est donc isobare réversible. On a ainsi $P_2 = P_1$.

5. Appliquons l'équation d'état des gaz parfaits à l'état 2 : $P_1V_B = nRT_2$. On a de plus $P_1V_A = nRT_1$ donc $\dfrac{T_2}{T_1} = \dfrac{V_B}{V_A}$ donc $T_2 = T_1\dfrac{V_B}{V_A}$

$$T_2 = 330 \times \frac{1}{0,330} = 1000 \text{ K}$$

6. La transformation 2 à 3 est isochore réversible. La transformation 3 à 0 est réversible et à chaque instant, la pression du système vaut P_1 donc la transformation 3 à 0 est isobare.

7. Le cycle est constitué de deux isochores et de deux isobares :

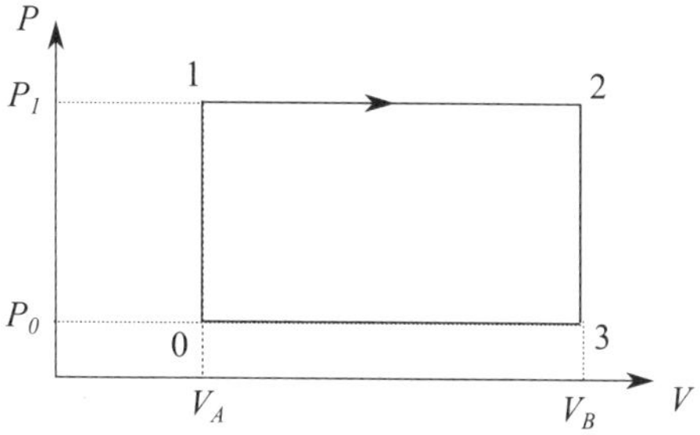

Exercice 21.4 : Transformations couplées (CCP) **

On considère un dispositif expérimental constitué d'un cylindre vertical ouvert dans l'atmosphère (la pression atmosphérique sera supposée constante), aux parois indéformables, de section S, dans lequel deux pistons de masse et d'épaisseur négligeables peuvent se déplacer librement. Ces deux pistons, notés π_0 et π_1, définissent deux compartiments étanches dans le cylindre. Le piston π_0 est le piston inférieur (voir figure ci-dessous). On utilisera le symbole 0 pour repérer les grandeurs relatives au compartiment inférieur et le symbole 1 pour repérer les grandeurs relatives au compartiment supérieur. On appellera longueur du compartiment 0 la distance qui sépare le fond du cylindre du piston π_0, et longueur du compartiment 1 la distance qui sépare les deux pistons.
On supposera dans toute la suite que les frottements lors du déplacement des pistons sont totalement négligeables du point de vue énergétique.

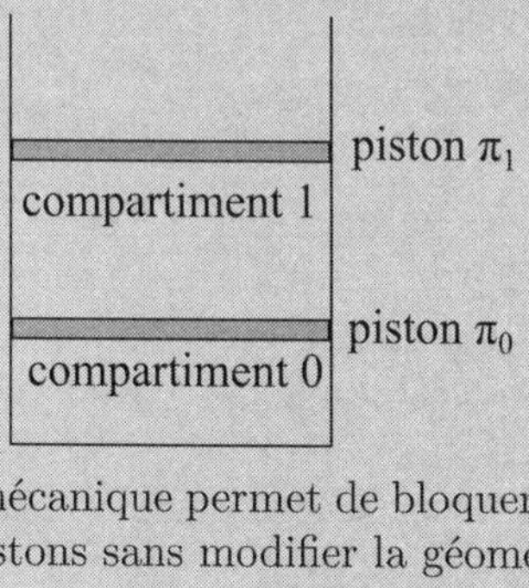

Par ailleurs un système mécanique permet de bloquer ou de débloquer le mouvement de chacun des pistons sans modifier la géométrie du système.
Le compartiment inférieur contient du dioxygène assimilé à un gaz parfait. Le compartiment supérieur contient du diazote également assimilé à un gaz parfait. Les parois du cylindre et le piston π_1 sont perméables à la chaleur. Le piston π_0 est calorifugé.

Données : Section du cylindre : $S = 1,0\ \text{cm}^2$; accélération de la pesanteur : $g = 10\ \text{m.s}^{-2}$; pression atmosphérique : $P_{\text{atm}} = 1,0 \cdot 10^5$ Pa ; constante des gaz parfaits : $R = 8,3\ \text{J.K}^{-1}.\text{mol}^{-1}$.

On bloque le piston π_0. Le piston π_1 peut se déplacer librement. Le dispositif expérimental est alors dans l'état d'équilibre noté A.
Le dioxygène contenu dans le compartiment 0 est caractérisé par une pression $P_0^A = 1,0 \cdot 10^5$ Pa et une température $T_0^A = 300$ K. La longueur du compartiment 0 est alors $d_0^A = 0,20$ m.
Le diazote contenu dans le compartiment 1 est caractérisé par une pression $P_1^A = 1,0 \cdot 10^5$ Pa et une température $T_1^A = 300$ K. La longueur du compartiment 1 est alors $d_1^A = 0,15$ m.
On place alors le cylindre au contact d'une source (thermostat) à la température $T_S = 600$ K. Chacun des sous-systèmes, constitué par chacun des gaz (repéré comme les compartiments par 0 et 1), atteint un nouvel état d'équilibre (B). On note T_0^B, P_0^B et d_0^B respectivement la température du dioxygène (gaz 0), la pression du dioxygène et la hauteur du compartiment 0 dans cet état d'équilibre.
De la même façon T_1^B, P_1^B et d_1^B représentent la température du diazote (gaz 1), la pression du diazote et la hauteur du compartiment 1 dans son nouvel état d'équilibre.

1. Calculer la quantité de matière n_0 de dioxygène contenue dans le compartiment 0 et la quantité de matière n_1 de diazote contenue dans le compartiment 1.

2. Caractériser la transformation subie par le dioxygène. En déduire T_0^B, P_0^B et d_0^B.

3. Caractériser la transformation subie par le diazote. En déduire T_1^B, P_1^B et d_1^B.

1. Le piston π_0 est bloqué. Les compartiments 0 et 1 sont des systèmes fermés. D'après la loi des gaz parfaits :

$$n_0 = \frac{P_0V_0}{RT_0} = \frac{P_0^AV_0^A}{RT_0^A} = \frac{P_0^BV_0^B}{RT_0^B}$$

$$n_1 = \frac{P_1V_1}{RT_1} = \frac{P_1^AV_1^A}{RT_1^A} = \frac{P_1^BV_1^B}{RT_1^B}$$

Dans l'état A, le compartiment 0 a pour volume : $V_0^A = d_0^A \times S$ ($= V_0^B$, le piston π_0 étant bloqué, le volume du compartiment 0 reste constant autour de la transformation).
Dans l'état A, le compartiment 1 a pour volume : $V_1^A = d_1^A \times S$.
En remplaçant dans les relations précédentes, il vient :

$$n_0 = \frac{P_0^Ad_0^AS}{RT_0^A} = \frac{1,0 \cdot 10^5 \times 0,20 \times 1,0 \cdot 10^{-4}}{8,3 \times 300} = 8,0 \cdot 10^{-4}\ \text{mol}$$

$$n_1 = \frac{P_1^Ad_1^AS}{RT_1^A} = \frac{1,0 \cdot 10^5 \times 0,15 \times 1,0 \cdot 10^{-4}}{8,3 \times 300} = 6,0 \cdot 10^{-4}\ \text{mol}$$

2. Pour O_2, dans le compartiment 0, le volume est constant, la transformation est isochore.

$$V_0^A = V_0^B \quad \Leftrightarrow \quad d_0^A \times S = d_0^B \times S \quad \Leftrightarrow \quad d_0^A = d_0^B$$

Le système est en contact avec un thermostat à la température T_S et, les parois du cylindre permettant les échanges thermiques, à l'équilibre en B on a : $T_0^B = T_S = 600\ \mathrm{K}$.
Ainsi d'après la loi des gaz parfaits :

$$\frac{P_0^A V_0^A}{RT_0^A} = \frac{P_0^B V_0^B}{RT_0^B} \quad \Leftrightarrow \quad P_0^B = P_0^A \frac{T_0^B}{T_0^A}$$

$$P_0^B = 1,0 \cdot 10^5 \times \frac{600}{300} = 2,0 \cdot 10^5\ \mathrm{Pa}$$

3. Pour N_2, dans le compartiment 1, le piston π_1 est libre de se mouvoir et la pression extérieure est égale à la pression atmosphérique donc $P_{\text{ext}} = P_{\text{atm}} = \text{cste}$. La transformation est monobare. Quand on traduit l'équilibre mécanique dans l'état A et dans l'état B, nous avons :

$$P_1^A = P_1^B = 1,0 \cdot 10^5\ \mathrm{Pa}$$

Le système est en contact avec un thermostat à la température T_S et, les parois du cylindre et du piston π_1 permettant les échanges thermiques, à l'équilibre en B on a : $T_1^B = T_S = 600\ \mathrm{K}$.
Enfin d'après la loi des gaz parfaits :

$$\frac{P_1^A V_1^A}{RT_1^A} = \frac{P_1^B V_1^B}{RT_1^B} \quad \Leftrightarrow \quad \frac{P_1^A d_1^A S}{RT_1^A} = \frac{P_1^B d_1^B S}{RT_1^B}$$

$$d_1^B = d_1^A \frac{T_1^B}{T_1^A} = 0,15 \times \frac{600}{300} = 0,30\ \mathrm{m}$$

Exercice 21.5 : Utilisation d'une plaque électrique **

Une plaque électrique est constituée de résistances chauffantes permettant de chauffer une plaque en fonte grâce à l'effet Joule. On suppose que la puissance dissipée par effet Joule, $\mathcal{P}_{\text{Joule}}$, reste constante au cours du temps.

Plaque électrique à vide.

La plaque électrique est initialement en équilibre thermique avec une pièce à la température ambiante T_0. On note C la capacité thermique de la plaque en fonte.
Une partie de l'énergie produite par effet Joule est perdue dans l'air. La puissance thermique communiquée à l'air ambiant, par la plaque à la température T s'écrit $aC(T - T_0)$, où a est une constante.

1. Traduire le fait que l'énergie électrique produite pendant dt a permis d'augmenter la température de la plaque de T à $T + dT$ et de fournir une quantité de chaleur à l'air ambiant.
2. En déduire la loi de variation de la température T en fonction du temps.
3. Montrer que T atteint une valeur limite T_ℓ. Retrouver cette valeur limite par un raisonnement pertinent.

Plaque électrique en utilisation

Lorsqu'une casserole d'eau est posée sur la plaque, on estime que 70 % de la chaleur reçue par la plaque est transmise pour chauffer l'eau contenue dans la casserole.
4. Sachant que la plaque électrique reçoit une puissance de 1, 5 kW, calculer le temps nécessaire pour chauffer 1, 0 L d'eau de 20 °C à 100 °C. On donne la capacité thermique massique de l'eau $c = 4,18\ \text{J.K}^{-1}.\text{g}^{-1}$, ainsi que sa masse volumique $\rho = 1,0\ \text{g.cm}^{-3}$.
5. Une plaque électrique permet le chauffage de l'eau dans la casserole par conduction et convection. Une plaque à induction permet ce chauffage par rayonnement et convection. Expliquer la différence entre les types de plaque.

1. L'énergie électrique produite pendant dt s'écrit $\mathcal{P}_{\text{Joule}}dt$.
Lorque la température de la plaque varie de dT, l'énergie reçue par la plaque a pour expression : CdT.
On traduit que l'énergie produite par effet Joule est utilisée pour chauffer la plaque et l'air (on réalise un bilan d'énergie comme il en a été question au premier semestre) :

$$dE_{\text{produite}} = dE_{\text{reçue ou absorbée}} + dE_{\text{perdue}}$$

$$\mathcal{P}_{\text{Joule}}dt = CdT + aC(T - T_0)dt$$

2. L'expression trouvée dans la question précédente est une équation différentielle sur $T(t)$. Pour la résoudre, on peut séparer les variables puis intégrer en faisant correspondre les bornes :

$$[\mathcal{P}_{\text{Joule}} - aC(T - T_0)]\,dt = CdT$$

$$dt = \frac{CdT}{\mathcal{P}_{\text{Joule}} - aC(T - T_0)}$$

$$\int_0^t dt = \int_{T_0}^{T} \frac{CdT}{\mathcal{P}_{\text{Joule}} - aC(T - T_0)}$$

$$t = -\frac{1}{a}\Big[\ln\left[\mathcal{P}_{\text{Joule}} - aC(T - T_0)\right]\Big]_{T_0}^{T} = -\frac{1}{a}\ln\frac{\mathcal{P}_{\text{Joule}} - aC(T - T_0)}{\mathcal{P}_{\text{Joule}}}$$

$$\ln\frac{\mathcal{P}_{\text{Joule}} - aC(T - T_0)}{\mathcal{P}_{\text{Joule}}} = -at$$

$$\mathcal{P}_{\text{Joule}} - aC(T - T_0) = \mathcal{P}_{\text{Joule}}\mathrm{e}^{-at}$$

$$T = T_0 + \frac{\mathcal{P}_{\text{Joule}}}{aC}\left(1 - \mathrm{e}^{-at}\right)$$

3. Lorsque t tend vers l'infini $\mathrm{e}^{-at} \to 0$ et la température tend vers une valeur limite :

$$T_\ell = T_0 + \frac{\mathcal{P}_{\text{Joule}}}{aC}$$

Autre raisonnement : à l'infini, l'effet Joule ne sert plus qu'à chauffer l'air puisque la plaque a une température qui reste constante. L'expression de la question 1 devient : $\mathcal{P}_{\text{Joule}}dt = aC(T_\ell - T_0)dt$. On retrouve l'expression de T_ℓ.

4. On traduit que 70 % de l'énergie thermique produite par effet Joule sert à chauffer l'eau :

$$70\ \% \times \mathcal{P}_{\text{Joule}}\Delta t = mc\Delta T$$

La masse d'eau est égale à $m = V\rho$.
Le temps recherché est donc :

$$\Delta t = \frac{V\rho c\Delta T}{0,70 \times \mathcal{P}_{\text{Joule}}} = \frac{1,0 \times 1,0 \cdot 10^3 \times 4,18 \times (100 - 20)}{0,70 \times 1,5 \cdot 10^3}$$

$$\Delta t = 318\ \text{s} = 5\,\text{min}\,18\ \text{s}$$

5. La conduction est un transfert thermique qui s'effectue à l'intérieur de la matière sans déplacement macroscopique.

Remarque : La conduction est possible suite à l'action de forces électromagnétiques : un groupe d'atomes d'énergie élevée transmet de l'énergie cinétique à un groupe d'atomes voisins.

Le rayonnement thermique est un transfert thermique propagé par ondes électromagnétiques et sans nécessité d'un support matériel.

Remarque : Tout corps chaud émet des rayonnements, comme les infrarouges par exemple. Sous l'effet de la température, les atomes ou molécules s'excitent. Il y a émission de rayonnement au cours de la désexcitation.

Une fois l'énergie thermique transférée de la plaque vers le récipient, il y a à nouveau transfert du récipient vers l'eau. Puis, le phénomène de convection (transfert thermique dû au déplacement des masses d'eau) permet à l'ensemble de l'eau de chauffer.

CHAPITRE 22

Premier principe

Capacités à acquérir	Exercices
Relier l'énergie interne d'une phase condensée à la température.	22.1 à 22.4
Connaître les différentes formulations du premier principe.	
Réaliser un bilan à partir d'une expérience de calorimétrie.	22.4
Formuler le premier principe en terme de puissance.	22.5

Exercice 22.1 : Étude simplifiée de la chute d'une météorite *

Le 15 février 2013, une pluie de météorites s'est abattue sur une région de l'Oural du sud. Ces météorites font partie de la classe des chondrites, météorites appelées aussi pierreuses, qui représentent entre 70 et 80 % en masse des météorites recensées. Nous allons estimer l'élévation de température au cours des 50 derniers mètres de chute. La vitesse des météorites à $h = 50$ m du sol peut s'évaluer à v $= 300$ m.s^{-1}. Calculer l'élévation de température d'une météorite lors de son impact avec le sol. Pour faire le calcul, on fera les approximations suivantes :

- On néglige tout échange thermique avec l'atmosphère ou avec le sol.
- On néglige le travail des forces de frottement.
- On néglige la variation de volume des météorites et on néglige la fusion à la surface des météorites. Chaque météorite se comporte ainsi comme une phase condensée homogène.

On donne l'ordre de grandeur de la capacité thermique massique :

$$c = 800 \text{ J.K}^{-1}.\text{kg}^{-1}$$

On prendra l'accélération de pesanteur égale à $g = 9,8$ m.s^{-2}.

On applique le premier principe à une météorite, considérée comme une phase condensée :

$$\Delta U + \Delta E_p + \Delta E_c = W + Q$$

Où U est l'énergie interne d'une météorite, E_p son énergie potentielle de pesanteur et E_c est son énergie cinétique.

Il ne faut pas oublier les termes de variations des énergies potentielle et cinétique : le système n'est pas au repos macroscopique.

Le travail W des forces non conservatives est nul : le travail des forces de pression est nul car on suppose le volume constant et le travail des forces de frottement avec l'atmosphère est négligé.

Remarque : On considère en général que pour des phases condensées prises dans des conditions de température et de pression éloignées des conditions extrêmes (comme c'est le cas au niveau géologique), le volume est constant (donc $W = 0$).

L'énergie thermique Q échangée avec le milieu extérieur (atmosphère et sol) est négligeable. Comme la météorite est considérée comme une phase condensée, la variation d'énergie interne s'écrit : $\Delta U = mc\Delta T$.

Par ailleurs, nous pouvons écrire : $\Delta E_p = 0 - mgh$ et $\Delta E_c = 0 - \frac{1}{2}m\mathrm{v}^2$, les énergies potentielle et cinétique dans l'état final sont nulles.

Ainsi, le premier principe devient : $mc\Delta T - mgh - \frac{1}{2}m\mathrm{v}^2 = 0$

La variation de température de la météorite s'écrit : $\Delta T = \dfrac{gh + \frac{1}{2}\mathrm{v}^2}{c}$

Faisons l'application numérique :

$$\Delta T = \frac{50 \times 9{,}8 + \frac{1}{2} \times 300^2}{800} = 57\ \mathrm{K} = 57\ °\mathrm{C}$$

Remarque : Une différence de températures s'exprime indifféremment en °C ou en Kelvin.

Exercice 22.2 : Contact thermique de deux solides (ENSTA) *

Deux solides homogènes (Σ_1) et (Σ_2), de capacités calorifiques C_1 et C_2 initialement aux températures T_{10} et T_{20}, sont placés en contact dans une enceinte calorifugée.

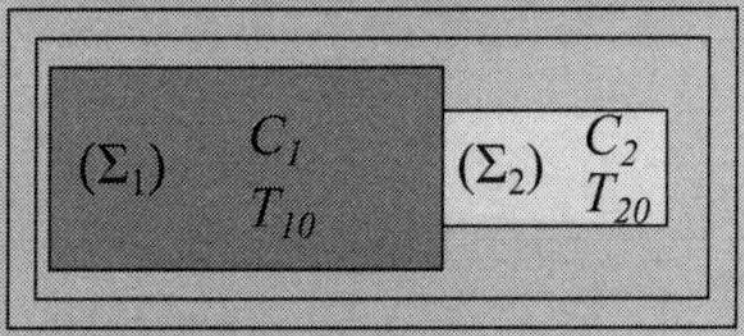

Calculer la température finale T_f du système.

Appliquons le premier principe à l'ensemble des deux solides, sachant que cet ensemble est au repos macroscopique, donc qu'il n'y a ni variation d'énergie potentielle ni variation d'énergie cinétique : $\Delta U = W + Q$.
Pour l'ensemble, $W = 0$ car les solides sont indéformables et $Q = 0$ car l'enceinte est calorifugée. On a ainsi $\Delta U = 0$.
L'énergie interne est une fonction d'état considérée ici additive donc :

$$U = U_1 + U_2$$

Remarque : L'énergie interne est un paramètre d'état extensif, c'est-à-dire qu'elle dépend de la quantité de matière du système. Elle n'est considérée additive que si l'énergie interne d'interaction (due aux interactions intermoléculaires entre molécules du système 1 et molécules du système 2) est négligée. Si ce n'est pas le cas, on doit écrire $U = U_1 + U_2 + U_{\text{int}}$.

Donc $\Delta U = \Delta U_1 + \Delta U_2 = C_1\left(T_f - T_{10}\right) + C_2\left(T_f - T_{20}\right)$

Nous avons alors : $C_1\left(T_f - T_{10}\right) + C_2\left(T_f - T_{20}\right) = 0$

Ce qui donne : $T_f = \dfrac{C_1 T_{10} + C_2 T_{20}}{C_1 + C_2}$

Exercice 22.3 : Cabine de sauna (G2E) **

On s'intéresse à une cabine de sauna, de volume constant $V = 14\ \text{m}^3$, parfaitement étanche. Initialement, elle renferme de l'air se trouvant dans les mêmes conditions que l'air extérieur, c'est-à-dire à la pression $P_0 = 1$ bar et à la température $\theta_0 = 20$ °C. Un radiateur, fonctionnant à sa puissance maximale $\mathcal{P} = 10$ kW, permet d'atteindre rapidement une température intérieure $\theta_1 = 80$ °C. Cette température est ensuite maintenue constante en réduisant la puissance du radiateur.
La capacité thermique totale de la cabine et de l'air à l'intérieur de la cabine est $C = 83\ \text{kJ.K}^{-1}$.

1. On suppose la cabine adiabatique pendant le temps de chauffe. Grâce à un bilan énergétique, exprimer le fait que le radiateur sert à chauffer la cabine et l'air qu'elle contient. On notera T la température absolue de la cabine et du sauna à un instant t.

2. En déduire la durée Δt qui permet d'atteindre la température θ_1.

3. Déterminer la pression finale dans la cabine. On suppose que l'air est un gaz parfait.

4. Une fois la température θ_1 atteinte, des pertes thermiques sont enregistrées. Elles sont caractérisées par une puissance de fuite $\mathcal{P}_{\text{fuite}} = A\left(\theta_1 - \theta_0\right)$ avec $A = 70\ \text{W.K}^{-1}$. À quelle fraction de sa puissance maximale le radiateur doit-il fonctionner pour maintenir la température de 80 °C ?

1. La cabine étant adiabatique, l'énergie fournie par le radiateur permet de chauffer la cabine et l'air qu'elle contient : $dE_{\text{radiateur}} = \delta Q_{\text{cabine+air}}$.

Rappel : Puissance et énergie sont reliées par Puissance $= \dfrac{\text{Énergie}}{\text{Temps}}$.

L'énoncé donne la puissance de fonctionnement du radiateur et la capacité thermique de l'ensemble cabine + air. On peut ainsi écrire :

$$dE_{\text{radiateur}} = \mathcal{P}dt \quad \text{et} \quad \delta Q_{\text{cabine+air}} = CdT$$

$$\mathcal{P}dt = CdT$$

On intègre l'expression précédente :

$$\mathcal{P}\int_0^{\Delta t} dt = C\int_{T_0}^{T_1} dT$$

$$\mathcal{P}\Delta t = C\left(T_1 - T_0\right) = C\left(\theta_1 - \theta_0\right)$$

Remarque : Pour exprimer une différence de températures, on se place indifféremment en degré Celsius ou en Kelvin car $T = \theta + 273$.

2. On obtient à partir du résultat précédent :

$$\Delta t = \frac{C\left(\theta_1 - \theta_0\right)}{\mathcal{P}}$$

$$\Delta t = \frac{83 \cdot 10^3 \times (80 - 20)}{10 \cdot 10^3} = 5{,}0 \cdot 10^2 \text{ s} = 8{,}3 \, \text{min}$$

3. L'air étant un gaz parfait et la cabine étant parfaitement étanche, nous pouvons écrire l'équation d'état des gaz parfaits au début et à la fin :

$$P_0 V = nRT_0 \quad \text{et} \quad P_f V = nRT_1$$

En faisant le rapport membre à membre, on élimine V et RT : $\dfrac{P_f}{P_0} = \dfrac{T_1}{T_0}$

$$P_f = P_0 \frac{T_1}{T_0} = 1 \times \frac{80 + 273}{20 + 273} = 1{,}2 \text{ bar}$$

Remarque : En exprimant P_0 en bar, on a P_f en bar. Les températures doivent s'exprimer en Kelvin.

4. Le radiateur ne fonctionne plus à sa puissance maximale $\mathcal{P}$ mais à une fraction de la puissance maximale $\alpha\mathcal{P}$. Le radiateur sert maintenant à compenser les pertes : $\alpha\mathcal{P} = A\left(\theta_1 - \theta_0\right)$

$$\alpha = \frac{A\left(\theta_1 - \theta_0\right)}{\mathcal{P}} = \frac{70 \times (80 - 20)}{10 \cdot 10^3} = 0{,}42$$

Le radiateur doit fonctionner à 42 % de sa puissance maximale.

Exercice 22.4 : Bouteille thermos 1 (Agro-Véto) *

Une bouteille thermos peut être considérée comme un calorimètre, c'est-à-dire un système de faible capacité thermique et pouvant pratiquement isoler thermiquement son contenu du milieu extérieur.
On place une masse $m = 580$ g d'eau dans la bouteille, on attend l'équilibre thermique et on mesure $\theta_1 = 20$ °C. On ajoute ensuite une autre masse $m = 580$ g d'eau à $\theta_2 = 80$ °C dans la bouteille, on attend à nouveau l'équilibre thermique et on mesure $\theta_{\text{éq}} = 49$ °C.
Les manipulations sont réalisées suffisamment vite pour que les pertes thermiques soient négligeables. On considère que dans le domaine de températures envisagé, la capacité thermique massique de l'eau est constante et vaut $c_e = 4000$ J.kg^{-1}.K^{-1}.
1. Quelle aurait été la température $\theta_{\text{éq},0}$ si la capacité thermique de la bouteille était nulle ?
2. Déterminer la valeur de la capacité thermique C_t de la bouteille thermos utilisée.
3. On peut lire sur la notice fournie par le constructeur du calorimètre que la masse équivalente en eau de la bouteille et de ses accessoires est $m_c = 40$ g. Commenter cette valeur numérique. On rappelle que la masse équivalente en eau permet de connaître la capacité thermique K du calorimètre : $K = m_c c_e$.

Rappel : Le système est au repos macroscopique, le premier principe s'écrit :

$$\Delta U = W + Q$$

Notation : On note T les températures en Kelvin et θ celles en °C.

1. Appliquons le premier principe au système constitué des deux masses d'eau :

$$\Delta U = W + Q$$

$W = 0$ car les phases sont condensées et on suppose que la variation de volume est négligeable. Il n'y a pas de pertes thermiques : $Q = 0$.
L'énergie interne est considérée additive donc :

$$\Delta U = \Delta U_1 + \Delta U_2 = mc_e\left(\Delta T_1 + \Delta T_2\right) = 0$$

Notation : On note ΔT_i la variation de température subie par la masse de température initiale θ_i.

On obtient ainsi, en passant aux températures en degrés Celsius à :

$$\theta_{\text{éq},0} - \theta_1 + \theta_{\text{éq},0} - \theta_2 = 0$$

$$\theta_{\text{éq},0} = \frac{\theta_1 + \theta_2}{2} = \frac{20 + 80}{2} = 50 \text{ °C}$$

2. Il faut prendre en compte le calorimètre : le système est donc constitué des deux masses d'eau et de l'intérieur du calorimètre. Un raisonnement analogue à celui de la question précédente conduit à :

$$0 = \Delta U_1 + \Delta U_2 + \Delta U_{\text{calo}} = mc_e \left(\Delta T_1 + \Delta T_2\right) + C_t \Delta T_1$$

On en déduit :

$$C_t = -\frac{mc_e \left(\Delta T_1 + \Delta T_2\right)}{\Delta T_1} = -\frac{580 \times 4 \times (49 - 20 + 49 - 80)}{49 - 20} = 160 \text{ J.K}^{-1}$$

3. Calculons la capacité thermique du calorimètre connaissant sa valeur en eau :

$$K = m_c c_e = 40 \times 4 = 160 \text{ J.K}^{-1}$$

Nous retrouvons la valeur trouvée dans la question précédente.

Remarque : Cette méthode de détermination de la capacité thermique d'un calorimètre est appelée méthode des mélanges.

Exercice 22.5 : Bouteille thermos 2 (Agro-Véto) *

Une bouteille thermos peut être considérée comme un calorimètre. On introduit du café chaud à l'intérieur de la bouteille.

Si on attend longtemps, on constate que la température $\theta(t)$ du contenu du calorimètre varie au cours du temps. On interprète cette variation par l'existence de pertes thermiques à travers la surface de la bouteille. Ces pertes sont modélisées par une puissance thermique perdue par la bouteille $\mathcal{P}_{t,p} = kS\left(T(t) - T_{\text{ext}}\right)$ où k est une constante positive et où S désigne l'aire de la surface extérieure de la bouteille, au contact de la pièce de température $\theta_{\text{ext}} = 20\ °\text{C}$.

On considèrera pour simplifier que le système constitué par la bouteille et tout ce qu'elle contient est homogène, à la température $T(t)$, et on note C sa capacité thermique supposée constante.

1. Commenter le signe de $\mathcal{P}_{t,p}$ quand $T(t) > T_{\text{ext}}$.

2. Établir l'équation différentielle régissant l'évolution de $T(t)$.

3. Faire apparaître un temps caractéristique τ et commenter son expression en fonction de k, C et S.

4. Résoudre l'équation différentielle précédente sachant qu'à l'instant initial $\theta(t = 0) = \theta_0 = 60\ °\text{C}$.

5. On a mesuré une baisse de température $\Delta\theta = -1\ °\text{C}$ en $\Delta t = 10\,\text{min}$. Quelle est la valeur de τ ?

1. Lorsque $T(t) > T_{\text{ext}}$, le système perd de l'énergie thermique donc la puissance thermique reçue par le système $\mathcal{P}_{\text{th}}$ est négative. Par ailleurs, cette puissance thermique reçue est l'opposé de la puissance thermique perdue : $\mathcal{P}_{\text{th}} = -\mathcal{P}_{t,p}$. D'après l'expression de $\mathcal{P}_{t,p}$, nous obtenons bien $\mathcal{P}_{t,p} > 0$.

2. Appliquons le premier principe en terme de puissances et sous forme d'un bilan élémentaire au système (qui est au repos macroscopique) :

$$\frac{dU}{dt} = \mathcal{P}_{\text{th}} + \mathcal{P}_{\text{m}}$$

Le système étant indéformable on a $\delta W = 0$ donc $\mathcal{P}_{\text{m}} = \frac{\delta W}{dt} = 0$.

Avec les données de l'énoncé, $\frac{dU}{dt} = C\frac{dT}{dt}$.

Nous obtenons ainsi : $C\frac{dT}{dt} = -kS\left(T - T_{\text{ext}}\right)$

L'équation différentielle suivie par $T(t)$ s'en déduit :

$$\frac{dT}{dt} + \frac{kS}{C}T = \frac{kS}{C}T_{\text{ext}}$$

3. Une analyse dimensionnelle sur cette équation différentielle montre que $\frac{1}{\tau} = \frac{kS}{C}$. Le temps caractéristique a donc pour expression $\tau = \frac{C}{kS}$. Ce temps donne l'ordre de grandeur nécessaire pour que l'équilibre thermique entre le système et le milieu extérieur soit réalisé.

Plus la capacité thermique est élevée, plus l'énergie thermique est échangée rapidement (c'est la raison pour laquelle un calorimètre doit avoir une faible capacité thermique, et une source de chaleur une capacité thermique très grande).

Plus la surface d'échange est grande, plus l'équilibre est atteint rapidement.

Remarque : Le terme k traduit le transfert thermique par convection et par rayonnement. Plus il est faible, plus ce transfert est rapide.

4. Cette équation différentielle est une équation du premier ordre avec second membre constant. La solution est donc la somme de la solution de l'équation homogène et d'une solution particulière : $T = \lambda \mathrm{e}^{-t/\tau} + T_{\text{ext}}$.

La constante d'intégration se déduit de la condition initiale :

$T(0) = T_0 = \lambda + T_{\text{ext}}$ d'où $\lambda = T_0 - T_{\text{ext}}$.

La température se met donc sous la forme : $T = \left(T_0 - T_{\text{ext}}\right)\mathrm{e}^{-t/\tau} + T_{\text{ext}}$.

5. L'énoncé donne la valeur de $T - T_0$, que nous exprimons grâce à l'expression trouvée dans la question précédente :

$$T - T_0 = \left(T_0 - T_{\text{ext}}\right)\mathrm{e}^{-\Delta t/\tau} + T_{\text{ext}} - T_0$$

$$\frac{T - T_{\text{ext}}}{T_0 - T_{\text{ext}}} = \mathrm{e}^{-\Delta t/\tau}$$

$$\ln\left(\frac{T - T_{\text{ext}}}{T_0 - T_{\text{ext}}}\right) = -\frac{\Delta t}{\tau}$$

$$\tau = -\frac{\Delta t}{\ln\left(\frac{T - T_{\text{ext}}}{T_0 - T_{\text{ext}}}\right)} = -\frac{10}{\ln\left(\frac{59-20}{60-20}\right)} = 39\,\text{min}$$

Remarque : Si on estime à 5τ le temps nécessaire pour que le café ait totalement refroidi, au bout de $195\,\text{min} = 3\,\text{h}15\,\text{min}$, le café sera froid.

CHAPITRE 23

Second principe

Capacités à acquérir	Exercices
Écrire le second principe pour un système fermé.	Tous
Relier l'entropie à la température pour une phase condensée.	
Exprimer et calculer l'entropie d'échange et l'entropie de création lors d'une transformation.	
Savoir utiliser l'identité thermodynamique.	23.1
Connaître la définition d'une source de chaleur idéale.	23.2

Exercice 23.1 : Bilan d'entropie pour une phase condensée (Agro-Véto) *

Un demi-kilogramme d'eau est initialement à la température $\theta_I = 17$ °C et on veut l'amener à ébullition, c'est-à-dire à la température $\theta_F = 100$ °C. Pour cela, on utilise comme source de chaleur une plaque électrique dont la température est maintenue fixe à $\theta_P = 227$ °C. On néglige les pertes thermiques et on considère que, dans le domaine de température envisagé, la capacité thermique massique de l'eau est constante et vaut $c_e = 4000$ J.kg^{-1}.K^{-1}.

1. Quelle quantité de chaleur Q faut-il fournir à l'eau pour réaliser le chauffage ?

2. Quelle est l'entropie échangée S_e par l'eau au cours de cette évolution ?

3. Quelle est la variation d'entropie ΔS de l'eau ?

4. Exprimer l'entropie créée S_c au cours du chauffage.

5. Comment évolue S_c quand θ_P augmente ? Commenter.

6. Le constructeur de la plaque électrique précise que la consommation électrique est de 1 kW. Sachant que la transformation étudiée a duré 5 minutes et 20 secondes, quel est le rendement de l'opérateur ?

Remarque : Au cours de l'épreuve, l'usage de la calculatrice était interdit. L'énoncé précisait la valeur suivante : $\ln \dfrac{373}{290} = 0,25$.

1. L'eau liquide est une phase condensée. Dans des conditions usuelles de température et de pression, $dV = 0$ et $dU = CdT$, C étant la capacité thermique de la phase condensée. Le premier principe permet alors d'écrire la quantité de chaleur nécessaire pour élever sa température de dT : $dU = \delta Q = mc_e dT$. Intégrons : $Q = mc_e(\theta_F - \theta_I)$.

$$Q = 0,5 \times 4000 \times (100 - 17) = 2000 \times 83 = 166 \cdot 10^3 \text{ J} = 166 \text{ kJ}$$

Remarque : Une différence de températures prend la même valeur que les températures s'expriment en °C ou en K.

2. D'après le second principe de la thermodynamique appliqué à l'eau liquide, au cours d'une transformation élémentaire, $\delta S_e = \dfrac{\delta Q}{T_P}$, où T_P est la température de la plaque en Kelvin.

Remarque : Dans cet exercice, la source de chaleur est la plaque.

Rappel : Pour un système, $\delta S_e = \dfrac{\delta Q}{T_c}$, où T_c est la température de contact. Dans le cas d'une source de chaleur idéale, la température de contact est la température de la source T_{ext}. On utilise ainsi : $\delta S_e = \dfrac{\delta Q}{T_{\text{ext}}}$. Pour obtenir l'entropie échangée, on intègre en ne sortant de l'intégrale que les grandeurs qui demeurent constantes au cours de la transformation.

$$S_e = \int \delta S_e = \frac{1}{T_P}\int \delta Q$$

L'entropie créée est donc égale à : $S_e = \dfrac{Q}{T_P} = \dfrac{mc_e(\theta_F - \theta_I)}{T_P}$.

$$S_e = \frac{166 \cdot 10^3}{227 + 273} = \frac{166 \cdot 10^3}{500} \approx \frac{165}{5} \times 10 = 330 \text{ J.K}^{-1}$$

⚠ Au dénominateur, la température doit rester en Kelvin.

3. L'eau liquide étant une phase condensée, $dS = mc_e \dfrac{dT}{T}$.

Point méthode : Pour trouver l'expression de dS quel que que soit le type de système (gaz ou phases condensées), on utilise l'identité thermodynamique $dS = \dfrac{dU}{T} + \dfrac{P}{T}dV$.

Intégrons : $\Delta S = mc_e \ln \dfrac{T_F}{T_I}$

$$\Delta S = 0,5 \times 4000 \times \ln \frac{373}{290} = 2000 \times 0,25 = 500 \text{ J.K}^{-1}$$

⚠ Les températures doivent s'exprimer en Kelvin.

4. D'après le second principe de la thermodynamique, $\Delta S = S_e + S_c$.
Donc $S_c = \Delta S - S_e = mc_e \ln \frac{T_F}{T_I} - \frac{mc_e(\theta_F - \theta_I)}{T_P}$ (1)

$$S_c = 500 - 330 = 170 \text{ J.K}^{-1}$$

5. D'après la formule (1), si T_P augmente, S_c augmente également.
En prenant constantes les autres grandeurs, S_c varie en $-\frac{1}{T_P}$. Si T_P augmente, $\frac{1}{T_P}$ diminue et $-\frac{1}{T_P}$ augmente.
L'entropie créée traduit l'irréversibilité d'une transformation. Une plaque plus chaude entraîne une irréversibilité plus grande.

Remarque : La réversibilité thermique est impossible à atteindre : lorsque l'on met en contact un corps froid et un corps chaud, si l'on attend suffisamment longtemps, ils se retrouvent à la même température. Si l'on rompt le contact, ils ne reviennent pas à leurs températures initiales !
Pour s'approcher de la réversibilité thermique, il faudrait que ces deux corps soient à des températures très voisines, ce qui n'est pas le cas quand on augmente la température de la plaque.

6. Le rendement de l'opération se définit par : $\frac{Q}{\mathcal{P}_{\text{elec}}\Delta t}$ où Q est la chaleur reçue par l'eau pendant la durée de l'opération et $\mathcal{P}_{\text{elec}}\Delta t$ est l'énergie électrique fournie à la plaque.
De façon générale, $\text{rendement} = \frac{\text{grandeur utile}}{\text{grandeur dépensée}}$

$$\frac{Q}{\mathcal{P}_{\text{elec}}\Delta t} = \frac{166}{1 \times (5 \times 60 + 20)} = \frac{166}{320} \approx 0,5$$

Seulement la moitié de l'énergie électrique sert à chauffer l'eau.

Exercice 23.2 : Baromètre + lac (ENSTIM) **

Un baromètre, assimilé à un corps solide de capacité thermique C est initialement à une température T_1. On le plonge dans un lac, assimilé à une source de chaleur idéale, dont la température T_0 est constante et on attend l'équilibre thermique. On définit la variable x par $x = \frac{T_1}{T_0}$.

1. Exprimer la variation d'entropie du baromètre ΔS_b en fonction de C et de x.

2. Exprimer la variation d'entropie du lac ΔS_ℓ en fonction de C et de x.

3. En déduire que la variation d'entropie de l'ensemble « baromètre + lac » est $\Delta S_{b+\ell} = C\left[(x-1) - \ln x\right]$.
4. Montrer graphiquement que $\Delta S_{b+\ell}$ est toujours positive.

1. Le baromètre est une phase condensée donc la variation élémentaire d'entropie s'écrit : $dS_b = C\dfrac{dT}{T}$. La température initiale du baromètre vaut T_1 et la température finale vaut T_0 (le baromètre est en équilibre thermique avec le lac). La variation d'entropie du baromètre vaut donc :

$$\Delta S_b = \int_{T_1}^{T_0} C\frac{dT}{T} = C\ln\frac{T_0}{T_1} = -C\ln x$$

On ne peut pas faire le même raisonnement pour le lac car l'énoncé ne donne pas la capacité thermique du lac. On va donc exprimer la variation d'entropie du lac en faisant appel au second principe.

2. Appliquons le second principe pour le lac : $\Delta S_\ell = S_{e,\ell} + S_c$
Le lac étant une source de chaleur idéale, les transformations subies par le lac sont réversibles donc : $\delta S_{e,\ell} = \dfrac{\delta Q_\ell}{T_\ell}$ avec $T_\ell = T_0$ et $\delta S_c = 0$.

$$\Delta S_\ell = \int \frac{\delta Q_\ell}{T_0} = \frac{Q_\ell}{T_0}$$

Le lac échange de la chaleur uniquement avec le baromètre donc la chaleur reçue par le lac est cédée par le baromètre : $Q_\ell = -Q_b$.

Rappel : Pour exprimer Q_b, appliquons le premier principe de la thermodynamique au baromètre : $\Delta U_b = W_b + Q_b$. Le baromètre est une phase condensée donc $dU_b = CdT$, son volume peut être considéré constant donc $W_b = 0$.

Le premier principe appliqué au baromètre permet d'écrire :

$$\Delta U_b = \int_{T_1}^{T_0} CdT = C\left(T_0 - T_1\right) = Q_b = -Q_\ell$$

$$\Delta S_\ell = \int \frac{\delta Q_\ell}{T_0} = \frac{Q_\ell}{T_0} = -\frac{C\left(T_0 - T_1\right)}{T_0} = -C(1-x) = C(x-1)$$

3. L'entropie est un paramètre d'état additif donc $S_{b+\ell} = S_b + S_\ell$ donc $\Delta S_{b+\ell} = \Delta S_b + \Delta S_\ell = -C\ln x + C(x-1) = C\left[(x-1) - \ln x\right]$.
4. La variable x peut varier de 0 à $+\infty$.

Étudions la fonction $f(x) = C\left[(x-1) - \ln x\right]$. Dérivons : $f'(x) = C\left(1 - \dfrac{1}{x}\right)$.

Faisons un tableau de variation :

x	0		1		$+\infty$
$f'(x)$		$-$	0	$+$	
$f(x)$	$+\infty$	$\searrow$	0	$\nearrow$	$+\infty$

Traçons $f(x)$:

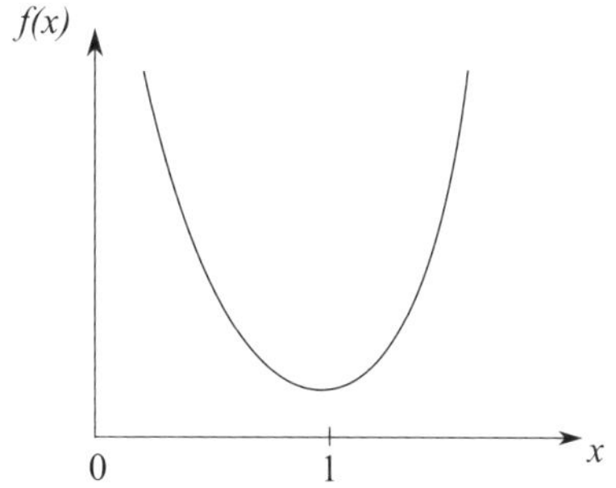

$\Delta S_{b+\ell}$ est toujours positif.

Remarque : Ce résultat peut aussi se justifier en appliquant le second principe au système «baromètre + lac», qui est un système isolé donc : $\Delta S_{b+\ell} = S_{c,b+\ell} \geqslant 0$.

Exercice 23.3 : Contact thermique de deux solides (ENSTA) **

Deux solides homogènes (Σ_1) et (Σ_2), de capacités calorifiques C_1 et C_2 initialement aux températures T_{10} et T_{20}, sont placés en contact dans une enceinte calorifugée.

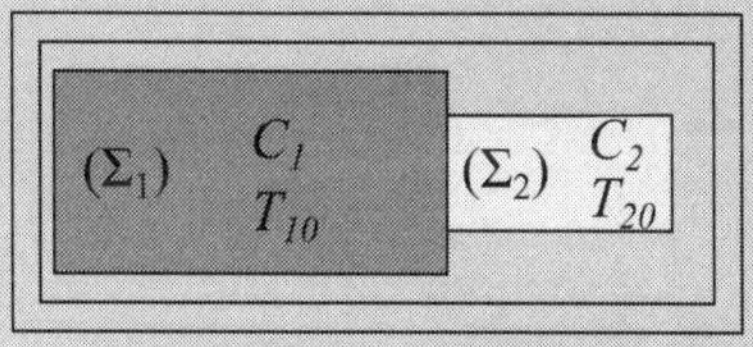

La température finale du système est notée T_f (elle a été calculée dans l'exercice 22.2).

On considère (Σ_1) seul.

1. Calculer sa variation d'entropie ΔS_1.

2. Calculer l'entropie S_{e_1} qu'il échange et l'entropie créée S_{c_1}.

3. Les signes de ΔS_1, S_{e_1} et S_{c_1} ont-ils quelque chose de particulier ?

4. On considère (Σ_2) seul. Calculer comme ci-dessus ΔS_2, S_{e_2} et S_{c_2}.

5. On envisage maintenant le système $\{(\Sigma_1) + (\Sigma_2)\}$. Calculer ΔS, S_e et S_c.

6. Quel lien existe-t-il entre S_{c_1}, S_{c_2} et S_c ?

1. Le système est le solide (Σ_1). Il s'agit d'une phase condensée, nous pouvons donc écrire $dS_1 = C_1 \frac{dT_1}{T_1}$. En intégrant entre l'état initial et l'état final, nous obtenons : $\Delta S_1 = C_1 \ln \frac{T_f}{T_{10}}$.

2. Il échange de l'entropie avec le second solide. D'après le second principe, nous pouvons écrire : $\delta S_{e_1} = \frac{\delta Q_1}{T_2} = \frac{C_1 dT_1}{T_2}$.

Dans cette expression, T_1 et T_2 varient : on ne peut pas intégrer à ce niveau. Il faut exprimer δS_{e_1} avec une seule variable. C'est la principale difficulté de cet exercice.

Or, comme l'ensemble est calorifugé, nous pouvons écrire que l'énergie thermique reçue par un solide est donnée par le second : $\delta Q_1 = -\delta Q_2$.

Remarque : Nous retrouvons ce résultat en appliquant le premier principe pour une transformation élémentaire à l'ensemble des deux solides : $dU = 0$ car ce sont des phases condensées dans une enceinte calorifugée et $dU = \delta Q_1 + \delta Q_2$.

Ainsi $\delta S_{e_1} = -\frac{\delta Q_2}{T_2} = -C_2 \frac{dT_2}{T_2}$.

Nous intégrons pour obtenir : $S_{e_1} = C_2 \ln \frac{T_f}{T_{20}}$.

Quant à l'entropie créée, elle se déduit de la variation d'entropie et de l'entropie échangée : $S_{c_1} = \Delta S_1 - S_{e_1} = C_1 \ln \frac{T_f}{T_{10}} - C_2 \ln \frac{T_f}{T_{20}}$.

3. Seul le signe de S_{c_1} est particulier : il doit être positif d'après le second principe.

4. Par analogie avec ce qui précède :

$$\Delta S_2 = C_2 \ln \frac{T_f}{T_{20}}$$

$$S_{e_2} = C_1 \ln \frac{T_f}{T_{10}}$$

$$S_{c_2} = \Delta S_2 - S_{e_2} = C_2 \ln \frac{T_f}{T_{20}} - C_1 \ln \frac{T_f}{T_{10}}$$

5. Comme l'ensemble des deux solides est dans une enceinte calorifugée, nous pouvons affirmer que $S_e = 0$. Ainsi, la variation d'entropie de l'ensemble est égale à l'entropie créée : $\Delta S = S_c$.

Par ailleurs, comme l'entropie est une fonction d'état additive, nous pouvons écrire : $S = S_1 + S_2$.

Donc $\Delta S = \Delta S_1 + \Delta S_2 = C_1 \ln \frac{T_f}{T_{10}} + C_2 \ln \frac{T_f}{T_{20}} = S_c$.

6. Nous pouvons constater que : $S_c = S_{c_1} + S_{c_2} + S_{e_1} + S_{e_2}$
Le transfert thermique, qui va du corps chaud vers le corps froid, est source d'irréversibilité.

Remarque : Nous pouvons constater que l'entropie créée n'est pas une grandeur additive.

CHAPITRE

24

Machines thermiques

Capacités à acquérir	Exercices
Connaître les signes des échanges énergétiques pour un moteur ou un récepteur thermique ditherme.	24.1, 24.2 et 24.5
Utiliser un diagramme (T,S) pour analyser le fonctionnement d'une machine.	24.2
Connaître et utiliser le théorème de Carnot.	
Connaître des ordres de grandeur des rendements des machines thermiques réelles actuelles.	
Définir et exprimer un rendement ou une efficacité.	Tous

Exercice 24.1 : Diagramme de Raveau (e3a) *

Soit un fluide, définissant le système étudié, effectuant un cycle de transformations entre deux thermostats de températures respectives T_C et T_F avec $T_C > T_F$, qui seront appelées respectivement sources chaude et froide dans la suite. Au cours d'un cycle, le fluide reçoit de manière algébrique des quantités de chaleur Q_C et Q_F respectivement des sources chaude et froide. Enfin, au cours d'un cycle, le travail algébrique reçu par le système est noté W.

1. À l'aide de l'un des principes de la thermodynamique, établir la relation entre Q_C, Q_F et W (relation 1).

2. Grâce aux principes de la thermodynamique, relier les grandeurs Q_C, Q_F, T_C et T_F.

3. Envisager le cas d'un cycle décrit de manière réversible. Dans ce cas, exprimer la relation entre Q_C, Q_F, T_C et T_F sous forme d'une égalité (relation 2).

Il est possible de discuter du principe de fonctionnement général des machines dithermes en considérant un diagramme appelé «diagramme de Raveau». Ce diagramme est représenté ci-dessous :

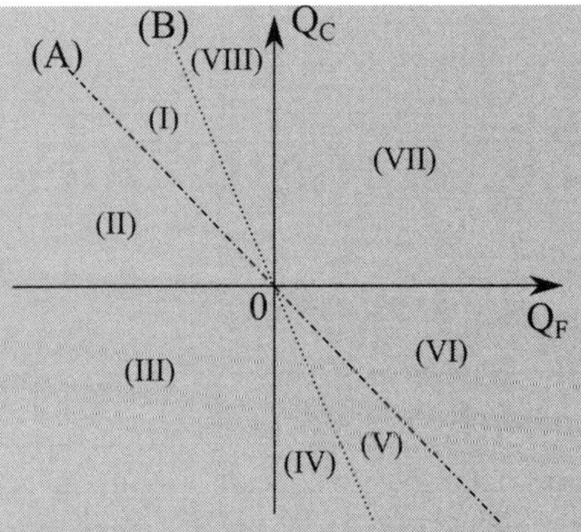

(A) et (B) désignent les droites représentatives des équations :

$$Q_C = -Q_F \text{ pour (A)} \qquad \text{et} \qquad Q_C = -\frac{T_C}{T_F}Q_F \text{ pour (B)}$$

En considérant ces droites, ainsi que les axes du diagramme, le plan est alors partagé en huit domaines différents.

4. Indiquer les domaines correspondant à des fonctionnements interdits par les principes de la thermodynamique.

5. Parmi les domaines restants, indiquer les domaines correspondant aux fonctionnements de la machine en moteur, en pompe à chaleur ou en réfrigérateur.

6. Certains domaines n'ont pas été identifiés. À quoi correspondent-ils physiquement ?

1. Le premier principe appliqué sur tout le cycle permet d'établir la relation recherchée.
Comme U est une fonction d'état, sur un cycle $\Delta U = 0$.
Le premier principe permet d'écrire : $W + Q_C + Q_F = 0$

2. Appliquons le second principe sur le cycle, sachant que S est une fonction d'état et donc que $\Delta S = 0$:

$$0 = \frac{Q_C}{T_C} + \frac{Q_F}{T_F} + S_{\text{créée}}$$

Or, $S_{\text{créée}} \geqslant 0$ donc la relation cherchée est l'inégalité de Rudolf Clausius :

$$\frac{Q_C}{T_C} + \frac{Q_F}{T_F} \leqslant 0$$

3. Si le cycle est décrit de manière réversible, l'entropie créée est nulle :

$$\frac{Q_C}{T_C} + \frac{Q_F}{T_F} = 0$$

4. D'après le second principe, on doit respecter l'inégalité de Rudolf Clausius. On doit donc avoir $Q_C \leqslant -Q_F\dfrac{T_C}{T_F}$. Il faut donc se trouver en-dessous de la droite (B), les domaines V, VI, VII et VIII sont interdits.

5. Pour un moteur, $W < 0$ donc d'après la question 1, $Q_C + Q_F > 0$: on se situe au-dessus de la droite (A) : on est dans le domaine I.
Pour une pompe à chaleur et un réfrigérateur, on a $W > 0$, $Q_F > 0$ et $Q_C < 0$: on est dans le domaine IV.

6. Pour les domaines II et III, on est en-dessous de la droite (A) donc ces domaines correspondent à des machines réceptrices, pour lesquelles un travail doit être fourni.
Dans le domaine II, $Q_C > 0$ et $Q_F < 0$: le fluide reçoit de la chaleur de la source chaude et en donne à la source froide. Il est inutile d'user du travail pour effectuer ces transferts énergétiques, il suffit de mettre le système au contact de la source chaude et de la source froide.
Dans le domaine III, $Q_C < 0$ et $Q_F < 0$: le fluide donne de la chaleur à la source chaude et à la source froide. Il n'est pas utile de faire appel à une machine thermique pour réaliser ces transferts de chaleur, il suffit de trouver une troisième source de chaleur de température plus élevée.

Exercice 24.2 : Cycle de Carnot (e3a) *

1. Dans le cas d'une machine fonctionnant en moteur, définir le rendement η du système. Exprimer ce rendement en fonction de Q_C et Q_F uniquement.
2. Montrer que ce rendement est toujours inférieur au rendement théorique de Carnot η_c obtenu pour des évolutions réversibles (théorème de Carnot). Le rendement de Carnot sera exprimé uniquement en fonction des températures des sources.
3. Si les hypothèses de fonctionnement d'un cycle de Carnot étaient respectées, quelle serait la puissance moyenne, sur un cycle, développée par un tel dispositif ? On exprimera cette puissance, en fonction de η_c et de la puissance thermique échangée avec la source chaude $\mathcal{P}_{\text{thc}}$.
4. Proposer une valeur numérique plausible pour le rendement de Carnot. Les rendements réels des moteurs thermiques sont-ils proches de cette valeur ?

Un moteur est caractérisé par le cycle réversible suivant dans le diagramme entropique :

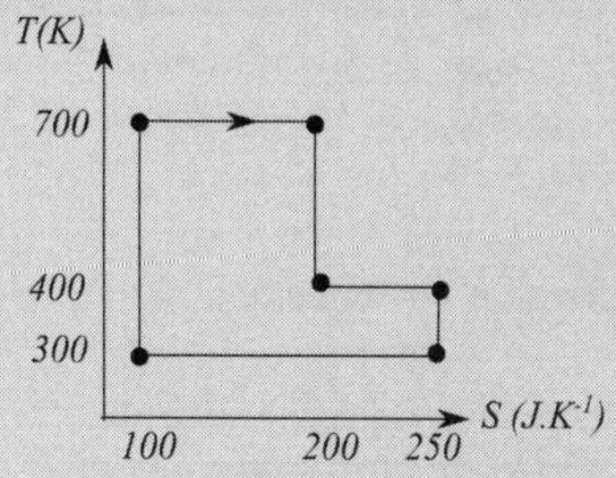

5. Est-ce un cycle de Carnot ? Justifier.
6. Quel est le rendement de ce moteur ?

1. Le rendement d'un moteur est donné par le rapport entre la grandeur utile (ici $-W$, travail fourni au milieu extérieur) et la grandeur dépensée (Q_C, chaleur reçue de la part de la source chaude) :

$$\eta = \frac{-W}{Q_C}$$

Remarque : Le rendement est toujours une grandeur positive.

Le premier principe sur un cycle permet d'écrire $W + Q_C + Q_F = 0$ donc le rendement est donné par :

$$\eta = \frac{Q_C + Q_F}{Q_C} = 1 + \frac{Q_F}{Q_C}$$

2. D'après l'inégalité de Rudolf Clausius, $\dfrac{Q_C}{T_C} + \dfrac{Q_F}{T_F} \leqslant 0$ donc $\dfrac{Q_F}{T_F} \leqslant -\dfrac{Q_C}{T_C}$ et ainsi, comme $Q_C > 0$, $\dfrac{Q_F}{Q_C} \leqslant -\dfrac{T_F}{T_C}$.

Nous obtenons $\eta \leqslant 1 - \dfrac{T_F}{T_C}$.

L'égalité a lieu lorsque le cycle est décrit de façon réversible, on a bien $\eta \leqslant \eta_c$ avec $\eta_c = 1 - \dfrac{T_F}{T_C}$.

3. La puissance moyenne développée sur un cycle s'écrit : $\mathcal{P} = -\dfrac{W}{\Delta t}$. On note Δt la durée d'un cycle.

Si le cycle est réversible, $-W = \eta_c Q_C$ donc $\mathcal{P} = \eta_c \dfrac{Q_C}{\Delta t} = \eta_c \mathcal{P}_{\text{thc}}$

4. Si on considère une source froide à $273\ \text{K}$ et une source chaude à $298\ \text{K}$, le rendement de Carnot est de 84 %. Un moteur à essence a un rendement de 20 % et un moteur diesel un rendement de 30 %.

5. Un cycle de Carnot est constitué de deux isothermes (représentées par des segments horizontaux dans le diagramme entropique) et de deux adiabatiques réversibles (représentées par des segments verticaux). Ici, on a trois isothermes et 3 adiabatiques réversibles, ce n'est pas un moteur de Carnot.

6. Reprenons l'expression du rendement $\eta = -\dfrac{W}{Q_C}$.

L'aire du cycle dans le diagramme entropique est égale à la chaleur reçue par le système au cours du cycle, c'est-à-dire à l'opposé du travail.

Rappel : D'après le premier principe de la thermodynamique appliqué sur le cycle :

$$\Delta U_{\text{cycle}} = 0 = W + Q \quad \Leftrightarrow \quad Q = -W$$

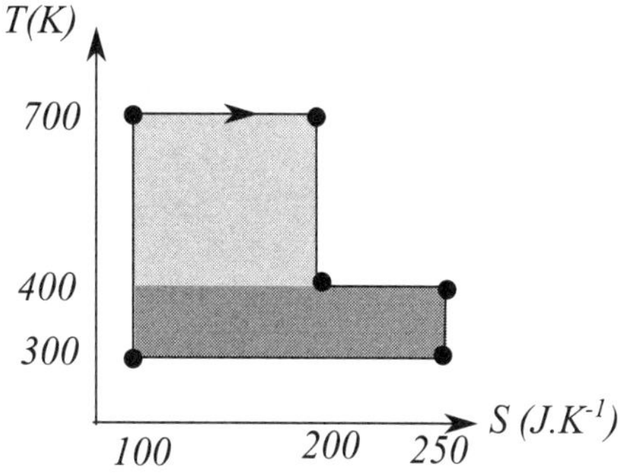

$-W$ se calcule donc grâce à l'aire du cycle (décomposable en aires de deux rectangles) : $-W = 300 \times 100 + 100 \times 150 = 45$ kJ

Q_C représente la chaleur effectivement reçue par le fluide au cours du cycle, elle correspond donc aux transformations au cours desquelles S augmente. Pour évaluer Q_C, on regarde donc les aires sous les segments correspondant à une augmentation de l'entropie :

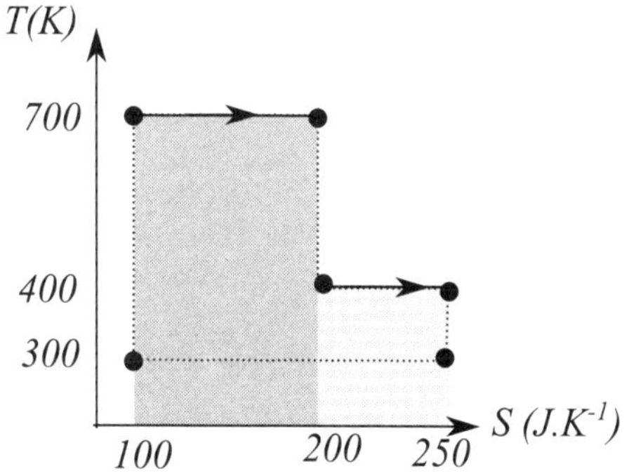

$$Q_C = 700 \times 100 + 400 \times 50 = 90 \text{ kJ}$$

On trouve ainsi un rendement $\eta = \dfrac{45}{90} = 0,50$,c'est-à-dire de 50 %.

Exercice 24.3 : Réfrigérateur (CAPES) **

On considère un fluide décrivant un cycle ditherme réversible entre une source chaude de température T_c et une source froide de température T_f. On note Q_c (respectivement Q_f) le transfert thermique reçu par le fluide, pendant un cycle, de la part de la source chaude (respectivement froide). Cette machine est un réfrigérateur réversible, la source chaude est l'extérieur du réfrigérateur, la source froide est l'intérieur du réfrigérateur.

1. Justifier que $Q_c < 0$ et $Q_f > 0$.

2. Donner la définition de l'efficacité e_{fr} d'un réfrigérateur puis l'exprimer en fonction de Q_c et Q_f.

3. Établir que pour le réfrigérateur réversible $e_{fr} = \dfrac{T_f}{T_c - T_f}$.

4. Calculer e_{fr} pour $T_c = 297$ K et $T_f = 277$ K.

En régime permanent, la température de la source froide reste constante, le fluide reçoit la puissance mécanique moyenne $\mathcal{P}_{m_1}$ de 100 W.

5. Calculer le transfert thermique moyen Q_{fm_1} reçu par la source froide de la part du fluide effectuant le cycle, pendant une durée de 1 jour (notée Δt).

6. L'isolation de la source froide est imparfaite, elle reçoit de la part de l'extérieur une puissance thermique $\mathcal{P}_{\text{perte}}$. Calculer $\mathcal{P}_{\text{perte}}$.

Dans les mêmes conditions qu'à la question précédente, on place un volume $V = 1,00$ L d'eau initialement à la température $T_0 = 297$ K, dans le réfrigérateur réversible. On suppose que la masse d'eau ajoutée est suffisamment petite pour que la source froide garde une température constante égale à T_f. On constate que lors du refroidissement du volume V d'eau, la puissance mécanique moyenne reçue par le fluide vaut $\mathcal{P}_{m_2} = 103$ W.

7. Exprimer puis calculer la durée nécessaire Δt_{eau} pour que le volume V atteigne la température T_f.

On donne la capacité thermique massique de l'eau : $c_e = 4,18$ kJ.kg^{-1}.K^{-1} et la masse volumique de l'eau : $\rho_e = 1,00 \cdot 10^3$ kg.m^{-3}.

1. Un réfrigérateur sert à refroidir la source froide, qui donne alors de la chaleur au fluide : $Q_f > 0$. Par ailleurs, le fluide cède de la chaleur à la pièce $Q_c < 0$.

2. L'efficacité d'un réfrigérateur est le rapport entre la grandeur utile, ici Q_f, et la grandeur dépensée, ici W : $e_{fr} = \dfrac{Q_f}{W}$.

Appliquons le premier principe de la thermodynamique sur le cycle :

$$W + Q_c + Q_f = 0$$

On peut ainsi écrire $e_{fr} = -\dfrac{Q_f}{Q_f + Q_c}$.

3. Appliquons le second principe de la thermodynamique sur le cycle réversible :

$$\frac{Q_c}{T_c} + \frac{Q_f}{T_f} = 0$$

On peut ainsi écrire : $Q_c = -Q_f \dfrac{T_c}{T_f}$

$$e_{fr} = -\frac{Q_f}{Q_f + Q_c} = -\frac{Q_f}{Q_f - Q_f \dfrac{T_c}{T_f}} = -\frac{1}{1 - \dfrac{T_c}{T_f}} = -\frac{T_f}{T_f - T_c}$$

On retrouve bien l'expression demandée par l'énoncé : $e_{fr} = \dfrac{T_f}{T_c - T_f}$

4. Faisons l'application numérique : $e_{fr} = \dfrac{277}{20} = 13,9$

5. Utilisons la définition de l'efficacité pour relier la puissance mécanique moyenne au transfert thermique moyen :

$$e_{fr} = \frac{Q_f}{W} = \frac{Q_{fm_1}}{P_{m_1}\Delta t}$$

$$Q_{fm_1} = e_{fr} \times P_{m_1}\Delta t = 13,9 \times 100 \times 24 \times 3600 = 120 \text{ MJ}$$

6. La température de la source froide reste constante si la puissance thermique reçue est égale à la puissance thermique perdue donc si :

$$\mathcal{P}_{\text{perte}} = \frac{Q_{fm_1}}{\Delta t} = e_{fr} \times P_{m_1} = 13,9 \times 100 = 1,39 \text{ kW}$$

7. Le réfrigérateur « à vide » fonctionne avec une puissance mécanique de 100 W. Le réfrigérateur contenant le volume V d'eau fonctionne avec une puissance mécanique de 103 W. On peut donc conclure que 3 W sont utiles pour refroidir l'eau.
La puissance mécanique est reliée à la puissance thermique par l'efficacité donc la puissance thermique impliquée lors du refroidissement de l'eau est :

$$\mathcal{P}_{\text{eau}} = e_{fr} \times 3$$

On peut aussi écrire : $\dfrac{Q_{\text{eau}}}{\Delta t_{\text{eau}}} = \mathcal{P}_{\text{eau}}$.

L'eau est une phase condensée donc :

$$Q_{\text{eau}} = m_{\text{eau}} c_e \Delta T_{\text{eau}} = \rho_e V c_e \Delta T_{\text{eau}}$$

On a ainsi :

$$\Delta t_{\text{eau}} = \frac{\rho_e V c_e \Delta T_{\text{eau}}}{\mathcal{P}_{\text{eau}}} = \frac{1,00 \cdot 10^3 \times 1,00 \cdot 10^{-3} \times 4,18 \cdot 10^3 \times 20}{13,9 \times 3}$$

$$\Delta t_{\text{eau}} = 2000 \text{ s} = 33 \text{ min}$$

Exercice 24.4 : Machine thermique avec pseudo-source (ENSTIM) **

Soit un baromètre, assimilé à un corps solide de capacité calorifique C, initialement à la température T_1. On dispose d'un lac dont la température T_0 est constante, avec $T_1 > T_0$. Le baromètre et le lac sont considérés comme des sources de chaleur à partir desquelles on fabrique un moteur dans lequel le système (fluide) effectue des cycles élémentaires réversibles.

Au cours d'un cycle élémentaire, la température du baromètre passe de la valeur T (comprise entre T_1 et T_0) à la température $T + dT$. On note δQ_B et δQ_L les transferts thermiques échangés par la machine avec le local et avec le lac, et δW le travail du moteur fourni au cours d'un cycle.
1. Faire une représentation schématique du moteur en précisant les signes des échanges énergétiques au cours d'un cycle élémentaire.
2. Quelle relation a-t-on entre δW, δQ_B et δQ_L ?
3. Quelle relation a-t-on entre δQ_B, δQ_L, T et T_0 ?
4. Le moteur s'arrête de fonctionner lorsque la température du local atteint la valeur T_0. Exprimer alors les valeurs de Q_B, Q_L en fonction de T_1 et T_0.
5. Déterminer le travail W délivré par la machine au cours d'un cycle.
6. Définir le rendement de ce moteur en fonction de W et Q_B, puis exprimer ce rendement en fonction de C, T_1 et T_0.

Ici la température d'une des sources n'est pas constante (on parle de pseudo-source), il ne faut surtout pas appliquer le premier principe intégral ($\Delta U = W + Q$) mais le premier principe différentiel.

1. On peut schématiser le moteur de la sorte :

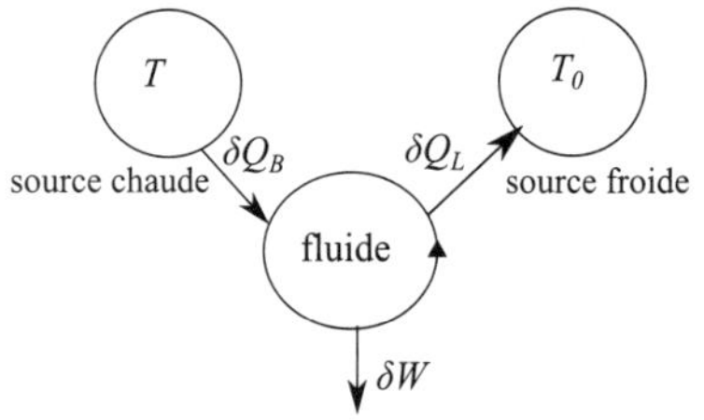

Dans un moteur, le système reçoit de la chaleur de la part de la source chaude $\delta Q_B > 0$, en cède à la source froide $\delta Q_L < 0$ et fournit du travail au milieu extérieur $\delta W < 0$.

2. On applique le premier principe différentiel au système fermé « machine » sur un cycle élémentaire : $dU_{\text{cycle}} = 0 = \delta W + \delta Q_B + \delta Q_L$.

3. On applique le second principe différentiel au système fermé « fluide » sur un cycle : $dS_{\text{cycle}} = 0 = \delta S_e + \delta S_c$.
La transformation cyclique est réversible d'où : $\delta S_c = 0$.
Et l'entropie d'échange avec les différentes sources est égale à :

$$\delta S_e = \delta S_{e_{\text{local}}} + \delta S_{e_{\text{lac}}} = \frac{\delta Q_B}{T} + \frac{\delta Q_L}{T_0}$$

Par conséquent : $\dfrac{\delta Q_B}{T} + \dfrac{\delta Q_L}{T_0} = 0$.

4. Il est plus facile de calculer la quantité de chaleur échangée par la source dont on connait la capacité calorifique.

Ainsi : $\delta Q_B = -\delta Q_{\text{air du local}} = -CdT$.

En intégrant entre T_1 et T_0 il vient : $Q_B = \int_{T_1}^{T_0} -CdT = -C(T_0 - T_1)$.

D'après la question précédente, on a : $\delta Q_L = -T_0 \dfrac{\delta Q_B}{T} = CT_0 \dfrac{dT}{T}$.

En intégrant entre T_1 et T_0 il vient :

$$Q_L = \int_{T_1}^{T_0} CT_0 \frac{dT}{T} = CT_0 \int_{T_1}^{T_0} \frac{dT}{T}$$

$$Q_L = CT_0 \ln \frac{T_0}{T_1}$$

5. D'après le premier principe appliqué au système fermé machine sur un cycle :

$$\Delta U_{\text{cycle}} = 0 = W + Q_B + Q_L$$

$$W = -(Q_B + Q_L) = C(T_0 - T_1) - CT_0 \ln \frac{T_0}{T_1}$$

6. Par définition : $\eta = \dfrac{\text{grandeur utile}}{\text{grandeur dépensée}}$. Le rôle du moteur est de fournir un travail et on dépense ce que l'on a prélevé à la source chaude lors du cycle. Par conséquent le rendement s'exprime :

$$\eta = \frac{-W_{\text{cycle}}}{Q_B}$$

D'après le premier principe de la thermodynamique appliqué à la machine sur l'ensemble d'un cycle, on a : $\Delta U_{\text{cycle}} = 0 = W_{\text{cycle}} + Q_B + Q_L$.

Par conséquent le rendement s'exprime : $\eta = 1 + \dfrac{Q_L}{Q_B}$.

En utilisant le résultat de la question précédente, on a :

$$\eta = 1 + \frac{T_0}{T_1 - T_0} \ln \frac{T_0}{T_1}$$

Exercice 24.5 : Chauffage d'une habitation (G2E) **

On souhaite maintenir la température d'une habitation (H) à la température $T_H = 293$ K, alors que la température de l'extérieur (E) est égale à $T_E = 273$ K.

Pour cela, on doit fournir à la maison une puissance thermique $\Phi = 12$ kW qui correspond aux pertes thermiques.

On propose de comparer différents procédés de chauffage.

On chauffe directement la maison en utilisant du bois comme combustible.

1. Déterminer la masse m_B de bois consommée par heure sachant que le pouvoir calorifique du bois est $q_B = 18\ \text{MJ.kg}^{-1}$.

On utilise une pompe à chaleur (PAC) fonctionnant réversiblement.

2. Calculer l'efficacité e de la PAC.

3. En déduire la puissance électrique du moteur alimentant la PAC.
On imagine maintenant que le bois est utilisé pour maintenir la température $T = 573$ K, d'un réservoir (R) qui sert de source chaude SC à un moteur dont la source froide SF est constituée par l'habitation (H). Le travail fourni par le moteur (M) est intégralement transformé en énergie électrique. Celle-ci sert à alimenter une PAC fonctionnant réversiblement entre (H) qui sert de SC et (E) qui sert de SF.

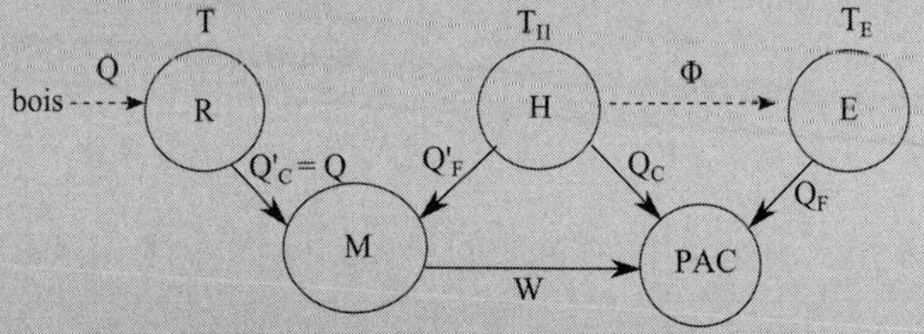

On note Q la quantité de chaleur fournie par le bois et transmise au moteur par l'intermédiaire du réservoir.
Sur la figure, Q'_C et Q'_F sont positifs quand le moteur reçoit de l'énergie. W, Q_C et Q_F sont positifs quand la PAC reçoit de l'énergie.
4. Préciser les signes de Q_C, Q'_C, Q_F, Q'_F et de W.
5. Exprimer en fonction de Q et des températures, la chaleur Q_H reçue par l'habitation de la part des deux machines (M et PAC), qui fonctionnent de façon réversible.
6. En déduire la masse m'_B de bois consommée par heure. Comparer m'_B et m_B.

1. La combustion du bois doit fournir à la maison une puissance thermique $\Phi = 12$ kW. En utilisant le pouvoir calorifique donné par l'énoncé, on peut écrire :

$$\Phi = \frac{m_B q_B}{\Delta t}$$

Remarque : Une simple analyse dimensionnelle suffit pour écrire cette expression.

La masse m_B cherchée est donc :

$$m_B = \frac{\Phi \Delta t}{q_B} = \frac{12 \cdot 10^3 \times 3600}{18 \cdot 10^6} = 2,4 \text{ kg}$$

2. Appliquons les principes de la thermodynamique à la PAC sachant que celle-ci fonctionne réversiblement :

$$Q_C + Q_F + W = 0$$
$$\frac{Q_C}{T_H} + \frac{Q_F}{T_E} = 0$$

Par définition, l'efficacité d'une PAC est le rapport de la grandeur utile sur la grandeur dépensée :

$$e = \frac{-Q_C}{W}$$

Rappel : Dans une PAC, le fluide reçoit de la chaleur de la part de la source froide $Q_F > 0$, en cède à la source chaude $Q_C < 0$ et pour réaliser ce transfert, il reçoit un travail $W > 0$. Le signe « moins » est indispensable pour assurer une efficacité positive.

$$e = \frac{-Q_C}{W} = \frac{Q_C}{Q_C + Q_F} = \frac{Q_C}{Q_C - \dfrac{T_E}{T_H}Q_C} = \frac{T_H}{T_H - T_E} = \frac{293}{20} = 14,7$$

3. Nous pouvons écrire l'efficacité en termes de puissances : $e = \dfrac{\Phi}{\mathcal{P}_{\text{el}}}$.

On en déduit $\mathcal{P}_{\text{el}} = \dfrac{\Phi}{e} = \dfrac{12 \cdot 10^3}{14,7} = 816\ \text{W}$.

4. Un moteur reçoit de la chaleur de la source chaude, en donne à la source froide et fournit du travail : $Q'_C > 0$ et $Q'_F < 0$.

W est le travail reçu par la PAC donc cédé par le moteur donc le travail reçu algébriquement par (M) est $W' = -W$ avec $W > 0$.

Dans une PAC, le fluide reçoit de la chaleur de la part de la source froide $Q_F > 0$, en cède à la source chaude $Q_C < 0$ et pour réaliser ce transfert, il reçoit un travail $W > 0$.

5. Appliquons les principes de la thermodynamique à (M) et à (PAC) :

$$Q'_C + Q'_F - W = 0 \quad (1)$$

$$\frac{Q'_C}{T} + \frac{Q'_F}{T_H} = 0 \quad (2)$$

$$Q_C + Q_F + W = 0 \quad (3)$$

$$\frac{Q_C}{T_H} + \frac{Q_F}{T_E} = 0 \quad (4)$$

La chaleur reçue par l'habitation s'écrit : $Q_H = -(Q'_F + Q_C)$.
Additionnons (1) et (3) membre à membre et remplaçons Q'_C par Q :
$Q + Q'_F + Q_C + Q_F = 0$ (5) $\Leftrightarrow Q + Q_F = -(Q'_F + Q_C)$
D'où : $Q_H = Q + Q_F$ (6)
Il faut exprimer Q_F :

$$(2) \Leftrightarrow Q'_F = -\frac{T_H}{T}Q$$

$$(4) \Leftrightarrow Q_C = -\frac{T_H}{T_E}Q_F$$

$$(5) \Leftrightarrow Q - \frac{T_H}{T} Q - \frac{T_H}{T_E} Q_F + Q_F = 0$$

On en déduit :

$$\left(1 - \frac{T_H}{T}\right) Q = \left(\frac{T_H}{T_E} - 1\right) Q_F$$

$$Q_F = Q \frac{T_E (T - T_H)}{T (T_H - T_E)}$$

$$(6) \Leftrightarrow Q_H = Q \left[1 + \frac{T_E (T - T_H)}{T (T_H - T_E)}\right] = Q \frac{T_H (T - T_E)}{T (T_H - T_E)}$$

6. Q_H sert à chauffer l'habitation donc : $Q_H = \Phi \Delta t$.
Par ailleurs, Q est la quantité de chaleur fournie par le bois : $Q = m'_B q_B$.
La relation de la question précédente s'écrit alors :

$$\Phi \Delta t = m'_B q_B \frac{T_H (T - T_E)}{T (T_H - T_E)}$$

$$m'_B = \frac{\Phi \Delta t}{q_B} \frac{T (T_H - T_E)}{T_H (T - T_E)} = \frac{12 \cdot 10^3 \times 3600}{18 \cdot 10^6} \times \frac{573 \times (293 - 273)}{293 \times (573 - 273)} = 0,31 \text{ kg}$$

On constate que la masse de bois nécessaire ici est inférieure à la masse utilisée pour se chauffer simplement « au bois ».

Sous-partie 8

Cinétique chimique

CHAPITRE 25

Vitesse de réaction

Capacités à acquérir	Exercices
Utiliser les vitesses (volumiques) d'apparition, de disparition, de réaction.	Tous
Savoir comment déterminer une constante de vitesse.	
Savoir exploiter une courbe pour déterminer une vitesse d'apparition/de disparition, un temps de demi-réaction.	25.1
Faire l'analogie avec la loi de décroissance radioactive.	
Savoir déterminer un ordre à partir de la méthode intégrale.	25.2 et 25.4
Savoir déterminer un ordre à partir des temps de demi-réaction.	25.4 et 25.5
Savoir reconnaître et utiliser la méthode des mélanges stœchiométriques.	25.4 et 25.6
Savoir reconnaître et utiliser la méthode de la dégénérescence de l'ordre.	25.4 et 25.7
Savoir tirer des informations d'un protocole expérimental.	25.7
Connaître la loi d'Arrhénius et déterminer l'énergie d'activation à partir d'un tableau de mesures.	25.3 et 25.8
Déterminer des constantes de vitesse pour des réactions complexes.	25.9 et 25.10

Point méthode : Dans tout exercice de cinétique, il est utile de faire un tableau d'avancement.

Exercice 25.1 : Utilisation d'une courbe expérimentale (CAPES) *

On se propose d'étudier la cinétique de la réaction totale d'hydrolyse du paranitrophénylphosphate (que l'on notera S), composé incolore, en paranitrophénolate (que l'on notera P), de couleur jaune en milieu basique. La réaction libère également des ions hydrogénophosphate (HPO_4^{2-}).

Le bilan de la réaction est le suivant :

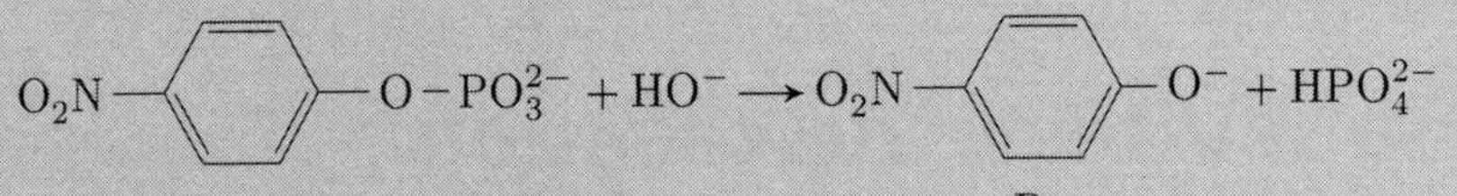

S *P*

La réaction $S + HO^- \longrightarrow P + HPO_4^{2-}$ est suivie en mesurant l'absorbance du milieu réactionnel au cours du temps à une longueur d'onde de 400 nm.

À cette longueur d'onde, seul P absorbe le rayonnement et son absorbance suit la loi de Beer-Lambert.

À $t = 0$, on introduit le réactif S avec une concentration initiale $[S]_0 = 10^{-5}$ mol.L^{-1} et les ions HO^- en excès.

On enregistre l'évolution de l'absorbance au cours du temps. La courbe obtenue est reproduite ci-dessous :

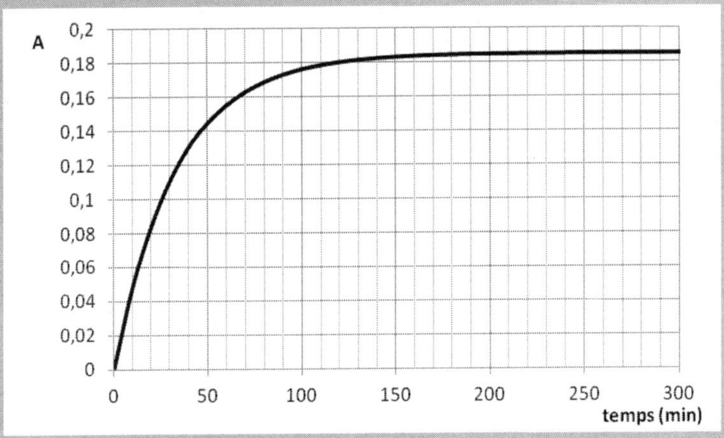

On donne le coefficient d'absorption de P à 400 nm, $\varepsilon_P = 1,85{\cdot}10^4$ L.mol^{-1}.cm^{-1} et la longueur de la cuve $\ell = 1,00$ cm.

1. Donner la définition de la vitesse volumique de la réaction.

2. Exploiter la courbe pour en déduire la vitesse en $t = 0$ min et en $t = 50$ min.

3. Définir le temps de demi-réaction et l'évaluer à partir de la courbe.

Dans les conditions de l'expérience, la vitesse de la réaction suit la loi de vitesse : $v = k\,[S]$.

4. Quel est l'ordre de la réaction ? Quelle est la dimension de k ?

5. Exprimer $[S]$ en fonction du temps, de $[S]_0$ et de k.

6. En déduire l'expression du temps de demi-réaction en fonction de k. Évaluer k.

7. Proposer une analogie avec une cinétique de désintégration radioactive.

1. Par définition, la vitesse volumique d'une réaction s'écrit : $v = \dfrac{1}{\nu_i}\dfrac{dC_i}{dt}$ où ν_i est le coefficient stœchiométrique algébrique et C_i la concentration de l'espèce intervenant dans la réaction.

Rappel : La vitesse volumique de réaction peut aussi se définir par $v = \frac{dx}{dt}$ où x est l'avancement volumique de la réaction, par ailleurs : $dx = \frac{dC_i}{\nu_i}$.
Dans le cadre de cet exercice, la vitesse volumique de réaction peut s'écrire :

$$v = -\frac{d[S]}{dt} = -\frac{d[\mathrm{HO}^-]}{dt} = \frac{d[P]}{dt} = \frac{d[\mathrm{HPO}_4^{2-}]}{dt}$$

2. L'absorbance donnée par la courbe est reliée à la concentration de P par la loi de Beer-Lambert : $A = \varepsilon_P \ell [P]$.

La vitesse de réaction s'écrit $v = \frac{d[P]}{dt} = \frac{1}{\varepsilon_P \ell}\frac{dA}{dt}$.

La courbe permet de déterminer la pente $\frac{dA}{dt}$.

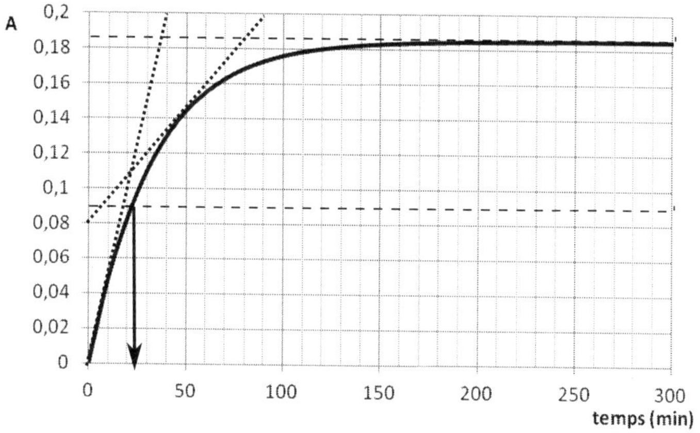

À $t = 0\,\text{min}$, $\frac{dA}{dt} = \frac{0,2}{40} = 5 \cdot 10^{-3}\ \text{min}^{-1}$ donc :

$$v\,(t = 0\,\text{min}) = \frac{1}{1,85 \cdot 10^4 \times 1,00} \times 5 \cdot 10^{-3} = 2,70 \cdot 10^{-7}\ \text{mol.L}^{-1}.\text{min}^{-1}$$

À $t = 50\,\text{min}$, $\frac{dA}{dt} = \frac{0,2 - 0,08}{90} = 1,33 \cdot 10^{-3}\ \text{min}^{-1}$ donc :

$$v\,(t = 50\,\text{min}) = \frac{1}{1,85 \cdot 10^4 \times 1,00} \times 1,33 \cdot 10^{-3} = 7,21 \cdot 10^{-8}\ \text{mol.L}^{-1}.\text{min}^{-1}$$

3. Le temps de demi-réaction est le temps nécessaire pour consommer la moitié du réactif limitant. Ici, c'est le temps nécessaire pour avoir $[S] = \frac{[S]_0}{2}$.

Point méthode : L'énoncé donne l'absorbance en fonction du temps. On a donc accès à $[P]$ en fonction du temps. Or la définition du temps de demi-réaction concerne $[S]$. Pour relier $[S]$ à $[P]$, il faut faire un tableau d'avancement.

Dressons un tableau d'avancement en nous intéressant uniquement aux espèces S et P :

	S	$+$	HO^-	$\rightarrow$	P	$+$	HPO_4^{2-}
$t = 0$	$[S]_0$		excès		0		0
t	$[S]_0 - [P]$		excès		$[P]$		$[P]$
$t \rightarrow \infty$	0		excès		$[S]_0$		$[S]_0$

Au temps de demi-réaction $\tau_{1/2}$, $[S]_0 - [P] = \dfrac{[S]_0}{2}$ donc $[P] = \dfrac{[S]_0}{2} = \dfrac{[P]_\infty}{2}$. Comme la concentration est proportionnelle à l'absorbance, au temps de demi-réaction, $A = \dfrac{A_\infty}{2} = \dfrac{0,185}{2}$. Graphiquement, on lit $\tau_{1/2} = 23\,\mathrm{min}$.

4. La vitesse de réaction suit la loi $v = k\,[S]$. La réaction est donc d'ordre 1 et k s'exprime en min^{-1}.

5. La vitesse de réaction s'écrit aussi : $v = -\dfrac{d\,[S]}{dt}$. On obtient alors l'équation différentielle :

$$-\frac{d\,[S]}{dt} = k\,[S]$$

On la résout en séparant les variables puis en intégrant :

$$\int_{[S]_0}^{[S]} \frac{d\,[S]}{[S]} = -k\int_0^t dt$$
$$\ln [S] - \ln [S]_0 = -kt$$
$$\ln \frac{[S]}{[S]_0} = -kt$$
$$[S] = [S]_0 \mathrm{e}^{-kt}$$

6. $\ln \dfrac{[S]}{[S]_0} = -kt$ donc au temps de demi-réaction $\ln \dfrac{1}{2} = -k\tau_{1/2}$

$$\tau_{1/2} = \frac{\ln 2}{k}$$

Rappel : Pour des réactions d'ordre 1, le temps de demi-réaction ne dépend pas de la concentration initiale.

$$k = \frac{\ln 2}{\tau_{1/2}} = \frac{\ln 2}{23} = 3,0 \cdot 10^{-2}\ \mathrm{min}^{-1}$$

7. Lorsque la décroissance radioactive suit une loi d'ordre 1, nous pouvons écrire :

$$\frac{dN(t)}{dt} = -\lambda N(t)$$

N étant le nombre d'atomes radioactifs dans un échantillon donné et λ la constante de désintégration.

Cinétique	Radioactivité
Concentration en réactif	Nombre d'atomes radioactifs
Constante de vitesse	Constante de désintégration
Temps de demi-réaction	Période ou durée de demi-vie

Exercice 25.2 : Hydrolyse du saccharose (G2E) *

L'étude porte sur la réaction dite d'inversion du saccharose dans une solution tampon à pH = 5. L'équation de la réaction est :

$$S + H_2O \longrightarrow G + H$$

S étant le saccharose, G le glucose et F le fructose. Cette réaction nécessite un catalyseur, soit une enzyme invertase, soit des ions hydronium H_3O^+.
On mesure par polarimétrie la concentration du saccharose en fonction du temps. On obtient les résultats suivants :

t (min)	0	100	250	500	750	1000
$[S]$ (mol.L^{-1})	0,400	0,345	0,280	0,195	0,140	0,100

1. En expliquant la démarche choisie et en effectuant une régression linéaire, montrer que la réaction est d'ordre un par rapport à S.
2. Déterminer la valeur de la constante de vitesse apparente k_{app} en précisant son unité.
3. Définir et déterminer la valeur du temps de demi-réaction $\tau_{1/2}$.
Cette réaction est maintenant réalisée avec une solution tampon à pH $= 3,8$ et on mesure à nouveau l'évolution de la concentration du saccharose en fonction du temps. Les résultats suivants sont obtenus :

t (min)	0	31	62	94
$[S]$ (mol.L^{-1})	0,380	0,188	0,094	0,047

4. Déterminer la valeur de la constante de vitesse apparente k'_{app} pour ces nouvelles conditions expérimentales.
5. Déterminer l'ordre partiel de la réaction d'hydrolyse du saccharose par rapport aux ions oxonium H_3O^+. En déduire la valeur de la constante de vitesse k de cette réaction et préciser son unité.

1. Pour montrer que la réaction est d'ordre ici 1 par rapport à S, on fait l'hypothèse que la loi de vitesse suit une cinétique d'ordre 1 par rapport à S puis on détermine l'expression de la concentration en S en fonction du temps :

$$v = -\frac{d[S]}{dt} = k_{\text{app}}[S] \quad \Leftrightarrow \quad \frac{d[S]}{[S]} = -k_{\text{app}}dt$$

$$\int_{[S]_0}^{[S]} \frac{d[S]}{[S]} = -k_{\text{app}} \int_0^t dt \quad \Leftrightarrow \quad \ln[S] - \ln[S]_0 = -k_{\text{app}}t$$

En traçant $\ln[S] = f(t) = b + a \times t$ et en faisant une régression linéaire on trouve que la courbe est une droite et que $a = -1,39 \cdot 10^{-3}\ \text{min}^{-1}$, $b = -9,25 \cdot 10^{-1}$. Par conséquent le modèle de loi de vitesse est validé et la cinétique est bien d'ordre 1 par rapport à S.

2. D'après la question précédente :

$$k_{\text{app}} = -a = 1,39 \cdot 10^{-3}\ \text{min}^{-1}$$

3. Le temps de demi-réaction représente le temps pour lequel la moitié du réactif limitant a été consommé.
D'après la loi de vitesse pour $t = \tau_{1/2}$, $[S] = \dfrac{[S]_0}{2} \quad \Leftrightarrow \quad \tau_{1/2} = \dfrac{\ln 2}{k_{\text{app}}}$

$$\tau_{1/2} = \frac{\ln 2}{1,39 \cdot 10^{-3}} = 4,99 \cdot 10^{2}\ \text{min}$$

4. Avec le même raisonnement et la même démarche qu'aux questions 1 et 2 on obtient :

$$k'_{\text{app}} = 2,22 \cdot 10^{-2}\ \text{min}^{-1}$$

5. En appelant q l'ordre de la réaction par rapport aux ions H_3O^+, les constantes de vitesse apparentes s'écrivent :

$$k_{\text{app}} = k[H_3O^+]^q \quad \text{et} \quad k'_{\text{app}} = k[H_3O^+]'^q$$

Remarque : Ce sont bien des constantes puisque dans chaque expérience le pH est fixé.

En faisant le rapport des deux expressions on a :

$$\frac{k_{\text{app}}}{k'_{\text{app}}} = \left(\frac{[H_3O^+]}{[H_3O^+]'}\right)^q \quad \Leftrightarrow \quad q = \frac{\ln \dfrac{k_{\text{app}}}{k'_{\text{app}}}}{\ln \dfrac{[H_3O^+]}{[H_3O^+]'}}$$

$$q = \frac{\ln \dfrac{1,39 \cdot 10^{-3}}{2,22 \cdot 10^{-2}}}{\ln \dfrac{10^{-5}}{10^{-3,8}}} = 1$$

La réaction est donc d'ordre 1 par rapport aux ions oxonium H_3O^+ :

$$k_{\text{app}} = k\,[H_3O^+] \quad \Leftrightarrow \quad k = \frac{k_{\text{app}}}{[H_3O^+]}$$

$$k = \frac{1,39 \cdot 10^{-3}}{10^{-5}} = 139\ \text{L.mol}^{-1}.\text{min}^{-1}$$

Nous pouvons utiliser k'_{app} pour trouver une autre valeur de k :

$$k = \frac{2,22 \cdot 10^{-2}}{10^{-3,8}} = 140\ \text{L.mol}^{-1}.\text{min}^{-1}$$

La valeur de la constante de vitesse s'obtient en faisant la moyenne des valeurs trouvées : $k = \frac{1}{2}(139 + 140) = 140 \text{ L.mol}^{-1}.\text{min}^{-1}$ Ainsi pour cette réaction la loi de vitesse s'exprime : $v = k\,[S]\,[H_3O^+]$.

Exercice 25.3 : Décomposition du pentaoxyde de diazote (ENSA) *

La décomposition du pentaoxyde de diazote, réalisée en phase gazeuse dans un récipient de volume constant, conduit au dioxyde d'azote et au dioxygène suivant une réaction totale :

$$N_2O_5 \longrightarrow 2NO_2 + \frac{1}{2}O_2$$

Tous les gaz sont supposés parfaits. $R = 8,31 \text{ J.mol}^{-1}.\text{K}^{-1}$.

1. On introduit une mole de N_2O_5 dans un récipient de volume $V = 10$ L maintenu à $T = 140$ °C à l'instant initial.

a) Calculer la pression initiale dans le récipient.

b) Quelle sera la pression dans le récipient en fin d'évolution (durée infinie) ?

2. On suit la cinétique de cette réaction en traçant la courbe $\ln\left(P_{N_2O_5}\right)$ en fonction du temps, où $P_{N_2O_5}$ est la pression partielle en N_2O_5 dans le récipient. Cette courbe est un segment de droite. On constate d'autre part qu'il reste 0,5 mol de N_2O_5 dans le récipient à l'instant $t = 8$ s.

En déduire l'ordre de la réaction et la valeur de la constante de vitesse k.

3. Si l'expérience est réalisée en partant de deux moles de N_2O_5, au bout de combien de temps obtiendra-t-on le même rendement de 50 % ? Commenter brièvement.

4. Établir la loi donnant la pression totale P dans le récipient en fonction du temps et de la pression initiale.

5. L'expérience étant réalisée à 90 °C, on mesure un temps de demi-réaction de 9 minutes. Calculer l'énergie d'activation de la réaction.

Point méthode : Comme tous les composés sont gazeux, il est conseillé d'écrire le tableau d'avancement avec des quantités de matière et d'ajouter une colonne $n_{\text{tot gaz}}$.

	N_2O_5	$\rightarrow$	$2NO_2$	+	$\frac{1}{2}O_2$	$n_{\text{tot gaz}}$
$t = 0$	$n_0 = 1$		0		0	n_0
t	$n(t) = n_0 - \xi_{(t)}$		$2\xi_{(t)}$		$\frac{\xi_{(t)}}{2}$	$n_0 + \frac{3\xi_{(t)}}{2}$
$t \to \infty$	0		$2n_0$		$\frac{n_0}{2}$	$\frac{5n_0}{2}$

1. D'après la loi des gaz parfait, on a :

a) $P_0 = \left(P_{N_2O_5}\right)_0 = \dfrac{n_0RT}{V} = \dfrac{1 \times 8,31 \times (273 + 140)}{10 \cdot 10^{-3}} = 3,4 \cdot 10^5$ Pa

b) D'après le tableau d'avancement il vient :

$$P_\infty = \frac{n_{\text{tot gaz}\infty} RT}{V} = \frac{5n_0 RT}{2V} = \frac{5}{2}P_0 = 8,6 \cdot 10^5 \text{ Pa}$$

2. Pour une cinétique d'ordre 1, cherchons tout d'abord à établir l'expression de $P_{N_2O_5}$ en fonction du temps. Pour une réaction d'ordre 1 par rapport à N_2O_5 :

$$v = -\frac{dn_{N_2O_5}}{dt} = kn_{N_2O_5}$$

Remarque : Ceci est équivalent à : $v = -\frac{d[N_2O_5]}{dt} = k[N_2O_5]$, dont chaque membre a été multiplié par le volume.

En séparant les variables puis en intégrant entre $(t = 0, n_0)$ et $(t, n_{N_2O_5})$, il vient : $n_{N_2O_5} = n_0 e^{-kt}$.

Rappel : La pression partielle de N_2O_5 est la pression qu'aurait N_2O_5 s'il était seul dans le volume V et à la température T. Nous pouvons ainsi écrire : $P_{N_2O_5}V = n_{N_2O_5}RT$.

En multipliant chaque membre par $\frac{RT}{V}$, on obtient :

$$P_{N_2O_5} = \left(P_{N_2O_5}\right)_0 e^{-kt} \quad \Leftrightarrow \quad \ln P_{N_2O_5} = \ln\left(P_{N_2O_5}\right)_0 - kt$$

D'après l'énoncé, $\ln P_{N_2O_5} = f(t)$ est une droite, il s'agit donc bien d'une cinétique d'ordre 1 par rapport à N_2O_5. Au bout de 8 s la moitié du réactif a été consommé, il s'agit donc du temps de demi-réaction.

Pour $t = \tau_{1/2}$, $n_{N_2O_5} = \frac{n_0}{2} = n_0 e^{-k\tau_{1/2}} \quad \Leftrightarrow \quad \tau_{1/2} = \frac{\ln 2}{k}$

$$k = \frac{\ln 2}{\tau_{1/2}} = 8,7 \cdot 10^{-2} \text{ s}^{-1}$$

3. Le temps de demi-réaction pour une réaction d'ordre 1 est indépendant de la quantité de matière de réactif donc quelles que soient les quantités initiales de réactif le rendement de 50 % est obtenu au bout de 8 s.

4. D'après le tableau d'avancement et le résultat de la question 2, nous avons :

$$n_{N_2O_5} = n_0\, e^{-kt} = n_0 - \xi_{(t)} \quad \Leftrightarrow \quad \xi_{(t)} = n_0\left(1 - e^{-kt}\right)$$

Ainsi : $n_{\text{tot gaz}}(t) = n_0 + \frac{3}{2}n_0\left(1 - e^{-kt}\right) = n_0\left(\frac{5}{2} - \frac{3}{2}e^{-kt}\right)$.

En multipliant chaque membre par $\frac{RT}{V}$, il vient : $P_{(t)} = P_0\left(\frac{5}{2} - \frac{3}{2}e^{-kt}\right)$.

Remarque : On peut vérifier que cette relation est en accord avec les résultats de la question 1.

5. À 90 °C, d'après la question 2, on a : $k' = \dfrac{\ln 2}{\tau'_{1/2}}$.

Pour utiliser et comparer les constantes de vitesse à différentes températures il faut exprimer le temps de demi-réaction dans la même unité, ici en secondes.

$$k' = \frac{\ln 2}{9 \times 60} = 1,3 \cdot 10^{-3}\ \text{s}^{-1}$$

D'après la loi d'Arrhénius : $k = A\ \text{e}^{-\frac{E_a}{RT}}$.

$$\frac{k}{k'} = \frac{\text{e}^{-\dfrac{E_a}{RT}}}{\text{e}^{-\dfrac{E_a}{RT'}}} = \text{e}^{\dfrac{E_a}{R}\left(\dfrac{1}{T'} - \dfrac{1}{T}\right)}$$

Explication : On écrit la loi d'Arrhénius pour les deux températures, puis il suffit de faire le rapport des deux.

$$E_a = \frac{R \ln \dfrac{k}{k'}}{\dfrac{1}{T'} - \dfrac{1}{T}} = \frac{8,31 \ln \dfrac{8,7 \cdot 10^{-2}}{1,3 \cdot 10^{-3}}}{\dfrac{1}{273+90} - \dfrac{1}{273+140}} = 104,7\ \text{kJ.mol}^{-1}$$

Exercice 25.4 : Formation de cyanhydrine (Centrale) **

On s'intéresse à la formation de cyanhydrine selon la réaction :

que l'on notera Ald + HCN ⟶ Cya

La cinétique de cette réaction a été étudiée en mesurant le temps de demi-réaction $\tau_{1/2}$. Pour cela, on se place en milieu tamponné à pH = 4, 2 et on note C_0 la concentration initiale de HCN et C'_0 celle de Ald. Les résultats obtenus sont consignés dans le tableau suivant :

Expérience n°	1	2	3	4
C_0 (mol.L^{-1})	0,10	0,05	0,10	0,10
C'_0 (mol.L^{-1})	0,10	0,05	0,005	0,001
$\tau_{1/2}$ (s)	1900	3800	1320	1320

On notera la vitesse de la réaction sous la forme $v = k_{\text{app}}\,[\text{HCN}]^{\alpha}\,[\text{Ald}]^{\beta}$.

1. Dans le cas général d'une réaction R→P, donner l'expression du temps de demi-réaction pour une réaction d'ordre 1 et pour une réaction d'ordre 2.
2. Trouver l'ordre global de la réaction et l'ordre partiel par rapport à chaque réactif. Trouver de deux façons la valeur de la constante de vitesse apparente k_{app}.

1. Pour une réaction d'ordre 1 : $\tau_{1/2} = \dfrac{\ln 2}{k}$, le temps de demi-réaction ne dépend pas de la concentration initiale.
Pour une réaction d'ordre 2, $\tau_{1/2} = \dfrac{1}{kC_0}$ où C_0 est la concentration initiale en réactif.

Remarque : Ces expressions se retrouvent facilement.
Pour un ordre 1 : $-\dfrac{dC}{dt} = kC$ donc $\dfrac{dC}{C} = -kdt$; $\displaystyle\int_{C_0}^{C_0/2} \dfrac{dC}{C} = -k\int_0^{\tau_{1/2}} dt$; $\ln\dfrac{1}{2} = -k\tau_{1/2}$.
Pour un ordre 2 : $-\dfrac{dC}{dt} = kC^2$ donc $-\dfrac{dC}{C^2} = kdt$; $\displaystyle\int_{C_0}^{C_0/2} \dfrac{dC}{C^2} = k\int_0^{\tau_{1/2}} dt$; $\dfrac{1}{C_0} = k\tau_{1/2}$.

2. Pour les expériences 1 et 2, les réactifs sont introduits en proportions stœchiométriques. À l'instant initial, $[\text{HCN}]_0 = [\text{Ald}]_0$ et à un instant quelconque : $[\text{HCN}] = [\text{Ald}]$. La vitesse de réaction s'écrit alors :

$$v = k_{\text{app}}[\text{HCN}]^{\alpha+\beta}$$

L'ordre global de la réaction peut être déterminé.
Lorsque $C_0 = 0,10$ mol.L^{-1}, $\tau_{1/2} = 1900$ s.
Lorsque $C_0 = 0,05$ mol.L^{-1}, $\tau_{1/2} = 3800$ s.
Le temps de demi-réaction dépend de la concentration initiale donc l'ordre global n'est pas égal à 1. Regardons si ces valeurs correspondent avec un ordre 2 en calculant $\tau_{1/2}C_0$.

Remarque : On utilise la question précédente qui propose un rappel sur les ordres 1 et 2. Comme ce n'est pas l'ordre 1, on propose l'ordre 2 et on vérifie cette hypothèse.

Pour l'expérience 1 : $\tau_{1/2}C_0 = 190$ mol.s.L^{-1}.
Pour l'expérience 2 : $\tau_{1/2}C_0 = 190$ mol.s.L^{-1}.
On obtient bien la même valeur donc on peut affirmer que $\alpha + \beta = 2$.
De plus, $k_{\text{app}_1} = \dfrac{1}{\tau_{1/2}C_0} = 5,26 \cdot 10^{-3}$ L.mol^{-1}.s^{-1}.
Les expériences 3 et 4 utilisent la méthode de dégénérescence de l'ordre.
Comme $C_0 >> C_0'$, à chaque instant $[\text{HCN}] \approx C_0$. La vitesse s'écrit donc :

$$v = k_{\text{app}}C_0[\text{Ald}]^{\beta} = k'_{\text{app}}[\text{Ald}]^{\beta}$$

Ces expériences permettent de déterminer β. Le temps de demi-réaction est le même pour les deux expériences, il ne dépend pas de la concentration initiale donc $\beta = 1$.

Calculons d'une seconde façon k_{app} : $k_{\text{app}_2} C_0 = \dfrac{\ln 2}{\tau_{1/2}}$ donc $k_{\text{app}_2} = \dfrac{\ln 2}{C_0 \tau_{1/2}}$

$$k_{\text{app}_2} = \frac{\ln 2}{0,1 \times 1320} = 5,25 \cdot 10^{-3}\ \text{L.mol}^{-1}.\text{s}^{-1}$$

La constante de vitesse s'obtient en faisant la moyenne des deux valeurs obtenues :

$$k_{\text{app}} = 5,26 \cdot 10^{-3}\ \text{L.mol}^{-1}.\text{s}^{-1}$$

Remarque : Cette valeur est obtenue en prenant les valeurs exactes de k_{app_1} et k_{app_2}.

Exercice 25.5 : Temps de réaction (Agro-Véto) **

Le peroxyde d'hydrogène se décompose lentement en solution aqueuse selon la réaction d'équation-bilan (1) :

$$H_2O_{2\,(aq)} \longrightarrow H_2O_{(\ell)} + \frac{1}{2} O_{2\,(g)} \quad (1)$$

La réaction (1) est très lente. En présence de poudre de platine, elle est d'ordre 2 par rapport au peroxyde d'hydrogène, on note k sa constante de vitesse dans ces conditions.

On considère $V_{\text{sol}} = 100,0$ mL d'une solution aqueuse de peroxyde d'hydrogène de concentration initiale $C_i = 2,00$ mol.L^{-1}. À l'instant $t = 0$, on introduit une petite quantité de platine et la réaction (1) démarre aussitôt. On mesure le volume $V(O_2)$ de dioxygène gazeux dégagé par la solution au cours du temps, sous la pression $P = 1,013$ bar et à température $T = 298$ K fixées. Le dioxygène est considéré comme un gaz parfait, et on néglige sa solubilité dans l'eau. On note $C_i - x$ la concentration en peroxyde d'hydrogène dans la solution étudiée à l'instant t.

1. Exprimer la vitesse de la réaction (1), notée v, à l'instant t, en fonction de k, C_i et x, dans l'hypothèse d'une réaction d'ordre 2 par rapport au peroxyde d'hydrogène.

2. En déduire une relation entre C_i, x, k et t.

3. Exprimer le temps de demi-réaction, noté $\tau_{1/2}$ en fonction de k et C_i.

4. Exprimer le temps de trois-quarts de réaction, noté $\tau_{3/4}$, au bout duquel les trois quarts du peroxyde d'hydrogène initial ont été consommés, en fonction de k et C_i.

5. En déduire la valeur du rapport $\dfrac{\tau_{3/4}}{\tau_{1/2}}$ dans l'hypothèse d'une réaction d'ordre 2.

6. On obtient expérimentalement les résultats suivants :

t (min)	0	10	25	75	120	∞
$V(O_2)$ (L)	0	0,70	1,22	1,83	2,02	2,44

En utilisant le résultat de la question **5.**, montrer que l'hypothèse d'ordre 2 est cohérente avec les résultats expérimentaux.
7. Calculer k, en précisant son unité.

1. Par définition, la vitesse volumique de la réaction s'écrit :

$$v = -\frac{d\,[H_2O_2]}{dt} = \frac{d\,[H_2O]}{dt} = 2\frac{d\,[O_2]}{dt}$$

Remarque : Les énoncés ne précisent pas toujours le terme volumique. Il est sous-entendu.

La réaction étant supposée d'ordre 2 par rapport au peroxyde d'hydrogène, on a :

$$v = k[H_2O_2]^2 = k(C_i - x)^2$$

2. En combinant les deux relations, on obtient alors l'équation différentielle :

$$-\frac{d\,[H_2O_2]}{dt} = k[H_2O_2]^2$$

On la résout en séparant les variables puis en intégrant :

$$\int_{C_i}^{C_i-x} -\frac{d\,[H_2O_2]}{[H_2O_2]^2} = k\int_0^t dt$$

$$\left[\frac{1}{[H_2O_2]}\right]_{C_i}^{C_i-x} = k[t]_0^t$$

$$\frac{1}{C_i - x} - \frac{1}{C_i} = kt$$

3. Par définition du temps de demi-réaction : $[H_2O_2]_{\tau_{1/2}} = \frac{[H_2O_2]_0}{2} = \frac{C_i}{2}$ donc $C_i - x = \frac{C_i}{2}$. Ainsi : $\frac{2}{C_i} - \frac{1}{C_i} = k\tau_{1/2}$.

$$\tau_{1/2} = \frac{1}{kC_i}$$

4. De même $\tau_{3/4}$ correspond au temps au bout duquel il reste un quart du peroxyde d'hydrogène initial : $[H_2O_2]_{\tau_{3/4}} = \frac{[H_2O_2]_0}{4} = \frac{C_i}{4}$ donc $C_i - x = \frac{C_i}{4}$.
Ainsi : $\frac{4}{C_i} - \frac{1}{C_i} = k\tau_{3/4}$.

$$\tau_{3/4} = \frac{3}{kC_i}$$

5. Par conséquent, dans l'hypothèse d'une réaction d'ordre 2, on obtient :

$$\frac{\tau_{3/4}}{\tau_{1/2}} = 3$$

6. Nous allons chercher comment utiliser les résultats expérimentaux pour déterminer les temps de demi- et de trois-quarts de réaction. Faisons le tableau d'avancement en faisant apparaître les temps de demi- et de trois-quarts de réaction et en traduisant qu'au bout d'un temps infini, la réaction (supposée totale) est terminée.

Le tableau d'avancement doit être effectué avec les quantités de matière (et non les concentrations) car les espèces intervenant sont dans des phases différentes.

	$H_2O_{2_{(aq)}}$	$\rightarrow$	$H_2O_{(\ell)}$	$+$	$\frac{1}{2}O_{2_{(g)}}$
$t = 0$	n_0		excès		0
t	$n_0 - \xi$		excès		$\frac{\xi}{2}$
$t = \tau_{1/2}$	$n_0 - \xi_{1/2} = \frac{n_0}{2}$		excès		$\frac{n_0}{4}$
$t = \tau_{3/4}$	$n_0 - \xi_{3/4} = \frac{n_0}{4}$		excès		$\frac{3n_0}{8}$
$t \rightarrow \infty$	0		excès		$\frac{n_0}{2}$

On note n_0 la quantité de matière initiale de $H_2O_{2_{(aq)}}$.

Remarque : L'énoncé donnant le volume de $O_{2_{(g)}}$ dégagé par la réaction, nous ne nous intéressons qu'aux quantités de matière dues à la réaction (on ne prend pas en compte la quantité de matière de $O_{2_{(g)}}$ due à la présence d'air).

Appliquons l'équation d'état des gaz parfaits aux instants $t = \tau_{1/2}$, $t = \tau_{3/4}$ et $t \rightarrow \infty$, sachant que la seule espèce gazeuse est le dioxygène :

$$PV(O_2)_{1/2} = \frac{n_0}{4}RT \quad ; \quad PV(O_2)_{3/4} = \frac{3n_0}{8}RT \quad ; \quad PV(O_2)_{\infty} = \frac{n_0}{2}RT$$

On constate ainsi que $V(O_2)_{1/2} = \frac{V(O_2)_{\infty}}{2}$ et $V(O_2)_{3/4} = \frac{3}{4}V(O_2)_{\infty}$.

Par lecture du tableau : $V(O_2)_{\infty} = 2,44$ L.

$V(O_2)_{1/2} = \frac{V(O_2)_{\infty}}{2} = 1,22$ L, on a donc $\tau_{1/2} = 25\,\text{min}$.

$V(O_2)_{3/4} = \frac{3}{4}V(O_2)_{\infty} = 1,83$ L, on a donc $\tau_{3/4} = 75\,\text{min}$.

Par conséquent : $\frac{\tau_{3/4}}{\tau_{1/2}} = \frac{75}{25} = 3$.

D'après la question **5.**, on peut conclure que l'hypothèse de l'ordre 2 est cohérente.

7. D'après la question **3.** : $\tau_{1/2} = \dfrac{1}{kC_i} \quad \Leftrightarrow \quad k = \dfrac{1}{\tau_{1/2}C_i}$

$$k = \frac{1}{25 \times 2,00} = 2,0 \cdot 10^{-2}\ \mathrm{L.mol^{-1}.min^{-1}}$$

Exercice 25.6 : Étude d'une cinétique d'oxydation (ENSTIM) **

On souhaite étudier la réaction d'oxydoréduction en phase aqueuse :

$$\mathrm{Fe^{3+} + I^- \longrightarrow Fe^{2+} + \frac{1}{2}I_2}$$

1. Si la concentration d'ions iodure passe de C_0 à $C_0 - x$ entre 0 et t, comment définit-on par rapport à x la vitesse volumique v de la réaction ?

2. On suppose une cinétique avec ordre, de constante de vitesse k ; on note a l'ordre partiel par rapport aux ions ferrique Fe^{3+} et b l'ordre partiel par rapport aux ions iodure I^-. Comment s'écrit la vitesse v ? Quelle est alors l'unité usuelle de k (au besoin en fonction de a et b) ?

3. À $t = 0$, on réalise le mélange d'une solution d'iodure de potassium avec une solution ferrique. À la date t, on prélève à la pipette 5 mL de solution et on dilue 10 fois avant de procéder à un dosage de la quantité d'iode formée. Justifier l'intérêt cinétique de cette dilution.

4. Les résultats d'une série de mesures sont présentés ci-dessous, x se rapportant à la quantité d'ions iodure qui ont été oxydés dans le milieu réactionnel à la date du prélèvement.

t (s)	60	120	180	240	300
x (μmol.L^{-1})	13	25	36	46	55

Que représente la grandeur $\dfrac{x}{t}$? Pourquoi diminue-t-elle en cours de réaction ? Représenter graphiquement cette grandeur en fonction de t à partir du tableau ci-dessus, avec en abscisse $t \in [0; 300\ \mathrm{s}]$; en déduire une estimation de la valeur initiale $\left(\dfrac{dx}{dt}\right)_0$.

5. Grâce à la méthode précédente, on détermine les valeurs initiales $\left(\dfrac{dx}{dt}\right)_0$ pour différentes concentrations initiales des deux réactifs. Quelques résultats sont présentés ci-après :

$C_0 = [I^-]_0$ (μmol.L^{-1})	2	2	2	6	6	8
$[Fe^{3+}]_0$ (μmol.L^{-1})	2	4	8	2	4	8
$\left(\frac{dx}{dt}\right)_0$ (μmol.L^{-1}.s^{-1})	5,7	11,1	22,5	52	99	354

En déduire les valeurs de a et b, supposées entières.

6. Déterminer la valeur de la constante de vitesse k définie à la question **2.** ; on précisera la méthode suivie pour utiliser au mieux les données.

7. Dans l'hypothèse d'un état initial ne contenant que les deux réactifs à la même concentration C_0, établir la relation littérale donnant $x(t)$, sous la forme : « expression en (x,C_0) = expression en (k,t) ». En déduire la dépendance entre le temps de demi-réaction τ et la concentration C_0.

1. La réaction ayant lieu en phase aqueuse et le volume étant constant, on peut faire le tableau d'avancement en concentration :

	Fe^{3+} +	I^-	→	Fe^{2+} +	$\frac{1}{2}I_2$
$t=0$	C'_0	C_0		0	0
t	$C'_0 - x$	$C_0 - x$		x	$\frac{x}{2}$

Par définition, la vitesse volumique de la réaction s'écrit :

$$v = -\frac{d[I^-]}{dt} = \frac{d[Fe^{2+}]}{dt} = \frac{dx}{dt}$$

2. D'après l'énoncé, on peut écrire :

$$v = k[Fe^{3+}]^a[I^-]^b \quad (1)$$

Les concentrations s'exprimant en mol.L^{-1} et la vitesse volumique de la réaction en mol.L^{-1}.s^{-1}, par analyse dimensionnelle k s'exprime alors en $\text{mol}^{1-(a+b)}.\text{L}^{(a+b)-1}.\text{s}^{-1}$.

3. La dilution diminue la concentration des espèces intervenant dans la loi de vitesse (1) donc elle fait chuter la vitesse de la réaction : $Fe^{3+} + I^- \longrightarrow Fe^{2+} + \frac{1}{2}I_2$. Ainsi, la réaction ne se poursuit pas et le dosage permet de calculer une concentration correspondant à une date donnée du suivi cinétique.

4. Par analyse dimensionnelle $\frac{x}{t}$ s'exprime en mol.L^{-1}.s^{-1}.

On peut l'écrire $\frac{x}{t} = \frac{x(t) - x(0)}{t - 0}$.

$\frac{x}{t}$ représente donc la vitesse volumique **moyenne** de réaction.

Calculons $\frac{x}{t}$ pour les différents temps du tableau :

t (s)	60	120	180	240	300
x (μmol.L^{-1})	13	25	36	46	55
$\frac{x}{t}$ (μmol.L^{-1}.s^{-1})	0,22	0,21	0,20	0,19	0,18

La représentation graphique nous donne une droite :

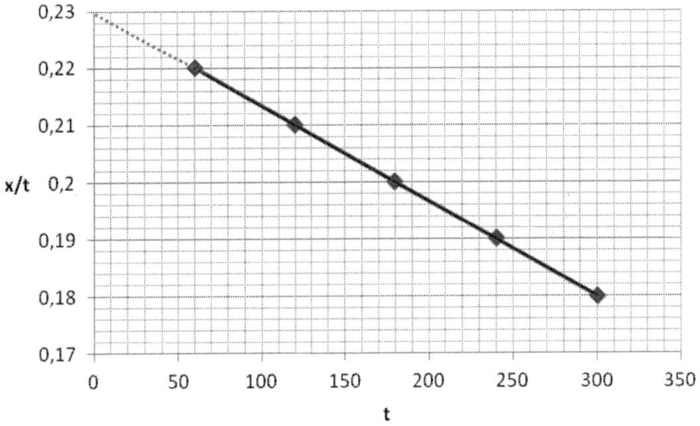

On détermine graphiquement l'ordonnée à l'origine :

$$\left(\frac{x}{t}\right)_{t\to 0} = 0,23\ \mu\text{mol.L}^{-1}.\text{s}^{-1}$$

De plus on peut considérer que $\left(\frac{x}{t}\right)_{t\to 0} \approx \left(\frac{dx}{dt}\right)_0 = v_0$

Par conséquent la vitesse initiale vaut :

$$v_0 = \left(\frac{dx}{dt}\right)_0 \approx 0,23\ \mu\text{mol.L}^{-1}.\text{s}^{-1}$$

5. D'après la relation (1), à l'instant initial on a : $v_0 = k\left[\text{Fe}^{3+}\right]_0^a\left[\text{I}^-\right]_0^b$.
En prenant le logarithme népérien : $\ln v_0 = \ln k + a\ln\left[\text{Fe}^{3+}\right]_0 + b\ln\left[\text{I}^-\right]_0$.
Pour les trois premières expériences, la concentration initiale en ions iodures est constante, on trace $\ln v_0 = f\left(\ln\left[\text{Fe}^{3+}\right]_0\right)$. On obtient bien une droite. Une régression linéaire donne la pente de coefficient directeur $a = 0,990$ et l'ordonnée à l'origine $\ln k + b\ln\left[\text{I}^-\right]_0$. Ainsi $a = 1$ (a supposé entier).

On peut ainsi écrire : $\ln\frac{v_0}{\left[\text{Fe}^{3+}\right]_0} = \ln k + b\ln\left[\text{I}^-\right]_0$.

Avec toutes les expériences, on peut étudier $\ln\frac{v_0}{\left[\text{Fe}^{3+}\right]_0} = f\left(\ln\left[\text{I}^-\right]_0\right)$.

$C_0 = [I^-]_0$ (μmol.L^{-1})	2	2	2	6	6	8
$\ln [I^-]_0$	0,69	0,69	0,69	1,79	1,79	2,08
$\ln\left(\dfrac{v_0}{[Fe^{3+}]_0}\right)$	1,05	1,02	1,03	3,26	3,21	3,79

Pour les valeurs identiques de $\ln [I^-]_0$, faisons la moyenne de $\ln\left(\dfrac{v_0}{[Fe^{3+}]_0}\right)$.

$C_0 = [I^-]_0$ (μmol.L^{-1})	2	6	8
$\ln [I^-]_0$	0,69	1,79	2,08
$\ln\left(\dfrac{v_0}{[Fe^{3+}]_0}\right)$	1,03	3,23	3,79

Le tracé de $\ln\left(\dfrac{v_0}{[Fe^{3+}]_0}\right)$ en fonction de $\ln [I^-]_0$ montre qu'il s'agit d'une droite. Une régression linéaire donne la pente de coefficient directeur $1,991$ donc $b = 2$ (b supposé entier) et l'ordonnée à l'origine $\ln k = -0,344$.
Par conséquent : $v_0 = k[Fe^{3+}]_0[I^-]_0^2$.

6. D'après la précédente régression linéaire, utilisant toutes les données fournies, on a : $\ln k = -0,344 \quad \Leftrightarrow \quad k = 0,71\ \text{L}^2.\mu\text{mol}^{-2}.\text{s}^{-1}$.

v_0 est donnée en μmol.L^{-1}.s^{-1} donc d'après la question **2.**. k s'exprime en $\mu\text{mol}^{1-(a+b)}.\text{L}^{(a+b)-1}.\text{s}^{-1}$.

7. On suppose que l'ordre initial et l'ordre courant sont identiques. D'après le tableau d'avancement en concentration, on a :

	Fe^{3+}	+	I^-	→	Fe^{2+}	+	$\frac{1}{2}I_2$
$t = 0$	C_0		C_0		0		0
t	$C_0 - x$		$C_0 - x$		x		$\frac{x}{2}$

À tout instant : $[Fe^{3+}] = [I^-] = C_0 - x$.
D'après les questions **1.** et **5.**, on a :

$$v = \frac{dx}{dt} = k[Fe^{3+}][I^-]^2 = k(C_0 - x)^3$$

On résout l'équation différentielle en séparant les variables puis en intégrant :

$$\int_{C_0}^{C_0 - x} -\frac{dx}{(C_0 - x)^3} = k\int_0^t dt$$

$$\left[\frac{1}{2}\frac{1}{(C_0-x)^2}\right]_{C_0}^{C_0-x}=k[t]_0^t$$

$$\frac{1}{2}\left[\frac{1}{(C_0-x)^2}-\frac{1}{{C_0}^2}\right]=kt$$

Pour $t=\tau$, on a $x=\dfrac{C_0}{2}$. En remplaçant dans l'expression précédente il vient :

$$\frac{1}{2}\left[\frac{1}{\left(\frac{C_0}{2}\right)^2}-\frac{1}{{C_0}^2}\right]=k\tau \quad\Leftrightarrow\quad \frac{1}{2}\times\frac{3}{{C_0}^2}=k\tau$$

Exercice 25.7 : Oxydation du propan-2-ol (Agro-Véto) *

On étudie la cinétique de l'oxydation du propan-2-ol par l'anion hexacyanoferrate (III) $Fe(CN)_6^{3-}$ en milieu basique en présence d'un catalyseur, le ruthénium (VI). L'équation-bilan peut s'écrire :

$$CH_3CHOHCH_3 + 2Fe(CN)_6^{3-} + 2HO^- \longrightarrow CH_3COCH_3 + 2Fe(CN)_6^{4-} + 2H_2O$$

Le catalyseur est RuO_4^{2-}. Par la suite, on ne désignera les composés du ruthénium que par le nombre d'oxydation de ce métal, ainsi Ru(VI) représente RuO_4^{2-}.

On opère à 30 °C. L'évolution de la concentration de $Fe(CN)_6^{3-}$ est suivie par spectrophotométrie à une longueur d'onde de 420 nm, longueur d'onde où seul cet anion absorbe de façon notable.

On adopte les notations suivantes pour les concentrations initiales :

ruthénium (VI) :	$e_0 = 4,0.10^{-6}$ mol.L^{-1}
propan-2-ol :	$a_0 = 5,0.10^{-1}$ mol.L^{-1}
$Fe(CN)_6^{3-}$:	$c_0 = 8,0.10^{-4}$ mol.L^{-1}
anion hydroxyde :	$\omega_0 = 1,0.10^{-1}$ mol.L^{-1}

À un instant t, on note c la concentration en anion hexacyanoferrate (III). Dans les conditions de l'expérience, $\ell = 1$ cm et $\varepsilon = 1000$ L.mol^{-1}.cm^{-1}.

1. Rappeler la loi de Beer-Lambert et ses conditions de validité.

2. Proposer une méthode expérimentale de détermination du coefficient d'extinction molaire ε.

Expérimentalement, on constate que l'absorbance A vérifie la relation suivante :

$$-\frac{dA}{dt}=\frac{A}{k_\alpha+k_\beta A}$$

Des résultats expérimentaux sont rassemblés dans le tableau ci-dessous :

t (min)	0	2	3	4	6	8	10	12
A	0,75	0,57	0,48	0,41	0,28	0,17	0,10	0,05
$-\dfrac{dA}{dt}$	0,096	0,086	0,080	0,074	0,059	0,043	0,028	0,016

3. Par analyse dimensionnelle, donner l'unité des constantes k_α et k_β. Déterminer leurs valeurs.

4. Dans quelle situation cinétique se place-t-on au regard des concentrations initiales ?

1. La loi de Beer-Lambert s'écrit $A = \varepsilon.\ell.c$ où A est l'absorbance de la solution contenant l'anion hexacyanoferrate (III) (seul ion à absorber à $420\ \mathrm{nm}$), ε est le coefficient d'extinction molaire, ℓ est la longueur de la cuve et c la concentration molaire en espèce absorbante. Cette loi est valable dans les conditions suivantes :

- L'absorbance doit être inférieure à 2 (les solutions doivent être suffisamment diluées) ;
- La solution doit être homogène (si les molécules forment des agrégats ou s'il y a des bulles ou s'il y a des particules en suspension, des problèmes de diffusion lumineuse perturbent les mesures) ;
- La lumière doit être monochromatique.
- L'espèce chimique ne doit pas faire de réaction photochimique à la longueur d'onde d'étude.

2. On réalise différentes solutions de $Fe(CN)_6^{3-}$ de concentrations connues (il s'agit d'une gamme étalon). Pour chaque solution, on mesure l'absorbance à $420\ \mathrm{nm}$. On trace $A = f(c)$ puis par régression linéaire on détermine le coefficient directeur $\varepsilon\ell$, connaissant ℓ la longueur de la cuve on en déduit le coefficient d'extinction molaire ε.

3. D'après l'expression de l'énoncé, $k_\alpha + k_\beta A$ doit s'exprimer en min. L'absorbance A est une grandeur sans dimension donc k_α et k_β s'expriment en min.

⚠ Les notations de l'énoncé portent à confusion : les constantes k_α et k_β ne sont pas des constantes de vitesse !

Point méthode : On cherche à trouver une relation linéaire à partir de celle donnée par l'énoncé. On pourra ainsi effectuer un tracé pour vérifier que la courbe est une droite puis faire une régression linéaire pour avoir les valeurs de la pente et de l'ordonnée à l'origine.

On peut écrire la relation expérimentale donnée sous la forme :

$$\frac{1}{-\frac{dA}{dt}} = \frac{k_\alpha + k_\beta A}{A} = k_\alpha \frac{1}{A} + k_\beta$$

En faisant un tracé de $\frac{1}{-\frac{dA}{dt}} = f\left(\frac{1}{A}\right) = a \times \frac{1}{A} + b$, on trouve bien une droite, le modèle est vérifié. De plus, une régression linéaire donne $a = 2,8$ et $b = 6,8$. Par conséquent on en déduit :

$$k_\alpha = 2,8\,\text{min} \qquad \text{et} \qquad k_\beta = 6,8\,\text{min}$$

4. D'après les conditions initiales, on constate que les concentrations en propan-2-ol et en anion hydroxyde sont très supérieures (100 fois minimum) à celle de $Fe(CN)_6^{3-}$. On se place donc en dégénérescence de l'ordre par rapport au propan-2-ol et à l'anion hydroxyde.

Exercice 25.8 : Solution de peroxyde d'hydrogène et cinétique (CAPES) ***

Les solutions d'eau oxygénée ne sont pas stables dans le temps car le peroxyde d'hydrogène se dismute selon la réaction :

$$H_2O_{2\,(aq)} \longrightarrow H_2O_{(\ell)} + \frac{1}{2}O_{2\,(g)}$$

1. La réaction étant supposée d'ordre 1, établir la loi donnant la concentration en eau oxygénée en fonction du temps.

2. Dans cette manipulation, la vitesse de réaction est mesurée à partir de la pression dans un erlenmeyer fermé dans lequel on a introduit initialement les réactifs en présence d'air. La température est maintenue constante par un bain thermostaté.

Pour chaque manipulation on introduit dans l'erlenmeyer 30,0 mL d'eau oxygénée à 0,25 mol.L^{-1}, 20,0 mL d'eau et 3,0 mL d'une solution contenant un catalyseur (non pris en compte dans l'étude cinétique). On ferme rapidement l'erlenmeyer tout en déclenchant l'acquisition de la mesure de la pression. Le volume disponible pour la phase gazeuse a par ailleurs été mesuré : il est égal à 69,0 mL.

L'expérience dont les résultats suivent a été réalisée à 20,3 °C. ΔP mesure la variation de pression $P(t) - P(t = 0)$.

t (min)	2,5	4,0	5,0	8,0	10,0	12,0	15,0
ΔP (Pa)	3900	7300	9600	16100	20000	23800	29200

Vérifier que ces résultats sont bien compatibles avec une cinétique d'ordre 1.

3. La même réaction a été réalisée à trois autres températures. On a obtenu les valeurs suivantes pour les constantes de vitesse :

θ (°C)	11,5	23,8	28,0
k (min^{-1})	$6,90 \cdot 10^{-3}$	$2,44 \cdot 10^{-2}$	$3,68 \cdot 10^{-2}$

a) Quelle est la loi qui donne la variation de la constante de vitesse en fonction de la température ? Quels sont ses critères d'utilisation ?
b) Calculer l'énergie d'activation de la réaction de décomposition de l'eau oxygénée.
Donnée : constante des gaz parfaits $R = 8,31$ J.K^{-1}.mol^{-1}.

Remarque : L'énoncé indique ici un ordre un pour la réaction de dismutation de l'eau oxygénée alors que l'exercice 25.5 mentionnait un ordre 2. Dans l'exercice 25.5, la réaction s'effectuait en présence de poudre de platine, ce qui n'est pas le cas ici. On voit sur cet exemple que les conditions expérimentales jouent un rôle primordial sur la cinétique.

1. Par définition, la vitesse volumique de la réaction s'écrit :

$$v = -\frac{d\,[\mathrm{H_2O_2}]}{dt} = \frac{d\,[\mathrm{H_2O}]}{dt} = 2\frac{d\,[\mathrm{O_2}]}{dt}$$

La réaction étant supposée d'ordre 1 par rapport à l'eau oxygénée, on a :

$$v = k\,[\mathrm{H_2O_2}]$$

On obtient alors l'équation différentielle :

$$-\frac{d\,[\mathrm{H_2O_2}]}{dt} = k\,[\mathrm{H_2O_2}]$$

On la résout en séparant les variables puis en intégrant :

$$\int_{[\mathrm{H_2O_2}]_0}^{[\mathrm{H_2O_2}]} \frac{d\,[\mathrm{H_2O_2}]}{[\mathrm{H_2O_2}]} = -k\int_0^t dt$$

$$\ln\frac{[\mathrm{H_2O_2}]}{[\mathrm{H_2O_2}]_0} = -kt$$

$$[\mathrm{H_2O_2}] = [\mathrm{H_2O_2}]_0\,\mathrm{e}^{-kt}$$

2. D'après la question 1, $\ln[\mathrm{H_2O_2}] - \ln[\mathrm{H_2O_2}]_0 = -kt$ donc en traçant $\ln[\mathrm{H_2O_2}]$ en fonction du temps, une cinétique d'ordre 1 donne une droite de pente $-k$.

Point méthode : Pour vérifier que la cinétique est d'ordre 1, on peut effectuer un tracé en portant $\ln[\mathrm{H_2O_2}]$ en fonction du temps et une régression linéaire du type : $\ln[\mathrm{H_2O_2}] = f(t) = at + b$.
L'énoncé ne donne pas $[\mathrm{H_2O_2}]$ mais ΔP. Il faut faire tout d'abord le lien entre ΔP et $[\mathrm{H_2O_2}]$, puis vérifier le modèle d'une cinétique d'ordre 1 à l'aide d'un tracé. Pour cela, nous effectuons dans un premier temps un tableau d'avancement.

> ⚠ Le tableau d'avancement doit être effectué avec les quantités de matière (et non les concentrations) car les espèces intervenant sont dans des phases différentes.

	$H_2O_{2(aq)}$	$\rightarrow H_2O_{(\ell)}$	$+ \frac{1}{2}O_{2(g)}$	$n_{\text{tot gaz}}$
$t=0$	n_0	excès	$n_{O_{20}}$	n_{air_0}
t	$n(t) = n_0 - \xi$	excès	$n_{O_{20}} + \frac{\xi}{2}$	$n_{\text{air}_0} + \frac{\xi}{2}$

On note n_0 la quantité de matière initiale de $H_2O_{2(aq)}$, $n_{O_{20}}$ la quantité initiale de $O_{2(g)}$ due à la présence d'air et $n(t)$ la quantité de matière de $H_2O_{2(aq)}$ à un instant t. On a par ailleurs précisé la quantité de matière totale en phase gazeuse.

> ⚠ Il faut bien faire la distinction entre le volume total de la solution $V_{\text{tot,sol}}$ (en L) et le volume de gaz V_g (en m^3) dans les différentes formules.

Appliquons la loi des gaz parfaits aux instants $t = 0$ et t :

$$P(t=0)V_g = n_{\text{air}_0}RT \qquad \text{et} \qquad P(t)V_g = \left(n_{\text{air}_0} + \frac{\xi}{2}\right)RT$$

$$P(t) - P(t=0) = \frac{1}{2}\frac{RT}{V_g} \times \xi$$

$P(t) - P(t=0)$ est proportionnel à l'avancement ξ et peut donc être utilisé pour faire un suivi cinétique de la réaction. Cette relation permet d'exprimer l'avancement :

$$\xi = \frac{2V_g}{RT}\Delta P$$

Exprimons maintenant la concentration en peroxyde d'hydrogène aux instants $t = 0$ et t :

$$[H_2O_2]_0 = \frac{n_0}{V_{\text{tot,sol}}} \qquad \text{et} \qquad [H_2O_2](t) = \frac{n_0 - \xi}{V_{\text{tot,sol}}} = [H_2O_2]_0 - \frac{\xi}{V_{\text{tot,sol}}}$$

$$[H_2O_2] = [H_2O_2]_0 - \frac{2V_g}{RTV_{\text{tot,sol}}}\Delta P$$

Maintenant que la relation entre $[H_2O_2]$ et ΔP est établie, nous allons vérifier que $\ln[H_2O_2] = f(t)$ est une droite.
Pour chaque valeur de ΔP, on calcule la valeur correspondante de $\ln[H_2O_2]$.

> ⚠ $[H_2O_2]_0$ représente la concentration de la solution dans le bécher avant que la réaction démarre et non la concentration en eau oxygénée de la solution mère ($[H_2O_2]_0 \neq 0,25$ mol.L^{-1}).

Ainsi : $[H_2O_2]_0 = \dfrac{C_iV_i}{(20+30+3)\cdot 10^{-3}} = \dfrac{0,25\times 30\cdot 10^{-3}}{53\cdot 10^{-3}}$

$$\ln[H_2O_2] = \ln\left(\frac{0,25\times 30\cdot 10^{-3}}{53\cdot 10^{-3}} - \frac{2\times 69,0\cdot 10^{-6}}{8,31\times 293,5\times 53\cdot 10^{-3}}\Delta P\right)$$

t (min)	2,5	4,0	5,0	8,0	10,0	12,0	15,0
ΔP (Pa)	3900	7300	9600	16100	20000	23800	29200
$\ln[H_2O_2]$	$-1,99$	$-2,01$	$-2,03$	$-2,08$	$-2,12$	$-2,15$	$-2,20$

On trace $\ln[H_2O_2] = f(t)$ (on trouve une droite) et par régression linéaire, on trouve $a = -0,0171\ \mathrm{min}^{-1}$ et $b = -1,945$. La réaction est bien d'ordre 1. La pente permet d'obtenir la valeur de la constante de vitesse :

$$k = 1,71\cdot 10^{-2}\ \mathrm{min}^{-1}$$

3.

a) La loi d'Arrhénius donne la relation entre la constante de vitesse et la température : $k = A\,\mathrm{e}^{-\frac{E_a}{RT}}$.

Rappel : A est la constante pré-exponentielle (traduit la probabilité de rencontre des réactifs), T est en Kelvin ($T = 273,15+\theta$) et E_a est l'énergie d'activation (énergie nécessaire pour que la réaction se fasse) en $\mathrm{J.mol^{-1}}$.

b) En passant au logarithme népérien dans la loi d'Arrhénius on a :

$$\ln k = \ln A - \frac{E_a}{RT}$$

En traçant $\ln k = f\left(\dfrac{1}{T}\right)$ (avec T en K), on trouve une droite :

$$\ln k = a' \times \frac{1}{T} + b'$$

À l'aide d'une régression linéaire, on trouve $a' = -8692,8\ \mathrm{K}$ et $b' = 25,56$. En identifiant, il vient : $E_a = -a'\times R = 72,2\ \mathrm{kJ.mol^{-1}}$

Exercice 25.9 : Réactions inverses (Agro-Véto) *

On étudie l'équilibre : énol $\rightleftarrows$ cétoester, noté $E \rightleftarrows C$.

On réalise une solution de 3-oxobutanoate d'éthyle dans le chloroforme dans laquelle les concentrations en énol et en cétoester valent respectivement e_0 et c_0 à l'instant $t = 0$, et e et c à l'instant t. La concentration totale est égale à a_0.

On appelle x_0 et x la fraction molaire d'énol respectivement à l'instant initial et à l'instant t. On suit l'évolution de la fraction molaire d'énol x au cours du temps. Elle peut être déterminée par RMN ou par un dosage rédox.

Des prélèvements ont été réalisés à différents instants ; les résultats sont rassemblés dans le tableau suivant :

t (h)	0	71,8	215,8	333,3	506,0	∞
x	$x_0 = 0,366$	0,277	0,174	0,130	0,100	$x_e = 0,078$

On désigne par k' la constante de vitesse associée à la formation de l'énol et par k celle associée à la disparition de l'énol. On admet que l'ordre partiel par rapport aux deux constituants est 1.

1. Exprimer la vitesse d'apparition de l'énol à l'instant t en fonction de k, k', e et c.

2. Montrer que : $\dfrac{dx}{dt} = -(k + k')x + k'$.

3. Que devient cette expression lorsque x a atteint sa valeur d'équilibre x_e ? En déduire une relation entre x_e, fraction molaire d'énol à l'équilibre, k et k' ?

4. Intégrer l'équation différentielle établie en **2.** et trouver une relation entre t, k, k', x, x_e et x_0.

5. Vérifier que les résultats expérimentaux sont en accord avec l'expression proposée.

6. Déduire des résultats expérimentaux les valeurs de k et k'.

Avant de commencer nous pouvons déjà constater que, d'après la conservation de la matière, à tout instant $e + c = a_0 = e_0 + c_0$ et nous pouvons établir le tableau d'avancement avec les notations de l'énoncé :

$$E \underset{-1\ (k')}{\overset{1\ (k)}{\rightleftarrows}} C$$

	E	C
$t = 0$	$e_0 = x_0 a_0$	c_0
t	$e = x a_0$	$c = (1 - x)a_0$

1. L'énol disparaît par la réaction 1 et est formé par la réaction inverse -1. La vitesse d'apparition de l'énol, notée v_e, s'exprime :

$$v_e = \frac{d[E]}{dt} = \frac{de}{dt} = -v_1 + v_{-1} = -ke + k'c$$

2. D'après la conservation de la matière et le tableau d'avancement précédent on a :

$$v_e = \frac{d(xa_0)}{dt} = a_0\frac{dx}{dt} = -kxa_0 + k'(1 - x)a_0$$

$$\frac{dx}{dt} = -(k + k')x + k'$$

3. Lorsque x a atteint sa valeur d'équilibre x_e = cste, on a donc $\dfrac{dx_e}{dt} = 0$.

Ainsi : $0 = -(k + k')x_e + k' \quad \Leftrightarrow \quad x_e = \dfrac{k'}{k + k'}$

4. Nous avons une équation différentielle du premier ordre avec second membre non nul :

$$\frac{dx}{dt} + (k + k')x = k'$$

Point mathématique : La résolution a lieu en deux étapes :

- Détermination de la solution générale de l'équation homogène :

$$\frac{dx_1}{dt} + (k + k')x_1 = 0$$

La solution d'une telle équation s'écrit : $x_1(t) = \lambda\ \mathrm{e}^{-(k+k')t}$

- Détermination d'une solution particulière de l'équation complète :
Le second membre étant constant, nous pouvons rechercher une solution particulière constante : $\frac{dx_2}{dt} + (k + k')x_2 = k'$ avec $\frac{dx_2}{dt} = 0$ car constante donc la solution particulière s'écrit : $x_2 = \frac{k'}{k + k'} = x_e$.

$$x(t) = x_1(t) + x_2$$

La solution de l'équation différentielle est donc de la forme :

$$x(t) = \lambda\ \mathrm{e}^{-(k+k')t} + x_e$$

C'est maintenant que la constante λ peut être déterminée grâce à la condition initiale : $x(t = 0) = x_0 \quad \Leftrightarrow \quad x_0 = \lambda\ \mathrm{e}^{-(k+k')\times 0} + x_e = \lambda + x_e$. Nous obtenons ainsi : $\lambda = x_0 - x_e$ et la solution recherchée est :

$$x(t) = (x_0 - x_e)\ \mathrm{e}^{-(k+k')t} + x_e$$

5. Prenons le logarithme népérien de l'expression précédente :

$$\ln[x(t) - x_e] = \ln(x_0 - x_e) - (k + k')t$$

Point méthode : Pour prouver que les résultats expérimentaux sont cohérents avec l'expression trouvée, on cherche à établir à partir de $x(t) = (x_0 - x_e)\ \mathrm{e}^{-(k+k')t} + x_e$ l'équation d'une droite. Si expérimentalement, on trouve une droite, alors on peut affirmer que le modèle théorique et l'expérience concordent.

En traçant $y = \ln[x(t) - x_e]$ en fonction de t, on trouve une droite. Une régression linéaire permet de montrer que la pente vaut $-5,1 \cdot 10^{-3}\ \mathrm{h}^{-1}$.

6. D'après la question précédente on a : $-(k + k') = -5,1 \cdot 10^{-3}\ \mathrm{h}^{-1}$.

D'après la question 3 : $x_e = \frac{k'}{k + k'} \quad \Leftrightarrow \quad k' = x_e(k + k')$

$$k' = 0,078 \times 5,1 \cdot 10^{-3} = 4,0 \cdot 10^{-4}\ \mathrm{h}^{-1}$$

Ainsi : $k = 5,1 \cdot 10^{-3} - k' \quad \Leftrightarrow \quad k = 4,7 \cdot 10^{-3}\ \mathrm{h}^{-1}$

Remarque : La cinétique de chaque réaction étant d'ordre 1 par rapport aux constituants et le temps étant en heure, les constantes de temps s'expriment en h^{-1}.

Exercice 25.10 : Étude d'un équilibre (G2E) **

Dans les années 1950, Eigen a développé la méthode dite de relaxation pour étudier des réactions en cinétique chimique. Cette méthode consiste à perturber un système chimique à l'équilibre puis à étudier la cinétique de retour à l'équilibre (relaxation).

Modèle. Soit la réaction suivante capable de se relaxer, elle est d'ordre un par rapport à chacun des réactifs dans le sens direct et d'ordre un dans le sens inverse :

$$A + B \underset{k_{-1}}{\overset{k_1}{\rightleftharpoons}} C$$

On note les concentrations des espèces A, B et C respectivement :

- a, b, c à l'équilibre ;
- $a - x$, $b - x$, $c + x$ à l'instant t, où x est une petite perturbation.

On notera x_0 la perturbation à l'instant $t = 0$.

1. Donner une relation entre a, b, c, k_1 et k_{-1}.

2. Exprimer la vitesse de formation de C de deux façons et montrer que, moyennant une approximation que l'on justifiera, l'équation différentielle suivante est suivie par x :

$$\frac{dx}{dt} = -x\left[k_1(a+b) + k_{-1}\right]$$

3. On peut alors définir le temps de relaxation τ comme le temps au bout duquel $x = \dfrac{x_0}{2}$. Établir l'expression de τ en fonction de a, b et des constantes de vitesse k_1 et k_{-1}.

Application. On souhaite étudier la cinétique de la réaction suivante qui a lieu en phase aqueuse :

$$I^- + I_2 \underset{k_{-1}}{\overset{k_1}{\rightleftharpoons}} I_3^-$$

Le tableau suivant regroupe des résultats expérimentaux : $[I^-]_{eq}$ et $[I_2]_{eq}$ sont les concentrations à l'équilibre et τ le temps de relaxation :

$[I^-]_{eq}$ (10^{-3} mol.L^{-1})	$[I_2]_{eq}$ (10^{-3} mol.L^{-1})	τ (ns)
0,57	0,36	70,7
1,58	0,24	47,2
2,39	0,39	39,0
2,68	0,16	37,9
3,45	0,14	32,4

4. Quelle droite peut-on tracer pour déterminer simplement les constantes de vitesse k_1 et k_{-1} ?

5. Donner les valeurs de k_1 et k_{-1}.

1. À l'équilibre, $v_1 = v_{-1}$. La réaction directe est d'ordre 1 par rapport à chacun des réactifs, à l'équilibre, $v_1 = k_1 ab$. La réaction inverse est d'ordre 1, à l'équilibre, $v_{-1} = k_{-1}c$. La relation demandée est donc :

$$k_1 ab = k_{-1} c$$

2. La vitesse de formation de C s'écrit :

$$v_f(C) = \frac{d[C]}{dt} = v_1 - v_{-1} = k_1 [A][B] - k_{-1}[C]$$

Or $[C] = c + x$ donc $\dfrac{d[C]}{dt} = \dfrac{dx}{dt}$, $[A] = a - x$, $[B] = b - x$.

On obtient donc :

$$\frac{dx}{dt} = k_1(a-x)(b-x) - k_{-1}(c+x)$$

$$\frac{dx}{dt} = k_1 ab - k_1 xa - k_1 xb + k_1 x^2 - k_{-1}c - k_{-1}x$$

D'après la question 1, $k_1 ab = k_{-1}c$ donc :

$$\frac{dx}{dt} = -k_1 xa - k_1 xb + k_1 x^2 - k_{-1}x = -k_1 x(a+b-x) - k_{-1}x$$

On trouve l'équation différentielle de l'énoncé à condition que x soit négligeable devant $a + b$, ce qui est le cas puisqu'une petite perturbation est soumise au système. On obtient bien :

$$\frac{dx}{dt} = -x\left[k_1(a+b) + k_{-1}\right]$$

3. Séparons les variables et intégrons :

$$\int_{x_0}^{\frac{x_0}{2}} \frac{dx}{x} = -\left[k_1(a+b) + k_{-1}\right] \int_0^{\tau} dt$$

$$\ln\frac{1}{2} = -\left[k_1(a+b) + k_{-1}\right]\tau$$

L'expression cherchée est donc : $\tau = \dfrac{\ln 2}{k_1(a+b) + k_{-1}}$.

Remarque : Ce que l'énoncé appelle temps de relaxation est le temps de demi-réaction.

4. Dans l'application, $[I^-]_{eq} = a$ et $[I_2]_{eq} = b$.
Prenons l'inverse de l'expression trouvée dans la question précédente :

$$\frac{1}{\tau} = \frac{k_1(a+b)+k_{-1}}{\ln 2}$$

On obtient ainsi : $\frac{\ln 2}{\tau} = k_1(a+b)+k_{-1}$.

En traçant $y = \frac{\ln 2}{\tau}$ en fonction de $x = a+b$, on doit obtenir une droite de pente k_1 et d'ordonnée à l'origine k_{-1}.

5. Un tracé de $y = \frac{\ln 2}{\tau}$ en fonction de $x = a+b$ montre que c'est une droite.
Une régression linéaire permet d'obtenir la pente égale à $4,23 \cdot 10^9$ L.mol^{-1}.s^{-1} donc $k_1 = 4,23 \cdot 10^9$ L.mol^{-1}.s^{-1} et l'ordonnée à l'origine égale à $6,27 \cdot 10^6$ s^{-1} donc $k_{-1} = 6,27 \cdot 10^6$ s^{-1}.

Bien préciser les unités des constantes de vitesse.

Remarque : Les valeurs ont été obtenues en prenant :

$[I^-]_{eq}$ (mol.L^{-1})	$[I_2]_{eq}$ (mol.L^{-1})	τ (s)
$0,57 \cdot 10^{-3}$	$0,36 \cdot 10^{-3}$	$70,7 \cdot 10^{-9}$
$1,58 \cdot 10^{-3}$	$0,24 \cdot 10^{-3}$	$47,2 \cdot 10^{-9}$
$2,39 \cdot 10^{-3}$	$0,39 \cdot 10^{-3}$	$39,0 \cdot 10^{-9}$
$2,68 \cdot 10^{-3}$	$0,16 \cdot 10^{-3}$	$37,9 \cdot 10^{-9}$
$3,45 \cdot 10^{-3}$	$0,14 \cdot 10^{-3}$	$32,4 \cdot 10^{-9}$

CHAPITRE

26

Mécanismes réactionnels

Capacités à acquérir	Exercices
Faire la différence entre bilan macroscopique et acte élémentaire.	26.1
Établir une loi de vitesse à partir d'un mécanisme réactionnel.	Tous
Utiliser l'approximation de l'étape cinétiquement déterminante.	26.1 et 26.3
Savoir traduire un pré-équilibre rapide.	26.2 et 26.3
Repérer un catalyseur dans un mécanisme.	26.3
Utiliser l'approximation de l'état quasi-stationnaire.	26.4 et 26.5
Savoir les conditions pour être sous contrôle cinétique/sous contrôle thermodynamique.	26.6

Notation : A.E.Q.S. désigne l'approximation de l'état quasi-stationnaire.

Remarque : Dans une copie, on peut utiliser des abréviations à condition de préciser leur signification la première fois qu'elles sont utilisées.

Exercice 26.1 : Décomposition du pentaoxyde de diazote (ENSA) *

La décomposition du pentaoxyde de diazote, réalisée en phase gazeuse dans un récipient de volume constant, conduit au dioxyde d'azote et au dioxygène suivant une réaction totale :

$$N_2O_5 \longrightarrow 2NO_2 + \frac{1}{2}O_2$$

Dans l'exercice 25.3, il a été établi que cette réaction était d'ordre 1 par rapport à N_2O_5.

1. Pourquoi ne peut-on pas considérer cette réaction comme élémentaire ? De ce fait on propose le mécanisme suivant :

$$(1) \quad N_2O_5 \underset{k_{-1}}{\overset{k_1}{\rightleftharpoons}} NO_2 + NO_3$$

$$(2) \quad NO_2 + NO_3 \xrightarrow{k_2} NO + O_2 + NO_2$$

$$(3) \quad NO + N_2O_5 \xrightarrow{k_3} 3NO_2$$

2. On suppose que l'étape (2) est l'étape cinétiquement déterminante et que l'équilibre (1) est établi rapidement. Montrer que le mécanisme est compatible avec l'ordre expérimental déterminé et exprimer la constante k en fonction des constantes k_i des réactions élémentaires.

1. Les coefficients stœchiométriques d'une réaction élémentaire sont entiers ce qui n'est pas le cas dans cette équation-bilan.

Remarque : Un acte élémentaire décrit la réaction chimique au niveau moléculaire. Il est donc absurde de parler de demi-molécule !

2. D'après l'approximation de l'étape cinétiquement déterminante, l'étape (2) impose la vitesse de réaction : $v = v_2 = k_2\,[NO_2]\,[NO_3]$.
De plus l'étape (1) est un pré-équilibre rapide d'où :

$$v_1 \approx v_{-1} \quad \Leftrightarrow \quad k_1\,[N_2O_5] = k_{-1}\,[NO_2]\,[NO_3]$$

$$[NO_2]\,[NO_3] = \frac{k_1}{k_{-1}}\,[N_2O_5]$$

La vitesse de réaction s'écrit donc : $v = \dfrac{k_1 k_2}{k_{-1}}\,[N_2O_5] = -\dfrac{d\,[N_2O_5]}{dt}$.
Par conséquent le mécanisme proposé est bien cohérent avec l'expérience : la réaction est bien d'ordre 1 par rapport à N_2O_5 et par identification : $k = \dfrac{k_1 k_2}{k_{-1}}$.

Exercice 26.2 : Trouver le bon mécanisme - Suite 25.4 (Centrale) **

On s'intéresse à la formation de cyanhydrine selon la réaction :

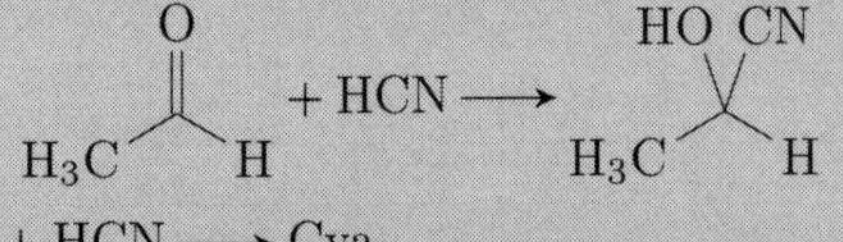

que l'on notera Cet + HCN $\longrightarrow$ Cya

En 1903, le chimiste Arthur Lapworth a proposé trois mécanismes :

Mécanisme A :
Cet + $H^+ \rightleftharpoons$ [CetH^+] équilibre instantané de constante K
[CetH^+] + $CN^- \longrightarrow$ Cya constante de vitesse k_A

Mécanisme B :
Cet + $CN^- \longrightarrow$ [CetCN^-] constante de vitesse k_B
[CetCN^-] + $H^+ \rightleftharpoons$ Cya équilibre instantané de constante K'

Mécanisme C :
Cet + HCN $\longrightarrow$ Cya   constante de vitesse k_C

1. Pour chacun des mécanismes, donner deux expressions de la vitesse de réaction :

- l'une en fonction des constantes de vitesse, des constantes d'équilibre et des concentrations en cétone, en ion H^+, en HCN ;
- l'autre en fonction des constantes de vitesse, des constantes d'équilibre et des concentrations en cétone, en ion H^+, en CN^-.

On fera apparaître K_a, la constante d'acidité du couple HCN/CN^-.
2. Les résultats expérimentaux obtenus montrent que la réaction est d'ordre 1 par rapport à Ald et par rapport à HCN. Cela permet-il d'éliminer un mécanisme ? Pour les mécanismes encore valides, exprimer la constante de vitesse expérimentale k_{app} en fonction des constantes K, K', k_A, k_B, k_C, et K_a.
3. Il a été prouvé expérimentalement que la constante de vitesse apparente k_{app} varie avec le pH :

pH	4,2	4,3	4,5	4,8
k_{app} ($\text{L.mol}^{-1}.\text{s}^{-1}$)	$5,26 \cdot 10^{-3}$	$6,70 \cdot 10^{-3}$	$1,09 \cdot 10^{-2}$	$2,07 \cdot 10^{-2}$

Montrer qu'alors, un seul mécanisme peut être retenu.
Donner par le tracé d'une droite adaptée l'expression de k_{app} en fonction du pH.

1. En utilisant la définition de la vitesse de réaction, on peut écrire :

$$v = \frac{d\,[\text{Cya}]}{dt} = -\frac{d\,[\text{Cet}]}{dt} = -\frac{d\,[\text{HCN}]}{dt}$$

Point méthode : On doit tout d'abord définir la vitesse que l'on recherche à partir du bilan de la réaction. Puis, le mécanisme permet d'exprimer des vitesses de formation ou de disparition d'espèces.
D'après l'équation-bilan Cet + HCN $\longrightarrow$ Cya, on constate que la vitesse de réaction est égale à la vitesse de formation de la cyanhydrine.
L'expression finale de la vitesse de réaction ne doit pas faire intervenir des intermédiaires réactionnels, ici $[\text{CetH}^+]$ et $[\text{CetCN}^-]$.

Mécanisme A : $v_A = \dfrac{d\,[\text{Cya}]}{dt} = k_A\,[\text{CetH}^+]\,[\text{CN}^-]$

Exprimons la constante K : $K = \dfrac{[\text{CetH}^+]}{[\text{Cet}]\,[\text{H}^+]}$

On en déduit : $[\text{CetH}^+] = K\,[\text{Cet}]\,[\text{H}^+]$.

$$v_A = k_A K\,[\text{Cet}]\,[\text{H}^+]\,[\text{CN}^-]$$

Exprimons la constante d'acidité K_a : $K_a = \dfrac{[\mathrm{CN}^-][\mathrm{H}^+]}{[\mathrm{HCN}]}$.

On en déduit : $[\mathrm{CN}^-] = \dfrac{K_a[\mathrm{HCN}]}{[\mathrm{H}^+]}$.

Ainsi : $v_A = k_A K[\mathrm{Cet}][\mathrm{H}^+] \times \dfrac{K_a[\mathrm{HCN}]}{[\mathrm{H}^+]} = k_A K K_a[\mathrm{Cet}][\mathrm{HCN}]$

Les deux expressions demandées sont donc :

$$v_A = k_A K[\mathrm{Cet}][\mathrm{H}^+][\mathrm{CN}^-] = k_A K K_a[\mathrm{Cet}][\mathrm{HCN}]$$

Mécanisme B : $v_B = -\dfrac{d[\mathrm{Cet}]}{dt} = k_B[\mathrm{Cet}][\mathrm{CN}^-]$

Remarque : On peut également utiliser l'approximation de l'étape cinétiquement déterminante et affirmer que la vitesse de formation de la cyanhydrine (intervenant dans l'équilibre instantané) est imposée par la réaction précédente, plus lente.

$$v_B = k_B[\mathrm{Cet}] \times \dfrac{K_a[\mathrm{HCN}]}{[\mathrm{H}^+]} = \dfrac{k_B K_a}{[\mathrm{H}^+]}[\mathrm{Cet}][\mathrm{HCN}]$$

Les deux expressions sont :

$$v_B = k_B[\mathrm{Cet}][\mathrm{CN}^-] = \dfrac{k_B K_a}{[\mathrm{H}^+]}[\mathrm{Cet}][\mathrm{HCN}]$$

Mécanisme C : $v_C = -\dfrac{d[\mathrm{Cet}]}{dt} = k_C[\mathrm{Cet}][\mathrm{HCN}] = k_C[\mathrm{Cet}] \times \dfrac{[\mathrm{CN}^-][\mathrm{H}^+]}{K_a}$

$$v_C = k_C[\mathrm{Cet}][\mathrm{HCN}] = \dfrac{k_C}{K_a}[\mathrm{Cet}][\mathrm{CN}^-][\mathrm{H}^+]$$

2. Les ordres partiels trouvés expérimentalement $\alpha = \beta = 1$ sont en accord avec chaque loi de vitesse ! En effet :

$$v_A = k_A K K_a[\mathrm{Cet}][\mathrm{HCN}] = k_{\mathrm{app},A}[\mathrm{Cet}][\mathrm{HCN}] \quad \text{avec} \quad k_{\mathrm{app},A} = k_A K K_a$$

$$v_B = \dfrac{k_B K_a}{[\mathrm{H}^+]}[\mathrm{Cet}][\mathrm{HCN}] = k_{\mathrm{app},B}[\mathrm{Cet}][\mathrm{HCN}] \quad \text{avec} \quad k_{\mathrm{app},B} = \dfrac{k_B K_a}{[\mathrm{H}^+]}$$

Remarque : $k_{\mathrm{app},B}$ est bien une constante car on est en milieu tamponné donc $[\mathrm{H}^+]$ est une constante.

$$v_C = k_C[\mathrm{Cet}][\mathrm{HCN}] = k_{\mathrm{app},C}[\mathrm{Cet}][\mathrm{HCN}] \quad \text{avec} \quad k_{\mathrm{app},C} = k_C$$

On ne peut donc pas valider un mécanisme unique.

3. Le tableau montre que k_{app} dépend du pH donc on peut éliminer les mécanismes **A** et **C**.

Pour valider définitivement le mécanisme **B**, montrons que $k_{\mathrm{app}} = \dfrac{k_B K_a}{[\mathrm{H}^+]}$

Faisons apparaître le pH : $\log k_{\mathrm{app}} = \log(k_B K_a) - \log[\mathrm{H}^+]$

$$\log k_{\mathrm{app}} = \log(k_B K_a) + \mathrm{pH}$$

En traçant $\log k_{\text{app}}$ en fonction de pH, nous devons obtenir une droite de pente égale à 1.
En traçant $\log k_{\text{app}}$ en fonction de pH, on trouve une droite. De plus, une régression linéaire donne une pente de 0,992. La courbe obtenue est bien une droite de pente égale à 1.
Voilà qui valide le mécanisme **B**.

Exercice 26.3 : Hydrolyse du saccharose - Suite de 25.2 (G2E) *

Le mécanisme réactionnel suivant est proposé pour la réaction d'hydrolyse du saccharose :

(a) $S + H_3O^+ \rightleftharpoons SH^+ + H_2O$ équilibre rapide de constante d'équilibre K°

(b) $SH^+ \xrightarrow{k_b} G + F + H^+$ étape cinétiquement déterminante

(c) $H^+ + H_2O \longrightarrow H_3O^+$ étape très rapide

1. Définir un acte élémentaire ou une réaction simple.
2. Rappeler la règle de Van't Hoff pour un acte élémentaire.
3. Quel rôle joue H_3O^+ ?
4. Peut-on appliquer l'approximation des états quasi-stationnaires à l'espèce très réactive SH^+ ? Justifier la réponse.
5. Donner l'expression de la constante de vitesse k de la réaction d'hydrolyse en fonction de la constante d'équilibre K° et de k_b.

1. Un acte élémentaire est une réaction chimique que l'on ne peut décomposer, pour laquelle aucun intermédiaire n'a été détecté. Un acte est élémentaire lorsque :

- il y a de 1 à 3 réactifs (au-delà de 3, la probabilité de rencontre de 4 réactifs simultanément au même endroit est nulle) ;
- peu de liaisons sont rompues ou formées.

2. D'après la règle de Van't Hoff, pour un acte élémentaire l'ordre partiel par rapport à un constituant est égal à son coefficient stœchiométrique.

3. H_3O^+ n'intervient pas dans l'équation-bilan. De plus, d'après le mécanisme, il est utilisé puis régénéré : il joue le rôle de catalyseur.

4. Ici SH^+ est formé rapidement et consommé au cours de l'étape cinétiquement déterminante donc on ne peut pas lui appliquer l'A.E.Q.S. (réservée aux espèces formées difficilement et consommées facilement).

L'énoncé ici est piégeur car ce n'est pas parce qu'une espèce est très réactive que l'on peut lui appliquer directement l'A.E.Q.S..

5. D'après l'approximation de l'étape cinétiquement déterminante, l'étape (b) impose sa vitesse à la réaction ainsi : $v = v_b = k_b\,[SH^+]$.
De plus l'étape (a) est un équilibre rapide dont l'énoncé donne la constante d'équilibre, que nous exprimons :

$$K^\circ = \frac{[SH^+]}{[S]\,[H_3O^+]}$$

Par conséquent : $v = k_b K^\circ\,[S]\,[H_3O^+]$.
En identifiant on obtient donc : $k = K^\circ k_b$.

Exercice 26.4 : Oxydation du propan-2-ol. Suite de 25.7 (Agro-Véto) *

On étudie la cinétique de l'oxydation du propan-2-ol par l'anion hexacyanoferrate (III) $Fe(CN)_6^{3-}$ en milieu basique en présence d'un catalyseur, le ruthénium (VI). L'équation-bilan peut s'écrire :

$$CH_3CHOHCH_3 + 2Fe(CN)_6^{3-} + 2HO^- \rightarrow CH_3COCH_3 + 2Fe(CN)_6^{4-} + 2H_2O$$

Le catalyseur est RuO_4^{2-}. Par la suite, on ne désignera les composés du ruthénium que par le nombre d'oxydation de ce métal, ainsi Ru(VI) représente RuO_4^{2-}.
L'étude expérimentale traitée dans l'exercice 25.7 a permis de montrer que l'absorbance A vérifie les relations suivantes :

$$-\frac{dA}{dt} = \frac{A}{k_\alpha + k_\beta A} \quad (1) \qquad k_\alpha = 2,8\,\text{min}$$

Seul $Fe(CN)_6^{3-}$ absorbe de façon notable. Dans les conditions de l'expérience, $\ell = 1$ cm et $\varepsilon = 1000$ L.mol^{-1}.cm^{-1}. À un instant t, on note c la concentration de $Fe(CN)_6^{3-}$.
En excès de propan-2-ol, le mécanisme proposé est le suivant :

$$CH_3CHOHCH_3 + Ru(VI) \underset{k_{-1}}{\overset{k_1}{\rightleftharpoons}} \text{complexe}$$

$$\text{complexe} \xrightarrow{k_2} CH_3COCH_3 + Ru(IV) + 2H^+$$

$$Fe(CN)_6^{3-} + Ru(IV) \xrightarrow{k_3} Fe(CN)_6^{4-} + Ru(V)$$

$$Fe(CN)_6^{3-} + Ru(V) \xrightarrow{k_4} Fe(CN)_6^{4-} + Ru(VI)$$

$$H^+ + HO^- \rightleftharpoons H_2O \quad \text{équilibre quasi-instantané}$$

Le terme complexe désigne un intermédiaire réactionnel dont on ne précise pas la structure. On note :

- a_0 la concentration en propan-2-ol (prise constante comme montré dans l'exercice 25.7).
- $e_0 = 4,0 \cdot 10^{-6}$ mol.L^{-1}, la concentration initiale en Ru(VI)

1. Comment le mécanisme rend-il compte du fait que Ru(VI) est un catalyseur ?
2. Appliquer l'approximation de l'état quasi-stationnaire au complexe, à Ru(IV) et à Ru(V). Écrire l'équation de conservation de la matière sur le ruthénium. Montrer que l'on peut écrire :

$$-\frac{dc}{dt} = \frac{k_5 c}{k_6 + k_7 c} \quad (2)$$

Exprimer k_5, k_6 et k_7 en fonction des constantes de vitesse des actes élémentaires du mécanisme et de a_0.
3. Exprimer k_α et k_β en fonction des constantes de vitesse des actes élémentaires du mécanisme, de certaines concentrations initiales et, éventuellement de ε et de ℓ.
4. Déterminer la valeur de la constante de vitesse k_3 sachant que $k_4 >> k_3$.

1. Ru(VI) n'intervient pas dans l'équation-bilan. De plus, d'après le mécanisme, il est utilisé puis régénéré : il joue le rôle de catalyseur.

2. Appliquons l'approximation de l'état quasi-stationnaire A.E.Q.S. aux différentes espèces indiquées, en notant cpx le complexe :

$$\frac{d\,[\text{cpx}]}{dt} = 0 = v_1 - v_{-1} - v_2 \quad \Leftrightarrow \quad v_1 = v_{-1} + v_2$$

$$\frac{d\,[\text{Ru(V)}]}{dt} = 0 = v_3 - v_4 \quad \Leftrightarrow \quad v_3 = v_4$$

$$\frac{d\,[\text{Ru(IV)}]}{dt} = 0 = v_2 - v_3 \quad \Leftrightarrow \quad v_2 = v_3$$

D'après la conservation de la matière à l'élément ruthénium on a :

$$[\text{Ru(IV)}] + [\text{Ru(V)}] + [\text{Ru(VI)}] + [\text{cpx}] = [\text{Ru}]_0 = e_0 \qquad (3)$$

$-\dfrac{dc}{dt}$ est par définition la vitesse de disparition de Fe(CN)_6^{3-}. D'après le mécanisme et les A.E.Q.S. :

$$-\frac{dc}{dt} = v_3 + v_4 \quad \Leftrightarrow \quad -\frac{dc}{dt} = 2v_2 \quad \Leftrightarrow \quad -\frac{dc}{dt} = 2k_2\,[\text{cpx}]$$

D'après l'énoncé : $[\text{CH}_3\text{CHOHCH}_3] = a_0$.
Ainsi d'après les A.E.Q.S. et en utilisant la règle de Van't Hoff, on obtient :

$$v_1 = v_{-1} + v_2 \quad \Leftrightarrow \quad k_1 a_0\,[\text{Ru(VI)}] = k_{-1}\,[\text{cpx}] + k_2\,[\text{cpx}]$$

$$\Leftrightarrow \quad \mathbf{[Ru(VI)]} = \frac{\boldsymbol{k_{-1} + k_2}}{\boldsymbol{k_1 a_0}}\,\mathbf{[cpx]}$$

$$v_2 = v_3 \quad \Leftrightarrow \quad k_2\,[\text{cpx}] = k_3 c\,[\text{Ru(IV)}] \quad \Leftrightarrow \quad \mathbf{[Ru(IV)]} = \frac{\boldsymbol{k_2}}{\boldsymbol{k_3 c}}\,\mathbf{[cpx]}$$

$$v_3 = v_4 \quad \Leftrightarrow \quad k_3 c\,[\mathrm{Ru(IV)}] = k_4 c\,[\mathrm{Ru(V)}]$$

$$\Leftrightarrow \quad [\mathrm{Ru(V)}] = \frac{k_3}{k_4}[\mathrm{Ru(IV)}] \quad \Leftrightarrow \quad \boldsymbol{[\mathrm{Ru(V)}] = \frac{k_2}{k_4 c}[\mathrm{cpx}]}$$

La conservation de la matière (3) devient :

$$\frac{k_2}{k_3 c}[\mathrm{cpx}] + \frac{k_2}{k_4 c}[\mathrm{cpx}] + \frac{k_{-1}+k_2}{k_1 a_0}[\mathrm{cpx}] + [\mathrm{cpx}] = e_0$$

$$[\mathrm{cpx}] = \frac{e_0}{1 + \dfrac{k_{-1}+k_2}{k_1 a_0} + \dfrac{1}{c}k_2\left(\dfrac{1}{k_3} + \dfrac{1}{k_4}\right)}$$

Par conséquent : $-\dfrac{dc}{dt} = \dfrac{2k_2 e_0}{1 + \dfrac{k_{-1}+k_2}{k_1 a_0} + \dfrac{1}{c}k_2\left(\dfrac{1}{k_3} + \dfrac{1}{k_4}\right)}$

$$-\frac{dc}{dt} = \frac{2k_2 e_0 c}{c\left(1 + \dfrac{k_{-1}+k_2}{k_1 a_0}\right) + k_2\left(\dfrac{1}{k_3} + \dfrac{1}{k_4}\right)}$$

En identifiant avec l'expression proposée on a :

$$k_5 = 2k_2 e_0$$

$$k_6 = k_2\left(\frac{1}{k_3} + \frac{1}{k_4}\right)$$

$$k_7 = 1 + \frac{k_{-1}+k_2}{k_1 a_0}$$

3. En utilisant la loi de Beer-Lambert dans la relation de l'énoncé (1), on obtient :

$$-\frac{d(\varepsilon \ell c)}{dt} = \frac{\varepsilon \ell c}{k_\alpha + k_\beta \varepsilon \ell c} \quad \Leftrightarrow \quad -\frac{dc}{dt} = \frac{c}{k_\alpha + k_\beta \varepsilon \ell c}$$

De plus la relation (2) de l'énoncé peut s'écrire :

$$-\frac{dc}{dt} = \frac{c}{\dfrac{k_6}{k_5} + \dfrac{k_7}{k_5}c}$$

En identifiant on en déduit :

$$k_\alpha = \frac{k_6}{k_5} = \frac{k_2\left(\dfrac{1}{k_3} + \dfrac{1}{k_4}\right)}{2k_2 e_0} = \frac{1}{2e_0}\left(\frac{1}{k_3} + \frac{1}{k_4}\right)$$

$$k_\beta \varepsilon \ell = \frac{k_7}{k_5} \quad \Leftrightarrow \quad k_\beta = \frac{1 + \dfrac{k_{-1}+k_2}{k_1 a_0}}{2k_2 e_0 \varepsilon \ell} = \frac{k_1 a_0 + k_{-1} + k_2}{2k_2 e_0 \varepsilon \ell k_1 a_0}$$

4. D'après l'énoncé : $k_4 >> k_3 \quad \Leftrightarrow \quad \dfrac{1}{k_3} >> \dfrac{1}{k_4}$

Ainsi $\quad k_\alpha \approx \dfrac{1}{2e_0 k_3} \quad \Leftrightarrow \quad k_3 \approx \dfrac{1}{2e_0 k_\alpha}$

$$k_3 \approx \frac{1}{2e_0 k_\alpha} = \frac{1}{2 \times 4,0 \cdot 10^{-6} \times 2,8} = 4,5 \cdot 10^4 \text{ L.mol}^{-1}.\text{min}^{-1}$$

Exercice 26.5 : Fermentation du glucose (ENSTIM) *

Étude théorique de la catalyse enzymatique :

Le mécanisme de réaction avec l'action de la levure peut être modélisé par la catalyse enzymatique. On considère la réaction S (substrat) = P (produit) catalysée par l'enzyme E et on admet que le mécanisme est le suivant :

$$(1) \quad \text{S} + \text{E} \underset{k_{-1}}{\overset{k_1}{\rightleftharpoons}} \text{ES}$$

$$(2) \quad \text{ES} \xrightarrow{k_2} \text{P} + \text{E}$$

L'espèce notée ES est appelée complexe enzyme-substrat.

1. D'après le mécanisme proposé ci-dessus, exprimer v, la vitesse de formation du produit P.

2. En notant $[\text{E}]_0$ la valeur initiale de la concentration en enzyme, écrire l'équation traduisant la conservation totale de l'enzyme au cours de la réaction.

3. Appliquer l'approximation des états quasi-stationnaires au complexe enzyme-substrat. En utilisant la question précédente, en déduire une expression de la concentration en complexe enzyme-substrat en fonction de $[\text{E}]_0$, $[\text{S}]$ et des constantes de vitesse.

4. On appelle constante de Michaelis et on note K_M, l'expression $K_M = \dfrac{k_{-1} + k_2}{k_1}$. Exprimer alors v en fonction de $[\text{E}]_0$, K_M, k_2 et $[\text{S}]$.

5. On appelle $v_{\max} = k_2[\text{E}]_0$. Expliquer pourquoi il s'agit d'une vitesse maximale.

L'expression de la vitesse obtenue à la question précédente permet de construire deux modèles. Ces modèles permettent de tracer des courbes qui deviennent des droites lorsqu'ils sont validés.

6. Exprimer $\dfrac{1}{v}$ et montrer qu'en traçant $\dfrac{1}{v}$ en fonction de $\dfrac{1}{[\text{S}]}$, on peut valider le modèle.

7. Monter que l'expression obtenue à la question 4 peut se mettre sous la forme : $v = v_{\max} - \dfrac{K_M v}{[\text{S}]}$. Montrer alors qu'en traçant v en fonction de $\dfrac{v}{[\text{S}]}$, on peut également valider le modèle.

Étude expérimentale :

La méthode utilisée consiste à étudier différents systèmes en faisant varier la concentration initiale de substrat c_0 (ici le glucose) et en déterminant les vitesses initiales d'apparition du produit v_0 (ici l'éthanol gazeux).

8. Comment détermine-t-on pratiquement la vitesse initiale de la réaction étudiée ici ?

On a réalisé la conversion du glucose à 39 °C et obtenu les deux courbes suivantes, l'équation de la régression linéaire est donnée à côté de la courbe :

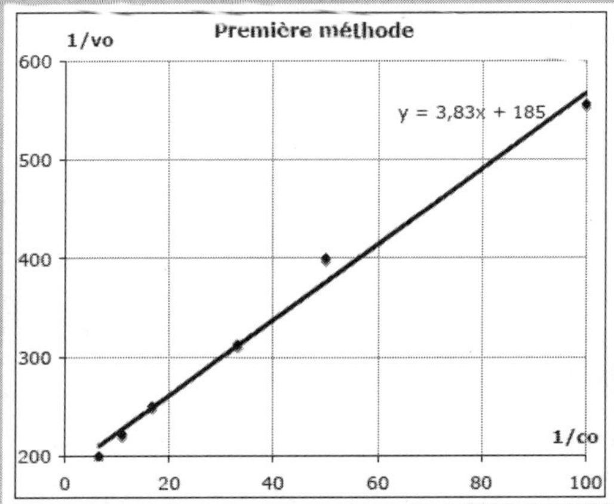

Figure 1 : $\dfrac{1}{v_0}$ s'exprime en $L.s.mol^{-1}$ et $\dfrac{1}{c_0}$ en $L.mol^{-1}$

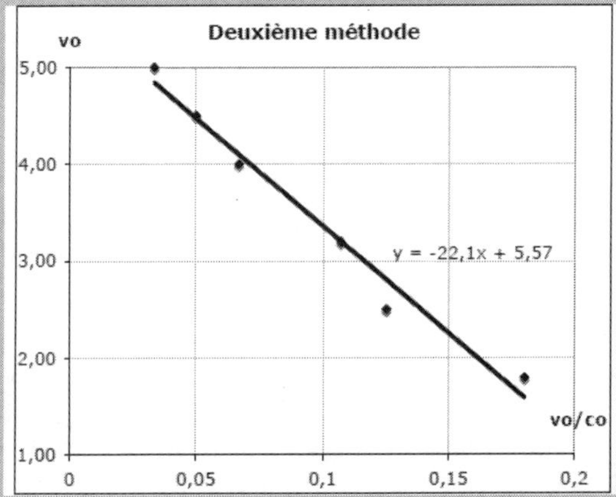

Figure 2 : v_0 s'exprime en $mmol.L^{-1}.s^{-1}$ et $\dfrac{v_0}{c_0}$ en s^{-1}

9. À partir de la première méthode, déterminer les valeurs de K_M et v_{max} à 39 °C pour cette réaction.

10. À partir de la deuxième méthode, déterminer les valeurs de K_M et $v_{\max}$ à 39 °C. Les résultats sont-ils compatibles avec ceux de la question précédente ?

1. D'après le mécanisme et la règle de Van't Hoff : $v = \dfrac{d\,[\mathrm{P}]}{dt} = v_2 = k_2\,[\mathrm{ES}]$.

2. D'après la conservation de la quantité de matière en enzyme :

$$n_{\mathrm{E}_0} = n_{\mathrm{E}} + n_{\mathrm{ES}}$$

Remarque : À un instant t, l'enzyme est présente soit sous forme libre soit sous forme de complexe enzyme-substrat.

Le volume de réaction étant constant et les trois espèces étant dans la même phase on peut passer aux concentrations : $[\mathrm{E}]_0 = [\mathrm{E}] + [\mathrm{ES}]$.

3. L'A.E.Q.S. appliqué au complexe enzyme-substrat nous donne :

$$\frac{d\,[\mathrm{ES}]}{dt} = 0 = v_1 - v_{-1} - v_2 \quad \Leftrightarrow \quad v_1 = v_{-1} - v_2$$

D'après la règle de Van't Hoff, on obtient :

$$k_1\,[\mathrm{E}]\,[\mathrm{S}] = \left(k_{-1} + k_2\right)[\mathrm{ES}] \quad \Leftrightarrow \quad [\mathrm{E}] = \frac{k_{-1} + k_2}{k_1}\frac{[\mathrm{ES}]}{[\mathrm{S}]}$$

Le résultat de la question précédente devient :

$$[\mathrm{E}]_0 = [\mathrm{E}] + [\mathrm{ES}] = [\mathrm{ES}]\left(1 + \frac{k_{-1} + k_2}{k_1}\frac{1}{[\mathrm{S}]}\right)$$

$$[\mathrm{ES}] = \frac{[\mathrm{E}]_0}{1 + \dfrac{k_{-1} + k_2}{k_1}\dfrac{1}{[\mathrm{S}]}}$$

4. D'après les résultats des questions 1 et 3 il vient :

$$v = \frac{k_2[\mathrm{E}]_0}{1 + \dfrac{k_{-1} + k_2}{k_1}\dfrac{1}{[\mathrm{S}]}} = \frac{k_2[\mathrm{E}]_0}{1 + \dfrac{K_M}{[\mathrm{S}]}}$$

Remarque : $K_M = \dfrac{k_{-1} + k_2}{k_1}$: les réactions (-1) et (2) sont d'ordre 1 donc k_{-1} et k_2 s'expriment en s^{-1} et la réaction (1) est d'ordre 2 donc k_1 s'exprime en $\mathrm{mol.L^{-1}.s^{-1}}$. Ainsi, la constante de Michaëlis s'exprime en $\mathrm{mol.L^{-1}}$. L'expression de v est bien homogène.

5. $v = k_2\,[\mathrm{ES}]$: la vitesse est maximale si $[\mathrm{ES}]$ est maximale. D'après l'expression de $[\mathrm{ES}]$ trouvée dans la question 3, $[\mathrm{ES}]$ est maximale lorsque $[\mathrm{S}]$ est très élevé. Lorsque le substrat est en très large excès, toute l'enzyme se retrouve sous forme de complexe enzyme-substrat donc $[\mathrm{E}]_0 \approx [\mathrm{ES}]$ et ainsi $v = k_2\,[\mathrm{ES}] \approx k_2[\mathrm{E}]_0 = v_{\max}$.

6. D'après la question précédente, la vitesse s'écrit : $v = \dfrac{v_{\max}}{1 + \dfrac{K_M}{[\mathrm{S}]}}$

L'inverse de cette expression donne : $\dfrac{1}{v} = \dfrac{1}{v_{\max}} + \dfrac{K_M}{v_{\max}} \dfrac{1}{[\mathrm{S}]}$

Si l'on effectue le tracé de $\dfrac{1}{v} = f\left(\dfrac{1}{[\mathrm{S}]}\right)$ et si l'on obtient une droite, alors le modèle est validé.

Remarque : Cette méthode de linéarisation est la méthode de Lineweaver Burk : l'ordonnée à l'origine nous permet de déterminer $\dfrac{1}{v_{\max}}$ (donc $v_{\max}$) et la pente nous permet de déterminer $\dfrac{K_M}{v_{\max}}$ (et donc K_M).

7. Reprenons l'expression de la vitesse :

$$v = \frac{v_{\max}}{1 + \dfrac{K_M}{[\mathrm{S}]}} \quad \Leftrightarrow \quad v\left(1 + \frac{K_M}{[\mathrm{S}]}\right) = v_{\max} \quad \Leftrightarrow \quad v = v_{\max} - K_m \frac{v}{[\mathrm{S}]}$$

De même si l'on trace $v = f\left(\dfrac{v}{[\mathrm{S}]}\right)$ et si l'on obtient une droite, alors le modèle est validé.

Remarque : Cette méthode de linéarisation est la méthode de Eadie et Hoftsee : l'ordonnée à l'origine nous permet de déterminer $v_{\max}$ et la pente nous permet de déterminer $-K_M$.

8. En pratique on mesure et on trace l'évolution de la concentration $[\mathrm{P}]$ en fonction du temps, puis on trace la tangente à l'origine : la pente nous donne la vitesse initiale de cette réaction :

$$v_0 = \left(\frac{d\,[\mathrm{P}]}{dt}\right)_{t=0}$$

9. D'après la question 6 : $\dfrac{1}{v_0} = \dfrac{1}{v_{\max}} + \dfrac{K_M}{v_{\max}} \dfrac{1}{c_0}$

La régression linéaire de la figure 1 permet alors d'écrire :

$$\frac{1}{v_{\max}} = 185 \text{ L.s.mol}^{-1} \quad \Leftrightarrow \quad v_{\max} = 5,41 \cdot 10^{-3} \text{ mol.L}^{-1}.\text{s}^{-1}$$

$$\frac{K_M}{v_{\max}} = 3,83 \text{ s} \quad \Leftrightarrow \quad K_M = 2,07 \cdot 10^{-2} \text{ mol.L}^{-1}$$

10. D'après la question 7 : $v_0 = v_{\max} - K_M \dfrac{v_0}{c_0}$

La régression linéaire de la figure 2 permet alors d'écrire :

$$v_{\max} = 5,57 \text{ mmol.L}^{-1}.\text{s}^{-1} = 5,57 \cdot 10^{-3} \text{ mol.L}^{-1}.\text{s}^{-1}$$

$$-K_M = -22,1 \text{ mmol.L}^{-1} \quad \text{donc} \quad K_M = 22,1 \text{ mmol.L}^{-1}$$

Écart relatif pour v_{max} : $\dfrac{5,57 - 5,41}{5,41} \times 100 \approx 3\%$. 3% est faible : les deux méthodes sont compatibles.
Écart relatif pour K_M : $\dfrac{2,21 - 2,07}{2,07} \times 100 \approx 7\%$. Les méthodes sont moins compatibles en ce qui concerne la constante de Michaëlis.

Exercice 26.6 : Contrôles cinétique et thermodynamique (Agrégation) *

Dans une enceinte de volume invariable, maintenue à température constante, se produisent les réactions suivantes :

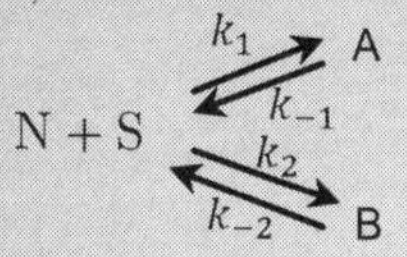

Chaque réaction est d'ordre 1 par rapport à chacun des réactifs. Les concentrations sont notées n, s, a, b à l'instant t. Les concentrations initiales sont $n(0) = n_0$, $s(0) = s_0$, $a(0) = 0$, $b(0) = 0$.
1. Donner le système d'équations différentielles ne faisant intervenir que a, b, n, s, t ainsi que les constantes de vitesse. (Ne pas chercher à résoudre ce système).

Plutôt que de chercher à résoudre le système, on préfère décomposer la cinétique d'évolution du système en trois régimes : un régime aux temps courts, un régime aux temps intermédiaires et un régime d'équilibre.

2. Étude aux temps courts : au début, on peut négliger les processus de disparition de A et B par rapport aux processus d'apparition.
a) Que deviennent les équations cinétiques aux temps courts ?
b) Que vaut le rapport $\dfrac{[A]}{[B]}$ pendant cette période en fonction des constantes de vitesse ?
3. On suppose que le système est parvenu à l'état d'équilibre, exprimer le rapport des concentrations $\dfrac{[A]_\infty}{[B]_\infty}$ en fonction des constantes de vitesse.
4. Les courbes aux temps courts et aux temps longs sont données ci-dessous.
a) Déterminer le produit cinétique.
b) Déterminer le produit thermodynamique.
c) Proposer une méthode expérimentale pour être soit sous contrôle cinétique, soit sous contrôle thermodynamique.

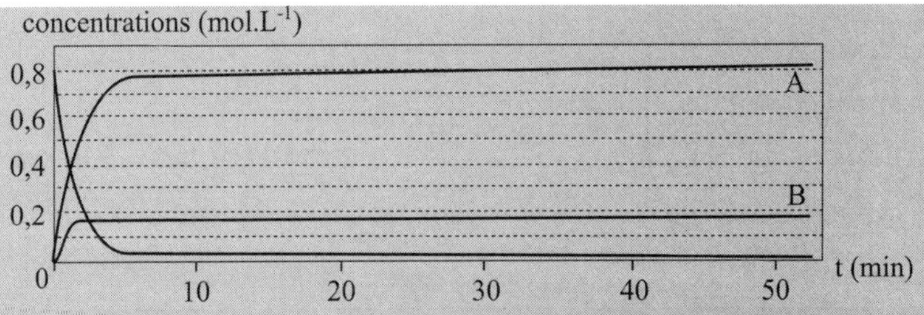

Figure 1 : aux temps courts

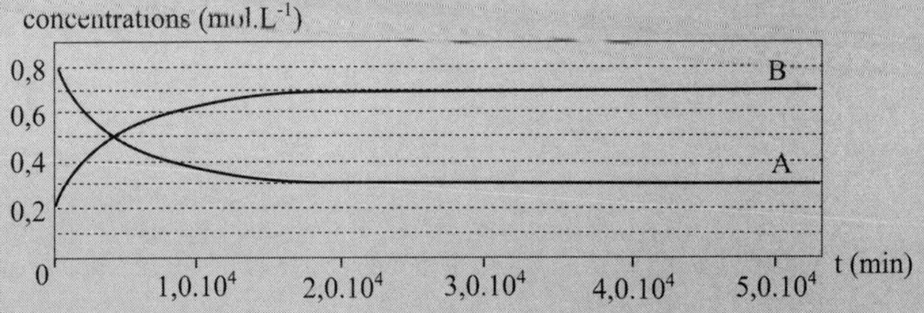

Figure 2 : aux temps longs

1. On peut exprimer la vitesse de disparition des espèces N et S et les vitesses d'apparition des espèces A et B :

$$-\frac{dn}{dt} = -\frac{ds}{dt} = v_1 - v_{-1} + v_2 - v_{-2}$$

$$-\frac{dn}{dt} = -\frac{ds}{dt} = k_1 ns - k_{-1}a + k_2 ns - k_{-2}b$$

$$\frac{da}{dt} = v_1 - v_{-1} = k_1 ns - k_{-1}a$$

$$\frac{db}{dt} = v_2 - v_{-2} = k_2 ns - k_{-2}b$$

2.

a) Au temps courts, d'après l'énoncé, on peut négliger les réactions inverses. Il vient donc :

$$-\frac{dn}{dt} = -\frac{ds}{dt} = (k_1 + k_2)\, ns$$

$$\frac{da}{dt} = k_1 ns$$

$$\frac{db}{dt} = k_2 ns$$

b) D'après les relations précédentes, aux temps courts : $\dfrac{da}{db} = \dfrac{k_1}{k_2}$

En séparant les variables et en intégrant : $\displaystyle\int_0^{a(t)} da = \frac{k_1}{k_2}\int_0^{b(t)} db$

D'où : $\dfrac{[A]}{[B]} = \dfrac{a(t)}{b(t)} = \dfrac{k_1}{k_2}$.

3. Lorsque le système est à l'équilibre alors : $[\mathrm{A}]_\infty = \mathrm{cste} \quad \Leftrightarrow \quad \dfrac{da}{dt} = 0$

$$k_1[\mathrm{N}]_\infty[\mathrm{S}]_\infty - k_{-1}[\mathrm{A}]_\infty = 0$$

De même on a : $[\mathrm{B}]_\infty = \mathrm{cste} \quad \Leftrightarrow \quad k_2[\mathrm{N}]_\infty[\mathrm{S}]_\infty - k_{-2}[\mathrm{B}]_\infty = 0$

D'où : $\dfrac{[\mathrm{A}]_\infty}{[\mathrm{B}]_\infty} = \dfrac{k_1 k_{-2}}{k_{-1} k_2}$

4.

a) D'après la figure 1 (courbe aux temps courts), le produit cinétique est le composé A (c'est le produit qui se forme le plus vite, c'est-à-dire celui dont la concentration est la plus élevée aux temps courts).

Remarque : On en déduit également que $k_1 > k_2$.

b) D'après la figure 2 (courbe aux temps longs), le produit thermodynamique est le composé B (c'est le produit le plus stable, obtenu majoritairement à l'équilibre, qui correspond aux temps longs).

Remarque : $\dfrac{k_1 k_{-2}}{k_{-1} k_2} < 1$, donc d'après les constatations précédentes $\dfrac{k_{-1}}{k_{-2}} > \dfrac{k_1}{k_2} > 1$.

c) Pour être sous contrôle cinétique on peut se placer à basse température ou bien une fois la réaction lancée réaliser une trempe ou bien arrêter la réaction suffisamment tôt (par exemple ici à $50\,\mathrm{min}$).
Pour être sous contrôle thermodynamique on peut attendre que la réaction ait intégralement eu lieu afin de récupérer le produit le plus stable (ici, il faudrait attendre $4 \cdot 10^4\,\mathrm{min} = 28$ jours !!) ou bien chauffer afin de l'accélérer pour atteindre l'équilibre plus rapidement.

Sous-partie 9
Mécanique

CHAPITRE

Cinématique et dynamique

27

Capacités à acquérir	Exercices
Savoir faire un bilan cinématique.	27.1 à 27.5
Utiliser la loi de composition des vitesses dans le cas de deux référentiels en translation.	27.1
Savoir faire un bilan des forces.	27.2 à 27.4
Déterminer et résoudre les équations différentielles du mouvement.	

Point méthode : Pour tout exercice de mécanique, il est indispensable de préciser le système étudié, le référentiel d'étude et la base utilisée pour les projections. Un bilan cinématique dans la base adaptée est par ailleurs toujours utile (même s'il n'est pas demandé par l'énoncé).

Notation : Nous écrirons P.F.D. pour le Principe Fondamental de la Dynamique (seconde loi de Newton, appelée aussi Relation Fondamentale de la Dynamique).

Exercice 27.1 : Loi de composition des vitesses *

Soit M un point matériel dont on souhaite étudier le mouvement dans deux référentiels : R_0 $(O, \overrightarrow{i}, \overrightarrow{j}, \overrightarrow{k}\,;t)$ est un référentiel fixe et R_1 $(O', \overrightarrow{u_1}, \overrightarrow{u_2}, \overrightarrow{u_3}\,;t)$ est mobile en translation par rapport à R_0.

1. Rappeler les conditions nécessaires pour que les deux référentiels soient en translation. Qu'est-il alors commode de choisir comme vecteurs de base pour R_1 ?

2. Donner un exemple de référentiels en translation.

3. Rappeler la loi de composition des vitesses dans le cas de deux référentiels en translation.

Dans une rivière dans laquelle l'eau est animée d'un mouvement rectiligne uniforme à la vitesse $\overrightarrow{v_0} = v_0\,\overrightarrow{i}$ par rapport au sol, une truite part à l'instant $t = 0$ d'une position $x = 0$ de la rivière selon un mouvement rectiligne parallèle aux berges à une vitesse $\overrightarrow{v_1} = v_1\,\overrightarrow{i}$ uniforme.

On note R_1 $(O', \vec{i}, \vec{j}, \vec{k}\ ;t)$ le référentiel lié à l'eau de la rivière, O' est le point correspondant à la position initiale de la truite et R_0 $(O, \vec{i}, \vec{j}, \vec{k}\ ;t)$ le référentiel fixe attaché au sol.

4. Quelle est l'équation horaire (coordonnées en fonction du temps) du mouvement de la truite dans R_1 ?

5. Quelle est la vitesse de la truite dans R_0 ? En déduire son équation horaire dans ce référentiel.

6. Lorsque la truite a parcouru une distance D, à un instant noté t_1, le courant de la rivière se met à ralentir de façon régulière pour passer de la vitesse $\vec{v_0}$ à la vitesse nulle au temps t_2. La truite se laisse porter par le courant.

a) Quelle est l'accélération de la truite dans le référentiel R_0 ?

b) Quelle est la vitesse de la truite dans R_0 ?

c) Quelle est son équation horaire ?

1. R_0 $(O, \vec{i}, \vec{j}, \vec{k}\ ;t)$ et R_1 $(O', \vec{u_1}, \vec{u_2}, \vec{u_3}\ ;t)$ sont en translation lorsque les vecteurs de base de R_1 sont constants dans R_0.

Dire que « O et O' sont en translation » ne veut rien dire.
En pratique, il est commode d'utiliser les mêmes vecteurs de base pour les deux référentiels en translation : R_1 $(O' \vec{i}, \vec{j}, \vec{k}\ ;t)$.
On n'a pas forcément une translation rectiligne, voire uniforme.

2. Le référentiel de Copernic et le référentiel géocentrique sont en translation.

3. Soit un point matériel M, la loi de composition des vitesses s'écrit :

$$\overrightarrow{v(M/R_0)} = \overrightarrow{v(M/R_1)} + \overrightarrow{v(O'/R_0)}$$

$$\overrightarrow{v_{\text{abs}}} = \overrightarrow{v_{\text{rel}}} + \overrightarrow{v_{\text{ent}}}$$

4. La truite a une trajectoire rectiligne uniforme dans R_1. Dans ce référentiel, sa vitesse est $\vec{v_1} = v_1 \vec{i}$.

$\dfrac{dx_1}{dt} = v_1$ donc en séparant les variables puis en intégrant : $x_1 = v_1 t$.

5. Dans R_0, la vitesse de la truite se déduit de la loi de composition des vitesses :

$$\vec{v} = \vec{v_1} + \vec{v_0}$$

Ainsi, en projection sur l'axe du mouvement il vient : $\dfrac{dx}{dt} = v_1 + v_0$ et donc $x = (v_1 + v_0)\,t$.

6.

a) L'eau ralentit de façon régulière donc son accélération est constante dans R_0, la truite se laisse portée par le courant donc elle a la même accélération que l'eau. On note a_0 l'accélération constante : $a_0 = \frac{dv}{dt}$. La vitesse s'écrit alors :

$$\int_{v_0}^{v} dv = \int_{t_1}^{t} a_0 dt \quad \text{donc} \quad v = a_0\,(t - t_1) + v_0$$

On traduit que le courant s'arrête à t_2 : $0 = a_0\,(t_2 - t_1) + v_0$ donc $a_0 = -\frac{v_0}{t_2 - t_1}$.

b) On remplace a_0 dans l'expression de v :

$$v = -\frac{v_0}{t_2 - t_1}\,(t - t_1) + v_0$$

c) $v = \frac{dx}{dt} = -\frac{v_0}{t_2 - t_1}\,(t - t_1) + v_0$

On sépare les variables et on intègre :

$$\int_{D}^{x} dx = \int_{t_1}^{t} \left(-\frac{v_0}{t_2 - t_1}\,(t - t_1) + v_0 \right) dt$$

$$= -\frac{v_0}{t_2 - t_1} \left[\frac{(t - t_1)^2}{2} \right]_{t_1}^{t} + v_0\,(t - t_1)$$

L'équation-horaire est alors obtenue :

$$x = D - \frac{v_0}{t_2 - t_1}\frac{(t - t_1)^2}{2} + v_0\,(t - t_1)$$

Exercice 27.2 : Mouvement en coordonnées polaires (Agro-Véto) *

On étudie les caractéristiques de la trajectoire autour de la Terre du satellite ADEOS II. Ce satellite est utilisé pour observer la terre (son atmosphère, ses océans...) et fournir ainsi des données importantes permettant d'étudier les changements climatiques. L'étude du mouvement se fera dans le référentiel géocentrique $\mathcal{R}_0$, supposé galiléen. Le satellite, de masse m, est assimilé à un point matériel M, décrivant une trajectoire plane, circulaire, de rayon $r = OM$, de centre O, centre de la Terre.
On repère la position du satellite dans le plan de sa trajectoire par ses coordonnées polaires : $r = OM$, $\theta = (\widehat{Ox, OM})$. On utilisera la base polaire $(\overrightarrow{u_r}\,;\overrightarrow{u_\theta})$ définie dans la figure ci-dessous.

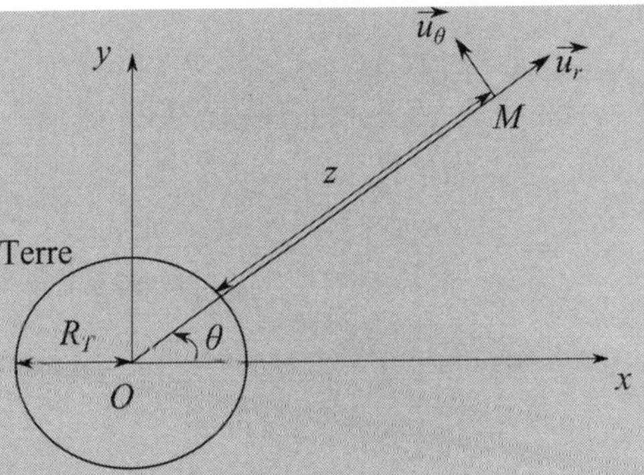

L'altitude z du satellite est définie par $r = R_T + z$ où R_T est le rayon de la Terre.

Données numériques :

Constante de gravitation universelle :	$G = 6{,}67 \cdot 10^{-11}$ m^3.kg^{-1}.s^{-2}
Masse de la terre :	$M_T = 6{,}00 \cdot 10^{24}$ kg
Rayon de la terre :	$R_T = 6400$ km
Masse du satellite :	$m = 3{,}68 \cdot 10^3$ kg
Altitude de la trajectoire du satellite :	$z = 800$ km

Vitesse du satellite

1. Exprimer la force exercée par la terre sur le satellite en fonction de G, m, M_T, R_T, z et d'un vecteur de base $\vec{u_r}$ ou $\vec{u_\theta}$.
2. Préciser les expressions dans la base polaire des vecteurs position, vitesse et accélération.
3. À partir de la relation fondamentale de la dynamique, montrer que le mouvement est uniforme et exprimer la norme V de la vitesse du satellite sur son orbite circulaire en fonction de G, M_T, R_T et z.
4. Calculer numériquement V.

Période de révolution

5. Établir l'expression de la période de révolution T du satellite en fonction de G, M_T, R_T et z. Cette relation est la troisième loi de Kepler.
6. Calculer numériquement T.

Système : {satellite}.
Référentiel d'étude : référentiel géocentrique supposé galiléen.
Base de projection : base polaire.

1. La force exercée par la terre sur le satellite s'écrit : $\vec{f} = -\dfrac{GmM_T}{(R_T+z)^2}\vec{u_r}$.

2. Dans la base polaire, nous pouvons écrire : $\overrightarrow{OM} = r\vec{u_r}$ où r est constant car le mouvement du satellite est circulaire.

$$\overrightarrow{v} = r\dot{\theta}\overrightarrow{u_\theta}$$

Rappel : $\overrightarrow{v} = \dfrac{d\overrightarrow{OM}}{dt} = \dfrac{dr}{dt}\overrightarrow{u_r} + r\dfrac{d(\overrightarrow{u_r})}{dt}$; $\dfrac{dr}{dt} = 0$ car r est constant.

$\dfrac{d\overrightarrow{u_r}}{dt} = \dfrac{d\theta}{dt}\overrightarrow{u_\theta}$ comme on peut le montrer en décomposant les vecteurs de base polaires dans la base cartésiennes :

$$\overrightarrow{u_r} = \cos\theta\overrightarrow{u_x} + \sin\theta\overrightarrow{u_y} \quad \text{et} \quad \overrightarrow{u_\theta} = -\sin\theta\overrightarrow{u_x} + \cos\theta\overrightarrow{u_y}$$

Dérivons par rapport au temps :

$$\frac{d\overrightarrow{u_r}}{dt} = \frac{d\overrightarrow{u_r}}{d\theta} \times \frac{d\theta}{dt} = \left(-\sin\theta\overrightarrow{u_x} + \cos\theta\overrightarrow{u_y}\right) \times \frac{d\theta}{dt} = \frac{d\theta}{dt}\overrightarrow{u_\theta}$$

En faisant le même type de calcul, on montre que $\dfrac{d\overrightarrow{u_\theta}}{dt} = -\dfrac{d\theta}{dt}\overrightarrow{u_r}$

$$\overrightarrow{a} = \frac{d\overrightarrow{v}}{dt} = -r\dot{\theta}^2\overrightarrow{u_r} + r\ddot{\theta}\overrightarrow{u_\theta}$$

3. Appliquons le principe fondamental de la dynamique au satellite dans le référentiel géocentrique supposé galiléen : $m\overrightarrow{a} = \overrightarrow{f}$.

Rappel : Un mouvement uniforme est un mouvement pour lequel la norme du vecteur vitesse est constante.

Il ne faut pas dire que lors d'un mouvement uniforme, la vitesse est constante : dans le cas d'un mouvement circulaire uniforme, le vecteur vitesse change sans cesse d'orientation. L'accélération lors d'un mouvement circulaire uniforme n'est pas nulle.
Lors d'un mouvement uniforme **et** rectiligne, on peut affirmer que le vecteur vitesse est constant et donc que l'accélération est un vecteur nul.

La norme du vecteur vitesse s'écrit : $||\overrightarrow{v}|| = |r\dot{\theta}|$.
Projetons le P.F.D. sur $\overrightarrow{u_\theta}$: $mr\ddot{\theta} = 0$
Cela nous permet d'écrire $\ddot{\theta} = 0$ donc $\dot{\theta} = \text{cste}$. La trajectoire du satellite étant circulaire (r est constante), la norme du vecteur vitesse est constante et le mouvement est donc bien uniforme.

$$V = |r\dot{\theta}| = (R_T + z)\,|\dot{\theta}|$$

Cherchons à exprimer $\dot{\theta}$ en projetant le P.F.D. sur $\overrightarrow{u_r}$:

$$-mr\dot{\theta}^2 = -\frac{GmM_T}{(R_T + z)^2} \quad \Leftrightarrow \quad (R_T + z)\,\dot{\theta}^2 = \frac{GM_T}{(R_T + z)^2}$$

$$\Leftrightarrow \quad |\dot{\theta}| = \sqrt{\frac{GM_T}{(R_T + z)^3}}$$

Ainsi : $V = (R_T + z)\sqrt{\dfrac{GM_T}{(R_T + z)^3}} = \sqrt{\dfrac{GM_T}{R_T + z}}$

Remarque : Nous aurions pu nous contenter de projeter selon $\overrightarrow{u_r}$: l'expression de V permet de prouver que V est constante et donc que le mouvement est uniforme.

4. $V = \sqrt{\dfrac{6,67 \cdot 10^{-11} \times 6,00 \cdot 10^{24}}{(6400 + 800) \cdot 10^3}} = 7,4 \cdot 10^3 \text{ m.s}^{-1} = 7,4 \text{ km.s}^{-1}$

5. La période de révolution T du satellite est le temps qu'il lui faut pour faire un tour : $|\dot{\theta}| = \dfrac{2\pi}{T}$.

Remarque : On peut aussi faire le raisonnement suivant : lorsque le satellite a fait un tour, il a parcouru la distance $2\pi (R_T + z)$. Comme sa vitesse est constante, le temps nécessaire pour faire un tour est donc égal à $T = \dfrac{2\pi (R_T + z)}{V}$.

$$T = 2\pi\sqrt{\frac{(R_T + z)^3}{GM_T}}$$

6. $T = 2\pi\sqrt{\dfrac{(6400 \cdot 10^3 + 800 \cdot 10^3)^3}{6,67 \cdot 10^{-11} \times 6,00 \cdot 10^{24}}} = 6100 \text{ s} = 1 \text{ h}41 \text{ min}$

Exercice 27.3 : Navire à moteur (G2E) **

Un navire, de masse $m = 10000$ tonnes, file en ligne droite, à la vitesse $v_0 = 15$ nœuds. La force de résistance exercée par l'eau sur la coque du bateau est du type : $F = kv^2$ où k est une constante et v la vitesse du bateau. Un nœud correspond à 1 mile nautique par heure et le nautique est égal à 1852 m. On se place dans un référentiel lié au port qui sera supposé galiléen. On ne considérera que les forces horizontales, les forces verticales se compensant.

1. Calculer la constante k sachant que le moteur fournit une puissance de $P = 5$ MW à la vitesse v_0. Le navire est ainsi soumis à une force de propulsion d'intensité égale à : $F_m = \dfrac{P}{v_0}$.

2. Le navire stoppe ses machines à la distance X au large de la passe d'entrée d'un port. Déterminer l'expression de la vitesse du navire en fonction du temps t. On posera $\tau = \dfrac{m}{k}$.

3. En déduire la distance X parcourue par le navire en fonction de τ, v_0 et v_P, la vitesse au niveau de la passe.
Calculer cette distance si on désire atteindre la passe à la vitesse de 2 nœuds.

4. Déterminer le temps θ mis pour atteindre la passe.

5. Déterminer la vitesse, v_Q, à l'arrivée à quai, un demi-mille au-delà de la passe d'entrée ? On le calculera en nœuds puis en m.s^{-1}.

6. Quelle est la solution d'urgence pour arrêter le bateau ?

1. Système : {navire}.
Référentiel lié au port, supposé galiléen.
Base de projection : base cartésienne.
Le mouvement du navire est rectiligne donc un rapide bilan cinématique permet d'écrire : $\overrightarrow{OM} = x\overrightarrow{u_x}$; $\vec{v} = \dot{x}\overrightarrow{u_x}$; $\vec{a} = \dfrac{d\vec{v}}{dt} = \ddot{x}\overrightarrow{u_x}$.

Point méthode : Pour calculer la constante k, il faudrait connaître l'intensité de la force de résistance de l'eau. Pour cela, on applique le P.F.D. puis on le projette sur la base adaptée.

Bilan des forces extérieures horizontales s'appliquant au système :

- la force de propulsion du moteur $\overrightarrow{F_m}$,
- la force de résistance exercée par l'eau $\vec{F}$.

Pour aller plus loin : Il y a également les forces verticales : le poids du navire $\vec{P}$ et la poussée d'Archimède de l'eau sur le navire $\overrightarrow{\pi_A}$, on les représente dans le schéma ci-dessous mais elles ne sont pas demandées par l'énoncé :

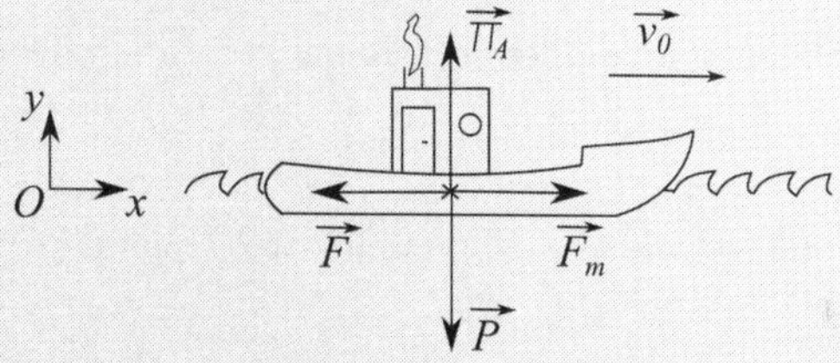

En prenant en compte toutes les forces, le PFD appliqué au navire s'écrit :

$$m\vec{a} = \sum \overrightarrow{F_{\text{ext}}} = \vec{P} + \overrightarrow{\pi_A} + \overrightarrow{F_m} + \vec{F}$$

Appliquons le principe fondamental de la dynamique (PFD) au système navire dans le référentiel supposé galiléen et projetons horizontalement :

$$ma_x = F_m - F$$

Le navire avance à vitesse constante v_0 donc : $\vec{a} = \dfrac{d\overrightarrow{v_0}}{dt} = \vec{0}$
Ainsi, $F_m - F = 0$ donc $F_m = F$

$$\frac{P}{v_0} = k{v_0}^2 \quad \Leftrightarrow \quad k = \frac{P}{{v_0}^3}$$

Ici la vitesse est donnée en nœuds or dans le calcul de la puissance il faut que v soit en m.s^{-1} et la force en N (ou m.s^{-2}).
La constante k s'exprime ainsi en kg.m^{-1} (ne pas oublier l'unité dans l'application numérique).

$$k = \frac{5 \cdot 10^6}{\left(15 \times \dfrac{1852}{3600}\right)^3} = 11 \cdot 10^3 \text{ kg.m}^{-1}$$

Point méthode : Pour déterminer l'expression de la vitesse en fonction du temps, il faut établir une équation différentielle. Pour cela, on applique le P.F.D. au système.

2. Dès que le navire stoppe ses machines, il n'est plus soumis à la force de propulsion donc le P.F.D. projeté sur (Ox) devient :

$$ma_x = m\frac{dv}{dt} = -F = -kv^2$$

D'où : $\dfrac{dv}{dt} + \dfrac{k}{m}v^2 = 0$, en posant $\tau = \dfrac{m}{k}$ on a : $\dfrac{dv}{dt} + \dfrac{v^2}{\tau} = 0$

Nous ne sommes pas face à une équation différentielle du 1er ordre (terme en v^2). De plus, τ est ici homogène à une longueur !

On résout cette équation différentielle par séparation de variable :

$$\frac{dv}{v^2} = -\frac{dt}{\tau}$$

En définissant l'instant $t = 0$ l'instant où le navire stoppe ses machines, on intègre entre $(t = 0, v_0)$ et (t, v) :

$$\int_{v_0}^{v} \frac{dv}{v^2} = \int_0^t -\frac{dt}{\tau} \quad \Rightarrow \quad -\frac{1}{v} + \frac{1}{v_0} = -\frac{t}{\tau}$$

$$v(t) = \frac{v_0\tau}{\tau + v_0 t}$$

Point méthode : On connaît la vitesse en fonction du temps et on souhaite connaître la position en fonction du temps, on écrit $\overrightarrow{v} = \dfrac{d\overrightarrow{OM}}{dt}$, on projette puis, on sépare les variables et on intègre.

3. Le navire a un mouvement rectiligne donc $v = \dfrac{dx}{dt}$, en intégrant entre $(t = 0, x = 0)$ et (t, x) :

$$dx = \frac{v_0\tau}{\tau + v_0 t}dt \quad \Rightarrow \quad \int_0^x dx = \int_0^t \frac{v_0\tau}{\tau + v_0 t}dt$$

$$x(t) = \left[\tau \ln(\tau + v_0 t)\right]_0^t = \tau\left[\ln(\tau + v_0 t) - \ln\tau\right]$$

$$x(t) = \tau \ln\frac{\tau + v_0 t}{\tau}$$

Lorsque le navire arrive au niveau de la passe, il a parcouru la distance X pendant un temps θ tel que $x(\theta) = X = \tau \ln \dfrac{\tau + v_0\theta}{\tau}$ et sa vitesse est $v_P = \dfrac{v_0\tau}{\tau + v_0\theta}$ (d'après la question 2). Par conséquent : $X = \tau \ln \dfrac{v_0}{v_P}$

A.N. : $X = \dfrac{10000 \cdot 10^3}{11 \cdot 10^3} \ln \dfrac{15}{2} = 1,8 \cdot 10^3$ m.

Remarque : Ici, comme il s'agit d'un rapport de vitesse il n'est pas utile de les convertir en m.s^{-1}.

4. En utilisant le résultat de la question 2, on a : $\theta = \tau \left(\dfrac{1}{v_P} - \dfrac{1}{v_0} \right)$

$$\theta = \frac{10000 \cdot 10^3}{11 \cdot 10^3} \left(\frac{1}{2} - \frac{1}{15} \right) \times \frac{3600}{1852} = 766 \text{ s}$$

5. Soient d la distance parcourue par le navire depuis l'arrêt des machines jusqu'au quai et t_Q l'instant où le navire atteint le quai.
D'après les questions 2. et 3., on a :

$$d = \tau \ln \left(\frac{\tau + v_0 t_Q}{\tau} \right) \quad (1) \quad \text{et} \quad v_Q = \frac{v_0 \tau}{\tau + v_0 t_Q} \quad (2)$$

D'après (1) il vient : $t_Q = \dfrac{\tau}{v_0} \left(\mathrm{e}^{d/\tau} - 1 \right)$ En remplaçant dans (2) :

$$v_Q = \frac{v_0 \tau}{\tau + v_0 \dfrac{\tau}{v_0} \left(\mathrm{e}^{d/\tau} - 1 \right)} = \frac{v_0 \tau}{\tau + \tau \ \mathrm{e}^{d/\tau} - \tau}$$

$$v_Q = v_0 \ \mathrm{e}^{-d/\tau}$$

aux unités (pour être sûr de ne pas se tromper, il vaut mieux utiliser les unités de base).

$$d = X + \frac{1}{2} \text{ mille} = 1800 + \frac{1852}{2} = 2726 \text{ m}$$

$$\tau = \frac{m}{k} = \frac{10000 \times 10^3}{11 \times 10^3} = 9,09 \cdot 10^2 \text{ m}$$

$$v_Q = 15 \times \ \mathrm{e}^{-2726/9,09 \cdot 10^2} = 0,75 \text{ nœuds}$$

$$v_Q = 0,75 \times \frac{1852}{3600} = 0,38 \text{ m.s}^{-1}$$

6. Pour arrêter d'urgence le bateau, on fait « machine arrière » c'est-à-dire que l'on fait tourner les hélices dans l'autre sens pour le freiner (on inverse ainsi la force de propulsion pour ralentir le navire).

Remarque : Il ne faut surtout pas lancer l'ancre au risque de l'arracher et la coque avec !

Exercice 27.4 : Orbitogramme de la Vilette (Agro-Véto) **

On considère un référentiel galiléen associé au repère orthonormé $(O,\overrightarrow{e_x},\overrightarrow{e_y},\overrightarrow{e_z})$, l'axe Oz est vertical ascendant. La position d'un point matériel M sera définie par ses coordonnées cylindriques, $(r > 0)$, θ et z.

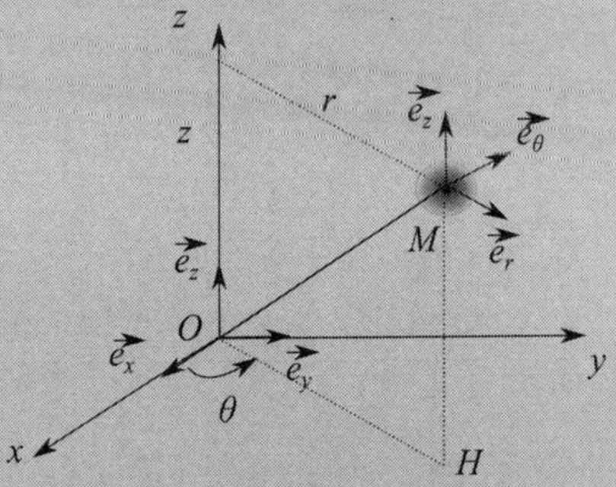

On notera respectivement $\overrightarrow{e_r}$ et $\overrightarrow{e_\theta}$ les vecteurs unitaires déduits de $\overrightarrow{e_x}$ et $\overrightarrow{e_y}$ par rotation d'angle θ autour de Oz.

1. Exprimer $\overrightarrow{OM}$ dans la base cylindrique.
2. En déduire la vitesse $\overrightarrow{v_{(M)}}$ dans cette même base.
3. Montrer que l'accélération peut se mettre sous la forme :

$$\overrightarrow{a_{(M)}} = \left(\frac{d^2r}{dt^2} - r\left(\frac{d\theta}{dt}\right)^2\right)\overrightarrow{e_r} + \left(2\frac{dr}{dt}\frac{d\theta}{dt} + r\frac{d^2\theta}{dt^2}\right)\overrightarrow{e_\theta} + \frac{d^2z}{dt^2}\overrightarrow{e_z}$$

4. Montrer que $\overrightarrow{a_{(M)}} \cdot \overrightarrow{e_\theta}$ peut s'écrire aussi : $\overrightarrow{a_{(M)}} \cdot \overrightarrow{e_\theta} = \dfrac{1}{r}\dfrac{d}{dt}\left(r^2\dfrac{d\theta}{dt}\right)$.

On étudie le mouvement d'une bille d'acier M, de masse m, assimilée à un point matériel sur une surface de révolution.

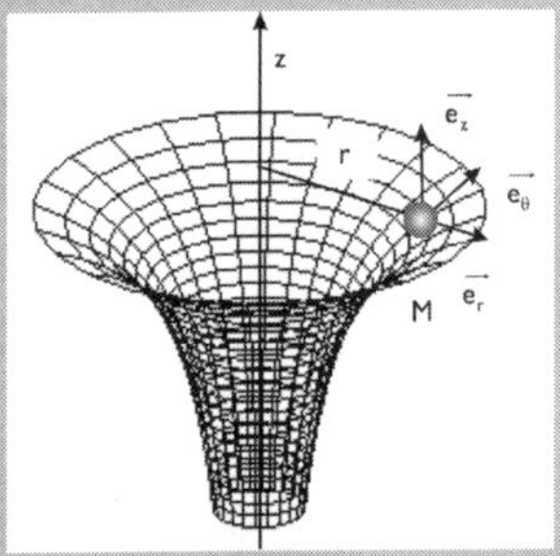

On néglige les frottements.

La réaction normale du support sera notée : $\overrightarrow{R_N} = R_r\overrightarrow{e_r} + R_\theta\overrightarrow{e_\theta} + R_z\overrightarrow{e_z}$.

5. Justifier sans calcul que $R_\theta = 0$.
6. Faire un bilan des forces s'exerçant sur la bille.

7. Écrire le principe fondamental de la dynamique et faire la projection dans la base cylindrique. En déduire que la quantité $r^2\dfrac{d\theta}{dt}$ est une constante notée C.

Remarque : Les premières questions sont des questions de cours. Elles doivent être traitées rapidement et sans erreur ! Il faut bien s'adapter aux notations de l'énoncé : respecter les notations des vecteurs de base et écrire $\dfrac{dr}{dt}$ à la place de $\dot{r}$ par exemple.

1. Dans la base cylindrique : $\overrightarrow{OM} = \overrightarrow{OH} + \overrightarrow{HM} = r\overrightarrow{e_r} + z\overrightarrow{e_z}$

2. Ainsi : $\overrightarrow{v} = \dfrac{d\overrightarrow{OM}}{dt} = \dfrac{dr}{dt}\overrightarrow{e_r} + r\dfrac{d\theta}{dt}\overrightarrow{e_\theta} + \dfrac{dz}{dt}\overrightarrow{e_z}$

Explication : Le calcul détaillé donne :

$$\overrightarrow{v} = \frac{d(r\overrightarrow{e_r})}{dt} + \frac{d(z\overrightarrow{e_z})}{dt} = \frac{dr}{dt}\overrightarrow{e_r} + r\frac{d(\overrightarrow{e_r})}{dt} + \frac{dz}{dt}\overrightarrow{e_z} + z\frac{d\overrightarrow{e_z}}{dt}$$

Les vecteurs unitaires $\overrightarrow{e_x}$, $\overrightarrow{e_y}$, $\overrightarrow{e_z}$ associés à la base cartésienne sont fixes et immobiles au cours du temps $\left(\dfrac{d\overrightarrow{e_z}}{dt} = 0\right)$ tandis que les vecteurs unitaires $\overrightarrow{e_r}$ et $\overrightarrow{e_\theta}$ sont mobiles et donc dépendent du temps. Dans l'exercice 27.2, nous avons développé le calcul pour montrer que $\dfrac{d(\overrightarrow{e_r})}{dt} = \dfrac{d\theta}{dt}\overrightarrow{e_\theta}$ et $\dfrac{d(\overrightarrow{e_\theta})}{dt} = -\dfrac{d\theta}{dt}\overrightarrow{e_r}$.

3. $\overrightarrow{a} = \dfrac{d\overrightarrow{v}}{dt} = \dfrac{d^2r}{dt^2}\overrightarrow{e_r} + \dfrac{dr}{dt}\dfrac{d\overrightarrow{e_r}}{dt} + \dfrac{dr}{dt}\dfrac{d\theta}{dt}\overrightarrow{e_\theta} + r\dfrac{d^2\theta}{dt^2}\overrightarrow{e_\theta} + r\dfrac{d\theta}{dt}\dfrac{d\overrightarrow{e_\theta}}{dt} + \dfrac{d^2z}{dt^2}\overrightarrow{e_z}$

$$\overrightarrow{a_{(M)}} = \left(\frac{d^2r}{dt^2} - r\left(\frac{d\theta}{dt}\right)^2\right)\overrightarrow{e_r} + \left(2\frac{dr}{dt}\frac{d\theta}{dt} + r\frac{d^2\theta}{dt^2}\right)\overrightarrow{e_\theta} + \frac{d^2z}{dt^2}\overrightarrow{e_z}$$

4. Les vecteurs $\overrightarrow{e_r}$, $\overrightarrow{e_\theta}$ et $\overrightarrow{e_z}$ forment une base orthonormée directe donc :

$$\overrightarrow{a_{(M)}} \cdot \overrightarrow{e_\theta} = a_\theta = 2\frac{dr}{dt}\frac{d\theta}{dt} + r\frac{d^2\theta}{dt^2}$$

Or : $\dfrac{d}{dt}\left(r^2\dfrac{d\theta}{dt}\right) = 2r\dfrac{dr}{dt}\cdot\dfrac{d\theta}{dt} + r^2\dfrac{d^2\theta}{dt^2} = r\left(2\dfrac{dr}{dt}\dfrac{d\theta}{dt} + r\dfrac{d^2\theta}{dt^2}\right)$

D'où en identifiant :

$$\overrightarrow{a_{(M)}} \cdot \overrightarrow{e_\theta} = \frac{1}{r}\frac{d}{dt}\left(r^2\frac{d\theta}{dt}\right)$$

5. Dans la mesure où l'on néglige les frottements, la réaction est normale. La normale à la surface de l'hyperboloïde appartient au plan $(\overrightarrow{e_r},\overrightarrow{e_z})$. Par conséquent : $R_\theta = 0$.

Remarque : On peut traiter les questions 6 et 7 sans avoir réussi à répondre à la question 5. Il faut bien utiliser l'énoncé et ne pas hésiter à utiliser un résultat même s'il n'a pas été montré.

6. Le système étudié est la {bille}. On se place dans un référentiel terrestre supposé galiléen. La base de projection est la base cylindrique. Les forces s'appliquant au système sont le poids $\overrightarrow{P}$ et la réaction normale du support $\overrightarrow{R_N}$.

7. On applique le principe fondamental de la dynamique au système bille dans le référentiel galiléen :

$$m\overrightarrow{a} = \overrightarrow{P} + \overrightarrow{R_N} = -mg\overrightarrow{e_z} + R_r\overrightarrow{e_r} + R_z\overrightarrow{e_z}$$

On projette sur le vecteur $\overrightarrow{e_\theta}$: $m\left(2\dfrac{dr}{dt}\dfrac{d\theta}{dt} + r\dfrac{d^2\theta}{dt^2}\right) = 0.$

Pour aller plus loin : Les projections sur les deux autres vecteurs de base (inutilisées ici) donnent :

$$\text{sur } \overrightarrow{e_r} \quad \Rightarrow \quad m\left(\frac{d^2r}{dt^2} - r\left(\frac{d\theta}{dt}\right)^2\right) = R_r\,;$$

$$\text{sur } \overrightarrow{e_z} \quad \Rightarrow \quad m\frac{d^2z}{dt^2} = -mg + R_z.$$

D'après le résultat de la question 4 :

$$2\frac{dr}{dt}\frac{d\theta}{dt} + r\frac{d^2\theta}{dt^2} = \frac{1}{r}\frac{d}{dt}\left(r^2\frac{d\theta}{dt}\right)$$

D'où : $m\left[\dfrac{1}{r}\dfrac{d}{dt}\left(r^2\dfrac{d\theta}{dt}\right)\right] = 0 \quad \Leftrightarrow \quad \dfrac{d}{dt}\left(r^2\dfrac{d\theta}{dt}\right) = 0.$

Ainsi, comme la dérivée est nulle, nous avons bien :

$$r^2\frac{d\theta}{dt} = \text{cste} = C$$

Remarque : On retrouve ce résultat pour les mouvements à accélération centrale. La démonstration à partir du P.F.D. se fait toujours en projetant sur $\overrightarrow{e_\theta}$.

Exercice 27.5 : Principe de l'absorption vibrationnelle (Agro-Véto) **

On s'intéresse aux vibrations d'une molécule diatomique hétéronucléaire. Pour modéliser ces vibrations, on considère que chaque atome se déplace selon un mouvement unidimensionnel sur l'axe (Ox). La liaison est représentée par un ressort sans masse de raideur k qui relie les deux atomes 1 et 2 de la molécule. On note (Ox) l'axe parallèle à la liaison, $x_1(t)$ représente à l'instant t la position de l'atome 1 de masse m_1, $x_2(t)$ représente à l'instant t la position de l'atome 2 de masse m_2. On ne prendra en compte que la tension du ressort (en particulier, on négligera le poids).

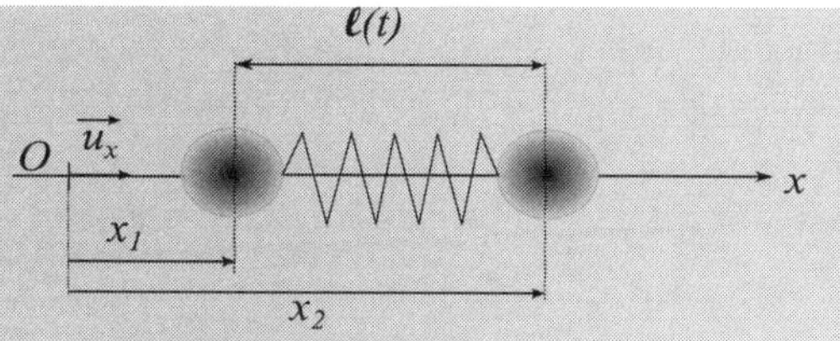

Figure 1

On notera $\ell(t)$ la distance entre les deux atomes à l'instant t et ℓ_e la distance à l'équilibre.

1. Écrire l'équation de la dynamique pour l'atome 1. On cherchera une relation entre $\frac{d^2x_1}{dt^2}$ et $\ell(t)$. Le signe de la force exercée sur l'atome 1 sera justifié avec soin.

2. Faire de même pour l'atome 2.

3. En déduire que le mouvement vibratoire peut être défini par l'équation :

$\mu\frac{d^2\ell}{dt^2} = -k(\ell - \ell_e)$ (1) où l'on introduit la masse réduite $\mu = \frac{m_1 m_2}{m_1 + m_2}$.

4. Donner la solution de l'équation précédente (on ne cherchera pas à déterminer les constantes d'intégration). Préciser l'expression de la pulsation de vibration ω_{vib} et de la fréquence de vibration f_{vib} du système en fonction de k et μ. Quelle est l'unité de f_{vib} ?

5. En spectroscopie moléculaire, les fréquences de vibration moléculaires sont usuellement exprimées en cm^{-1} et non en Hertz. On devrait alors parler plus rigoureusement du nombre d'onde σ caractéristique de la vibration. Les deux unités nombre d'onde σ et fréquence f sont reliées par la vitesse de la lumière c ($c = 3 \cdot 10^8$ m.s^{-1}). Par analyse dimensionnelle, déduire la relation entre σ, f et c. On admettra ici qu'aucun facteur numérique sans dimension n'est nécessaire. À quelle fréquence exprimée en Hz correspond 1 cm^{-1} ?

6. Dans l'éthanol CH_3CH_2OH, on cherche à étudier le mouvement de l'atome d'hydrogène du groupe OH par rapport au reste de la molécule.

a) Quelles sont les masses m_1 et m_2 à considérer ?

On donne $M(\text{C}) = 12$ g.mol^{-1} ; $M(\text{O}) = 16$ g.mol^{-1} ; $M(\text{H}) = 1$ g.mol^{-1} et le nombre d'Avogadro $\mathcal{N}_A = 6{,}02 \cdot 10^{23}$ mol^{-1}.

b) En raisonnant sur la masse réduite μ, montrer que le mouvement de l'atome H est approximativement celui qu'il aurait s'il était attaché à une masse infinie par une liaison dont la constante de force k est caractéristique de la liaison OH. En déduire l'expression et la valeur de μ.

c) Calculer alors k pour cette liaison sachant que $\sigma_{\text{OH}} = 3600$ cm^{-1}.

1. Système : {masse 1}.
Référentiel lié au laboratoire, supposé galiléen.
Base de projection : base cartésienne.

Point méthode : Pour trouver l'équation différentielle du mouvement, on peut appliquer le principe fondamental de la dynamique P.F.D. et le projeter sur les vecteurs de base.
La difficulté de cet exercice est d'exprimer correctement les forces de rappel du ressort, selon le système étudié.

Le poids étant négligé, la force s'appliquant au système est la force de rappel exercée par l'atome 2 sur l'atome 1 :

$$\overrightarrow{F_{r_1}} = -k\left(\ell - \ell_0\right)\overrightarrow{u_{\text{spire}\to\text{masse }1}}$$

ℓ_0 est la longueur à vide du ressort et $\overrightarrow{u_{\text{spire}\to\text{masse }1}} = -\overrightarrow{u_x}$.

Il ne faut pas appliquer immédiatement l'expression simplifiée $\overrightarrow{F_r} = -kx\overrightarrow{u_x}$ qui n'est vraie que dans certaines conditions (ressort horizontal, attaché en O et $\overrightarrow{u_x}$ étant le vecteur unitaire dirigé du point où est attaché le ressort vers le système attaché au ressort, x désignant l'allongement du ressort).

Remarque : Dans le cas d'un ressort allongé, nous avons la situation de la figure suivante :

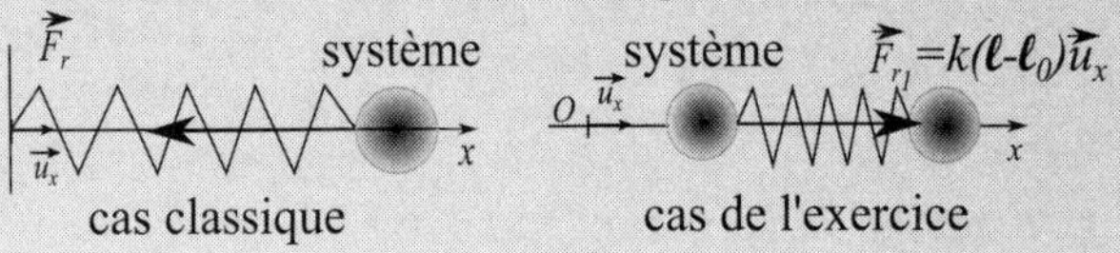

Dans les deux cas, la force de rappel tend à comprimer le ressort : si le ressort est allongé, $\ell - \ell_0 > 0$, la force est dirigée selon $\overrightarrow{u_x}$ (compression du ressort).

Appliquons le P.F.D. au système {masse 1} :

$$m_1\vec{a} = \sum\overrightarrow{F_{\text{ext}}} = \overrightarrow{F_{r_1}} = k\left(\ell - \ell_0\right)\overrightarrow{u_x}$$

À l'équilibre, nous avons $k\left(\ell_e - \ell_0\right)\overrightarrow{u_x} = \overrightarrow{0}$ donc $\ell_e = \ell_0$.
En projetant sur l'axe Ox, il vient :

$$m_1 a_{1_x} = m_1\frac{d^2x_1}{dt^2} = k\left(\ell - \ell_e\right) \qquad (1)$$

2. On applique le même raisonnement que précédemment, mais pour le système {masse 2}. La force de rappel exercée par l'atome 1 s'écrit : $\overrightarrow{F_{r_2}} = -k\left(\ell - \ell_0\right)\overrightarrow{u_{\text{spire}\to\text{masse }2}}$ avec $\overrightarrow{u_{\text{spire}\to\text{masse }2}} = \overrightarrow{u_x}$.

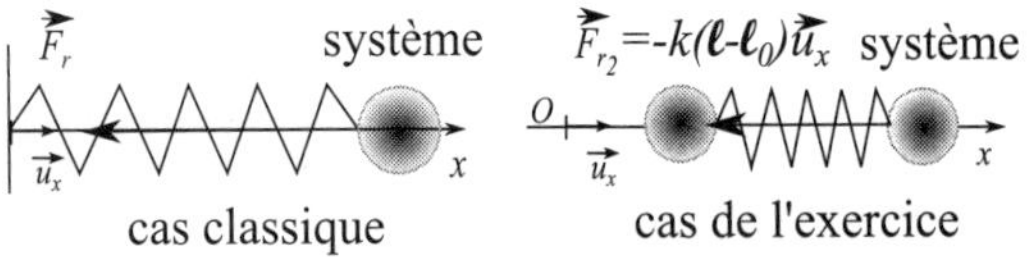

Par application du principe fondamental de la dynamique et projection sur l'axe Ox, on a :

$$m_2 a_{2_x} = m_2\frac{d^2x_2}{dt^2} = k\left(\ell - \ell_e\right) \qquad (2)$$

3. D'après la figure 1 : $\ell(t) = x_2 - x_1$.
Par combinaison linéaire $(m_1 \times (2) - m_2 \times (1))$, on a :

$$m_1 m_2 \left(\frac{d^2 x_2}{dt^2} - \frac{d^2 x_1}{dt^2} \right) = -k \left(\ell - \ell_e \right) \left(m_1 + m_2 \right)$$

$$\mu \frac{d^2 \ell}{dt^2} = -k \left(\ell - \ell_e \right)$$

4. Nous obtenons l'équation différentielle d'un oscillateur harmonique avec second membre.

$$\frac{d^2 \ell}{dt^2} + \frac{k}{\mu} \ell = \frac{k}{\mu} \ell_e$$

La résolution a lieu en deux étapes :

- Détermination de la solution générale de l'équation homogène :

$$\frac{d^2 \ell_1}{dt^2} + \frac{k}{\mu} \ell_1 = 0$$

On note ainsi : $\omega_{\text{vib}} = \sqrt{\frac{k}{\mu}}$ en rad.s^{-1} et $f_{\text{vib}} = \frac{\omega_{\text{vib}}}{2\pi} = \frac{1}{2\pi}\sqrt{\frac{k}{\mu}}$ en Hz ou s^{-1}.
La solution est de la forme : $\ell_1(t) = \ell_m \cos\left(\omega_{\text{vib}} t + \varphi\right)$.

Les constantes ℓ_m et φ ne se déterminent pas à ce niveau-là.

- Détermination d'une solution particulière de l'équation complète :

$$\ell_2 = \ell_e$$

La solution de l'équation différentielle est donc de la forme :

$$\ell(t) = \ell_1(t) + \ell_2 = \ell_m \cos\left(\omega_{\text{vib}} t + \varphi\right) + \ell_e$$

ℓ_m et φ sont des constantes d'intégration déterminée grâce aux conditions initiales.

5. Par analyse dimensionnelle, on a : $[f] \equiv T^{-1}$, $[c] \equiv L.T^{-1}$, $[\sigma] \equiv L^{-1}$.
On trouve : $f = c\sigma$.
1 cm^{-1} correspond à une fréquence de : $f = 3 \cdot 10^8 \times 10^2 = 3 \cdot 10^{10}$ Hz.

à l'unité de σ : $1 \text{ cm}^{-1} = 10^2 \text{ m}^{-1}$.

6.

a) La masse m_1 est celle de H et la masse m_2 est celle du reste de la molécule :

$$m_1 = \frac{M(\mathrm{H})}{\mathcal{N}_A} = 1,66{\cdot}10^{-24}\ \mathrm{g} \quad m_2 = \frac{5M(\mathrm{H}) + M(\mathrm{O}) + 2M(\mathrm{C})}{\mathcal{N}_A} = 7,48{\cdot}10^{-23}\ \mathrm{g}$$

b) Cherchons l'expression de μ lorsque m_2 est infinie :

$$\mu = \frac{m_1 m_2}{m_1 + m_2} \xrightarrow[m_2 \to \infty]{} \frac{m_1 m_2}{m_2} = m_1$$

Pour prouver que tout se passe comme si l'atome H était attaché à une masse infinie, montrons par le calcul que $\mu \approx m_1$. Calculons la masse réduite :

$$\mu = \frac{1}{\mathcal{N}_A} \frac{M(\mathrm{H}) \times [5M(\mathrm{H}) + M(\mathrm{O}) + 2M(\mathrm{C})]}{M(\mathrm{H}) + 5M(\mathrm{H}) + M(\mathrm{O}) + 2M(\mathrm{C})} = \frac{M(\mathrm{H})}{\mathcal{N}_A} \times \frac{45}{46}$$

$$\mu \approx \frac{M(\mathrm{H})}{\mathcal{N}_A} = m_1 = 1,66 \cdot 10^{-24}\ \mathrm{g}$$

Tout se passe bien comme si m_2 était infinie. L'atome H est donc le système. Il est lié à l'atome O donc la liaison étudiée est la liaison O - H.

c) $f_{\mathrm{vib}} = \dfrac{\omega_{\mathrm{vib}}}{2\pi} = \dfrac{1}{2\pi}\sqrt{\dfrac{k}{\mu}} = c\sigma$ donc $k = \mu \times (2\pi c\sigma)^2$

$$k = 1,66 \cdot 10^{-27} \times \left(2\pi \times 3 \cdot 10^8 \times 3600 \cdot 10^2\right)^2 = 764\ \mathrm{N.m^{-1}}$$

Pour exprimer la constante de raideur de la liaison en $\mathrm{N.m^{-1}}$, il faut mettre la masse réduite en kg.

CHAPITRE 28

Énergie d'un point matériel

Capacités à acquérir	Exercices
Savoir exprimer la puissance d'une force.	28.1 et 28.3
Utiliser les expressions de l'énergie potentielle de pesanteur et de l'énergie potentielle élastique.	28.2
Établir l'équation du mouvement à partir de l'énergie mécanique.	28.2
Reconnaître et résoudre l'équation d'un oscillateur harmonique non amorti.	28.2
Appliquer le théorème de la puissance cinétique.	28.3
Utiliser le théorème de l'énergie cinétique.	28.3
Appliquer le théorème de l'énergie mécanique.	28.4
Savoir distinguer une force conservative et une force non conservative.	28.4 et 28.5
Établir l'expression de l'énergie potentielle connaissant la force.	28.4 à 28.7
Pour un mouvement conservatif à une dimension, déduire du graphe de l'énergie potentielle la nature de la trajectoire possible : non bornée, bornée, périodique.	28.5
Déduire d'un graphe la position et la nature stable ou instable des positions d'équilibre.	28.6
Petits mouvements au voisinage d'un équilibre stable : connaître la nature du mouvement, relier la période du mouvement à la dérivée seconde de l'énergie potentielle.	28.7

Exercice 28.1 : Modèle de Drude (G2E) *

Le modèle de Drude (du nom du physicien Paul Drude) est une adaptation effectuée en 1900 de la théorie cinétique des gaz aux électrons des métaux (découverts 3 ans plus tôt, en 1897 par J.J. Thomson).

Bien que se fondant sur des hypothèses démenties depuis (description purement classique du mouvement des électrons), le modèle permet de rendre compte de plusieurs propriétés des métaux, notamment leurs conductivités électrique et thermique.

Les électrons libres du métal qui contribuent à la conduction sont uniformément répartis et sont animés d'un mouvement d'ensemble par des champs électriques ou magnétiques et freinés dans ce mouvement par des collisions. On note m la masse d'un électron, $-e$ sa charge et n la densité volumique, c'est-à-dire le nombre d'électrons par m^3.

Les électrons sont ici soumis à l'action d'un champ électrique uniforme $\vec{E} = E\vec{u_x}$ et à une force de frottement traduisant les chocs dans le réseau cristallin $\vec{f} = -\dfrac{m\vec{v}}{\tau}$ où τ est la durée moyenne entre deux chocs et $\vec{v} = v_x\vec{u_x}$ la vitesse d'un électron dans le référentiel lié au métal, supposé galiléen et rapporté au repère $(O,\vec{u_x})$.

1. Établir l'équation différentielle suivie par v_x.

2. Montrer que la vitesse de l'électron tend, en régime permanent, vers une constante notée $\vec{v_\infty}$, que l'on précisera.

3. Exprimer en régime permanent, la puissance de la force électrique, ainsi que celle de la force de frottement. Conclure.

Système : {un électron}.
Référentiel terrestre supposé galiléen.
Base cartésienne $(O,\vec{u_x})$.
Bilan cinématique : $\vec{OM} = x\vec{u_x}$; $\vec{v} = \dot{x}\vec{u_x}$; $\vec{a} = \ddot{x}\vec{u_x}$.

1. La relation fondamentale de la dynamique appliquée à l'électron dans un référentiel galiléen s'écrit :

$$m\frac{d\vec{v}}{dt} = -eE\vec{u_x} - \frac{m\vec{v}}{\tau}$$

Projetons sur $\vec{u_x}$: $m\dfrac{dv_x}{dt} = -eE - \dfrac{mv_x}{\tau}$

Nous obtenons l'équation différentielle suivante : $\dfrac{dv_x}{dt} + \dfrac{v_x}{\tau} = \dfrac{-e}{m}E$.

2. Lorsque le régime est permanent, la vitesse est constante donc $\dfrac{d\vec{v}}{dt} = \vec{0}$:

$$\vec{0} = -eE\vec{u_x} - \frac{m\vec{v_\infty}}{\tau}$$

On trouve ainsi l'expression de la vitesse limite : $\vec{v_\infty} = -\dfrac{eE\tau}{m}\vec{u_x}$.

Remarque : Cette expression peut aussi s'obtenir en résolvant l'équation différentielle puis en faisant tendre t vers l'infini mais cette méthode est beaucoup plus fastidieuse et beaucoup trop longue.

3. En régime permanent, la vitesse de l'électron est constante et égale à $\overrightarrow{v_\infty}$.
La puissance d'une force $\overrightarrow{F}$ s'écrit alors $\overrightarrow{F}\cdot\overrightarrow{v_\infty}$.
La puissance de la force électrique s'écrit :

$$\mathcal{P}_{\text{el}} = -eE\overrightarrow{u_x}\cdot\left(-\frac{eE\tau}{m}\overrightarrow{u_x}\right) = \frac{(eE)^2\tau}{m}$$

La puissance de la force de frottement s'écrit :

$$\mathcal{P}_{\text{fr}} = -\frac{mv_\infty}{\tau}\overrightarrow{u_x}\cdot\left(-\frac{eE\tau}{m}\overrightarrow{u_x}\right) = v_\infty eE = -\frac{(eE)^2\tau}{m}$$

L'électron reçoit de la puissance de la part du champ électrique, il perd aussitôt cette puissance par frottement : c'est l'effet Joule.

Exercice 28.2 : Ressort (ENSTIM) *

Une particule M de masse m peut glisser sur un rail horizontal fixe dans le référentiel terrestre supposé galiléen.

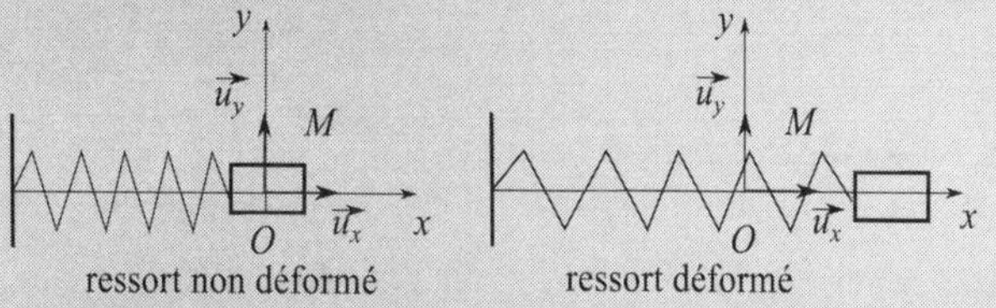

M est fixée à l'extrémité d'un ressort de raideur k dont l'autre extrémité est fixe. La position de M est repérée par son abscisse x. $x = 0$ correspond au ressort détendu. Le glissement s'effectue sans frottement.

1. Représenter, sur un dessin, les forces exercées sur M dans le cas où $x > 0$, faire un bilan de ces forces, puis, par application de la relation fondamentale de la dynamique, déterminer l'équation différentielle vérifiée par $x(t)$. (Ne pas la résoudre pour l'instant).

2. Donner l'expression de l'énergie potentielle élastique emmagasinée dans le ressort en fonction de k et x.

3. Exprimer l'énergie mécanique du système {masse + ressort} en fonction de m, k, x et de sa dérivée $\dot{x}$. Est-elle conservée au cours du mouvement ? (justifier).

4. De ce qui précède, déduire à nouveau l'équation différentielle du mouvement de M.

5. Résoudre l'équation différentielle et obtenir l'équation horaire $x(t)$ du mouvement de M dans le cas où M est lancée à $t = 0$ de l'abscisse x_0 avec la vitesse $\overrightarrow{v_0} = \dot{x}_0\overrightarrow{u_x}$. (en fonction de x_0, $\dot{x}_0$, k, m et t).

Système : {particule M}.
Référentiel terrestre supposé galiléen.
Base cartésienne $(O,\overrightarrow{u_x})$ car le point M est contraint à se déplacer sur l'axe

(Ox).
Bilan cinématique : $\overrightarrow{OM} = x\overrightarrow{u_x}$; $\overrightarrow{v} = \dot{x}\overrightarrow{u_x}$; $\overrightarrow{a} = \ddot{x}\overrightarrow{u_x}$.

1.

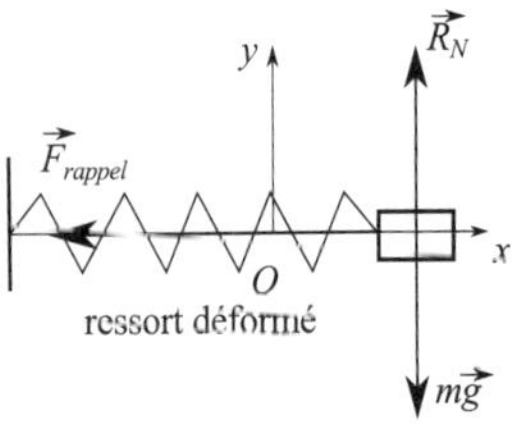

Les forces s'exerçant sur le système sont son poids, la réaction du support (ces deux forces verticales se compensent, les deux vecteurs doivent être de même norme) et la force de rappel du ressort. Si le ressort est détendu, la force de rappel tend à le comprimer.

Rappel : De manière générale, la force de rappel du ressort s'écrit : $\overrightarrow{F_{\text{rappel}}} = -k(\ell - \ell_0)\overrightarrow{u_x}$ où ℓ est la longueur du ressort et ℓ_0 sa longueur à vide. Lorsqu'il n'est pas déformé, un ressort horizontal a une longueur égale à sa longueur à vide. Ainsi $\ell - \ell_0 = x$.

La force de rappel du ressort s'écrit : $\overrightarrow{F_{\text{rappel}}} = -kx\overrightarrow{u_x}$.
Appliquons le principe fondamental de la dynamique au système :

$$m\ddot{x}\overrightarrow{u_x} = m\overrightarrow{g} + \overrightarrow{R_N} - kx\overrightarrow{u_x}$$

Projetons sur $\overrightarrow{u_x}$: $m\ddot{x} = -kx$.

L'équation différentielle suivie par x est donc : $\ddot{x} + \frac{k}{m}x = 0$.

2. L'énergie potentielle élastique emmagasinée dans le ressort s'écrit : $E_p(x) = \frac{1}{2}kx^2$. On choisit $E_p(0) = 0$.

Cette expression n'est valable que lorsque x est égal à $\ell - \ell_0$. Si ce n'est pas le cas (par exemple, ressort incliné le long d'un axe différent de (Ox)), il faut utiliser l'expression générale : $E_p = \frac{1}{2}k(\ell - \ell_0)^2 + \text{cste}$.

3. L'énergie mécanique du système s'écrit : $E_m = \frac{1}{2}m\dot{x}^2 + \frac{1}{2}kx^2$.
L'énergie mécanique est conservée au cours du mouvement car le système n'est soumis qu'à des forces conservatives ($\overrightarrow{F_{\text{rappel}}}$) et à des forces qui ne travaillent pas ($\overrightarrow{P}$ et $\overrightarrow{R_N}$ perpendiculaires au déplacement).

4. Comme l'énergie mécanique se conserve : $\frac{dE_m}{dt} = 0$.

$$\frac{dE_m}{dt} = \frac{1}{2}m \times 2\dot{x}\ddot{x} + \frac{1}{2}k \times 2x\dot{x}$$

On retrouve $\ddot{x} + \dfrac{k}{m}x = 0$.

Remarque : Il s'agit de l'équation différentielle d'un oscillateur harmonique : $\ddot{x} + {\omega_0}^2 x = 0$ avec ω_0 la pulsation propre du système.

5. On pose $\omega_0 = \sqrt{\dfrac{k}{m}}$. La solution de cette équation différentielle s'écrit : $x = X_m \cos(\omega_0 t + \varphi)$.
Pour déterminer X_m et φ, on utilise les conditions initiales.

Point méthode : Pour les conditions initiales, il est préférable d'exprimer à un instant t quelconque la position x et la vitesse $\dot{x}$ **puis** de trouver leurs expressions lorsque $t = 0$.

À un instant t : $x = X_m \cos(\omega_0 t + \varphi)$ et $\dot{x} = -\omega_0 X_m \sin(\omega_0 t + \varphi)$.
À l'instant initial : $x_0 = X_m \cos\varphi$ et $\dot{x}_0 = -\omega_0 X_m \sin\varphi$.
Le rapport membre à membre permet d'écrire : $\tan\varphi = -\dfrac{\dot{x}_0}{\omega_0 x_0}$

$$\cos^2\varphi + \sin^2\varphi = 1 \quad \text{donne} \quad X_m = \sqrt{{x_0}^2 + \left(\frac{\dot{x}_0}{\omega_0}\right)^2}$$

$$x = \sqrt{{x_0}^2 + \left(\frac{\dot{x}_0}{\omega_0}\right)^2} \cos\left[\omega_0 t + \arctan\left(-\frac{\dot{x}_0}{\omega_0 x_0}\right)\right]$$

Exercice 28.3 : Voiture réduite à un point matériel (G2E) **

On considère un véhicule, assimilé à un point matériel de masse m, en mouvement rectiligne horizontal. Sa position est repérée par son abscisse x et on ne considérera que les composantes des forces colinéaires au vecteur $\overrightarrow{u_x}$ directeur de l'axe (Ox). Dans tout le problème, on se place dans un référentiel terrestre supposé galiléen.

1. L'automobile n'est soumise qu'à l'action de son moteur qui développe une puissance constante $\mathcal{P}$. Elle part du repos en $x = 0$. Les frottements sont négligés. Déterminer, en fonction du temps, les expressions de :
a) la vitesse $v(t)$.
b) l'accélération $\gamma(t)$.
c) l'abscisse $x(t)$.
2. Déterminer l'expression de x en fonction de la vitesse v.
3. Au bout de quelle distance le véhicule aura-t-il atteint la vitesse de 90 km.h^{-1} ?

On donne : $m = 1200$ kg et $\mathcal{P} = 75$ kW.
4. La voiture est maintenant soumise, en plus de l'action du moteur, à une force de résistance de l'air, de norme kmv^2, où k est une constante positive.

a) En utilisant le théorème de l'énergie cinétique, pendant une durée infinitésimale dt, établir l'équation différentielle : $dx = \dfrac{mv^2 dv}{\mathcal{P} - kmv^3}$.
b) En intégrant cette équation différentielle, exprimer x en fonction de v, sachant que $x(0) = 0$ et $v(0) = 0$.
c) Montrer qu'il existe une vitesse limite V_∞.
d) Donner x en fonction de v et de V_∞.
5. On donne $V_\infty = 180$ km.h^{-1}.
a) Calculer la valeur de k.
b) Au bout de quelle distance X, le véhicule aura-t-il atteint la vitesse de 90 km.h^{-1} ?

Système : {voiture}.
Référentiel terrestre supposé galiléen.
Base cartésienne $(O,\overrightarrow{u_x})$ car le mouvement est rectiligne, on note O le point de départ de la voiture.
Bilan cinématique : $\overrightarrow{OM} = x\overrightarrow{u_x}$; $\overrightarrow{v} = \dot{x}\overrightarrow{u_x} = v\overrightarrow{u_x}$; $\overrightarrow{\gamma} = \dot{v}\overrightarrow{u_x} = \gamma\overrightarrow{u_x}$.

1. Appliquons le théorème de la puissance cinétique : $\mathcal{P} = \dfrac{dE_C}{dt}$

$$\mathcal{P}dt = d\left(\frac{1}{2}mv^2\right)$$

Remarque : Ce théorème s'impose puisque l'énoncé ne donne que la puissance développée par le moteur.

Point méthode : Lorsque la première question d'un exercice est de trouver l'expression d'une vitesse, en général, il est pratique d'appliquer un des théorèmes énergétiques (théorème de la puissance cinétique ou théorème de l'énergie cinétique ou théorème de l'énergie mécanique).

a) Pour exprimer la vitesse, on intègre.

Point méthode : On intègre en faisant correspondre les bornes (à $t = 0$, $v = 0$ car la voiture part du repos). $\mathcal{P}$ sort de l'intégrale car c'est une constante.

$$\mathcal{P}\int_0^t dt = \int_0^{\frac{1}{2}mv^2} d\left(\frac{1}{2}mv^2\right)$$

$$\mathcal{P}t = \frac{1}{2}mv^2 \quad (1)$$

$$v = \sqrt{\frac{2\mathcal{P}t}{m}}$$

Point méthode : Vérifions l'homogénéité de cette relation : $\mathcal{P}t$ est homogène à une énergie donc s'exprime en $\text{kg.m}^2.\text{s}^{-2}$. $\dfrac{2\mathcal{P}t}{m}$ s'exprime donc en $\text{m}^2.\text{s}^{-2}$. $\sqrt{\dfrac{2\mathcal{P}t}{m}}$ s'exprime en m.s^{-1} et est bien homogène à une vitesse.

b) L'accélération s'obtient en dérivant la vitesse :

$$\gamma = \frac{dv}{dt} = \sqrt{\frac{2\mathcal{P}}{m}} \times \frac{1}{2\sqrt{t}} = \sqrt{\frac{\mathcal{P}}{2mt}}$$

Point méthode : Vérifions l'homogénéité de cette relation : $\mathcal{P}$ s'exprime en $\text{kg.m}^2.\text{s}^{-3}$ et mt s'exprime en kg.s. $\dfrac{\mathcal{P}}{2mt}$ s'exprime en $\text{m}^2.\text{s}^{-4}$ et ainsi $\sqrt{\dfrac{\mathcal{P}}{2mt}}$ s'exprime en m.s^{-2} et est bien homogène à une accélération.

c) L'abscisse s'obtient en intégrant la vitesse et en faisant correspondre les bornes.

$$\frac{dx}{dt} = v = \sqrt{\frac{2\mathcal{P}t}{m}}$$

Séparons les variables et intégrons :

$$dx = \sqrt{\frac{2\mathcal{P}}{m}}\sqrt{t}dt \quad \Leftrightarrow \quad \int_0^x dx = \sqrt{\frac{2\mathcal{P}}{m}}\int_0^t \sqrt{t}dt$$

$$x = \sqrt{\frac{2\mathcal{P}}{m}} \times \frac{t^{3/2}}{3/2} = \frac{2}{3}\sqrt{\frac{2\mathcal{P}}{m}}t^{3/2}$$

Point méthode : Vérifions l'homogénéité de cette relation : $\mathcal{P}$ s'exprime en $\text{kg.m}^2.\text{s}^{-3}$, $\dfrac{2\mathcal{P}}{m}$ s'exprime en $\text{m}^2.\text{s}^{-3}$ donc $\sqrt{\dfrac{2\mathcal{P}}{m}}$ s'exprime en $\text{m.s}^{-3/2}$ et ainsi $\dfrac{2}{3}\sqrt{\dfrac{2\mathcal{P}}{m}}t^{3/2}$ s'exprime en m et est bien homogène à une distance.

2. Utilisons l'équation (1) pour isoler t :

$$t = \frac{mv^2}{2\mathcal{P}} \quad \Leftrightarrow \quad t^{3/2} = t\sqrt{t} = \frac{mv^2}{2\mathcal{P}}\sqrt{\frac{mv^2}{2\mathcal{P}}} = \frac{m}{2\mathcal{P}}\sqrt{\frac{m}{2\mathcal{P}}}v^3$$

$$x = \frac{2}{3}\sqrt{\frac{2\mathcal{P}}{m}} \times \frac{m}{2\mathcal{P}}\sqrt{\frac{m}{2\mathcal{P}}}v^3 = \frac{mv^3}{3\mathcal{P}}$$

Point méthode : Vérifions l'homogénéité de cette relation : mv^3 s'exprime en $\text{kg.m}^3.\text{s}^{-3}$ et $\mathcal{P}$ s'exprime en $\text{kg.m}^2.\text{s}^{-3}$. $\dfrac{mv^3}{3\mathcal{P}}$ s'exprime en m et est bien homogène à une distance.

3. Faisons l'application numérique : $x = \dfrac{1200 \times \left(\dfrac{90}{3,6}\right)^3}{3 \times 75 \cdot 10^3} = 83 \text{ m}.$

4.

a) Le théorème de l'énergie cinétique, sur une durée infinitésimale dt, s'écrit :

$$dE_C = \delta W$$

Rappel : Le théorème de l'énergie **cinétique** s'énonce souvent sous cette forme : $E_C(B) - E_C(A) = W_{A\to B}\left(\overrightarrow{f}\right)$ où $E_C(B) - E_C(A)$ est la différence d'énergie cinétique entre un point de départ A et un point d'arrivée B, on peut la noter aussi ΔE_C et $W_{A\to B}\left(\overrightarrow{f}\right)$ est le travail des forces qui s'exercent sur le point matériel pour le trajet $A \to B$.
Si on s'intéresse à une durée très courte, la différence d'énergie cinétique devient dE_C et le travail est un travail élémentaire $\delta W = \overrightarrow{f} \cdot d\overrightarrow{OM}$ par définition.
Le travail est lié à la puissance par $\delta W = \mathcal{P}dt$. Le travail des forces de frottement s'écrit : $-kmv^2\overrightarrow{u_x} \cdot dx\overrightarrow{u_x}$.

$$d\left(\frac{1}{2}mv^2\right) = \mathcal{P}dt - kmv^2dx \quad (2)$$

Point méthode : L'expression demandée par l'énoncé ne fait pas apparaître de dt, il faut le remplacer. $\dfrac{dx}{dt} = v$ donc $\dfrac{dx}{v} = dt$. De plus, $d\left(\dfrac{1}{2}mv^2\right) = mvdv$.

$$(2) \quad \Leftrightarrow \quad mvdv = \mathcal{P}\frac{dx}{v} - kmv^2dx$$

$$\Leftrightarrow \quad mv^2dv = \mathcal{P}dx - kmv^3dx = \left(\mathcal{P} - kmv^3\right)dx$$

On isole dx et on trouve l'expression demandée : $\dfrac{mv^2}{\mathcal{P} - kmv^3}dv = dx.$

b) Intégrons l'équation différentielle :

$$\int_0^x dx = \int_0^v \frac{mv^2}{\mathcal{P} - kmv^3}dv$$

Point mathématique : Pour intégrer le second membre, nous pouvons faire un changement de variables : $u = kmv^3$ donc $du = 3kmv^2dv$.

$$\int_0^v \frac{mv^2dv}{\mathcal{P} - kmv^3} = \int_0^u \frac{1}{3k}\frac{du}{\mathcal{P} - u} = \frac{1}{3k}\int_0^u \frac{du}{\mathcal{P} - u} = -\frac{1}{3k}\left[\ln(\mathcal{P} - u)\right]_0^u$$

$$x = -\frac{1}{3k}\left[\ln(\mathcal{P} - kmv^3)\right]_0^v = -\frac{1}{3k}\ln\left(\frac{\mathcal{P} - kmv^3}{\mathcal{P}}\right)$$

$$x = \frac{1}{3k}\ln\left(\frac{\mathcal{P}}{\mathcal{P} - kmv^3}\right) \quad (3)$$

c) La vitesse atteint une limite lorsqu'elle devient constante, donc lorsque $\frac{dv}{dt} = 0$. Repartons de l'équation (2) :

$$d\left(\frac{1}{2}mv^2\right) = \mathcal{P}dt - kmv^2dx = mvdv$$

Divisons par dt et remplaçons $\frac{dx}{dt}$ par v : $\mathcal{P} - kmv^2v = mv\frac{dv}{dt}$

$\frac{dv}{dt} = 0$ lorsque $\mathcal{P} - kmV_\infty{}^3 = 0$.

$$V_\infty = \sqrt[3]{\frac{\mathcal{P}}{km}}$$

Point méthode : Vérifions l'homogénéité de cette relation : $\mathcal{P}$ s'exprime en kg.m^2.s^{-3}, km s'exprime en kg.m^{-1} (car kmv^2 est la norme d'une force et s'exprime en kg.m.s^{-2}). $\sqrt[3]{\frac{\mathcal{P}}{km}}$ s'exprime en m.s^{-1} et est bien homogène à une vitesse.

d) D'après la question précédente, $\mathcal{P} = kmV_\infty{}^3$. Remplaçons dans (3) :

$$x = \frac{1}{3k}\ln\left(\frac{kmV_\infty{}^3}{kmV_\infty{}^3 - kmv^3}\right) = \frac{1}{3k}\ln\left(\frac{V_\infty{}^3}{V_\infty{}^3 - v^3}\right)$$

5.

a) $\mathcal{P} = kmV_\infty{}^3$ donc $k = \frac{\mathcal{P}}{mV_\infty{}^3} = \frac{75 \cdot 10^3}{1200 \times \left(\frac{180}{3,6}\right)^3} = 5 \cdot 10^{-4}\ \text{m}^{-1}$.

Ne pas oublier l'unité de k. km s'exprime en kg.m^{-1} comme on l'a déjà montré donc k s'exprime en m^{-1}.
$\mathcal{P}$ s'exprime en kg.m^2.s^{-3}. $mV_\infty{}^3$ s'exprime en kg.m^3.s^{-3} donc k s'exprime bien en m^{-1} (on le voit aussi grâce à l'équation (3)).

b) Calculons la distance X :

$$X = \frac{1}{3k}\ln\left(\frac{V_\infty{}^3}{V_\infty{}^3 - v^3}\right) = \frac{1}{3 \times 5 \cdot 10^{-4}}\ln\left(\frac{180^3}{180^3 - 90^3}\right) = 89\ \text{m}$$

Remarque : On peut laisser les vitesses en km.h^{-1} puisque l'expression de x fait apparaître un rapport des vitesses.

On trouve une distance plus longue que dans la question 3, ce qui est logique puisque les forces de frottement sont prises en compte ici.

Exercice 28.4 : Balise Argos (G2E) *

Pour localiser une baleine on l'équipe d'une balise Argos. Le signal électromagnétique émis par la balise est reçu par un satellite. La Terre est supposée sphérique, de centre O et de rayon R_T. Le référentiel géocentrique est supposé galiléen. Le satellite, assimilé à un point matériel de masse m, décrit une trajectoire circulaire et uniforme de centre O et de rayon r. On négligera dans un premier temps toute force de frottement. L'accélération de la pesanteur, à la distance r du centre de la Terre, est $g(r) = g_0\left(\frac{R_T}{r}\right)^2$.

1. Que représente g_0 ?

2. L'accélération $\overrightarrow{a}$ d'un point matériel qui décrit un mouvement circulaire uniforme, de rayon r, s'écrit : $\overrightarrow{a} = -\frac{v^2}{r}\overrightarrow{u_r}$, où v reste la vitesse du point et $\overrightarrow{u_r}$ le vecteur radial.

a) Déterminer l'expression de la vitesse du satellite sur une orbite décrite à l'altitude h.

b) En déduire la période T de révolution du satellite. La calculer. On donne : $g_0 = 10$ m.s^{-2}, $R_T = 6400$ km et $h = 850$ km.

3. Déterminer, pour le satellite, en fonction de m, r, R_T et g_0 :

a) l'énergie cinétique E_C.

b) l'énergie potentielle $E_p(r)$. On prendra $E_p(\infty) = 0$.

c) l'énergie mécanique E_m.

4. On suppose qu'une perturbation provoque une légère variation de l'altitude, la trajectoire restant sensiblement circulaire de rayon $R_T + h$. Comment varie la vitesse lorsque l'altitude diminue ?

5. Dans la haute atmosphère, le satellite est soumis, en plus de l'attraction terrestre, à une force de frottement.

a) Montrer que, lors d'une variation d'altitude, le travail des forces de frottement est égal à la variation d'énergie mécanique.

b) Calculer ce travail pour une perte d'altitude de 200 m, si $m = 500$ kg et commenter le signe obtenu.

Système : {satellite}.
Référentiel terrestre supposé galiléen.
Base de projection : base polaire car le mouvement est circulaire.
$\overrightarrow{OM} = r\overrightarrow{u_r}$; r est constant : $\overrightarrow{v} = r\dot{\theta}\overrightarrow{u_\theta}$.
Le mouvement est uniforme donc la norme du vecteur vitesse $r\dot{\theta}$ est constante :
$\overrightarrow{a} = \frac{d\overrightarrow{v}}{dt} = -r\dot{\theta}^2\overrightarrow{u_r} = -\frac{v^2}{r}\overrightarrow{u_r}$.

1. $g(r = R_T) = g_0$: g_0 représente l'accélération de pesanteur à la surface du globe.

2.

a) Le système est soumis à la force d'attraction gravitationnelle de la Terre sur le satellite $\overrightarrow{F_g}$:

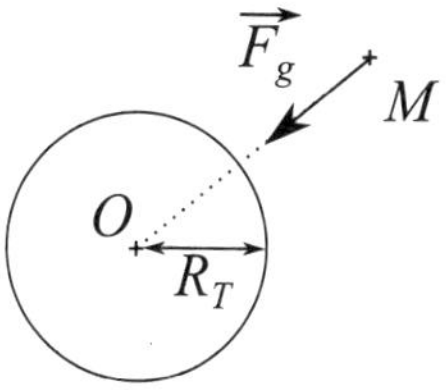

Le poids est la force d'attraction gravitationnelle de la Terre lorsque le système étudié est à la surface de la Terre. Ici, il ne faut surtout pas rajouter « le poids » du satellite.

Appliquons le principe fondamental de la dynamique au système :

$$m\vec{a} = \overrightarrow{F_g} = m\overrightarrow{g(r)}$$

$$m\left(\frac{-v^2}{r}\right)\overrightarrow{u_r} = -mg_0\left(\frac{R_T}{r}\right)^2\overrightarrow{u_r}$$

En projetant sur $\overrightarrow{u_r}$, on a : $v = R_T\sqrt{\dfrac{g_0}{r}}$.

Le satellite est à l'altitude h donc $r = R_T + h$ et :

$$v = R_T\sqrt{\frac{g_0}{R_T + h}}$$

Point méthode : Nous pouvons effectuer rapidement une analyse dimensionnelle. g_0 s'exprime en m.s^{-2}, $R_T + h$ en m donc $\sqrt{\dfrac{g_0}{R_T + h}}$ s'exprime en s^{-1}. $R_T\sqrt{\dfrac{g_0}{R_T + h}}$ est bien homogène à une vitesse.

b) Le satellite fait une révolution, soit une fois le tour de la Terre, à la vitesse v, il parcourt la distance $2\pi\,(R_T + h)$ pendant T. Par conséquent :

$$T = \frac{2\pi\,(R_T + h)}{v} = \frac{2\pi\,(R_T + h)}{R_T\sqrt{\dfrac{g_0}{R_T + h}}}$$

$$T = \frac{2\pi}{\sqrt{g_0}R_T}(R_T + h)^{3/2}$$

$$T = \frac{2\pi}{\sqrt{10} \times 6400 \cdot 10^3}\left(6400 \cdot 10^3 + 850 \cdot 10^3\right)^{3/2} = 6060 \text{ s} = 1 \text{ h}41 \text{ min}$$

3.

a) L'énergie cinétique du satellite est définie par : $E_C = \dfrac{1}{2}mv^2$.

D'où, d'après la question 2.a : $E_C = \dfrac{1}{2}mg_0\dfrac{{R_T}^2}{r}$.

b) La force d'attraction gravitationnelle de la Terre sur le satellite est une force conservative et elle dérive d'une énergie potentielle.

$$\delta W_{\text{cons}} = -dE_p = \delta W_{(\overrightarrow{F_g})}$$

$$\delta W_{(\overrightarrow{F_g})} = \overrightarrow{F_g} \cdot d\overrightarrow{OM} = -mg_0\left(\frac{R_T}{r}\right)^2 \overrightarrow{u_r} \cdot (dr\overrightarrow{u_r} + rd\theta\overrightarrow{u_\theta})$$

$$-mg_0\left(\frac{R_T}{r}\right)^2 dr = -dE_p$$

On intègre entre $(r, E_p(r))$ et $(+\infty, E_p(\infty))$ avec $E_p(\infty) = 0$:

$$E_p(r) = -mg_0\frac{{R_T}^2}{r}$$

c) Ainsi $E_m = E_C + E_P = \frac{1}{2}mg_0\frac{{R_T}^2}{r} + \left(-mg_0\frac{{R_T}^2}{r}\right)$.

$$E_m = -\frac{1}{2}mg_0\frac{{R_T}^2}{r}$$

4. D'après la question 2.a : $v(r) = R_T\sqrt{\frac{g_0}{r}}$. Si l'altitude diminue, r diminue donc $\frac{1}{r}$ augmente, $\sqrt{\frac{g_0}{r}}$ augmente : la vitesse augmente.

5. Le satellite est soumis à une force de frottement donc le bilan des forces extérieures s'appliquant au système est :

- la force d'attraction gravitationnelle de la Terre sur le satellite $\overrightarrow{F_g}$;
- la force de frottements des couches de la haute atmosphère $\overrightarrow{f_f}$.

Point méthode : La question 5.a) mentionne à la fois le travail de forces non conservatives (force de frottement ici) et l'énergie mécanique du système. Il convient donc d'appliquer le théorème de l'énergie mécanique.

$$\Delta E_m = \sum W(\overrightarrow{F_{\text{non,cons}}})$$

Le travail des forces conservatives se retrouve dans le premier membre :

$$\Delta E_m = \Delta E_c + \Delta E_p \text{ avec } \Delta E_p = W(\overrightarrow{F_{\text{cons}}})$$

a) On applique le théorème de l'énergie mécanique au système :

$$\Delta E_m = \sum W(\overrightarrow{F_{\text{non,cons}}}) = W_{\overrightarrow{f_f}}$$

Le travail des forces de frottement est bien égal à la variation d'énergie mécanique.

b) On applique le théorème de l'énergie mécanique entre l'altitude r et l'altitude $r - z$, avec $z = 200$ m et $r = R_T + h = 7250 \cdot 10^3$ m.

$$W_{\overrightarrow{f_f}} = \Delta E_m = -\frac{1}{2}mg_0\frac{{R_T}^2}{r-z} + \frac{1}{2}mg_0\frac{{R_T}^2}{r}$$

$$W_{\overrightarrow{f_f}} = \frac{500 \times 10 \times \left(6400 \cdot 10^3\right)^2}{2}\left(\frac{1}{7250 \cdot 10^3} - \frac{1}{7250 \cdot 10^3 - 200}\right)$$

$$W_{\overrightarrow{f_f}} = -3,9 \cdot 10^5 \text{ J}$$

Le travail est négatif : c'est un travail résistant qui implique une diminution de la vitesse du système.

Exercice 28.5 : Orbitogramme de la Villette (Agro-Véto) (suite 27.4)***

On étudie le mouvement d'une bille d'acier M, de masse m, assimilée à un point matériel sur une surface de révolution.

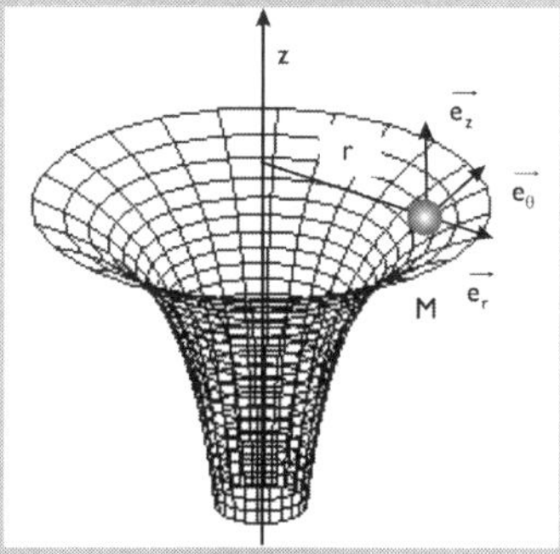

La surface sur laquelle roule la bille est engendrée par la révolution d'une portion d'hyperbole, $z = -\frac{k}{r}$, $k > 0$. On néglige les frottements.

1. Exprimer la vitesse de la bille en coordonnées cylindriques.

2. Faire un bilan des forces s'exerçant sur la bille. Préciser si ces forces dérivent d'une énergie potentielle. Dans l'affirmative, préciser l'expression de l'énergie potentielle associée en fonction de la variable r uniquement. On choisira l'origine de l'énergie potentielle lorsque r tend vers l'infini.

La quantité $r^2\frac{d\theta}{dt}$ est une constante notée C (voir exercice 27.4).

3. Exprimer l'énergie mécanique sous la forme :

$$E_m = \frac{1}{2}m\beta_{(r)}\left(\frac{dr}{dt}\right)^2 + \frac{1}{2}m\frac{C^2}{r^2} - \frac{mgk}{r}$$

Préciser $\beta_{(r)}$ en fonction de k et r. Que peut-on dire de l'énergie mécanique ?

4. On peut donc définir une énergie potentielle effective $E_{p_{\text{eff}}}(r) = \frac{1}{2}m\frac{C^2}{r^2} - \frac{mgk}{r}$. Tracer l'allure de la courbe $E_{p_{\text{eff}}}(r)$. En fonction de la valeur de l'énergie mécanique initiale du système E_0, discuter du caractère lié ou libre du mouvement.

5. Pour quelle valeur de r a-t-on un mouvement circulaire ?
On exprimera le rayon du mouvement circulaire r_c en fonction de C, g et k.
6. On lance la bille d'une distance r_0 avec une vitesse $\overrightarrow{v_0}$.
Préciser la direction et la norme de $\overrightarrow{v_0}$ pour avoir un mouvement circulaire.

Remarque : Cet exercice est la suite du problème Agro-Véto 2007 abordé dans l'exercice 27.4. Les justifications de $\overrightarrow{R_N} = R_r\overrightarrow{e_r} + R_z\overrightarrow{e_z}$ et de $r^2\dfrac{d\theta}{dt}$ constante y figurent.

Système : {bille}.
Référentiel terrestre supposé galiléen.
Base cylindrique.

1. Dans la base cylindrique : $\overrightarrow{OM} = r\overrightarrow{e_r} + z\overrightarrow{e_z}$.
Ainsi : $\overrightarrow{v} = \dfrac{d\overrightarrow{OM}}{dt} = \dfrac{dr}{dt}\overrightarrow{e_r} + r\dfrac{d\theta}{dt}\overrightarrow{e_\theta} + \dfrac{dz}{dt}\overrightarrow{e_z}$.

Remarque : Le détail du calcul a été donné dans l'exercice 27.4.

2. Les forces extérieures s'appliquant au système sont le poids $\overrightarrow{P}$ et la réaction normale du support $\overrightarrow{R_N}$.
Le poids $\overrightarrow{P}$ est une force conservative, elle dérive donc d'une énergie potentielle dite de pesanteur notée E_{pp} :

$$\delta W_{\text{cons}} = -dE_{pp} = \delta W_{(\overrightarrow{P})} = \overrightarrow{P} \cdot d\overrightarrow{OM}$$

$$-dE_{pp} = -mgu\overrightarrow{e_z} \cdot (dr\overrightarrow{e_r} + rd\theta\overrightarrow{e_\theta} + dz\overrightarrow{e_z})$$

$$dE_{pp} = mgdz$$

On primitive : $E_{pp} = mgz + \text{cste} = -mg\dfrac{k}{r} + \text{cste}$.
De plus $E_{pp}(r \to +\infty) = 0$, par passage à la limite : cste $= 0$.

$$E_{pp} = mgz = -mg\frac{k}{r}$$

La réaction du support $\overrightarrow{R_N}$ est normale à la surface et donc au déplacement de la bille, donc elle ne travaille pas ($\overrightarrow{R_N} \perp d\overrightarrow{OM}$) et ne dérive pas d'une énergie potentielle.

3. Le poids $\overrightarrow{P}$ est une force conservative (elle dérive d'une énergie potentielle) et la réaction du support $\overrightarrow{R_N}$ ne travaille pas. L'énergie mécanique se conserve : $E_m = \text{cste}' = E_0$.

Rappel : Lorsque l'on applique le théorème de l'énergie mécanique au système bille : $\Delta E_m = \sum W(\overrightarrow{F_{\text{non,cons}}})$. Comme il n'y a pas de forces non conservatives travaillant, $\Delta E_m = 0$: l'énergie mécanique se conserve.

$$E_m = E_c + E_{pp} = \frac{1}{2}mv^2 - mg\frac{k}{r} \quad (1)$$

D'après la question 1 :

$$v^2 = \left(\frac{dr}{dt}\right)^2 + \left(r\frac{d\theta}{dt}\right)^2 + \left(\frac{dz}{dt}\right)^2 \quad (2)$$

De plus : $\frac{dz}{dt} = \frac{d}{dt}\left(-\frac{k}{r}\right) = -\frac{k}{r^2}\frac{dr}{dt} \quad (3)$

En remplaçant (2) et (3) dans (1) :

$$E_m = \frac{1}{2}m\left[\left(\frac{dr}{dt}\right)^2 + \left(r\frac{d\theta}{dt}\right)^2 + \left(-\frac{k}{r^2}\frac{dr}{dt}\right)^2\right] - mg\frac{k}{r}$$

$$E_m = \frac{1}{2}m\left(\frac{dr}{dt}\right)^2\left(1 + \frac{k^2}{r^4}\right) + \frac{1}{2}mr^2\left(\frac{d\theta}{dt}\right)^2 - mg\frac{k}{r}$$

D'après l'énoncé : $r^2\frac{d\theta}{dt} = C$, d'où :

$$E_m = \frac{1}{2}m\left(\frac{dr}{dt}\right)^2\left(1 + \frac{k^2}{r^4}\right) + \frac{1}{2}m\frac{C^2}{r^2} - mg\frac{k}{r}$$

En identifiant, on a : $\beta_{(r)} = 1 + \frac{k^2}{r^4}$.

4. On définit :

$$E_{p_{\text{eff}}}(r) = \frac{1}{2}m\frac{C^2}{r^2} - mg\frac{k}{r},\ E_m = E_{c_{\text{eff}}} + E_{p_{\text{eff}}} \text{ avec } E_{c_{\text{eff}}} = \frac{1}{2}m\beta_{(r)}\left(\frac{dr}{dt}\right)^2$$

$E_{p_{\text{eff}}}(r \to 0) = +\infty$ et $E_{p_{\text{eff}}}(r \to +\infty) = 0^-$. Montrons que $E_{p_{\text{eff}}}(r)$ passe par un extremum.

$$\frac{dE_{p_{\text{eff}}}(r)}{dr} = -m\frac{C^2}{r^3} + \frac{mgk}{r^2}$$

$$\frac{dE_{p_{\text{eff}}}(r)}{dr} = 0 \quad \Leftrightarrow \quad r = \frac{C^2}{gk}$$

Compte tenu des valeurs initiale et finale, cet extremum est un minimum. Il traduit donc une position d'équilibre stable. Ainsi, l'allure de la courbe $E_{p_{\text{eff}}}(r)$ est la suivante :

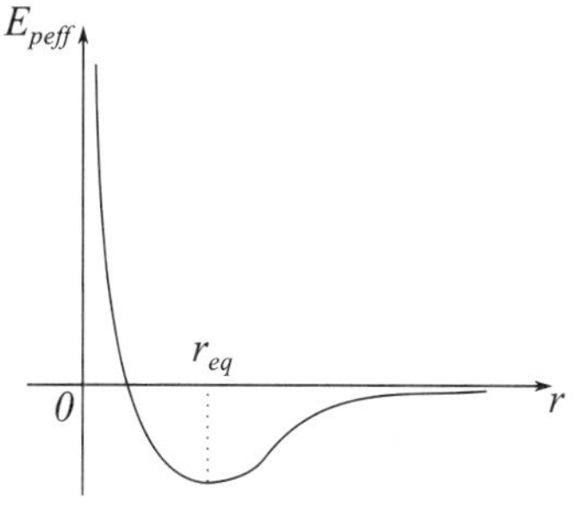

L'énergie potentielle du système est toujours inférieure à son énergie mécanique : $E_{p_{\text{eff}}} \leqslant E_m$ car $E_m = E_{c_{\text{eff}}} + E_{p_{\text{eff}}}$ et $E_{c_{\text{eff}}} \geqslant 0$. Sur les schémas ci-dessous, les parties grisées sont des domaines interdits.
Selon la valeur de l'énergie mécanique, on a différentes situations :
Si $E_0 > 0$, la situation $r \to +\infty$ est accessible : la bille peut s'éloigner à l'infini (l'énergie potentielle étant convertie en énergie cinétique) : on a un état libre.

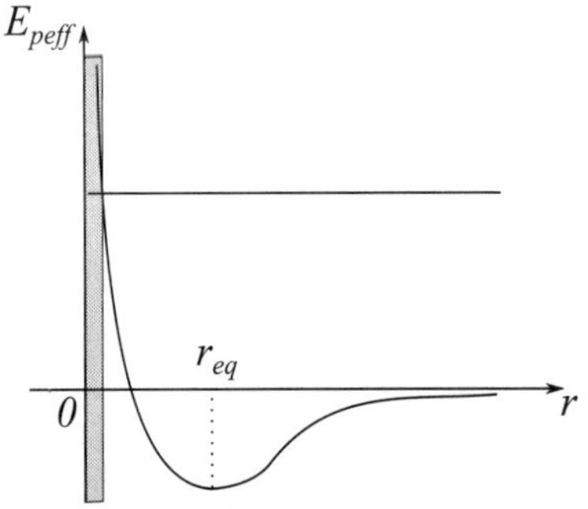

Si $E_0 < 0$, r est compris entre r_1 et r_2, la bille va osciller autour de la position d'équilibre r_{eq} : on a un état lié.

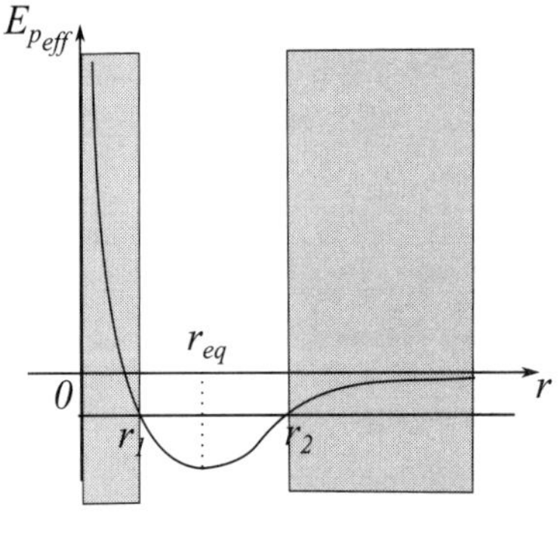

5. La bille a un mouvement circulaire quand une seule valeur de r est possible, c'est-à-dire quand $E_0 = E_{p_{\text{eff}\,min}}$. Le mouvement est circulaire si et seulement si :

$$\frac{dE_{p_{\text{eff}}}(r)}{dr} = 0 \quad \Leftrightarrow \quad r = \frac{C^2}{gk} = r_C$$

Explication : Si r est constant, z l'est également puisque $z = -\dfrac{k}{r}$: le mouvement circulaire est décrit dans un plan horizontal.

6. Pour que la bille ait un mouvement circulaire, r et z doivent être constants.
Or, $\vec{v} = \dfrac{d\overrightarrow{OM}}{dt} = \dfrac{dr}{dt}\vec{e_r} + r\dfrac{d\theta}{dt}\vec{e_\theta} + \dfrac{dz}{dt}\vec{e_z}$. Si r et z sont constants, $\dfrac{dr}{dt} = \dfrac{dz}{dt} = 0$ donc $\vec{v} = r\dfrac{d\theta}{dt}\vec{e_\theta}$. On doit donc lancer la bille selon $\vec{e_\theta}$ (direction du vecteur vitesse).

La vitesse s'écrit alors : $\overrightarrow{v_0} = r_0 \frac{d\theta}{dt}\overrightarrow{e_\theta}$. Sa norme vaut $||\overrightarrow{v_0}|| = r_0\frac{d\theta}{dt} = v_0$. Il reste à exprimer $\frac{d\theta}{dt}$.

Le rayon du cercle r_0 vérifie la relation précédente : $r_0 = \frac{C^2}{gk}$.

La constante C s'écrit : $C = r \times r\frac{d\theta}{dt} = r_0 \times v_0$.

Par conséquent : $r_0 = \frac{C^2}{gk} = \frac{{r_0}^2 {v_0}^2}{gk}$.

On en déduit la norme du vecteur vitesse : $v_0 = \frac{gk}{r_0}$.

Exercice 28.6 : Le piège de Paul (Agro-Véto) **

L'objet de cet exercice est la présentation et l'étude d'un type d'analyseur : l'analyseur à piège à ions. Le principe repose sur le piégeage de la matière ionisée au voisinage d'une position d'équilibre stable.

Le composant principal est un piège de Paul, mis au point dans les années 1950 par le physicien allemand Wolfgang Paul. Ce travail lui vaudra d'être récompensé par une partie du prix Nobel de physique en 1989.

L'étude est réalisée dans le référentiel du laboratoire supposé galiléen.

1. Donner trois exemples de forces conservatives.

2. Proposer un dispositif simple permettant de réaliser un oscillateur harmonique non amorti à une dimension.

Un point matériel M de masse m se déplace le long d'un axe Ox (donc $\overrightarrow{OM} = x\overrightarrow{e_x}$) au voisinage du point O. Pour cette étude, la seule force $\overrightarrow{F}$ à considérer s'écrit $\overrightarrow{F} = -2Kx\overrightarrow{e_x}$, où K est une constante positive ou négative.

3. Montrer que $\overrightarrow{F}$ est une force conservative.

4. Donner l'équation du mouvement.

5. Dans le cas où $K > 0$, montrer que $x = 0$ est une position d'équilibre stable.

6. Lorsque $K < 0$, tracer l'allure de l'énergie potentielle. Comment caractériser la position $x = 0$?

7. Pourquoi estime-t-on que M est piégé lorsque $K > 0$ et libre pour $K < 0$?

1. Le poids, la force électrostatique et la force de rappel d'un ressort sont des forces conservatives.

Remarque : La force gravitationnelle est aussi une force conservative.

2. On obtient des oscillations harmoniques en plaçant un ressort sur table à coussin d'air (pour négliger les forces de frottement) et en étudiant le mouvement d'un mobile attaché au bout du ressort.

Remarque : On peut aussi réaliser un pendule en étudiant le mouvement du mobile attaché à l'extrémité du pendule dans le cas de petites oscillations et en négligeant les forces de frottement.

3. $\vec{F}$ est une force conservative si elle dérive d'une énergie potentielle. Cherchons l'expression de cette énergie potentielle :

$$\delta W_{\text{cons}} = -dE_p = \vec{F} \cdot \overrightarrow{dOM} \quad \Leftrightarrow \quad -dE_p = -2Kx\vec{e_x} \cdot (dx\vec{e_x})$$
$$dE_p = 2Kxdx$$

On intègre : $E_p = Kx^2 + \text{cste}$.
L'énergie potentielle est toujours donnée à une constante près. On peut choisir cette constante nulle et ainsi utiliser l'expression suivante : $E_p = Kx^2$.

4. Appliquons la relation fondamentale de la dynamique au système dans le référentiel galiléen : $m\vec{a} = \vec{F}$.
Un bilan cinématique permet d'écrire : $\overrightarrow{OM} = x\vec{e_x}\,;\vec{v} = \dot{x}\vec{e_x}\,;\ \vec{a} = \ddot{x}\vec{e_x}$. On projette le P.F.D. :

$$m\ddot{x} = -2Kx \quad \Leftrightarrow \quad \ddot{x} + \frac{2K}{m}x = 0$$

Remarque : Cette équation s'obtient également en utilisant le fait que l'énergie mécanique du système se conserve car le système n'est soumis qu'à une force conservative et qu'alors : $\frac{dE_m}{dt} = 0$. Voir exercice 28.2.

5. Si $K > 0$, l'équation du mouvement est celle d'un oscillateur harmonique non amorti de pulsation propre $\omega_0 = \sqrt{\frac{2K}{m}}$.
$\frac{dE_p}{dx} = 2Kx$ et $\frac{d^2E_p}{dx^2} = 2K$. Quand $x = 0$: $\frac{dE_p}{dx} = 0$: c'est une position d'équilibre, et $\left.\frac{d^2E_p}{dx^2}\right|_{x=0} = 2K > 0$: l'équilibre est stable.

6. Si $K < 0$, $x = 0$ est une position d'équilibre instable comme le montre l'allure de la courbe $E_p(x)$:

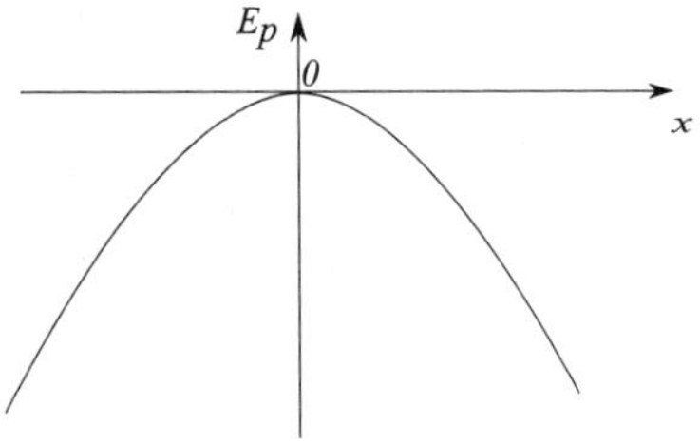

7. Le système étant soumis à une force conservative, son énergie mécanique est constante. On a toujours $E_p < E_m$. Si $K > 0$: le système est contraint de se déplacer sur des distances x comprises entre x_1 et x_2 : le système est piégé. Si $K < 0$, les positions $x = \pm\infty$ sont possibles : l'état est libre.

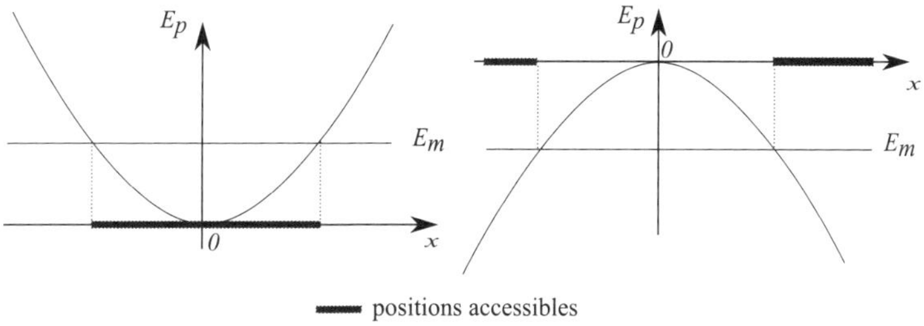

Exercice 28.7 : Modélisation d'un dispositif expérimental (CCP) **

On dispose d'un banc à coussin d'air rectiligne (Ox), incliné par une cale de hauteur h d'un angle α par rapport à l'horizontale, selon la figure ci-dessous.

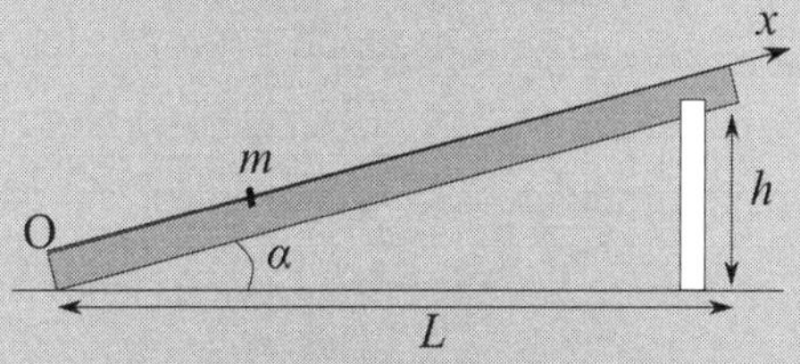

Sur ce banc, un aimant est fixé à l'origine O, et un autre aimant, de masse m, est fixé sur un palet mobile sans frottement.

Les aimants sont orientés de telle sorte qu'ils se repoussent mutuellement. La possibilité pour l'aimant de masse m d'osciller autour d'une position d'équilibre résulte de la compétition entre la répulsion électromagnétique, réduite à une force notée $\overrightarrow{F}$, prépondérante lorsque les aimants sont proches, et le poids, qui devient prépondérant lorsque la distance augmente.

1. Faire un bilan des forces à l'équilibre sur un schéma.

Sans connaissances préalables en électromagnétisme, on cherche dans la suite à vérifier si la force électromagnétique agissant dans cette expérience peut être modélisée par une loi de la forme : $\overrightarrow{F} = k\left(\frac{x_0}{x}\right)^n \overrightarrow{i}$, avec $k > 0$ et n entier naturel.

2. Exprimer dans cette hypothèse la position d'équilibre x_e en fonction de x_0, k, m, g, L, h et n dans le cas des petits angles ($\sin\alpha \approx \tan\alpha \approx \alpha$).

3. Donner l'expression de la réaction de la table à coussin d'air en fonction de m, g et a.

L'approximation des petits angles sera toujours utilisée dans la suite.

4. On mesure x_e pour différentes cales, puis on représente $\ln h$ en fonction de $\ln\left(\frac{x_0}{x}\right)$. En prenant $x_0 = 1$ m, déduire des mesures ainsi représentées ci-dessous les valeurs de n et de k.

On donne : $L = 120$ cm ; $m = 189$ g ; $g = 9,81$ m.s^{-2}.

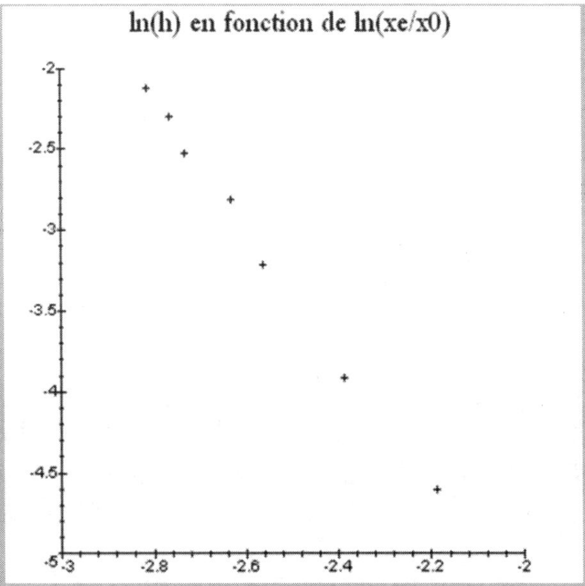

Valeurs correspondantes :

$\ln\left(\frac{x_0}{x}\right)$	$-2,19$	$-2,39$	$-2,56$	$-2,63$	$-2,73$	$-2,76$	$-2,81$
$\ln h$	$-4,61$	$-3,91$	$-3,22$	$-2,81$	$-2,53$	$-2,30$	$-2,12$

5. Exprimer l'énergie potentielle de pesanteur en fonction de m, g, x, h et L.
6. Exprimer l'énergie potentielle associée à la force $\vec{F}$ en fonction de k, x, n et x_0.
7. Déduire des questions précédentes l'énergie potentielle totale $E_p(x)$ de m, à une constante additive près, en fonction de x, x_0, k, m, g, L, h et n, puis en fonction de x, x_0, x_e, k et n seulement.

Lorsqu'on se limite à des oscillations de faible amplitude autour de la position d'équilibre, on rappelle qu'on peut utiliser pour l'énergie potentielle un développement de Taylor-Young d'ordre 2 :

$$E_p(x) \approx E_p(x = x_e) + \frac{(x - x_e)^2}{2} \left(\frac{d^2 E_p}{dx^2} \right)_{x = x_e}$$

8. En déduire une expression de $E_p(x)$ sous la forme : $\frac{1}{2}K(x - x_e)^2 + \text{cste}$; le détail de la constante additive n'est pas demandé, mais on exprimera la constante K en fonction de x_e, x_0, k et n.
9. Justifier qu'au voisinage de l'équilibre, la résultante des forces subies par m équivaut à une force de rappel élastique dont on précisera la constante de raideur équivalente.

Système : $\{$aimant $m\}$.
Référentiel terrestre supposé galiléen.
Base cartésienne $(O,\overrightarrow{u_x})$.

1. $\overrightarrow{F}$ est une force répulsive d'après l'énoncé donc $\overrightarrow{F}$ est orientée selon les x croissants.
Par ailleurs, à l'équilibre, $\sum \overrightarrow{F} = \overrightarrow{0}$: sur le schéma, les composantes des forces doivent se compenser.

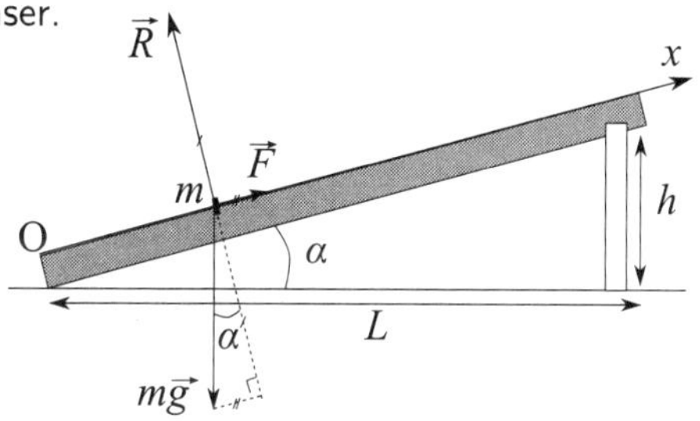

Lorsque l'on projette sur (Ox) : $F = -mg\sin\alpha$.
Lorsque l'on projette sur (Oy) : $R = -mg\cos\alpha$.

2. À l'équilibre, $m\overrightarrow{g} + \overrightarrow{R} + k\left(\dfrac{x_0}{x_{\text{eq}}}\right)^n \overrightarrow{i} = \overrightarrow{0}$.

Projetons sur (Ox) : $-mg\sin\alpha + k\left(\dfrac{x_0}{x_{\text{eq}}}\right)^n = 0$, ce qui donne :

$$\frac{x_0}{x_{\text{eq}}} = \sqrt[n]{\frac{mg\sin\alpha}{k}} \quad \Leftrightarrow \quad x_{\text{eq}} = x_0\sqrt[n]{\frac{k}{mg\sin\alpha}}$$

Dans l'approximation des petits angles : $\sin\alpha \approx \tan\alpha = \dfrac{h}{L}$. Ainsi :

$$x_{\text{eq}} = x_0\sqrt[n]{\frac{kL}{mgh}}$$

3. D'après le P.F.D. : $m\overrightarrow{g} + \overrightarrow{R} + k\left(\dfrac{x_0}{x_{\text{eq}}}\right)^n \overrightarrow{i} = m\overrightarrow{a}$.

Projetons sur (Oy) : $-mg\cos\alpha + R = 0$ donc $mg\cos\alpha = R$.
Dans l'approximation des petits angles, $\cos\alpha \approx 1$ donc $R \approx mg$.

4. Exprimons $\ln h$ en fonction de $\ln\left(\dfrac{x_e}{x_0}\right)$: $x_{\text{eq}} = x_0\sqrt[n]{\dfrac{kL}{mgh}}$ donc :
$\ln\left(\dfrac{x_e}{x_0}\right) = -\dfrac{1}{n}\ln h + \dfrac{1}{n}\ln\left(\dfrac{kL}{mg}\right)$ et ainsi : $\ln h = -n\ln\left(\dfrac{x_e}{x_0}\right) + \ln\left(\dfrac{kL}{mg}\right)$.
Le tracé de $\ln h$ en fonction de $\ln\left(\dfrac{x_e}{x_0}\right)$ montre qu'il s'agit d'une droite. La pente est égale à $-n$ et l'ordonnée à l'origine à $\ln\left(\dfrac{kL}{mg}\right)$.
Faisons une régression linéaire avec les données du tableau : la pente vaut $-4,06$

donc $n = 4$.
L'ordonnée à l'origine vaut $-13,56$ donc $k = \exp(-13,56) \times \dfrac{mg}{L}$.

$$k = \exp(-13,56) \times \frac{189 \cdot 10^{-3} \times 9,81}{120 \cdot 10^{-2}} = 1,99 \cdot 10^{-5}\ \mathrm{N.m^{-1}}$$

5. L'énergie potentielle de pesanteur s'écrit : $E_{p,pes} = mgz + \mathrm{cste}$.

Cette expression est valable à condition que z soit l'altitude, c'est-à-dire en prenant un axe (Oz) vertical **ascendant**.

Or $\sin\alpha = \dfrac{z}{x} \approx \dfrac{h}{L}$ donc $E_{p,pes} = mgx\dfrac{h}{L}$ en choisissant la constante nulle.

6. Cherchons l'énergie potentielle associée à la force $\overrightarrow{F}$ à partir de son travail élémentaire :

$$\delta W = \overrightarrow{F} \cdot \overrightarrow{dOM} = k\left(\frac{x_0}{x}\right)^n \overrightarrow{i} \cdot dx\,\overrightarrow{i} = k\left(\frac{x_0}{x}\right)^n dx$$

$$= -dE_{p,\text{magnétique}} = k{x_0}^n x^{-n} dx$$

On intègre en choisissant la constante d'intégration nulle :

$$E_{p,\text{magnétique}} = -k{x_0}^n \frac{x^{-n+1}}{-n+1}$$

7. L'énergie potentielle totale $E_p(x)$ de m, à une constante additive près (choisie nulle ici), s'écrit donc :

$$E_p(x) = mgx\frac{h}{L} - k{x_0}^n \frac{x^{-n+1}}{-n+1}$$

$x_e = x_0 \sqrt[n]{\dfrac{kL}{mgh}}$ donc $mg\dfrac{h}{L} = k\left(\dfrac{x_0}{x_e}\right)^n$.

On obtient alors une seconde expression :

$$E_p(x) = k\left(\frac{x_0}{x_e}\right)^n x - k{x_0}^n \frac{x^{-n+1}}{-n+1}$$

8. On utilise la relation de Taylor-Young rappelée par l'énoncé :

$$E_p(x) \approx E_p(x = x_e) + \frac{(x - x_e)^2}{2}\left(\frac{d^2E_p}{dx^2}\right)_{x=x_e} = \mathrm{cste} + \frac{1}{2}K(x - x_e)^2$$

On a donc $K = \left(\dfrac{d^2E_p}{dx^2}\right)_{x=x_e}$.

Dérivons deux fois $E_p(x)$:

$$\frac{dE_p(x)}{dx} = k\left(\frac{x_0}{x_e}\right)^n - k{x_0}^n x^{-n}$$

$$\frac{d^2E_p(x)}{dx^2} = nk{x_0}^n x^{-n-1}$$

$$\left(\frac{d^2E_p(x)}{dx^2}\right)_{x=x_e} = nk{x_0}^n {x_e}^{-n-1} = K$$

9. $E_p(x) = \text{cste} + \frac{1}{2}K(x - x_e)^2$ est l'expression de l'énergie potentielle associée à une force de rappel élastique dont la constante de raideur vaut $K = nk{x_0}^n {x_e}^{-n-1}$.

Sous-partie 10

Chimie organique réactionnelle

CHAPITRE 29

Addition électrophile sur les doubles liaisons C=C

Capacités à acquérir	Exercices
Connaître le bilan et le mécanisme de l'addition de HX.	29.1
Savoir justifier la régiosélectivité de l'addition de HX.	
Savoir dessiner un profil réactionnel et utiliser le postulat de Hammond.	
Connaître le bilan et le mécanisme de l'addition de H_2O.	29.2
Savoir justifier la régiosélectivité de l'addition de H_2O.	
Proposer un mécanisme pour l'isomérisation de double liaison en milieu acide.	29.3
Connaître le bilan et le mécanisme de la bromation par le N-bromosuccinimide.	29.4
Savoir justifier la stéréospécificité de la bromation par le N-bromosuccinimide.	

Exercice 29.1 : Addition de bromure d'hydrogène sur des alcènes **

L'addition ionique de bromure d'hydrogène est réalisée sur un alcène possédant 4 atomes de carbone.

1. Donner et nommer tous les alcènes possédant 4 atomes de carbone.
2. Préciser le mécanisme de l'addition de bromure d'hydrogène sur un alcène.
3. La réaction est-elle stéréosélective ? Justifier.
4. Rappeler la règle de Markovnikov.
5. Pour chaque alcène de la question 1, donner les produits obtenus et préciser, s'il y a lieu, le produit majoritaire.
6. Que donne l'addition de bromure d'hydrogène sur les molécules suivantes :

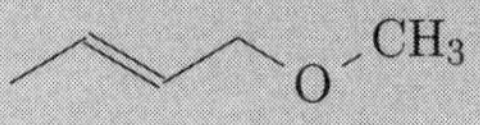

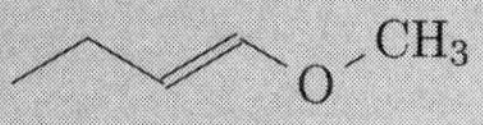

1. Nous avons 4 alcènes possédant 4 atomes de carbone :

but-1-ène (E)-but-2-ène (Z)-but-2-ène 2-méthylpropène

Rappel : Les diastéréoisomères Z et E correspondent à deux molécules différentes, ayant des propriétés physiques et chimiques différentes.

2. Le mécanisme de l'hydrobromation est le suivant (présenté ici sur le but-1-ène) :

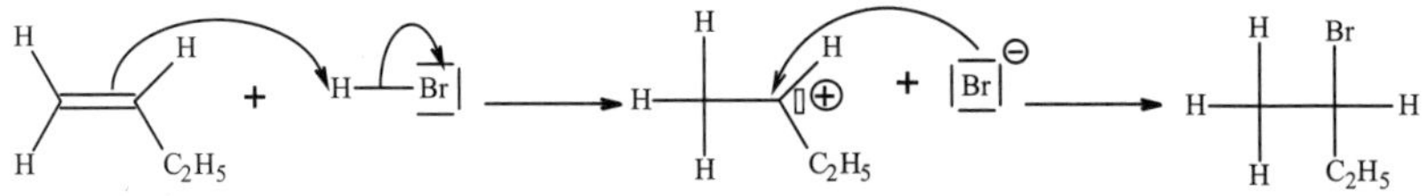

3. La réaction n'est pas stéréosélective car on passe par un carbocation plan : l'ion bromure peut attaquer indifféremment d'un côté ou de l'autre du plan du carbocation.

4. D'après la règle de Markovnikov, le produit majoritaire est celui obtenu à partir du carbocation le plus stable.

Rappel : Cette règle peut se justifier en utilisant le postulat de Hammond. La première étape est l'étape cinétiquement déterminante et est associée à un profil réactionnel du type :

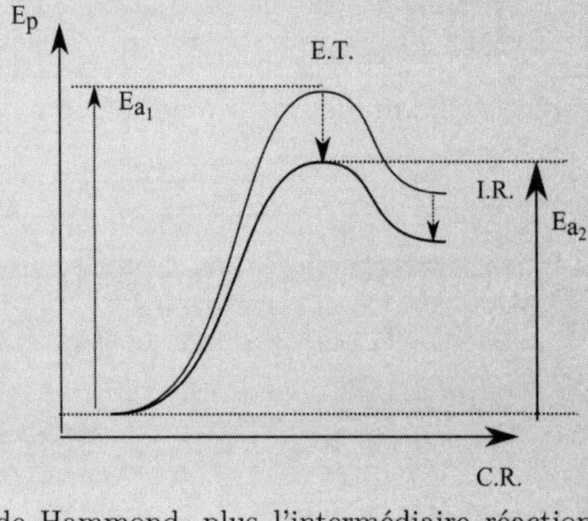

D'après le postulat de Hammond, plus l'intermédiaire réactionnel est stabilisé, plus l'état de transition associé l'est, l'énergie d'activation est alors plus faible et la réaction est plus rapide. Ici, l'intermédiaire réactionnel est le carbocation. Un carbocation est stable si :

- il possède des formes mésomères (premier critère à vérifier car l'effet mésomère l'emporte sur l'effet inductif) ;
- le carbone chargé positivement porte des groupes à effet inductif donneur. Ainsi, un carbocation tertiaire est plus stable qu'un secondaire, lui-même plus stable qu'un primaire.

> ⚠ La règle empirique de Markovnikov stipule que le produit majoritaire est celui pour lequel l'atome de brome est porté par le carbone le plus substitué. Cette règle n'est valable que si ce produit est bien obtenu à partir du carbocation le plus stable.

5. Le produit majoritaire est celui obtenu à partir du carbocation le plus stable. Pour chaque alcène, nous allons préciser les carbocations possibles avant de donner le produit final :

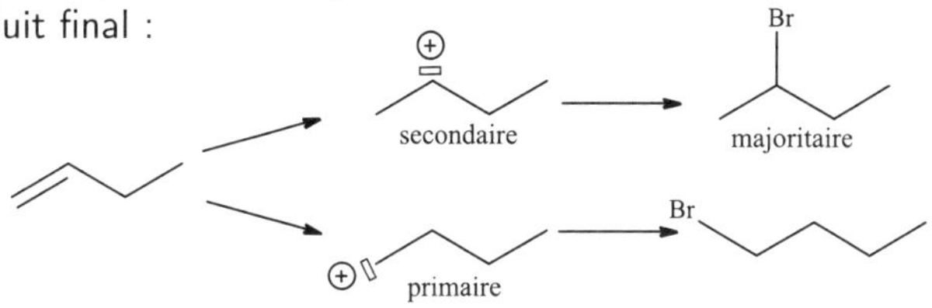

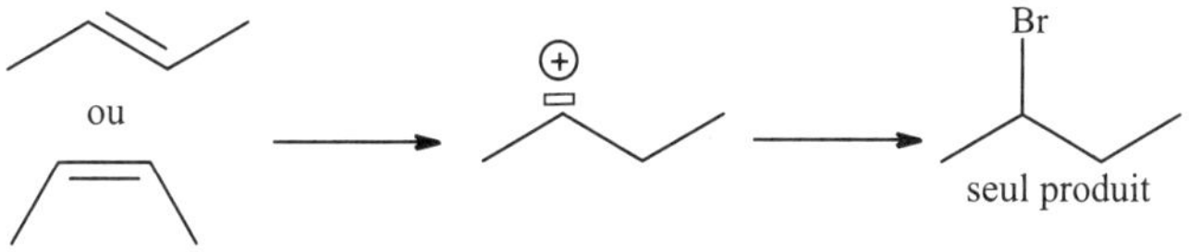

La réaction n'étant pas stéréosélective, elle n'est pas stéréospécifique, les configurations E et Z du but-2-ène vont donc donner le même produit.

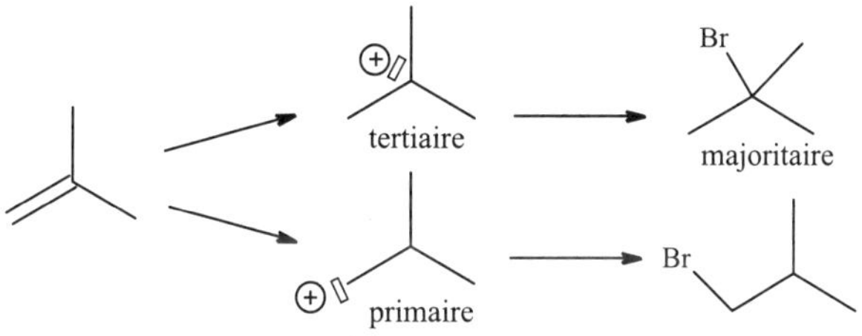

6. Comme précédemment, nous allons nous intéresser à la stabilité des carbocations en regardant tout d'abord s'il existe des formes mésomères et sinon, en regardant les effets inductifs des groupes portés par le carbone chargé positivement.

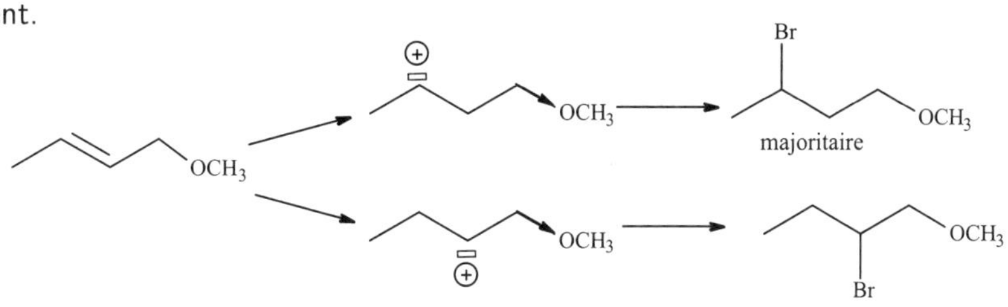

$-\mathrm{OCH_3}$ est un groupe à effet inductif attracteur (dû à la présence de l'atome d'oxygène électronégatif) déstabilisant le carbocation. Le carbocation le plus stable est donc celui qui est le plus éloigné de ce groupe.

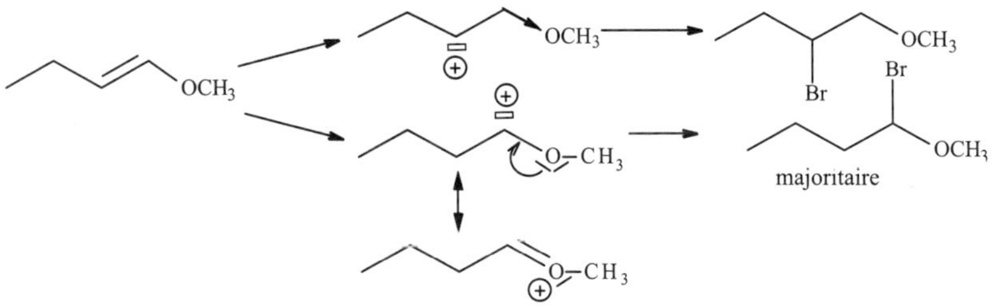

Le carbocation possédant des formes mésomères est le plus stable (même si la charge positive est proche du groupe à effet inductif attracteur).

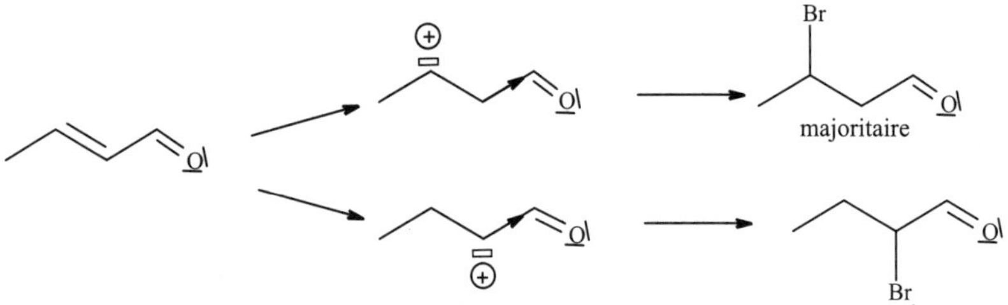

Le groupe carbonyle C=O est un groupe à effet inductif attracteur (toujours à cause de la présence d'un atome d'oxygène) et ainsi, le produit le plus stable est obtenu à partir du carbocation le plus éloigné du groupe carbonyle.

Il ne faut pas écrire la forme mésomère suivante dans laquelle la règle de l'octet n'est pas respectée pour l'oxygène :

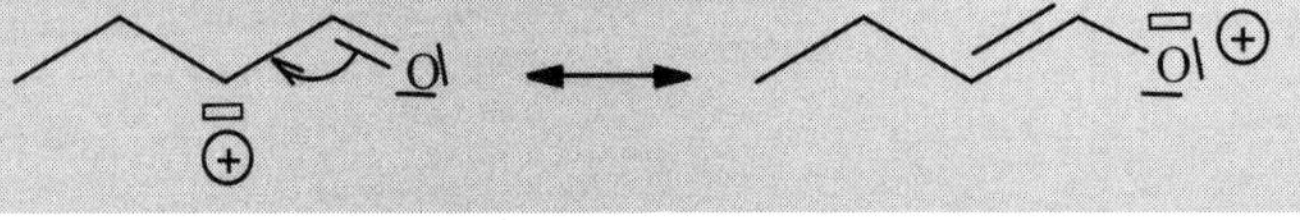

Exercice 29.2 : Hydratation des alcènes *

L'hydratation du (Z)-3-méthylpent-2-ène, noté ***A***, à température ambiante en présence d'acide sulfurique à 10 % conduit à deux produits ***B*** et ***C***, ***B*** étant majoritaire.

1. Donner l'équation-bilan de la réaction.

2. Proposer un mécanisme pour cette réaction en précisant le rôle de l'acide sulfurique. Expliquer les proportions relatives des produits.

3. Les composés ***B*** et ***C*** présentent-ils des stéréoisomères de configuration ? Le milieu réactionnel obtenu est-il optiquement actif ?

1.

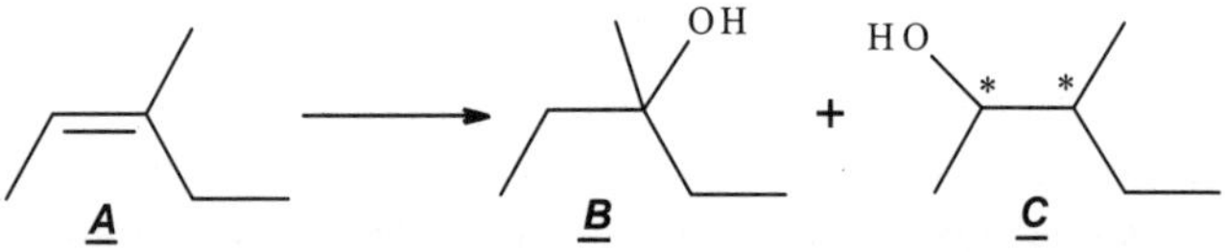

Le produit ***B*** majoritaire est celui qui respecte la règle empirique de Markovnikov (le groupe $-\mathrm{OH}$ est porté par le carbone le plus substitué).

2. L'acide sulfurique joue le rôle de catalyseur. Il permet de créer un bon site électrophile qui peut être attaqué par l'eau, mauvais nucléophile.

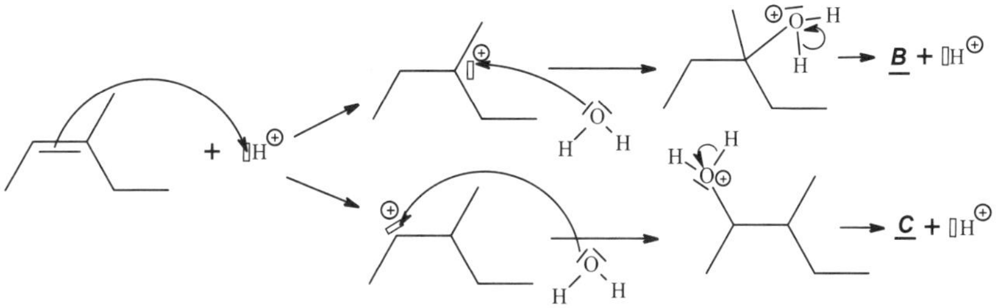

On passe par le carbocation le plus stable (carbocation tertiaire possédant davantage de groupes alkyl à effet inductif donneur).

3. ***B*** ne possède pas de carbone asymétrique donc il ne présente pas de stéréoisomères de configuration. ***C*** possède deux carbones asymétriques différents donc présente 4 stéréoisomères de configuration.

Explication : La double liaison C = C étant plane, le proton s'attache soit par au-dessus soit par en dessous. Le carbocation formé étant plan, l'eau attaque indifféremment les deux côtés.

Le mélange final est donc achiral car il est constitué de ***B***, molécule achirale et d'un mélange achiral des 4 stéréoisomères de ***C*** (chaque couple d'énantiomères réalisant un mélange équimolaire).

Exercice 29.3 : Isomérisation de double liaison (Agro-Véto) *

On s'intéresse à la réaction d'isomérisation suivante qui a lieu en milieu acide :

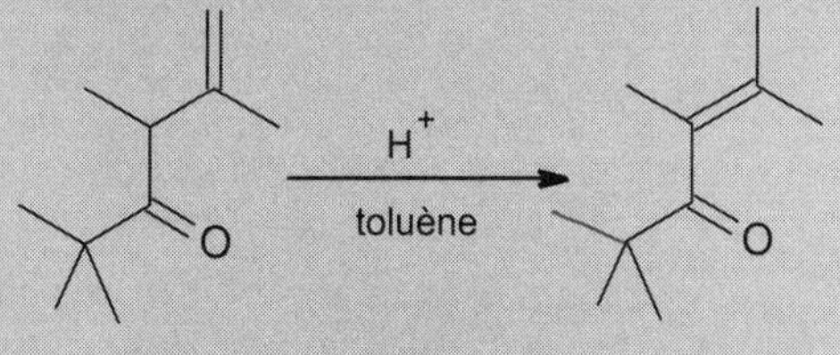

L'acide utilisé est l'acide paratoluènesulfonique monohydraté ($\mathrm{pTsOH, H_2O}$) :

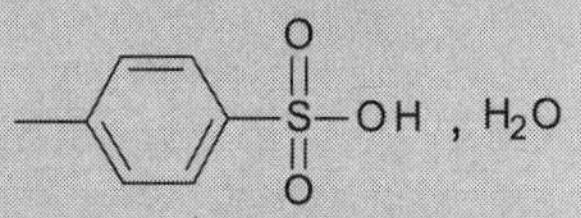

1. Pourquoi $\mathrm{pTsOH, H_2O}$ est-il un acide fort en milieu aqueux ?

2. Quel est le rôle de $\mathrm{pTsOH, H_2O}$ dans cette transformation ?

3. Proposer un mécanisme pour cette réaction.

1. $pTsOH, H_2O$ est un acide fort dans l'eau car il est associé à un pK_a proche de zéro voire négatif. Cela peut se comprendre par une stabilisation toute particulière de la base conjuguée par mésomérie :

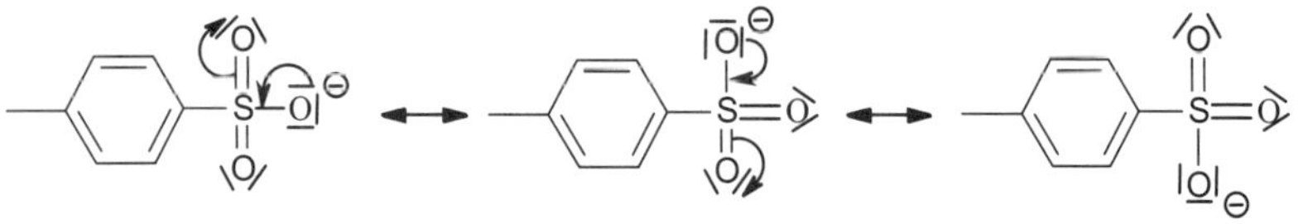

2. $pTsOH, H_2O$ fournit des ions H^+ qui catalysent la réaction (ces ions n'interviennent pas dans l'équation-bilan).

3. On peut proposer le mécanisme suivant reposant sur l'attaque électrophile de H^+ par l'alcène :

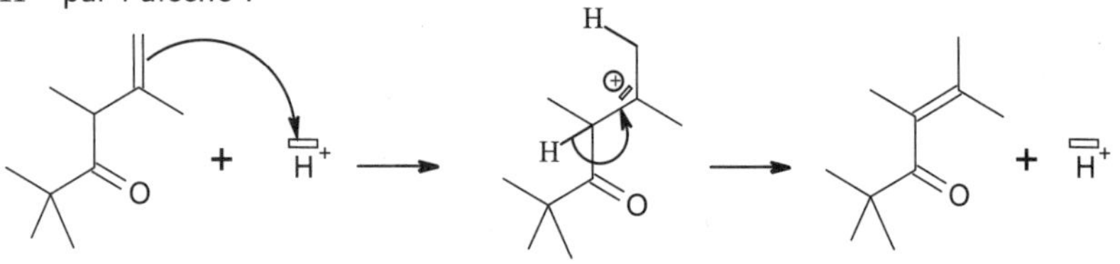

Remarque : Cette réaction d'isomérisation se rencontre assez fréquemment dans les synthèses organiques, puisque l'on obtient à partir d'une molécule non conjuguée, une molécule conjuguée et donc stabilisée par mésomérie.

Exercice 29.4 : Bromation des alcènes **

On s'intéresse à la réaction du N-bromosuccinimide NBS dans un mélange eau/DMSO (DiMéthylSulfOxyde) sur un alcène.

1. Quel est le rôle du DMSO ? celui du NBS ?
2. Préciser le mécanisme de la réaction. La réaction est-elle stéréospécifique ? régiosélective ?
3. Quels sont les 2 produits obtenus en partant du stilbène (ou (E)-1,2-diphényléthane) ? Préciser la configuration absolue des descripteurs stéréochimiques. Le mélange final a-t-il une activité optique ?
4. Quels sont les 2 produits obtenus en partant du (E)-1-phénylpropène ?
5. La chloramine-T permet d'obtenir le même type de produits (le chlore remplace le brome) dans un mélange eau-acétone. La réaction n'est pas stéréospécifique mais est régiosélective.

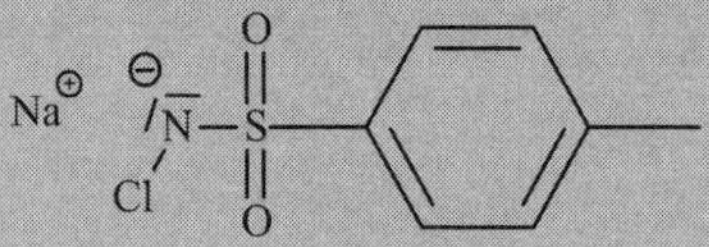

chloramine-T

Proposer un mécanisme pour le (E)-1-phénylpropène sachant que la première étape est une réaction acido-basique entre la chloramine-T et l'eau.

Données :

pK_a = 2,1 pour le couple : 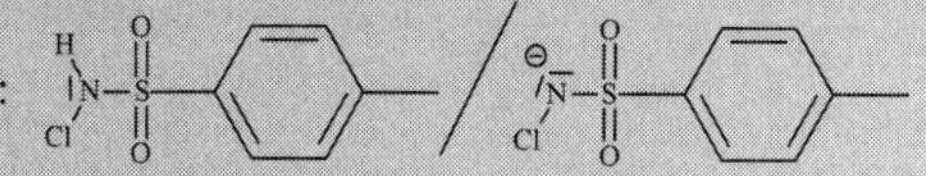

pK_a = 10,2 pour le couple : 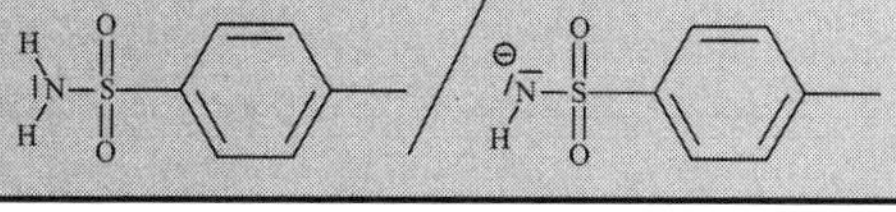

1. Le DMSO joue le rôle de solvant.

Rappel : Le DMSO est un solvant aprotique polaire, qui solvate fortement les cations et beaucoup moins les anions, augmentant ainsi la force des bases et des nucléophiles.

Le NBS joue le rôle d'électrophile, comme le montrent les formes mésomères suivantes :

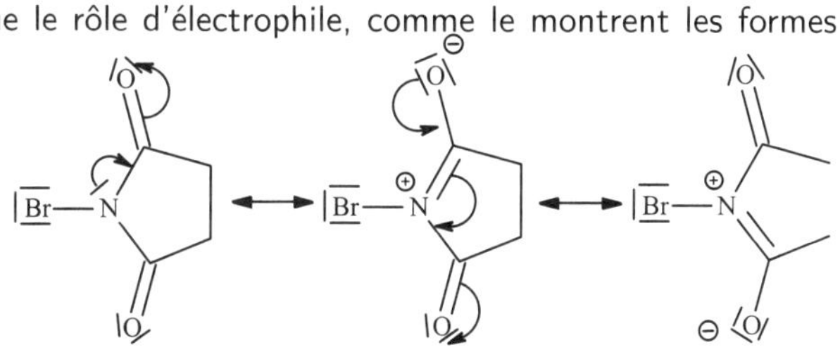

L'atome de brome sera le site électrophile.

2. Le mécanisme de formation de bromhydrine via le NBS et l'eau est le suivant :

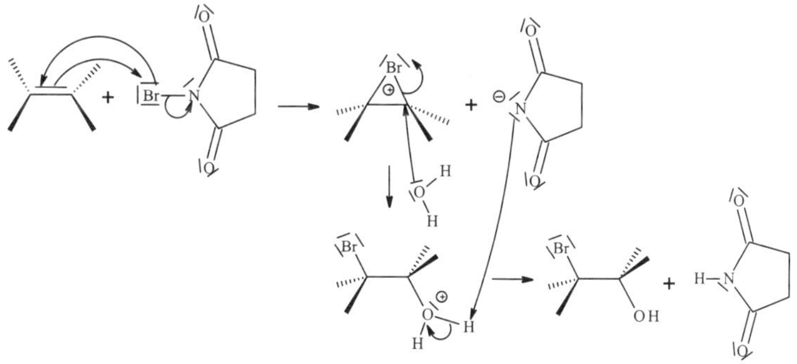

L'attaque de l'eau s'effectue en ANTI, ce qui rend la réaction stéréospécifique.

Rappel : L'ion imidate formé est un nucléophile faible. Il n'attaque donc pas l'intermédiaire ponté.
Un alcène (Z) donne un couple de produits. Le stéréoisomère (E) correspondant donne un autre couple de produits. Changer la stéréochimie des réactifs change celle des produits : la réaction est stéréospécifique.

L'attaque de l'eau a lieu sur le carbone stabilisant le mieux une charge positive : la réaction est régiosélective.

3. Pour le (E)-1,2-diphényléthane, le bilan de la réaction est le suivant :

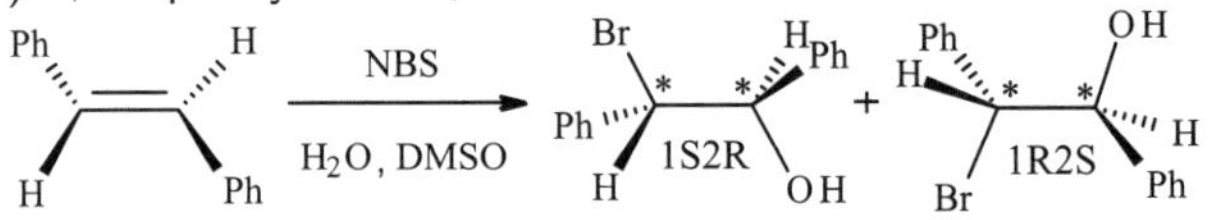

On trouve la configuration absolue des carbones asymétriques grâce aux règles de Cahn-Ingold-Prelog :

C_1^* : Br > C_2^* > Ph > H et C_2^* : OH > C_1^* > Ph > H

Les produits obtenus forment un couple d'énantiomères, ils sont obtenus en quantité équivalente (équiprobabilité de formation de l'ion ponté bromonium sur chaque face de l'alcène), le mélange est donc racémique et ne possède pas d'activité optique.

4. Les deux carbones du (E)-1-phénylpropène ne sont pas identiques : la régiosélectivité de la réaction va être révélée ici :

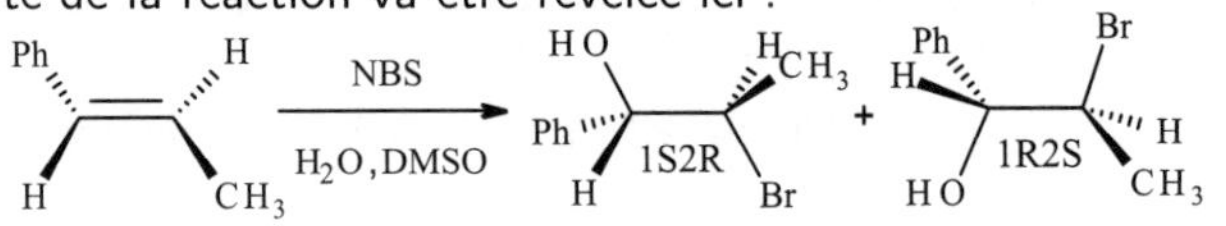

Le carbone le plus proche du groupe phényl stabilise la charge positive par mésomérie et c'est donc ce carbone qui est attaqué préférentiellement par le nucléophile.

Remarque : Les produits minoritaires sont :

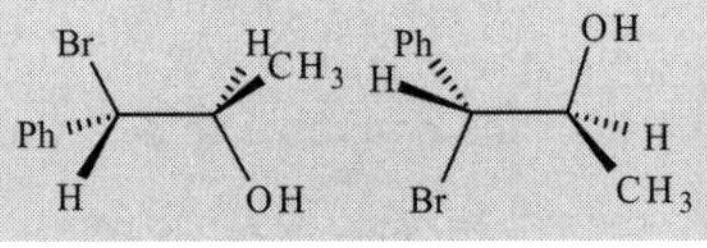

5. On propose un mécanisme avec passage par un carbocation.

En effet, le carbocation le plus stable sera privilégié (la réaction est régiosélective) mais le carbocation est plan donc le nucléophile attaque des deux côtés (la réaction n'est pas stéréospécifique).

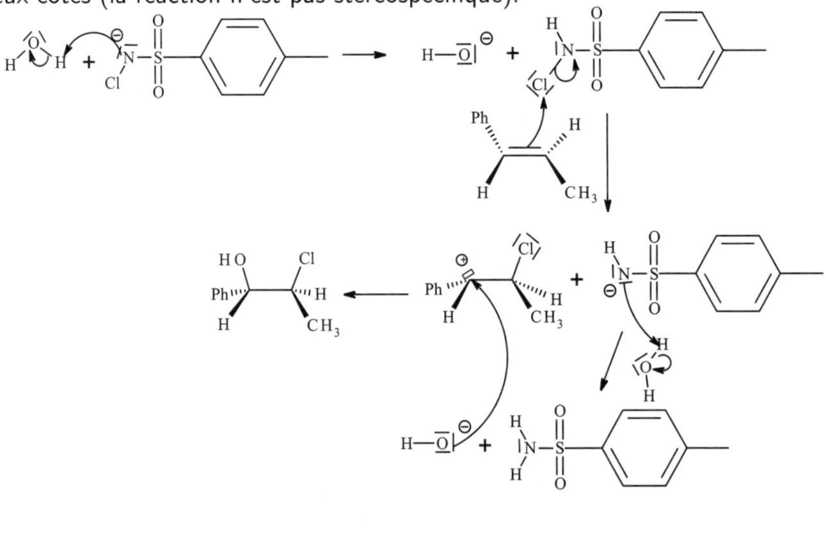

Seul un stéréoisomère a été représenté dans les produits, les 4 peuvent être obtenus puisque l'atome de chlore peut s'attacher par en dessous et le groupe hydroxyle peut s'attacher des deux côtés.

CHAPITRE 30

Substitution nucléophile

Capacités à acquérir	Exercices
Savoir choisir entre les mécanismes S_N1 et S_N2.	Tous
Connaître les mécanismes S_N1 et S_N2.	
Discuter du mécanisme à partir de données cinétiques.	30.1 et 30.2
Connaître la stéréochimie des mécanismes S_N1 et S_N2.	30.1, 30.3, 30.4 et 30.6
Connaître l'activation des alcools par H^+ et par le chlorure de tosyle.	30.4, 30.5 et 30.7
Connaître la synthèse de Williamson.	30.5 et 30.6
Utiliser le postulat de Hammond.	30.6
Comparer les diols obtenus à partir d'un alcène via l'époxydation ou par action du permanganate.	30.8
Connaître le bilan et le mécanisme de l'ouverture d'un époxyde en milieu basique.	

Exercice 30.1 : Stéréochimie des substitutions nucléophiles (Culture scientifique) *

On étudie la réaction de l'iodure de sodium ($Na^+ I^-$) sur le 2-bromobutane (*1*) dans un solvant polaire et aprotique :

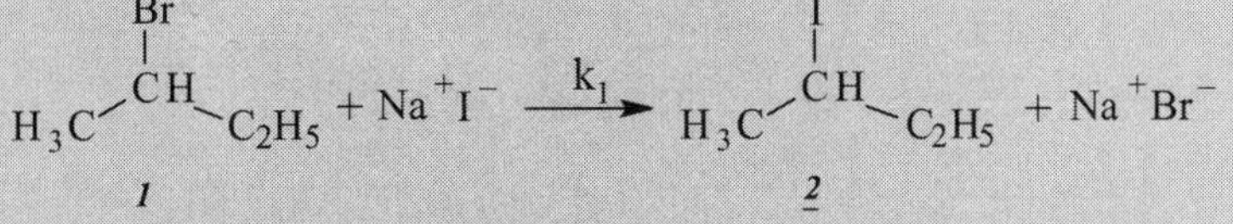

1. Quel est le type de réaction impliqué ?

2. Cette réaction effectuée avec le 2-bromobutane (*1*) de configuration absolue (R) conduit au dérivé iodé (*2*) de configuration absolue (S). Écrire le mécanisme de cette réaction et préciser l'aspect stéréochimique.

3. Représenter l'état de transition de la réaction.

On étudie dans un second temps la réaction de l'iodure de sodium ($Na^+ I^-$) sur le 3-bromo-3-méthylhexane (***3***) en proportions équimolaires dans un solvant polaire et protique :

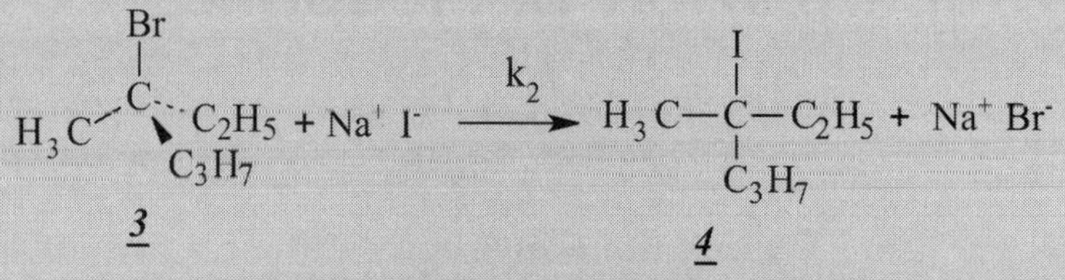

4. Quel est le type de cette réaction sachant que l'équation de vitesse de réaction v est de la forme : $v = k_2[3]$ où k_2 désigne la constante de vitesse et [3] la concentration molaire en ***3*** ?

5. Écrire le mécanisme impliqué et indiquer la géométrie du (ou des) intermédiaire(s) réactionnel(s). Préciser l'étape cinétiquement déterminante du mécanisme et la stéréochimie du produit final (***4***).

6. La réaction est-elle stéréosélective ? Justifier.

1. D'après le bilan de la réaction, on remarque que l'on a substitué un atome de brome par un atome d'iode grâce aux ions iodures : il s'agit d'une substitution nucléophile.

2. La réaction de substitution nucléophile sur le composé ***1*** conduit à un seul et unique produit ***2*** donc il s'agit d'une réaction de substitution nucléophile d'ordre 2 noté S_N2. Le mécanisme serait en une étape :

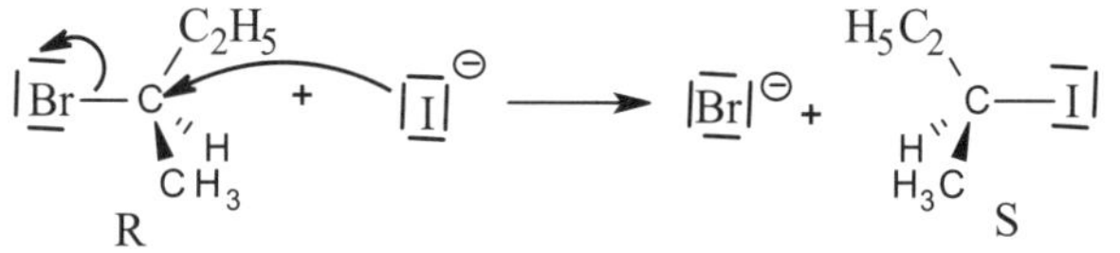

La réaction se fait avec une inversion de Walden car ici le dérivé bromé ***1*** est optiquement actif (présence d'un carbone asymétrique). La réaction est stéréospécifique : la configuration absolue du produit dépend de celle du réactif.

Rappel : Comme on obtient uniquement comme produit un seul des deux énantiomères possibles, cette réaction est stéréosélective à 100 %. De plus, si l'on partait de l'énantiomère de ***1*** on obtiendrait l'énantiomère de ***2*** comme seul produit, cette réaction est donc stéréospécifique. On peut ainsi la qualifier d'énantiospécifique.

3. L'état de transition d'une S_N2 correspond au moment où la moitié de la liaison C-Br est rompue et la moitié de la liaison C—I est formée.

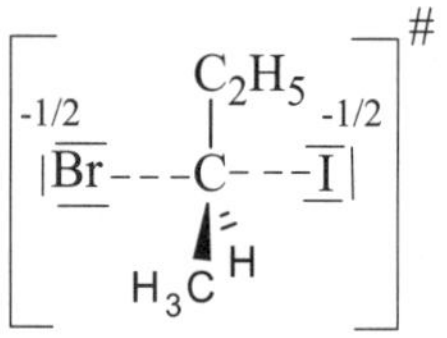

Remarque : La géométrie est de type bipyramide trigonale.

4. Cette réaction a un ordre 1 par rapport au dérivé halogéné de départ, il s'agit donc d'une substitution nucléophile d'ordre 1 noté S_N1.

Rappel : Pour une substitution nucléophile d'ordre 2 (S_N2) la loi de vitesse se met sous la forme : $v = k[RX][Nu^-]$.
Si le nucléophile est en excès (comme c'est le cas si le nucléophile est le solvant), alors par dégénérescence de l'ordre, la vitesse du réaction de type S_N2 adopte une loi de la forme : $v = k_{app}[RX]$. Une réaction d'ordre 1 n'entraîne pas forcément un mécanisme de type S_N1.

5. Le mécanisme se fait en deux étapes avec passage par un carbocation (intermédiaire réactionnel) :
La 1re étape correspond à la rupture de la liaison C−Br, il s'agit de l'étape cinétiquement déterminante.

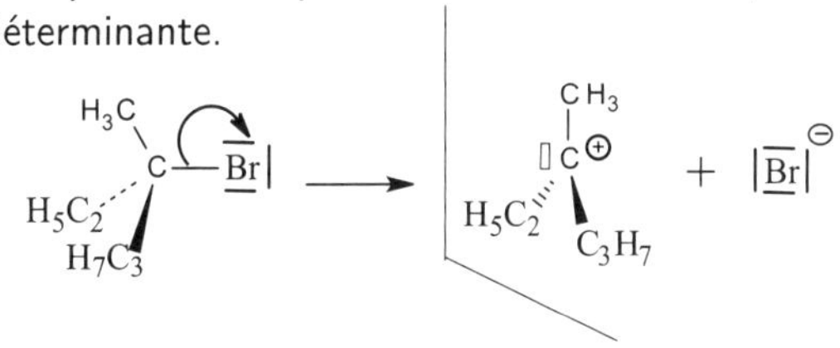

On obtient un carbocation plan trigonal. Il y a équiprobabilité d'attaque de l'ion iodure de part et d'autre de ce plan lors de la 2e étape :

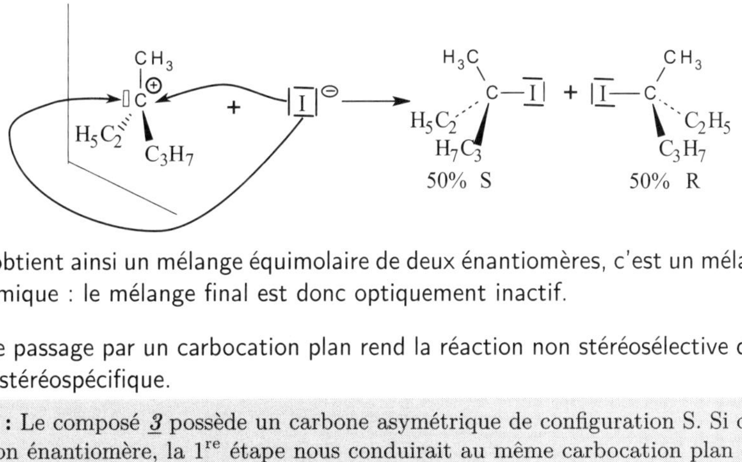

On obtient ainsi un mélange équimolaire de deux énantiomères, c'est un mélange racémique : le mélange final est donc optiquement inactif.

6. Le passage par un carbocation plan rend la réaction non stéréosélective donc non stéréospécifique.

Remarque : Le composé <u>*3*</u> possède un carbone asymétrique de configuration S. Si on partait de son énantiomère, la 1re étape nous conduirait au même carbocation plan et l'attaque nucléophile lors de la 2e étape nous donnerait les deux mêmes produits dans les mêmes proportions.

⚠ Une réaction stéréospécifique est forcément stéréosélective. L'inverse est faux.

Exercice 30.2 : Synthèse des thiols (concours général) *

Les mercaptans, appelés aussi thiols, sont les analogues soufrés des alcools. La plupart ont des odeurs très nauséabondes (chou, légumes en décomposition...), néanmoins ils jouent un rôle important dans les organismes et, sans exagération, on peut dire qu'aucun organisme vivant ne pourrait vivre sans thiols.

Le méthylmercaptan (CH_3SH) ou méthanethiol est principalement utilisé comme intermédiaire de synthèse de la méthionine (acide aminé utilisé dans l'alimentation animale). L'éthylmercaptan (C_2H_5SH) ou éthanethiol est un intermédiaire de synthèse d'insecticides et d'herbicides et peut être utilisé comme odorisant de gaz naturel afin de détecter des fuites éventuelles.

Une voie de synthèse des thiols aliphatiques est l'action de l'hydrogénosulfure de sodium (Na^+,HS^-) en excès sur des dérivés halogénés (bromés par exemple).

1. Écrire la réaction de synthèse du butane-1-thiol par cette voie.
2. Attribuer deux qualificatifs à cette réaction : addition, substitution, élimination, oxydation, réduction, acide-base, nucléophile, éléctrophile, radicalaire.
3. Quelle propriété de l'hydrogénosulfure est mise en œuvre dans cette réaction ?
4. Pourquoi utilise-t-on de l'hydrogénosulfure de sodium plutôt que du sulfure de dihydrogène ?
5. Proposer un mécanisme pour cette réaction sachant que sa cinétique est d'ordre 2.
6. Expliquer pourquoi il est nécessaire de mettre un excès d'hydrogénosulfure de sodium pour obtenir ce mercaptan.

1. Pour synthétiser le butane-1-thiol, on fait réagir de l'hydrogénosulfure de sodium (Na^+,HS^-) sur le bromobutane, l'équation-bilan est :

2. D'après l'équation-bilan précédente on constate que l'on a substitué un atome de brome par une fonction thiol par l'action du nucléophile HS^-. Cette réaction est donc une substitution nucléophile.

3. L'hydrogénosulfure est un ampholyte (c'est la base conjuguée dans le couple H_2S/HS^- et l'acide dans le couple HS^-/S^{2-}) mais est également un nucléophile (présence de doublets non liants et d'une charge négative sur le soufre) ; c'est cette dernière propriété qui est mise en jeu ici.

4. On utilise de l'hydrogénosulfure de sodium plutôt que du sulfure de dihydrogène H_2S car l'anion hydrogénosulfure, en tant qu'espèce chargée, est un meilleur nucléophile que le sulfure de dihydrogène.

Remarque : De plus le sulfure d'hydrogène est un gaz toxique et nocif dont la manipulation est déconseillée.

5. La cinétique de cette réaction est d'ordre 2, il s'agit d'une substitution nucléophile d'ordre 2 notée S_N2 (loi de vitesse : $v = k[\mathrm{RBr}][\mathrm{HS^-}]$). Le mécanisme s'effectue en une étape :

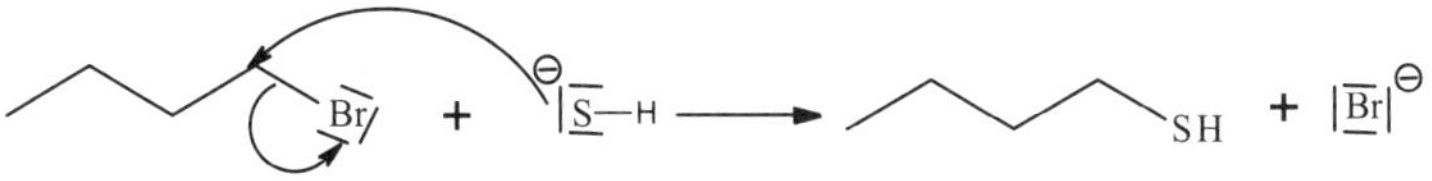

Remarque : Ici le dérivé bromé de départ ne possède pas de carbone asymétrique donc l'attaque du côté opposé à la liaison C − Br n'est pas mise en évidence.

6. HS^- est un meilleur nucléophile que HO^- car S est plus polarisable que O. HS^- est mis en excès car la vitesse de réaction dépend de sa concentration.

Exercice 30.3 : Substitution sur un dérivé du cyclohexane (École de l'Air) *

Soit le composé ***A*** suivant :

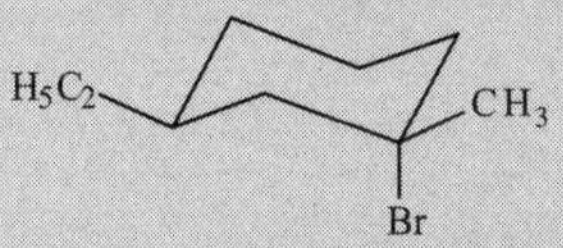

1. Préciser la configuration absolue du (ou des) carbone(s) asymétrique(s). Nommer ce composé.
2. On fait réagir ***A*** avec le méthanol. On obtient alors un mélange équimolaire de deux composés ***J₁*** et ***J₂*** de formule brute : $C_{10}H_{20}O$.
a) Représenter ces composés.
b) Discuter du pouvoir rotatoire du mélange.

1. Le composé ***A*** possède deux carbones asymétriques. D'après les règles CIP, on obtient :

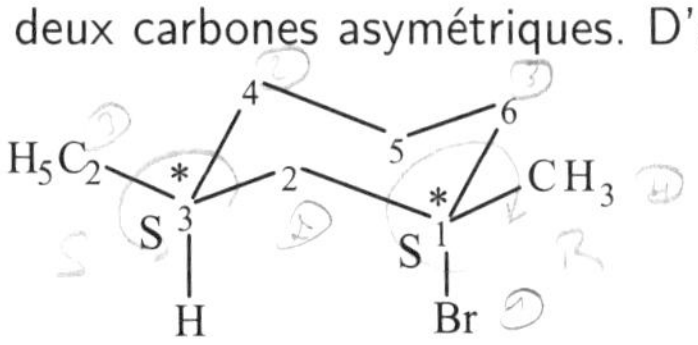

C_1^* : Br > C_2 > C_6 > CH_3 et C_3^* : C_2 > C_4 > C_2H_5 > H.
Le composé ***A*** est le (1S,3S)-1-bromo-3-éthyl-1-méthylcyclohexane.

2. La formule brute de ***A*** est $C_9H_{17}Br$. La formule brute des produits est $C_{10}H_{20}O$. On constate qu'un atome de brome a été remplacé par CH_3O. On a donc une réaction de substitution nucléophile dans laquelle le méthanol joue le rôle d'un nucléophile. Dans le mesure où l'on obtient deux produits, il s'agit d'un mécanisme de type S_N1.

Remarque : Le carbocation formé par la rupture de la liaison C − Br est un carbocation tertiaire stabilisé par les effets inductifs donneurs des groupes alkyls. Cela favorise la réaction de type S_N1. Dessinons le carbocation en passant dans la représentation de Cram (qui permet de mieux représenter le carbocation plan) :

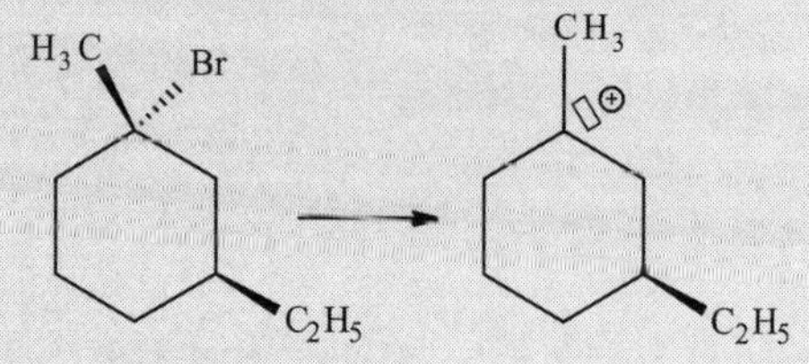

A

a) Les produits obtenus sont :

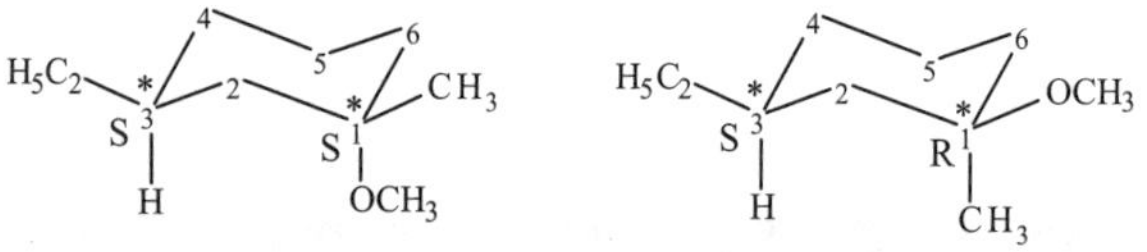

C_1^* : $OCH_3 > C_2 > C_6 > CH_3$. C_3^* conserve la même configuration (il n'est pas concerné par la réaction).

b) On obtient donc deux diastéréoisomères : le (1S,3S) et le (1R,3S). Par conséquent le mélange possède un pouvoir rotatoire.

Il ne faut pas répondre mécaniquement à cette question qu'il y a racémisation, il faut regarder à chaque fois les relations entre les produits. La réaction passe par un carbocation localement plan et du fait de l'équiprobabilité d'attaque on obtient 50 % de chaque composé mais un seul carbone asymétrique est concerné par cette modification (celui portant la liaison C − X).
Si la molécule a un seul carbone asymétrique, on obtient un couple d'énantiomères.
Si la molécule a plusieurs carbones asymétriques, on obtient des diastéréoisomères.

Exercice 30.4 : Réactions autour du menthol (ENSTIM) *

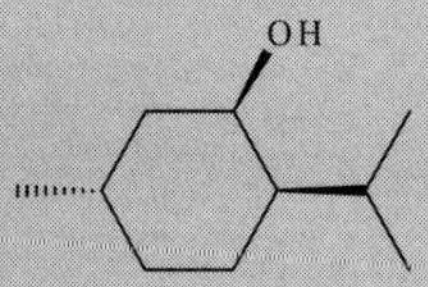

A

L'alcool ***A***, stéréoisomère du menthol, se transforme en dérivé halogéné sous l'action de l'acide bromhydrique. On obtient un unique produit ***B***.

1. Écrire le mécanisme de cette réaction sur le propan-2-ol dans les conditions écrites ci-dessus.

2. Lorsque cette réaction est effectuée sur un cyclohexanol, quelle doit être la position du groupe hydroxyle pour que la réaction puisse se produire ? Justifier à l'aide d'un dessin en perspective où le cyclohexanol adopte la conformation chaise.

3. Dessiner ***B*** en représentation de Cram.

Rappel : L'acide bromhydrique est : $\text{H}-\overline{\underline{\text{Br}}}|$.

1. On substitue la fonction alcool par un dérivé halogéné grâce à H – Br et on obtient un unique produit : on a donc une S_N2 (précédée d'une étape d'activation).
Le mécanisme de formation est le suivant :
Réaction acido-basique au cours de laquelle un bon groupe partant $-OH_2^+$ est formé :

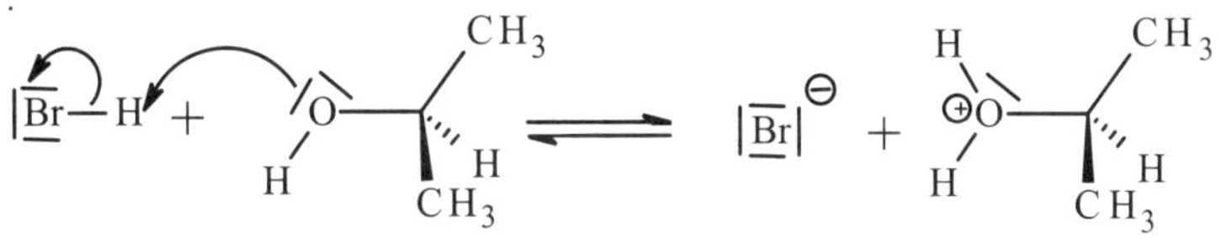

Réaction de S_N2 :

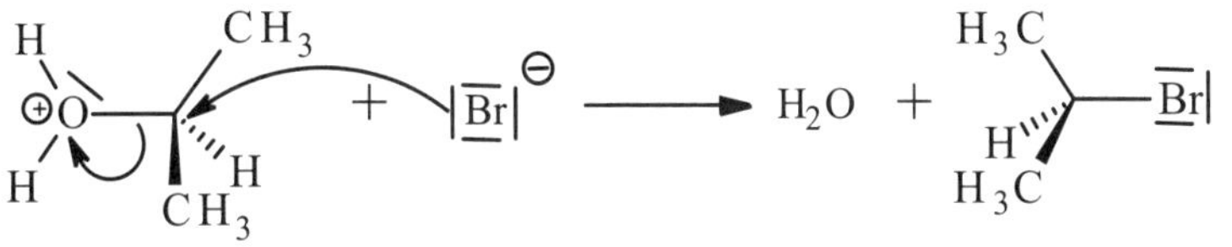

2. D'un point de vue stéréochimique, la réaction de S_N2 se déroule avec l'attaque du nucléophile en ANTI de la liaison qui se rompt.
Pour le cyclohexanol, la seule conformation chaise envisageable pour avoir une S_N2 est celle où la fonction alcool est en position axiale (il y a davantage de gêne stérique lorsque le groupe fonctionnel est en position équatoriale).

Remarque : On raisonne directement sur l'intermédiaire où un bon groupe partant $-OH_2^+$ a été formé.

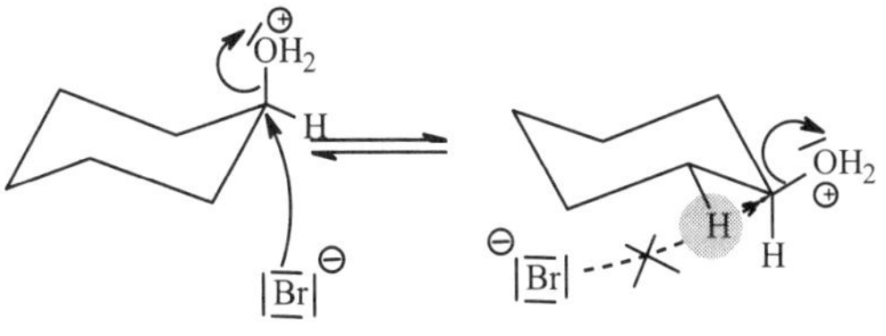

Le dérivé bromé obtenu à partir de ***A*** est obtenu suite à une attaque de l'ion bromure du côté opposé à la liaison $C-OH$. Le composé ***B*** est donc le suivant :

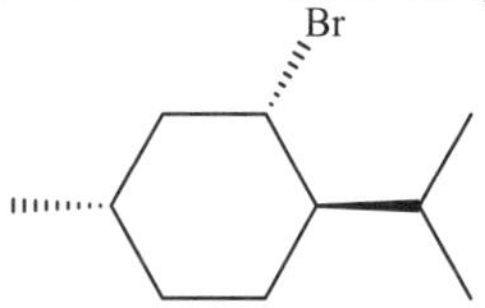

B

Remarque : Le carbone portant la fonction alcool est asymétrique, l'inversion de Walden est réalisée.

Exercice 30.5 : Synthèse du sulcatol (Agro-Véto) *

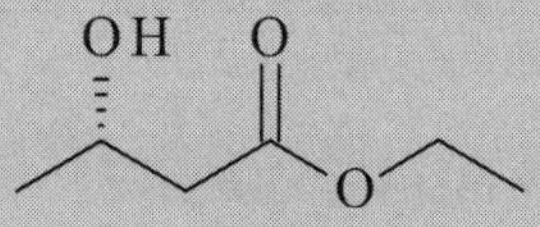

A

L'alcool ***A*** est traité par de l'hydrure de sodium NaH : il se produit un dégagement gazeux. On ajoute ensuite du chlorophénylméthane (chlorure de benzyle) au mélange réactionnel et on isole ainsi le produit ***B*** ne contenant plus de fonction alcool.

1. Quelle est la nature du dégagement gazeux lors de la réaction entre l'hydrure de sodium et l'alcool ***A*** ?

2. Quelle est la formule semi-développée du produit ***B*** ? Proposer un mécanisme pour sa formation. Quel est le sous-produit inorganique de cette réaction ?

Le composé ***B*** est ensuite traité par le tétrahydruroaluminate de lithium ($LiAlH_4$) pour conduire à l'alcool ***C*** après hydrolyse.

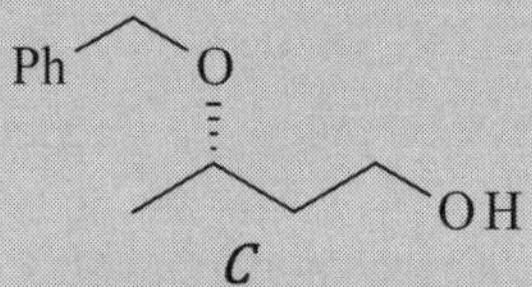

C

L'alcool ***C*** est traité par du chlorure de tosyle en présence de pyridine pour conduire au composé ***D***.

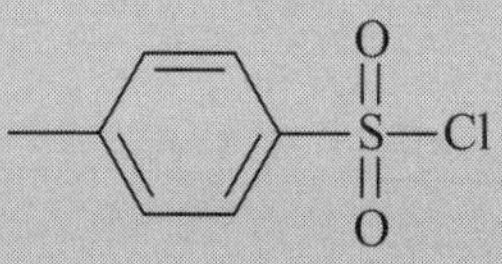

chlorure de tosyle

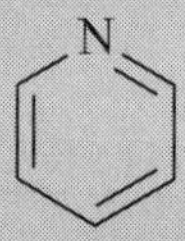

pyridine

3. Quelle est la formule semi-développée de ***D*** ?

4. ***D*** est mis à réagir avec du bromure de sodium. Quel produit ***E*** obtient-on ? Préciser le mécanisme.
5. Quel est l'intérêt de l'étape ***A*** → ***B*** ?

Rappel : Le chlorophénylméthane est : 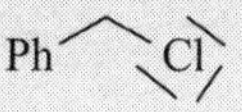 .

1. L'hydrure de sodium, base forte, réagit avec l'alcool pour former l'alcoolate et l'acide conjugué des ions hydrure, le dihydrogène gazeux.

Remarque : Le mécanisme est demandé dans la question suivante. On ne le précise donc pas ici.

2. Le produit ***B*** obtenu est :

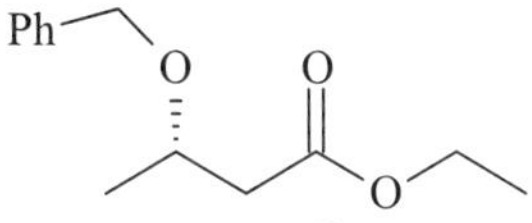

B

NaH se dissocie en Na^+ et H^-.
B est formé selon une synthèse de Williamson dont la première étape est la formation de l'éthanolate par réaction acide/base :

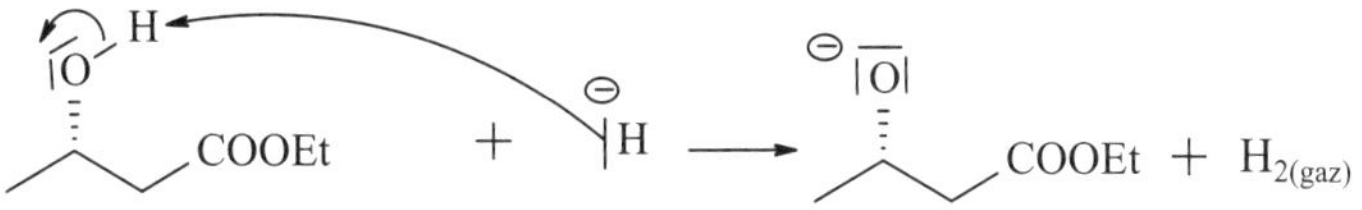

Remarque : Le solvant utilisé ne doit pas être l'eau, qui détruit l'alcoolate formé. En milieu basique, le mécanisme S_N2 est le seul possible car la formation des carbocations n'est pas favorable dans un tel milieu. Avec les dérivés halogénés secondaires ou tertiaires, il y a un fort risque de réaction d'élimination via un mécanisme E2.

L'éthanolate agit sur le dérivé chloré selon un mécanisme S_N2 :

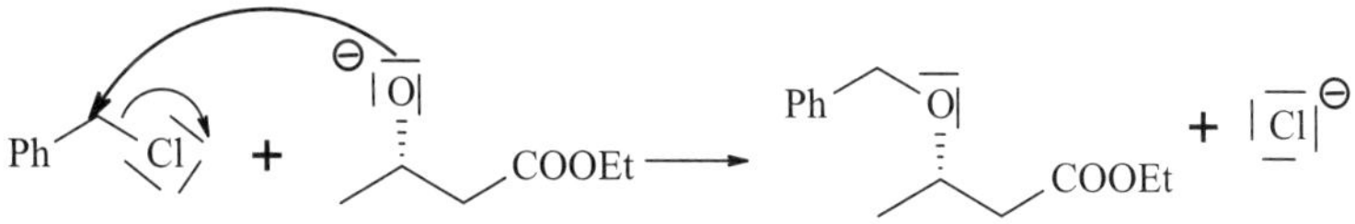

Remarque : L'hydrure de sodium fournit des ions Na^+, la substitution nucléophile donne Cl^-.

3. Le chlorure de tosyle réagit avec l'alcool pour former un bon groupe partant. En notant Ts - Cl le chlorure de tosyle, le composé ***D*** obtenu est :

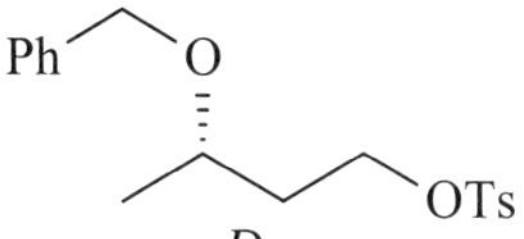

D

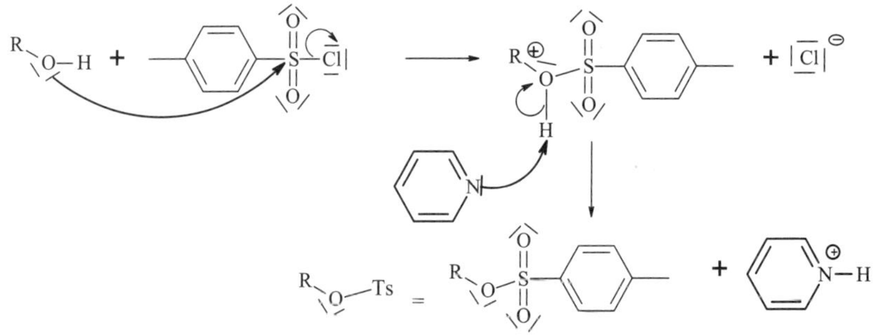

Rappel : La pyridine joue le rôle de solvant basique.

> ⚠ Le chlorure de tosyle donne un bon groupe partant. Les ions chlorure ne jouent pas le rôle de nucléophile.

4. Le composé ***D*** possède un bon groupe partant $-\mathrm{OTs}$. Il est attaqué par les ions bromure, nucléophiles, par une réaction suivant un mécanisme S_N2 car le carbone portant le nucléofuge (groupe partant) est primaire.

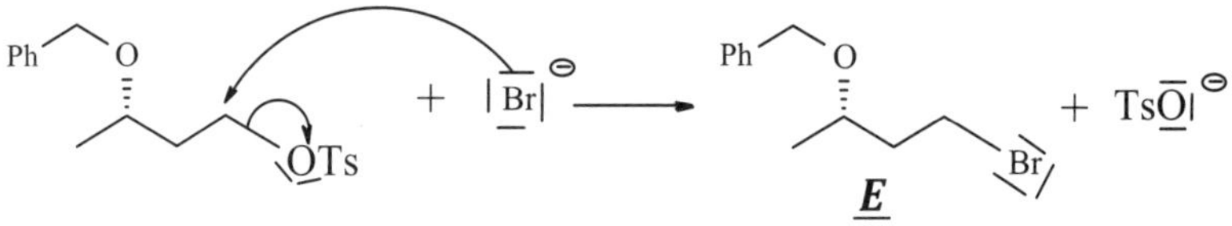

5. Le passage de ***A*** à ***B*** est une protection de fonction qui évite que la fonction alcool du début soit attaquée par les ions Br^-.

Exercice 30.6 : Synthèse d'un époxyde (Olympiades Internationales de Chimie) *

En solution dans l'acétone (ou propanone, solvant polaire peu protique), le traitement d'un réactif ***E***, mélange racémique des (1R,2S) et (1S,2R)-2-bromo-1,2-diphényléthanol, par du carbonate de sodium Na_2CO_3 conduit exclusivement, en 15 minutes à température ambiante, à la formation du composé ***F*** racémique. Seul un énantiomère de ***F*** a été représenté sur la figure.

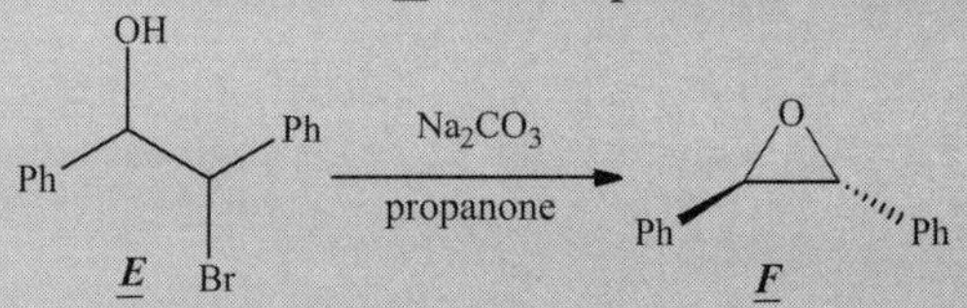

1. Expliquer pourquoi les ions carbonate, base moyenne en solution aqueuse, sont susceptibles de déprotoner le composé ***E*** en solution dans la propanone.

2. Proposer un mécanisme pour la transformation de ***E*** en ***F***.
3. Justifier enfin la rapidité de la transformation de ***E*** en ***F***, en dépit de la formation d'un cycle très tendu.

1. Pour justifier l'acidité relative du composé ***E*** on va raisonner sur sa base conjuguée :

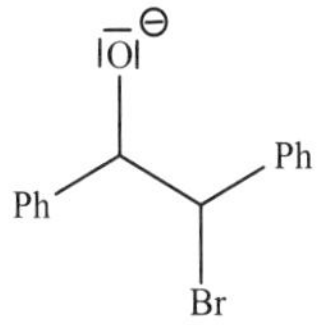

L'anion alcoolate formé subit les effets inductifs attracteurs des groupes phényl et du brome qui tendent à diminuer sa charge négative et à le stabiliser, donc l'acide est plus fort qu'un alcool aliphatique et son $\mathrm{p}K_a$ est plus petit ($\mathrm{p}K_a < 16$), ce qui explique que les ions carbonates ($\mathrm{p}K_a = 10,3$) sont suffisants pour le déprotoner.
Par ailleurs, la propanone est un solvant polaire peu protique : les ions carbonate ne captent pas d'hydrogène sur le solvant comme ils peuvent le faire avec l'eau : ils seront donc une meilleure base pour attaquer l'hydrogène acide de l'alcool.

2. Pour passer de ***E*** à ***F***, on passe par une réaction de substitution nucléophile intramoléculaire. Il s'agit d'une synthèse de Williamson intramoléculaire.
Le dérivé halogéné est primaire et le solvant est polaire aprotique, on propose un mécanisme $\mathrm{S_N2}$.

Le carbocation potentiellement formé est stabilisé par mésomérie mais le solvant polaire aprotique est plus favorable à une $\mathrm{S_N2}$ et de plus, le milieu est basique, ce qui défavorise la formation de charges.

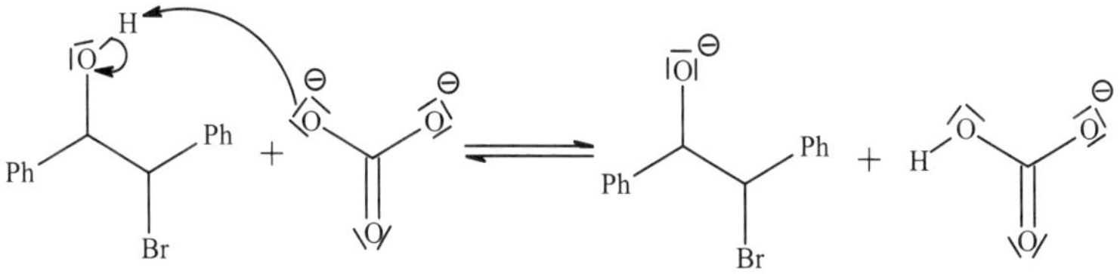

Point méthode : Dans un mécanisme $\mathrm{S_N2}$, l'attaque du nucléophile s'effectue en ANTI par rapport à la liaison C – Br : il faut donc dessiner une conformation correcte du réactif de départ (tout en respectant la configuration absolue des carbones asymétriques).

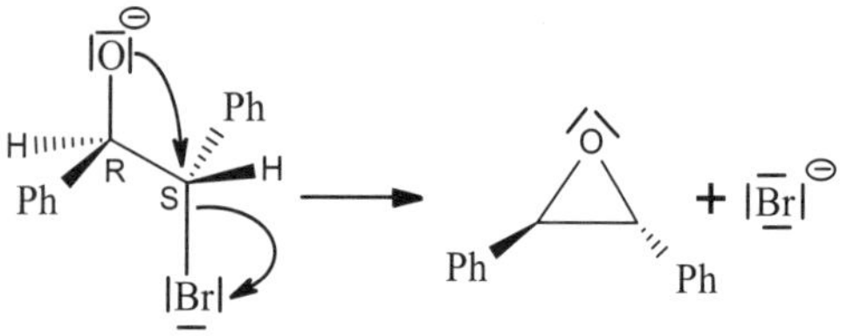

3. La réaction est intramoléculaire, ce qui la rend rapide car il n'y a pas d'étape d'approche des réactifs.

Explication : En effet, lorsqu'un réactif A réagit avec un autre réactif B, pour que la réaction se fasse, il faut que les réactifs se rencontrent et pour cela, ils doivent écarter les molécules de solvant pour diffuser l'un vers l'autre.

Exercice 30.7 : Synthèse d'un précurseur de l'α-multistriatine 2 (Agro-Véto) **

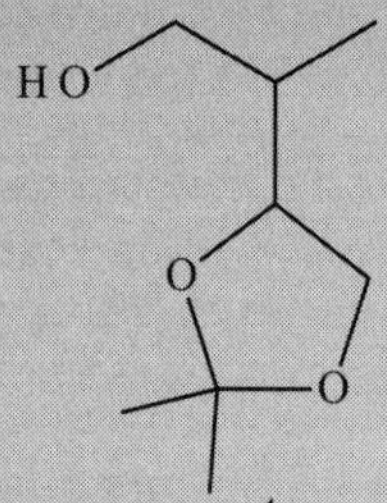

A

1. Nommer les groupes caractéristiques portés par ***A***.
2. Donner le mécanisme de la formation du produit ***C*** obtenu par traitement de ***A*** par le chlorure de tosyle (abrégé Ts–Cl) en présence de pyridine.

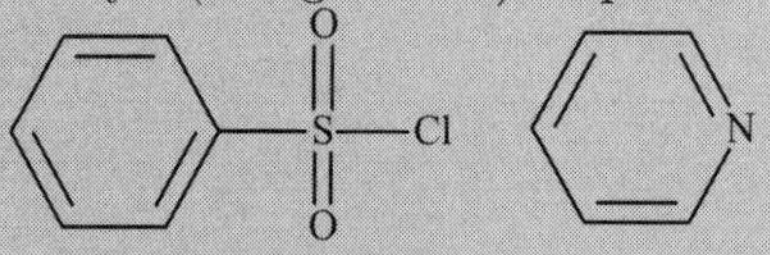

3. Le produit ***C*** est mis à réagir avec de l'iodure de sodium pour donner le composé ***D***. Quelle est la formule semi-développée de ***D*** ? Par quel type de mécanisme est-il obtenu ici ? Justifier.
4. Quel est l'intérêt du passage par le produit ***C*** ?

1.

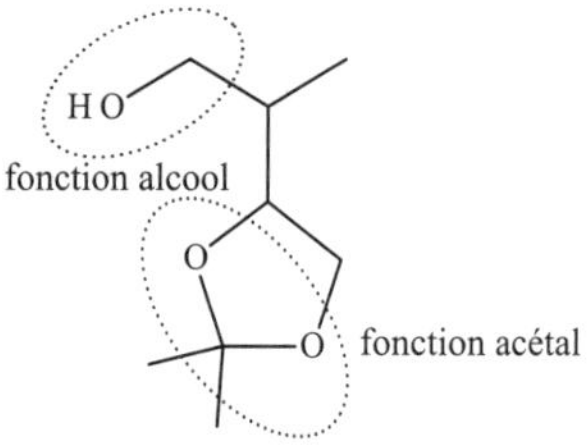

Remarque : ***A*** appartient à la famille des hydroxycétals. La molécule ***A*** possède une fonction acétal qui permet la protection d'un diol (ou d'une fonction carbonyle). Cette fonction acétal est chimiquement inerte sauf en milieu acide où l'on peut réaliser l'hydrolyse de l'acétal pour régénérer le diol.

2. La réaction avec le chlorure de tosyle a lieu avec la fonction alcool. Pour simplifier l'écriture du mécanisme, ***A*** sera noté R − OH.
La 1re étape consiste en une substitution nucléophile sur Ts - Cl :

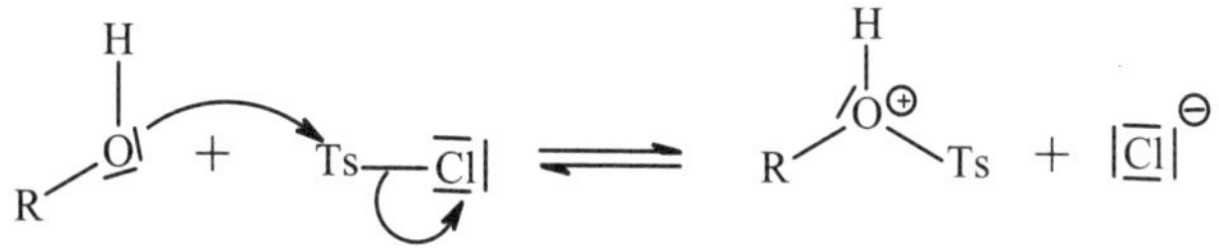

La 2e étape est une réaction acido-basique avec la pyridine (base faible de $pK_a = 5,2$) :

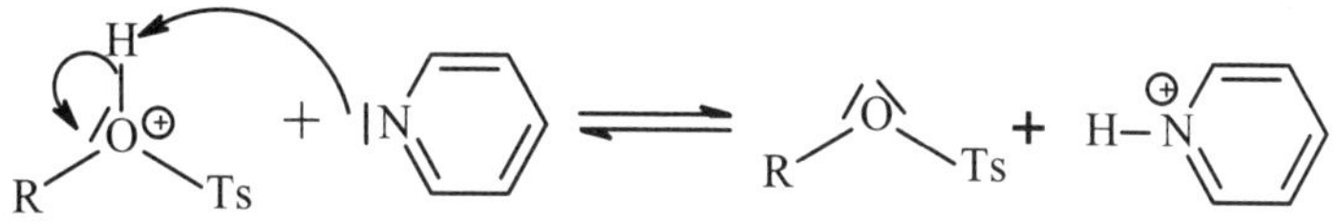

On obtient le produit ***C*** de formule :

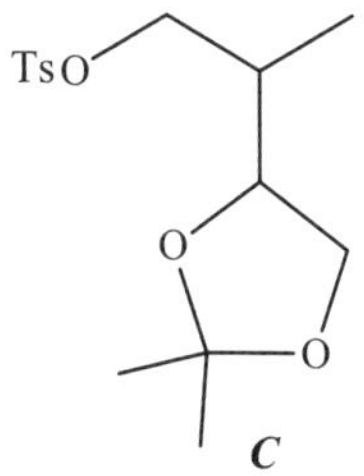

C

3. En présence d'ions iodure on va avoir une réaction de substitution nucléophile sur le groupe tosyle et on obtient un dérivé iodé ***D*** de formule :

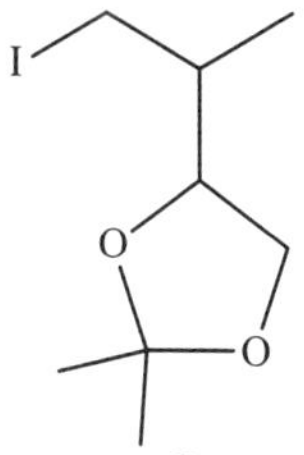

D

Le carbone portant le groupe tosyle est primaire donc le mécanisme est de type S_N2 .

4. Le passage par ***C*** permet de former − OTs qui est un bon groupe partant. Celui-ci rend la substitution nucléophile plus efficace et permet d'obtenir un bon rendement de conversion.

Exercice 30.8 : Synthèse d'un β-bloquant (Agro-Véto) **

Le nadolol est un bêta bloquant utilisé comme régulateur cardiaque.
On en propose ici une synthèse. On part du composé ***L*** suivant :

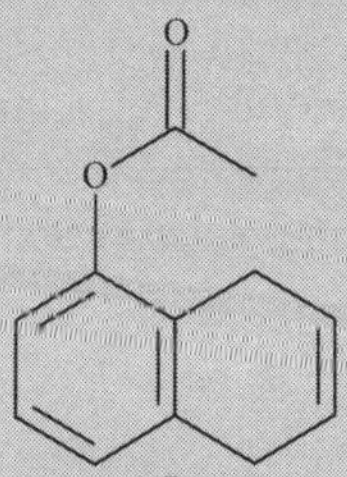

L

1. Préciser le nom du groupe caractéristique et des sites réactifs de ***L***. Les doubles liaisons C = C ont-elles toutes la même réactivité ?

On fait réagir le permanganate de potassium dilué et froid sur ***L***. On obtient ***M***.

2. Donner la formule semi développée (ou topologique) de ***M***.
3. Combien d'atomes de carbones asymétriques se forment-ils ?
4. Combien de stéréoisomères obtient-on ? Les représenter en projection de Cram. Quelle(s) relation(s) de stéréoisomérie existe-t-il entre ces stéréoisomères ?
5. Aurait-on obtenu les mêmes produits en faisant agir l'acide métachloroperbenzoïque sur ***L*** puis en effectuant une hydrolyse basique ?

Sur ***M***, on fait réagir de l'hydroxyde de sodium. On obtient ***N***, de formule :

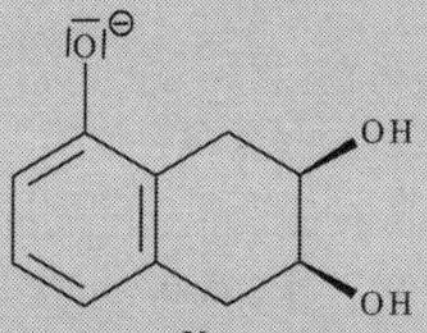

N

6. Le réactif suivant ***O*** est obtenu par action de l'acide métachloroperbenzoïque sur le 3-chloroprop-1-ène. Représenter la formule semi-développée (ou topologique) de ***O***. Combien d'atome(s) de carbone asymétrique(s) comporte-t-il ? Le(s) préciser sur une formule semi-développée (ou topologique).
7. La réaction de ***O*** sur ***N*** (en fait, mélange de stéréoisomères) donne ***P***, mélange de stéréoisomères, et des chlorure. Représenter la formule semi-développée (ou topologique) d'un des stéréoisomères de ***P*** obtenus.
8. Par action de la 1,1-diméthyléthanamine $H_2N-C(CH_3)_3$ sur ***P***, on forme le nadolol ***Q***. Donner la représentation semi-développée (ou topologique) d'un stéréoisomère de ***Q***.

1.

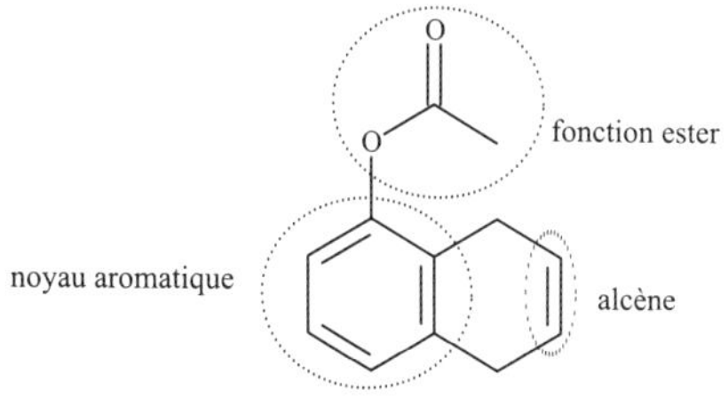

La double liaison C = C de l'alcène est plus réactive que les doubles liaisons du noyau aromatique du fait de la grande stabilité de celui-ci.

2. Le permanganate va agir sur la double liaison de l'alcène pour donner un diol SYN :

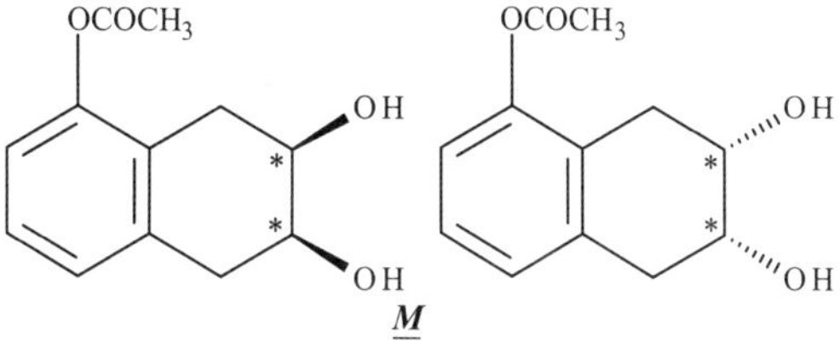

3. Deux atomes de carbones asymétriques se forment.

4. Comme le diol est syn, on obtient deux stéréoisomères sur les 4 possibles. Les deux stéréoisomères sont images l'un de l'autre dans un miroir : ce sont des énantiomères.

5. En faisant réagir l'acide métachloroperbenzoïque sur ***L***, on aurait une époxydation de la double liaison. L'hydrolyse basique conduit à une attaque en ANTI de l'époxyde conduisant aux diols ANTI :

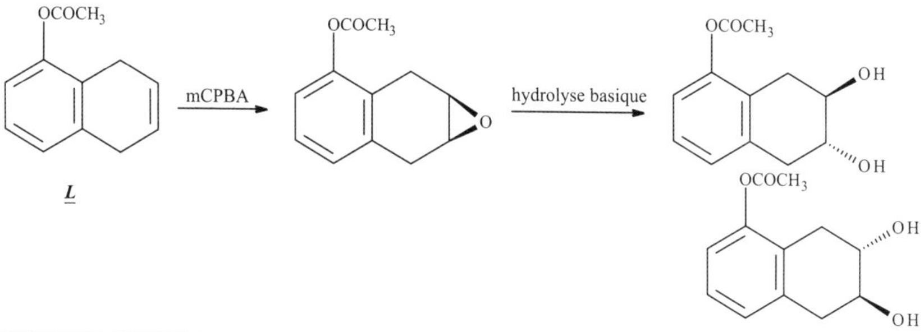

Remarque : Le mécanisme d'hydrolyse basique est de type S_N2.

6. L'acide métachloroperbenzoïque agit sur l'alcène pour former un époxyde, qui possède un carbone asymétrique :

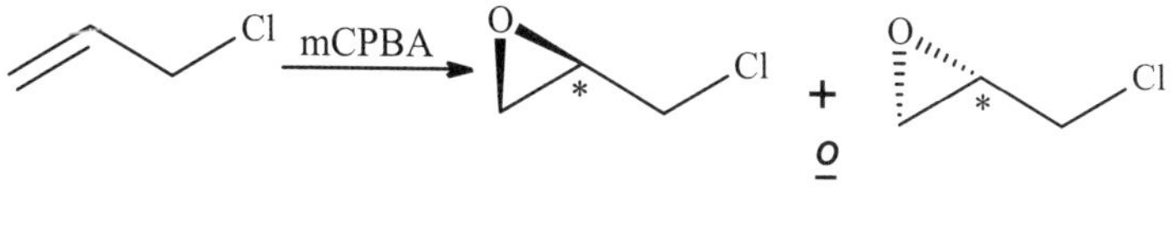

7. ***N*** est un nucléophile qui se substitue à l'atome de chlore (puisque l'on obtient des chlorures) selon un mécanisme (de type S_N2 car le carbone est primaire) :

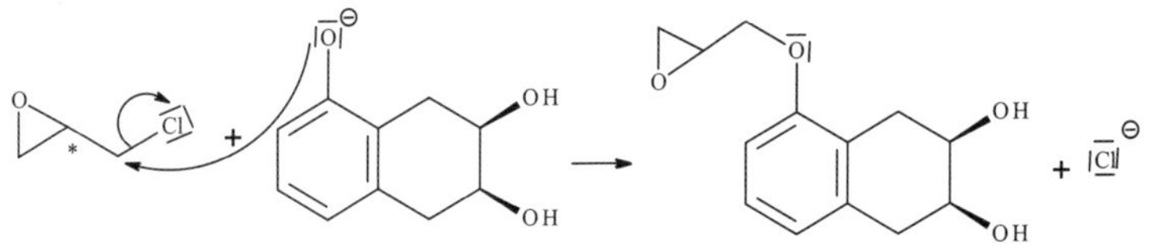

8. L'amine est un nucléophile qui peut provoquer une ouverture d'époxyde. L'amine attaque le carbone le moins encombré selon un mécanisme de type S_N2 car ce carbone est primaire.

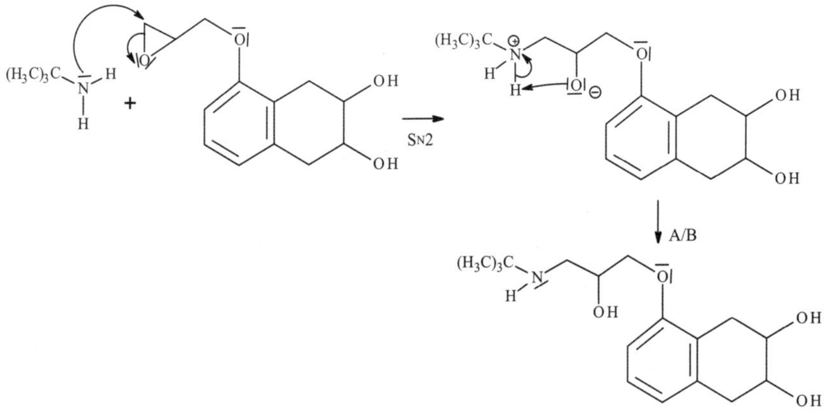

CHAPITRE

31 Élimination

Capacités à acquérir	Exercices
Déterminer le produit majoritaire d'une élimination (régiosélectivité).	Tous
Reconnaître les conditions favorisant l'élimination par rapport à une substitution nucléophile.	31.2
Connaître le mécanisme E2 et ses caractéristiques stéréochimiques.	31.1 et 31.3
Connaître le mécanisme E1 et ses caractéristiques stéréochimiques.	31.1, 31.2 à 31.4

Exercice 31.1 : Données cinétiques et élimination *

On s'intéresse au 2-chloro-3-phénylbutane. On traite le stéréoisomère de configuration (2R,3S), par de la soude dans un mélange eau-éthanol de façon à se trouver dans les conditions d'élimination.

1. Donner et nommer les trois produits d'élimination et préciser le produit majoritaire d'après la règle de Zaïtsev.

2. Expérimentalement, on obtient une loi de vitesse d'ordre 1 par rapport à la base et d'ordre 1 par rapport au 2-chloro-3-phénylpropane. De plus, le produit majoritaire obtenu expérimentalement n'est pas celui de la question précédente mais son diastéréoisomère. Préciser le mécanisme réactionnel.

Pour obtenir une représentation claire pour répondre aux questions, nous allons utiliser la représentation de Cram :

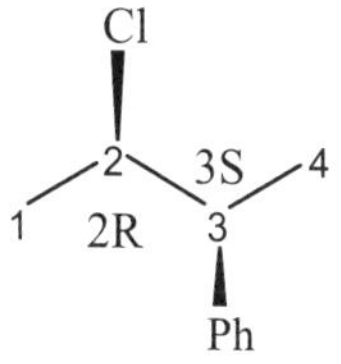

C_2^* : $Cl > C_3 > C_1 > H$ et C_3^* : $C_2 > Ph > C_4 > H$

1. Les produits d'élimination sont les suivants :

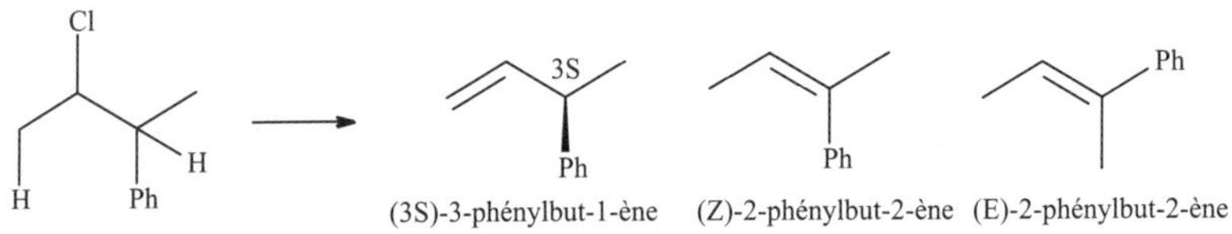

(3S)-3-phénylbut-1-ène (Z)-2-phénylbut-2-ène (E)-2-phénylbut-2-ène

Point méthode : Pour écrire les produits d'une élimination, on repère les H sur les carbones en β puis on enlève Cl, on enlève un atome d'hydrogène H situé sur un carbone en β et on met une double liaison entre le carbone α et le carbone β.

D'après la règle de Zaïtsev, le produit majoritaire est le plus stable, ici le (E)-2-phénylbut-2-ène.

Rappel : L'alcène le plus stable est l'alcène qui est conjugué ou qui est le plus substitué (c'est-à-dire celui pour lequel les carbones de la double liaison sont liés à des groupes alkyl) et qui possède la configuration E (qui est plus stable que la Z).

2. Expérimentalement, on obtient une loi de vitesse d'ordre 1 par rapport à la base et d'ordre 1 par rapport au 2-chloro-3-phénylpropane : il s'agit d'un mécanisme E2. De plus, le produit majoritaire obtenu expérimentalement n'est pas celui de la question précédente mais son diastéréoisomère : pour un mécanisme E2, la stéréochimie ANTI l'emporte sur la règle de Zaïtsev.

Point méthode : Pour représenter le stéréoisomère (2R,3S), on place dans le plan de la feuille les liaisons qui sont rompues de manière à bien visualiser l'élimination ANTI.

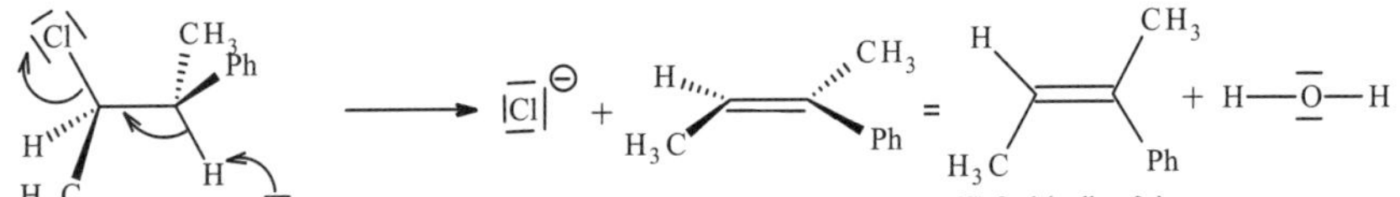

(Z)-2-phénylbut-2-ène

Exercice 31.2 : Élimination sur un dérivé du cylohexane (École de l'Air) *

Soit le composé ***A*** suivant :

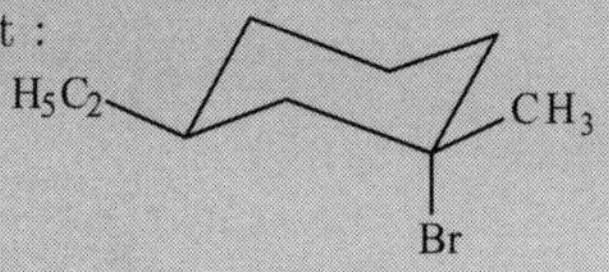

1. Nommer ***A***.

2. On fait réagir ***A*** avec de la soude diluée dans l'eau. Plusieurs réactions, toutes d'ordre 1, sont en compétition. Elles conduisent aux produits de formule respective : C_9H_{16} et $C_9H_{18}O$. Discuter des réactions en jeu et des produits obtenus.

3. ***M*** est le produit obtenu en substituant à ***A*** le groupement éthyle par le groupement tertiobutyle et le groupement méthyle par un hydrogène. ***N*** est l'isomère de ***M*** où le brome et le groupement tertiobutyle sont en position syn.
a) Représenter ***N*** et ***M***.
b) Expliquer pourquoi ***M*** réagit environ 500 fois plus vite avec l'ion tertiobutylate $(CH_3)_3CO^-$ que l'isomère ***N*** pour une réaction de type E2.

1. ***A*** est le 1-bromo-3-éthyl-1-méthylcyclohexane.

2. La soude a une double réactivité : c'est à la fois une base et un bon nucléophile. Le produit $C_9H_{18}O$ correspond à la substitution de Br par OH.
L'eau est un solvant polaire protique qui favorise l'apparition de charges.
Le passage par un carbocation est favorable (carbocation tertiaire stabilisé) donc on peut envisager une réaction de substitution nucléophile d'ordre 1 S_N1.
Les produits suivants sont alors obtenus :

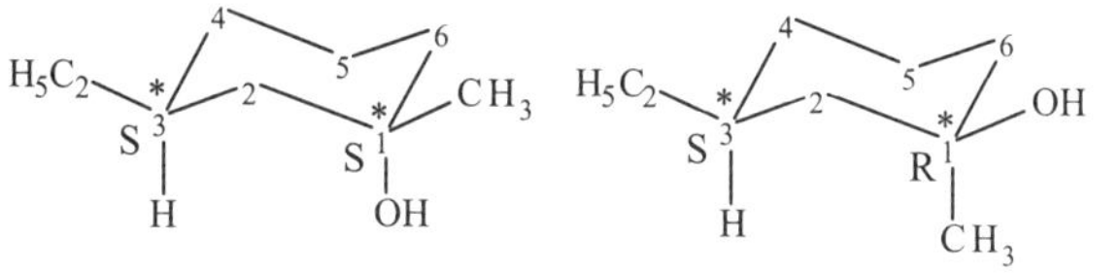

C_1^* : OH > C_2 > C_6 > CH_3. C_3^* conserve la même configuration (il n'est pas concerné par la réaction). Les produits sont deux diastéréoisomères.

C_9H_{16} possède deux insaturations, ainsi, en plus du cycle, on a une fonction alcène. La soude étant diluée, on envisage alors une réaction d'élimination de type E1.
Les produits de formule brute C_9H_{16} ont les formules suivantes :

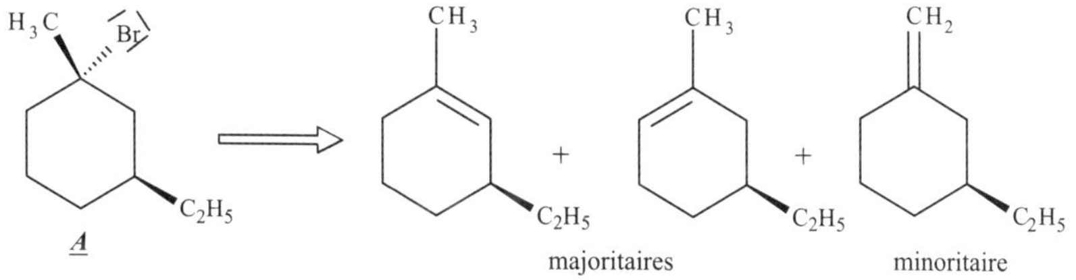

On obtient deux alcènes pareillement substitués : on a deux produits majoritaires.

Comme le mécanisme E1 n'est pas stéréospécifique, il est préférable d'utiliser la représentation de Cram pour le décrire.

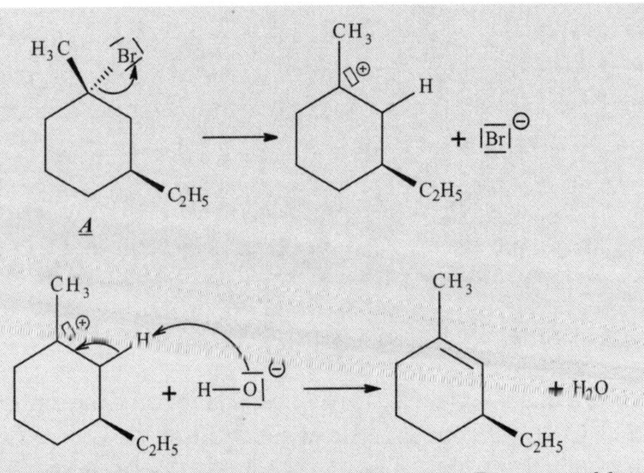

La molécule étant cyclique, seul l'alcène de configuration Z est possible.

3.

a) Les composés ***M*** et ***N*** ont pour formule :

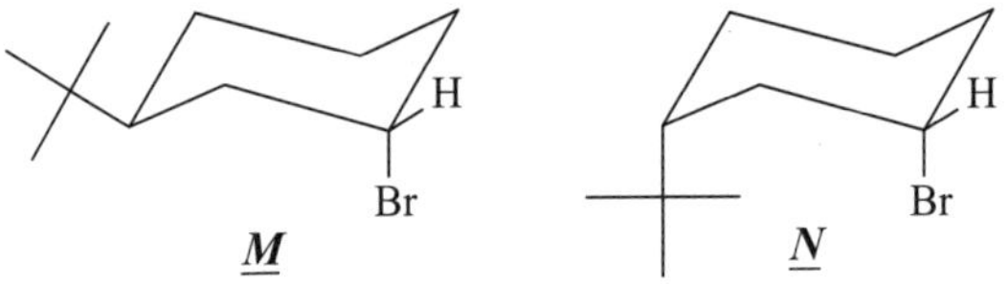

Remarque : Le composé ***N*** ci-dessus n'est pas le conformère le plus stable, car pour un composé dérivé du cyclohexane le conformère le plus stable est celui ayant les plus gros substituants en position équatoriale donc pour le composé ***N*** il s'agit du conformère suivant (obtenu par inversion chaise-chaise) :

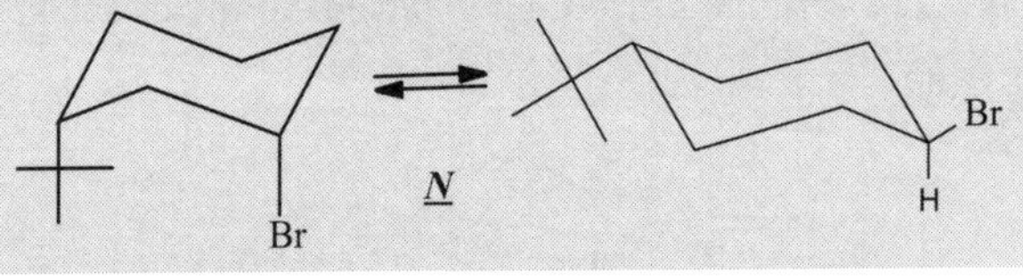

b) L'élimination de type E2 est une élimination ANTI : la liaison $C_\beta - H$ et la liaison $C_\alpha - Br$ doivent être en position axiale (elles sont ainsi en position antipériplanaire) et le mécanisme est concerté. Notons $R - O^\ominus$ l'ion tertiobutylate.

Pour le composé ***M*** on a donc :

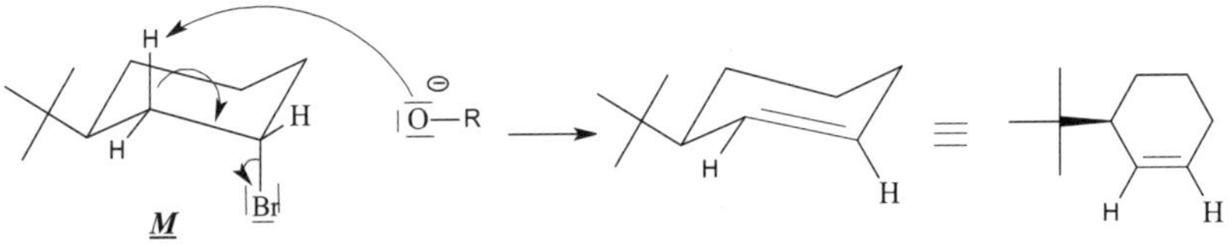

Pour le composé ***N***, le conformère pour lequel l'hydrogène en β et le brome sont en position antipériplanaire n'est pas le plus stable. Sa concentration est plus faible, la vitesse de réaction est moindre.

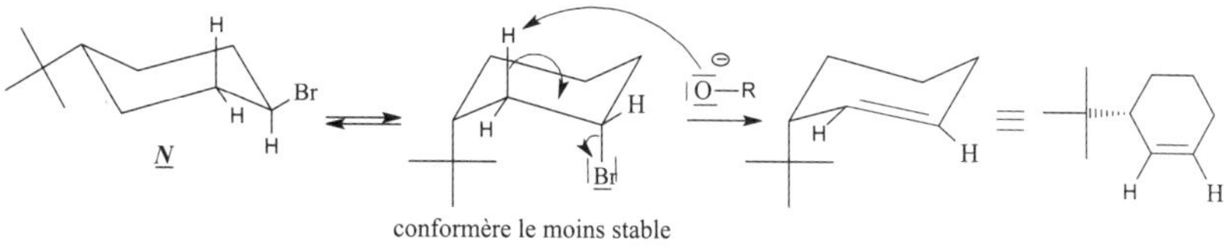

Exercice 31.3 : Réactions autour du menthol (ENSTIM) *

On s'intéresse au composé ***B*** suivant :

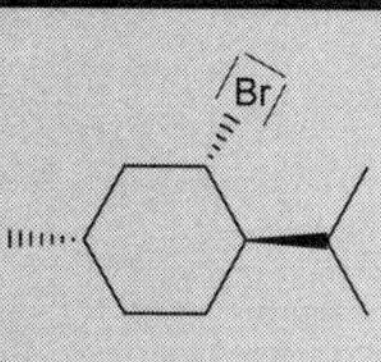

B

1. Nommer ***B***.
2. En milieu basique, on réalise une élimination sur ***B*** dans des conditions telles que la vitesse de réaction dépend de la concentration en base et de celle en ***B***. On obtient un seul alcène, à l'exclusion de tout autre. Expliquer ce résultat, et donner la formule de l'alcène obtenu.
3. Obtiendrait-on le même résultat si l'élimination était réalisée dans des conditions où la vitesse ne dépend que de la concentration en ***B***? Justifier.

1. ***B*** se nomme 1-bromo-2-isopropyl-5-méthylcyclohexane.
Comme la stéréochimie de B est donnée, on doit préciser les configurations des carbones asymétriques :

$$C_1^* : Br > C_2^* > C_6 > H : S$$
$$C_2^* : C_1^* > \text{isopropyl} > C_3 > H : R$$
$$C_5^* : C_6 > C_4 > CH_3 > H : S$$

B est donc le (1S,2R,5S)-1-bromo-2-isopropyl-5-méthylcyclohexane.

2. La vitesse de réaction dépend de la concentration en base et de celle en ***B*** donc l'élimination est de type E2. C'est une élimination ANTI. D'un point de vue stéréochimique, les liaisons intervenant dans ce mécanisme concerté doivent être en position antipériplanaire.
Pour ***B***, la seule conformation chaise envisageable pour avoir une E2 est celle où le brome est en position axiale. Il n'existe alors qu'un seul hydrogène en antipériplanaire (hydrogène en position axiale situé sur un carbone β), on obtient donc :

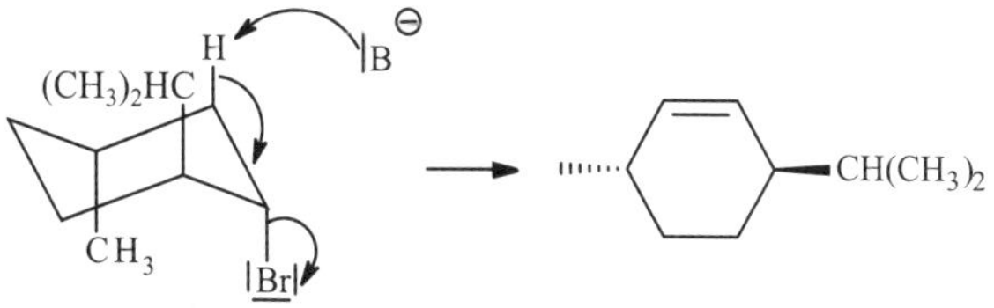

3. La vitesse ne dépend que de la concentration en ***B***. On envisage donc un mécanisme de type E1.
La première étape est la formation d'un carbocation localement plan et comme il y a des hydrogènes sur chaque carbone ***B*** on peut obtenir deux alcènes :

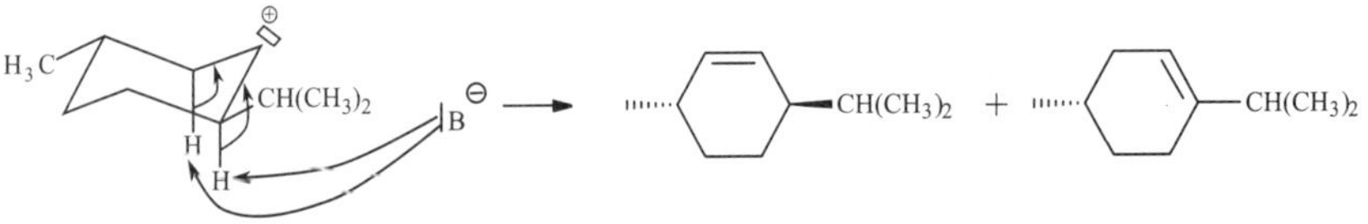

D'après la règle de Zaïtsev, le produit obtenu est l'alcène le plus stable, ici le plus substitué :

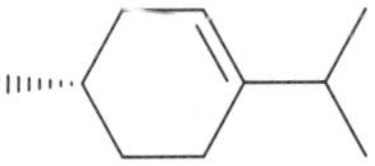

Exercice 31.4 : Déshydratation du nérol (Agro-Véto) **

On s'intéresse à la réaction suivante :

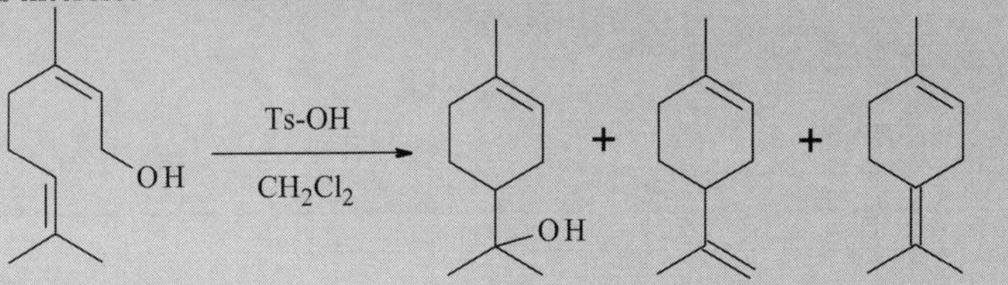

nérol α-terpinéol 20 % limonène 35 % terpinolène 45 %

1. Donner la formule topologique du carbocation non cyclique ***A*** qui se forme par action de Ts-OH (acide soluble en milieu organique) sur le nérol.
2. Proposer un mécanisme pour cette étape.
3. Expliquer pourquoi le carbocation ***A*** évolue vers la formation d'un carbocation cyclique ***B***.
4. Proposer un mécanisme pour le passage de ***A*** à ***B***.
5. À partir de ***B***, proposer des mécanismes de formation des produits finaux : α-terpinéol, limonène et terpinolène.
6. Justifier que l'on obtienne plus de terpinolène que de limonène.

1. Le carbocation ***A*** est :

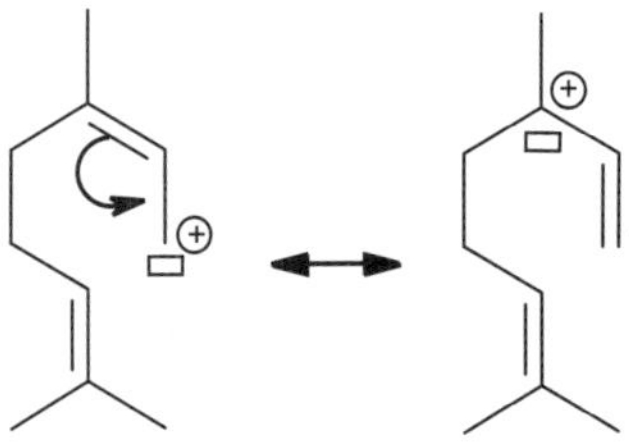

2. Le mécanisme de formation de ***A*** est le suivant :
Réaction acido-basique au cours de laquelle un bon groupe partant $-OH_2^+$ est formé :

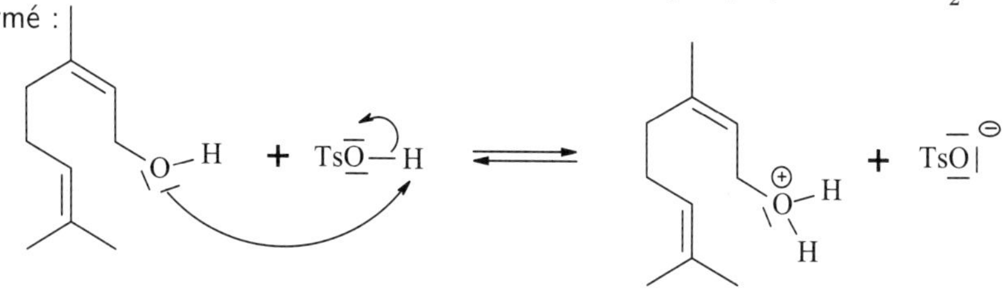

Départ du bon groupe partant et formation du carbocation ***A*** :

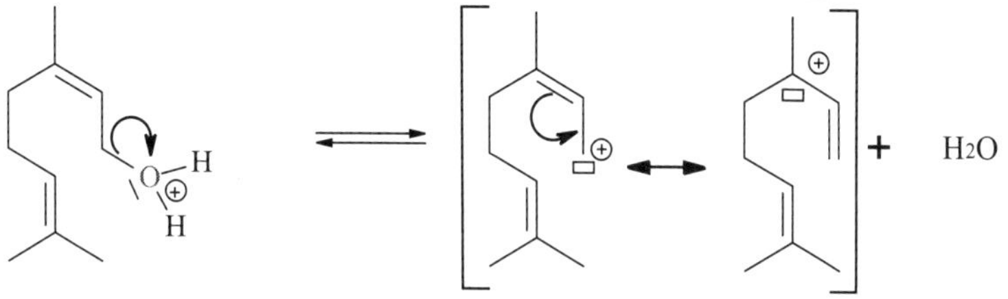

Remarque : Les réactions sont toutes deux renversables : le retour en arrière est possible.
Les questions 3 et 4 sont liées. L'explication par un mécanisme est demandée dans la question 4 uniquement.

3. Le carbocation ***A*** va évoluer vers un carbocation ***B*** plus stable, car la formation d'un cycle est un processus thermodynamiquement favorable.

4. Le mécanisme de formation de ***B*** est le suivant :

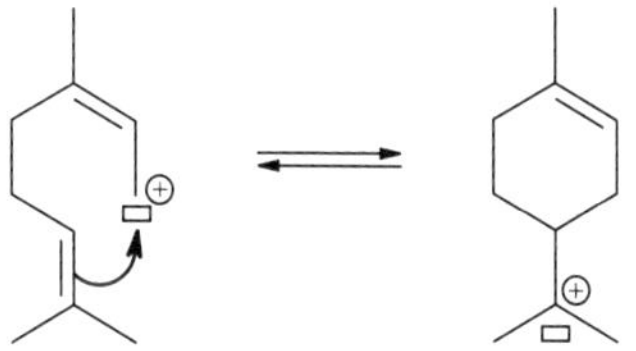

5. Le α-terpinéol est obtenu par action de l'eau sur ***B*** :

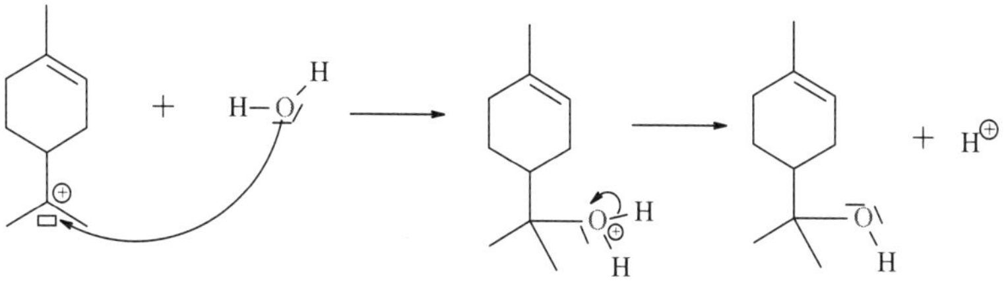

Remarque : Le nom systématique du terpinéol est : 2-(4-méthyl-1-cyclohex-3-ényl)-propan-2-ol.

Le limonène et le terpinolène sont formés par départ de H^+ :

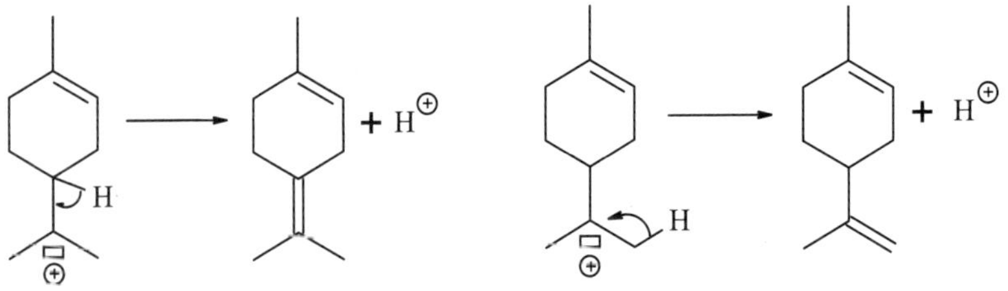

Remarque : À partir du nérol, le limonène et le terpinolène sont obtenus suite à une déshydratation intramoléculaire.

Les ions H^+ formés réagissent avec TsO^- formés au cours de la première étape : $H^+ + TsO^- \rightleftharpoons TsOH$

Remarque : On peut aussi proposer les mécanismes suivants :

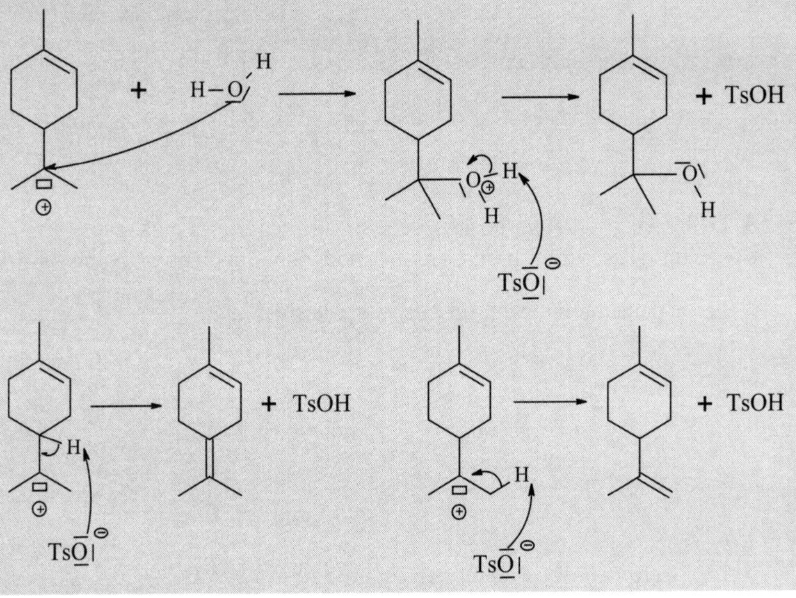

6. D'après la règle de Zaïtsev, le produit majoritaire est l'alcène le plus stable. Les doubles liaisons du terpinolène sont plus substituées que celles du limonène : le terpinolène est obtenu en plus grande quantité.

CHAPITRE

32

Addition nucléophile sur les doubles liaisons C=O

Capacités à acquérir	Exercices
Connaître le bilan et le mécanisme de l'hémiacétalisation et de l'acétalisation.	32.1 à 32.3
Connaître le test à la 2,4-DNPH.	32.4

Exercice 32.1 : Formation de diol géminé *

1. Rappeler le mécanisme d'hémiacétalisation.

En suivant une réaction analogue, on peut envisager l'addition d'eau sur un dérivé carbonylé. Le produit obtenu est un diol géminé.
2. Lorsque la propanone est mise en présence d'eau $H_2{}^{18}O$, on constate la formation de $(CH_3)_2C^{18}O$. Proposer une interprétation.

1. La réaction d'hémiacétalisation est une réaction équilibrée de mécanisme :

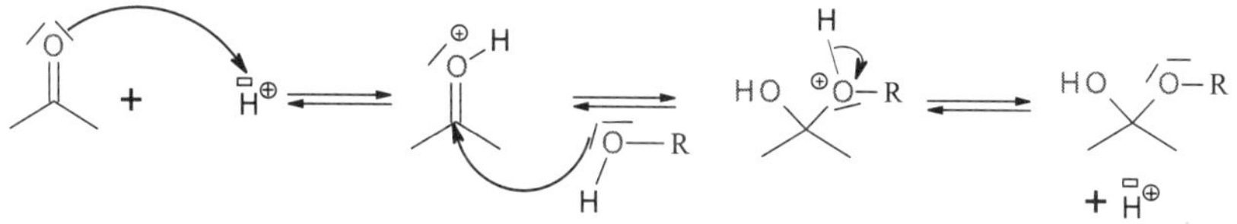

2. L'eau joue le rôle de nucléophile à la place de l'alcool. On reprend le mécanisme précédent et on utilise le fait que l'on peut revenir en arrière :

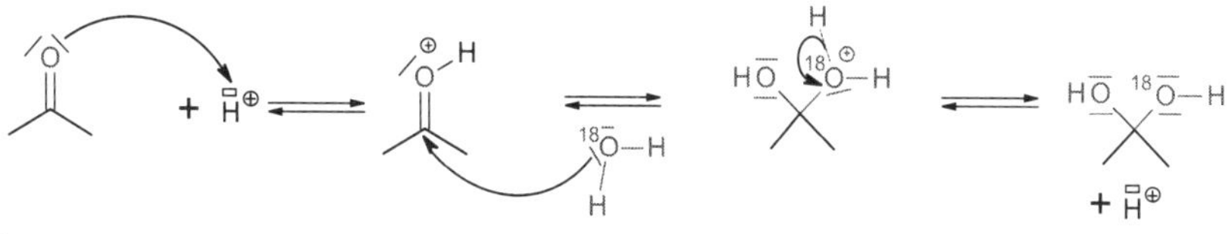

Comme la réaction est équilibrée, elle peut se faire dans le sens inverse :

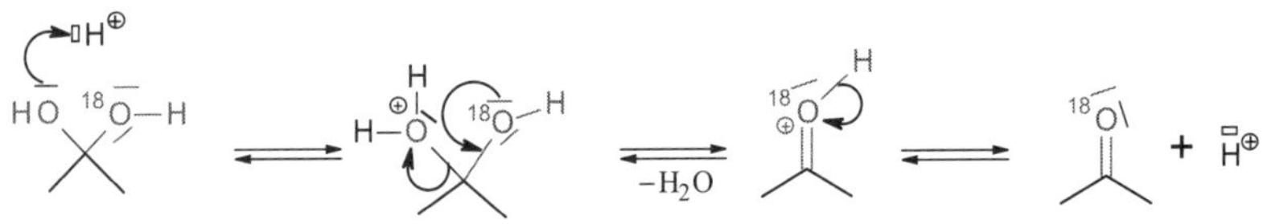

Remarque : Cette technique de marquage isotopique d'un réactif est une méthode qui fut employée pour élucider un certain nombre de mécanismes réactionnels.

Exercice 32.2 : Réaction avec un diol (Agro-Véto) *

1. Rappeler l'équation-bilan de la réaction entre la propanone et le méthanol en excès.
2. Proposer un mécanisme pour cette réaction, en milieu acide.
3. Quelle est l'utilité de ce type de réaction ?
4. Donner la formule semi-développée du produit cyclique obtenu par réaction entre la propanone et le (Z)-but-2-ène-1,4-diol, en milieu acide.
5. Cette réaction est-elle possible à partir du (E)-but-2-ène-1,4-diol ?

1. L'équation-bilan de la réaction entre la propanone et le méthanol en excès est :

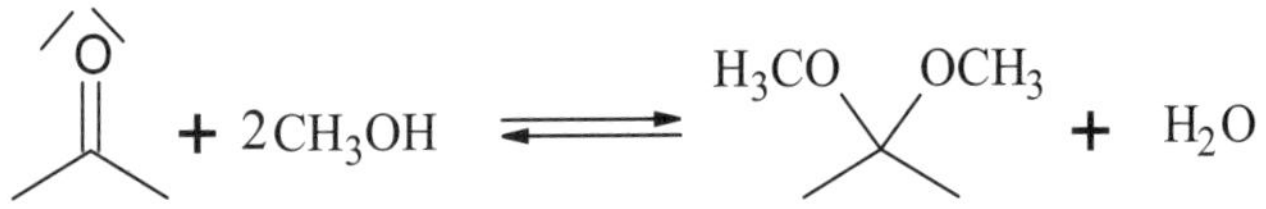

C'est une réaction d'acétalisation.

Cette réaction est équilibrée. L'équilibre est en faveur des réactifs. Pour le déplacer en faveur des produits, on peut utiliser un montage de Dean-Stark dont le principe sera vu en deuxième année.

2. Le mécanisme de la réaction entre la propanone et le méthanol en milieu acide est le suivant :

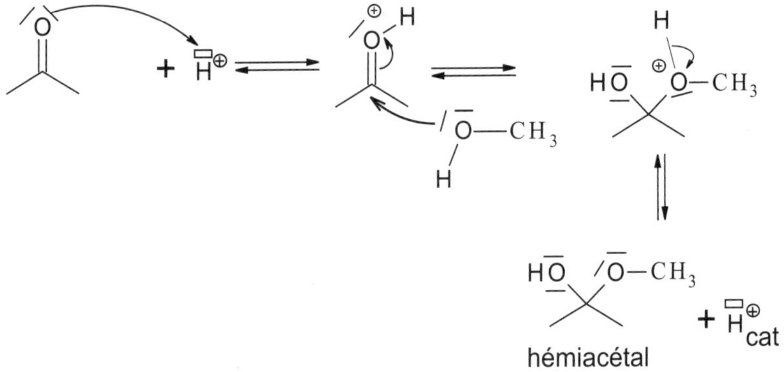

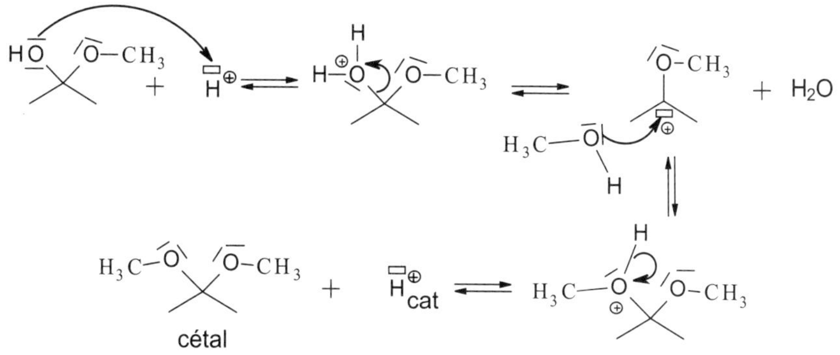

3. Cette réaction est utilisée pour protéger la fonction carbonyle. Pour la déprotéger (c'est-à-dire pour que l'équilibre se déplace en faveur des réactifs), il faut opérer en milieu acide avec un excès d'eau.

4. La réaction entre la propanone et le (Z)-but-2-ène-1,4-diol en milieu acide est aussi une réaction d'acétalisation dont le bilan est :

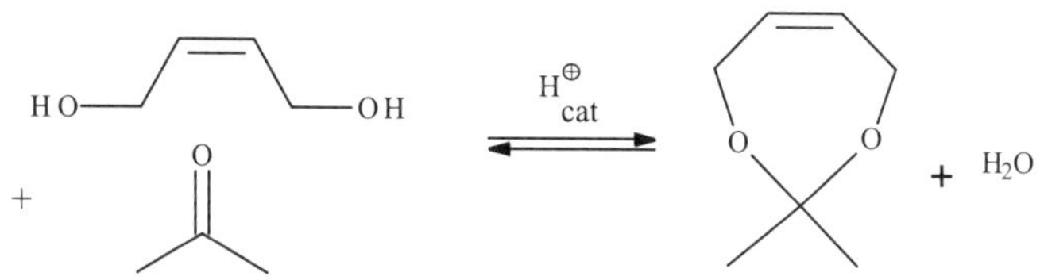

5. À partir du (E)-but-2-ène-1,4-diol, la réaction est impossible, les deux fonctions alcools sont trop éloignées pour former un cycle non tendu :

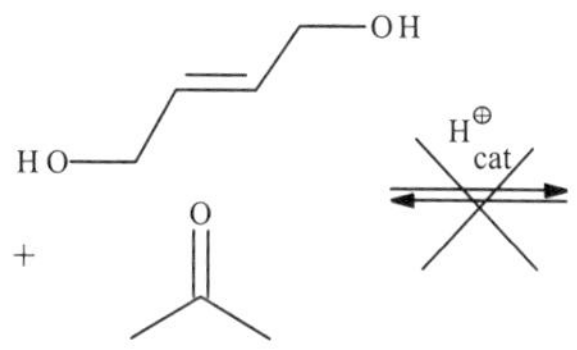

Exercice 32.3 : Composé soufré en chimie organique (G2E) *

La cyclopentanone est traitée par l'éthane-1,2-diol, en présence d'une quantité catalytique d'APTS ou acide *para*-toluènesulfonique et de cyclohexane.
1. Donner la formule semi-développée du composé ***P*** alors obtenu.
2. Quel est le rôle de l'APTS ? Quel avantage y a-t-il à utiliser cet acide ?
3. Donner le mécanisme réactionnel de formation de ***P***.
4. Par analogie avec la réaction précédente, donner la structure du produit de la réaction entre la cyclopentanone et l'éthane-1,2-dithiol, $HS-CH_2-CH_2-SH$. Le composé ainsi obtenu peut être réduit en cyclopentane par du dihydrogène en présence de nickel.
5. Le composé ***C*** est traité par l'éthane-1,2-dithiol dans les mêmes conditions que celles précédemment envisagées pour donner le composé ***D***. ***D*** est ensuite traité par le dihydrogène en présence de nickel pour donner ***E***.

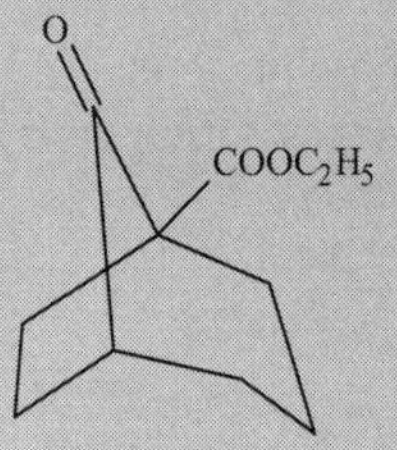

composé ***C***

Donner les formules semi-développées des composés ***D*** et ***E***.

1. On réalise ici une acétalisation selon l'équation-bilan :

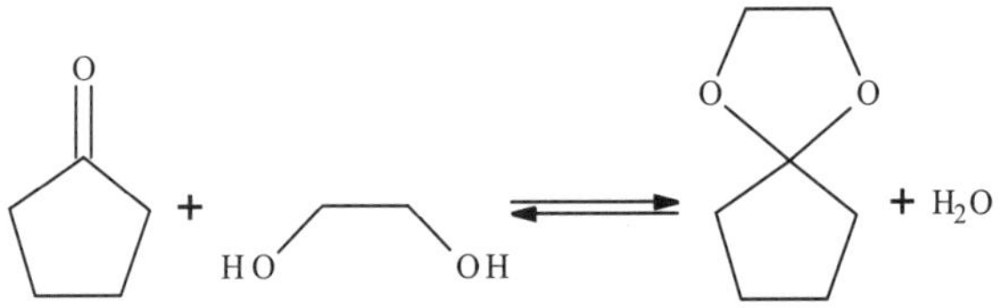

composé ***P***

2. L'APTS joue le rôle de catalyseur acide : il donne des protons H^+.
Il est intéressant car sa base conjuguée est un mauvais nucléophile et n'a pas de propriétés oxydantes. D'un point de vue pratique, c'est un acide organique solide, donc on n'introduit pas d'eau dans le milieu qui serait susceptible de favoriser l'hydrolyse de l'acétal.

Pour aller plus loin : En prenant l'acide chlorhydrique pour effecteur la catalyse, on forme des ions chlorure qui sont de bons nucléophiles et qui peuvent provoquer des réactions parasites.
En prenant l'acide sulfurique pour effecteur la catalyse, on se place dans des conditions oxydantes et à nouveau, des réactions parasites peuvent apparaître. De plus, cet acide est peu soluble en phase organique.

3. Le mécanisme est le suivant :

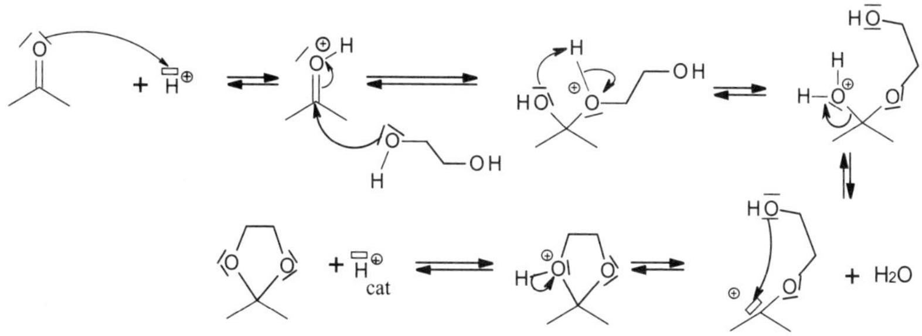

La réaction est équilibrée donc dans le mécanisme, à chaque étape, il faut écrire les doubles flèches correspondant à une réaction équilibrée.

4. Dans le tableau périodique, le soufre est sous l'oxygène. Ainsi, l'éthane-1,2-dithiol a la même réactivité que l'éthane-1,2-diol.

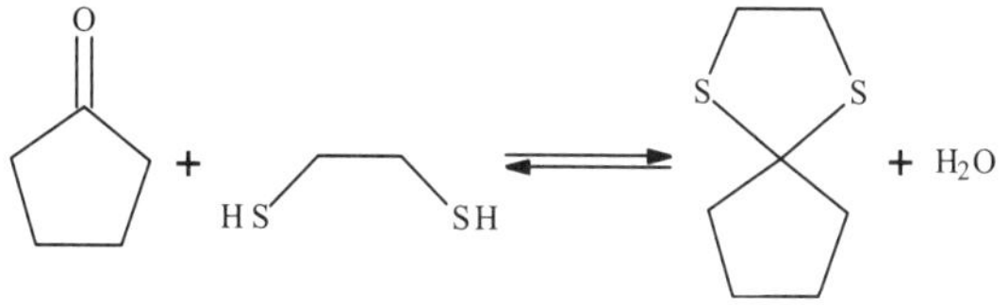

L'énoncé dit que le composé obtenu peut être réduit en cyclopentane avec du dihydrogène en présence de nickel. Écrivons la réaction associée :

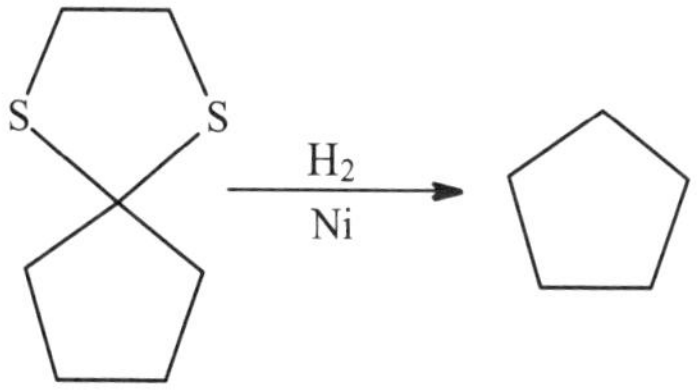

5. Grâce aux questions précédentes, on peut donner les produits ***D*** et ***E*** :

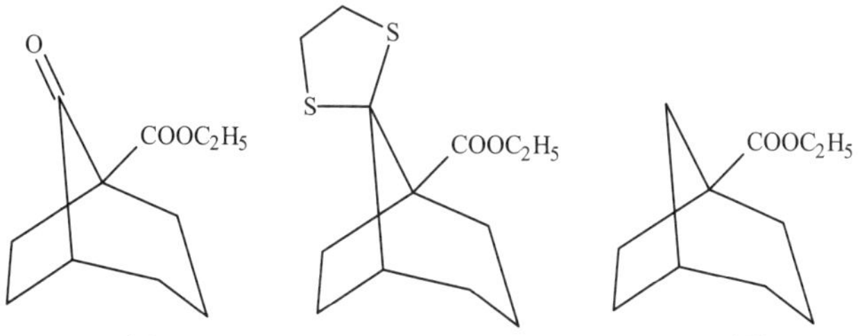

composé ***C*** composé ***D*** composé ***E***

Remarque : La fonction ester du composé ***C*** n'est pas modifiée ici. La réaction est donc chimiosélective.

Exercice 32.4 : Test des aldéhydes et cétones (G2E) *

La propanone réagit avec une solution de 2,4-DNPH (2,4-dinitrophénylhydrazine) pour donner un précipité jaune-orangé de 2,4-dinitrophénylhydrazone.
1. L'hydrazine a pour formule H_2N-NH_2. Prévoir la géométrie V.S.E.P.R. de l'hydrazine sachant que cette molécule est polaire.
2. Donner la formule semi-développée de la 2,4-DNPH.
3. Pour réaliser ce test, faut-il verser quelques gouttes de 2,4-DNPH dans un tube à essai contenant environ 2 mL d'acétone ou faut-il verser quelques gouttes d'acétone dans un tube à essai contenant environ 2 mL de 2,4-DNPH ? Justifier la réponse.
4. Écrire l'équation de la réaction de formation de la 2,4-dinitrophénylhydrazone.
5. Donner le mécanisme de formation de la 2,4-dinitrophénylhydrazone.

1. Le schéma de Lewis de l'hydrazine est le suivant :

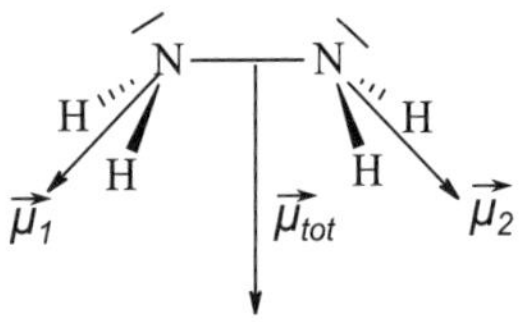

Les atomes d'azote sont de géométrie pyramide trigonale. La molécule est polaire à condition que les paires libres soient en position SYN.

Rappel : Le vecteur moment dipolaire d'une liaison s'oriente de l'atome le plus électronégatif (charge négative) vers l'atome le moins électronégatif (charge positive). Ici, les vecteurs $\vec{\mu_1}$ et $\vec{\mu_2}$ représentent la somme vectorielle des moments dipolaires des deux liaisons N−H. Le moment dipolaire total est la somme $\vec{\mu_1} + \vec{\mu_2}$.

Remarque : La géométrie suivante est possible mais ne convient pas car les vecteurs moments dipolaires s'annulent :

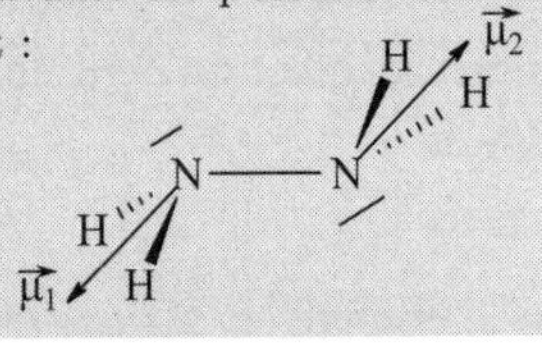

2. La 2,4-DNPH est la molécule suivante :

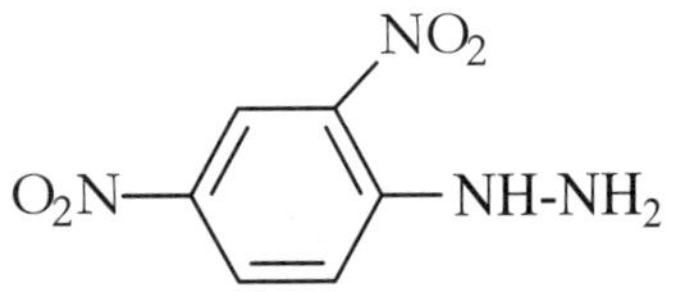

Remarque : On peut s'aider de l'énoncé qui donne le nom de la 2,4-DNPH : 2,4-dinitrophénylhydrazine et la formule de l'hydrazine : l'hydrazine est portée par le carbone 1 du noyau phényl et on ajoute deux groupes nitro $-NO_2$ sur les carbones 2 et 4.

3. On verse quelques gouttes d'acétone dans un tube à essai contenant environ $2\ \mathrm{mL}$ de 2,4-DNPH. Si l'on fait l'inverse, l'hydrazone est formée dans un excès d'acétone, qui est un très bon solvant des molécules organique, il n'y a donc pas de précipité !

Explication : L'acétone est le nom courant utilisé pour la propanone. L'hydrazone précipite à condition qu'elle soit insoluble dans le solvant utilisé. Dans le tube à essai, on met un mélange de 2,4-DNPH, d'acide sulfurique et de méthanol (solvant couramment utilisé et pourtant très toxique, il faut donc se placer sous hotte aspirante). L'hydrazone formée, composé organique, n'est pas soluble dans le méthanol, qui a les mêmes propriétés que l'eau. La prise du point de fusion de l'hydrazone est caractéristique de l'aldéhyde ou de la cétone employée (1re caractérisation de ces molécules au XIXe siècle).

Pour la suite, nous simplifions l'écriture de la 2,4-DNPH :

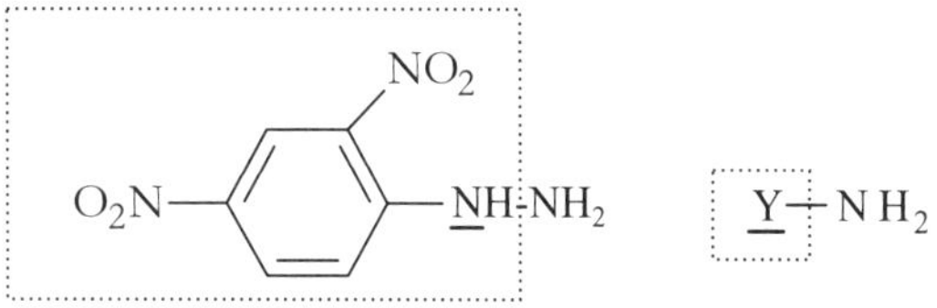

4. L'équation s'écrit :

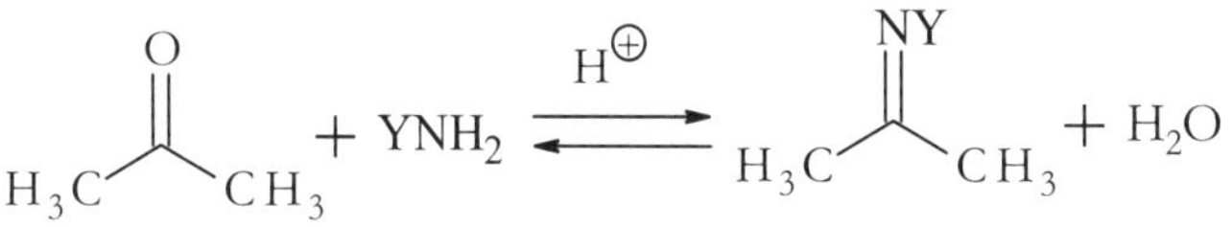

5. Le mécanisme est le suivant :
Le catalyseur acide permet d'augmenter le caractère électrodéficient du carbone du carbonyle :

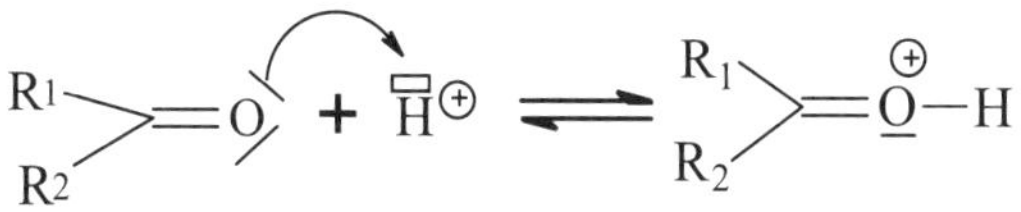

Le nucléophile attaque le site électrophile :

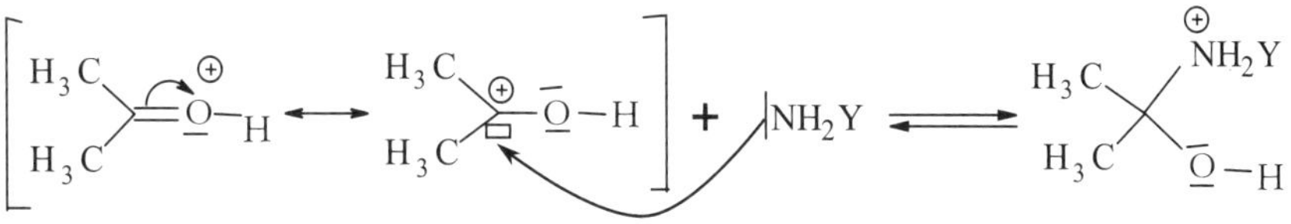

Réaction acido-basique intramoléculaire (prototropie) permettant de former $-OH_2^+$, qui est un bon groupe partant :

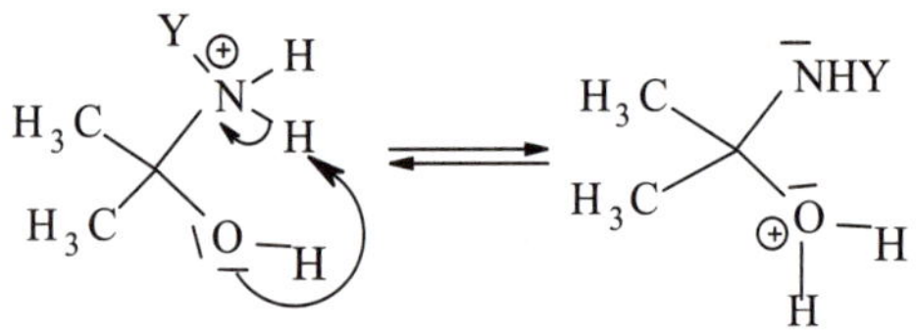

Départ du bon groupe partant :

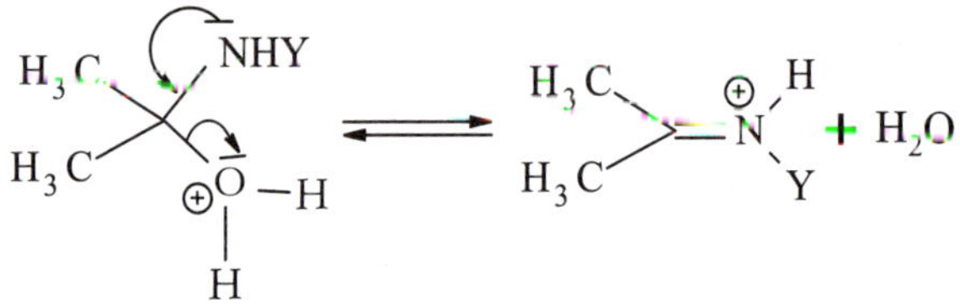

Régénération du catalyseur :

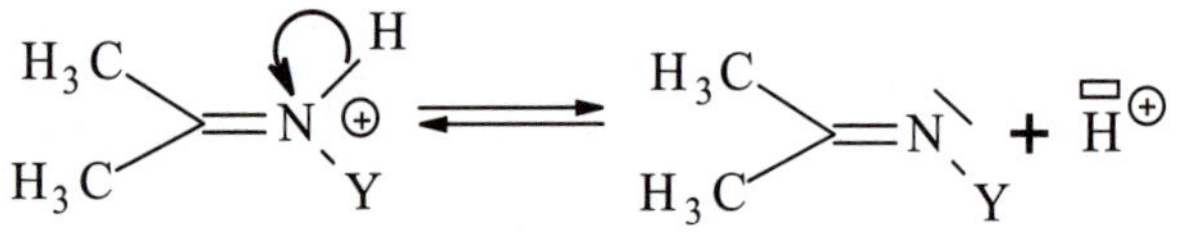

CHAPITRE 33

Synthèse organique

Capacités à acquérir	Exercices
Savoir expliquer le rôle des lavages successifs sur le brut réactionnel.	Tous
Savoir interpréter les résultats de chromatographie sur couche mince, de spectres IR et RMN, de spectres UV-Visible.	33.2 et 33.3
Savoir définir et calculer un rendement.	

Remarque : Les tables IR et RMN sont données en annexe à la fin du chapitre. Ces tables ne donnent que des valeurs indicatives, il ne faut donc pas rester « accrochés » à ces valeurs. Par ailleurs, la table RMN est à utiliser en dernier recours.

Exercice 33.1 : Déshydratation du nérol (Agro-Véto) *

Cet exercice complète l'exercice 31.4.
Le nérol est un monoterpène naturel, de formule topologique :

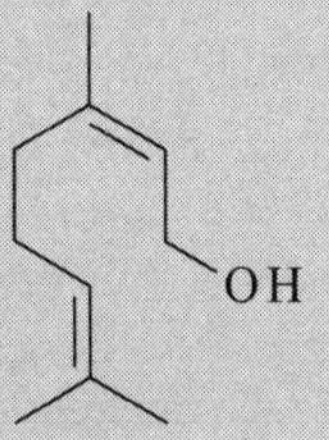

On réalise le mode opératoire suivant :

Dans un ballon de 50 mL, on introduit 200 mg de nérol, 10 mL de dichlorométhane (CH_2Cl_2) et 45 mg d'acide paratoluènesulfonique monohydraté (noté $TsOH, H_2O$). On agite le milieu à température ambiante pendant une heure.
On introduit alors 25 mL d'une solution saturée d'hydrogénocarbonate de sodium ($NaHCO_3$).
On place le mélange réactionnel dans une ampoule à décanter, on extrait la phase organique avec 2 fois 20 mL de diéthyléther ($C_2H_5 - O - C_2H_5$).
Les phases éthérées sont rassemblées, lavées à l'eau, puis séchées et enfin le mélange de produits est séparé du solvant.
On recueille un mélange de trois produits qui sont ensuite séparés.

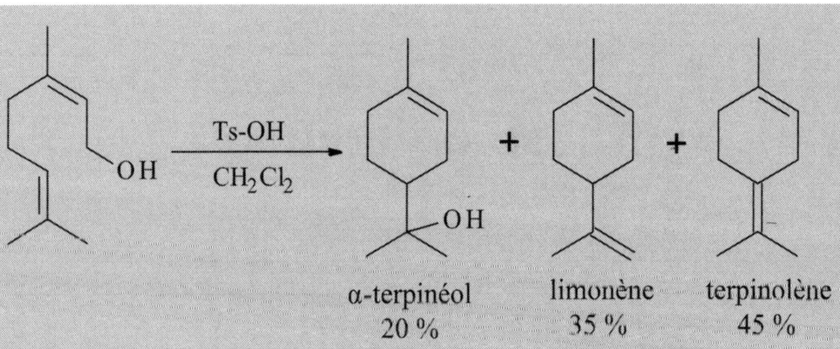

1. Quel est le rôle de l'ajout de la solution d'hydrogénocarbonate de sodium saturée ?
2. Pourquoi faut-il extraire deux fois avec 20 mL d'éther plutôt qu'une seule fois avec 40 mL ?
3. Quel est le rôle du lavage de la phase éthérée à l'eau ?
4. En quoi consiste le séchage de la phase éthérée ?
5. Quel appareil utilise-t-on pour séparer le mélange final du solvant ?

1. L'hydrogénocarbonate de sodium ($NaHCO_3$) est une base. Elle permet de neutraliser le milieu réactionnel, qui est acide à cause de la présence d'acide paratoluènesulfonique et de le transformer en ion tosylate TsO^-.

Remarque : $CO_{2(g)}$ est l'acide conjugué de HCO_3^-, d'où l'apparition de bulles de gaz au cours de cette étape.

2. Une double extraction est plus efficace qu'une simple extraction.

Remarque : Ceci a été démontré dans l'exercice **16.1**.

3. Le lavage de la phase éthérée (phase organique) permet d'entraîner les impuretés dans l'eau (traces d'espèces ioniques comme H^+,TsO^-,Na^+,HCO_3^-) et de ne conserver en phase organique que les produits désirés.

4. Il y a toujours des traces d'eau en phase organique. Pour les éliminer, on fait appel à un déshydratant (le sulfate de magnésium anhydre par exemple).

5. L'éther étant un solvant volatil, on peut utiliser un évaporateur rotatif pour l'extraire.

Remarque : L'évaporateur rotatif est adapté dès que la différence de températures d'ébullition entre le solvant et les produits est grande. Un solvant volatil a une faible température d'ébullition (35 °C pour l'éther) alors que les composés organiques ont en général des températures d'ébullition plus élevées (178 °C pour le limonène, 218 °C pour le terpinéol et entre 182 °C et 186 °C pour le terpinolène), valeurs valables à pression atmosphérique.

Exercice 33.2 : Synthèse du (-)-Vulcanolide (Agro-Véto) *

Le (-)-Vulcanolide est une molécule de la famille des PCM (polycyclicmusks) dont la stabilité chimique et l'odeur musquée en font des cibles de choix pour améliorer la fragrance de détergents, savons ou plus rarement de parfums.

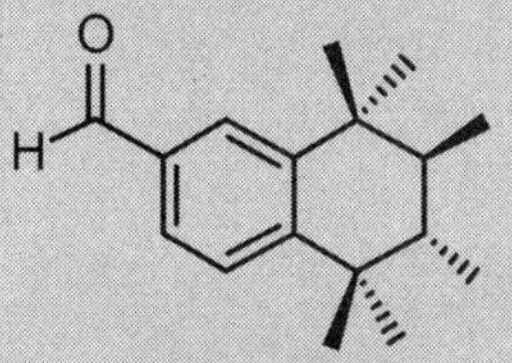

(-)-Vulcanolide

Les PCM sont généralement composés de deux parties : un groupe responsable de l'odeur dit osmophore (composé d'un cycle aromatique et d'une fonction carbonylée) et un groupe encombrant dont la structure tridimensionnelle module l'intensité de l'odeur. Voici quelques exemples de PCM :

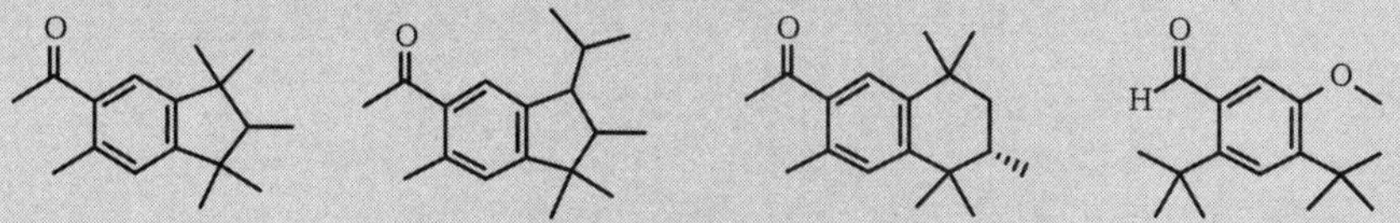

Phantolide Traesolide (S)-(-)-Fixolide ambral

La synthèse du (-)-Vulcanolide débute par l'obtention de la cétone α, β-insaturée *3*.

Pour cela, deux modes de synthèse vont être décrits.

Mode 1 : on part du composé *1* et on effectue la réaction suivante :

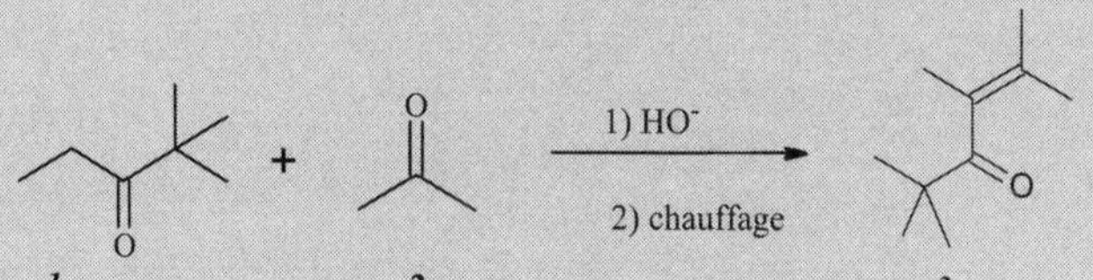

1 *2* *3*

1. En un maximum de 10 lignes, décrire le spectre RMN ^{1}H du composé *1* et attribuer les différents signaux.

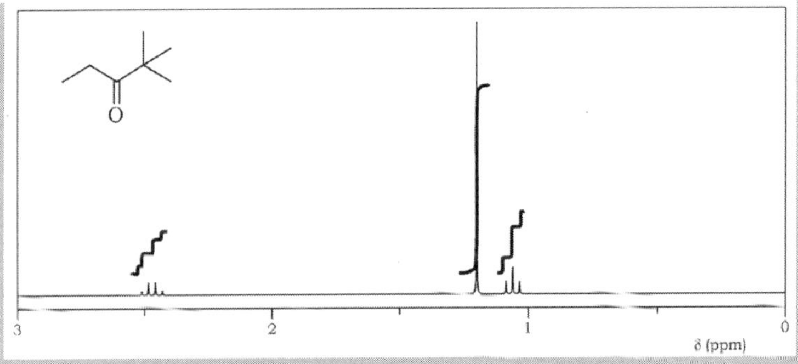

Cette synthèse présente en pratique de très faibles rendements dus au fort encombrement stérique des réactifs et produits. La solution envisagée consiste à réaliser le mode 2 de synthèse.

Mode 2 :

- On forme tout d'abord l'isomère ***6*** du composé ***3*** :

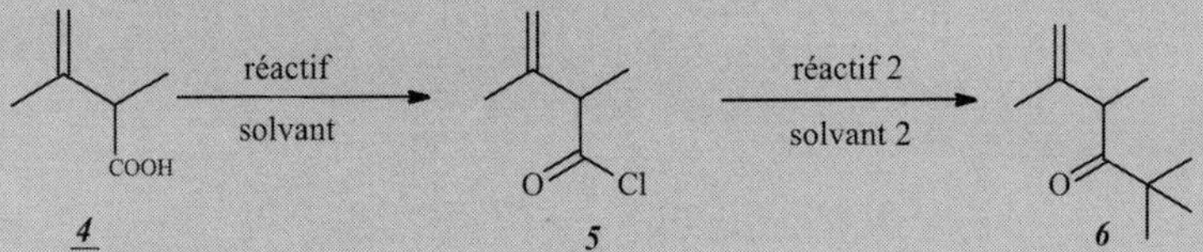

2. Interpréter succinctement les deux spectres d'absorption en infrarouge proposés ci-dessous. Préciser en particulier quelles sont les bandes d'absorption qui nous permettent d'estimer que la réaction ***4*** → ***5*** s'est convenablement déroulée.

Dans les deux spectres suivants, l'ordonnée est la transmittance (échelle arbitraire).

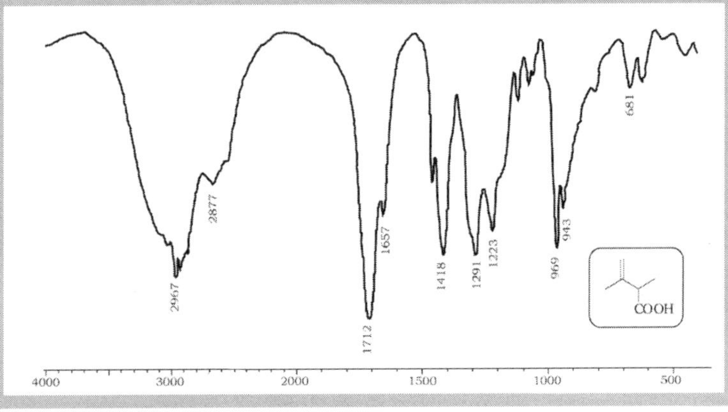

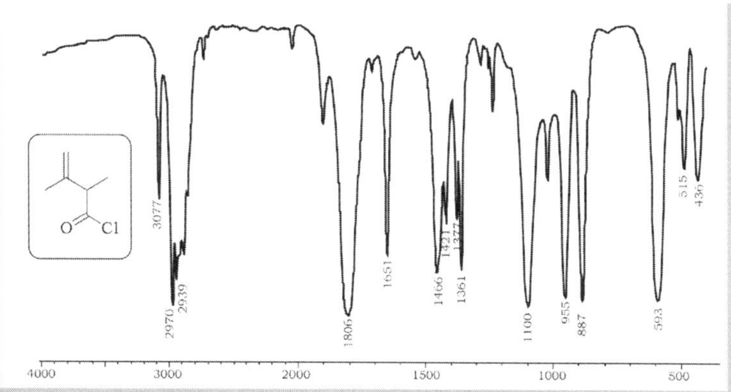

- Une fois le composé <u>*6*</u> obtenu, on effectue une réaction d'isomérisation (vue dans l'exercice 29.3) :

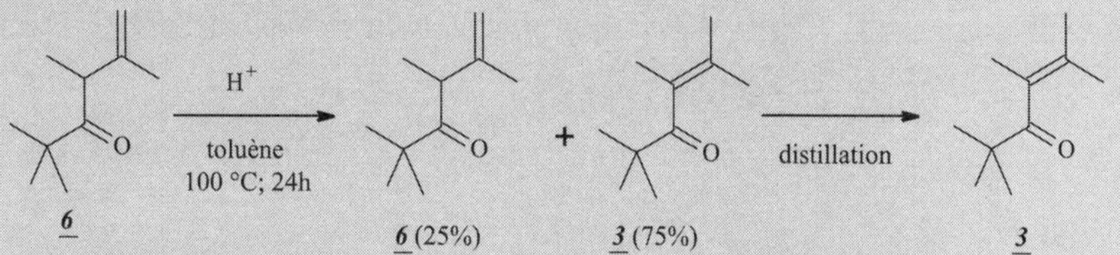

Le protocole est le suivant :

30, 8 g du produit <u>*6*</u> racémique et 3, 08 g d'acide pTsOH, H_2O sont solubilisés dans 100 mL de toluène. L'ensemble est chauffé à 100 °C pendant 24 h.
Le mélange, contenant alors 75 % de <u>*3*</u> et 25 % de <u>*6*</u>, est refroidi puis lavé successivement par 30 mL d'eau distillée, 30 mL d'une solution saturée d'hydrogénocarbonate de sodium ($NaHCO_3$) et enfin 30 mL d'une solution saturée de chlorure de sodium (NaCl).
La phase organique est alors asséchée et le solvant est évaporé.
L'huile obtenue est enfin distillée, conduisant à trois fractions :
produit <u>*6*</u> pur (4, 2 g) ; mélange (5, 6 g) ; produit <u>*3*</u> pur (19, 8 g)
3. La réaction est-elle sous contrôle cinétique ou thermodynamique ? Justifier brièvement.
4. Pourquoi le produit <u>*3*</u> est-il obtenu majoritairement ?
5. Quel est le rôle de chacun des trois lavages successifs ?
6. Quel appareil doit-on utiliser pour évaporer le solvant ? Expliciter très brièvement son principe de fonctionnement.
7. Calculer le rendement de la transformation globale de <u>*6*</u> en <u>*3*</u>.

On donne les masses molaires en g.mol^{-1} : C = 12 ; O = 16 et H = 1.

1. Le spectre RMN donne en abscisse le déplacement chimique des protons équivalents. Chaque signal est caractérisé par un nombre de pics donnant le nombre de voisins du groupe de protons considéré. Le spectre donne également l'intégration qui renseigne sur le nombre de protons chimiquement équivalents

(associés donc à un même déplacement chimique).
Nous allons dans un premier temps repérer les protons équivalents :

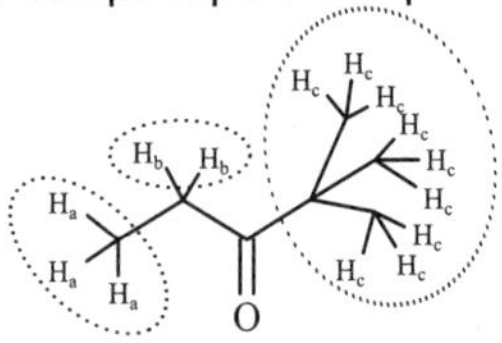

Nous pouvons alors attribuer l'intégration et la multiplicité :

Protons	H_a	H_b	H_c
Intégration	3	2	9
Multiplicité	triplet	quadruplet	singulet
Déplacement chimique lu sur le spectre	$1,06$ ppm	$2,47$ ppm	$1,19$ ppm

Rappel : L'intensité relative donne le nombre de protons chimiquement équivalents. La multiplicité des raies donne le nombre de voisins. Pour lire le déplacement chimique, il faut bien se placer au milieu du signal :

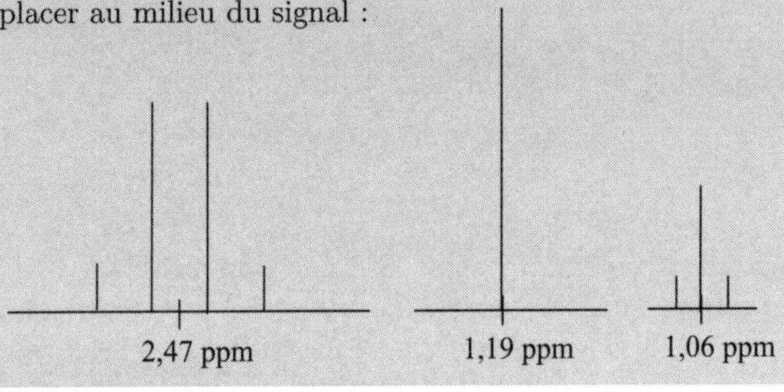

Point méthode : On voit ici qu'il est inutile de faire appel à une table de RMN : tous les signaux peuvent être attribués sans ambiguïté en regardant l'intégration et la multiplicité.

2. Utilisons la table donnée en annexe pour attribuer les principales bandes.

Remarque : Il n'est pas utile de détailler les bandes contenues dans l'empreinte digitale (pour des nombres d'onde inférieurs à 1500 cm^{-1}) sauf pour des liaisons caractéristiques. En effet, l'énoncé demande une interprétation succincte qui exclut toute étude détaillée de cette zone du spectre.

Composé ***4*** :

3030-3100 cm^{-1}	2967 cm^{-1}	2877 cm^{-1}	1712 cm^{-1}	1657 cm^{-1}
$C_{tri} - H$ Valence	$C_{tet} - H$ Valence	O – H acide carboxylique Valence	C=O acide carboxylique Valence	C=C Valence

Composé ***5*** :

$3077\ \text{cm}^{-1}$	$2970\text{-}2939\ \text{cm}^{-1}$	$1806\ \text{cm}^{-1}$	$1651\ \text{cm}^{-1}$	$593\ \text{cm}^{-1}$
$C_{tri}-H$ Valence	$C_{tet}-H$ Valence	$C=O$ chlorure d'acyle Valence	C=C Valence	$C_{tet}-Cl$ Valence

En comparant les deux spectres, on constate que la bande large présente dans le spectre du composé ***4*** (caractéristique d'une liaison $O-H$) disparaît dans celui du composé ***5***.
La bande à $1712\ \text{cm}^{-1}$ du spectre du composé ***4*** est décalée vers $1806\ \text{cm}^{-1}$ marquant le passage d'un acide carboxylique à un chlorure d'acyle.
Une bande à $593\ \text{cm}^{-1}$ caractéristique d'une liaison $C_{tet}-Cl$ apparaît dans le spectre du composé ***5***.

3. La réaction s'effectue à chaud ($100\ °C$) et dure longtemps ($24\ h$). Il est raisonnable de penser que l'on se place ainsi sous contrôle thermodynamique.

4. Sous contrôle thermodynamique, le composé le plus stable est obtenu majoritairement. Ici, il s'agit de ***3*** puisque les doubles liaisons $C=C$ et $C=O$ sont conjuguées.

5. L'ajout de $30\ \text{mL}$ d'eau permet de solubiliser pTsOH, H_2O en phase aqueuse et de l'éliminer de la phase organique. L'hydrogénocarbonate de sodium est une base : elle va réagir avec pTsOH, H_2O restant en phase organique, celui-ci se retrouve alors sous sa forme basique chargée O^-, très soluble dans l'eau.
L'ajout de $30\ \text{mL}$ d'une solution saturée de $NaCl$ permet de mobiliser les molécules d'eau restant en phase organique et joue ainsi deux rôles :

- Il diminue la solubilité du composé organique dans la phase aqueuse : les traces de composé ***3*** restant en phase aqueuse passent en phase organique ;
- Les traces d'eau restant en phase organique passent en phase aqueuse car sont entraînées par les ions Na^+ et Cl^-.

Remarque : Il s'agit ici d'un relargage et d'un pré-séchage de la phase organique. Souvent, on sèche la phase organique à l'aide d'un sel anhydre comme le sulfate de magnésium anhydre.

6. Pour évaporer le solvant, on peut utiliser un évaporateur rotatif dont le principe de fonctionnement est le même que celui de la distillation sous pression réduite : la distillation permet de séparer des composés qui ont une grande différence de température d'ébullition. La rotation du ballon dans le bain marie permet d'avoir un chauffage homogène du contenu du ballon. Se placer sous pression réduite permet de réduire la valeur de température d'ébullition et de rendre la séparation plus rapide.

Remarque : L'évaporateur rotatif s'utilise avec des solvants volatils. La rotation évite la formation d'un point chaud qui pourrait se traduire par une éjection du contenu du ballon suite à une ébullition rapide dans le dispositif. La température d'ébullition du toluène sous la pression atmosphérique est de 110 °C, cette température diminue avec la pression. Pour pouvoir utiliser l'évaporateur rotatif, il faut que celle du composé _3_ soit très élevée.

7. Le rendement se définit par le rapport :

$$\frac{\text{quantité de matière de produit formée}}{\text{quantité de matière de produit si la réaction était totale}}$$

Ici, c'est le rapport entre la quantité de matière de _3_ pur obtenu après distillation et la quantité de matière de _6_ racémique introduit au départ.
Comme _3_ et _6_ ont même masse molaire (puisque ce sont des isomères), on peut faire le rapport des masses :

$$\text{rdt} = \frac{19,8}{30,8} = 0,64$$

Le rendement de la transformation globale de _6_ en _3_ est de 64 %.

Exercice 33.3 : Synthèse de la forskoline (CCP) **

Les composés organiques extraits du domaine végétal ont fourni une variété d'agents cliniques d'une grande utilité pour la santé humaine ou animale.

Ainsi, la forskoline _1_, extraite des racines de *Coleus forskolii*, est utilisée par certaines populations indiennes pour soigner les troubles cardiaques, les coliques abdominales, les désordres respiratoires et même certains troubles du système nerveux central tels que l'insomnie ou les convulsions.

Des études cliniques récentes ont révélé que la forskoline _1_ est un agent hypotenseur diminuant efficacement la pression artérielle. Son action thérapeutique contre la bronchite asthmatique, le glaucome ou la congestion cardiaque peut être également envisagée.

De nombreuses équipes de recherche se sont donc naturellement penchées sur la synthèse de la forskoline _1_.

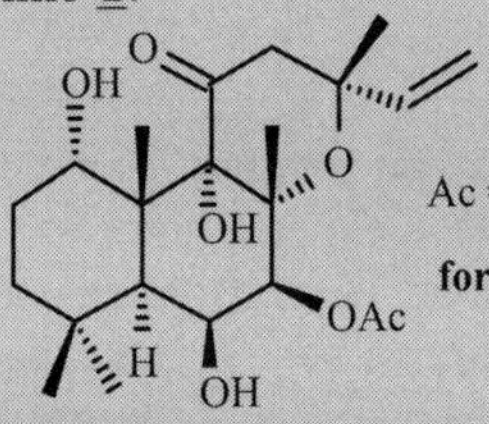

Ac = CH_3CO

forskoline _1_

Une voie de synthèse de la forskoline _1_ utilise l'α-ionone _2_ pour laquelle on adopte la numérotation suivante :

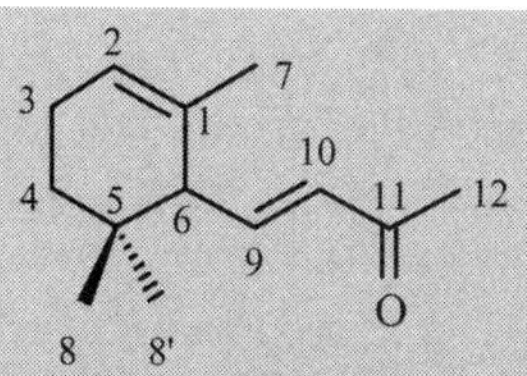

α-ionone 2

Le protocole expérimental suivant permet de transformer l'α-ionone 2 (M = 192,0 g.mol^{-1}) en composé 3, de formule brute $C_{13}H_{20}O_2$ ($M = 208,0$ g.mol^{-1}) :

- 19,20 g (0,100 mol) d'α-ionone 2 sont traités à 0 °C, par 23,70 g (0,110 mol) de m-CPBA ou acide *méta*-chloroperoxobenzoïque ($M = 172,0$ g.mol^{-1}), à 80 % en masse, dans 200 mL de dichlorométhane. On observe la précipitation d'acide *méta*-chlorobenzoïque.
- Après disparition complète de l'α-ionone 2, vérifiée par CCM (Chromatographie sur Couche Mince), le milieu réactionnel est filtré sous vide.
- L'acide *méta*-chlorobenzoïque solide est lavé avec 2 fois 200 mL de dichlorométhane.
- Les phases organiques regroupées sont lavées :
  - avec 3 fois 100 mL d'une solution aqueuse saturée en hydrogénocarbonate de sodium, $NaHCO_3$, jusqu'à ne plus observer de dégagement gazeux ;
  - puis avec 100 mL d'une solution aqueuse saturée en chlorure de sodium.
- Les phases organiques regroupées sont séchées sur sulfate de magnésium, $MgSO_4$, anhydre.
- Après élimination du solvant, on isole, après purification, 17,70 g (0,085 mol) du composé 3.

Le spectre infrarouge (IR) du composé 3 présente les bandes remarquables suivantes : bande large vers 2960 cm^{-1} ; bande fine vers 1680 cm^{-1} ; bande fine vers 1630 cm^{-1} ; bande vers 1220 cm^{-1}.
Le spectre RMN (Résonance Magnétique Nucléaire) ^{1}H du composé 3 présente, entre autres, les signaux suivants (ppm = partie par million) :

Déplacement chimique en ppm du signal	Intensité relative du signal	Multiplicité des raies
2,1	1	doublet (J = 10 Hz)
2,2	3	singulet
3,6	1	triplet
6,0	1	doublet (J = 16 Hz)
6,7	1	Voir question 4

1. Représenter, en tenant compte de l'aspect stéréochimique, le produit issu de la réaction du m-CPBA sur le cyclohexène. Nommer la fonction organique formée.
2. En admettant que le m-CPBA agit comme un électrophile, indiquer la double liaison C=C de l'α-ionone $\underline{\mathit{2}}$ transformée lors de cette étape. Justifier la réponse par l'écriture de formes mésomères. En déduire la structure topologique plane du composé $\underline{\mathit{3}}$.
3. Attribuer, pour le composé $\underline{\mathit{3}}$, les bandes du spectre IR ainsi que les signaux observés en RMN ^{1}H. Quelle est l'allure du signal observé à 6,7 ppm ? Préciser les valeurs des constantes de couplage.
4. Rappeler le principe de la CCM. Décrire, succinctement, le protocole à suivre lors d'une CCM.
5. Quel est le rôle du lavage de l'acide *méta*-chlorobenzoïque solide avec du dichlorométhane ?
6. Quel est le rôle du lavage des phases organiques avec la solution aqueuse saturée en hydrogénocarbonate de sodium ? Quel est le gaz susceptible de se former lors du lavage des phases organiques ?
7. Écrire l'équation-bilan de la réaction de formation de $\underline{\mathit{3}}$ et calculer son rendement.

1. L'action du m-CPBA sur un alcène fournit un époxyde :

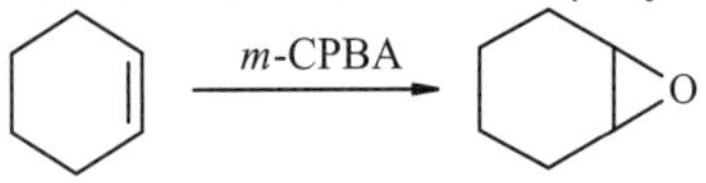

2. Le m-CPBA va réagir sur la double liaison la plus nucléophile. Pour voir laquelle est la plus nucléophile, nous pouvons écrire les formes mésomères suivantes pour la double liaison conjuguée :

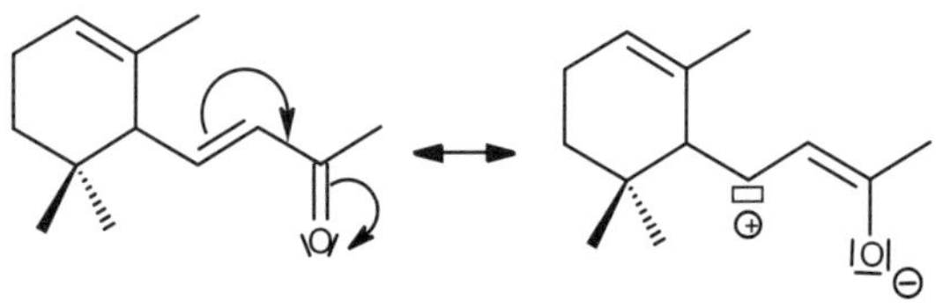

On constate que la seconde forme mésomère fait apparaître une charge positive sur un carbone issu de la double liaison C=C. Cette charge diminue le caractère nucléophile de la double liaison C=C conjuguée à C=O. Ainsi, l'époxyde se formera sur la double liaison non conjuguée :

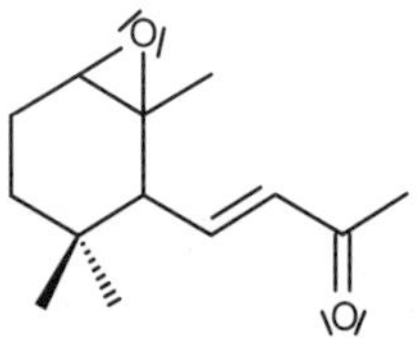

$\underline{\mathit{3}}$

3. D'après la formule développée du composé $\underline{\mathit{3}}$ et en utilisant la table donnée en annexe, nous pouvons attribuer les bandes :

$2960\ cm^{-1}$	$1680\ cm^{-1}$	$1630\ cm^{-1}$	$1220\ cm^{-1}$
$C_{tet} - H$ Valence	$C = O$ conjuguée Valence	C=C Valence	$C_{tet} - O - C_{tet}$ Valence

Point méthode : Pour analyser la structure d'un composé à l'aide d'un spectre IR, on relève en général les bandes remarquables. La région correspondant aux nombres d'onde inférieurs à $1500\ cm^{-1}$ est appelée « empreinte digitale », elle est caractéristique de chaque molécule mais, en général, on ne relève que quelques bandes caractéristiques de liaisons spécifiques.

Repérons dans un premier temps les protons équivalents :

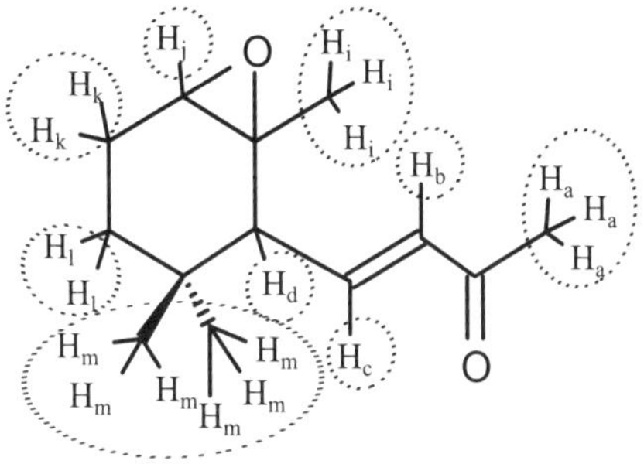

Rappel : L'intensité relative donne le nombre de protons chimiquement équivalents. La multiplicité des raies donne le nombre de voisins. Connaître la valeur de la constante de couplage permet de savoir qui est voisin avec qui : si un proton H_a est voisin avec un proton H_b, on retrouvera la même constante de couplage dans le signal de H_a et dans le signal de H_b.

Point méthode : Il suffit souvent de bien analyser l'intensité relative et la multiplicité pour attribuer les différents signaux. Ainsi, la table donnée en annexe est à utiliser en dernier recours, uniquement lorsqu'il est nécessaire de lever une ambigüité.

On peut donner les intégrations suivantes :

Protons	H_a	H_b	H_c	H_d	H_i	H_j	H_k	H_l	H_m
Intégration	3	1	1	1	3	1	2	2	6

Remarque : Comme les protons H_m sont voisins d'un carbone asymétrique, ils ne sont pas rigoureusement équivalents. On peut s'attendre à deux singulets très proches d'intégration 3. Cependant, cette différence ne s'observe que dans un solvant chiral (RMN en milieu orienté).

Le tableau de l'énoncé ne donne pas les protons d'intégration 2 et 6 : nous retenons ainsi H_a, H_b, H_c, H_d, H_i et H_j. Nous allons chercher leur multiplicité :

Protons	H_a	H_b	H_c	H_d	H_i	H_j
Intégration	3	1	1	1	3	1
Multiplicité	singulet	doublet	doublet de doublet	doublet	singulet	triplet

H_j est le seul proton d'intégration 1 donnant un triplet : $\delta(H_j) = 3,6$ ppm.
Aidons-nous de la table RMN pour les autres protons :

Proton	H_b (1,d)	H_c (1,dd)	H_d (1,d)	H_a(3,s)	H_i(3,s)
Type de proton (lecture dans le tableau)	>C=CH-CO-	–CH=C-CO-	M-C=C	M-CO-R	M-C-OR
Déplacement chimique du tableau	5,9 ppm	6,8 ppm	1,6-2,0 ppm	21-2.6 ppm	1,2-1,8 ppm
Déplacement chimique du spectre	6,0 ppm	6,7 ppm	2,1 ppm	2,2 ppm	

Le signal à 6,7 ppm est un doublet de doublet (deux fois deux pics de même hauteur) :

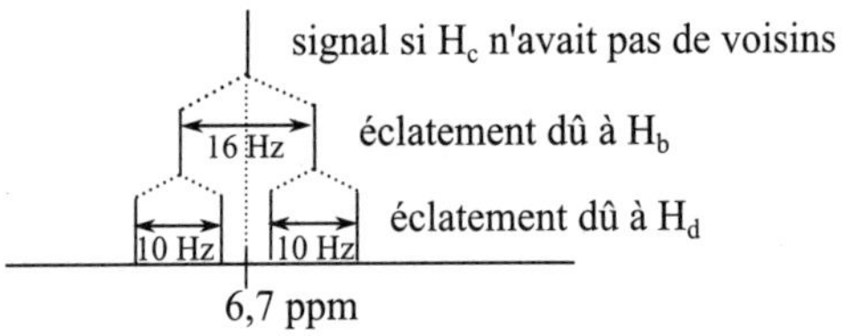

Sur ce schéma est indiqué à la fois le déplacement chimique en ppm et le couplage en Hertz, ce dernier est donné à titre indicatif : on ne peut le lire directement sur ce spectre RMN.

Remarque : Certains spectres donnent à la fois le déplacement chimique et la fréquence de chaque pic, ce qui permet de calculer les constantes de couplage.

4. La chromatographie est une technique qui permet de séparer les constituants d'un mélange, d'identifier un composé, de vérifier sa pureté mais aussi de suivre l'avancement d'une réaction.

La CCM est une Chromatographie sur Couche Mince avec une phase dite stationnaire (plaque d'aluminium recouverte de silice par exemple) et une phase mobile (un solvant appelé éluant). Le constituant sera, selon ses affinités, soit plutôt « attiré » par la phase mobile (et migrera vite), soit par la phase stationnaire (et migrera lentement voire pas du tout). Les interactions qui peuvent entrer en jeu à cette échelle sont de trois natures : électrostatiques, liaisons hydrogène ou stériques.

En pratique, on réalise une ligne de dépôt sur la plaque, on dépose des gouttes du constituant en solution dans un solvant volatil (souvent, il s'agit de l'éluant).

Remarque : On peut vérifier que le dépôt de gouttes est suffisant en plaçant la plaque sous lampe UV avant l'élution : les dépôts doivent alors être nets. Cette méthode n'est valable que si le composé à analyser révèle sous UV.

On place ensuite la plaque dans une cuve saturée en éluant. Lorsque l'éluant est à environ 1 à 2 cm du haut, on sort la plaque de la cuve et on repère immédiatement le front du solvant avec un crayon. On sèche la plaque et on repère ensuite les positions de chaque tache. Quand une espèce chimique est incolore, on rend sa tache visible sur le support grâce à une détection (avec une lampe UV) ou une révélation (avec le diiode par exemple).

5. L'acide *méta*-chlorobenzoïque est un solide qui peut piéger une partie du composé ***3***. Le lavage permet ainsi de récupérer le composé ***3*** piégé.

Remarque : L'acide *méta*-chlorobenzoïque est insoluble dans le dichlorométhane, il reste donc sous forme solide. Le dichlorométhane solvate le composé ***3*** et l'entraîne.

6. L'hydrogénocarbonate de sodium est une base, qui va réagir avec les espèces acides présentes dans le ballon en fin de synthèse. En phase organique, il peut rester des traces d'acide *méta*-chlorobenzoïque qui ne se sont pas solidifiées. Les ions hydrogénocarbonate permettent d'éliminer ces traces selon la réaction :

$$HCO_3^{2-} + HA \rightarrow H_2CO_3 + A^-$$

La base A^- est soluble dans l'eau et sera éliminée avec la phase aqueuse. H_2CO_3 donne du dioxyde de carbone : $H_2CO_3 \rightleftharpoons CO_{2_{(g)}} + H_2O$.

Remarque : Il faut effectuer des ajouts progressifs d'hydrogénocarbonate de sodium et agiter l'ampoule à décanter doucement au début sinon il y a un risque de trop fort dégazage.

7. Le bilan de la réaction est le suivant :

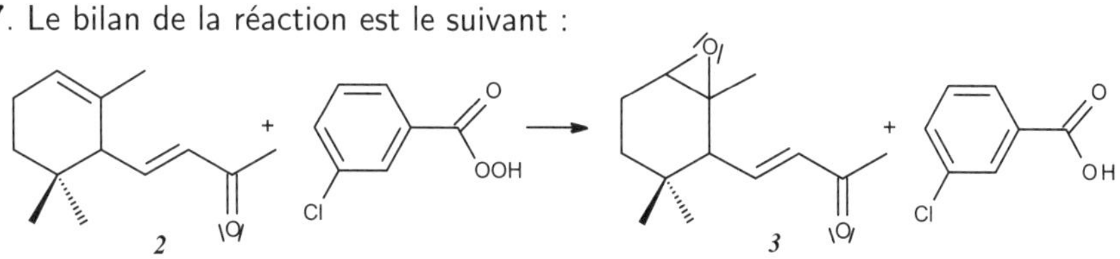

Le rendement se définit par le rapport :

$$\frac{\text{quantité de matière de produit formée}}{\text{quantité de matière de produit si la réaction était totale}}$$

D'après l'énoncé, le composé ***2*** est limitant donc le rendement s'écrit :

$$\text{rdt} = \frac{0,085}{0,100} = 0,85$$

On obtient ainsi un très bon rendement de 85 %.

SPECTROSCOPIE INFRAROUGE
Table des nombres d'onde des vibrations de valence et de déformation.

Liaison	Nature	Nombre d'onde (cm^{-1})	Intensité
O-H alcool libre	Valence	3590-3650	F ; fine
O-H alcool lié	Valence	3200-3600	F ; large
N-H amine primaire : 2 bandes secondaire: 1 bande	Valence	3300-3500	m
N-H amide	Valence	3100-3500	F
C_{di}-H	Valence	≈ 3300	m ou f
C_{tri}-H	Valence	3030-3100	m
C_{tri}-H aromatique	Valence	3000-3100	m
C_{tet}-H	Valence	2850-2970	F
C_{tri}-H aldéhyde	Valence	2700-2900	m
O-H acide carboxylique	Valence	2500-3200	F à m ; large
C≡C	Valence	2100-2260	f
C≡N nitriles	Valence	2200-2260	F ou m
C=O anhydride	Valence	1800-1850 1740-1790	F ; 2 bandes
C=O chlorure d'acide	Valence	1790-1815	F
C=O ester	Valence	1735-1750	F
C=O aldéhyde et cétone	Valence	1700-1740 abaissement de 20à 30 cm^{-1} si conjugaison	F
C=O acide carboxylique	Valence	1700-1725	F
C=O amide	Valence	1650-1700	F
C=C	Valence	1620-1690	m
C=C aromatique	Valence	1450-1600	Variable ; 3 ou 4 bandes
N=O (de $-NO_2$) conjugué	Valence	1500-1550 1290-1360	F ; 2 bandes
N=N	Valence	1400-1500	f ; parfois invisible
C=N	Valence	1640-1690	F ou m
N-H amine ou amide	*Déformation*	1560-1640	F ou m
C_{tet}-H	*Déformation*	1430-1470	F
C_{tet}-H (CH_3)	*Déformation*	1370-1390	F ; 2 bandes
O-H	*Déformation*	1260-1410	F
C_{tet}-O-C_{tet} (étheroxydes)	Valence	1070-1150	F
C_{tet}-OH (alcools)	Valence	1010-1200	
C_{tet}-O-C_{tri} (esters) C_{tri}-O-C_{tri} (anhydrides)	Valence	1050-1300	F ; 1 ou 2 bandes
C-N	Valence	1020-1220	m
C-C	Valence	1000-1250	F
C_{tri}-H de -HC=CH- (*E*)	*Déformation*	960-970	F
(*Z*)	*Déformation*	670-730	m
C_{tri}-H aromatique monosubstitué	*Déformation*	730-770 et 680-720	F ; 2 bandes
C_{tri}-H aromatique o-disubstitué	*Déformation*	735-770	F
m-disubstitué	*Déformation*	750-800 et 680-720	F et m ; 2 bandes
p-disubstitué	*Déformation*	800-860	F
C_{tet}-Cl	Valence	600-800	F
C_{tet}-Br	Valence	500-750	F
C_{tet}-I	Valence	≈ 500	F
			F : fort ; m : moyen ; f : faible

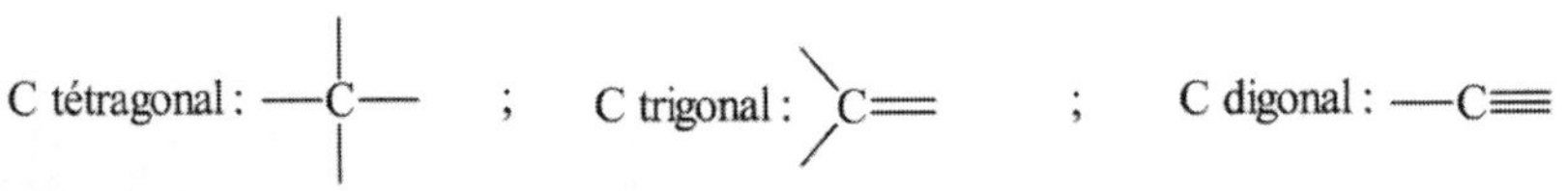

SPECTROSCOPIE DE RMN DU PROTON

Domaines de déplacements chimiques des protons des groupes M (méthyle CH_3, méthylène CH_2 et méthyne CH) en α ou en β de groupes caractéristiques.

type de proton	δ en ppm	type de proton	δ en ppm
M-CH_2R	0,8-1,6	M-C-CH_2R	0,9-1,6
M-C=C	1,6-2,0	M-C-C=C	1,0-1,8
M-C≡C	1,7-2,8	M-C-C≡C	1,2-1,8
M-Ph	2,2-2,8	M-C-Ph	1,1-1,8
M-F	4,2-4,8	M-C-F	1,5-2,2
M-Cl	3,0-4,0	M-C-Cl	1,5-2,0
M-Br	3,4-4,1	M-C-Br	1,8-1,9
M-I	3,1-4,2	M-C-I	1,7-2,1
M-OH et M-OR	3,2-3,6	M-C-OH et M-C-OR	1,2-1,8
M-OPh	3,8-4,6	M-C-OPh	1,3-2,0
M-O-CO-R	3,6-5,0	M-C-O-CO-R	1,3-1,8
M-O-CO-Ph	3,8-5,0	M-C-O-CO-Ph	1,6-2,0
M-CHO et M-CO-R	2,1-2,6	M-C-CHO	1,1-1,7
M-CO-Ph	3,8-5,0	M-C-CO-R	1,1-1,8
M-CO-OH et M-CO-OR	1,8-2,6	M-C-CO-Ph	1,1-1,9
M-CO-NR_2	1,8-2,2	M-C-CO-OR	1,1-1,9
M-C≡N	2,2-3,0	M-C-CO-NR_2	1,1-1,8
M-NH_2 et M-NR_2	2,2-3,0	M-C-C≡N	1,2-2,0
M-N^+R_3	3,0-3,6	M-C-N^+R_3	1,4-2,0
M-NH-CO-R	3,0-3,8	M-C-NH-CO-R	1,1-1,9
M-NO_2	4,1-4,4	M-C-NO_2	1,6-2,5
M-SH et M-SR	2,1-5,1	M-C-SH et M-C-SR	1,3-1,9

Domaines de déplacements chimiques de divers protons.

type de proton	δ en ppm	type de proton	δ en ppm
>C(cycle)=CH_2	4,6	-CO-OH	8,5-13
>C=CH_2	5,3	>C=C-OH	11-17
-C=CH-	5,1	PhH	7,2
-C=CH- (cyclique)	5,3	R-OH	0,5-5,5
R-C≡C-H	3,1	Ar-OH	4,0-7,5
Ar-H	7,0-9,0	Ar-OH (avec liaison H intramoléculaire)	5,5-12,5
>C=CH-CO-	5,9		
-CH=C-CO-	6,8	R-NH-	0,5-3,0
R-CHO	9,9	Ar-NH	3,0-5,0
Ar-CHO	9,9	R-CO-NH-	5,0-8,5
H-CO-O-	8,0	$CHCl_3$	7,2
H-CO-N<	8,0	H_2O	≈5,0

CHAPITRE 34

Calculs d'incertitudes

Capacités à acquérir	Exercices
Procéder à l'évaluation de type A de l'incertitude-type (incertitude de répétabilité).	Tous
Procéder à l'évaluation de type B de l'incertitude-type.	
Utiliser l'incertitude-type composée dans le cas de plusieurs sources d'erreur indépendantes.	
Estimer une incertitude élargie de niveau de confiance de 95 %.	
Effectuer une régression linéaire et déterminer les incertitudes sur la pente et sur l'ordonnée à l'origine.	34.4

Remarque : Les calculs sont effectués à l'aide du logiciel Excel® *version 2007*.
Nous choisissons de donner les incertitudes avec deux chiffres significatifs.
Les incertitudes élargies pour un niveau de confiance à 95 % sont calculées à l'aide du coefficient de Student afin de donner un intervalle de confiance fiable (en particulier lorsque le nombre de mesures est faible). Nous utilisons ainsi une méthode applicable en TIPE.
Pour une grandeur x dont on mesure la moyenne à l'aide de n valeurs, l'incertitude sur la moyenne élargie pour un niveau de confiance à 95 % s'écrit :

$$\Delta x_{\text{moy}} = k\frac{\text{écart type}}{\sqrt{n}}$$

L'écart-type se calcule à l'aide de toutes les valeurs mesurées x_i :

$$\sigma_{n-1} = \sqrt{\frac{\sum\left(x_i - x_{\text{moy}}\right)^2}{n-1}}$$

Avec Excel®, on utilise la fonction ECARTYPE.
La valeur du coefficient de Student k dépend du nombre de mesures effectuées :

Nombre de mesures	2	3	4	5	6	7	8	9	10
k	12,706	4,303	3,182	2,776	2,571	2,447	2,365	2,306	2,262

Exercice 34.1 : Incertitude sur une période

La période T d'un pendule est reliée à l'intensité de l'accélération de pesanteur g et à la longueur L du fil par une relation de type :

$$T = 2\pi L^{\alpha} g^{\beta}$$

1. Trouver les valeurs de α et β par analyse dimensionnelle.
On souhaite estimer T par le calcul puis par une série de mesure.

- Par le calcul :

On donne $g = 9,806 \pm 0,020$ SI et $L = 500,0$ mm mesurée avec une règle graduée au mm.
2. Calculer T.
3. Estimer l'incertitude élargie sur la longueur L puis celle sur la période. On donne la formule :

$$\frac{\Delta T}{T} = \frac{1}{2}\sqrt{\left(\frac{\Delta L}{L}\right)^2 + \left(\frac{\Delta g}{g}\right)^2}$$

- Par une série de mesures :

Mesure	1	2	3	4	5	6
T (s)	1,445	1,388	1,453	1,505	1,412	1,368

4. Calculer la moyenne de T.
5. Evaluer l'incertitude de type A élargie sur cette moyenne.

1. La période T s'exprime en seconde, la longueur L en m et l'accélération de pseanteur en $\mathrm{m.s^{-2}}$. Pour que le tout soit homogène, on doit avoir $\alpha = -\beta = \frac{1}{2}$ et ainsi, l'expression devient : $T = 2\pi\sqrt{\frac{L}{g}}$.

2. Faisons l'application numérique :

$$T = 2\pi\sqrt{\frac{500,0 \cdot 10^{-3}}{9,806}} = 1,419 \text{ s}$$

3. L'incertitude-type B pour une lecture sur la règle graduée s'estime par : $\frac{1}{2\sqrt{3}}$ mm.
Quand on réalise le mesurage de longueur, on fait en réalité une double lecture (entre la graduation zéro de la règle et la graduation lue sur la règle) donc incertitude-type B sur L est égale à : $s_{B,L} = \sqrt{2} \times \frac{1}{2\sqrt{3}}$ mm. On estime alors l'incertitude élargie par : $\Delta L = 2s_{B,L} = \sqrt{2} \times \frac{1}{2\sqrt{3}} = 0,816$ mm.

Rappel : La valeur de la grandeur mesurée et l'incertitude doivent avoir la même précision au niveau des décimales, c'est-à-dire le même nombre de chiffres après la virgule. L'incertitude a un ou deux chiffres significatifs : elle impose donc le nombre de chiffres significatifs à la valeur mesurée.

Pour avoir l'incertitude élargie sur la période, on fait une propagation des incertitudes :

$$\frac{\Delta T}{T} = \frac{1}{2}\sqrt{\left(\frac{\Delta L}{L}\right)^2 + \left(\frac{\Delta g}{g}\right)^2} = 0,0013$$

$$\Delta T = 0,0013 \times T = 0,002 \text{ s}$$

Le résultat final s'écrira donc : $T = 1,419 \pm 0,002$ s.

4. Calculons la moyenne : $T_{\text{moy}} = 1,429$ s.

Remarque : Pour arrondir, on choisit le dernier chiffre à droite que l'on souhaite conserver et on augmente ce chiffre d'une unité lorsque le chiffre suivant est 5, 6, 7, 8 ou 9, on conserve ce chiffre lorsque le chiffre suivant est 0,1, 2, 3 ou 4.

5. Calculons l'écart-type et l'incertitude élargie de type A :

$$\text{ECART-TYPE} = 0,0496 \text{ s}$$

Ici, on donne à titre indicatif ce résultat d'un calcul intermédiaire en prenant 3 chiffres significatifs. Dans les calculs qui suivent, la valeur exacte de l'écart type doit être utilisée.

Incertitude élargie à 95 % : $2,57 \times \dfrac{\text{ECART TYPE}}{\sqrt{6}} = 0,052$ s.

La fonction « INTERVALLECONFIANCE » de Excel® donne le résultat du calcul avec un coefficient de Student de 1,96, valable pour un nombre infini de mesures. On préfère ici faire les calculs intermédiaires « à la main » pour contrôler le calcul.

Le résultat s'écrit alors : $T_{\text{moy}} = 1,429 \pm 0,052$ s.

Remarque : On ne prend en compte que l'incertitude de répétabilité, on pourrait aussi faire une incertitude composée avec celle commise lors de la mesure de la période.

Exercice 34.2 : Incertitude sur une résistance

On souhaite réaliser le mesurage d'une résistance R. Pour cela, on va adopter 3 méthodes. Estimer l'incertitude sur R pour chaque méthode.

Méthode 1 : utilisation d'un ohmmètre et mesure unique

On lit $R = 0,90097$ kΩ et l'appareil donne la précision : $0,019\ \% + 3\ UR$

Méthode 2 : mesurage d'une tension et d'une intensité et calcul de R

On lit $U = 16,249$ V et l'appareil donne la précision : $0,02\ \% + 4\ UR$
On lit $I = 18,054$ mA et l'appareil donne la précision : $0,05\ \% + 4\ UR$

Méthode 3 : utilisation d'un ohmmètre et plusieurs mesures

6 personnes ont effectué le mesurage :

Mesure	1	2	3	4	5	6
R (kΩ)	0,90097	0,90090	0,90105	0,90095	0,90110	0,90085

Dans les 3 cas, donner une estimation de R et estimer l'incertitude élargie (associée à un niveau de confiance de 95 %). La méthode de propagation des incertitudes permet de calculer ΔR connaissant les incertitudes ΔU et ΔI :

$$\frac{\Delta R}{R} = \sqrt{\left(\frac{\Delta U}{U}\right)^2 + \left(\frac{\Delta I}{I}\right)^2}$$

La précision d'un appareil $x\ \% + N\ UR$ se calcule de la façon suivante :

$$\frac{x}{100} \times \text{valeur mesurée} + N \times UR$$

UR (Unité de Résolution) correspond à la plus petite mesure réalisable sur ce calibre.

On précise que l'incertitude de type B lors d'une mesure par un appareil dont on connait la précision s'écrit :

$$s_B = \frac{\text{précision}}{\sqrt{3}}$$

On donne le coefficient de Student pour 6 mesures pour un intervalle de confiance de 95 % : 2,57.

Méthode 1 :

Estimons l'incertitude de type B :

$$s_B = \frac{\frac{0,019}{100} \times 0,90097 + 3 \times 0,00001}{\sqrt{3}} = 116,2 \cdot 10^{-6}\ \text{k}\Omega\ (= 116,2\ \text{m}\Omega)$$

L'incertitude élargie est obtenue en multipliant par 2 l'incertitude de type B : $\Delta R = 2 \times 116,2 \cdot 10^{-6}\ \text{k}\Omega = 2,3. \cdot 10^{-4}\ \text{k}\Omega$

$$R = 900,97 \cdot 10^{-3}\ \text{k}\Omega \pm 0,23 \cdot 10^{-3}\ \text{k}\Omega$$

Méthode 2 :

On calcule $R = \dfrac{U}{I} = 900,022\ \Omega$.

La précision des appareils permet de calculer les incertitudes de type B sur U et I :

$$\Delta U = 2 \times \frac{\frac{0,02}{100} \times 16,249 + 4 \times 0,001}{\sqrt{3}} = 8,4 \cdot 10^{-3}\ \text{V}$$

$$\Delta I = 2 \times \frac{\frac{0,05}{100} \times 18,054 + 4 \times 0,001}{\sqrt{3}} = 1,5 \cdot 10^{-2}\ \mathrm{mA}$$

On utilise la méthode de propagation des incertitudes pour calculer ΔR :

$$\frac{\Delta R}{R} = \sqrt{\left(\frac{\Delta U}{U}\right)^2 + \left(\frac{\Delta I}{I}\right)^2} = \sqrt{\left(\frac{8,4 \cdot 10^{-3}}{16,249}\right)^2 + \left(\frac{1,5 \cdot 10^{-2}}{18,054}\right)^2} = 9,8 \cdot 10^{-4}$$

De là, $\Delta R = 0,88\ \Omega$.

Comme le nombre de chiffres après la virgule de l'incertitude est égal au nombre de chiffres après la virgule de la valeur mesurée, on doit écrire R avec 5 chiffres significatifs :

$$R = 900,02 \cdot 10^{-3}\ \mathrm{k}\Omega \pm 0,88 \cdot 10^{-3}\ \mathrm{k}\Omega$$

Méthode 3 : On calcule la moyenne : $R = 900,97 \cdot 10^{-3}\ \mathrm{k}\Omega$ et l'écart-type :

$\mathrm{ECART\ TYPE} = 0,092736 \cdot 10^{-3}\ \mathrm{k}\Omega$.

Incertitude élargie de type A : $s_A = 2,57 \times \frac{\mathrm{ECART\ TYPE}}{\sqrt{6}} = 0,097 \cdot 10^{-3}\ \mathrm{k}\Omega$.

Nous pouvons aussi faire appel à l'incertitude de type B déjà évaluée dans la méthode 1 : $s_B = 0,23 \cdot 10^{-3}\ \mathrm{k}\Omega$.

On voit ici que l'incertitude due à l'appareil est plus importante que l'incertitude de répétabilité.

L'incertitude élargie sur R s'obtient grâce à une incertitude composée :

$$\Delta R = \sqrt{{s_A}^2 + {s_B}^2} = 0,25 \cdot 10^{-3}\ \mathrm{k}\Omega$$

$$R = 900,97 \cdot 10^{-3}\ \mathrm{k}\Omega \pm 0,25 \cdot 10^{-3}\ \mathrm{k}\Omega$$

Remarque : On suppose que le même matériel a été utilisé par les différentes personnes et qu'ainsi, les conditions de répétabilité ont été respectées.

Exercice 34.3 : Incertitude sur une cote (exercice ??)

La figure ci-dessous donne l'altitude $Z(t)$ (en mm) de la hanche lors de la marche d'un homme à 5 km.h^{-1} sur un tapis roulant en fonction du temps (en s) :

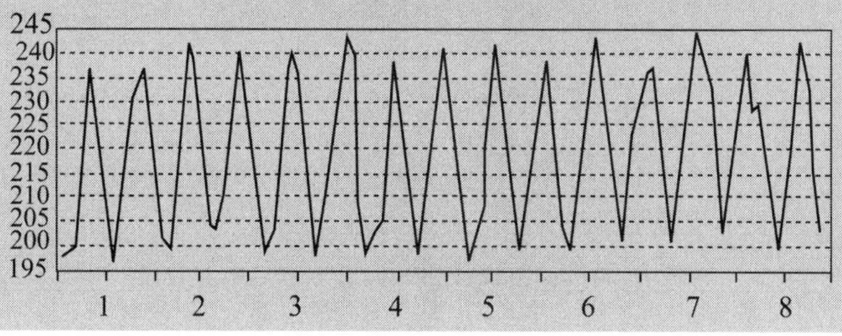

Le tableau ci-dessous donne des valeurs mesurées pour la cote Z d'un point qui varie entre des valeurs élevées, notées maximales, et des valeurs faibles (minimales) :

Z_{max} (mm)	237	241	240	240	243	238	241
	242	238	243	237	244	240	242
Z_{min} (mm)	197	199	203	198	197	197	198
	196	199	198	200	200	203	199

1. Calculer les valeurs moyennes de Z_{max} et de Z_{min}, notées $Z_{max,moy}$ et $Z_{min,moy}$ et calculer les incertitude de type A élargie correspond à un intervalle de confiance de 95 %, sachant le coefficient de Student pour 14 mesures vaut 2,16.

2. Calculer la valeur moyenne du milieu de Z_{min} et Z_{max} : $Z_{moy} = \frac{Z_{max,moy} + Z_{min,moy}}{2}$ et calculer l'incertitude associée (on utilisera la composition des incertitudes).

Le tableau ci-dessous donne des écarts entre deux cotes :

$Z_{max} - Z_{moy}$ (mm)	17	21	20	20	23	18	21
	22	18	23	17	24	20	22
$Z_{moy} - Z_{min}$ (mm)	23	21	17	22	23	23	22
	24	21	22	20	20	17	21

3. Calculer la valeur moyenne de notée Z_e calculer l'incertitude de type A élargie correspond à un intervalle de confiance de 95 %, sachant le coefficient de Student pou 28 mesures vaut 2,05.

1. On calcule :

La moyenne $Z_{max,moy} = 240$ mm

ECART-TYPE de $Z_{max} = 2,28$ mm

Incertitude-type A élargie $\Delta Z_{max} = 2,16 \times \frac{\text{ECART TYPE}}{\sqrt{14}} = 1$ mm

Remarque : On donne ici un seul chiffre pour l'incertitude élargie pour être cohérent avec les valeurs du tableau qui sont données sans chiffre après la virgule.

La moyenne $Z_{min,moy} = 199$ mm

ECART-TYPE de $Z_{min} = 2,11$ mm

Incertitude-type A élargie $\Delta Z_{min} = 2,16 \times \frac{\text{ECART TYPE}}{\sqrt{14}} = 1$ mm

2. $Z_{moy} = \frac{240 + 199}{2} = 220$ mm

L'incertitude est obtenue par composition des incertitudes :

$$\Delta Z_{moy} = \frac{1}{2}\sqrt{(\Delta Z_{max})^2 + (\Delta Z_{min})^2} = 1 \text{ mm}$$

3. On calcule la moyenne : $Z_e = 21$ mm, l'écart-type de Z_e : $2,1834$ mm et l'incertitude-type A élargie $\Delta Z_e = 2,05 \times \dfrac{\text{ECART TYPE}}{\sqrt{28}} = 1$ mm

Exercice 34.4 : Incertitude et régression linéaire (exercice 25.8)

Les solutions d'eau oxygénée ne sont pas stables dans le temps car le peroxyde d'hydrogène se dismute selon la réaction :

$$H_2O_{2\,(aq)} \longrightarrow H_2O_{(\ell)} + \frac{1}{2}O_{2\,(g)}$$

On souhaite étudier que la cinétique de la réaction est d'ordre 1, c'est-à-dire que la vitesse de réaction se met sous la forme : $v = k\,[H_2O_2]$. Pour cela, on utilise le tableau suivant :

t (min)	2,5	4,0	5,0	8,0	10,0	12,0	15,0
$\ln[H_2O_2]$	$-1,99$	$-2,01$	$-2,03$	$-2,08$	$-2,12$	$-2,15$	$-2,20$

On a montré dans l'exercice 25.8 que la réaction est d'ordre 1 lorsque $\ln[H_2O_2] = f(t)$ est une droite.

On suppose que l'incertitude sur t est négligeable devant celle sur $\ln[H_2O_2] = f(t)$. On peut ainsi faire appel à une régression linéaire.

1. Vérifier que les mesures sont en accord avec une loi linéaire.

2. Estimer la pente et l'ordonnée à l'origine ainsi que les incertitudes-type associées.

Point méthode : Pour vérifier que les mesures sont en accord avec une loi linéaire, on peut réaliser les étapes suivantes :

- On place les points sur un graphique (tracé à la main ou avec la calculatrice) et on vérifie qu'ils ont l'air de s'aligner ;
- On trace la droite moyenne en s'assurant que les points se répartissent de façon aléatoire par rapport à la droite moyenne tracée ;
- On peut faire appel à un logiciel de régression et calculer le coefficient de détermination du modèle **affine** choisi, valeur supérieure à 0,99 ;
- Si la droite doit passer par l'origine, modèle **linéaire**, on vérifie que la droite moyenne passe par l'origine ;
- On peut alors valider le modèle et donner l'équation de la droite.

1. On reporte les points sur un graphique $\ln[H_2O_2] = f(t)$ et on trace la droite moyenne :

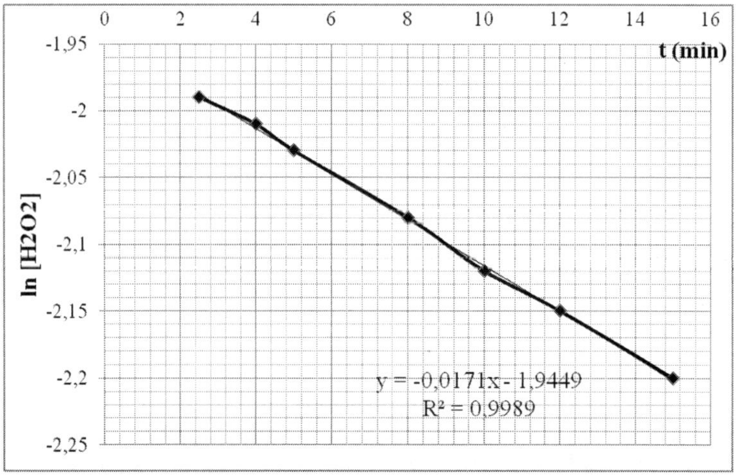

Le tracé de la courbe de tendance et la valeur du coefficient de détermination permettent de valider le modèle de la relation affine.

Remarque : Les calculs ci-dessous sont issus de l'utilitaire d'analyse de Excel® dans lequel on choisit la régression linéaire. On peut aussi utiliser la fonction DROITEREG. On peut aussi analyser les résidus et vérifier qu'ils se répartissent aléatoirement :

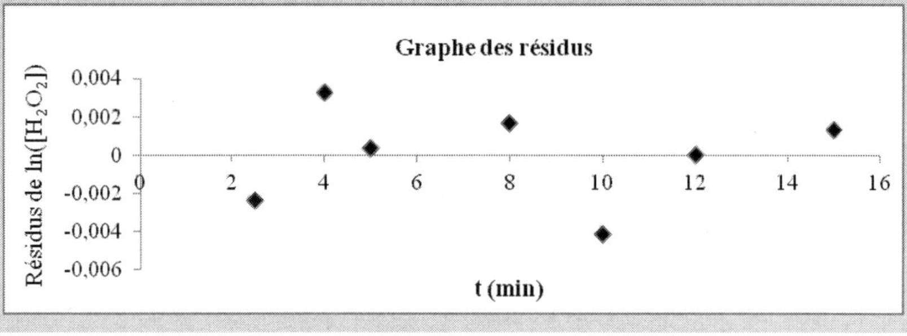

2. Les calculs de la pente et de son incertitude permettent d'écrire que la pente est égale à $(0,0171 \pm 0,0002)\ \text{min}^{-1}$.
Les calculs de l'ordonnée à l'origine et de son incertitude permettent d'écrire que l'ordonnée à l'origine est égale à $-(1,945 \pm 0,002)$.

Remarque : Pour utiliser la fonction DROITEREG, on sélectionne 5 lignes et 2 colonnes et sur la cellule en haut à gauche, on demande DROITEREG(B2 :B8 ;A2 :A8 ;VRAI ;VRAI) et ensuite à la place de entrée, on tape CTRL+SHIFT+ENTREE et on obtient :

	A	B		
1	x	y		
2	2,5	−1,99		
3	4	−2,01		
4	5	−2,03		
5	8	−2,08		
6	10	−2,12		
7	12	−2,15		
8	15	−2,20		
9			Cellules A10 et A11 : pente et incertitude sur la pente	Cellules B10 et B11 : ordonnée à l'origine et incertitude sur l'ordonnée à l'origine
10	0,0171	−1,945		
11	0,0002448	0,002258		
12	0,99894858	0,00276448	Valeurs non utilisées	
13	4750,47243	5		
14	0,03630465	3,8212E-05		

71281 - (I) - (1,5) - OSB 80° - PAF - VCT

JOUVE
1, rue du Docteur Sauvé, 53100 MAYENNE
N° 2159626A
Dépôt légal : juin 2014

Imprimé en France